국가기술자격시험
한 권으로
끝내기!

최신 출제기준에 맞춘 |최|고|의|수|험|서|

컴퓨터응용 밀링기능사

정연택 · 조영배 · 유판열 · 정병길
김석운 · 최영호 · 서동원 · 고강호
이현철 · 오원석 공저

필기 실기

 이 책의 특징

- 다년간 실무 및 강의 경험이 풍부한 최상급 저자
- 정확한 답과 명쾌한 해설
- 각 과목 단원별 요점 수록
- 최근 기출문제까지 수록
- 국가기술자격 [실기] 시험문제 수록
- SI 단위 적용
- 질의응답 카페 운영

 질의응답 카페 운영
cafe.daum.net/JYT114(컴퓨터응용 밀링기능사)

본서로 공부하면서 내용에 의문점이나 이해가 되지 않는 부분에 관하여 질의응답을 원하는 분은 위 사이트로 문의하시면 항상 감사하는 마음으로 정성껏 답하여 드리겠습니다.

머리말

컴퓨터 산업의 발달로 CAD(Computer Aided Design)/CAM(Computer Aided Manufacturing)의 응용 범위가 더욱 확대되어 CAE(Computer Aided Engineering) 등으로 발전하고 있으며, 기계 분야의 주요 부분을 차지하였다.

본서는 수년간의 실무 경험과 강의 경험을 통해 열악한 환경과 모자라는 시간 속에서 컴퓨터응용밀링기능사를 준비하는 수험생들에게 단기간에 가장 효율적인 학습이 되도록 구성하였고, 수험자가 반드시 알아야 할 중요한 내용을 요약 정리하여 컴퓨터응용밀링기능사 자격시험에 대비할 수 있도록 최선을 다하였다.

[본 교재의 특징]
- 최신 출제 기준에 의한 새로운 구성
- 수험자가 단기간에 완성할 수 있도록 한국산업인력공단의 출제 기준안에 의하여 각 과목별로 체계적인 단원 분류 및 요약·정리하였다.
- 국제적으로 일반화된 SI 단위를 적용하였다.
- 최근 과년도 출제 문제를 수록하여 학습에 도움을 주고자 하였다.

본 교재를 충분히 공부하여 컴퓨터응용밀링기능사 자격시험에 합격되시기를 기원하며 차후 변경되는 출제 경향 및 과년도 문제 등을 수록하여 계속 보완할 예정이다.

끝으로 본서를 출간함에 있어 도움을 주시고 지도하여 주신 모든 선·후배님들께 감사를 드리며, 도서출판 건기원 직원 여러분에게 진심으로 감사를 드린다.

저 자 씀

NCS(국가직무능력표준) 가이드

01 국가직무능력표준(NCS)이란?

국가직무능력표준(NCS, National Competency standards)이란 산업현장에서 직무를 수행하기 위하여 요구되는 지식·기술·소양 등의 내용을 국가가 산업부문별·수준별로 체계화한 것을 말한다.[자격기본법 제2조 제2호]

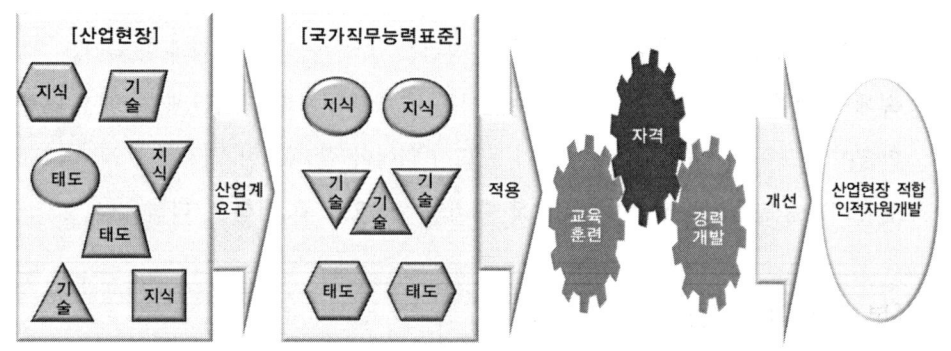

(한국직업능력개발원, 2013, p.6)

【 국가직무능력표준 개념도 】

02 국가직무능력표준(NCS)의 정의와 기능

국가직무능력표준(NCS)은 근로자 1명이 일터인 산업체 현장에서 자신의 직무를 제대로 수행하기 위해서 반드시 필요한 지식이나 기술, 태도나 소양에 관해 국가가 표준을 정해 놓은 것이다.

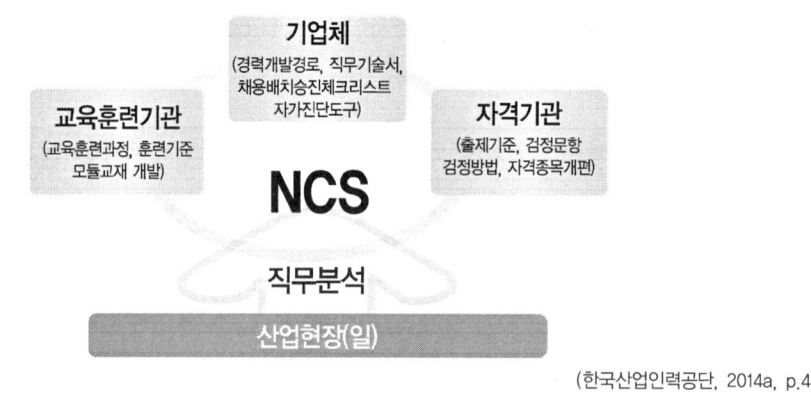

(한국산업인력공단, 2014a, p.4)

【 NCS의 기능 】

NCS guide

03 국가직무능력표준(NCS)이 왜 필요한가?

능력 있는 인재를 개발해 핵심 인프라를 구축하고, 나아가 국가경쟁력을 향상시키기 위해 국가직무능력표준이 필요하다.

▬ 지금은,
- 직업교육·훈련 및 자격제도가 산업현장과 불일치
- 인적자원의 비효율적 관리 운용

국가직무능력표준 →

+ 앞으로는 …
- 각각 따로 운영됐던 교육훈련, 국가직무능력표준 중심 시스템으로 전환(일-교육-훈련-자격 연계)
- 산업현장 직무 중심의 인적자원 개발
- 능력중심사회 구현을 위한 핵심 인프라 구축
- 고용과 평생 직업능력개발 연계를 통한 국가경쟁력 향상

04 국가직무능력표준(NCS) 활용범위

국가직무능력표준은 기업체, 직업교육훈련기관, 자격시험기관에서 활용할 수 있다.

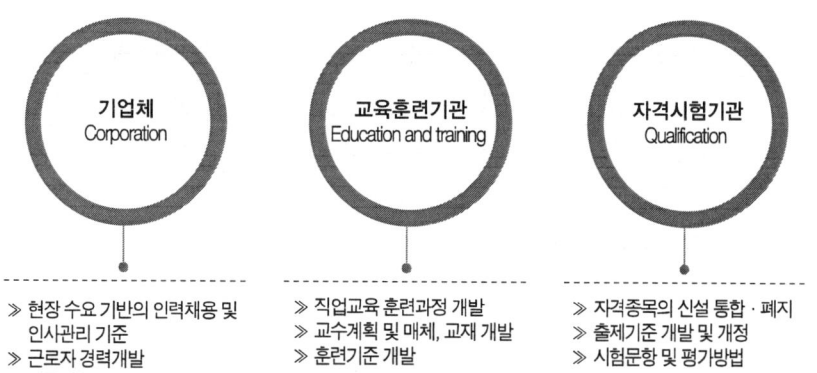

기업체 Corporation
» 현장 수요 기반의 인력채용 및 인사관리 기준
» 근로자 경력개발
» 직무기술서

교육훈련기관 Education and training
» 직업교육 훈련과정 개발
» 교수계획 및 매체, 교재 개발
» 훈련기준 개발

자격시험기관 Qualification
» 자격종목의 신설 통합·폐지
» 출제기준 개발 및 개정
» 시험문항 및 평가방법

【 국가직무능력표준 활용범위 】

05 국가직무능력표준(NCS) 분류체계

(1) 국가직무능력표준의 분류체계는 직무의 유형(Type)을 중심으로 국가직무능력표준의 단계적 구성을 나타내는 것으로, 국가직무능력표준 개발의 전체적인 로드맵을 제시하고 있다.

(2) 한국고용직업분류(KECO, Korean Employment Classification of Occupations)를 중심으로, 한국표준직업분류, 한국표준산업분류 등을 참고하여 분류하였으며 '대분류(24) → 중분류(80) → 소분류(238) → 세분류(887개)'의 순으로 구성되어 있다.

06 국가직무능력표준(NCS) 학습모듈

1 개념
국가직무능력표준(NCS, National Competency Standards)이 현장의 '직무 요구서'라고 한다면, NCS 학습모듈은 NCS의 능력단위를 교육훈련에서 학습할 수 있도록 구성한 '교수·학습 자료'입니다. NCS학습모듈은 구체적 직무를 학습할 수 있도록 이론 및 실습과 관련된 내용을 상세하게 제시하고 있다.

2 특징
(1) NCS학습모듈은 산업계에서 요구하는 직무능력을 교육훈련 현장에 활용할 수 있도록 성취목표와 학습의 방향을 명확히 제시하는 가이드라인의 역할을 한다.
(2) NCS학습모듈은 특성화고, 마이스터고, 전문대학, 4년제 대학교의 교육기관 및 훈련기관, 직장교육기관 등에서 표준교재로 활용할 수 있으며 교육과정 개편 시에도 유용하게 참고할 수 있다.

07 과정평가형 자격취득안내

1 정의
국가직무능력표준(NCS)에 따라 편성·운영되는 교육·훈련과정을 일정수준 이상 이수하고 평가를 거쳐 합격기준을 통과한 사람에게 국가기술자격을 부여하는 제도이다.

2 시행대상
「국가기술자격법 제10조 제1항」의 과정평가형 자격 신청자격에 충족한 기관 중 공모를 통하여 지정된 교육·훈련기관의 단위과정별 교육·훈련을 이수하고 내부평가에 합격한 자

3 국가기술자격의 과정평가형 자격 적용 종목
기계설계산업기사 등 61개 종목
※ NCS 홈페이지 / 자료실 / 과정평가형 자격참조(고용노동부공고 제2016-231호 참조)

4 교육·훈련생 평가

(1) 내부평가(지정 교육·훈련기관)
 ① 평가대상 : 능력단위별 교육·훈련과정의 75% 이상 출석한 교육·훈련생
 ② 평가방법 : 지정받은 교육·훈련과정의 능력단위별로 평가
  ▶ 능력단위별 내부평가 계획에 따라 자체 시설·장비를 활용하여 실시
 ③ 평가시기 : 해당 능력단위에 대한 교육·훈련이 종료된 시점에서 실시하고 공정성과 투명성이 확보되어야 함.
  ▶ 내부평가 결과 평가점수가 일정수준(40%) 미만인 경우에는 교육·훈련기관 자체적으로 재교육 후 능력단위별 1회에 한해 재평가 실시

(2) 외부평가(한국산업인력공단)
 ① 평가대상 : 단위과정별 모든 능력단위의 내부평가 합격자
  수험원서는 교육·훈련 시작일로부터 15일 이내에 우리 공단 소재 해당 지역 시험센터에 접수
 ② 평가방법 : 1·2차 시험으로 구분 실시
  ▶ 1차 시험 : 지필평가(주관식 및 객관식 시험)
  ▶ 2차 시험 : 실무평가(작업형 및 면접 등)

5 합격자 결정 및 자격증 교부

(1) 합격자 결정 기준
 내부평가 및 외부평가 결과를 각각 100점을 만점으로 하여 평균 80점 이상 득점한 자

(2) 기업 등 산업현장에서 필요로 하는 능력보유 여부를 판단할 수 있도록 교육·훈련 기관명·기간·시간 및 NCS 능력단위 등을 기재하여 발급

 ※ NCS에 대한 자세한 사항은 NCS 국가직무능력표준 홈페이지 (http://www.ncs.go.kr)에서 확인해주시기 바랍니다.

CBT(컴퓨터 시험) 가이드

한국산업인력공단에서 2016년 5회 기능사 필기 시험부터 자격검정 CBT(컴퓨터 시험)으로 시행됩니다. CBT의 진행 과정과 메뉴의 기능을 미리 알고 연습하여 새로운 시험 방법인 CBT에 대비하시기 바랍니다.

다음과 같이 순서대로 따라해 보고 CBT 메뉴의 기능을 익혀 실전처럼 연습해 봅시다.

STEP 1 : 자격검정 CBT 들어가기

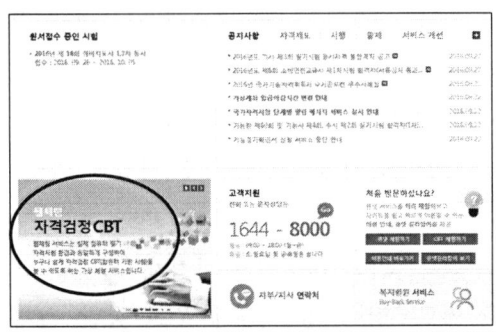

➡ 큐넷(http://www.q-net.or.kr)에서 표시된 부분을 클릭하면 '웹체험 자격검정 CBT'를 할 수 있습니다.

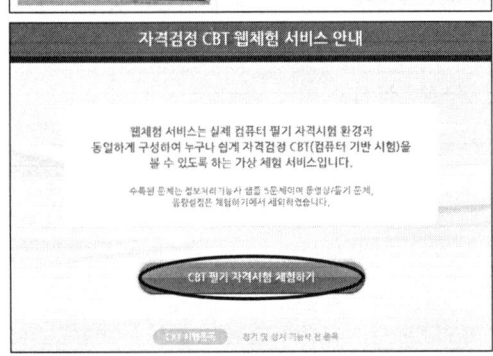

➡ 'CBT 필기 자격시험 체험하기'를 클릭하면 시작됩니다.

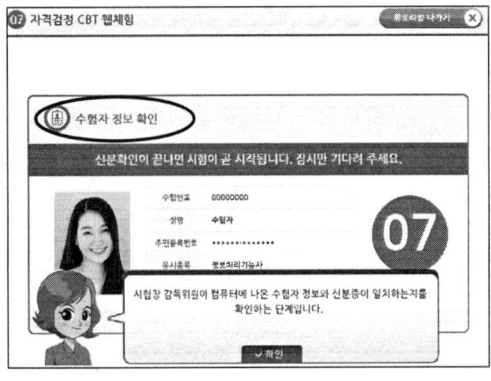

➡ 시험 시작 전 배정된 좌석에 앉으면 수험자 정보를 확인합니다. 시험장 감독위원이 컴퓨터에 표시된 수험자 정보와 신분증의 일치여부를 확인합니다.

STEP 2 : 자격검정 CBT 둘러보기

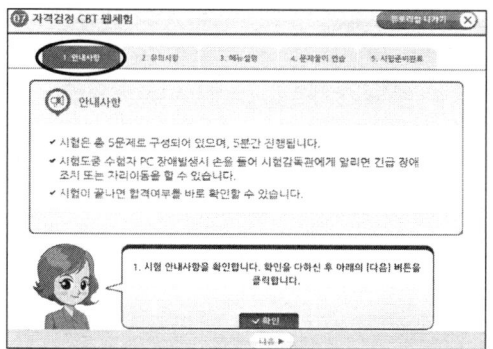
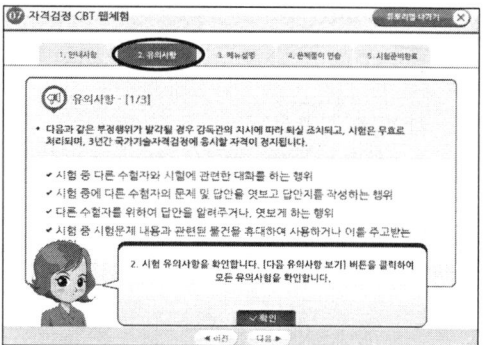

◐ 수험자 정보 확인이 끝난 후 시험 시작 전 'CBT 안내사항'을 확인합니다.

◐ 'CBT 유의사항'을 확인합니다. '다음 유의사항 보기'를 클릭하면 전체 유의사항을 확인할 수 있으며 보지 못한 유의사항이 있으면 '이전 유의사항 보기'를 클릭하여 다시 볼 수 있습니다.

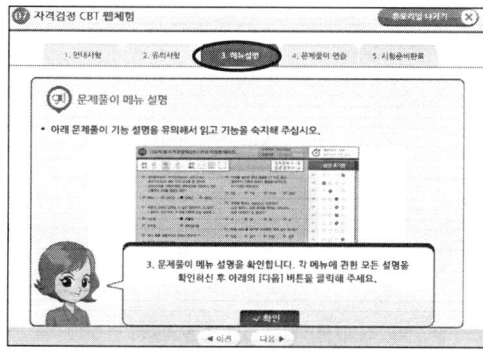
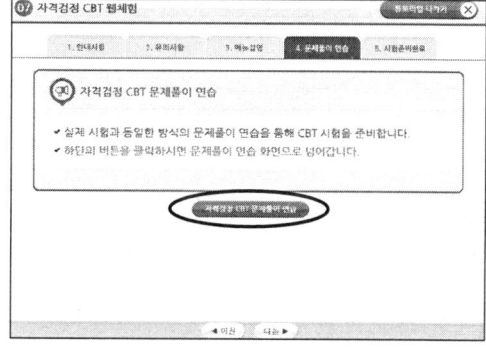

◐ '문제풀이 메뉴 설명'을 확인합니다.
  ↳ '자격검정 CBT 메뉴 미리 알아두기'에서 자세히 살펴보기

◐ '자격검정 CBT 문제풀이 연습'을 클릭하면 실제 시험과 동일한 방식으로 진행됩니다.

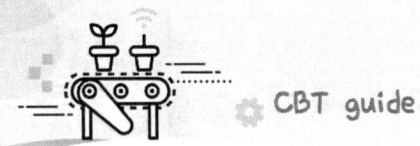

> **STEP 3** 　 자격검정 CBT 연습하기

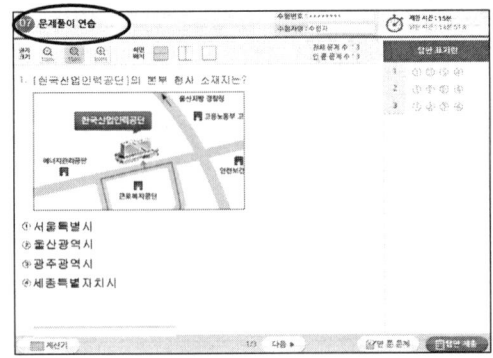

◌ 자격검정 CBT 문제풀이 연습을 시작합니다. 총 3문제로 구성되어 있습니다.

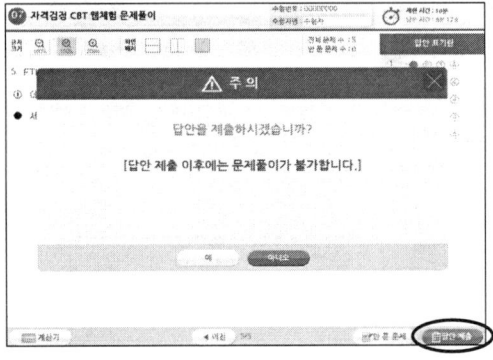

◌ 시험문제를 다 푼 후 답안 제출을 하거나 시험 시간이 경과되었을 경우 시험이 종료됩니다.

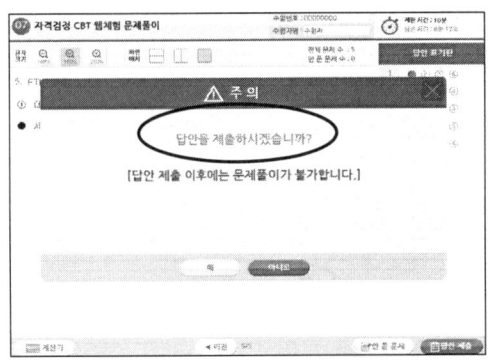

◌ 답안 제출은 실수 방지를 위해 두 번의 확인 과정을 거칩니다. 시험 종료 후 시험 결과를 바로 확인할 수 있습니다.

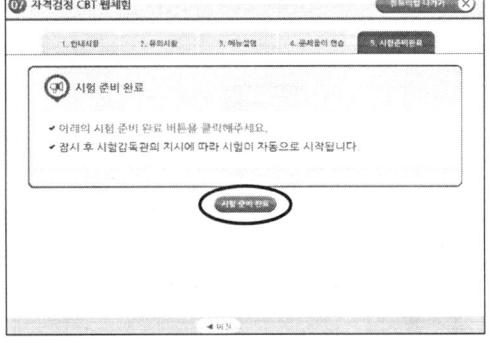

◌ 시험 안내 · 유의사항, 메뉴 설명 및 문제풀이 연습까지 모두 마친 수험자는 '시험준비완료'를 클릭합니다. 클릭 후 '자격검정 CBT 웹체험 문제풀이' 단계로 넘어갑니다.

CBT guide

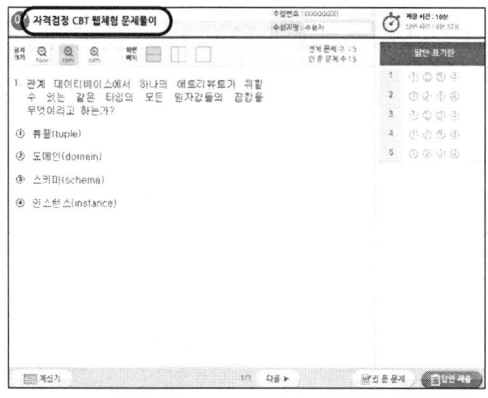

◐ 자격검정 CBT 웹체험 문제풀이를 시작합니다. 총 5문제로 구성되어 있습니다.

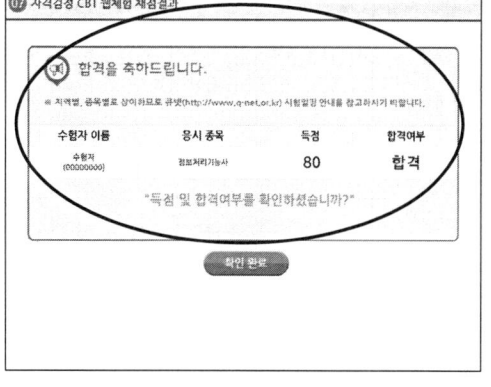

◐ 답안을 제출하면 점수와 합격여부를 바로 알 수 있습니다.

🖱 자격검정 CBT 메뉴 미리 알아두기

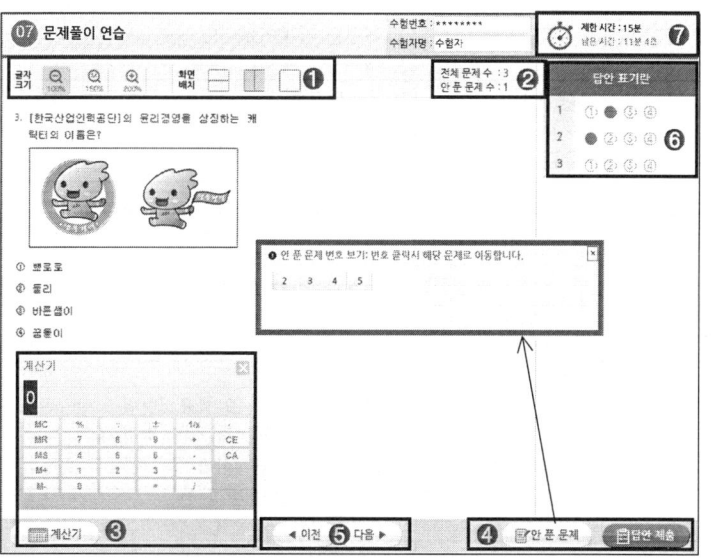

❶ **글자크기 & 화면배치** : 글자 크기(100%, 150%, 200%)와 화면 배치(1단, 2단, 한 문제씩 보기)가 선택 가능함.

❷ **전체 안 푼 문제 수 조회** : 전체 문제 수와 안 푼 문제 수 확인 가능함.

❸ **계산기도구** : 응시 종목에 계산 문제가 있을 경우 좌측 하단의 계산기 기능을 이용함.

❹ **안 푼 문제 번호 보기 & 답안 제출** : '안 푼 문항'을 클릭하면 현재까지 안 푼 문제 목록을 확인할 수 있으며, '답안 제출'을 클릭하면 답안 제출 승인 알림 창이 나옴.

❺ **페이지 이동** : 화면 아래 버튼을 이용해서 페이지를 이동하고 중앙에 현재 페이지를 표시함.

❻ **답안 표기 영역** : 문제 번호를 클릭하면 해당 문제로 이동하고 선택지 번호를 클릭하면 답안이 표시됨.

❼ **남은 시간 표시** : 남은 시간 표시 및 제한 시간이 없을 경우 시계 아이콘과 시간이 붉은색으로 표시됨.

컴퓨터응용밀링기능사 출제기준

필기과목명	주요항목	세부항목	세세항목	
기계재료 및 요소, 기계제도 (절삭부분), 기계공작법, CNC공작법 및 안전관리	1. 기계재료	1. 재료의 성질	1. 탄성과 소성	2. 산화와 부식
		2. 철강재료	1. 탄소강 3. 주철 5. 특수강	2. 합금강 4. 주강 6. 열처리
		3. 비철금속재료	1. 알루미늄과 그 합금　　2. 구리와 그 합금 3. 베어링 합금 및 기타 비철금속재료	
		4. 비금속 재료	1. 합성수지재료	2. 기타비금속재료
		5. 신소재 및 공구재료	1. 신소재	2. 공구재료
	2. 기계요소	1. 기계설계기초	1. 기계설계기초	
		2. 재료의 강도와 변형	1. 응력과 안전율 3. 변형	2. 재료의 강도
		3. 결합용 요소	1. 나사 3. 핀	2. 키 4. 리벳
		4. 전달용 기계요소	1. 축 3. 베어링	2. 기어 4. 벨트
		5. 제어용 기계요소	1. 스프링	2. 브레이크
	3. 기계제도 (절삭부분)	1. 제도통칙 등	1. 일반사항(양식, 척도, 선, 문자 등)　2. 투상법 및 도형의 표시방법 3. 치수의 표시방법　　　　4. 허용한계치수 기입방법 5. 최대 실체 공차방식　　　6. 기하공차 도시방식 7. 표면의 결 도시방법　　　8. 가공기호 등 표시방법	
		2. 기계요소제도	1. 운동용 기계요소(베어링, 기어, 풀리 등) 2. 체결용 기계요소(나사, 리벳, 키 등) 3. 제어용 기계요소(스프링, 유공압 기호 등)	
		3. 도면해독	1. 투상도면해독　　　　　2. 기계가공도면 3. 비절삭가공도면　　　　4. 기계조립도면 5. 재료기호 및 중량산출	
	4. 공작기계 일반	1. 기계공작과 공작기계	1. 공작기계의 개요　　　　2. 공작기계의 정의 및 분류 3. 공작기계의 구성요소와 구동장치	
		2. 칩의 생성과 구성인선	1. 칩의 종류 및 특성	2. 구성인선의 발생 및 방지법
		3. 절삭공구 및 공구수명	1. 절삭공구의 종류 및 특성 3. 공구 수명	2. 절삭저항 4. 공구의 파손
		4. 절삭온도 및 절삭유제	1. 절삭온도	2. 절삭유제의 종류 및 특성
	5. 기계가공	1. 선반의 개요 및 구조	1. 선반가공의 종류 2. 선반의 분류 및 크기 표시방법 3. 선반의 주요부분 및 각부 명칭 등	
		2. 선반용 절삭공구, 부속품 및 부속장치	1. 바이트와 칩 브레이커 2. 가공면의 표면거칠기 등 3. 부속품 및 부속장치 　　가. 센터　　　나. 센터드릴　　　다. 면판 　　라. 돌림판　　마. 방진구　　　　바. 척 등	

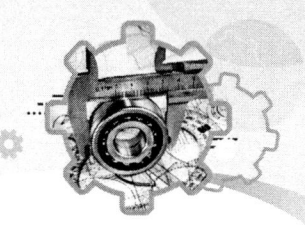

출제기준

필기과목명	주요항목	세부항목	세세항목
기계재료 및 요소, 기계제도 (절삭부분), 기계공작법, CNC공작법 및 안전관리	5. 기계가공	3. 선반가공	1. 선반의 절삭조건 　가. 절삭속도　　나. 절삭깊이 　다. 이송　　　　라. 절삭동력 등 2. 원통가공　　　　3. 단면가공 4. 홈 가공　　　　5. 내경 가공 6. 널링 가공 및 테이퍼 가공　7. 편심 및 나사 가공 8. 가공시간 및 기타 가공
		4. 밀링의 종류 및 부속품	1. 밀링의 종류 및 구조 2. 부속품 및 부속장치 　가. 밀링바이스　나. 분할대　　다. 원형테이블 　라. 슬로팅장치　마. 래크 절삭장치 등
		5. 밀링 절삭 공구 및 절삭이론	1. 밀링 커터의 분류와 공구각 2. 밀링 절삭이론 　가. 절삭속도　　나. 이송 　다. 절삭저항　　라. 절삭동력 등
		6. 밀링 절삭가공	1. 상향절삭 및 하향절삭　　2. 표면거칠기 3. 분할법　　　　　　　　　4. 밀링에 의한 가공방법
		7. 연삭기의 구조와 종류	1. 연삭기의 개요 및 구조 2. 연삭기의 종류 　가. 외경연삭기　나. 내면연삭기　다. 평면연삭기 　라. 공구연삭기　마. 센터리스 연삭기 등
		8. 연삭숫돌 및 연삭 작업	1. 연삭숫돌의 구성요소　　2. 연삭숫돌의 모양과 표시 3. 연삭조건　　　　　　　　4. 연삭 가공 5. 연삭숫돌의 수정과 검사
		9. 기타 기계 가공	1. 드릴링 머신　　　　　　2. 보링 머신 3. 기어가공기　　　　　　　4. 브로칭 머신 5. 고속가공기　　　　　　　6. 셰이퍼 및 플레이너 등
		10. 정밀입자 가공 및 특수 가공	1. 래핑　　　　　　　　　　2. 호닝 3. 슈퍼피니싱　　　　　　　4. 방전가공 5. 레이저 가공　　　　　　6. 초음파 가공 7. 화학적 가공 등
		11. 손다듬질 가공	1. 줄작업　　　　　　　　　2. 리머작업 3. 드릴, 탭, 다이스 작업 등
	6. 측정	1. 측정의 개요 및 길이 측정	1. 측정 기초　　　　　　　　2. 측정단위 및 오차 3. 길이 측정 　가. 버니어캘리퍼스　나. 하이트게이지 　다. 마이크로미터　　라. 한계게이지 등
		2. 기타 측정	1. 각도 측정 　가. 사인바　　나. 수준기 등 2. 표면거칠기 및 윤곽 측정　3. 나사 및 기어측정 4. 3차원 측정기

출제기준

필기과목명	주요항목	세부항목	세세항목
기계재료 및 요소, 기계제도 (절삭부분), 기계공작법, CNC공작법 및 안전관리	7. CNC공작기계	1. CNC의 개요	1. NC의 정의 2. CNC공작기계의 개요 가. 필요성 나. 정보흐름 다. 경제성 등 3. CNC공작기계의 구성 4. 자동화 설비 및 발전 방향
		2. CNC공작기계 제어 방식	1. 제어방식 2. 서보기구 3. 이송기구 등
		3. CNC공작기계에 의한 절삭가공 및 절삭공구	1. 기계 조작반 사용법 2. 좌표계 및 가공조건 설정 3. 절삭공구의 종류와 표기법 4. 공구선정 및 세팅 방법

		4. CNC프로그래밍 기초	1. 프로그램의 기초
			  가. 좌표계 종류 및 좌표축 나. 지령방법의 종류
			2. 프로그램의 정의 및 구성
			  가. 주소 나. 지령절
			  다. 단어 라. 전개번호 등

		5. 프로그램(준비기능1)	1. 급속위치결정(G00) 2. 직선보간(G01), 휴지(G04)
		6. 프로그램(준비기능2)	1. 원호보간(G02, G03)
		7. 프로그램(주축기능)	1. 주축속도제어(G96, G97) 2. 주축최고회전수지정(G50, G92)
		8. 프로그램(이송기능, 공구날끝반경보정기능)	1. 분당 이송(G94, G98) 2. 회전당 이송(G95, G99) 3. 공구날끝반경 보정(G40, G41, G42)
		9. 프로그램(공구기능, 보조기능)	1. 공구기능 2. 공구교환 3. 보조기능
		10. 원점 및 좌표계 설정	1. 기계원점 2. 프로그램 원점 3. 공작물 좌표계 설정
		11. CNC선반프로그램1	1. 나사가공프로그램 2. 기타가공프로그램
		12. CNC선반프로그램2	1. 단일형 고정 사이클 2. 복합형 고정 사이클
		13. 머시닝센터 프로그램	1. 초기점 및 R점 복귀 2. 고정사이클의 동작 3. 고정사이클의 종류 4. 기타 가공 프로그램
		14. 보정기능	1. 공구지름보정(G40, G41, G42) 2. 공구길이보정(G43, G44, G49)
		15. CAD/CAM	1. 입력장치 2. 출력장치 3. CAD/CAM 일반 4. 공장자동화
	8. 작업안전	1. 기계가공시 안전사항	1. 선반작업시 안전사항 2. 밀링작업시 안전사항 3. 기타 기계가공시 안전사항
		2. CNC기계가공시 안전사항	1. CNC선반 작업시 안전사항 2. 머시닝센터 작업시 안전사항 3. 기타 CNC기계가공시 안전사항
		3. CNC장비 유지 관리	1. 일상점검 2. 장비의 유지 및 관리 3. 경보의 종류와 해제

※ 자세한 출제기준은 한국산업인력공단(http://www.q-net.or.kr/)에서 확인하실 수 있습니다.

차 례

제 1 편 기계재료

제 1 장 철강재료 및 탄소강

1-1 금속의 특성과 합금 ·· 1-3
1-2 금속재료의 성질 ·· 1-4
1-3 금속의 결정 ·· 1-6
1-4 금속 가공 ··· 1-7
1-5 철강 재료의 개요 ·· 1-8
1-6 강괴의 종류 및 특징 ··· 1-9
1-7 순 철 ··· 1-10
1-8 Fe-C계 평형상태도 ··· 1-11
1-9 탄소강의 표준조직 ·· 1-12
1-10 탄소강의 온도에 따른 여러 가지 취성 ··············· 1-13
1-11 탄소강 중의 타 원소의 영향 ······························ 1-14
1-12 탄소강과 그 용도 ··· 1-15
1-13 탄소함량에 따른 분류 ·· 1-16
1-14 주 강 ··· 1-16
1-15 강의 열처리 ··· 1-16

제 2 장 합금강(특수강)

2-1 강에서 합금원소의 영향 ······································ 1-21
2-2 구조용 합금강 ·· 1-23
2-3 공구용 합금강 ·· 1-24
2-4 특수용도용 합금강 ·· 1-26

제3장 주 철

- 3-1 주철의 특성 ········· 1-29
- 3-2 주철의 종류 ········· 1-32

제4장 비철금속재료

- 4-1 알루미늄과 그 합금 ········· 1-36
- 4-2 황동(Brass) ········· 1-38
- 4-3 청동(bronze) ········· 1-40
- 4-4 구리와 그 합금 ········· 1-41
- 4-5 신소재 ········· 1-41
- 4-6 합성수지 ········· 1-43

제2편 기계요소

제1장 기계설계의 기초

- 1-1 기계요소의 종류 ········· 2-3
- 1-2 기계설계에 사용되는 SI 단위 ········· 2-3
- 1-3 하 중 ········· 2-5
- 1-4 응력(Stress) ········· 2-7
- 1-5 변형률(Strain) ········· 2-7
- 1-6 훅의 법칙과 푸와송의 비 ········· 2-8
- 1-7 허용응력과 안전율 ········· 2-8

제2장 결합용 기계요소

- 2-1 나 사 ········· 2-10
- 2-2 키, 핀, 코터 ········· 2-17
- 2-3 리벳(Rivet) ········· 2-19

제3장 축계 기계요소

- 3-1 축(Shaft) ······ 2-21
- 3-2 축이음(Shaft Joint) ······ 2-23
- 3-3 베어링(Bearing) ······ 2-27

제4장 전동용 기계요소

- 4-1 마 찰 차 ······ 2-29
- 4-2 기   어 ······ 2-30
- 4-3 벨   트 ······ 2-34

제5장 제동용 기계요소

- 5-1 브레이크 ······ 2-37
- 5-2 스프링(Spring) ······ 2-37

제 3 편 기계제도

제1장 기제제도 기본

- 1-1 제도의 통칙 ······ 3-3
- 1-2 문자와 선 ······ 3-6

제2장 투상법 및 도형표시방법

- 2-1 투상법 ······ 3-9
- 2-2 도형의 표시방법 ······ 3-11

제3장 치수기입법 및 재료표시법

- 3-1 치수기입법 ······ 3-17
- 3-2 기계재료 표시법 ······ 3-22

제4장 표면 거칠기 및 치수 공차

- 4-1 표면 거칠기 표시 ······ 3-25
- 4-2 치수 공차 ······ 3-30
- 4-3 끼워 맞춤 ······ 3-31
- 4-4 기하 공차 ······ 3-35

제5장 기계요소제도

- 5-1 체결용 기계요소 ······ 3-37
- 5-2 축용 기계요소 ······ 3-41
- 5-3 전동용 기계요소 ······ 3-44
- 5-4 제어용 기계요소 ······ 3-48

제4편 기계가공법 및 안전관리

제1장 공작기계 및 절삭제

- 1-1 공작기계의 분류 ······ 4-3
- 1-2 공작기계의 구비조건 ······ 4-4
- 1-3 공작기계의 기본운동 ······ 4-4
- 1-4 절삭저항의 요소 ······ 4-4
- 1-5 절삭저항의 3분력 ······ 4-4
- 1-6 절삭동력 ······ 4-5
- 1-7 절삭조건 ······ 4-5
- 1-8 공구인선과 이송이 표면거칠기에 미치는 영향 ······ 4-6
- 1-9 칩의 생성 ······ 4-6
- 1-10 구성인선(built-up edge) ······ 4-7

Contents

1-11 공구의 수명 판정방법 ………………………………… 4-8
1-12 공구의 수명식 …………………………………………… 4-8
1-13 공구인선의 파손 ………………………………………… 4-9
1-14 절삭 온도 ………………………………………………… 4-10
1-15 절삭유 ……………………………………………………… 4-11
1-16 윤활제 ……………………………………………………… 4-12
1-17 절삭공구재료의 구비조건 ……………………………… 4-13
1-18 공구재료의 종류 ………………………………………… 4-13

제2장 선반가공

2-1 선반의 크기 표시 ………………………………………… 4-16
2-2 선반의 종류 ………………………………………………… 4-17
2-3 선반의 구조 ………………………………………………… 4-17
2-4 선반의 부속장치 …………………………………………… 4-19
2-5 선반작업 ……………………………………………………… 4-21
2-6 나사 절삭작업 ……………………………………………… 4-21
2-7 선반의 가공시간 …………………………………………… 4-23

제3장 밀링가공

3-1 밀링머신의 가공 분야 …………………………………… 4-24
3-2 밀링머신의 크기 표시 …………………………………… 4-25
3-3 밀링머신의 종류 …………………………………………… 4-25
3-4 밀링머신의 구조 …………………………………………… 4-27
3-5 밀링머신의 부속장치 ……………………………………… 4-28
3-6 밀링머신의 절삭공구 ……………………………………… 4-29
3-7 밀링 절삭 이론 …………………………………………… 4-30
3-8 상향 절삭과 하향 절삭 ………………………………… 4-31
3-9 분할 작업(법) ……………………………………………… 4-31

제4장 연삭가공

4-1 외경 연삭기 ………………………………………………… 4-33
4-2 내경 연삭기 ………………………………………………… 4-34

  4-3 연삭숫돌 ·· 4-35
  4-4 연삭숫돌의 입자 ··· 4-36
  4-5 입　도 ··· 4-36
  4-6 숫돌의 결합도(경도) ··· 4-37
  4-7 연삭숫돌의 조직 ··· 4-37
  4-8 결합제 ··· 4-38
  4-9 숫돌의 원주속도 ··· 4-38
  4-10 연삭숫돌의 수정 ··· 4-39

제5장　드릴링, 보링머신 가공, 슬로터

  5-1 드릴링머신(drilling machine) ·· 4-40
  5-2 드릴링머신의 크기 ··· 4-41
  5-3 절삭공구와 절삭조건 ··· 4-42
  5-4 보링머신(boring machine) ·· 4-44
  5-5 슬로터(slotter) ·· 4-45

제6장　기어가공

  6-1 기어 절삭법 ·· 4-46
  6-2 기어절삭 기계의 종류 ··· 4-47
  6-3 브로칭 머신 ·· 4-47

제7장　정밀입자 및 특수가공

  7-1 래　핑 ··· 4-49
  7-2 호닝(마찰작업) ··· 4-50
  7-3 액체호닝(분사가공) ··· 4-51
  7-4 슈퍼 피니싱 ·· 4-52
  7-5 폴리싱과 버핑 ··· 4-52
  7-6 배럴 다듬질 ·· 4-53
  7-7 버니싱 다듬질 ··· 4-53
  7-8 롤러 다듬질 ·· 4-53
  7-9 쇼트 피이닝 ·· 4-54
  7-10 초음파 가공 ·· 4-54

- 7-11 전해 가공 ………………………………………… 4-55
- 7-12 전해 연마 ………………………………………… 4-55
- 7-13 전해 연삭 ………………………………………… 4-56
- 7-14 화학 연마 ………………………………………… 4-56
- 7-15 화학 밀링 ………………………………………… 4-56
- 7-16 화학 연산 ………………………………………… 4-57
- 7-17 방전 가공(E.D.M) ………………………………… 4-57
- 7-18 레이저 가공 ……………………………………… 4-58
- 7-19 전자 빔 가공 …………………………………… 4-58

제8장 측정

- 8-1 측정기의 선택시 고려사항 …………………… 4-59
- 8-2 측정의 종류 ……………………………………… 4-59
- 8-3 굽힘에 의한 변형 ………………………………… 4-61
- 8-4 아베의 원리 ……………………………………… 4-61
- 8-5 측정 오차 ………………………………………… 4-61
- 8-6 버니어 캘리퍼스 ………………………………… 4-62
- 8-7 마이크로미터 …………………………………… 4-63
- 8-8 다이얼 게이지 …………………………………… 4-64
- 8-9 하이트 게이지 …………………………………… 4-65
- 8-10 블록 게이지의 용도 …………………………… 4-65
- 8-11 한계 게이지 ……………………………………… 4-65
- 8-12 공기 마이크로미터 …………………………… 4-67
- 8-13 사인 바 ………………………………………… 4-67
- 8-14 수사나 측정 …………………………………… 4-68

제9장 수기가공(손 다듬질)

- 9-1 줄의 종류 ………………………………………… 4-69
- 9-2 줄 작업의 종류 ………………………………… 4-70
- 9-3 리머 가공(reaming) …………………………… 4-70
- 9-4 탭 및 다이스 가공 ……………………………… 4-71

제10장 기계안전

- 10-1 일반 공구류 작업의 안전수칙 ········· 4-73
- 10-2 해머 작업의 안전 ························· 4-73
- 10-3 공작 기계의 안전 ························· 4-74
- 10-4 선반 작업의 안전 ························· 4-74
- 10-5 드릴 머신의 작업안전 ··················· 4-75
- 10-6 밀링 작업의 안전 ························· 4-75
- 10-7 연삭 작업의 안전 ························· 4-75
- 10-8 기계의 안전 점검 검사 ················· 4-76
- 10-9 산업안전 ······································ 4-77
- 10-10 산업 재해율 ······························· 4-77
- 10-11 안전표지와 색채 사용도 ············· 4-78
- 10-12 작업별 조명도 ··························· 4-78
- 10-13 소 음 ······································ 4-78
- 10-14 화 상 ······································ 4-79
- 10-15 감 전 ······································ 4-79
- 10-16 소화기의 용도 ··························· 4-79

제 5 편 CNC 공작법

제1장 CNC 공작기계의 개요

- 1-1 CNC의 개요 ································· 5-3
- 1-2 CNC 공작기계에 의한 절삭가공 ····· 5-9

제2장 CNC 선반

- 2-1 CNC 선반의 개요 ························· 5-11
- 2-2 CNC의 표준규격 ··························· 5-14
- 2-3 CNC 선반 프로그래밍 ··················· 5-17

Contents

제3장 CNC 머시닝센터

3-1 머시닝센터(Machining Center)의 개요 ·················· 5-33
3-2 머시닝센터 프로그래밍 ·················· 5-35

제6편 최근 기출문제

2013년 기출문제
2013년 1월 27일 ·················· 6-3
2013년 4월 14일 ·················· 6-14
2013년 7월 21일 ·················· 6-25
2013년 10월 12일 ·················· 6-37

2014년 기출문제
2014년 1월 26일 ·················· 6-3
2014년 4월 6일 ·················· 6-15
2014년 7월 20일 ·················· 6-26
2014년 10월 11일 ·················· 6-36

2015년 기출문제
2015년 1월 25일 ·················· 6-3
2015년 4월 4일 ·················· 6-13
2015년 7월 19일 ·················· 6-23
2015년 10월 10일 ·················· 6-33

2016년 기출문제
2016년 1월 24일 ·················· 6-3
2016년 4월 2일 ·················· 6-14
2016년 7월 10일 ·················· 6-25

CBT 모의고사
제1회 CBT 모의고사 ·················· 6-3
제2회 CBT 모의고사 ·················· 6-13
제3회 CBT 모의고사 ·················· 6-23

제 7 편   국가기술자격 [실기] 시험문제

- 컴퓨터응용밀링기능사 실기 시험문제 ·· 7-2
    1. 컴퓨터응용밀링기능사 과제: NX CAM 따라하기 ························ 7-9
    2. 컴퓨터응용밀링기능사 과제: hyper MILL CAM 따라하기 ········ 7-42

컴/퓨/터/응/용/밀/링/기/능/사

제 **1** 편

기계재료

제 1 장 철강재료 및 탄소강
제 2 장 합 금 강(특수강)
제 3 장 주   철
제 4 장 비철금속재료

제1장 철강재료 및 탄소강

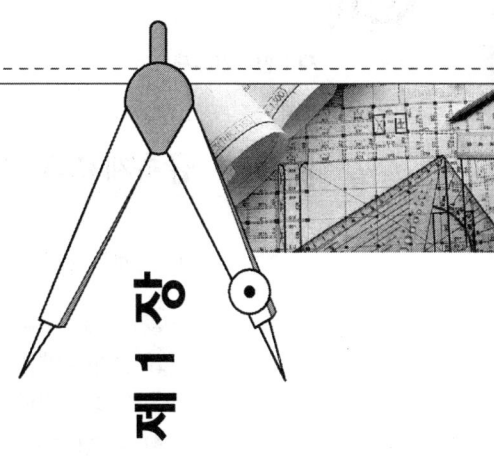

1-1 금속의 특성과 합금

(1) 금속의 공통적 성질

① 실온에서 고체이며, 결정체이다.(단, Hg제외)
② 가공이 용이하고, 연성과 전성이 풍부하고 강도, 경도, 비중이 비교적 크다.
③ 불투명하고 고유의 색상이 있으며, 빛을 반사한다.
④ 전자, 중성자의 배열에 의하여 결정되는 내부구조이고 결정의 내부구조를 변경할 수 있다.
⑤ 비중이 크고, 경도 및 용융점이 높으며 순금속 융점은 그 금속의 고유의 온도이다.
⑥ 열 및 전기의 양도체이다.
⑦ 생성된 결정핵이 성장하여 수지상 결정을 만든다.

(2) 금속의 분류

비중 4.5를 기준으로 경금속과 중금속을 구분한다.
① 경금속 : Al(2.7), Mg(1.74), Na(0.97), Si(2.33), Li(0.53)
② 중금속 : Fe(7.87), Cu(8.96), Ni(8.85), Au(19.32), Ag(10.5), Sn(7.3), Pb(11.34), Ir(22.5)

(3) 합금의 특성

① 강도와 경도가 커지고 전성과 연성이 작아진다.
② 전기전도율 및 열전도율, 융해점이 낮아진다.
③ 두 종류 이상의 결정 입자가 혼합할 때는 내식성이 나빠진다.
④ 담금질 효과가 크다.

1-2 금속재료의 성질

(1) 기계적 성질

① 연성 : 길고 가늘게 늘어나는 성질(연성순서 : Au > Ag > Al > Cu > Pt)
② 전성 : 얇은 판을 넓게 펼칠 수 있는 성질(전성순서 : Au > Ag > Pt > Al > Fe)
③ 인성 : 외력(굽힘, 비틀림, 인장, 압축 등)에 저항하는 질긴 성질
④ 취성(메짐) : 잘 깨지고 부서지는 성질로 인성의 반대
⑤ 소성 : 외력을 가한 후 제거해도 변형이 그대로 유지되는 성질
⑥ 탄성 : 외력을 제거해도 원래대로 돌아오는 성질
⑦ 경도 : 재료의 단단한(무르고 굳은) 정도
⑧ 강도 : 단위 면적당 작용하는 힘. 외력(굽힘, 비틀림, 인장, 압축 등)에 견디는 힘
⑨ 피로 : 작은 힘의 반복 작용에 의해 재료가 파괴되는 현상
⑩ 크리프(Creep) : 재료를 고온으로 가열했을 때 인장강도, 경도 등을 말한다.
⑪ 인장 강도 : 재료의 인장 시험에 있어서 시험편이 파단할 때까지의 최대 인장 하중(W_{max})을, 시험 전 시험편의 단면적(A_o)으로 나눈 값(σ_B). 극한 강도라고도 불리며 재료의 강도 기준의 하나이다.

$$\sigma_B = \frac{W_{max}}{A_o} [\text{N/mm}^2, \text{ MPa}]$$

여기서 σ_B : 인장강도
W_{max} : 최대하중(N)
A_o : 원래의 단면적(mm^2)

⑫ 연신율 : 재료는 인장 하중을 걸면 늘어난다. 이 늘어난 길이의 최초의 길이에 대한 백분율을 연신율이라고 한다.

$$\varepsilon = \frac{L_1 - L}{L} \times 100 (\%)$$

여기서 L : 처음의 표점 거리(mm)
L_1 : 파단되었을 때의 표점 거리(mm)

⑬ 단면수축률 : 인장 시험에 있어서 시험편 절단 후에 생기는 최소 단면적(S_1)과 그의 원단면적(S)과의 차와 원단면적에 대한 백분율을 말한다.

$$\Psi = \frac{S - S_1}{S} \times 100 (\%)$$

여기서 S : 처음 단면적(mm^2)
S_1 : 파단되었을 때의 수축된 최소 단면적(mm^2)

(2) 물리적 성질

① 비열 : 어떤 물질 1g의 온도를 1℃만큼 올리는 데 필요한 열량이다.
② 용융점 : 금속을 가열하면 녹아서 액체로 되는데, 액체로 되는 온도점을 말한다.
③ 비중 : 물(4℃)과 똑같은 부피를 갖는 물체와의 무게의 비를 말한다.
  ㉠ 실용금속가장 가벼운 금속 : Mg(1.74)
  ㉡ 비중이 가장 무거운 금속 : Ir(22.5)
  ㉢ 비중이 가장 가벼운 금속 : Li(0.53)
④ 선팽창 계수 : 어느 길이의 물체가 1℃ 상승할 때 그 길이의 증가와 늘어나기 전 길이와의 비를 말한다.
  ㉠ 선팽창계수가 큰 것 : Pb, Mg, Sn
  ㉡ 선팽창계수가 작은 것 : Ir, Mo, W
⑤ 열전도율 및 전기전도율 : Ag-Cu-Au-Pt-Al-Mg-Zn-Ni-Fe-Pb-Sb
⑥ 금속의 탈색 : Sn-Ni-Al-Mg-Fe-Cu-Zn-Pt-Ag
⑦ 자성
  ㉠ 강자성체 : Fe, Ni, Co
  ㉡ 상자성체 : Al, Pt, Sn, Mn
  ㉢ 반자성체 : Cu, Zn, Sb, Ag, Au
⑧ 융해잠열 : 어떤 금속 1g을 용해시키는 데 필요한 열량을 융해잠열이라 한다.

(3) 화학적 성질

① 부식 : 금속은 접하고 있는 주위 환경의 화학적, 전기화학적인 작용에 의해 비금속성 화합물을 만들어 점차적으로 손실되어가는데 이 현상을 부식이라 한다.
② 내식성 : 금속의 부식에 대한 저항력으로 견디는 성질이다. Cr, Ni 등이 우수하다.
③ 내산성 : 기타 산에 견디는 성질, 염기에 견디는 성질로 내염기성이라 한다.
④ 내열성 : 금속의 열에 대한 저항력으로 견디는 성질이다.

(4) 가공상의 성질

① 주조성 : 금속이나 합금을 녹여 기계 부품인 주물을 만들 수 있는 성질
② 소성 가공성 : 재료에 외력을 가하여 원하는 모양으로 만드는 작업
③ 접합성 : 재료의 용융성을 이용하여 두 부품을 접합하는 성질
④ 절삭성 : 절삭공구에 의해서 금속재료가 절삭되는 성질

1-3 금속의 결정

(1) 금속 원자 결정

① 체심입방격자(BCC) : 융점 높고 강도 크다.(소속 원자수 : 2개, 배위수 < 인접 원자수 > : 8개)
　• Cr, W, Mo, V, Li, Na, Ta, K, α-Fe, δ-Fe
② 면심입방격자(FCC) : 전연성, 전기전도율 크다. 가공성 우수(소속 원자수 : 4개, 배위수 : 12개)
　• Al, Ag, Au, Cu, Ni, Pb, Ca, Co, γ-Fe
③ 조밀 육방 격자(HCP) : 전연성, 접착성, 가공성 불량(소속 원자수 : 2개, 배위수 : 12개)
　• Mg, Zn, Cd, Ti, Be, Zr, Ce

(2) 금속의 변태

• 변태(Transformation) : 고체 → 액체(액체 → 고체)로 결정격자의 변화가 생기는 것
• 변태점 측정법 : 열분석법, 시차열분석법, 비열법, 전기저항법, 열팽창법, 자기분석법, X선분석법
• 동소체(Allotropy) : 상이 같은 물질이지만 결정격자가 다른 것. α, γ, δ고용체

① 동소변태
　㉠ 고체 내에서 원자 배열이 변화로 생긴 것(결정격자 모양이 바뀜)
　㉡ 성질이 일정한 온도에서 급격히 비연속적으로 변화가 생긴 것.
　㉢ 동소변태 금속은 Fe(A_3 : 912℃, A_4 : 1400℃), Co(480℃), Ti(883℃), Sn(18℃)
　㉣ α-Fe(BCC) : 910℃ 이하에서 체심입방격자 γ-Fe(FCC)
　㉤ 910~1400℃에서 면심입방격자
　㉥ δ-Fe(BCC) : 1400~1538℃에서 체심입방격자
　㉦ A_3 변태 : α-Fe ⇔ γ-Fe
　㉧ A_4 변태 : γ-Fe ⇔ δ-Fe

② 자기변태(curie point)
　㉠ 원자배열에 변화가 생기지 않고 원자내부에 어떤 변화를 일으킨 것이다.
　㉡ 점진적이고 연속적으로 변화가 생기며, 자기의 세기가 768℃(A_2점) 부근에서 급격히 변화한다.
　㉢ 자기변태를 일으키는 금속으로 Fe : 768℃, Ni : 360℃, Co : 1120℃ 등이 있다.

(3) 합금의 상태도

① 상률 : 계중의 상이 평형을 유지하기 위한 자유도를 규정한 법칙이다.
　㉠ 상(相) : 어느 부분이나 균일하고 불연속적이며, 명확히 경계된 부분으로 되어 있는 분자와 원자의 집합 상태를 말한다.

     ⓒ 계(系) : 집합의 물체를 외계와 차단하여 그 물질 이외의 것은 물리적 교섭이 없는 상태로 있다고 생각할 때 계라고 한다.

> **참고** $F=n+2-P$ (F : 자유도, n : 성분수, P : 상의 수)
> 압력을 무시하면(응고계 상률) : $F=n+1-P$

  ② 공정(eutectic) : 2개 성분(成分)의 금속이 용해된 상태에서는 균일한 용액으로 되나 응고 후에는 금속 성분이 각각 결정이 되어 분리되며 전연 고용체를 만들지 않고 기계적으로 혼합된 조직으로 되는 반응을 말하며, 이때의 결정을 공정(eutectic)이라 한다. 액체 ↔ 고체A+고체B(기계적 혼합)
  ③ 고용체 : 금속원자가 서로 녹아서 고체를 이룬 것으로서 용매금속의 결정 중에 용질금속의 원자나 분자가 녹아 들어가 응고된 고용체라 한다. 고체A+고체B ↔ 고체C(기계적 방법 구분 不可)
     ⊙ 침입형 고용체 : Fe-C
     ⓒ 치환형 고용체 : Ag-Cu, Cu-Zn
     ⓒ 규칙격자형 : Ni_3-Fe, Cu_3-Au, Fe_3-Al
  ④ 포정 : 하나의 고체에 다른 융체가 작용하여 다른 고체를 형성하는 반응을 말하며, 이때의 고체를 포정(peritectic)이라 한다. 고체A+액체 ↔ 고체B
  ⑤ 편정 : 일종의 융액에서 고상과 다른 종류의 융액을 동시에 생성하는 반응을 말하며, 이때의 결정을 편정(monotectic)이라 한다. 고체+액체A ↔ 액체B
  ⑥ 공석 : 하나의 고용체로부터 2종의 고체가 일정한 비율로 동시에 석출하는 반응이다. α(페라이트)+Fe_3C(시멘타이트)=α+Fe_3C(펄라이트)
  ⑦ 금속간 화합물 : 2종 이상의 금속 원소가 간단한 원자비로 결합되어 본래의 성분 금속과는 다른 새로운 성질을 가진 물질이 형성되며 그 원자도 규칙적으로 결정 격자점을 보유하는 화합물을 금속간 화합물(예 : Fe_3C, WC, $CuAl_2$)이라 한다.

1-4 금속 가공

(1) 소성 변형

금속에 외력을 가하였다가 외력을 제거하여도 원상태로 되돌아오지 않고 영구변형을 일으키는 것을 말한다.

(2) 단결정과 소성 변형

  ① 미끄럼(slip) : 재료에 외력이 작용할 때 어떤 방향으로 미끄러져 이동하는 현상
  ② 쌍정(twin) : 변형 전과 후의 위치가 경계로 하여 대칭의 관계를 가진 원자배열의 결정부분

③ 전위(dislocation) : 금속의 결정격자가 불안전하거나 결함이 있을 때 외력을 작용하면 이곳으로 이동이 생기는 현상

(3) 가공경화

① 재료에 외력을 가하여 변형시키면 굳어지는 현상
② 보통 냉간가공으로 경도가 크고 강해진 현상

(4) 냉간(상온) 가공시 기계적 성질

- 냉간(상온) 가공의 장점 : 제품의 치수 정확, 가공면이 아름답고, 기계적 성질 개선, 강도 및 경도 증가, 연신율 감소
- 냉간(상온) 가공의 단점 : 가공방향으로 섬유조직이 되어 방향에 따라 강도가 다르다.

① 시효 경화(Age hardening) : 냉간 가공시 시간 경과로 경화되는 현상으로 기계적 성질은 변화하나 나중에는 일정한 값을 나타내는 현상으로 황동, 두랄루민, 강철 등이 잘 일어나며, 인공적으로 100~200℃높여 시효경화를 촉진시키는 것을 인공시효라 한다.(100~200℃ 높여준다.)
② 바우싱거 효과 : 동일방향에서의 소성변형에 대하여 전에 받던 방향과 반대의 변형을 부여하면 탄성한도가 낮아지는 현상을 말한다.
③ 회복 : 냉간(상온) 가공에 의해서 내부응력을 일으킨 결정입자가 가열에 의해서 그 모양은 바뀌지 않고 내부응력이 감소하는 현상이다.
④ 재결정 : 가공 경화된 재료를 가열시 결정 핵이 성장하여 전체가 새로운 결정으로 변화
　㉠ 가공도 작을수록 크고, 가열시간은 길수록 크고, 가열온도가 높을수록 크다.
　㉡ 재결정 온도 : 열간(고온) 가공과 냉간(상온) 가공이 구분되는 온도
　　- Fe : 350~500℃　　- W : 1200℃　　- Mo : 900℃
　　- Ni : 600℃　　- Pt : 450℃　　- Au, Ag, Cu : 200℃

1-5 철강 재료의 개요

(1) 철강의 분류

① 철강 재료는 일반적으로 순철, 강 주철의 세 종류로 구분한다. 이 중에서 순철은 공업용으로 사용 빈도가 적으며, 탄소가 적당히 함유된 강과 주철이 주로 사용된다.
② 보통 강과 주철은 탄소 함유량으로 구분하는데, 학술상 분류는 강은 아공석강(0.025~0.77%C), 공석강(0.77%C), 과공석강(0.77~2.11%C)으로 되어 있고, 주철은 아공정 주철(2.11~4.3%C), 공정 주철(4.3%C), 과공정 주철(4.3~6.68%C)로 되어 있다.

③ 강을 탄소강과 합금강으로 분류하는 경우도 있는데, 탄소강은 탄소(C) 이외에 규소(Si), 망간(Mn), 인(P), 황(S) 등의 5대 원소가 분순물의 성격으로 약간 포함한 것이고, 합금강은 탄소강에 특수한 성질을 부여하기 위해 니켈(Ni), 크롬(Cr), 망간(Mn), 규소(Si), 몰리브덴(MO), 텅스텐(W), 바나듐(V) 등의 합금 원소를 한 가지 또는 그 이상 첨가한 것이다.

(2) 철강 재료의 5대 원소

C(강에 가장 큰 영향), S < 0.05%, P < 0.04%, Si < 0.1~0.4%, Mn < 0.2~0.8%

(3) 제철법

① 철광석 : 적·자·갈·능철광 → Fe 40~60% 이상
② 선철(pig iron) : 철광석을 용광로에 넣어서 정련하여 만든 철
③ 용제 : 석회석, 형석, 백운석 등이 있으며, 철과 불순물을 분리시킨다.

(4) 제강법

① 평로 제강법 : 바닥이 낮고 넓은 반사로
　㉠ 산성법 : 규소 내화물(저P, 고Si)
　㉡ 염기성법 : 돌로마이트 또는 마그네시아(고P, 저Si)
② 전로 제강법 : 노안에 용선 장입 후 공기를 불어넣어 불순물을 산화시켜 제강
　㉠ 베세머법(산성법) : 규소 내화물(저P, 고Si)
　㉡ 토머스법(염기성법) : 돌로마이트 또는 마그네시아(고P, 저Si)
③ 전기로 제강법 : 전열을 이용하여 강을 제련한다. 온도조절이 용이, 제품이 고가
　㉠ 종류 : 아아크식, 유도식, 저항식

> 참고　용량 : 1회에 생산되는 용강의 무게

1-6 강괴의 종류 및 특징

(1) 킬드강

완전히 탈산한 강으로 강괴의 중앙 상부에 큰 수축관이 생긴다.

(2) 세미 킬드강

킬드강과 림드강의 중간 정도로 탈산한 강

(3) 림드강

탈산 및 기타 가스 처리가 불충분한 상태의 강으로 주형의 외벽으로 림(rim)을 형성한다.

(4) 캡드강

림드강을 변형시킨 강으로 비등을 억제시켜 림 부분을 얇게 한 강이며 탈산제로 Fe-Si, Al, Fe-Mn 등이 쓰인다.

(5) 강괴의 결함

① 비등작용 : 산소(O_2)와 탄소(C)가 반응한 코발트(Co)의 생성 가스가 대기 중으로 빠져나가는 현상으로 끓는 것처럼 보인다. 림드강에서 발생한다.
② 헤어크랙(Hair Crack) : 수소(H_2)가스에 의해 머리칼 모양으로 미세하게 갈라지는 균열하는 것으로 킬드강에서 발생한다.
③ 백점 : 수소의 압력이나 열응력, 변태응력 등에 의해 생긴 균열이 생긴다. 이 외에 수축관, 수축공, 기포, 편석 등이 있으며 킬드강에서 발생한다.

1-7 순철

(1) 순철의 용도

탄소의 함유량이 0~0.025% 정도이므로 연하고 전연성이 풍부하고, 기계 재료로는 거의 쓰이지 않으나 항장력이 낮고 투자율이 높기 때문에 변압기 및 발전기용 발철판의 전기 재료로 많이 사용된다.

(2) 순철의 변태

① 순철의 변태점에는 동소변태 A_2(768℃), A_3(910℃)이고, 자기변태 A_4(1400℃) 점이 있다.
② 순철에는 α철, γ철, δ철의 3개 동소체가 있으며 910℃ 이하에서는 α철로 체심입방격자, 910~1400℃에서는 γ철로 안정한 면심입방격자로 되며, 1400℃ 이상에서는 δ철로 체심입방격자이다.
③ 강은 강자성체이나 가열하면 자성이 점점 약해져서 768℃부근에서는 급격히 상자성체가 되는데 이러한 변태를 자기변태(A_2)라 하고, 앞에서 말한 격자 변화를 동소변태(A_3, A_4)라 한다. 또한 변태가 일어나는 온도를 변태점이라 하다.
④ 동소변태는 원자배열의 변화가 생기므로 상당한 시간을 요한다.
⑤ 자기변태는 원자배열의 변화가 없으므로 가열, 냉각시 온도변화가 없다.

(3) 순철의 성질

① 순철의 종류로는 아암코철, 전해철, 카보닐철 등이 있으며 카보닐철이 가장 순수하다.
② 항자력이 낮고 투자율이 높아 전기재료(변압기, 발전기용 박판)로 사용
③ 단접성, 용접성 양호하나 유동성 및 열처리성 불량
④ 상온에서 전연성 풍부하며 항복점·인장강도 낮고, 연신율·단면수축률·충격값·인성은 높다.
⑤ 순철의 물리적 성질은 비중(7.87), 용융점(1,538℃), 열전도율이 0.18, 인장강도 177~245MPa(18~25N/mm^2), 브리넬경도 586~687MPa(60~70N/mm^2)

1-8 Fe-C계 평형상태도

720℃에서 A_1변태, 768℃에서 A_2변태, 910℃에서 A_3변태, 1400℃에서 A_4변태가 일어난다. A_2변태점 이하의 온도의 것을 α철, A_2변태점에서 A_3변태점까지의 온도의 것을 β철이라 한다. 또 A_3변태점 온도에서 A_4변태점 온도까지의 것을 γ철이라 하고 A_4로부터 용융점에 1536.5℃까지의 것을 δ철이라 한다.

(1) 변태점

① A_0(210℃) : 시멘타이트의 자기 변태점
② A_1(723℃) : 순철에는 없고 강에서만 일어나는 특유한 변태
③ A_2(768℃) : 자기변태(Fe, Ni, Co)
④ A_3(912℃) : 동소변태
⑤ A_4(1,400℃) : 동소변태

(2) 강의 표준조직(Normal Structure)

① α고용체 : Ferrite(강자성체로 극히 연하고 전성과 연성이 크다. H_B=90)
② γ고용체 : Austenite(A_1점에서 안정된 조직으로 상자성체이고 인성이 크다. H_B=155)
③ Fe_3C : Cementite(경도가 높고 취성이 크며 백색으로 상온에서 강자성체. H_B=820)
④ $\alpha + Fe_3C$: Pearlite(오스테나이트가 페라이트와 시멘타이트의 층상으로 된 조직. 강도는 크고 어느 정도 연성이 있다. H_B=225)
⑤ $\gamma + Fe_3C$: Ledeburite(상온에서 불안정하고 Fe_3C는 흑연과 지철(地鐵)로 분해한다.)

(3) 탄소함량에 따른 분류

① 강
  ㉠ 공석강 : 0.77%C(펄라이트)
  ㉡ 아공석강 : 0.025~0.77%C(페라이트+펄라이트)
  ㉢ 과공석강 : 0.77~2.0%C(펄라이트+시멘타이트)
② 주 철
  ㉠ 공정주철 : 4.3%C(레데뷰라이트)
  ㉡ 아공정주철 : 2.0~4.3%C(오스테나이트+레데뷰라이트)
  ㉢ 과공정주철 : 4.3~6.67%C(레데뷰라이트+시멘타이트)
    - 포정점 : 0.18%C, 1,492℃
    - 공석점 : 0.77%C, 723℃
    - 공정점 : 4.3%C, 1,147℃(상온 표준조직 : 퍼얼라이트)

1-9 탄소강의 표준조직

강을 단련하여 불림(normalizing)처리, 즉 표준화 처리한 것을 말하며 조직에는 다음과 같은 용어가 있다.

(1) 오스테나이트(austenite)

γ철에 탄소가 1.7% 이하로 고용된 고용체로서 페라이트보다 굳고 인성이 크다. 그러나 이것은 비자성이다. A_1점(723℃) 이상에서 안정된 조직을 갖는다.

(2) 페라이트(ferrite)

α(BCC)철에 극히 소량(상온에서 0.006%, 721℃에서 최대 0.03%)까지 탄소가 고용된 고용체이며, α고용체라고도 한다. 이것은 극히 연하고 연성이 크나 인장 강도는 작고 상온에서 강자성체이다. 파면의 백색을 띠며 순철의 바탕 조직이다.

(3) 펄라이트(pearlite)

A_1변태점에서 오스테나이트의 분열에 의하여 생기는 것으로 탄소 0.85%C의 함유하며 γ고용체가 723℃에서 분열하여 생긴 페라이트와 시멘타이트의 공석정으로 페라이트와 시멘타이트가 층으로 나타나며 앞에서 설명한 페라이트보다 경도가 크고 강하며 자성이 있다. 탄소강의 기본조직이다.

(4) 시멘타이트(cementite)

시멘타이트는 철(Fe)과 탄소(C)의 화합물인 탄화철(Fe_3C)로서 탄소를 6.68%의 탄소를 함유한 탄화철로 경도와 취성이 커서 잘 부스러지는 성질, 즉 메짐성이 크며 백색이다. 상온에서 강자성체이며, 담금질을 해도 경화되지 않고 화학식으로는 Fe_3C로 표시한다.

(5) 레데부라이트(ledeburite)

γ고용체와 시멘타이트의 공정조직으로 주철에 나타난다.

> **참고** | 조직의 경도순서
> 시멘타이트 > 마텐자이트 > 트루스타이트 > 베이나이트 > 솔바이트 > 펄라이트 > 오스테나이트 > 페라이트

1-10 탄소강의 온도에 따른 여러 가지 취성

(1) 청열 취성

강은 온도가 높아지면 전연성이 커지나, 200~300℃에서는 강도는 크지만, 연신율은 대단히 작아져서 결국 메짐성을 증가한다. 이때의 강은 청색의 산화피막을 형성하는데, 이것을 청열 취성(메짐성)이라고 한다.

(2) 적열 취성

강이 900℃ 이상에서 황이나 산소가 철과 화합하여 산화철이나 황화철을 만든다. 황(S)이 많은 강은 고온에 있어서 여린 성질을 나타내는데 이것을 적열 취성이라고 한다.

(3) 상온 취성

인(P)은 강의 결정 입자를 조대화시켜서 강을 여리게 만들며, 특히 상온 또는 그 이하의 저온에 있어서는 특별히 현저해 진다. 인(P)은 상온 메짐성 또는 냉간 메짐성의 원인이 된다.

(4) 고온 취성

강은 구리(Cu)의 함유량이 0.2% 이상(일반적으로 Cu 1.0% 이하)으로 되면 고온에 있어서 현저히 여리게 되며, 결국 고온 메짐성을 일으킨다.

(5) 냉간(저온) 취성

강은 일반적으로 충격값은 100℃ 부근에서 최대이며, 상온 이하에 있어서는 현저히 여리게 된다. 이것을 냉간 메짐성이라고 한다.

1-11 탄소강 중의 타 원소의 영향

(1) 규소(Si)

강의 경도, 탄성 한계, 인장 강도를 증가시키며, 연신율, 충격값, 전성, 가공성은 감소시킨고 단접성을 해치고 주조성(유동성)을 좋게 하며 결정입자의 크기를 중대시켜 거칠어진다. 탄소함량은 0.10~0.35%이다.

(2) 망간(Mn)

황과 화합하여 적열취성방지(MnS)하게 되어 황의 해를 제거하며, 고온 가공을 용이하게 한다. 강도, 경도, 인성을 증가시키며, 고온에 있어서는 결정 입자의 성장을 방해한다. 소성을 증가시키고 주조성을 좋게 한다. 담금질 효과를 크게 하며 탈산제로도 사용되며, 강중의 탄소함량은 0.20~0.80%이다.

(3) 인(P)

경도와 강도를 증가시키고, 연신율이 감소하며 가공 시 편석 및 균열을 일으킨다. 상온메짐성의 원인이 된다. 기포가 없는 주물을 만들 수 있고, 절삭성이 좋아진다.

(4) 황(S)

적열 상태에서는 메짐성이 커 적열취성의 원인이 되며, 인장강도, 연신율, 충격값을 감소시킨다. 강의 용접성을 나쁘게 하며, 강의 유동성을 해치고 기포를 발생시킨다. 망간과 화합하여 절삭성이 좋아진다.

(5) 구리(Cu)

인장 강도, 탄성 한도를 증가시키고 내식성을 증가시킨다. 압연시 균열의 원인이 된다.

(6) 가스(O_2, N_2, H_2)

산소는 적열 메짐성의 원인이 되며, 질소는 경도와 강도를 증가시키고, 수소는 백점(flake)이나 헤어 크랙(hair crack)의 원인이 된다.

1-12 탄소강과 그 용도

(1) 0.15%C 이하의 저탄소강

탄소량이 적어 담금질 뜨임에 의한 개선이 어려워 냉간가공을 하여 강도를 높여 사용할 때가 많다. 대상강, 박강판, 강선 등에는 냉간 가공성이 좋으며 규소 함유량이 적은 저탄소강이 사용된다. 보일러용 강판 및 강관은 냉간 가공성, 용접성, 내식성이 좋아야 하므로 저탄소강이 가장 적당하다.

(2) 0.16~0.25%C 탄소강

강도에 대한 요구보다도 절삭 가공성을 중요시하는 것으로 0.15%C 부근의 것은 침탄용강 또는 냉간 가공용 강으로 널리 사용된다. 0.25%C 부근의 것은 볼트, 너트, 핀, 등 용도는 극히 넓다. 엷은 탄소강 관재로는 0.15~0.25%C 정도가 많이 사용된다. 강주물도 이 범위의 탄소량의 것이 주조가 가장 쉽다.

(3) 0.25~0.35%C 탄소강

이 범위의 탄소강은 단조, 주조, 절삭가공, 용접 등 어떠한 경우에도 쉽다. 또한 조질에 의해서 재질을 개선할 수도 있다. 담금질, 뜨임을 실시하면 대단히 강인해 지며 차축기타 일반 기계 부품에서는 압연 또는 단조 후 풀림이나 불림을 행하므로 열간가공에 의해서 조대화 또는 불균일하게 된 결정입자를 균일 미세화해서 그대로 절삭 가공만을 하여 사용한다.

(4) 0.35~0.60%C 탄소강

취성이 있고 담금질성은 크나 담금질 균열이 생기기 쉽다. 열균열이 생기기 쉽고 인성도 불충분하기 때문에 크랭크축, 기어 등에 사용할 때는 설계상 충분히 주의해야 하며, 이 범위의 탄소강은 비교적 용도가 적다.

(5) 0.65%C 이상의 고탄소강

구조용재로서 0.6%C 이상의 고탄소강을 사용하는 일은 거의 없으나 공구강, 핀, 차륜, 레일(rail), 스프링 등과 같은 내마모성, 고항복점을 요구하는 물품에 사용된다.

1-13 탄소함량에 따른 분류

① 가공성만을 요구하는 경우 : 0.05~0.3% C
② 가공성과 강인성을 동시에 요구하는 경우 : 0.3~0.45% C
③ 가공성과 내마모성을 동시에 요구하는 경우 : 0.45~0.65% C
④ 내마모성과 경도를 동시에 요구하는 경우 : 0.65~1.2% C

1-14 주 강

주철은 주물을 만들기 쉽지만 종래의 편상 흑연 주철로는 강도가 부족하고 취성이 있는 결점이 있어 보다 강인한 주물이 필요한 시에 주강 주물이 사용된다.

(1) 주강의 성질

① 주강은 단조강 보다 가공 공정을 줄일 수 있고 균일한 재질을 얻을 수 있다.
② 대량생산에도 적합하다. 하지만 용융점이 높이 주조하기가 힘든 단점이 있다.
③ 수축률은 주철의 2배이며 주조시 응력이 크고 기포가 발생되기 쉽다.
④ 주조시에는 조직이 억세고 메지기 때문에 주조 후 반드시 열처리해야 한다.

(2) 주강의 종류

종류에는 0.3%C 이하의 저탄소 주조강, 0.2~0.5%C의 중탄소강 0.5%C 이상의 고탄소 주강이 있으며, C, Si, Mn의 %는 규정하지 않고 P, S만 규정하고 있다. 또 강도, 내식, 내열, 내마모성 등이 요구되는 경우 Ni, Mn, Cu, Mo 등이 첨가 된 특수 주강을 사용한다.

1-15 강의 열처리

1. 담금질(quenching)

담금질은 강을 강도 및 경도를 증가시킬 목적으로 아공석강인 경우 $A_3+50°C$, 공석강과 과공석강인 경우는 $A_1+50°C$의 높은 온도로 일정 시간 가열한 후 물 또는 기름과 같은 담금질제 중에서 급랭시키는 조작이다. 즉 오스테나이트 조직에서 급랭함에 따라 강의 변태를 정지시키고 마텐자이트 조직을 얻는 방법이다.

담금질 조직의 경한 순으로 나열하면 다음과 같다.
시멘타이트(HB850) > 마텐자이트(HB650) > 트루스타이트(HB430) > 소르바이트(HB270) > 펄라이트(HB200) > 오스테나이트(HB130) > 페라이트(HB100)

냉각속도가 클수록 오른쪽 조직이 얻어지며, 경도는 이 순서대로 높아지며 냉각방법 다음과 같다.
- 급랭 : 소금물, 물, 기름에서 급속히 냉각
- 노냉 : 노내에서 서서히 냉각
- 공랭 : 공기 중에서 자연냉각
- 항온냉각 : 급랭 후 일정 온도 유지한 다음 냉각

(1) 질량효과(mass effect)

재료를 담금질할 때 질량이 작은 재료는 내·외부에 온도차가 없으나 질량이 큰 재료는 열의 전도에 시간이 길게 소요되어 내·외부에 온도차가 생겨 외부는 경화되어도 내부는 경화되지 않는 현상이다. 질량이 큰 재료일수록 질량효과가 크며 담금질 효과가 감소한다.

2. 뜨임(tempering)

담금질한 강은 경도는 크나 반면 취성을 가지게 되므로 경도는 약간 낮추고 인성을 증가시키기 위해 재가열하여 서냉하는 열처리이며, 불안정한 조직을 안정화하는 것으로 재결정온도 이하에서 행한다. 재결정온도 이상으로 가열 유지시키면 담금질 전의 상태로 되돌아가게 된다.
담금질한 강을 재가열하면 마텐자이트 → 트루스타이트 → 소르바이트 → 펄라이트로 변화한다.

(1) 뜨임 방법

① 저온뜨임 : 주로 150~200℃ 가열 후 공랭시키며 내부응력을 제거하고 경도를 유지하면서 변형 방지, 내마모성 향상과 고속도강, 합금강 등의 잔류 오스테나이트를 안정화시키기 위해서 한다. 주로 절삭공구, 게이지, 공구 등이 뜨임에 사용한다.

② 고온뜨임 : 주로 500~600℃ 가열 후 급랭시키며 뜨임 취성이 발생한다. 솔바이트 조직을 얻기 위해서 강도와 인성이 풍부한 조직으로 만들기 위해서는 고온에서 뜨임을 하는데 이것을 고온뜨임이라 한다. 따라서 구조용 강과 같이 높은 강도와 풍부한 인성이 요구되고 좋은 절삭성이 요구되는 것은 열처리를 한 후 고온뜨임을 하여 사용한다.

③ 뜨임은 담금질 후 뜨임처리를 실시하는데 이와 같이 담금질과 뜨임을 같이 실시하는 조작을 조질이라 하며, 상온가공한 강을 탄성한계를 향상시키기 위해 250~370℃로 가열하는 작업을 블루잉(bluing)이라 한다.

(2) 뜨임 균열

① 발생 원인 : 탈탄층이 있을 때, 급히 가열하였을 때, 급히 냉각하였을 때
② 방지책 : 뜨임 전에 탈탄층을 제거하고, 급가열을 피하며 서냉한다.

3. 불림(normalizing)

불림은 내부응력을 제거하면서 기계적, 물리적 성질을 표준화하는 것으로 단조, 압연 등의 소성가공이나 주조로 거칠어진 조직을 미세화하고, 편석이나 잔류응력을 제거하기 위해 A_3변태점보다 약 30~50℃ 높게 가열하여 대기 중에서 공랭하는 조작을 불림이라 한다.

불림처리한 강의 성질은 결정입자와 조직이 미세하게 되어 경도, 강도가 크게 증가하고 연신율과 인성도 다소 증가한다.

4. 풀림(annealing)

재료를 단조, 주조 및 기계 가공을 하면 조직이 불균일하며 거칠어지고 가공경화나 내부응력이 생기게 되는데 이를 제거하기 위해 변태점 이상의 적당한 온도로 가열하여 서서히 냉각시키는 작업을 풀림이라 한다.

(1) 풀림의 목적

① 기계적 성질 및 피절삭성의 개선이 개선되며 조직이 균일화된다.
② 내부응력 및 재료의 불균일을 제거시킨다.
③ 인성의 증가 및 조직을 개선하고 담금질 효과를 향상시킨다.

(2) 풀림의 종류

① 완전풀림 : 일반적으로 풀림이라면 완전풀림을 말하며, 탄소강을 고온으로 가열하면 결정입자가 커지고, 재질이 약해진다. 이 결점을 제거하기 위하여 A_3~A_1 변태점보다 30~50℃ 높은 온도에서 풀림을 한다.
② 구상화 풀림 : 펄라이트 중에 시멘타이트가 망상으로 존재하면 가공성이 나쁘고 여리고 약해지며 담금질할 때 변형이나 균열이 생기기 쉽다. 이것을 방지하기 위해 AC_3~Acm ±(20~30℃)에서 가열과 냉각을 반복하던가 장시간 가열 후 서냉하여 망상조직을 구상화시킨다. 공구강과 같은 고탄소강은 담금질하기 전에 반드시 시멘타이트를 구상화하여야 한다.

③ 저온풀림 : 응력을 제거하는 목적으로 500~600℃로 가열 후 서냉하는 응력제 거풀림이다.

5. 심냉처리(sub zero-treatment)

담금질 후 경도 증가, 시효변형 방지하기 위하여 0℃ 이하의 온도로 냉각하면 잔류 오스테나이트를 마텐자이트로 만드는 처리를 심냉처리라 한다. 특히, 스테인리스강에서의 기계적 성질 개선과 조직 안정화와 게이지강에서의 자연시효 및 경도 증대를 위해 실시한다.

(1) 심냉처리의 목적

① 공구강의 경도 증대 및 성능이 향상되고 강을 강인하게 만든다.
② 게이지 등 정밀기계부품의 조직을 안정화시키고, 형상 및 치수의 변형을 방지한다.
③ 스테인리스강에서의 기계적 성질을 개선시킨다.

6. 항온 열처리(Isothermal Heat Treatment)

변태점 이상으로 가열한 강을 보통의 열처리와 같이 연속적으로 냉각하지 않고 염욕 중에 담금질하여 그 온도로 일정한 시간 동안 항온 유지하였다가 냉각하는 열처리를 항온 열처리라 하다. 담금질과 뜨임을 같이 할 수 있고, 담금질의 균열을 방지할 수 있어 경도와 인성이 동시에 요구되는 공구강, 합금강의 열처리에 사용된다.

(1) 강의 항온냉각변태곡선

강을 오스테나이트 상태에서 A_1점 이하의 항온까지 급랭하여 이 온도에 그대로 항온 유지했을 때 일어나는 변태를 항온변태(isothermaltrans-formation)라 하고, 이 항온변태 및 조직의 변화를 시간에 대하여 그림으로 나타낸 것을 항온변태곡선(time-temperatrue transformation ; TTT curve) 또는 그 모양이 S자이므로 S곡선이라고도 한다. 베이나이트(bainite)는 마텐자이트와 트루스타이트의 중간상태의 조직이다.

(2) 연속냉각변태곡선

강재를 오스테나이트 상태에서 급랭 또는 서냉 할 때의 냉각곡선을 연속냉각변태곡선(continuous cooling transformationcurve ; CCT curve)이라 한다.

(3) 항온 열처리 종류

① 등온풀림(Isothermal annealing)
풀림온도로 가열한 강재를 S곡선의 코(nose) 부근의 온도(600~650℃)에서 항온

변태시킨 후 공랭한다. 공구강, 특수강, 기타 자경성이 강한 특수강의 풀림에 적합하다.

② 항온 담금질(Isothermal quenching)
  ㉠ 오스템퍼(austemper) : 오스테나이트 상태에서 Ar'와 Ar"(Ms점) 변태점 사이의 온도에서 염욕에 담금질한 후 과냉한 오스테나이트가 변태 완료할 때까지 항온으로 유지하여 베이나이트를 충분히 석출시킨 후 공랭하는 열처리로서 베이나이트 조직이 되며 뜨임이 필요 없고 담금질 균열이나 변형이 잘 생기지 않는다.
  ㉡ 마템퍼(martemper) : 담금질 온도로 가열한 강재를 Ms와 Mf점 사이의 열욕(100~200℃)에 담금질하여 과냉 오스테나이트의 변태가 거의 완료할 때까지 항온 유지한 후에 꺼내어 공랭하는 열처리로서 마텐자이트와 베이나이트의 혼합조직이며, 경도와 인성이 크다.
  ㉢ 마퀜칭(marquenching) : 담금질 온도까지 가열된 강을 Ar"(Ms)점보다 다소 높은 온도의 열욕에 담금질한 후 마텐자이트로 변태를 시켜서 담금질 균열과 변형을 방지하는 방법으로 복잡하고, 변형이 많은 강재에 적합하다.
  ㉣ MS 퀜칭(MS quenching) : 담금질 온도로 가열한 강재를 MS점보다 약간 낮은 온도의 열욕에 넣어 강의 내외부가 동일 온도로 될 때까지 항온 유지한 후 꺼내어 물 또는 기름 중에 급랭하는 방법이다.
  ㉤ 패턴팅 : 패턴팅은 시간 담금질을 응용한 방법이며 피아노선 등을 냉간가공 할 때 이 방법이 쓰인다. 패턴팅은 재료의 조직을 소르바이트 모양의 펄라이트 조직으로 만들어 인장강도를 부여하기 위한 것으로서 냉간가공 전에 한다. 고탄소강의 경우에는 900~950℃의 오스테나이트 조직으로 만든 후 400~550℃의 염욕 속에 넣어 담금질한다.

③ 항온 뜨임(isothermal tempering)
MS점(약 250℃) 부근의 열욕에 넣어 유지시킨 후 공냉하여 마텐자이트와 베이나이트의 혼합된 조직을 얻는다. 고속도강이나 다이스(dies)강 등의 뜨임에 이용되는 방법으로 뜨임온도로부터 항온 유지시켜 2차 베이나이트가 생기지 않는다.

합금강 (특수강) 제2장

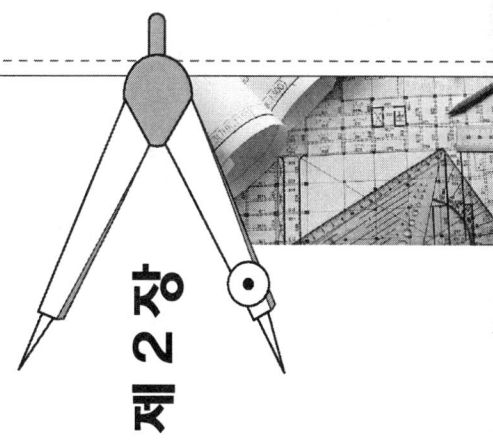

2-1 강에서 합금원소의 영향

탄소강에서 얻을 수 없는 특별한 성질을 얻기 위해서 양질의 강괴를 선정하여 여기에 탄소 이외의 Mn, Si, Ni, Cr, Mo, V 등의 합금원소를 첨가하면 목적하는 강도가 증가됨에 따라 인성도 좋아져서 경량화에 유리한 특수 재료를 얻을 수 있다. 이러한 강을 합금강 또는 특수강이라 한다. 합금강은 용도에 따라 구조용, 공구용, 특수 용도용으로 구분한다.

(1) 합금강의 목적

① 강의 경화능 증가로 기계적 성질의 향상(강도, 경도, 인성, 내피로성)
② 고온 및 저온에서의 기계적 성질의 저하 방지
③ 높은 뜨임온도에서 강도 및 연성유지
④ 담금질성의 향상
⑤ 단접 및 용접의 용이
⑥ 전자기적 성질의 개선
⑦ 결정 입도의 성장방지

(2) 일반적인 합금 원소의 영향

① 탄소 : 주된 경화 원소
② 유황 : 기계가공성 향상
③ 인 : 기계가공성 향상
④ 망간 : 경도의 증대, 내마멸성 증가, 황의 메짐 방지, 탈황제

⑤ 니켈 : 강인성, 내식성, 내마멸성의 증대, 저온 충격 저항 증가
⑥ 크롬 : 내식성(15%크롬보다 많은 경우), 경도 깊이(15%크롬보다 낮은 경우), 내마모성 증가
⑦ 규소 : 전자기 특성, 내식성, 내열성 우수
⑧ 몰리브덴 : 경도 깊이증가, 고온에서의 강도, 인성 증대, 뜨임 메짐 방지, 텅스텐 효과의 2배
⑨ 바나듐, 티탄, 이리듐 : 입자 미세화, 결정 입자의 조절, 경화성은 증가하나 단독사용 안 됨
⑩ 텅스텐 : 경화능, 고온에 있어서의 경도와 인장 강도 증가
⑪ 실리콘 : 유동성, 탈산제
⑫ 실리콘과 망간 : 작업 경화능력 향상
⑬ 알미늄 : 탈산제
⑭ 붕소(boron) : 경화능력 향상
⑮ 납 : 기계가공성 향상
⑯ 구리 : 공기 중 내산화성 증가
⑰ 코발트 : 고온경도 및 인장 강도 증대, 단독사용 불가
⑱ 티탄 : 입자사이의 부식에 대한 저항을 증가시켜 탄화물을 만들기 쉽다.

(3) 합금원소의 공통된 특성

① P, Si, Mo, Ni, Cr, W, Mn : 페라이트 강화성
② V, Mo, Mn, Cr, Ni, W, Cu, Si : 담금질 효과, 침투성 향상
③ Al, V, Ti, Zr, Mo, Cr, Si, Mn : 오스테나이트 결정 입자의 성장 방지
④ V, Mo, W, Cr, Si, Mn, Ni : 뜨임 저항성 향상
⑤ Ti, V, Cr, Mo, W : 탄화물 생성성 향상

(4) 보통 특수강의 탄소함유량은 0.25~0.55%가 많이 사용되며 다음과 같은 성질의 개선을 위하여 제조한다.

① 기계적 성질의 개선 및 고온에서 저하방지
② 내식성, 내마멸성의 증가
③ 담금질성의 향상과 단조 및 용접의 용이 등이다.

2-2 구조용 합금강

(1) 강인강

탄소강으로 얻기 어려운 강인성을 가져야 하기 때문에 탄소강에 Ni, Cr, Mo, W, V, Ti, Zr, Co, B, Si 등을 적당량 첨가한 것으로서 Ni-Cr강, Ni-Cr-Mo강, Ni-Mo강, Cr강, Cr-Mo강, Mn강(저망간강, 고망간강), 고장력강 등이 있다.

① Ni강(1.5~5% Ni첨가) : 표준상태에서 펄라이트 조직, 질량효과가 적고 자경성, 강인성이 목적
② Cr강(1~2% Cr첨가) : 상온에서 펄라이트 조직, 자경성, 내마모성이 목적
③ Ni-Cr강(SNC)
  ㉠ 수지상 조직이 피기 쉽고 냉각 중 헤어크랙, 백점 등을 발생시키며 뜨임 메짐이 있다.
  ㉡ 강인하고 점성이 크며 담금질성이 높다.
  ㉢ 850℃ 담금질, 550~680℃에서 뜨임하여 소르바이트 조직을 얻는다.
  ㉣ 가장 널리 쓰이는 구조용강으로 Ni강에 Cr 1% 이하의 첨가로 경도 보충한 강
② Ni-Cr-Mo강(SNCM)
  ㉠ Mo첨가로 뜨임 취성이 방지
  ㉡ 고급내연기관의 크랭크축, 기어, 축 등에 쓰인다.
③ Cr-Mo강(SCM)
  ㉠ 펄라이트 조직의 강으로 뜨임 취성이 없고 용접선 우수
  ㉡ 인장강도 충격저항이 증가하고 Ni-Cr강의 대용으로 사용
④ Mn강
  ㉠ 저망간강(듀콜강) : 펄라이트 조직의 Mn 1~2% 함유한 강
  ㉡ 고망간강(하드필드강) : 오스테나이트 조직의 Mn 10~14% 함유한 강. 고온취성이 생기므로 1000~1100℃에서 수중 담금질(수인법)하여 인성을 부여한다.
    ※ 수인법 : 고 Mn강이나 18-8 스테인리스강 등과 같이 첨가 원소량이 많은 것은 변태온도가 있으므로 서냉하여도 오스테나이트 조직으로 된다. 이것은 1,000~1,200℃에서 수중에 급냉시켜 완전히 오스테나이트로 만든 것이 오히려 연하고 인성이 증가되어 가공이 용이한 방법을 말한다.
⑤ 고장력강 : 인장강도 491MPa(50kgf/mm^2) 이상, 항복강도 314MPa(32kgf/mm^2) 이상의 강으로 인장강도 1962MPa(200kgf/mm^2) 이상의 것은 초고장력강이라 한다.
⑥ Cr-Mn-Si강 : 구조용 강으로 값이 싸고 기계적 성질이 좋아 차축 등에 널리 쓰인다. 대표적으로 크로만실이 있다.

(2) 표면 경화강

① 침탄강 : 침탄용강으로는 보통 저탄소강(0.25% 이하)이 사용되나 보다 우수한 성능이 요구될 때는 Ni, Cr, Mo, W, V 등을 함유하는 특수강이 쓰인다.
② 질화강 : 질화강은 Al, Cr, Mo, Ti, V 등의 원소 중에 두가지 이상의 원소를 함유한 것이 사용되고 있는데 최근에는 질화강 중에서 Al 1~2%, Cr 1.5~1.8%, Mo 0.3~0.5%를 함유하는 것이 널리 사용되고 있다.
③ 스프링 강 : 탄성한도, 항복점이 높은 Si-Mn강이 사용되며, 정밀고급품에는 Cr-V강을 사용한다.

2-3 공구용 합금강

공구란 금속을 가공할 때 절삭, 전단 등에 사용되는 날 류 또는 측정에 사용되는 기구를 말하는 것으로서 공구 재료로서 구비해야 할 조건은 다음과 같다.
① 상온 및 고온 경도가 높을 것
② 내마모성이 클 것
③ 강인성이 있을 것
④ 열처리 및 가공이 용이해야 할 것
⑤ 제조취급이 쉽고 가격이 저렴할 것

따라서 각종 공구 재료로서 사용되는 특수강은 탄소 공구강보다 강도, 인성, 내마모성이 우수해야 한다. 그러므로 공구용 특수강은 높은 탄소 함유량 외에 Cr, W, Mn, Ni, V 등이 하나 이상 첨가되며, 고급 특수강에서는 성질 개선을 위하여 Mo, V, Co 등이 더 첨가된다.

(1) 합금 공구강(STS)

경도를 크게 하고 절삭성을 개선하기 위하여 탄소 공구강에 Cr, W, V, Mo 등을 첨가한 강으로서 바이트(bite), 탭(tap), 드릴(drill), 절단기(cutter), 줄 등에 쓰인다.

(2) 고속도강(SKH)

절삭 공구강의 대표적인 특수강으로서 W, Cr, V 이외의 Co, Mo 등을 다량 함유하고 있는 고 합금강으로 500~600℃까지 가열하여도 뜨임에 의해서 연화되지 않고 고온에서도 경도 감소가 적은 것이 특징이다. 대표적인 것으로는 W 18%, Cr 4%, V 1%를 함유한 18-4-1형이 있다.

① 고속도강의 열처리 : 1250~1350℃에서 담금질하고 550~600℃에서 뜨임하여 2차 경화시킨다. 풀림은 820~860℃에서 행한다.

② 고속도강의 종류
  ㉠ W계 고속도강(SKH2~10) : 18-4-1이 대표적으로 선삭 공구, 센터 드릴 등에 주로 일반 절삭용에 적용
  ㉡ Mo계 고속도강(SKH51~57) : W계에 비해 가격이 싸고, 인성이 높으며 담금질 온도가 낮아 열처리가 용이하다. 인성이 강해 드릴, 엔드밀 등에 주로 사용된다. 일반적으로 사용되는 드릴과 엔드밀은 거의 모두 위의 규격이다.
  ㉢ Co계 고속도강(SKH59) : 고온 경도와 내마모성 증가 등의 성능 개선을 위해 고속도강에 12% 정도의 코발트를 첨가한 고속도강을 말한다.(주로 Mo계 고속도강에 적용) 일반 고속도강의 경우 HRC63~65 정도까지만 경화되지만, 코발트 고속도강은 HRC70 정도까지도 경화가 가능하다. 그러나 취성이 따라서 증가하고 공구 연마가 어려워지므로 취성과 치핑의 영향을 줄이기 위해 67~68HRC까지만 경화시켜 사용하는 것이 일반적이다. 기어 절삭 호브, 난삭재 가공 등에 주로 사용된다.

> **참고** 공구강의 경도순서
> 탄소공구강 < 합금공구강 < 스텔라이트 < 고속도강 < 초경합금 < 세라믹 < 다이아몬드 < CBN

(3) 주조경질 합금

주조한 강을 연마하여 사용하는 공구 재료로서 충분한 강도를 가지고 있으므로 열처리가 필요 없고 단조가 불가능하다. 대표적인 것으로는 Co를 주성분으로 하는 Co-Cr-W-C계의 스텔라이트(stellite)가 있으며 절삭용 공구, 다이스(dies), 드릴(drill), 의료용 기구, 착암기의 비트(bit) 등에 사용된다.

(4) 소결 초경합금

고속도강보다 더욱 훌륭한 공구 재료로서 Co, W, C 등의 분말형 탄화물을 프레스로 성형하여 소결시킨 것으로 소결 경질 합금이라고도 한다. 상품명으로는 독일의 비디아(Widia), 미국의 카아볼로아(Carboloy), 영국의 미디아(Midia), 일본의 탕갈로이(Tungaloy) 등이 있다. 초경합금은 사용목적, 용도에 따라 재질의 종류와 형상이 다양한데, 절삭공구용 P, M, K종과 내마모성 공구용으로 D종 그리고 광산공구용으로 E종이 있다.

(5) 세라믹공구(Ceramictool)

Al_2O_3의 99% 이상의 분말을 산화물, 탄화물 등을 배합하여 1600℃ 이상에서 소결한 공구로 1000℃ 이상에서 경도를 유지할 수 있다. 하지만, 초경합금보다 취약하고 열충격에 약한 단점이 있다. Al_2O_3-Tic계 세라믹은 이 결점을 개선한 것이다.

2-4 특수용도용 합금강

(1) 쾌삭강

탄소강에 S, Pb, 흑연을 첨가시켜 절삭성을 향상시킨 것을 말하며, S을 0.16% 정도 첨가시킨 황 쾌삭강, 0.10~0.30% 정도의 Pb을 첨가시킨 납 쾌삭강, 탄화물을 흑연화시킨 흑연 쾌삭강이 있다.

(2) 게이지(gauge)강

블록 게이지(block gauge), 와이어 게이지(wire gauge) 등 정밀 기계 기구 등에 사용된다. 조성은 W-Cr-Mn이고 소입 후 장시간 저온뜨임 또는 영하 처리(심냉 처리)한다.
게이지강은 다음과 같은 성질이 필요하다.
① 내마모성이 크고 경도가 높을 것
② 담금질에 의한 변형 및 담금질 균열이 적을 것
③ 오랜 시간 경과하여도 치수의 변화가 적을 것
④ 열팽창계수는 강과 유사하며 내식성이 좋을 것

(3) 스프링용 특수강

보통 냉간 가공의 것과 열간 가공의 것이 있다. 철사, 스프링, 얇은 판스프링 등은 냉간 가공, 판스프링, 코일 스프링은 열간 가공에 속하는데 열간 가공용의 스프링으로서는 0.5~1.0%C의 탄소강 외에 Mn강, Si-Mn강, Si-Cr강, Cr-V강 등의 특수강이 사용된다.

(4) 베어링 강

0.95~1.10%의 고탄소 크롬강이 사용되는데 고급용은 V, Mo 등을 첨가해서 사용된다. 고탄소 크롬강은 내구성이 크고 담금질 후 140~160℃에서 반드시 뜨임한다.

(5) 스테인리스강

Cr, Ni을 다량 첨가하여 내식성을 현저히 향상시킨 강으로서 녹이 슬지 않는다 하여 불수강이라고도 한다. 일반적으로 Cr의 함량이 12% 이상인 강을 스테인리스강이라 하고, 그 이하의 강은 그대로 내식성 강이라 하며, 금속 조직 학상 마텐자이트계와 페라이트계 및 오스테나이트계로 분류되는데 그 대표적인 것은 18-8형 스테인리스강인 오스테나이트계 스테인리스강이다.
18-8스테인리스강이라 함은 그 성분이 18% Cr, 8% Ni인 것으로 그 특징은 다음과 같다.

① 내산 및 내식성이 13% Cr 스테인리스강보다 우수하다.
② 비자성이다.
③ 인성이 좋으므로 가공이 용이하다.
④ 산과 알칼리에 강하다.
⑤ 용접하기 쉽다.
⑥ 탄화물(Cr_4C)이 결정립계에 석출하기 쉽다.(즉, 결정입계부식이 발생하는데 이를 강의 예민화(Sensitize)라 한다.

> **참고** **입계부식방지법**
> ① Cr탄화물(Cr_4C)를 오스테나이트 조직 중에 용체화하여 급냉시킨다.
> ② 탄소량을 감소시켜 Cr_4C의 발생억제
> ③ Ti, V, Nb 등을 첨가하여 Cr_4C의 발생억제

(6) 내열강과 내열 합금(STR)

① 공업의 발달에 따라서 기계나 설비의 중요한 부분이 고온을 받아야 할경우가 많다. 따라서 재료도 고온에 견딜 수 있는 것이 요구되는데 그 고온에 견딜 수 있는 내열 재료의 구비 조건은 다음과 같다.
  ㉠ 고온에서 화학적으로 안정해야 한다.
  ㉡ 고온에서 기계적 성질이 우수해야 한다(경도, 크리프한도, 전연성)
  ㉢ 고온에서 조직이 변하지 않아야 한다.
  ㉣ 열팽창 및 열변형이 적어야 한다.
  ㉤ 소성 가공, 절삭 가공, 용접 등이 쉬워야 한다.
② 내열강의 종류에는 Fe-Cr계를 기본으로 하여 이것에 Cr을 비롯한 여러 원소를 첨가한 페라이트계 내열강, 이 중에는 특히 Cr량을 적게 하여 고온취성을 피하고 Si를 첨가하여 내산성의 저하를 보충한 내열강(0.1% C, 6.5% Cr, 2.5% Si), 18-8계 스테인리스강을 주체로 하고 이것에 Ti, Mo, Ta, W등을 첨가하여 만든 오스테나이트계 내열강, 초내열 합금(super heat resisting alloy) 등이 있다.

(7) 전자기용 특수강

① 규소강(Si) : 저 탄소(0.08% 이하)강에 0.5~4.5%의 Si를 첨가한 규소강(silicon steel)은 잔류 자속밀도가 적다. 따라서 히스테리시스 손실이 적으므로 발전기, 전동기, 변압기 등의 철심 재료에 적합하다.
② 자석강 : 강한 영구자석 재료로는 결정입자가 극히 미세하고 결정 입계가 많은 것이 좋다. 잔류 자기와 항자력이 크고, 온도, 진동 등에 의해 자기를 상실하지 않는 것으로 텅스텐, 코발트, 크롬이 함유된 강이다. KS 자석강은 Fe-Co-Cr-W 계 합금이다.

③ 비자성강 : 변압기, 차단기, 반전기의 커버 및 배전판에 자성재를 사용하면 맴돌이 전류가 유도 발생되어 온도가 상승되므로 이것을 피하기 위하여 비자성재료를 사용하는데, Ni의 일부를 Mn으로 대치한 Ni-Mn강 또는 Ni-Cr-Mn강 등이 사용된다.

(8) 불변강

불변강(invariable steel)이라 함은 온도가 변화하더라도 어떤 특정의 성질(열팽창 계수, 탄성 계수 등)이 변화하지 않는 강을 말하며, 그 종류에는 다음과 같은 것들이 있다.

① 인바(invar) : Ni 36%를 함유하는 Fe-Ni 합금으로서 상온에서 열팽창계수가 매우 적고 내식성이 대단히 좋으므로 줄자, 시계의 진자, 바이메탈 등에 쓰인다.

② 초인바(super invar) : 인바아보다도 열팽창계수가 한층 더 작은 Fe-Ni-Co합금이다.

③ 엘린바(elinvar) : 상온에 있어서 실용상 탄성 계수가 거의 변화하지 않는 30% Ni-12% Cr 합금으로 고급 시계, 정밀 저울 등의 스프링 및 기타 정밀 계기의 재료에 적합하다.

④ 플래티나이트(platinite) : Ni 40~50%, 나머지 Fe이고, 전구의 도입선과 같은 유리와 금속의 봉착용으로 쓰이는 Fe-Ni계 합금으로 페르니코(Fe 54%, Ni 28%, Co 18%), 코바르(Fe 54%, Ni 29%, Co 17%)라는 것도 있다.

⑤ 코엘린바(Coelinvar) : Cr 10~11%, Co 26~58%, Ni 10~16% 함유하는 철 합금으로 온도변화에 대한 탄성율의 변화가 극히 적고 공기중이나 수중에서 부식되지 않고, 스프링, 태엽, 기상관측용 기구의 부품에 사용된다.

⑥ 퍼멀로이(permalloy) : Ni 75~80%, Co 0.5% 함유, 약한 자장으로 큰 투자율을 가지므로 해저전선의 장하 코일용으로 사용되고 있다.

제 3 장 주철

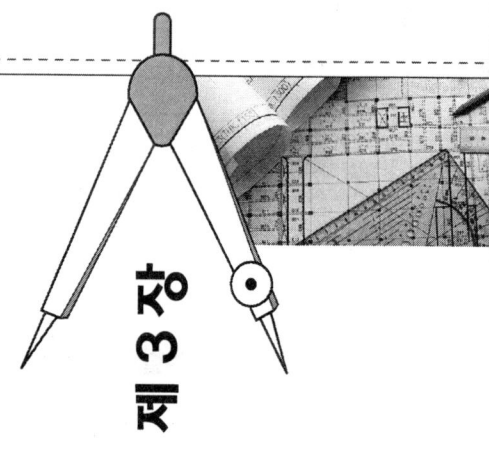

3-1 주철의 특성

주철은 탄소(C)의 함유량이 2.11~6.68%(보통 2.5~4.5% 정도)인 철(Fe)-탄소(C)의 합금을 말한다. 인장강도가 강에 비하여 작고 메짐성이 크며, 고온에서도 소성변형이 되지 않는 결점이 있으나 주조성이 우수하여 복잡한 형상으로도 쉽게 주조되고 값이 저렴하므로 널리 이용되고 있다.

1. 주철의 특징

주철의 특징은 탄소량 또는 같은 탄소량이라 하더라도 그 때의 성분, 용해(溶解) 조건 등에 따라 달라질 수 있으나 일반적인 주철의 성질은 다음과 같다.

(1) 주철의 장점

① 주조성이 우수하고 복잡한 부품의 성형이 가능하다.
② 가격이 저렴하다.
③ 잘 녹슬지 않고 칠(도색)이 좋다.
④ 마찰저항이 우수하고 절삭가공이 쉽다.
⑤ 압축 강도가 인장강도에 비하여 3~4배정도 좋다.
⑤ 내마모성이 우수하고, 알카리나 물에 대한 내식성(부식)이 우수하다.
⑥ 용융점이 낮고 유동성이 좋다.

(2) 주철의 단점

① 인장강도, 휨 강도가 작고 충격에 대해 약하다.
② 충격값, 연신율이 작고 취성이 크다.

③ 소성가공(고온가공)이 불가능하다.
④ 내열성은 400℃까지는 좋으나 이상온도에서는 나빠진다.
⑤ 산(질산, 염산)에 대한 내식성이 나쁘다.
⑥ 단조, 담금질, 뜨임이 불가능하다.

2. 주철의 조직

(1) 주철 중에 함유되는 탄소량

① 탄소의 상태와 파단면의 색에 따른 분류
  ㉠ 회주철 : 유리탄소 또는 흑연이며, 다른 일부분은 지금 중에 화합 상태로 펄라이트(pearlite) 또는 시멘타이트(cementite)로서 존재하는 화합 탄소(combined carbon)로 되어 있다. 따라서 주철에 함유하는 탄소량은 보통이 2가지 합한 전탄소(total carbon)로 나타낸다. 즉 흑연+화합탄소=전탄소이다. 주철은 같은 탄소량이라 하더라도 여러 조건(성분, 용해 조건, 주입 조건) 등에 의하여 흑연과 화합탄소(Fe_3C)의 비율이 뚜렷하게 달라지는데 흑연이 많을 경우에는 그 파면이 흰색을 띠는 회주철(gray cast iron)로 된다.
  ㉡ 백주철 : 흑연의 양이 적고 대부분의 탄소가 화합탄소로 존재할 경우에는 그 파면이 흰색을 띠는 백주철(white cast iron)로 되는 것이다. 일반적으로 주철이라 함은 회주철을 말한다.
  ㉢ 반주철 : 회주철과 백주철의 혼합된 조직으로 되어 있을 경우에는 반주철 (mottledcast iron)이라 한다.

② 탄소 함유량에 따른 분류
  ㉠ 아공정 주철 : 2.0~4.3%C이며 조직은 오스테나이트+레데부라이트이다.
  ㉡ 공정 주철 : 4.3%C이며 조직은 레데부라이트(오스테나이트+시멘타이트)이다.
  ㉢ 과공정 주철 : 4.3~6.68%C이며 조직은 레데부라이트+시멘타이트이다.

(2) 마우러의 조직도(Maurer's diagram)

탄소(C)량과 규소(Si)량에 의해 마우러가 주철의 조직도를 만든 것으로 냉각속도에 따른 조직의 변화를 표시한 것으로 규소(Si)는 강력한 흑연화 촉진 요소로 함유량이 많아질수록 회주철화 된다.

3. 주철의 성질

(1) 주철의 주조성

① 주철의 용해온도 : 주철은 보통 큐폴라 또는 전기로 등에서 용해하며 용융점은 대게 1200℃ 정도이다. 용해온도는 약 1400℃~1500℃이다.

② 유동성 : 주철에 Si량이 증가되면 수축이 적어지며 다량 첨가되면 팽창된다. 유동성이란 용융금속이 주형 내로 흘러 들어가는 성질을 말하며 주조성을 이루는 중요한 요인이 된다.

(2) 주철의 성장

주철은 보통 Ar점(723℃) 상하의 고온으로 가열과 냉각을 반복하면 강도나 수명을 저하시키는데 이것을 주철의 성장(growth of cast iron)이라 한다.
① 주철의 성장원인
  ㉠ 펄라이트 조직 중의 Fe_3C분해에 따른 흑연화에 의한 팽창
  ㉡ 페라이트 조직 중의 규소의 산화에 의한 팽창
  ㉢ A_1변태의 반복 과정에서 오는 체적 변화에 따른 미세한 균열이 형성되어 생기는 팽창
  ㉣ 흡수된 가스에 의한 팽창
  ㉤ 불균일한 가열로 생기는 균열에 의한 팽창
  ㉥ 시멘타이트의 흑연화에 의한 팽창
② 주철의 성장 방지법
  ㉠ 흑연의 미세화로 조직을 치밀하게 한다.
  ㉡ C, Si는 적게 하고 Ni첨가
  ㉢ 편상 흑연을 구상화시킨다.
  ㉣ 탄화물 안정원소 망간, 크롬, 몰리브덴, 바나듐 등을 첨가하여 Fe_3C분해 방지
③ 주철의 성장에 도움되는 원소
  규소, 알루미늄, 니켈, 티탄이다. 이중 티탄은 강탈산제이면서 흑연화를 촉진하나 오히려 많이 첨가하면 흑연화를 방해하는 요소가 된다.
④ 주철의 성장에 방해되는 원소
  크롬, 망간, 황, 몰리브덴

(3) 주철에 미치는 원소의 영향

① C : 주철에 가장 큰 영향을 미치며, 탄소함유량이 적으면 백선화 된다. 반대로 증가하면 용융점이 저해되고 주조성이 좋아진다.
② Si : 주철의 질을 연하게 하고 냉각시 수축을 적게 한다. 규소가 많으면 공정점이 저탄소강 쪽으로 이동하며, 흑연화를 촉진시킨다.
③ Mn : 적당한 양의 망간은 강인성과 내열성을 크게 한다.
④ P : 쇳물의 유동성을 좋게 하고, 주물의 수축을 적게 하나 너무 많으면 단단해지고 균열이 생기기 쉽다.
⑤ S : 쇳물의 유동성을 나쁘게 하며 기공이 생기기 쉽고 수축율이 증가한다.

(4) 시즈닝(자연시효)

주철을 급냉하면 서냉시키는 것보다 수축이 크고 수축 응력이 많이 생기므로 주물에 균열이 생긴다. 그러므로 정밀가공을 요하는 주물에는 응력을 제거하여야 하는데 응력을 제거하는 방법이 시즈닝이라 한다. 응력 제거는 주조 후 1년 이상 장시간 자연 중에 방치하는 자연시효와 인공시효가 있다.

자연균열을 일으키는 주된 원인은 상온취성이다.

3-2 주철의 종류

주철의 종류는 분류하는 방법에 따라 여러 가지가 있겠으나 가장 일반적인 방법으로 다음과 같이 나눌 수 있다.

1. 보통주철과 고급주철

(1) 보통주철

① 조직 : 편상 흑연과 페라이트(ferrite)로 되어 있으며, 다소의 펄라이트(pearlite)를 함유하는데 보통 회주철중의 1~3종을 말한다. 그 조성 범위는 (표 3-1)과 같다.(보통주철의 KS규격 : GC)

[표 3-1] 보통주철의 조성(단위 : %)

C	Si	Mn	P	S
3.0~3.6	1.0~2.0	0.5~1.0	0.3~1.0	0.06~0.1

② 성질 : 흑연의 모양, 분포 등에 따라 좌우되나 강인성이 적고 단조가 되지 않으며, 용융점이 낮아 유동성이 좋은 편이므로 기계 구조 부분 등에 사용된다.
  ㉠ 기계적 성질 : 인장강도, 하중, 경도 등으로 표시한다. 회주철의 인장강도는 100~350MPa 이하의 회주철을 보통주철이라 한다.
  ㉡ 내마모성 : Ni, Cr, Mo 등을 알맞게 가하여 기타의 조직을 베이나이트(bainite)로 한 특수주철은 내마모성이 우수, 특히 이를 애시쿨러 주철(aciculer carst iron)이라 한다.
  ㉢ 피삭성 : 강에 비해 우수하다.
  ㉣ 내열성 : 주철의 성장현상, 고온산화, 고온 강도 크리프(creep) 열충격 등에 대한 저항성을 정리하여 주철의 내열성이라 한다.
  ㉤ 내식성 : 주철은 대기 또는 물이나 바닷물에 대해서는 내식성이 우수하다. 그러나 알카리(수류)에는 강하게 산(묽은 황산, 질산, 염산)에는 약하다. 이 같은 현

상을 에로젼(errosion)이라 한다. Ni을 다량으로 포함한 주철은 내연과 오스테나이트 조직으로 되고 이것은 내식성, 내열성, 무수하고 비자성체가 된다.

(2) 고급주철

C 2.5~3.2%, Si 1~2%이고 현미경 조직은 펄라이트와 미세한 흑연으로 된 것으로 인장강도 245MPa(25kgf/mm^2)이상인 것을 말한다. 회주철 4~6종이 이에 속한다. 고강도, 내마멸성을 요구하는 기계 부품(피스톤 링)에 많이 사용된다.

2. 특수주철

(1) 합금주철

몇 가지를 들어보면 내열성인 Al주철, 내식성인 Cr주철, 내마모성인 Ni주철과 내마모 주철로서 침상주철, 애시큘러 주철(acicular cast iron)이 있다. 합금 주철에서 가장 많이 사용되는 원소는 대개 7종(Al, Cr, Mo, Ni, Si, B, Cu)인데 그 영향을 보면 대략 다음과 같다.

① Al : 강력한 흑연화 원소의 하나로 Al_2O_3을 만들어 고온산화 저항성을 향상시키고, 10% 이상 되면 내열성을 증대시킨다.
② Cr : 흑연화를 방지하고 탄화물을 안정시킨다. 탄화물을 안정화시키며, 내식성, 내열성을 증대시고 내부식성이 좋아진다.
③ Mo : 강도, 경도, 내마모성을 증가시키며 0.25%~1.25% 정도 첨가시킨다. 두꺼운 주물(鑄物)의 조직을 균일하게 한다.
④ Ni : 흑연화를 촉진하며, 내열, 내산화성이 증가한다. 내알칼리성을 갖게 하며, 내마모성도 좋아진다.
⑤ Cu : 보통 0.25~2.5% 첨가하면 경도가 증가하고 내마모성이 개선되며, 내식성이 좋아진다.
⑥ Si : 내열성이 좋아진다.
⑦ Ti : 강탈산제이고, 흑연을 미세화 시켜 강도를 높인다.
⑧ V : 흑연을 방지하고 펄라이트를 미세화 시킨다.

(2) 미하나이트 주철(Meehanite cast iron)

미하나이트 주철은 약 3%C, 1.5%Si인 쇳물에 칼슘 실리케이트(Ca-Si)나 페로실리콘(Fe-Si)을 접종시켜 미세한 흑연을 균일하게 분포시킨 펄라이트 주철이다. 이 주철은 주물의 두께 차나 내외에 상관없이 균일한 조직을 얻을 수 있고, 강인하나 칠화 할 위험성이 있다. 인장강도는 255~340MPa이고, 용도는 브레이크 드럼, 크랭크 축, 기어 등에 내마모성이 요구되는 공작기계의 안내면과 강도를 요하는 내연기관의 실린더 등에 사용한다. 접종(inoculation)은 백선화 억제 및 양호한 흑연을 얻기 위하여 첨가물을 용탕 속에 넣는 것이다.

(3) 칠드 주철(Chilled Casting : 냉경 주물)

① 적당한 성분의 주철을 금형이 붙어 있는 사형에 주입해서 응고할 때 필요한 부분만을 급랭시키면 급랭된 부분은 단단하게 되어 연화고 강인한 성질을 갖게 되는 데 이와 같은 조작을 칠(chill)이라고 하며, 칠층의 두께는 10~25mm 정도이다. 이와 같이 해서 만들어진 주물을 냉경주물(chill casting)이라 한다.

② 칠드(chilled) 주철이란 표면은 백주철로 하고, 내부는 연한 회주철로 만든 것으로 압연용 칠드 롤러, 차륜 등과 같은 것에 사용된다.

(4) 구상 흑연 주철

① 주철은 보통 주방 상태에서 흑연이 편상으로 된다. 그러나 특수한 처리(특수 원소 첨가, 열처리)를 하면 흑연이 구상으로 되는데 이것을 구상 흑연 주철이라 하다.

② 인장강도는 주조상태가 370~800MPa, 풀림 상태가 230~480MPa이다.

③ 구상 흑연 주철은 조직에 따라 페라이트형, 펄라이트형, 시멘타이트형을 분류되다. 페라이트형은 그 모양이 마치 황소의 눈과 같다고 하여 소눈 조직(bull's eye structure)이라고 한다.

④ 주철을 구상화하기 위하여 Mg, Ca, Ce 등을 첨가하며, 구상화 촉진원소 Cu > Al > Sn > Zr > B > Sb > Pb > Bi > Te이다.

⑤ 소형자동차의 크랭크축, 캠축, 브레이크드럼 등 재료로 광범위하게 사용된다.

[표 3-2] 구상 흑연 주철의 분류와 성질

명 칭	발 생 원 인	성 질
시멘타이트형 (시멘타이트가 석출)	① Mg의 첨가량이 많을 때 ② C, Si 특히 Si가 적을 때 ③ 냉각 속도가 빠를 때 ④ 접종이 부족할 때	① 경도가 H_B220 이상이 된다. ② 연성이 없다.
펄라이트형 (바탕조직이 펄라이트)	시멘타이트형과 페라이트형의 중간의 발생원인	① 강인하고 인장 강도 400~800 MPa ② 연신율 2% 정도 ③ 경도 $H_B=150~240$
페라이트형 (페라이트가 석출한 것)	① C, Si 특히 Si가 많을 때 ② Mg의 양이 적당할 때 ③ 냉각속도가 느리고 풀림을 했을 때 ④ 접종이 양호한 경우	① 연신율 6~20 ② 경도 $H_B=150~200$ ③ Si가 3% 이상이 되면 여려진다.

(5) 가단주철

가단주철이란 주철의 취약성을 개량하기 위해서 백주철을 열처리하여 제조하기 쉽고 강인성을 부여시킨 주철로서 다음과 같이 분류할 수 있다.

① 백심 가단주철(WMC)

백주철을 철광석 밀 스케일(mill scale)과 같은 산화철과 함께 풀림 상자 안에 넣고 약 950~1000℃로 가열하여 표면에서 상당한 깊이까지 탈탄시킨 것이다. 이로써 표면은 탈탄하여 페라이트로 되어 연하며 내부로 들어갈수록 강인한 조직이 된다.

② 흑심 가단주철(BMC)

저탄소, 저규소의 백주철을 풀림 처리하여 Fe_3C를 분해시켜 흑연을 입상으로 석출시킨 것이다.

　㉠ 제1단계 흑연화 : 백주철을 700~950℃로 가열 풀림 처리한다. 기지조직은 펄라이트 조직을 가지는데 이를 불스아이 조직이라 한다.

　㉡ 제2단계 흑연화 : 펄라이트 조직 중의 공석 Fe_3C의 분해로 뜨임탄소와 페라이트 조직이 된다.

③ 펄라이트 가단주철(Pearlite) (PMC)

흑심 가단주철의 흑연화를 완전히 하지 않고 제2단의 흑연화를 막기 위하여 제1단의 흑연화가 끝난 후에 약 800℃에서 일정한 시간 동안 유지하고 급랭하면 펄라이트가 남게 되는데 이와 같은 처리를 한 것을 말한다. 가단주철은 그 용도가 많아 자동차 부속품, 방직기 부속품, 캠, 농기구, 기어, 밸브, 공구류, 차량의 프레임 등에 쓰인다.

각 주철의 인장강도 순서는 구상흑연 > 펄라이트가단 > 백심가단 > 흑심가단 > 미하나이트 > 칠드이다.

제4장 비철금속재료

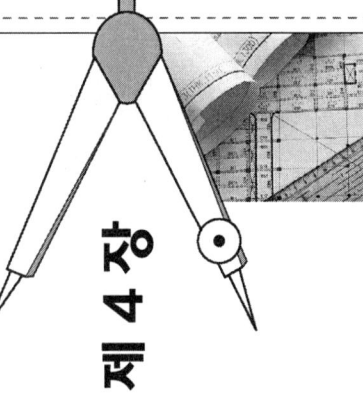

4-1 알루미늄과 그 합금

(1) 알루미늄 합금의 성질

① 마그네슘, 베릴륨 다음으로 가벼운 금속으로 비중이 2.7, 용융점 660℃, 변태점이 없다.
② 열 및 전기의 양도체이다.(구리 다음)
③ 대기 중에서 산소와 화학 작용을 하여 산화알루미늄이라는 얇은 보호 피막을 형성하여 내식성이 우수하고, 전연성이 풍부하며, 400~500℃에서 연신율이 최대이다.
④ 표면이 산화막이 형성되어 있어 내식성이 우수하다. 그러나 유동성이 불량하고, 수축률이 커서 순수 알루미늄은 주조가 불가능하므로 구리, 규소, 마그네슘, 아연 등을 합금하여 기계적 성질을 개선한다.
⑤ 알루미늄 합금의 열처리는 탄소강과는 달리 시효 경화를 이용한다.

> **참고** **시효 경화**란 시간이 경과함에 따라 고용물질이 석출되면서 강도가 증가하는 현상을 말하며 인공적으로 시효 경화를 일으키는 인공 시효와 대기 중에서 진행하는 자연 시효가 있다. 자연 시효를 이용할 경우 열처리 과정을 생략할 수 있어 시간과 경비를 절감할 수 있다.

(2) 알루미늄 합금의 특성과 용도

① 알루미늄 합금은 용접 및 기계적인 조립을 할 수 있다.
② 주조용 합금과 가공용 합금이 있으므로 특성에 맞는 재료를 선택해야 하며, 알루미늄은 비철 공구 재료로써 가장 광범위하게 사용되고 있다.
③ 가공성, 적응성 좋고 무게가 가볍다.
④ 알루미늄은 광범위하게 각종 형상을 만들 수 있다.
⑤ 경도나 안정성을 증가시키기 위한 공정이나 열처리를 병행할 수 있다는 점이다.

⑥ 알루미늄은 보통 필요한 조건에 따라 주문하며 그 후의 처리는 불필요하다. 이는 시간과 경비를 절감하는 것이다.
⑦ 알루미늄은 용접도 할 수 있으며 기계적인 클램핑력에 의해 결합될 수 있다.

(3) 알루미늄의 열처리

Al합금의 대부분은 시효경화성이 있으며 용체화 처리와 뜨임에 의해 경화한다.
① 고용체화 처리 : 완전한 고용체가 되는 온도까지 가열하였다가 급냉해 과포화 상태로 만든 방법
② 시효처리 : 과포화 고용체를 120~200℃로 가열 10~14일간 뜨임해 과포화 성분을 석출시켜 경화시키는 방법
③ 풀림 : 과포화 처리온도와 시효처리온도의 중간 정도로 가열, 잔류응력제거와 연화시키는 방법

> **참고** **석출 경화** : 급냉에 의해 과포화로 고용된 탄화물, 화합물이 그 뒤의 시효에 의해 석출되어 경화하는 현상을 말한다.

(4) 알루미늄의 방식법

알루미늄표면을 적당한 전해액 중에서 양극산화 처리하여 산화물계 피막을 형성시킨 방법이며 수산법, 황산법, 크롬산법 등이 있다.

(5) 알루미늄 합금의 종류

① 가공용 알루미늄 합금

[표 4-1] 가공용 알루미늄 합금

분류	합금계	대표합금	특징	용도
내식용 Al 합금	Al-Mn계	알민(Almin)	Mn 2% 미만 함유	차량, 선반, 창, 송전선
	Al-Mg-Si계	알드레이(Aldrey)	시효경화처리 가능	
	Al-Mg계	하이드로날륨 (hydronalium)	대표적인 내식성합금 비열처리형합금	
고강도 Al 합금	Al-Cu-Mg계	듀랄루민 (dralumin)	Al-Cu-Mg-Mn의 합금으로 시효경화 처리한 대표적인 합금, 이외에도 인장강도 50kgf/mm^2 이상의 초듀랄루민이 있다.	항공기, 자동차, 리벳, 기계,
	Al-Zn-Mg계	초듀랄루민	Al-Cu-Zn-Mg의 합금으로 인장강도 54kgf/mm^2 이상으로 알코아 75S등이 이에 속한다.	

☞ 계속

분류	합금계	대표합금	특징	용도
내열용 Al 합금	Al-Cu-Ni계	Y-합금	Al-Cu-Ni-Mg의 합금으로 대표적인 내열용 합금이다. $Al_5Cu_2Mg_2$가 석출 경화되며 시효 처리한다.	내연기관의 피스톤, 실린더
	Al-Cu-Ni계	코비탈륨 (cobitalium)	Y-합금의 일종으로 Ti와 Cu를 0.2% 정도씩 첨가	
	Al-Ni-Si계	로우엑스 합금 (Lo-Ex)	Al-Si계에 Cu, Mg, Ni을 첨가한 특수 실루민으로 Na으로 개질처리 한다.	

참고 Al의 내식성을 해치지 않고 강도를 개선하는 요소로는 Mn, Mg, Si 등이 있다.

② 주조용 알루미늄 합금

㉠ Al-Cu계 : 담금질과 시효경화에 의해 강도 증가, 내열성, 연율, 절삭성이 좋으나 고온취성이 크며 수축균열이 있다. 실용합금으로는 4% Cu합금인 알코아 195(Alcoa)가 있다.

㉡ Al-Si계 : 이 합금의 주조조직의 Si는 육각판상의 거친 조직이므로 실용화 할 수 있도록 개량(개질) 처리한다. 대표합금으로 실루민(Silumin) 알펙스(Alpax) 등이 있다.

㉢ Al-Cu-Si계 : Si에 의해 주조성 개선 Cu로 피삭성을 좋게 한 합금으로 대표적인 합금으로 라우탈이 있다.

참고 개량처리(개질처리 : modification) : Si의 거친 육각판상조직을 금속나트륨, 가성소다, 알칼리염 등을 접종시켜 조직을 미세화시키고 강도를 개선하기 위한 처리

㉣ Al-Mg합금 : 내식성이 크고 절삭성도 좋은 합금이지만 용해될 때 용탕 표면에 생기는 산화피막 때문에 주조가 곤란하고 내압 주물로서 부적당하다.

4-2 황동(Brass)

(1) 황동의 성질

① 전기(열)전도도가 Zn 40%까지 감소 그 이상에서는 50%에서 최대이고, 연신율은 Zn 30% 최대이다.
② 주조성, 가공성, 내식성, 기계적 성질이 좋다. 압연과 단조가 가능하다.
③ 인장강도는 Zn 45% 최대가 되며 그 이상에서는 급감한다. 따라서 Zn 50% 이상의 황동은 취약해진다.
④ 경년변화(시효경화) : 황동의 가공재를 상온에서 방치하거나 저온풀림 경화시킨 스프링재가 사용도중 시간의 경과에 따라 경도 등 여러 가지 성질이 악화되는 현

상으로 가공도가 낮을수록 심해진다.
⑤ 화학적 성질
  ㉠ 탈아연 부식(dezincification) : 불순한 물 및 부식성 물질이 녹아있는 수용액의 작용에 의해 황동의 표면에는 내부까지 탈아연 되는 현상으로 방지책은 Zn 30% 이하의 α황동사용, 또는 0.1~0.5%, As, Sb 1%정도의 Sn첨가한다.
  ㉡ 자연 균열(Season Cracking) : 일종의 응력부식균열(stress corrosion cracking)로 잔류 응력에 기인하는 현상으로 방지책은 도료 및 Zn 도금, 180~260℃에서 응력제거 풀림 등으로 잔류응력을 제거된다.
  ㉢ 고온 탈아연(dezincing) : 고온에서 탈아연 되는 현상으로 표면이 깨끗할수록 심하다. 방지책은 표면에 산화물 피막 형성된다.

(2) 황동의 종류
① 단련황동
  ㉠ 톰백(tombac) : 5~20%의 저 아연합금으로 전연성이 좋고 색이 금에 가까우므로 모조금박으로 금대용으로 사용
  ㉡ 7-3황동(cartridage brass) : Cu 70%, Zn 30%의 α+β황동이며 인장강도가 크며 고온가공이 용이하다. 탈아연 부식이 일어나기 쉽다. 열교환기나, 열간 단조용으로 사용된다.
② 주석황동 : 황동에 소량의 Sn을 첨가하면 인장강도, 내식성이 증가하고 연율이 감소하며 황동의 내식성을 개선하기 위하여 1%의 Sn을 첨가하면 탈아연 부식억제, 내식성 증가, 경도 및 강도가 증가한다.
  ㉠ 애드미럴티황동(admiralty brass) : 7-3황동에 1% Sn첨가 관, 판으로 증발기, 열교환기에 사용
  ㉡ 네이벌황동(naval brass) : 6-4황동에 0.75% Sn첨가 파이프, 용접봉, 선박 기계부품으로 사용
  ㉢ 델타메탈(delta metal) : 6-4황동에 1~2% Fe함유 강도, 내식성 증가, 광산기계, 선박, 화학기계용으로 사용된다.
  ㉣ 두라나메탈(durana metal) : 7-3황동에 2% Fe, 그리고 소량의 Sn, Al첨가
③ 연 황동 : 황동에 Pb을 1.5~3.0% 첨가하여 절삭성을 좋게 한다.
④ Al 황동 : 황동에 Al을 1.5~2.0% 첨가하여 결정립자의 미세화, 내식성을 증가한다.
⑤ 철 황동 : 6 : 4황동에 Fe을 1~2% 첨가하여 강도가 크고 내식성을 좋게 한다.
⑥ 양은, 양백(nickel silver 또는 Germem silver) : 7-3황동에 10~20% Ni 첨가하여 전기저항이 높고, 내열, 내식성 우수, Ag대용으로 사용한다. 이 외에도 1.5~2% Al을 첨가한 Al황동(알브렉 : Albrac), 1.5~3% pb을 첨가하여 절삭성을 좋게 한 연황동, 그리고 고강도 황동으로는 6-4 황동에 8% Mn을 첨가한 망간황동이 있다.

4-3 청동(bronze)

넓은 의미에서 황동 이외의 구리합금을 모두 청동이라고 하지만 좁은 의미에선 Cu-Sn 합금을 말한다. Sn이 증가할수록 전기전도율과 비중이 감소된다. Sn 17~20%에서 최대 인장강도 값을 가지며 연율은 Sn 4%에서 최대치가 된다. 부식률은 실용금속 중 가장 낮다.

(1) 청동의 종류 및 용도

① 압연용 청동 : 3.5~7.0% Sn청동으로 단련 및 가공성용이. 화폐, 메달, 선, 봉 등에 사용
② 포금(Gun metal) : 8~12% Sn, 1% Zn첨가, 내해수성이 좋고 수압, 증기압에도 잘 견딘다. 선박용 재료로 사용된다.
③ 화폐용 청동(coining bronze) : 3~10% Sn에 1% Zn첨가 이외에도 미술용 청동과 13~18% Sn을 첨가한 베어링 청동 등이 있다.
④ 베어링용 청동 : Sn 10~14%의 함유로 베어링과 차축에 사용된다.
※ 켈밋(kelmet) : Cu+Pb(30~40%) : 고하중·고속도 운전에 사용된다.

(2) 특수청동

① 인청동(phosphor bronze) : 청동에 탈산제 P를 첨가한 합금으로 경도, 강도 증가하며 내마모성 탄성이 개선된다. 고탄성을 요구하는 판, 선의 가공재로써 내식성, 내마모성이 요구되는 밸브, 베어링, 선박용품, 고급 스프링재료로 사용된다.
② 연청동(lead bronze) : 청동에 3.0~26% pb를 첨가한 것으로, 그 조직 중에 Pb이 거의 고용되지 않고 입계에 점재하여 윤활성이 좋아지므로 베어링, 패킹재료 등에 널리 쓰인다.
③ Al 청동 : 8~12%의 Al을 첨가하여 강도, 경도, 인성, 내마모성, 내식성, 내피로성이 황동, 청동보다 좋지만, 주조성, 가공성, 용접성이 나쁘다.
④ 규소청동 : Cu에 탈탄을 목적으로 Si를 첨가한 청동으로 4.7% Si까지 Cu 중에 고용되어 인장강도를 증가시키고 내식성, 내열성을 좋게 한다.
⑤ 니켈청동 : 니켈청동은 $105Kg/mm^2$의 높은 인장강도와 통신선, 전화선으로 사용되는 Cu-Ni-Si의 콜슨(corson)합금, 뜨임경화성이 큰 쿠니알 청동, 열전대용 및 전기저항선에 사용되는 Cu-Ni 45%의 콘스탄탄이 있다.
⑥ 망간청동 : 전기저항재료로 사용되는 Cu-Mn-Ni의 망가닌(Manganin) 등이 있다. Cu-Cd계 합금은 1%의 Cd 함유 합금으로 큰 인장강도와 우수한 전도도로 송전선, 안테나용으로 쓰인다.
⑦ 베릴륨 청동 : Cu에 2~3%의 Be를 첨가한 시효 경화성 합금으로 구리합금 중 최고 강도(약 $100Kg/mm^2$)를 가진다.

⑧ 오일리스베어링 : 구리, 주석, 흑연의 분말을 혼합시켜 성형한 후 가열하여 소결한 것으로 주유가 곤란한 곳에 사용된다. 큰 하중이나 고속회전에는 부적합하다.

⑨ 양은 : 니켈 15~20%, 아연 20~30%에 구리를 함유한 합금으로 주로 기계부품, 식기, 가구, 온도조절용 바이메탈, 스프링 재료에 쓰인다.

4-4 구리와 그 합금

(1) 구리의 성질

비중이 8.9정도이며, 용융점이 1083℃ 정도이다.
① 전기 및 열전도성이 우수하다.
② 전연성이 좋아 가공이 용이하다.
③ 내식성이 강해 부식이 안 된다.
④ 아름다운 광택과 귀금속적 성질이 우수하다.
⑤ Zn, Sn, Ni, Ag 등과 용이하게 합금을 만든다.

구리는 철과 같은 동소변태가 없고 재결정온도는 약 200℃ 정도이다. 또 상온 중 크리프 현상이 일어난다.

4-5 신소재

1. 형상 기억 합금

형상 기억 합금이란, 문자 그대로 어떠한 모양을 기억할 수 있는 합금을 말한다. 즉, 고온 상태에서 기억한 형상을 언제까지라도 기억하고 있는 것으로, 저온에서 작은 가열만으로도 다른 형상으로 변화시켜 곧 원래의 형상으로 되돌아가는 현상을 형상 기억 효과라 하며, 이 효과를 나타내는 합금을 형상기억 합금(shape memory alloy)이라고 한다. 현재 실용화된 대표적인 형상 기억 합금은 니켈-티탄(Ni-Ti)계, 구리-알루미늄-니켈, 구리-아연-알루미늄 합금의 세 종류이며, 회복력은 $30kgf/cm^2$이고 반복 동작을 많이 하여도 회복 성능이 거의 저하되지 않는다.

① 니켈-티탄(Ni-Ti) 합금 : 내식성 및 내 피로성이 우수하지만, 가격이 비싸고 소성 가공이 어렵다. 센서와 액추에이터를 겸비한 기능재료로 기계, 전기 분야에 널리 사용된다.

② 구리계 합금 : 구리-알루미늄-니켈, 구리-아연-알루미늄 합금으로 니켈-티탄(Ni-Ti) 합금에 비하여 내식성 및 내 피로성이 떨어지지만 가격이 싸고 소성가공이 용이하다. 반복사용하지 않은 이음쇠 등에 이용된다. 특히 Cu-Zn-Al 합금은 결정 입자의 미세화가 곤란하기 때문에 피로회복 특성이 좋지 않다.
③ 형상 기억 합금의 응용분야 : 군사용으로 우주선의 안테나, 전투기의 파이프 이음쇠에 사용되며 일반용으로 기계장치 고정 핀, 냉난방 겸용 에어컨, 커피 메이커에 사용되며 의료용으로는 정형외과, 외과 치과 인플랜트 교정기, 여성의 브래지어 와이어, 안경테 프레임, 전기커넥터 등에 사용된다.

2. 제진 재료

제진 재료란, "두드려도 소리가 나지 않는 재료"라는 뜻으로, 기계 장치나 차량 등에 접착되어 진동과 소음을 제어하기 위한 재료를 말한다.

제진 합금으로는 Mg-Zr, Mn-Cu, Cu-Al-Ni, Ti-Ni, Al-Zn, Fe-Cr-Al 등이 있으며, 내부 마찰이 크므로 고유 진동 계수가 작게 되어 금속음이 발생되지 않는다.

3. 초전도 재료

금속은 전기 저항이 있기 때문에 전류를 흐르면 전류가 소모된다. 보통 금속은 온도가 내려 갈수록 전기저항이 감소하지만, 절대온도 근방으로 냉각하여도 금속 고유의 전기 저항은 남는다. 그러나 초전도 재료는 일정 온도에서 전기 저항이 0이 되는 현상이 나타나는 재료를 말한다.

초전도를 나타내는 재료는 순금속계, 합금계, 세라믹스계로 나눠진다.

[초전도체로 구비해야 하는 조건]
① 초전도 전이온도가 가능한 높고 물리화학적으로 안전할 것
② 요구되는 전자기 특성을 만족할 것
③ 자원이 많고 가공이 쉽고 경제성이 있을 것
④ 독성이 없을 것

(1) 합금계 초전도 재료

① Nb-Zr 합금 : 가공성이 풍부하고 인발가공으로 선재를 만든다.
② Nb-Ti 합금 : 일반적으로 많이 사용되고 있으며, 가격 저렴하고 가공성 및 기계적 성질이 좋고 취급이 용이하다.
③ Nb-Ti심 둘레에 Cu-Ni 합금층 삽입 또는 Nb-Ti-Ta(3원 합금) : 강자성, 초전도 마그네트의 유망한 재료로 사용

(2) 초전도 재료의 응용

초전도 재료의 응용 분야는 전기 저항이 0으로 에너지 손실이 전혀 없으므로 전자석용 선재의 개발 및 초고속 스위칭 시간을 이용한 논리 회로 및 미세한 전자기장 변화도 감지할 수 있는 감지기 및 기억 소자 등에 응용할 수 있다. 또한, 전력 시스템의 초전도화, 핵융합, MHD(magnetic hydrodynamic generator), 자기부상열차, 핵자기 공명 단층 영상 장치, 컴퓨터 및 계측기 등의 여러 분야에 응용할 수 있다.

4-6 합성수지

1. 합성수지의 개요 및 분류

합성수지는 어떤 온도에서 가소성(可塑性)을 가진 성질이란 의미를 나타내는 플라스틱(plastics)이다. 가소성이란 유동체와 탄성체도 아닌 물질로서 인장, 굽힘, 압축 등의 외력을 가하면 어느 정도의 저항력으로 그 형태를 유지하는 성질을 말한다. 합성수지는 천연수지의 대용품으로서 개발된 것으로 석유, 석탄 등에서 얻어지며 특히 원유를 정제할 때의 부산물로 제조한다.

합성수지는 인조수지로서 다음과 같은 공통적인 성질을 나타낸다.
① 가볍고 강하다. 유리섬유 강화 플라스틱, 폴리아세탈, 나일론, 폴리카보네이트 등은 중량당 강도가 강철과 비슷하고, FRP는 강철보다 강력하다.
② 가공성이 크고 성형이 간단하다. 또 철분을 혼합하면 전도성(電導性)이 좋은 플라스틱을 제조할 수 있고, 표면에 쉽게 도금(鍍金)이 될 수 있으므로 내열성과 강도 등을 크게 개선할 수 있다.
③ 전기 절연성이 좋다.
④ 산, 알카리, 유류, 약품 등에 강하다.
⑤ 단단하나 열에는 약하다. 가열하면 연소되어 사용할 수 없고, 열전도율(熱傳導率)이 낮아 부분적으로 과열(過熱)되기 쉬우므로 주의해야 한다.
⑥ 투명한 것이 많으며 착색이 자유롭다.
⑦ 비강도는 비교적 높고, 표면의 강도가 약하다. 표면경도가 가한 것으로서 멜라민수지가 있으나, 그 경도는 금속재료에 미치지 못하며 폴리스티렌, 폴리에틸렌 등 일반용 수지는 표면경도가 크게 낮고 흠이 나기 쉬우므로 주의해야 한다.
⑧ 가격이 저렴하다. 일반적으로 제품의 제조원가는 금속보다 높은 경우도 있으나, 비중(比重)이 낮고 대량생산이 가능하므로 가격이 저렴하다.

2. 합성수지의 종류 및 특징

합성수지는 가열하면서 가압 및 성형하여 굳어지면 다시 가열해도 연화하거나 용융되지 않고 연소하는 열경화성수지와, 성형 후에도 가열하면 연화 및 용융되었다가 냉각하면 다시 굳어지는 성질을 가진 열가소성 수지로 분류된다. 열경화성 수지에는 페놀계 수지, 요소 수지, 멜라민 수지, 실리콘 수지, 푸란 수지, 폴리에스테르 수지 및 에폭시 수지 등이 있고 열가소성 수지에는 스티렌 수지, 염화비닐 수지, 폴리에틸렌 수지, 초산비닐 수지, 아크릴 수지, 폴리아미드 수지, 불소 수지 및 쿠마론인덴 수지 등이 있다. 원료별로 분류하면 석탄에서는 아세틸렌계의 염화 및 초산비닐, 석회질소계의 멜라민 수지, 코크스계의 요소수지, 콜타르계의 페놀 수지, 폴리아미드 등이 있고, 석유에서는 에틸렌계의 폴리에틸렌, 폴리스티렌, 염화비닐리덴, 프로필렌계의 아크릴수지 등이 있으며 목재에서는 질산 및 초산셀롤로즈가 있다.

열경화성(熱硬化性) 수지는 기계적 강도가 크고, 내열성(耐熱性)이 좋아서 기계재료 및 치공구재료로서 기어, 베어링 케이스, 핸들, 소형기구의 프레임 등에 쓰인다.

[표 4-2] 합성수지의 특징 및 용도

종류		특징	용도
열경화성수지	페놀수지	경질, 내열성	전기 기구, 식기, 판재, 무음기어
	요소수지	착색 자유, 광택이 있음	건축 재료, 문방구 일반, 성형품
	멜라민수지	내수성, 내열성	테이블판 가공
	규소수지	전기 절연성, 내열성, 내한성	전기 절연재료, 도표, 그리스
열가소성수지	스티렌수지	성형이 용이함, 투명도가 큼	고주파 절연재료, 잡화
	염화비닐	가공이 용이함	관, 판재, 마루, 건축재료
	폴리에틸렌	유연성 있음	관, 피름
	초산비닐	접착성이 좋음	접착제, 껌
	아크릴수지	강도가 큼, 투명도가 특히 좋음	방풍, 광학 렌즈

(1) 에폭시(Epoxy resin : EP) 및 플라스틱

수지의 특성은 가볍고 가공이 쉬우며 내식성이 우수한 장점을 갖고 있으나 열에 매우 약하며 강도가 부족한 것이 일반적인 단점이다. 그러나 최근에는 탄소계 수지 등 재질에 따라 강도, 인성, 내열성 등이 충분한 것도 많이 개발되어 그 상용 가지는 대단히 크게 향상되었다. 특히 플라스틱은 고분자재료로서 가볍고 내식성, 내마멸성, 내충격성이 좋은 반면에 내열성이 나쁘고 무른 것이 흠이다. 이러한 단점을 보완한 강화 플라스틱이 기계재료로 쓰이는데, F.R.P.(glass fiber reinforced plastics)로서 강도가 높아 이용가치가 크다.

> **참고** 　**섬유강화플라스틱(fiber reinforced plastics)이란?** 섬유 같은 강화재로 복합시켜, 기계적 강도와 내열성을 좋게 한 플라스틱

(2) 페놀수지(Phenol Formaldehyde : PF)

페놀, 크레졸 등과 포르말린을 반응시켜 제조한 것으로서 베이클라이트라는 상품명으로 널리 사용된다. 수지에 나무조각, 솜, 석면 등을 혼합하여 전기기구, 가정용품 등으로 제조하여 활용한다. 액체상태로는 페인트, 접착제로도 쓰이며 기계적 성질이 우수하고 가격이 싸며 전기절연성, 내후성도 좋다. 0℃ 이하에서는 파괴되고, 60℃ 이상에서는 강도가 저하되며, 갈색이므로 착색성은 보통이고, 성형가공성도 일반적이다. 주요용도는 전기절연체, 전화기, 핸들, 가재도구, 기어, 프로펠러, 선체부품, 장식품대, 라디오상자, 광고간판 등에 사용되며 접착제, 포장재, 단연재로도 쓰인다.

(3) 요소(우레아)수지(Urea Formaldehyde : UF)

요소와 포름알데히드와의 축합에 의해 얻어지는 플라스틱으로 원래는 무색 투명하다. 강도, 내수, 내열성 및 전기절연성은 다소 떨어지나 가공성 및 아름답게 착색할 수 있기 때문에 착색 성형품이 많다. 우레아수지도 전기관계에 사용되지만 그 외에 철기 손잡이 등 일용 잡화품에도 많이 사용하고 있다.
무색이므로 착색이 자유로우나 열탕에 접하면 광택이 감소되고 균열이 생기기 쉬우며, 100℃ 이하에서는 연속사용도 가능하다.

(4) 멜라민수지(Melamine Formaldehyde : MF)

무색의 가벼운 침상결정체로서 요소수지보다 강도, 내수성, 내열성이 우수하다. 딱딱하고 물, 기름, 약품에 강하고, 또 열에도 강하다. 위생적이고 착색광택도 좋아서 고급 식기류로 사용하고 있다. 포르말린, 석탄산, 요소 등과 합성하여 각종 성형품(일용품, 식기, 전기기기부품, 라디오상자, 천장재료, 실내장식용), 접착제, 페인트, 섬유제조 등에 사용된다. 150℃에도 잘 견딘다. 결점으로는 약간 가격이 비싸다는 것이다.

(5) 실리콘수지(Silicone Formaldehyde : SF)

수지상, 고무상, 유상, 그리스상 등이 있으며 내열, 내수성이 우수하고 전기절연성도 좋다. 150~177℃에서 장시간 사용 가능하고, 그 이상의 온도에서도 쓰이며, 기계가공성도 우수하다. 농기구, 가구, 전기절연체, 섬유물 등의 방수제로 쓰이며, 내열 및 방처도료, 접착제, 전기절연체, 탄성체 등의 제품으로 생산된다. 실리콘오일계는 절연유, 윤활유 등으로 사용되고 있다.

(6) 푸란수지(Furan Formaldehyde : FF)

130~170℃에 견디고 내약품, 내알칼리성, 접착성 등이 우수하여 저장탱크, 화학장치, 화학약품, 부식성 가스 등에 접하는 부분의 보호 및 도장에 쓰인다. 석재, 목재, 콘크리트 등에 침투시켜 기계적 강도, 내식성을 증가시키기도 한다.

(7) 아크릴수지(Acrylic : Poly(Metly) Methacrylate : PMMA)

아크릴(Acrylic)수지는 투명성이 우수하고, 탄성이 크면 햇볕에 변색되지 않으므로 안전유리의 중간층 재료, 케이블의 피복재료, 도료 등에 쓰인다. 벤젠, 아세톤, 유기산 등에는 녹으나 알콜, 물, 사연화탄소, 식물유에는 녹지 않는다.

광학특성이 우수하여 렌즈제조에도 사용되며 각종 장식품, 식기류, 밸브, 테이블 항공기 방풍유리, 치과재료, 시계부속품, 도료 등에 사용된다. 주로 판재, 조명기구, 렌즈(Lens) 등 고급부품에 사용된다. 아크릴수지는 흡습성이 있으므로 성형할 때는 수분을 충분히 건조시키는데, 일반적으로 80~100℃의 열풍(熱風)으로 2~3시간 정도 하면 된다.

(8) 폴리에스테르수지(Polyethylene resins)

유리섬유를 넣어 섬유보강 플라스틱으로 제조하여 가벼고 큰강도를 용하는 항공기, 선박, 차량 등의 구조재로 쓰이며, 100~150℃에서 사용한계이고 −90℃에서도 견딘다. 알칼리나 산에 침식되나, 내후성이 우수하여 건축내장재나 벽재료로 쓰이고 액상수지는 도료로도 사용된다.

(9) 폴리염화비닐수지(Polyvinyl chioride resins : PVC)

석회석, 석탄, 소금 등을 원료로 하므로 원자재가 풍부하며 내산, 내알카리성이 우수하다. 황산, 염산, 수산화나트륨 등의 약품이나 바닷물에 용해하거나 부식되지 않으며 기름, 흙속에 묻혀도 침식되지 않는다. 전기, 열의 불량도체이므로 전선관이나 수도관제조에 적합하고 제품의 내외면이 매끄러우므로 마찰계수가 적다. 비중 1.4로서 가벼우며, 부서지지 않고, 가공이 쉬우나 열에 약하다. −20℃ 이하에서는 취약하고 80℃에서 연화된다. 연질제품은 커튼, 포장재, 모사, 전기피복, 가스관 등으로 제조하며 경질제품은 판재, 상하수도관, 전선배선과, 레코드판 등에 사용된다.

(10) 폴리에틸렌수지(Polyethylene resins)

무색투명하고 내수성, 전기절연서, 내산, 내알칼리성이 우수하다. 120~180℃에서 사출성형이 용이하고 염화비닐보다 가볍고 −60℃에서 경화되지 않는다. 충격에도 잘견디며 내화성도 우수하여 석유상자, 브러쉬, 장난감, 농공용배관, 수도관, 전선피복재, 필름(비닐하수우스용) 등으로 제조 사용한다.

(11) 초산비닐수지(Polyvinyl acetate resins)

상온에서 고무와 비슷한 탄성을 나타내며 무취, 무색, 무미, 무독하고 접착성, 투명성이 있어 접착제, 도료, 성형재, 껌원료 등에 쓰인다. 생산품은 레코드판, 레인코트, 에어프론, 밴드, 전기기구, 타일, 필름, 식탁용커버, 합성섬유원료 등이 있다.

컴|퓨|터|응|용|밀|링|기|능|사

제 2 편

기계요소

제 1 장 　기계설계의 기초
제 2 장 　결합용 기계요소
제 3 장 　축 계 기계요소
제 4 장 　전동용 기계요소
제 5 장 　제동용 기계요소

제 1 장 기계설계의 기초

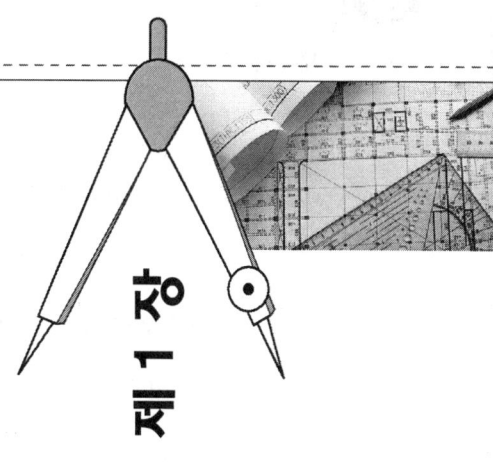

1-1 기계요소의 종류

① 체결용 기계요소 : 나사, 키, 핀, 코터, 리벳, 용접 수축확대 및 테이퍼이음
② 축계 기계요소 : 축, 축이음 및 베어링
③ 완충 및 제동용 기계요소 : 브레이크, 스프링 및 플라이휠 등
④ 전동용 기계요소 : 벨트, 로프, 체인, 링크 마찰차 및 캠 기어 등
⑤ 관용 기계요소 : 압력용기, 파이프, 파이프이음, 밸브와 콕 등

1-2 기계설계에 사용되는 SI 단위

(1) 힘(force)

① 1[N] : 질량 1kg의 물체에 $1m/s^2$의 가속도를 주는 힘을 뉴턴(newton : N)이라고 한다. SI 단위에서 kg는 질량의 단위이고, 중량 또는 힘의 단위는 아니다. 힘은 뉴턴의 제2법칙에 의하여 힘=질량×가속도이다.

$$1[N](뉴턴) = 1[kg] \times 1[m/s^2] = 1[kg \cdot m/s^2]$$
$$1[kN](킬로뉴턴) = 10^3[N] = 101.9716[kgf] ≒ 102[kgf]$$
$$1[MN](메가뉴턴) = 10^6[N] ≒ 102 \times 10^3[kgf] ≒ 1.02 \times 10^5[kgf]$$

② 1[kgf] : 중력 단위의 힘의 단위로서 질량 1kg의 물체에 작용하는 중력, 즉 질량 1kg의 물체 무게를 의미한다. SI단위와 중력 단위의 관계는 다음과 같다.

$$1[kgf](킬로그램힘) = 9.80665[kg \cdot m/s^2] = 9.80665[N] ≒ 9.81[N]$$

(2) 압력 또는 응력(pressure or stress)

압력과 응력은 단위면적당 작용하는 힘을 나타내며 단위가 같다. 힘을 받는 면이 유체일 때에는 압력이라 하고, 힘을 받는 면이 고체일 때에는 응력이라 한다.
[식] 응력=힘/면적으로부터 다음의 관계식을 얻는다.

$$1[Pa](Pascal, 파스칼) = 1[N/m^2]$$
$$1[kgf/cm^2] = 9.80665[N/m^2] = 0.0980665[N/mm^2] ≒ 9.8 \times 10^4[N/m^2]$$
$$= 9.8 \times 10^4[Pa] = 0.098[MPa]$$

SI에서는 응력의 단위는 [Pa] 또는 [N/m²]의 어느 것으로 표시해도 좋으나 보통의 경우 응력 및 탄성계수는 각각 [MPa] 및 [GPa]로 표시하는 것이 바람직하다.

(3) 일 또는 모멘트

일이란 힘이 작용하여 움직인 거리이며, 힘과 거리의 곱으로 나타내고, 모멘트의 단위와 같다.

$$1[J](Joule, 주울) = 1[N \cdot m]$$
$$1[kgf \cdot m] = 9.80665[N \cdot m] ≒ 9.8[J]$$

(4) 각속도 및 원주 속도

① 각속도 $\omega[rad/s]$와 회전수 $n[rpm]$은 다음의 관계가 있다.

$$\omega[rad/s] = \frac{2\pi n[rpm]}{60}$$

② 원주 속도는 단위 시간당 움직인 변위이다. 원운동을 하는 물체의 원주 속도는 반지름과 각속도의 곱으로 주어지며, 관계식이 자주 쓰인다.

$$v[m/s] = r[m] \cdot \omega[rad/s] = \frac{D[mm]}{2 \times 1000} \cdot \frac{2\pi n[rpm]}{60}$$

(5) 일률(공률) 또는 동력(power)

일률이란 단위시간당 한 일의 양을 말한다.

$$1[w](watt) = 1[J/s] = 1[N \cdot m/s] = 1[Amp \cdot Volt] \text{ 또는}$$
$$1[W] = 0.102[kgf \cdot m/s]$$

위 식에서 동력을 [kW]단위로 나타내며 다음과 같다.

$$1[kW] = 102[kgf \cdot m/s]$$

또한 동력의 단위로 [PS](마력)은 다음과 같이 정의하다. 여기서 쓰이는 마력은 프랑스에서 쓰이는 것을 의미하며, 영국에서 쓰이는 마력[HP]과 구분하여 표기하기로 한다.

(프랑스 마력) $1[PS] = 75[kgf \cdot m/s] = 75 \times 9.80665 ≒ 735.5[W]$

(영 국 마력) $1[HP] = 550[ft \cdot lb/s] = 746[W]$ 이다.

① 동력을 힘×속도로 표시할 때 쓰는 식

와트[W]의 정의로부터 다음 식을 얻을 수 있다.

$$H[kW] = \frac{P[N] \cdot v[m/s]}{1000} = \frac{(9.81 \times P[kgf]) \cdot v[m/s]}{1000}$$

$$≒ \frac{P[kgf] \cdot v[m/s]}{102}$$

② 동력을 토크×각속도로 표시할 때 쓰이는 식

속도는 $v = \omega \times r$ 로 표시되므로 다음의 관계가 성립한다.

$$P \cdot v = P \cdot (r \cdot \omega) = T \cdot \omega$$

$$H[kW] = \frac{P[N] \cdot w[rad/s]}{1000} = \frac{T[N \cdot m] \cdot \left(\frac{2\pi}{60} N[rpm]\right)}{1000}$$

$$≒ \frac{T[N \cdot m] \cdot N[rpm]}{9550}$$

1-3 하 중

물체의 상태나 모양의 변화를 일으키는 외부에서 가해진 힘

(1) 힘의 작용 상태에 따른 하중

① 인장하중(Tensile Load) : 재료를 잡아당겨 늘어나게 하려는 하중

② 압축하중(Compressive Load) : 재료를 누르는 하중

③ 전단하중(Shearing Load) : 재료를 자르려는 것과 같은 하중

④ 휨(굽힘)하중(Bending Load) : 재료를 구부려서 휘게 하려는 형태의 하중

⑤ 비틀림하중(Torsional Load) : 재료를 비틀어지도록 하는 형태의 하중

⑥ 좌굴하중(buckling load) : 재료가 좌굴을 일으키기 시작한 한계의 압력

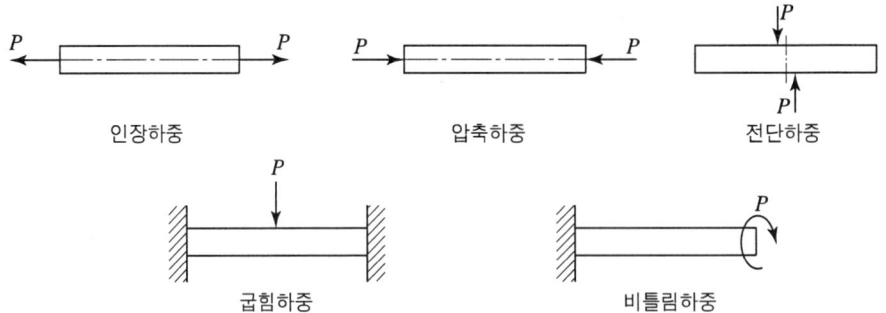

그림 1-1 하중의 종류

(2) 하중이 걸리는 속도에 의한 분류

① 정하중 : 일정한 크기의 힘이 가해진 상태에서 정지하고 있는 하중 또는 일정한 속도로 매우 느리게 가해지는 하중

② 동하중 : 하중이 가해지는 속도가 빠르고 시간에 따라 크기와 방향이 바뀌거나 작용하는 점이 변하는 하중. 반복하중, 교번하중, 충격하중, 이동하중 등

　㉠ 반복하중 : 방향이 변하지 않고 계속하여 반복 작용하는 하중으로 진폭은 일정, 주기는 규칙적인 하중으로 차축을 지지하는 압축 스프링에 작용하는 것과 같은 하중

　㉡ 교번하중 : 하중의 크기와 방향이 충격 없이 주기적으로 변화하는 하중으로, 피스톤 로드와 같이 인장과 압축을 교대로 반복하는 하중

　㉢ 충격하중 : 비교적 단시간에 충격적으로 작용하는 하중으로, 못을 박을 때와 같이 순간적으로 작용하는 하중

　㉣ 이동하중 : 물체 위를 이동하며 작용하는 하중

(3) 힘의 분포 상태에 따른 하중

① 집중하중 : 재료의 한 점에 집중하여 작용하는 하중

② 분포하중 : 재료의 어느 범위 내에 분포되어 작용하는 하중으로 분포 상태에 따라 균일 분포 하중과 불균일 분포 하중이 있다.

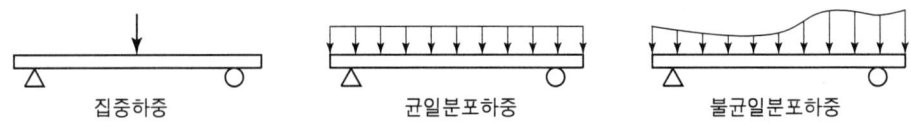

그림 1-2 분포하중의 종류

1-4 응력(Stress)

물체에 하중 작용 시 내부에서 하중에 대응하여 나타나는 저항력, 단위 단면적에 대한 힘의 크기로 나타낸다. 단위는 N/mm^2, MN/m^2, MPa 또는 N/cm^2이다.

(1) 수직응력(normal stress)

　재료에 작용하는 응력이 단면에 직각방향으로 작용할 때의 응력이다.

　① 인장응력(σ_t) : $\sigma_t = \dfrac{P}{A}$ [N/cm^2, N/mm^2]

　② 압축응력(σ_c) : $\sigma_c = \dfrac{P}{A}$ [N/cm^2, N/mm^2]

(2) 전단응력 또는 접선응력(Shearing Stress)

　재료의 단면에 평행하게 재료를 전단하려고 하는 방향으로 작용하는 외력을 전단하중이라고 하며, 이에 대하여 응력이 평행하게 발생하는 것을 전단응력이라 한다.

$$\text{전단응력}(\tau) : \tau = \dfrac{P}{A} [N/cm^2,\ N/mm^2]$$

1-5 변형률(Strain)

재료에 하중을 가하면 그 내부에서는 응력이 발생함과 동시에 변형을 일으킨다. 이 때 변형량을 원래의 길이로 나눈 것을 변형률이라 한다.

(1) 세로변형률

$$\varepsilon = \dfrac{l' - l}{l} = \dfrac{\lambda}{l}$$

(2) 가로변형률

$$\varepsilon' = \dfrac{d' - d}{d} = \dfrac{\delta}{d}$$

(3) 전단변형률

$$\gamma = \dfrac{\lambda_s}{l} = \tan\phi \fallingdotseq \phi[\text{rad}]$$

1-6 훅의 법칙과 푸와송의 비

(1) 훅의 법칙(Hook's Law)

① 세로 탄성률

$$E = \frac{\sigma}{\varepsilon}[\text{N/cm}^2] \text{ 또는 } \sigma = E\varepsilon \text{ 강의 영률}(E)\text{는 } 2.1 \times 10^6 [\text{N/cm}^2]\text{이다.}$$

$$\sigma = \frac{P}{A},\ \varepsilon = \frac{\lambda}{l} \text{ 이므로 } E = \frac{\sigma}{\varepsilon} = \frac{Pl}{A\lambda}[\text{N/cm}^2]$$

② 가로 탄성률

$$\tau = \frac{P}{A},\ \gamma = \frac{\lambda_s}{l} = \psi \text{ 이므로 } G = \frac{\tau}{\gamma} = \frac{Pl}{A\lambda_s} = \frac{P}{A\psi},\ \lambda_s = \frac{Pl}{AG} = \frac{\tau l}{G}$$

(2) 푸와송의 비

$$\frac{1}{m} = \frac{\text{가로변형률}}{\text{세로변형률}} = \frac{\varepsilon'}{\varepsilon} = \frac{\delta l}{\lambda d}$$

여기서 $\frac{1}{m}$의 역수 m은 푸와송의 수(Poisson's number)라 한다.

(3) 훅(Hooke)의 법칙

$$\sigma = E\varepsilon = \frac{W}{A} = E\frac{\lambda}{l} \qquad \therefore\ \lambda = \frac{Wl}{AE}[\text{cm}]$$

1-7 허용응력과 안전율

(1) 설계응력

$$\text{설계응력}(\sigma_d) \leq \text{허용응력}(\sigma_a) = \frac{\text{기준강도}(\sigma)}{\text{안전율}(S)}$$

(2) 사용응력과 허용응력

① 사용응력(Working Stress, σ_w) : 기계나 구조물에 일상적으로 가해지는 하중에 의하여 생기는 응력.

② 허용응력(Allowable Stress, σ_a) : 사용응력에 대하여 안전성을 생각하여 재료에 허용되는 최대 응력.

$$\text{사용응력}(\sigma_w) \leq \text{허용응력}(\sigma_a)$$

(3) 안전율(Safety Factor)

재료의 허용응력은 탄성한도를 기준으로 정하지만 탄성한도의 범위를 쉽게 구하기가 어려우므로, 쉽게 구할 수 있는 극한강도를 기준으로 하여 결정한다. 극한강도를 허용응력으로 나눈 값을 안전율이라 한다. 안전율은 1.5~15정도의 값을 선택한다.

$$안전율 = \frac{극한강도}{허용응력} = \frac{인장 \ 또는 \ 기준강도}{허용응력} = \frac{파괴강도}{허용응력}$$

극한강도(σ_u) > 허용응력(σ_a) ≧ 사용응력(σ_w)가 되고 S는 항상 1보다 큰 값이 된다.

(4) 응력집중

$$\alpha_K = \frac{\sigma_{max}}{\sigma_n}, \ \ \alpha_K = \frac{\tau_{max}}{\tau_n}$$

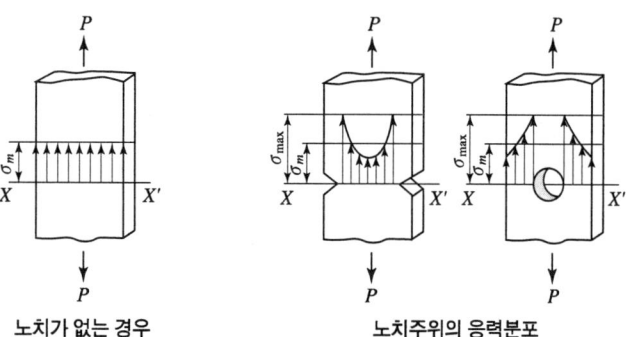

| 노치가 없는 경우 | 노치주위의 응력분포 |

그림 1-3 응력집중

(5) 열응력(Thermal Stress)

$$\sigma = E\varepsilon = E\frac{\lambda}{l}$$

$$\therefore \ \sigma = E\alpha \Delta t = E\alpha(t_2 - t_1)$$

제 2 장 결합용 기계요소

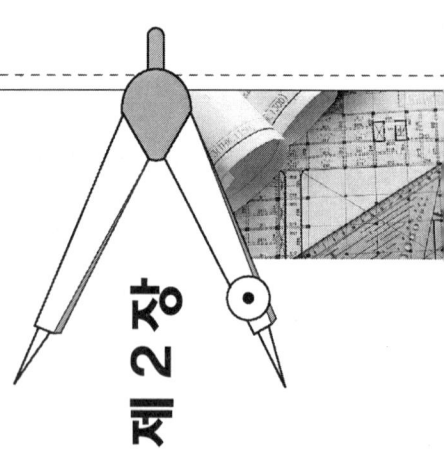

2-1 나 사

1. 나사의 개요

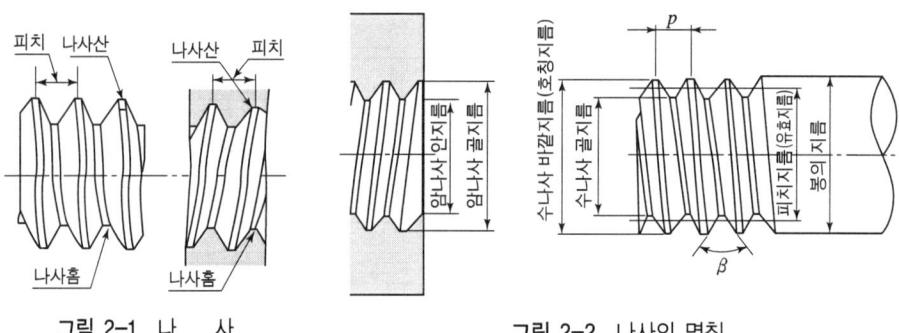

그림 2-1 나 사   그림 2-2 나사의 명칭

① 바깥지름 : 수나사의 산봉우리에 접하는 가상적인 원통 또는 원뿔의 지름. 수나사의 크기는 바깥지름으로 나타내고 암나사는 이것에 끼워지는 수나사의 바깥지름으로 나타낸다.

② 골지름 : 수나사의 골 밑에 접하는 가상적인 원통 또는 원뿔의 지름. 수나사는 최소, 암나사는 최대지름이다.

③ 유효지름(피치지름) : 나사 홈의 너비가 나사산의 너비와 같은 가상적인 원통 또는 원뿔의 지름이다. $d_2 = \dfrac{d + d_1}{2}$

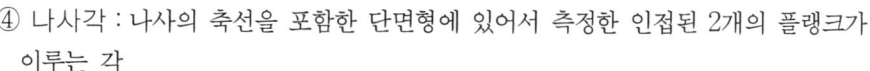

④ 나사각 : 나사의 축선을 포함한 단면형에 있어서 측정한 인접된 2개의 플랭크가 이루는 각
⑤ 산 높이 : 골 밑에서 산의 끝까지를 축선에 직각으로 측정한 거리
⑥ 호칭지름 : 나사의 치수를 대표하는 지름으로, 수나사의 바깥지름에 대한 기준 치수가 사용
⑦ 산수 : 인치나사에서 1인치를 피치로 나눈 값
⑧ 피치(pitch) : 나사의 축선을 포함하는 단면에서 서로 이웃한 나사산에 대응하는 2점 사이의 축선 방향의 거리이다.
⑨ 리드(lead) : 나사산이 원통을 한 바퀴 회전하여 축 방향으로 나아가는 거리

> **참고** | 리드와 피치 사이의 관계
> $l = np$ l : 리드[mm], n : 줄 수, p : 피치[mm]

⑩ 리드각 : 직각삼각형에 감은 종이의 경사각 α로서 나사의 골지름, 유효지름, 바깥지름에서 각각 다르고 골지름이 가장 크다. $\alpha = \tan^{-1} \dfrac{l}{\pi d}$
⑪ 비틀림각(β) : 나사의 나사곡선과 그 위의 1점을 통과하는 나사의 축에 평행한 직선과의 맺는 각 $\alpha + \gamma = 90°$
⑫ 나사의 유효 단면적 : 나사의 유효지름과 수나사의 골지름 간의 평균값을 지름으로 하는 원통의 단면적 $A = \dfrac{\pi}{4} \dfrac{(유효지름 + 수나사골지름)^2}{2}$
⑬ 완전 나사부 : 산끝과 골 밑이 양쪽 모두 같이 산 모양을 가진 나사 부분
⑭ 불완전 나사부 : 나사공구 모떼기부 또는 나사산이 완전히 만들어지지 않는 부분
⑮ 유효 나사부 : 산끝과 골 밑이 규정 나사산에 가까운 모양을 갖는 나사부로부터 나사의 한 끝에 있어서 면을 잘라내는 것 때문에 산마루가 완전하지 않은 부분이 있을 때는 허용오차 범위 내에서 유효 나사부라고 볼 수 있다.

2. 나사의 종류와 용도

(1) 체결용 나사

기계부품의 접합 또는 위치의 조정에 사용되는 나사로 삼각나사가 주로 사용. 나사산의 단면이 정삼각형에 가까운 나사

① 미터나사 : KS와 ISO 규격나사로 기호는 M, 호칭치수는 수나사의 바깥지름과 피치를 mm로 나타내며 나사산의 각도는 60° 용도는 기계 부품의 접합 또는 위치 조정 등에 사용되며, 체결용 나사로서 가장 많이 사용

② 유니파이나사 : ABC나사라고도 하며, 인치계 나사로서 기호 U로 나타내고 호칭치수는 수나사의 바깥지름을 인치로 나타낸 값과 1인치(25.4mm) 나사산의 각도는 60°이며. 유니파이 보통나사와 항공기용 작은 나사에 사용되는 유니파이 가는 나사가 있다.

③ 휘트워드나사 : 나사산의 각도가 55°이며, W기호로 나타낸다.

④ ISO나사 : 국제 표준화 기구에 의하여 제정된 나사로 미터나사와 유니파이나사와 같다.

⑤ 관용나사 : 파이프 연결 시 사용하는 나사로서 누설을 방지하고 기밀을 유지하는데 사용되고 관용 테이퍼나사(기밀용)와 관용 평행나사가 있다. 나사산의 각도는 55°이고, 크기는 인치당 산수

(2) 운동용 나사

① 사각나사(Square screw thread) : 용도는 축 방향에 큰 하중을 받아 운동 전달에 적합

② 사다리꼴나사(Trapezoidal screw thread) : 애크미 나사라고도 하고, 나사산의 각도는 미터계(TM)에서는 30°, 인치계(TW)에서는 29°이다. 용도는 스러스트(thrust)를 전달시키는 운동용 나사

③ 톱니나사(Buttress screw thread) : 용도는 한쪽방향으로 집중하중이 작용하여 압착기·바이스·나사 잭 등과 같이 압력의 방향이 항상 일정할 때 사용

④ 너클나사(둥근나사 : Round thread) : 나사산의 각은 30°로 용도는 급격한 충격을 받는 부분, 전구, 먼지와 모래 등이 많이 끼는 경우와 오염된 액체의 밸브 또는 호스 이음나사 등에 사용

⑤ 볼나사(Ball screw)

㉠ 장점
- 나사의 효율이 좋다.(약 90% 이상)
- 백래시를 작게 할 수 있다.
- 윤활에 그다지 주의하지 않아도 좋다.
- 먼지에 의한 마모가 적다.
- 높은 정밀도를 오래 유지할 수가 있다.

㉡ 단점
- 자동체결이 곤란하다.
- 가격이 비싸다.
- 피치를 그다지 작게 할 수 없다.
- 너트의 크기가 크게 된다.
- 고속으로 회전하면 소음이 발생한다.

㉢ 실용범례 : 자동차의 스티어링부, 공작 기계의 이송나사, 항공기의 이송나사

3. 나사의 효율

$$\eta = \frac{Qp}{2\pi T} = \frac{\tan\lambda}{\tan(\lambda+\rho)} = \frac{\tan\lambda(1-\tan\lambda\tan\rho)}{\tan\lambda+\tan\rho}$$

4. 나사의 강도

(1) 볼트의 설계

① 축 방향에 정하중을 받는 경우(아이 볼트, 훅 볼트, 턴 버클)

$$\therefore d = \sqrt{\frac{2W}{\sigma_a}}$$

② 축 방향에 하중을 받고 동시에 비틀림을 받는 경우(죔용 나사, 마찰 프레스)

$$\therefore d = \sqrt{\frac{8W}{3\sigma_a}}$$

③ 축에 직각으로 전단하중을 받는 경우

$$\therefore d = \sqrt{\frac{4W}{\pi\tau}}$$

5. 볼트와 너트

볼트와 너트는 다듬질 정도에 따라 상, 중, 흑피로 나누어지고 나사는 정밀도에 따라 1급, 2급, 3급으로 나뉜다.

(1) 일반 볼트

볼트의 머리와 너트가 육각형으로 된 것으로 KS B 1002에 규격화 되어 있고 주로 체결용으로 사용된다.

① 관통 볼트 : 체결하려는 2개의 부분에 구멍을 뚫고, 여기에 볼트를 관통시킨 다음 너트를 죈다.
② 탭 볼트 : 체결하려는 부분이 두꺼워서 관통 구멍을 뚫을 수 없을 때, 또 긴 구멍을 뚫었더라도 구멍이 너무 길어 관통볼트의 머리가 숨겨져서 죄기 곤란할 때 너트를 사용하지 않고, 체결하는 상대 쪽에 암나사를 내고 머리붙이 볼트를 나사 박음 하여 체결하는 볼트
③ 스터드 볼트 : 막대의 양끝에 나사를 깎은 머리 없는 볼트로서 한 끝을 본체에 튼튼하게 박고 다른 끝에는 너트를 끼워서 죈다.
④ 양 너트 볼트 : 머리부분이 길어서 사용할 수 없을 때, 양 끝 모두 바깥에서 너트로 죄는 볼트

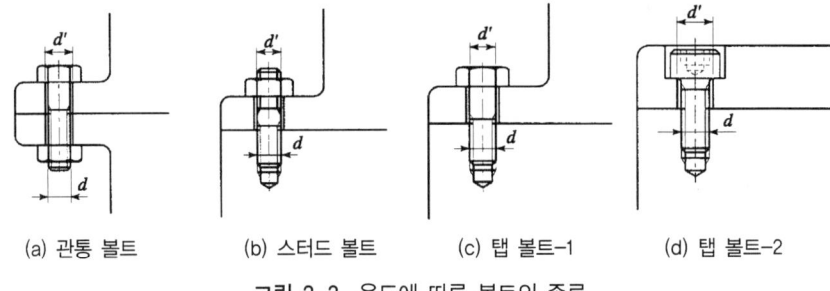

(a) 관통 볼트   (b) 스터드 볼트   (c) 탭 볼트-1   (d) 탭 볼트-2

그림 2-3 용도에 따른 볼트의 종류

(2) 특수 볼트

① 기초 볼트 : 기계 등을 콘크리트 바닥에 설치하는데 쓰인다.
② 스테이 볼트 : 부품을 일정한 간격으로 유지하고, 구조자체를 보강하는데 사용한다.
③ T홈 볼트 : 공작기계의 테이블 T홈에 볼트의 머리 부분을 끼워서 적당한 위치에 공작물과 기계 바이스를 고정할 때 사용한다.

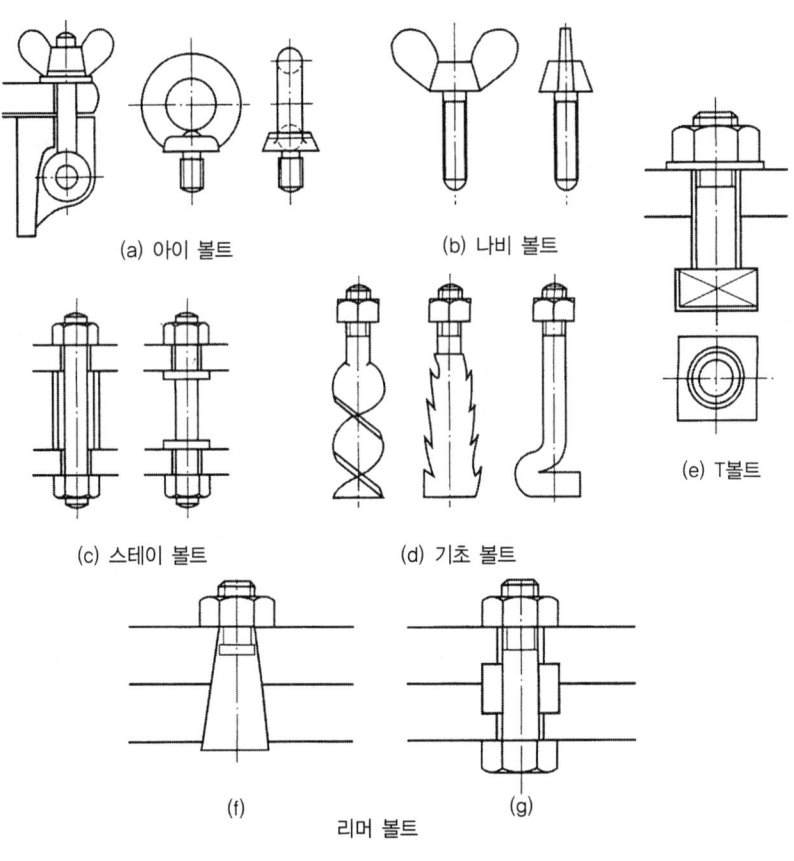

(a) 아이 볼트   (b) 나비 볼트   (e) T볼트
(c) 스테이 볼트   (d) 기초 볼트
(f)   (g)
리머 볼트

그림 2-4 특수용 볼트

④ 아이 볼트 : 무거운 기계와 전동기 등을 들어 올릴 때 로프, 체인 또는 혹을 거는데 사용한다.
⑤ 둥근머리 사각 목 볼트 : 머리 부분의 사각 부분을 사각 구멍에 끼워서 죌 때 헛돌지 않도록 한 것. 목재 구조물 등에 쓰인다.
⑥ 리머 볼트 : 리머로 다듬질한 구멍에 꼭 끼워 미끄럼을 방지하는 볼트이다.
⑦ 충격 볼트 : 섕크 부분이 단면적을 작게 하여 늘어나기 쉽게 한 볼트로 충격적인 인장력이 작용하는 경우에 사용한다.
⑧ 나비 볼트 : 손으로 돌려 죌 수 있는 모양.

(3) 여러 가지 나사

① 작은 나사
지름이 8mm 이하의 작은 나사로 힘을 많이 받지 않는 작은 부품과 얇은 판자 등을 붙이는데 사용
② 멈춤 나사
보스와 축을 고정시키고 축에 끼워 맞춰진 기어와 풀리의 설치 위치의 조정 및 키의 대용으로 사용된다.
③ 나사못과 태핑 나사
㉠ 나사못 : 목재에 나사를 돌려 박는데 적합한 나사산으로 되어 있으며, 나사의 끝이 드릴과 탭의 역할을 한다.
㉡ 태핑 나사 : 끝을 침탄 담금질하여 단단하게 한 작은 나사의 일종으로서 얇은 판이나 무른 재료에 암나사를 내면서 체결하는 데 사용한다.

(4) 너트의 종류

① 사각 너트 : 겉모양이 사각인 너트로서 주로 목재에 쓰이며, 기계에도 가끔 쓰인다.
② 원형 너트 : 자리가 좁아 보통의 육각너트를 쓸 수 없을 경우 또는 너트의 높이를 작게 할 경우에 사용한다.
③ 플랜지 너트 : 육각의 대각선 거리보다 큰 지름의 플랜지가 달린 너트로 접촉면이 거칠거나, 큰 면압을 피하려 할 때 사용한다.
④ 홈붙이 너트 : 위쪽에 분할 핀을 끼울 수 있는 홈이 있는 너트
⑤ 캡 너트 : 나사 구멍이 뚫려 있지 않은 너트로 유체의 흐름 방지 및 부식 방지의 목적으로 사용한다.
⑥ 아이 너트 : 머리에 링이 달린 너트로 아이볼트와 같은 목적으로 사용된다.
⑦ 나비 너트 : 손으로 돌려서 죌 수 있는 모양으로 된 것.
⑧ T너트 : T자 모양의 것으로 공작기계의 테이블 T홈에 끼워서 공작물을 설치하는 데 사용한다.
⑨ 슬리브 너트 : 머리 밑에 슬리브가 있는 너트로 수나사 중심선의 편심을 방지하는 데 사용한다.

⑩ 플레이트 너트 : 암나사를 깎을 수 없는 얇은 판에 리벳으로 설치하여 사용하는 너트
⑪ 턴 버클 : 양끝에 오른나사 및 왼나사가 깎여 있어서, 이를 오른쪽으로 돌리면 양끝의 수나사가 안으로 끌리므로, 막대와 로프 등을 죄는 데 사용한다.
⑫ SPAC 너트 : 너트를 판에 때려 박아 사용

(5) 와셔

① 종 류
  ㉠ 기계용 : 둥근평 와셔
  ㉡ 너트 풀림 방지용 : 스프링 와셔, 이붙이 와셔, 혀붙이 와셔, 클로오 와셔 등
② 와셔의 용도
  ㉠ 볼트의 구멍이 볼트의 지름보다 너무 클 때
  ㉡ 표면이 거칠 때
  ㉢ 접촉면이 기울어져 있을 때
  ㉣ 목재나 고무와 같이 압축에 약하여 너트가 내려앉는 것을 막을 필요가 있을 때

(6) 나사의 풀림 방지법

나사는 진동과 순간적인 충격을 받으면 접촉압력이 감소하여 마찰력이 거의 없어지는 수가 있다.
① 와셔를 사용하는 방법
  스프링 와셔, 이붙이 와셔 등의 특수 와셔를 사용하여 너트가 잘 풀리지 않게 한다.
② 로크 너트를 사용하는 방법
  2개의 너트를 사용하여 너트 사이를 서로 미는 상태로 항상 하중이 작용하고 있는 상태를 유지하는 것이다. 보통 하중을 위쪽의 너트가 받으므로 아래의 너트는 보통보다 낮게 만들어 사용한다.
③ 자동죔 너트에 의한 방법
  되돌아가는 것을 방지하는 특수한 모양의 너트.
④ 분할핀, 작은 나사, 멈춤 나사에 의한 방법
  너트와 볼트에 핀이나 나사를 박아 풀러지지 않도록 하는 방법으로 나사를 박을 경우에 재사용이 어렵다.
⑤ 철사에 의한 방법
  핀 대신에 철사를 감아서 풀어지지 않도록 하는 방법
⑥ 플라스틱 플러그에 의한 방법
  나사면에 플라스틱이 들어간 너트를 사용하면 나사면에 마찰계수가 크게 되어 풀림이 방지된다.

2-2 키, 핀, 코터

1. 키(Key)

(1) 키의 종류

① 묻힘 키(Sunk Key) : 축과 보스 양쪽에 모두 키 홈을 파서 비틀림 모멘트를 전달하는 키로서 가장 많이 사용된다.

② 반달 키(Woddruff Key) : 반월상의 키로서 축의 홈이 깊게 되어 축의 강도가 약하게 되기는 하나 축과 키 홈의 가공이 쉽고, 키가 자동적으로 축과 보스 사이에 자리를 잡을 수 있어 자동차, 공작기계 등의 60mm 이하의 작은 축이나 테이퍼 축에 사용한다.

③ 접선 키(Tangential Key) : 접선 방향에 설치하는 키로서 1/100의 기울기를 가진 2개의 키를 한 쌍으로 하여 사용한다. 회전방향이 양방향일 경우 중심각이 120° 되는 위치에 2조 설치한다. 아주 큰 회전력의 경우에 사용한다.

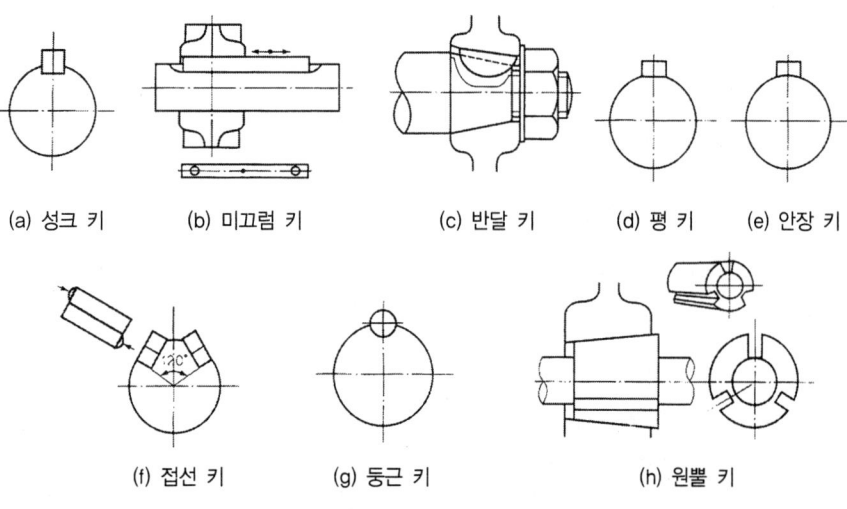

그림 2-5 키의 종류

④ 원뿔 키(Cone Key) : 축과 보스에 키를 파지 않고 보스 구멍을 테이퍼 구멍으로 하여 속이 빈 원뿔을 끼워 마찰력만으로 밀착시키는 키로서, 바퀴가 편심되지 않고 축의 어느 위치에나 설치가 가능하다.

⑤ 미끄럼 키(Sliding Key) : 안내 키, 페더 키(Feather Key)라고도 하며 보스와 축이 상대적으로 축 방향으로만 이동이 가능한 키로서 키를 작은 나사로 고정한다.

⑥ 스플라인 키(Spline Key) : 축의 원주에 수많은 키를 깎은 것으로 큰 토크를 전달시키고, 내구력이 크며 축과 보스의 중심축을 정확하게 맞출 수 있고 축 방향

으로 이동도 가능하다.

⑦ 세레이션(Serration) : 축과 보스의 상대 각 위치를 되도록 가늘게 조절해서 고정하려 할 때 사용되며, 같은 지름의 스플라인축보다 큰 회전력을 전달하며 자동차의 핸들 등에 사용

⑧ 안장 키(Saddle Key) : 축에는 홈을 파지 않고 축과 키 사이의 마찰력으로 회전력을 전달. 축의 강도를 감소시키지 않고 고정할 수 있으나, 큰 동력을 전달시킬 수 없으므로 경하중소직경에 사용

⑨ 평 키(Flat Key) : 축을 키의 폭만큼 납작하게 깎아서 보스의 키 홈과의 사이에 밀어 넣는다. 1/100의 기울기를 붙이기도 하고 새들키보다 약간 큰 힘을 전달시킬 수 있다.

⑩ 둥근 키(Round Key) : 핀 키라고도 하며, 핸들과 같이 작은 것의 고정에 사용되고 단면은 원형이고 하중이 작을 때만 사용된다.

(2) 키의 강도

① 전단응력 : $\tau = \dfrac{2T}{lbd}$

② 압축응력 : $\sigma_c = \dfrac{4T}{hld}$

2. 핀(Pin)

(1) 핀의 종류

① 평행 핀(dowel pin) : 기계 부품을 조립할 경우나 안내 위치를 결정할 때 사용된다.

② 테이퍼 핀(taper pin) : $T = \dfrac{1}{50}$, 호칭지름은 작은 축 지름으로 주축을 보스에 고정할 때 사용된다.

③ 분할 핀(split pin) : 너트의 풀림 방지나 바퀴가 축에서 빠지는 것을 방지하기 위하여 사용한다.

④ 스프링 핀 : 탄성을 이용하여 물체를 고정시키는 데 사용되며, 해머로 때려 박을 수 있는 핀이다.

3. 코터(Cotter)

(1) 코터의 기울기

① 반영구적인 곳 : 1/20~1/40
② 자주 분해할 때 : 1/15~1/10(핀 사용), 1/10~1/5(너트 사용)

(2) 코터 이음의 자립조건은 마찰각 ρ, 구배(경사각)를 α라 할 때

① 한쪽 기울기인 경우 $\alpha \leq 2\rho$
② 양쪽 기울기인 경우 $\alpha \leq \rho$

2-3 리벳(Rivet)

1. 리벳 이음

강판 또는 형강을 영구적으로 접합하는 데 사용하는 체결 기계요소

(1) 리벳이음의 특징

① 용접이음과는 달리 초기응력에 의한 잔류 변형이 생기지 않으므로, 취약 파괴가 일어나지 않는다.
② 구조물 등에서 현장 조립할 때에는 용접이음보다 쉽다.
③ 경합금과 같이 용접이 곤란한 재료에는 신뢰성이 있다.

(2) 리벳의 종류

① 사용 목적에 의한 분류
  ㉠ 보일러용 리벳 : 강도와 기밀을 필요로 하는 리벳이음으로 보일러, 고압탱크 등에 사용
  ㉡ 저압용(용기용·기밀용) 리벳 : 강도보다는 수밀을 필요로 하는 리벳으로 저압탱크 등에 사용
  ㉢ 구조용 리벳 : 주로 강도를 목적으로 하는 리벳 이음. 차량, 철교, 구조물 등에 사용

2. 리벳이음의 종류

(1) 리베팅(riveting)

① 리벳 구멍은 리벳의 지름보다 1~1.5mm 크게 뚫는다. 20mm까지는 펀칭으로 구멍을 뚫지만, 중요한 이음과 연성이 없는 강판에는 알맞지 않으므로 드릴링 또는 리밍한다.
② 25mm 이하는 수작업, 그 이상은 압축공기 또는 수압 등의 기계력을 이용한 리베팅 머신을 사용한다.
③ 8mm 이하는 냉간작업, 10mm 이상은 열간작업을 한다.

(2) 코킹(caulking)과 풀러링(fullering)

① 코킹 : 고압탱크, 보일러와 같이 기밀을 필요로 할 때에는 리베팅이 끝난 후 리벳 머리의 주위와 강판의 가장자리를 정(chisel)으로 때려 그 부분을 밀착시켜서 틈을 없애는 작업. 강판의 가장자리는 75~80° 기울어지게 절단한다. 강판의 두께 5mm 이하는 효과가 없으므로 얇은 강판에는 그 사이에 안료를 묻힌 베, 기름종이 등의 패킹재료를 끼워 리베팅하고 고온에는 석면을 사용한다.

② 풀러링 : 코킹과 같은 목적의 작업으로 판재의 끝 부를 때리는 작업. 아래쪽의 강판에 때린 자국이 나지 않도록 주의한다. 기밀을 완전하게 하기 위하여 강판과 같은 너비의 끌과 같은 풀러링 공구로 때려 붙이는 작업

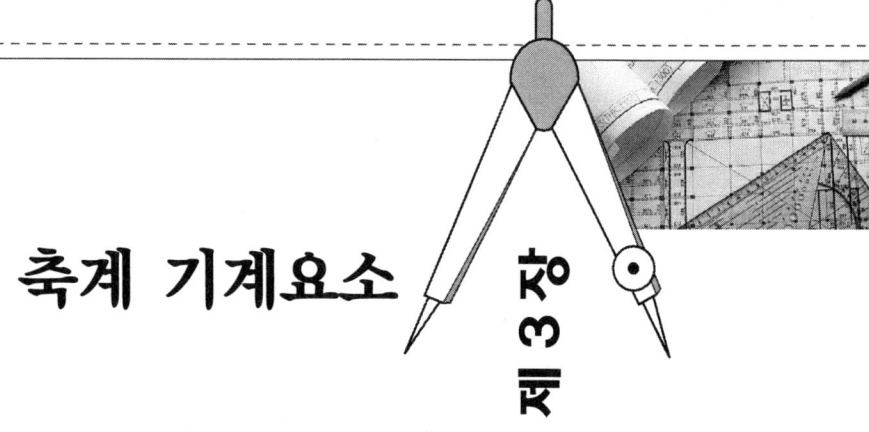

축계 기계요소 제 3 장

3-1 축(Shaft)

1. 축의 분류

(1) 작용 하중에 따른 분류

① 전동축(동력축) : 비틀림과 휨을 동시에 받으며, 동력 전달이 주목적으로 주로 공장의 동력 전달 축으로 사용되며 주축, 선축, 중간축으로 구성된다.
② 차축(Axel) : 하중을 받치는 축으로 굽힘 모멘트를 받으며 철도 차량, 자동차 등의 바퀴가 연결된 축이다.
③ 스핀들(Spindle) : 지름에 비하여 비교적 짧은 축으로 비틀림과 휨이 동시에 작용하나 주로 비틀림을 받는 축으로 치수가 정밀하며 변형량이 적고 길이가 짧은 회전축으로 공작기계의 주축으로 사용된다.

(2) 외형에 따른 분류

① 직선 축(Straight shaft) : 일직선으로 곧은 원통형의 축이며, 일반적인 동력 전달용으로 사용된다.
② 테이퍼 축(Taper shaft) : 원뿔형의 축으로 연삭기, 밀링 머신, 드릴링 머신 등의 주축에 사용된다.
③ 크랭크 축(Crank shaft) : 몇 개 축의 중심을 서로 어긋나게 한 것으로, 왕복운동기관 등의 직선운동과 회전운동을 서로 변환시키는 데 사용하며 곡선축이라고도 하며 내연 기관에 많이 사용된다. 일체식과 조립식이 있다.(내연기관, 압축기에 사용)

④ 플렉시블 축(Flexible shaft) : 강선을 2중, 3중으로 감은 나사 모양의 축으로 축 방향이 수시로 변하는 작은 동력 전달 축으로 공간상의 제한으로 일직선 형태의 축을 사용할 수 없을 때 사용된다. 비틀림 강도는 크나 굽힘 강도는 작다.

(3) 단면 모양에 따른 분류

① 원형 축(Round shaft) : 단면 모양이 원형으로 속이 찬축과 속이 빈축이 있다. 일반적으로 속이 찬축이 많이 사용된다.
② 각축(Square shaft, hexagonal shaft) : 특수한 목적에 사용하기 위하여 축의 단면 모양을 사각형 또는 육각형으로 만든 축으로 믹서나 진동체 축 등에 많이 사용된다.

2. 축의 강도

(1) 축 설계상 고려 사항

① 강도(Strength)
② 응력집중(Stress concentration)
③ 강성도(Stiffness)
④ 변형
⑤ 진동(Vibration)
⑥ 부식(Corrosion)
⑦ 열응력(Thermal stress)
⑧ 열팽창(Thermal expansion)

3. 강도에 의한 축의 설계

(1) 차축과 같이 굽힘 모멘트[M]만을 받는 축

① 실제 축(중실 축)의 경우

$$M = \sigma_b \times Z = \sigma_b \times \frac{\pi d^3}{32} \qquad \therefore \ d = \sqrt[3]{\frac{32M}{\pi \sigma_b}} = \sqrt[3]{\frac{10.2M}{\sigma_b}}$$

(2) 비틀림 모멘트[T]만을 받을 때

① 실제 축(중실 축)의 경우

$$T = \tau_a \times Z_P = \tau_a \times \frac{\pi d^3}{16} \qquad \therefore \ d = \sqrt[3]{\frac{16T}{\pi \tau_a}} = \sqrt[3]{\frac{5.1T}{\tau_a}}$$

② 전달 동력으로 축 지름을 구할 경우

$$T = 7024 \times 10^3 \frac{H}{N} [\text{N} \cdot \text{mm}][\text{PS}], \quad T = 9549 \times 10^3 \frac{H}{N} [\text{N} \cdot \text{mm}][\text{kW}]$$

(3) 굽힘 모멘트와 비틀림 모멘트를 동시에 받는 축

① 연성재료의 경우
- 실제 축 $d = \sqrt[3]{\dfrac{16\,T_e}{\pi\,\tau_a}}$ $\therefore d = \sqrt[3]{\dfrac{5.1\,T_e}{\tau_a}}$
- 상당 비틀림 모멘트 $T_e = \sqrt{M^2 + T^2}$

② 취성재료의 경우
- 실제 축 $d = \sqrt[3]{\dfrac{32\,M_e}{\pi\,\sigma_a}}$ $\therefore d = \sqrt[3]{\dfrac{10.2\,M_e}{\sigma_b}}$
- 상당 굽힘 모멘트 $T_e = \dfrac{1}{2}\left(M + \sqrt{M^2 + T^2}\right)$

3-2 축이음(Shaft Joint)

1. 커플링의 종류

(1) 고정 커플링

일직선상에 있는 두 축을 연결한 것으로, 볼트 또는 키를 사용하여 접합하고 양축사이의 상호이동이 전혀 허용되지 않는 구조. 원통 커플링과 플랜지 커플링이 있다.
① 원통 커플링 : 머프 커플링, 마찰 원통 커플링, 셀러 커플링, 클램프 커플링
② 플랜지 커플링 : 단조 플랜지 커플링, 조립식 플랜지 커플링, 세레이션 커플링

(2) 플렉시블 커플링

원칙적으로 동일선상에 있는 두 축의 연결에 사용하나, 양 축간 약간의 상호 이동을 허용. 온도의 변화에 따른 축의 신축 또는 탄성 변형 등에 의한 축심의 불일치를 완화하여 원활히 운전할 수 있는 커플링이다. 기어 형 축이음, 체인 축이음, 그리드형 축이음, 고무 축이음 등이 있다.

(3) 올덤 커플링

두 축이 평행하고 축의 중심선이 약간 어긋났을 때 각 속도의 변동 없이 토크를 전달하는 데 사용하는 축이음이다.

(4) 유니버설 커플링(자재이음)

두 축의 축선이 어느 각도로 교차되고, 그 사이의 각도가 운전 중 다소 변하여도 자유로이 운동을 전달할 수 있도록 구조가 되어 있는 커플링이다.

(5) 커플링의 분류

① 두 축이 동일선상에 있는 경우 : 고정 커플링(fixed coupling)
② 두 축이 정확한 일직선상에 있지 않을 때 : 플렉시블 커플링(flexible coupling)
③ 두 축이 평행하는 경우 : 올덤 커플링(oldham's coupling)
④ 두 축이 교차하는 경우 : 유니버설 조인트(universal joint)

2. 클러치

운전 중 또는 정지 중에 간단한 조작으로 동력을 전달할 수 있는 형식. 두 축은 일직선상에 있는 경우가 많다. 다음 4가지로 구분된다.

(1) 맞물림 클러치

클러치 중 가장 간단한 구조로 플랜지에 서로 물릴 수 있는 돌기 모양의 턱이 있어 서로 맞물려 동력을 단속

(2) 마찰클러치

각축에 붙어 있는 부분의 면을 밀어 붙여 접촉시키며, 그 사이의 마찰을 이용하여 연결하는 클러치로 원판 마찰 클러치와 원추 마찰 클러치가 있다.

(3) 일방향 클러치

구동축이 종동축보다 속도가 늦어졌을 때 종동축이 자유로 공전할 수 있도록 한 것으로 일방향에만 동력을 전달시키고, 역방향에는 전달시키지 못하는 클러치.

(4) 원심클러치

입력축의 회전에 의한 원심력에 의하여 클러치의 결합이 이루어지는 것으로 원동축이 시동되어 점차 회전 속도가 상승하면 클러치가 연결된다.

(5) 전자 클러치

전자력을 이용하여 마찰력을 발생시키는 클러치

(6) 유체 클러치

펌프 축을 원동기에 결합하고 터빈 축은 부하를 받는 쪽에 결합하여 동력을 전달하는 클러치

3. 고정 커플링

(1) 원통 커플링

가장 간단한 구조로 원통 속에 두 축을 끼워 넣고 일직선이 될 수 있도록 키, 볼트로 결합시켜 키의 전단력이나 마찰력으로 전동하는 이음.

① 머프 커플링
주철제의 원통 속에서 두 축을 맞대어 맞추고 키로 고정한 것으로, 축 지름과 하중이 아주 작을 경우에 사용. 인장력이 작용하는 축이음에는 부적합하다. 작업상 안전을 위하여 안전 커버를 씌워 사용한다.

② 마찰 원통 커플링
바깥 둘레가 원뿔형으로 된 주철제 분할통으로 두 축의 연결단에 덮어씌우고, 이것을 연강제의 링으로 양 끝에서 끼워 맞춰 체결한다. 분할통은 중앙에서 양 끝으로 1/20~1/30의 테이퍼이고, 큰 토크 전달에는 적당하지 않으나, 설치 및 분해가 쉽고 긴 전동축의 연결에 편리. 150mm 이하의 축과 진동이 없는 경우에 사용한다.

③ 반중첩 커플링
주철제 원통 속에 전달축보다 약간 크게 한 축 단면에 기울기를 주어 중첩시킨 후 공통의 키로서 고정한 커플링이며, 축방향으로 인장력이 작용하는 기계의 축이음에 사용된다.

④ 분할 원통 커플링(클램프 커플링)
2개의 반원통, 즉 클램프를 보통 6개의 볼트로 두 줄로 나누어 체결하고(소형축의 경우 4개, 대형축의 경우 6~8개) 테이퍼가 없는 키를 박은 것으로 축 지름 200mm까지 사용

⑤ 셀러 커플링
머프 커플링을 셀러가 개량한 것으로 주철제 원통은 내면이 원추면으로 되어있다. 여기에 두 축을 끼우고, 바깥면이 원추면으로 되어있는 원추 통을 양쪽에서 끼워 넣은 다음 3개의 볼트로 죄어 축을 고정시키는 커플링이다. 이것은 연결할 두 축의 지름이 다소 달라도 두 축이 자연히 동일선 상에 있게 된다.

(2) 플랜지 커플링

주철 또는 주강제의 플랜지를 축에 억지 끼워 맞춤을 하거나 키로 결합시킨 후 두 플랜지를 볼트로 체결한 것. 플랜지의 중앙부는 요철을 만들어 두 축의 중심을 일치시키고, 큰 축과 고속도인 정밀 회전축에 적당하고, 공장 전동축 또는 일반 기계의 커플링으로 가장 널리 사용된다.

4. 플렉시블 커플링

두 축의 중심선을 완전히 일치시키기 어려운 때, 또 내연 기관과 같이 전달 토크의 변동이 많은 원동기에서 다른 기계로 동력을 전달하는 경우 및 고속 회전으로 진동을 일으키는 경우에 사용된다.

(1) 기어 커플링

두 축의 양 끝에 한 쌍의 외접기어를 각각 키 박음 하여 결합. 외치와 내치 사이의 틈새가 축의 편심을 어느 정도 흡수 할 수 있으며, 고속 및 큰 토크에도 견딜 수 있다. 원심펌프, 컨베이어, 교반기, 발전기, 송풍기, 믹서, 유압 펌프, 압축기, 크레인, 기중기 등

(2) 체인 커플링

두 축의 끝에 스프로킷 휠을 키 박음하여 장착하고, 2줄 체인을 사용하여 두 축에 끼워져 있는 스프로킷 휠을 이은 것. 회전속도가 중간속도이고 일정한 하중이 작용하는 기계에 장착된다. 주로 교반기 컨베이어, 펌프, 기중기 등에 사용

(3) 그리드 커플링

두 축의 끝 부분에 축 방향으로 홈이 파져 있는 한 쌍의 원통(허브)을 키 박음 하여 각각 고정. 양 축의 축 방향 홈이 일직선이 되도록 조정한 후 S자 모양의 금속격자(그리드)를 홈 속으로 집어넣어 연결시킨다.

(4) 올덤 커플링

두 축이 평행하며, 그 거리가 비교적 짧고 축선의 위치가 어긋나 있으나 각속도의 변화 없이 회전력을 전달시키려 할 때 사용하고, 밸런스와 마찰의 난점이 있고 편심량이 큰 회전 전달이나 고속의 경우에는 적합치 않다.

5. 유니버설 조인트(훅 조인트)

① 두 축이 동일 평면 내에 있고 그 중심선이 α 각도($\alpha \leq 30°$)로 교차하는 경우의 전동 장치
② 교각 α는 30도 이하에서 사용하고 특히 5도 이하가 바람직하며, 45도 이상은 사용이 불가능하다.
③ 두 축단의 요크 사이에 십자형 핀을 넣어서 연결한다.
④ 자동차, 공작기계, 압연롤러, 전달기구 등에 많이 사용
⑤ 요크와 십자형 핀 사이에는 니들 베어링 또는 부시를 넣어서 그리스로 윤활 하는 것이 보통이다.

3-3 베어링(Bearing)

1. 작용하중의 방향에 따른 분류

① 레이디얼 베어링(Radial Bearing) : 레이디얼 하중, 즉 축에 직각 방향의 하중을 지지할 때 사용. 미끄럼 베어링에선 저널 베어링이라고도 한다.
② 스러스트 베어링(Thrust Bearing) : 스러스트 하중, 즉 축단이나 축의 중간에 단을 만들어 축 방향의 하중을 받을 때 사용. 피벗 베어링, 칼라 스러스트 베어링
③ 테이퍼 베어링(Taper Bearing) : 레이디얼 하중과 스러스트 하중이 동시에 작용하는 하중을 지지.

2. 미끄럼 베어링과 구름 베어링의 비교

	미끄럼 베어링	구름 베어링
크기	지름은 작으나 폭이 크게 된다.	폭은 작으나 지름이 크게 된다.
구조	일반적으로 간단하다.	전동체가 있어서 복잡하다.
충격흡수	유막에 의한 감쇠력이 우수하다.	감쇠력이 작아 충격 흡수력이 작다.
고속회전	저항은 일반적으로 크게 되나 고속회전에 유리하다.	윤활유가 비산하고, 전동체가 있어 고속회전에 불리하다.
저속회전	유막 구성력이 낮아 불리하다.	유막의 구성력이 불충분하더라도 유리하다.
소음	특별한 고속 이외는 정숙하다.	일반적으로 소음이 크다.
하중	추력하중은 받기 힘들다.	추력하중을 용이하게 받는다.
기동토크	유막형성이 늦은 경우 크다.	작다.
베어링 강성	정압 베어링에서는 축심의 변동 가능성이 있다.	축심의 변동은 적다.
규격화	자체 제작하는 경우가 많다.	표준형 양산품으로 호환성이 높다.

3. 구름베어링의 장·단점

① 동력이 절약되고, 가동저항이 크다. 슬라이딩베어링의 10~50% 정도로 한다.
② 윤활유가 절약되고, 윤활유에 의한 기계의 오손이 적다.
③ 신뢰성이 있고, 유지비가 감소된다.
④ 기계의 정밀도를 장시간 유지할 수 있고 고속회전 할 수 있다.
⑤ 베어링교환과 선택이 쉽고 베어링 길이를 단축 할 수 있다.
⑥ 가격이 비교적 비싸고 외경이 크게 된다.
⑦ 소음이 생기고 충격에 약하다.
⑧ 제작, 설치와 조립이 어렵고, 부분적 수리가 불가능하다.

4. 구름베어링의 설계

① 수명 계산식

　㉠ 수명회전수 : L_n

$$L_n = \left(\frac{C}{P}\right)^r \times (10^6 \text{ 회전})$$

$$\begin{bmatrix} r = 3 : \text{Ball} \\ r = \dfrac{10}{3} : \text{Roller} \end{bmatrix}$$

　㉡ 수명시간 : L_k

$$L_k = 500 \left(f_n \frac{C}{P}\right)^r = 500 f_h^r$$

② 구름베어링의 호칭법

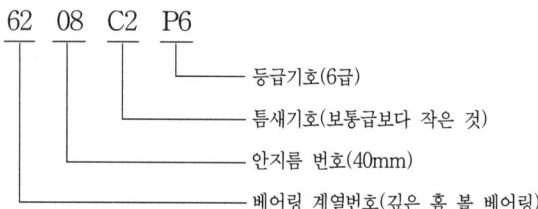

③ 안지름 번호(내륜 안지름)

　00 : 10mm
　01 : 12mm
　02 : 15mm
　03 : 17mm
　04×5＝20mm～495mm까지

5. 베어링의 재료

① 녹아 붙지 않을 것(내융착성)
② 길들임이 좋은 것(친숙성)
③ 부식에 강할 것(내식성)
④ 피로강도가 클 것(내피로성)

제 4 장 전동용 기계요소

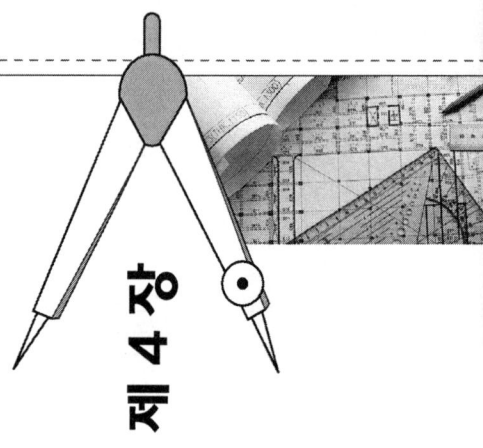

4-1 마찰차

1. 마찰차의 응용 범위

① 전달하여야 할 힘이 크지 않고 속도비를 중요시 하지 않을 때
② 회전속도가 커서 보통의 기어를 사용할 수 없는 경우
③ 양축 사이를 빈번히 단속할 필요가 있을 때
④ 무단 변속을 시키는 경우와 안전장치의 역할이 필요한 경우

2. 마찰차의 특성

① 접촉하고 있는 표면은 구름접촉이므로 접촉선상의 한 점에 있어서 양쪽의 표면속도는 항상 같다.
② 약간의 미끄럼이 생기므로 확실한 전동과 강력한 동력의 전달은 곤란하다.
③ 전동의 단속이 무리 없이 행해진다.
④ 무단 변속하기 쉬운 구조로 할 수 있다.
⑤ 운전이 정숙하며, 효율은 그다지 좋지 못하다.
⑥ 과부하의 경우 미끄럼에 의한 다른 부분의 손상을 막을 수 있다.

3. 마찰차의 실용적인 면에서 구별

① 원통 마찰차 : 두 축이 평행하고 바퀴는 원통형이다.
② 홈 마찰차 : 두 축이 평행하다.
③ 원추 마찰차 : 두 축이 어느 각도로서 서로 만나고 있으며 바퀴는 원뿔형이다.
④ 무단변속 마찰차

4-2 기 어

1. 기어의 특징

① 전동이 확실하고, 큰 동력을 일정한 속도비로 전달할 수 있다.
② 축압력이 작으며, 사용 범위가 넓다.
③ 회전비가 정확하고, 전동 효율이 좋고 감속비가 크다.
④ 충격음을 흡수하는 성질이 약하고, 소음과 진동이 발생한다.

(1) 기어의 종류

① 두 축이 서로 평행한 경우
  ㉠ 스퍼 기어(spur gear)
  ㉡ 랙(rack)과 피니언(pinon)
  ㉢ 내접기어(internal gear)
  ㉣ 헬리컬 기어(helical gear)
  ㉤ 헬리컬 랙(helical rack)
  ㉥ 더블 헬리컬 기어
② 두 축이 만나는 경우
  ㉠ 직선 베벨 기어(straight bevel gear)
  ㉡ 스파이럴 베벨 기어(spiral bevel gear)
  ㉢ 마이터 기어(miter gear)
  ㉣ 제롤 베벨 기어(zerol bevel gear)
  ㉤ 크라운 기어(crown gear)
  ㉥ 스크류 베벨 기어(skew bevel gear)
③ 두 축이 평행하지도 만나지도 않는 경우(엇갈림 축 기어)
  ㉠ 웜 기어(worm gear)
  ㉡ 하이포이드 기어(hypoid gear)
  ㉢ 나사 기어(screw gear)
  ㉣ 스큐 기어(skew gear)

제 4 장 전동용 기계요소

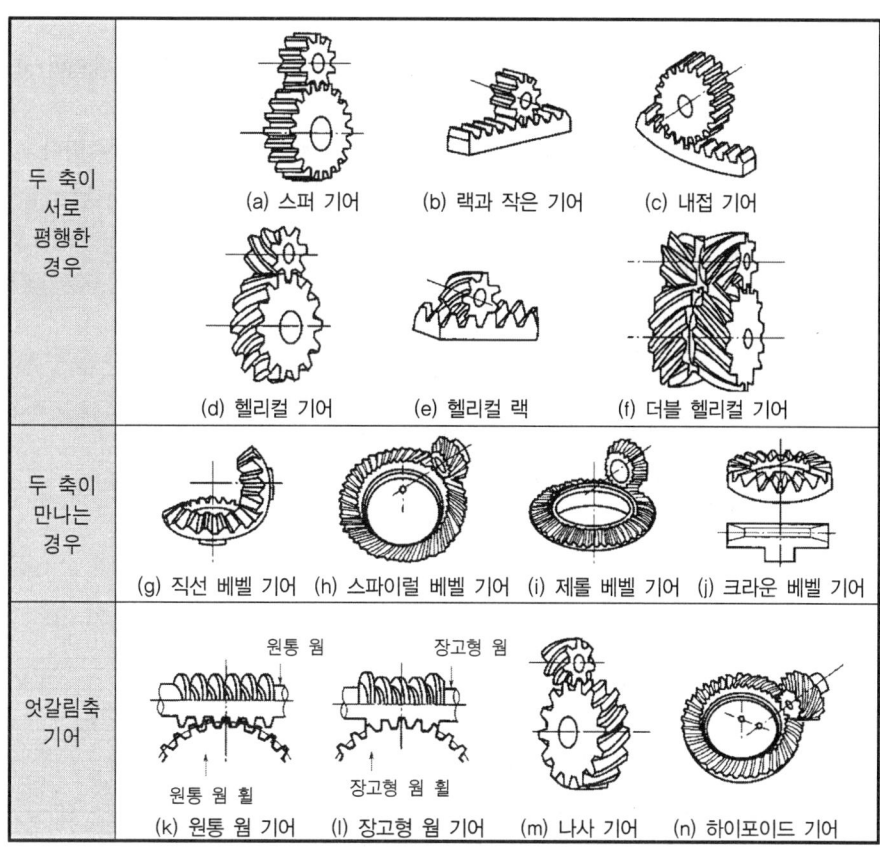

그림 4-1 기어의 종류

(2) 이의 크기

① 원주피치(p) : $p = \dfrac{\pi D}{Z} = \pi m$

② 모듈(m) : $m = \dfrac{p}{\pi} = \dfrac{D}{Z}$

③ 지름 피치(P_d 또는 $D\ P$) : $P_d = \dfrac{\pi}{P} = \dfrac{Z}{D} = \dfrac{1}{m}$ [inch], $P_d = \dfrac{25.4}{m}$ [mm]

(3) 치형 곡선

① 인벌류트 곡선
  ㉠ 교환성이 우수하다.(원주피치 또는 모듈, 압력각이 같아야 한다.)
  ㉡ 치형의 제작가공이 용이하다.
  ㉢ 이뿌리 부분이 튼튼하여 전동용으로 사용된다.
  ㉣ 물림에 있어 축간 거리가 다소 변해도 속도비에 영향이 없어 널리 사용되고 있다.

2-31

② 사이클로이드 곡선
  ㉠ 접촉점에서 미끄럼이 적으므로 마모가 적고 소음이 적으며 효율이 높다.
  ㉡ 공작이 어렵고 호환성이 적다.
  ㉢ 정밀 측정기구 시계, 계기류에 사용되고 속도비가 정확하다.
  ㉣ 피치점이 완전히 일치하지 않으면 물림이 잘되지 않는다.

(4) 표준 기어와 전위 기어
  ① 표준 스퍼기어의 계산식
    ㉠ 회전비 : $i = \dfrac{N_B}{N_A} = \dfrac{D_A}{D_B} = \dfrac{Z_A}{Z_B}$
    ㉡ 기초원 지름 : $D_g = Zm\cos\alpha = D\cos\alpha$
    ㉢ 바깥지름 : $D_0 = m(Z+2)$
    ㉣ 중심거리 : $C = \dfrac{D_A \pm D_B}{2} = \dfrac{m(Z_A \pm Z_B)}{2}$
  ② 전위기어
    ㉠ 전위기어의 사용 목적
      • 중심거리를 자유로 변화시키려고 할 때
      • 언더컷을 방지하고 싶을 때
      • 이의 강도를 증대하려고 할 때
    ㉡ 전위기어의 장점
      • 모듈에 비하여 강한 이가 얻어진다.
      • 최소 이수를 극히 적게 할 수 있다.
      • 물림률을 증대시킨다.
      • 주어진 중심거리의 기어의 설계가 용이하다.
      • 공구의 종류가 적어도 되고, 각종의 기어에 응용된다.
    ㉢ 전위기어의 단점
      • 계산이 복잡하게 된다.
      • 교환성이 없게 된다.
      • 베어링압력을 증대시킨다.
  ③ 언더컷 방지의 전위계수 : $x = 1 - \dfrac{Z}{2}\sin^2\alpha$
  ④ 치형의 간섭 및 언더컷
    ㉠ 이의 간섭 : 서로 맞물린 래크와 피니언에서 큰 기어의 이끝이 피니언의 이뿌리에 닿아서 회전할 수 없게 되는 현상
    ㉡ 이의 언더컷 : 치의 절하라고도 하며 잇수가 적은 기어를 래크 공구나 피니언 공구로 절삭하면 이뿌리가 파여지게 되는 현상

- 언더컷이 일어나지 않는 잇수 $Z \geqq \dfrac{2}{\sin^2 \alpha}$

2. 헬리컬 기어

(1) 헬리컬 기어의 특징

① 운전이 원활 정연하여 진동소음이 적고 고속운전, 대 동력에 적합하다.
② 평기어 보다 물림길이가 길고 물림상태가 좋아 치의 강도 면에서 유리하다.
③ 큰 회전비를 얻어 지고 1/10~1/15 또는 그 이상의 것도 얻어진다.
④ 전동효율이 좋아 98~99%까지 얻을 수 있고 아주 큰 동력, 고속 전동에는 추력이 없는 더블 헬리컬 기어를 사용한다.
⑤ 축 방향으로 트러스트가 생기고 가공, 조립상의 오차로 잇 면의 접촉이 나쁘다.

(2) 헬리컬 기어의 설계

① 모 듈 : $m_s = \dfrac{m}{\cos \beta}$ 여기서, 이 직각 모듈 $m_n = m$으로 한다.

② 압력각 : $\tan \alpha_s = \dfrac{\tan \alpha}{\cos \beta}$

③ 피치원 지름 : $D_s = Zm_s = Z\dfrac{m}{\cos \beta} = \dfrac{Zm}{\cos \beta} = \dfrac{D}{\cos \beta}$

④ 바깥지름(D_0) : $D_0 = D_s + 2m = Zm_s + 2m = \left(\dfrac{Z}{\cos \beta} + 2\right)m$

⑤ 중심거리 : $C = \dfrac{D_{s1} + D_{s2}}{2} = \dfrac{Z_1 m_s + Z_2 m_s}{2} = \dfrac{(Z_1 + Z_2)m}{2\cos \beta}$

3. 베벨 기어

(1) 베벨 기어 속도비

$$i = \dfrac{N_2}{N_1} = \dfrac{D_1}{D_2} = \dfrac{Z_1}{Z_2} = \dfrac{\omega_2}{\omega_1} = \dfrac{\sin \gamma_1}{\sin \gamma_2}$$

(2) 베벨 기어의 상당 스퍼 기어

$$L = \dfrac{D}{2\sin \gamma}$$

(3) 상당 스퍼 기어의 잇수

$$Z_e = \dfrac{2\pi R_e}{P} = \dfrac{Z}{\cos \gamma}$$

4-3 벨 트

1. 벨트 전동

양축에 고정한 벨트 풀리에 벨트를 걸어서 마찰력에 의하여 동력과 운동을 전달하는 장치이며, 축간 거리가 10m 이하이고 속도비는 1 : 10 정도, 속도는 10~30m/s이다. 벨트의 전동 효율은 96~98%이며, 충격하중에 대한 안전장치의 역할을 하므로 원활한 전동이 가능하며 특징은 다음과 같다.
① 정확한 속도비를 얻을 수 있다.
② 충격하중을 흡수하며 진동을 감소시킨다.
③ 미끄러짐으로 인한 무리한 전동을 방지하여 안전장치 역할을 한다.
④ 구조가 간단하고 제작비가 저렴하다.

(1) 평벨트 종류

가죽, 직물, 강판 등으로 만든 띠 모양의 벨트를 두 축에 각각 부착한 벨트 풀리에 감아 걸어 그 접촉면의 마찰력에 의하여 동력을 전달하는 것으로 마찰력을 이용하고 있으므로 어느 정도의 미끄럼은 피할 수 없다. 따라서 기어전동과 같이 정확한 회전비는 얻을 수 없다.

① 가죽벨트 : 소가죽을 탄닝, 크롬 처리하여 탄성을 준 것으로 마찰계수가 크며, 방열성도 좋다.
② 섬유벨트 : 무명, 삼, 합성섬유의 직물로 만들며 길이와 너비에 제한이 없다. 습기에 약하지만 가죽보다 가격이 저렴하여 많이 사용하고 있다.
③ 고무벨트 : 직물벨트에 고무를 입혀서 만든 것으로 유연하고 풀리에 잘 밀착하므로 미끄럼이 적고 비교적 수명이 길다. 습기에는 강하나 열, 기름 등에는 약하다. 인장강도가 크다.
④ 강철벨트 : 강도가 제일 크나 벨트 풀리의 외주의 모양과 두 축의 평행도가 일치해야 한다. 수명이 길고 신장률이 작으므로 고정밀도의 회전각 전달용 등으로 사용된다.
⑤ 풀리벨트 : 나일론 시트의 양쪽 면에 나일론 천을 붙이고, 그 위에 특수 합성고무를 첨부한 것.
⑥ 타이밍벨트 : 미끄럼 방지를 위하여 접촉면에 치형을 붙여 맞물림에 의하여 전동하도록 조합한 새로운 치붙임 동기 벨트이다. 특징은 슬립과 크리프가 거의 없고, 속도 변화가 아주 적다. 그리고 굽힘 저항이 작으므로 작은 지름을 사용할 수 있고 저속 및 고속에서 원활한 운전이 가능하다.

(2) 벨트 거는 법

① 벨트를 풀리에 거는 방법에는 바로걸기 방법(평행형 걸기 : open belting)과 엇걸기 방법(십자형 걸기 : cross belting)이 있다.
② 바로걸기 방법에서는 원동차와 종동차의 회전방향이 같으며, 엇걸기 방법에서는 회전방향이 반대이다.
③ 벨트가 원동차에 들어가는 쪽을 인장측이라 하고, 원동차로부터 풀려나오는 쪽을 이완측이라 한다.

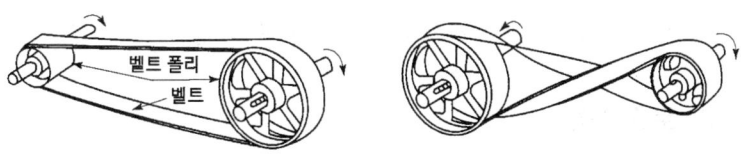

(a) 평행 걸기   (b) 십자 걸기

그림 4-2 평 벨트 거는 방법

(3) 벨트에 장력을 가하는 방법

양 벨트 풀리의 지름 차이가 아주 크거나 축간거리가 짧을 때는 접촉각이 작으므로 미끄럼이 증대한다. 만일 축간거리가 아주 길고, 고속회전일 때는 플래핑(flapping) 현상이 생긴다. 이러한 현상을 없애고, 일정한 장력을 유지시켜 주기 위한 방법은 다음과 같다.
① 자중에 의한 방법
② 탄성 변형에 의한 방법
③ 스냅 풀리로서 벨트를 잡아당기는 방법
④ 보조 풀리로서 벨트를 밀어 붙이는 방법
⑤ 가요(可搖) 전동기계 이용하는 방법

2. V벨트 전동

① 고속운전이 가능하며 속도비가 크다.(i=7~10)
② 짧은 거리의 운전이 가능, 2~5m까지 전동 가능하다.
③ 미끄럼이 적고 능률이 높다. 효율은 보통 90~95% 정도
④ 운전이 원활하고 정숙하며, 충격이 아주 작다.
⑤ 이음이 없어 전체가 균일한 강도를 갖으나 끊어졌을 때 접합이 불가능하다.
⑥ V벨트 단면의 형상은 M, A, B, C, D, E형의 6종류가 있으며 M에서 E쪽으로 가면 단면이 커진다.
⑦ V벨트의 길이는 사다리꼴 단면의 중앙을 통과하는 원둘레의 길이를 유효길이라 부른다.

$$호칭번호 = \frac{벨트의\ 유효둘레}{25.4}$$

[예] A30 : 단면은 A형이고 유효둘레는 30인치

(1) V벨트의 전달동력

① 마찰계수 : $\mu' = \dfrac{\mu}{\sin\alpha + \mu\cos\alpha}$

여기서, μ : 마찰계수
μ' : 유효마찰계수(수정, 등가마찰계수)

즉, V벨트 전동장치에서는 전달마력이 평벨트의 경우보다 증가한다.

3. 로프 전동

(1) 장 점

① 대동력 전동에는 평벨트 및 V벨트보다 유리하고 속비는 보통 1 : 1~1 : 2이고, 큰 경우는 1 : 5 정도이다.
② 장거리 전동이 가능하다.(와이어로프 50~100m, 섬유질 10~30m)
③ 1개의 원동 풀리에서 여러 종동 풀리에 분배하여 전동을 할 수 있다.
④ 벨트에 비해 미끄럼이 적으며, 고속운전이 가능하다.
⑤ 전동 경로가 직선이 아니어도 사용이 가능하다.

(2) 단 점

① 장치가 복잡하고 착탈이 어렵다.
② 조정이 곤란하고 절단되었을 경우 수리가 곤란하다.
③ 미끄럼이 적으나 전동이 불확실하다.

4. 체인 전동

(1) 체인 전동의 특징

㉠ 미끄럼 없이 일정한 속도비를 얻을 수 있다.
㉡ 초장력이 필요 없으므로 베어링의 마찰손실이 작다.
㉢ 접촉각이 90° 이상이면 전동가능하다.
㉣ 내열, 내유, 내수성이 크며, 유지 및 수리가 쉽다.
㉤ 큰동력 전달 효율이 95% 이상이다.
㉥ 체인의 탄성으로 어느 정도 충격하중을 흡수한다.
㉦ 진동, 소음이 생기기 쉽다.
㉧ 고속회전에 부적당하고 저속, 대마력에 적당하며, 윤활이 필요하다.

제 5 장 제동용 기계요소

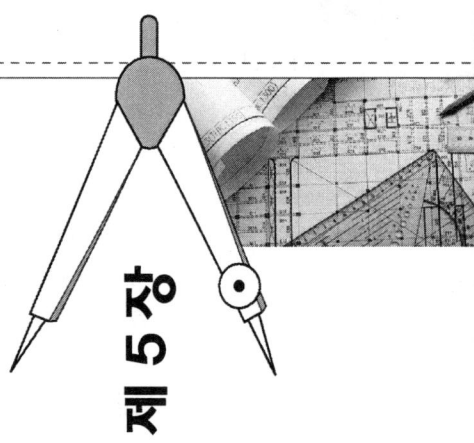

5-1 브레이크

1. 브레이크의 분류

(1) 작동부분의 구조에 따라

블록 브레이크, 밴드 브레이크, 디스크 브레이크, 축압 브레이크, 자동 브레이크

(2) 작동력의 전달 방법에 따라

공기 브레이크, 유압 브레이크, 전자 브레이크, 기계 브레이크

(3) 제동목적에 따라

유체 브레이크, 전기 브레이크

5-2 스프링(Spring)

스프링은 탄성체로 만들며, 힘을 가하면 변형되어서 에너지를 저장하고, 반대로 힘을 제거하면 에너지를 얻어 충격을 흡수 완화하거나 작용하는 힘의 크기를 측정하는 데 사용한다.

철강재 스프링의 재료가 갖추어야 할 조건은 다음과 같다.

① 가공하기 쉬운 재료이어야 한다.

② 높은 응력에 견딜 수 있고, 영구변형이 없어야 한다.
③ 피로강도와 파괴인성치가 높아야 한다.
④ 열처리가 쉬어야 한다.
⑤ 표면상태가 양호해야 한다.
⑥ 부식에 강해야 한다.

1. 스프링의 용도

(1) 완충용(충격 에너지 흡수, 방진, 진동 및 충격완화) : 차량용 현가장치, 승강기 완충 스프링, 방진스프링

(2) 에너지 축적 이용 : 계기용 스프링, 시계의 태엽, 완구용 스프링, 축음기, 총포의 격심용 스프링

(3) 측정 및 조정용 : 힘의 변형원리를 이용하여 압축력(또는 인장력)에 의한 변형 길이로 힘을 측정한다. 저울 등이 이에 해당한다.

(4) 복원력의 이용 : 안전밸브, 조속기, 스프링 와셔

2. 스프링의 종류

(1) 모양에 따른 스프링의 종류

① 코일 스프링(coil spring) : 인장용과 압축용이 있고, 제작비가 저렴하며 기능이 확실 유효하여 경량소형으로 제조할 수 있다.
② 겹판 스프링(leaf spring) : 너비가 좁고 얇은 긴 보로서 하중을 지지한다. 여러 장 겹쳐서 사용하는 것을 겹판 스프링이라 한다. 자동차의 현가장치로 널리 사용한다.
③ 태엽 스프링(spiral spring) : 시계나 계기류의 등의 변형 에너지를 저장하여 동력용으로 사용한다.
④ 토션 바 스프링 : 원형봉에 비틀림 모멘트를 가하면 비틀림 변형이 생기는 원리로 소형 승용차의 현가용에 사용된다.
⑤ 벌루트 스프링 : 태엽 스프링을 축방향으로 감아올려 사용하는 것으로 압축용으로 사용한다. 오토바이 차체 완충용으로 사용된다.
⑥ 접시 스프링(disk spring) : 원판 스프링이라고도 한다. 중앙에 구멍이 있고 원추형이다. 프레스의 완충장치, 공작기계에 사용한다.
⑦ 와이어 스프링 : 탄성의 강한 선형재료로 여러 가지 모양으로 만들어 탄성에 의한 복원력을 이용한 스프링이다.
⑧ 와셔 스프링 : 볼트, 너트의 중간재 사이에 사용하여 충격을 흡수하는 역할을 한다.

(2) 재료에 의한 분류

금속 스프링(강철, 인청동, 황동 등), 비금속 스프링(고무, 나무, 합성수지 등). 유체 스프링(공기, 물, 기름 등)

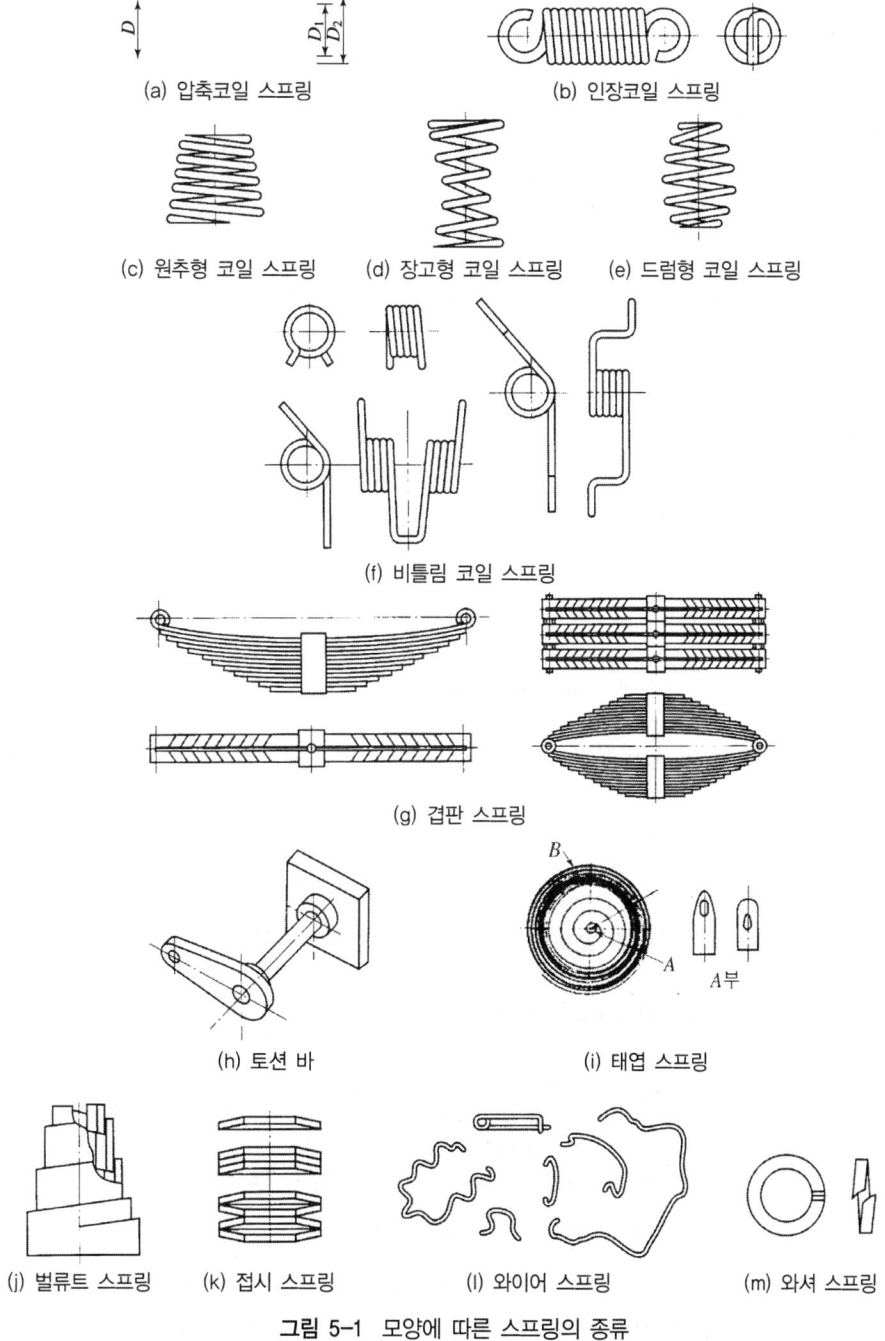

그림 5-1 모양에 따른 스프링의 종류

3. 스프링의 설계

(1) 스프링의 특성

① 스프링의 지수(C) : 코일의 평균지름과 소선지름과의 비

$$\therefore C = \frac{D}{d}$$

여기서, D : 코일의 평균지름, d : 소선지름

② 스프링의 상수 : 스프링의 세기를 나타내며 상수를 크게 하면 잘 늘어나지 않는다.

$$\therefore K = \frac{W}{\delta}[\text{kgf/mm}]$$

여기서, K : 비례정수 또는 스프링 상수

③ 탄성 저장에너지 : $U = \frac{1}{2}W\delta = \frac{1}{2}K\delta^2$

④ 자유 높이 : 코일의 평균지름 D와 자유높이 H와의 비를 스프링의 종횡비 r라 하면

$$r = \frac{H}{D}$$

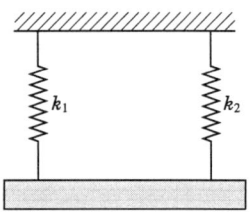

그림 5-2 병렬연결

(2) 스프링의 조합

① 병렬연결 : $K = K_1 + K_2 + \cdots$

② 직렬연결 : $\frac{1}{K} = \frac{1}{K_1} + \frac{1}{K_2} + \cdots$

(3) 코일 스프링

① 코일 스프링의 구조

② 스프링 지수(C) : $C = \frac{D}{d} = \frac{R}{r}$

③ 스프링에 발생되는 전단응력 : $\tau_{\max} = \frac{8KDW}{\pi d^3}$

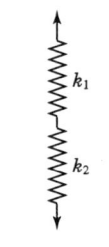

그림 5-3 직렬연결

K : 왈(kwale)의 응력 수정계수 : $\left(K = \frac{4c-1}{4c-4} + \frac{0.615}{c}\right)$

④ 스프링의 처짐 : $\delta = \frac{8nD^3W}{Gd^4}$ $K = \frac{W}{\delta}$ 이므로 $K = \frac{Gd^4}{8nD^3}$ 이다.

⑤ 초기장력 : $\tau_0 = \frac{8DW_0}{\pi d^3}$, $\therefore W_0 = \frac{\pi d^3 \tau_0}{8D}[\text{kg}]$

⑥ 스프링의 길이 : $l = \pi DN = \pi 2RN$

⑦ 서징(surging) : 스프링에 작용하는 진동수가 스프링의 고유 진동수와 같거나 또는 공진을 하여 국부적으로 큰 응력이 생기는 현상

컴/퓨/터/응/용/밀/링/기/능/사

제 3 편

기계제도

제 1 장 기계제도 기본
제 2 장 투상법 및 도형표시방법
제 3 장 치수기입법 및 재료표시법
제 4 장 표면 거칠기 및 치수 공차
제 5 장 기계요소제도

기계제도 기본 제1장

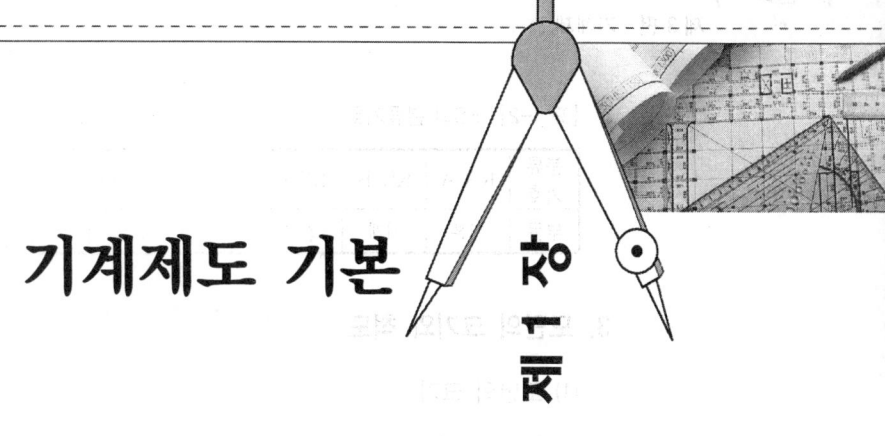

1-1 제도의 통칙

1. 제도의 개요

어떤 필요한 물체를 제작하고자 할 때 그 모양이나 크기를 일정한 규격에 따라 점, 선, 문자, 기호 등을 사용하여 사용 목적에 알맞은 모양, 기능, 구조, 크기 및 공작 방법 등을 합리적으로 설계하여 제품의 치수, 다듬질의 정도, 재료, 공정 등을 제도법에 의해 도면에 작성하는 것

2. 제도 규격

우리나라에서는 1966년 KS A0005로 제도 통칙을 제정하고 1969년에 국제표준규격(ISO)과 일치되게 개정하였다.(기계제도통칙 : KSB 0001)
제도를 규격화하면 도면이 정확, 간단하고 제품상호 호환성이 유지되며 품질의 향상, 제품생산의 능률화, 제품원가 절감 등의 경제적, 기술적인 여러 가지 이익을 가져온다.

[표 1-1] 각국의 산업 규격

국가 및 기구	규격기호	제정년도
영 국	BS(British Standards)	1901
독 일	DIN(Deutsche Industrie Normen)	1917
미 국	ANSI(American National Standards Institute)	1918
스 위 스	SNV(Schweitzerish Normen des Vereinigung)	1918
프 랑 스	NF(Norme Francaise)	1918
일 본	JIS(Japanese Industrial Standards)	1952
한 국	KS(Korean Industrial Standards)	1961
국제표준화기구	ISO(International Organization for Standardization)	1947

[표 1-2] KS의 분류기호

분류기호	KS A	KS B	KS C	KS D	KS E	KS F	KS G	KS H	KS K
부문	기본	기계	전기	금속	광산	토건	일용품	식료품	섬유

3. 도면의 크기와 척도

(1) 도면의 크기

① 도면 정리나 보존상 편리를 위해 일정한 크기로 한다.
② 한국 공업 규격(KS A 0005)에 따라 "A열"의 것을 사용한다.
③ 제도 용지의 세로와 가로의 길이 비는 $1 : \sqrt{2}$ 이고, A0의 넓이는 약 $1m^2$ 이다.
④ 큰 도면을 접을 때에는 A4의 크기로 접는 것을 원칙으로 한다.

(2) 윤곽선, 표제란, 부품란

① 윤곽선(테두리선)
도면의 윤곽에 사용하는 윤곽선의 굵기는 0.5mm 이상 실선으로 하며 도면의 훼손을 방지하고 안정성을 주기 위하여 사용된다.

[표 1-3] 도면의 크기 및 윤곽치수

	크기의 호칭		A0	A1	A2	A3	A4
윤곽선	a×b		841×1189	594×841	420×594	297×420	210×297
	c(최소)		20	20	10	10	10
	d (최소)	철하지 않을 때	20	20	10	10	10
		철할 때	25	25	25	25	25

② 중심마크(centering mark) : 중심 마크는 도면을 마이크로 필름에 촬영하거나 복사할 때의 편의를 위하여 마련한다. 윤곽선 중앙으로부터 용지의 가장자리에 이르는 굵기 0.5mm의 수직의 직선으로, 허용치는 0.5mm로 한다.
③ 재단마크 : 복사한 도면의 재단하는 경우 편의를 위하여 원도에 재단마크를 그린다.

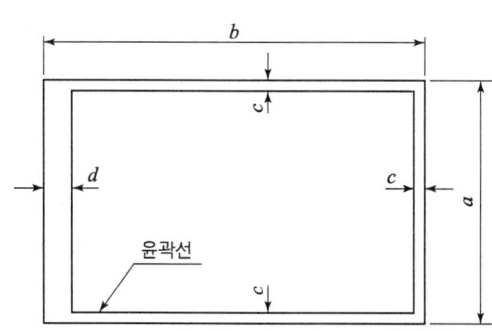

제도용지의 세로와 가로의 비 $1 : \sqrt{2}$
그림 1-1 도면의 구역

④ 표제란 : 도면의 오른쪽 아래에 잡는 것이 보통이지만 부득이한 경우 왼쪽 윗부분이나 오른쪽 윗부분에 둔다. 도면번호, 도명, 척도 및 투상법, 소속, 도면 작성 년 월 일, 제도자 이름 등을 기입한다.
⑤ 부품란 : 부품란은 품번, 재질, 수량, 무게, 공정 등을 기입하여 도면의 오른쪽 위의 부분에 두고 도면의 오른쪽 아래일 경우에는 표제란 위에 둔다.

(3) 척도

도면에 사용하는 척도는 다음에 따른다.
① 축척 : 실물을 축소해서 그린 도면
② 현척(실척) : 실물과 같은 크기로 그린 도면
③ 배척 : 실물을 확대해서 그린 도면

[표 1-4] 축척, 현척, 배척의 값

척도의 종류	란	값
축 척	1	1:2 1:5 1:10 1:20 1:50 1:100 1:200
	2	$1:\sqrt{2}$ 1:2.5 $1:2\sqrt{2}$ 1:3 1:4 $1:5\sqrt{2}$ 1:25 1:250
현 척		1:1
배 척	1	2:1 5:1 10:1 20:1 50:1
	2	$\sqrt{2}:1$ $2.5:\sqrt{2}:1$ 100:1

[비고] 1란의 척도를 우선으로 사용한다.

④ NS(Non Scale) : 비례척이 아닌 임의의 척도(예 : 100)
척도는 A : B로 표시한다.
여기에서 ┌ A : 그린 도형에서의 대응하는 길이
        └ B : 대상물의 실제 길이

[보기] ① 축척의 경우 1 : 2, 1 : 2$\sqrt{2}$, 1 : 10
② 현척의 경우 1 : 1
③ 배척의 경우 5 : 1

⑤ 척도의 기입 방법

척도는 도면의 표제란에 기입한다. 같은 도면에 다른 척도를 사용할 때는 필요에 따라 그 그림 부근에도 기입한다. 도형이 치수에 비례하지 않는 경우에는 그 취지를 적당한 곳에 명기한다. 또, 이들 척도의 표는 잘못 볼 염려가 없을 경우에는 기입하지 않아도 좋다.

1-2 문자와 선

1. 문자

제도에 사용되는 문자는 한자·한글·숫자·로마자이다. 문자는 정확히 읽을 수 있도록 분명하고 균일하게 써야 하며, 글자체는 고딕체로 하여 수직 또는 15도 경사로 씀을 원칙으로 한다. 도면에서는 도형의 크기나 척도의 정도에 따라 문자의 크기를 달리한다. 문자의 크기는 문자의 높이로 나타내고, 문장은 왼편에서 가로쓰기를 원칙으로 한다.

(1) 한글

한글의 글자체는 활자체로 하여 수직으로 쓴다. 크기는 7종의 호칭 중 2.24, 3.15, 4.5, 6.3, 9mm의 5종으로 한다.
특히 필요한 경우에는 다른 치수를 사용할 수 있다.

(2) 숫자와 로마자

숫자는 아라비아 숫자를 사용하고, 숫자의 크기는 7종의 호칭 중 2.24, 3.15, 4.5, 6.3mm 및 9mm의 5종으로 한다. 다만, 특히 필요할 경우에는 이에 따르지 않아도 좋다. 로마자는 주로 대문자를 사용하고 특별히 필요한 경우에는 소문자를 사용한다. 로마자의 크기는 호칭 2.24, 3.15, 4.5, 6.3, 9, 12.5mm 및 18mm의 7종으로 한다. 숫자와 로마자의 글자체는 원칙적으로 수직에 대하여 오른쪽으로 15° 경사진 J형 사체, B형 사체 또는 B형 입체 중 어느 것을 사용하여도 좋으나 혼용해서는 안 된다.

2. 선

(1) 선의 종류와 용도

① 모양에 따라 분류한 선
㉠ 실선 (───────) : 연속된 선

ⓒ 파선 (------------) : 짧은 선을 약간의 간격으로 나열한 선
ⓒ 일점쇄선(─·─·─·─) : 긴 선과 짧은 선 1개를 서로 규칙적으로 나열한 선
ⓔ 이점쇄선(─··─··─) : 긴 선과 짧은 선 2개를 서로 규칙적으로 나열한 선

② 굵기에 따라 분류한 선
선의 굵기의 기준은 0.18mm, 0.25mm, 0.35mm, 0.5mm, 0.7mm 및 1mm 로 한다.
 ㉠ 가는 선 : 굵기가 0.18~0.5mm인 선
 ㉡ 굵은 선 : 굵기가 0.35~1mm인 선(가는 선 굵기의 2배)
 ㉢ 아주 굵은 선 : 굵기가 0.7~1mm인 선(굵은 선 굵기의 2배)
 ※ 선 굵기의 비율은 1(가는 선) : 2(굵은 선) : 4(아주 굵은 선)

③ 선의 용도에 따라 분류한 선
[표 1-5]와 같이 사용한다. 또 이 표에 의하지 않는 선을 사용할 때에는 그 선의 용도를 도면 안에 주기한다.

[표 1-5] 선의 종류에 의한 사용방법 KS B 0001

용도에 의한 명칭	선의 종류		선의 용도
외형선	굵은 실선	───	대상물의 보이는 부분의 형상을 표시
치수선	가는 실선	───	치수를 기입하기 위하여 사용
치수 보조선			치수를 기입하기 위하여 도형으로부터 끌어내는 데 사용
지시선			기술, 기호 등을 표시하기 위하여 끌어내는 데 사용
회전 단면선			도형 내에 그 부분의 끊은 곳을 90도 회전하여 표시
중심선			도형의 중심선을 간략하게 표시
수준면선(주1)			수면, 유면 등의 위치를 표시
숨은선	가는 파선 또는 굵은 파선	------------	대상물의 보이지 않는 부분의 형상을 표시
중심선	가는 1점 쇄선	─·─·─·─	• 도형의 중심을 표시 • 중심 이동한 중심 궤적을 표시
기준선			위치 결정의 근거가 된다는 것을 명시할 때 사용
피치선			되풀이하는 도형의 피치를 취하는 기준을 표시
특수 지정선	굵은 1점 쇄선	─·─·─·─	특수한 가공을 하는 부분 등 특별한 요구사항을 적용할 수 있는 범위를 표시하는데 사용

용도에 의한 명칭	선의 종류		선의 용도
가상선(주2)	가는 2점 쇄선		• 인접부분을 참고로 표시 • 공구, 지그(jig)의 위치를 참고로 표시 • 가동부분을 이동 중의 특정한 위치 또는 이동 한계의 위치를 표시 • 가공 전 또는 가공 후의 형상을 표시 • 되풀이 하는 것을 표시 • 도시된 단면의 앞쪽에 있는 부분을 표시
무게 중심선			단면의 중심을 연결한 선을 표시
파단선	불규칙한 파형의 가는 실선 또는 지그재그선		대형물의 일부를 파단한 경계 또는 일부를 떼어낸 경계를 표시
절단선	가는 1점 쇄선으로 끝부분 및 방향이 변하는 부분을 굵게 한 것(주3)		단면도를 그리는 경우 그 절단위치를 대응하는 도면에 표시하는 데 사용
해칭	가는 실선으로 규칙적으로 줄을 늘어 놓은 것		도형의 한정된 특정 부분을 다른 부분과 구별하는 데 사용
특수한 용도의 선	가는 실선		• 외형선 및 은선의 연장을 표시 • 평면이란 것을 표시 • 위치를 명시하는 데 사용
	아주 굵은 실선		얇은 부분의 단면도시를 명시하는 데 사용

[주] 1) ISO 128(Technical drawing-General principles of presentation)에는 규정되어 있지 않다.
    2) 가상선은 투상법상에서는 도형에 나타나지 않으나, 편의상 필요한 모양을 나타내는 데 사용한다. 또 기능상·공작상의 이해를 돕기 위하여 도형을 보조적으로 나타내기 위하여도 사용된다.
    3) 다른 용도와 혼용할 염려가 없을 때에는 끝부분 및 방향이 변하는 부분을 굵게 할 필요는 없다.
[비고] 가는 선, 굵은 선 및 아주 굵은 선의 굵기의 비율은 1 : 2 : 4로 한다.

(2) 겹치는 선의 우선순위

도면에서 2종류 이상의 선이 같은 장소에 중복될 경우에는 다음에 순위에 따라 우선되는 종류의 선부터 그린다.
① 외형선 ② 숨은선 ③ 절단선 ④ 중심선 ⑤ 무게중심선 ⑥ 치수보조선

(3) 선 긋는 방법 중 중심선을 기입하는 방법

도형에 중심이 있을 때에는 반드시 중심선(0.1~0.25mm)을 기입하는 것이 바람직하다.

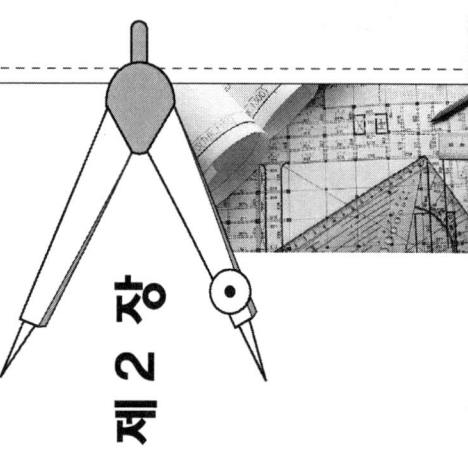

제 2 장 투상법 및 도형표시방법

2-1 투상법

1. 정투상법

(1) 정투상법

물체를 네모진 유리상자안에 넣고 바깥쪽에서 들여다보면 물체를 유리판에 투상하여 보고 있는 것 같다. 투상선이 투상면에 대하여 수직으로 되어있는 것 즉 시점이 물체로부터 무한대의 거리에 있는 것으로 생각한 투상법이다.

(2) 제3각법

① 물체를 투상면의 뒤쪽에 놓고 투상(투상면을 물체의 앞에 둠)
② 눈 → 투상면 → 물체

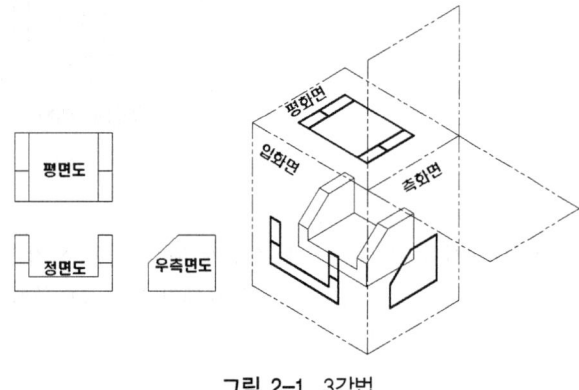

그림 2-1 3각법

(3) 제1각법

① 물체를 투상면의 앞쪽에 놓고 투상(투사면을 물체의 뒤에 둠)
② 눈 → 물체 → 투상면

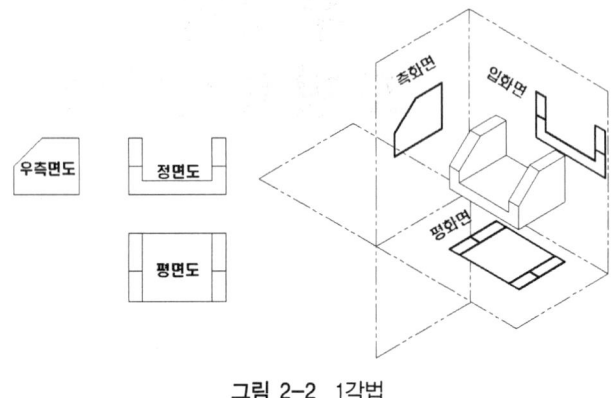

그림 2-2 1각법

(4) 3면도

① 정면도 : 물체를 정면에서 투상하여 그린 그림
② 평면도 : 물체를 위에서 투상하여 그린 그림
③ 우측면도 : 물체를 오른쪽 옆에서 투상하여 그린 그림

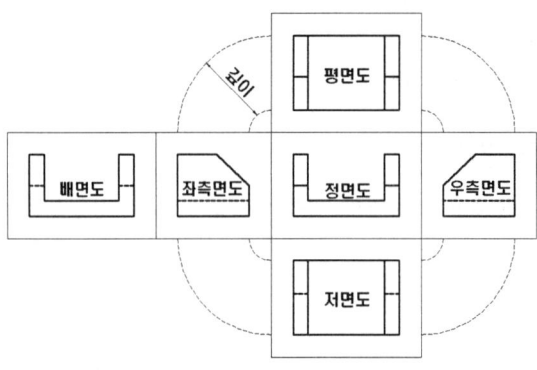

그림 2-3 투상도 배치

(5) 제도에 사용하는 투상법

기계제도에서의 투상법은 제3각법에 따른 것을 원칙으로 한다. 제1각법을 따를 경우 그림과 같은 투상법의 기호를 표제란 또는 그 근처에 표시한다. 한 도면 안에서는 혼용하지 않는 것이 좋다.

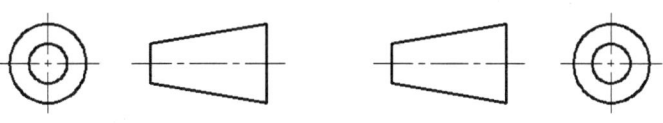

그림 2-4 투상법의 기호

(6) 도형의 표시방법

① 물체의 특징이 가장 잘 나타나는 쪽을 정면도로 잡는다.
② 물체의 정면을 앞쪽으로 회전시켜 평면도로 잡는다.
③ 물체의 정면을 왼쪽으로 회전시켜 우측면도로 잡는다.
④ 평면형, 원통형 등의 간단한 물체는 정면도와 평면도, 또는 정면도와 우측면도만으로도 나타낼 수 있는데, 이를 2면도라 한다.

(7) 정면도 선택시 유의사항

① 물체의 특징을 가장 잘 나타내는 면을 선택한다.
② 관련 투상도(평면도, 측면도)에는 가급적 은선을 사용하지 않는다.
③ 물체는 자연스러운 위치로 안정감을 가질 수 있도록 한다.
④ 물체의 주요면은 수직, 수평이 되게 한다.
⑤ 물체는 가공 공정 순서와 같은 방향으로 선택한다.
⑥ 기어, 베어링과 같은 물체는 축과 직각방향에서 본 것을 정면도로 선택한다.

2-2 도형의 표시방법

1. 투상도의 선택 방법

① 주 투상도에는 대상물의 모양·기능을 가장 명확하게 나타내는 면을 정면도로 선택한다.
  ㉠ 조립도 등 주로 기능을 표시하는 도면에서는 대상물을 사용하는 상태
  ㉡ 부품도 등 공작기계로 가공하는 물체는 가공자가 도면을 보면서 가공하기 편리하도록 가공량이 가장 많은 공정을 가공할 때와 같은 방향으로 정면도를 선택하여 투상한다.(지름이 큰 쪽이 왼쪽을 향하게 표시)
  ㉢ 특별한 이유가 없는 경우, 대상물이 가로 길이로 놓은 상태로 표시한다.
② 주 투상도를 보충하는 다른 투상도는 되도록 적게 하고 주 투상도(정면도)만으로 나타낼 수 있는 것에 대해서는 다른 투상는 그리지 않는다.
  주 투상도만으로 모양이나 치수를 도시할 수 없을 때 평면도나 측면도 등으로 보충하고 필요한 경우 보조투상도로 표시한다.

(1) 보조투상도

물체의 경사면을 실형으로 그려서 바꾸기 할 필요가 있을 경우에는 그 경사면과 위치에 필요부분만을 보조 투상도로 표시한다. ISO에서는 보조 투상도를 그릴 때에는 반드시 투상 방향을 기입하지만, KS에서는 그럴 필요는 없다.

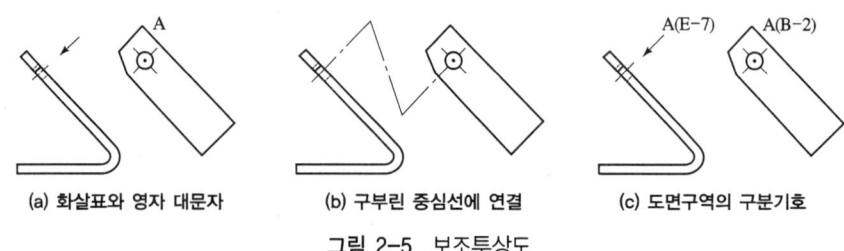

(a) 화살표와 영자 대문자   (b) 구부린 중심선에 연결   (c) 도면구역의 구분기호

그림 2-5 보조투상도

(2) 회전투상도

투상면이 어느 각도를 가지고 있기 때문에 그 물체의 실제모형을 표시하지 못할 때에는 그 부분을 회전해서 물체의 실제모형을 도시할 수 있다.

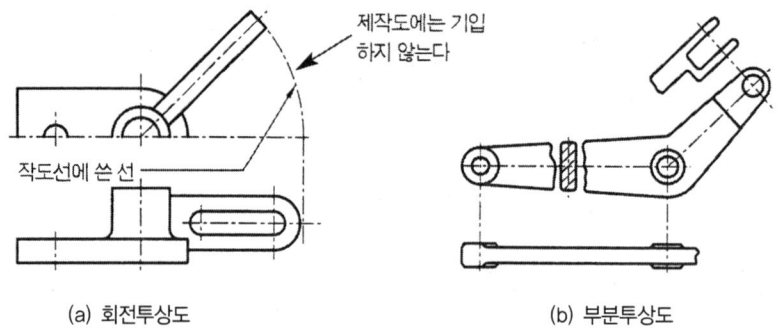

(a) 회전투상도   (b) 부분투상도

그림 2-6 회전 및 부분투상도

(3) 부분투상도

그림의 일부를 도시하는 것으로 충분한 경우에는 필요한 부분만 투상도로서 나타낸다. 이러한 경우 생략한 부분과 경계를 파단선으로 나타낸다. 명확한 경우에는 파단선을 생략한다.

(4) 국부투상도

물체의 구멍이나 홈 등의 한 국부만의 모양을 도시하는 것으로 충분한 경우에는 필요한 부분을 국부투상도로 나타낸다. 투상관계를 나타내기 위해서는 원칙적으로 주된 그림에 중심선, 기준선, 치수보조선 등을 연결한다. 스퍼기어(spur gear)를 제도할 때에는 키 홈 하나를 나타내기 위하여 좌측면도를 모두 그리지 않고 국부투상도로 나타낸다.

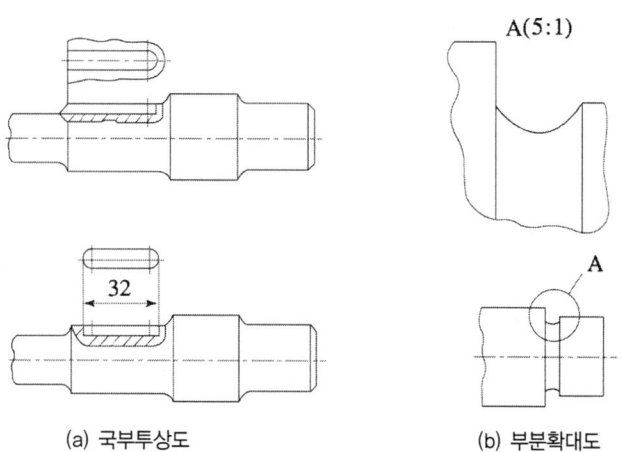

(a) 국부투상도   (b) 부분확대도

그림 2-7 국부 및 부분 확대도

(5) 부분 확대도

부분 확대도(partial magnifying view)는 도형의 일부분이 너무 작아서 알아보기 어렵거나 치수 기입을 하기 곤란한 경우에 그 부분만을 확대해서 그리는 것이다.

(6) 요점 투상도

보조적인 투상도에 보이는 부분을 모두 표시하면 도면이 복잡해져서 오히려 알아보기가 어려운 경우에는 요점 부분만 투상도로 표시한다.

2. 단면도 표시방법

물체 내부의 보이지 않는 부분은 숨은선으로 표시하여도 좋으나, 구조가 복잡한 경우와 조립도 등에서는 많은 숨은선으로 인하여 오히려 도면의 이해가 어려워진다. 이와 같은 경우, 필요한 부분을 절단한 것으로 가상하여 그 단면 모양을 외형선으로 표시하면 물체의 형상을 뚜렷이 나타낼 수 있는데, 이렇게 그려진 도면을 단면도라 한다.

(1) 단면은 원칙적으로 기본 중심선에서 절단한 면으로 나타낸다. 이 경우에 절단선은 기입하지 않는다.
(2) 기본 중심선이 아닌 곳에서 절단한 면으로 나타낼 수 있으며, 반드시 절단선에 의하여 절단된 위치를 표시해야 한다.
(3) 절단선의 양 끝부분에는 투상 방향을 표시하는 화살표를 붙이고, 절단한 곳을 영문자의 대문자로 표시한다.
(4) 표시 문자는 단면도의 방향에 관계없이 모두 위쪽으로 하고, 단면도의 위쪽 또는 아래쪽의 어느 한쪽으로 통일하여 단면부임을 기입한다.

3. 단면도의 해칭방법

단면임을 나타내기 위하여 단면 부분에 해칭(hatching) 또는 스머징(Smudging)을 한다.

(1) 해칭선은 주된 중심선에 대하여 45°로 경사지게 가는 실선으로 등간격으로 긋는 것이 좋다.
(2) 인접한 단면의 해칭은 선의 방향 또는 각도를 변경하거나 해칭 간격을 달리하여 구분한다.
(3) 해칭선의 간격은 가는 실선으로 2~3mm의 간격이 적당하나 절단자리의 크기에 따라 간격은 조절할 수 있다.
(4) 경사진 단면의 해칭선은 경사진 면에 수평이나 수직으로 그리지 않고 기본 중심선에 대하여 45° 경사진 각도로 그린다.

4. 단면도의 종류

(1) 온 단면도(전단면도 : Full section view)

물체의 기본적인 모양을 가장 잘 나타낼 수 있도록 물체의 중심에서 반으로 절단하여 나타낸 것을 온단면도 혹은 전단면도라 한다.

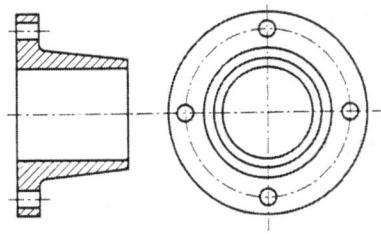

그림 2-8 온단면도

(2) 한쪽 단면도(반단면도)

상하 또는 좌우 대칭형의 물체는 기본 중심선을 경계로 1/2은 외형도로, 나머지 1/2은 단면도로 동시에 나타낸다. 대칭 중심선의 우측 또는 위쪽을 단면으로 한다.

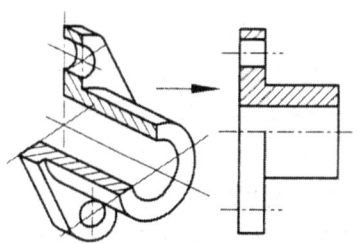

그림 2-9 한 쪽 단면도

(3) 부분 단면도

외형도에서 필요로 하는 일부분만을 부분 단면도로 도시할 수 있다. 파단선(가는실선)으로 단면의 경계를 표시하고 프리핸드로 외형선의 1/2굵기로 그린다.

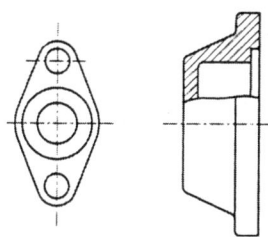

그림 2-10 부분 단면도

(4) 회전 도시 단면도

핸들이나 바퀴 등의 암이나 리브, 혹, 축, 구조물의 부재 등의 절단면은 90°회전하여 도시하거나 절단할 곳의 전후를 끊어서 그 사이에 그린다.

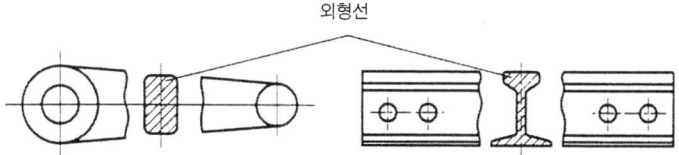

그림 2-11 회전 도시 단면도

(5) 회전 단면도

단면의 모양이 여러 개로 표시되어 도면 내에 회전단면을 그릴 여유가 없는 경우에 절단선과 연장선상이나 임의의 위치에 단면을 빼내어 그린다.

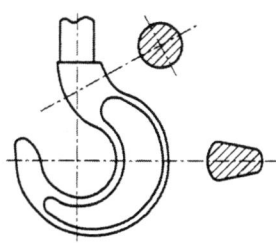

그림 2-12 회전 단면도

(6) 단면을 표시하지 않는 부품

   ① 길이 방향으로 절단하지 않는 부품
      - 축 스핀들 종류
      - 볼트, 너트, 와셔종류
      - 작은 나사 및 세트 스쿠루 종류
      - 키, 핀, 코터, 리벳의 종류
   ② 세로방향으로 절단하지 않는 부품 : 리브, 바퀴의 암, 기어의 이, 핸들 등
   ③ 얇은 부분 : 리브, 웨브
   ④ 베어링의 볼, 롤러 등

(7) 얇은 부분의 단면도

패킹, 박판, 형강 등에서 절단 자리의 두께가 얇은 경우
① 절단자리는 검게 칠한다.
② 실제의 치수에 관계없이 1개의 굵은 실선으로 표시하고, 이글의 절단자리가 인접하고 있는 틈새 0.7 이상 둔다.

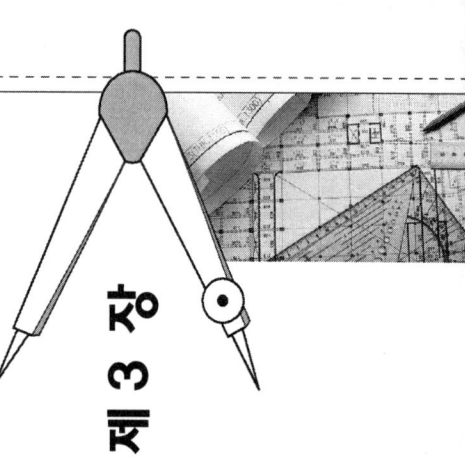

치수기입법 및 재료표시법

3-1 치수기입법

제품을 가공하고 조립하는 제작자는 도면에 표시된 치수대로 제품을 제작하게 된다. 따라서 도면에 기입한 치수는 정확하게 정의해야 하며 알기 쉽고 간단명료해야 한다.

1. 기본사항

(1) 치수의 단위

① 길이 : 단위에는 mm를 사용하나 단위 기호 mm는 기입하지 않는다.
② 각도 : 각도의 단위는 도(°)를 사용하며 필요에 따라 분('), 초(")의 단위도 함께 사용한다.(예 : 90°, 22.5°, 3'21", 0°15', 6°21'5")
③ 치수정밀도가 높을 때에는 소숫점 2자리 또는 3자리까지 표시한다.
   (예 : 30mm ⇨ 30.000mm)

(2) 치수의 표시방법

① 치수선 : 치수를 기입하며 치수선은 0.25mm 이하의 가는 실선을 치수보조선과 직각으로 그어 외형선과 구별하고 양 끝에는 화살표를 붙인다.
② 치수 보조선 : 치수 보조선은 지시하는 치수선의 끝에 해당하는 도형상의 점 또는 선의 중심을 지나 치수선에 직각으로 긋고, 치수선위치에서 2~3mm 정도 넘도록 연장한다.

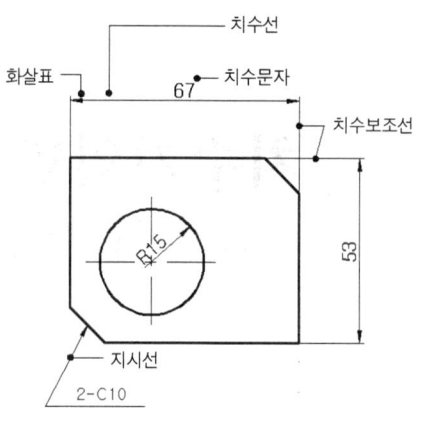

그림 3-1 치수선의 용도

③ 화살표
  ㉠ 화살표의 크기는 길이와 나비의 비율이 약 3:1이 되게 한다.
  ㉡ 선의 굵기와 조화를 이루게 하며 길이는 보통 2.5~3mm로 한다.
  ㉢ 화살의 각도는 선의 각도와 조화되게 그려야 한다.
  ㉣ 한 도면에서는 될 수 있는 대로 화살표의 크기를 같게 한다.
  ㉤ 여유 공간이 없을 경우에는 점을 찍거나 빗금으로 나타내기도 한다.

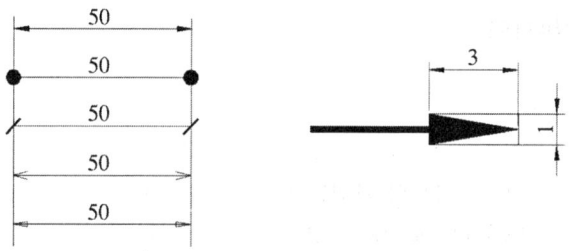

그림 3-2 화살표와 화살표의 종류

④ 지시선
  구멍의 치수 및 가공법, 품번 및 기하공차 등을 기입할 때 사용하며 수평선에 대하여 60°의 직선으로 긋고, 지시되는 쪽에 화살표를 달며, 반대쪽 끝을 수평으로 꺾은 다음, 그 위에 지시 사항이나 치수를 기입한다.
  원에 쓰일 때에는 중심을 향하여 60°의 직선을 긋고 화살표는 원주에 닿도록 한다.

(3) 치수의 배치

치수를 기입할 때에는 치수선을 중단하지 않고, 수평 방향의 치수선에는 위쪽으로, 수직 방향의 치수선에는 왼쪽으로 향하게 기입한다.

① 직렬 치수 기입법
　직렬로 나란히 연결된 개개의 치수에 주어지는 치수 공차가 차례로 누적되어도 상관없는 경우에 적용한다.
② 병렬 치수 기입법
　한곳을 중심으로 치수를 기입하는 방법으로, 개개의 치수공차는 다른 치수의 공차에는 영향을 주지 않는다. 기준이 되는 치수 보조선의 위치는 기능, 가공 등의 조건을 고려하여 적절히 선택하는 것이 좋다.
③ 누진 치수 기입법
　치수 공차에 대해서는 병렬 치수 기입법과 같은 의미를 가지며 하나의 연속된 치수선으로 간단히 표시할 수 있다. 치수의 기준이 되는 위치는 기호(0 zero)로 표시하고, 치수선의 다른 끝은 화살표를 그린다.

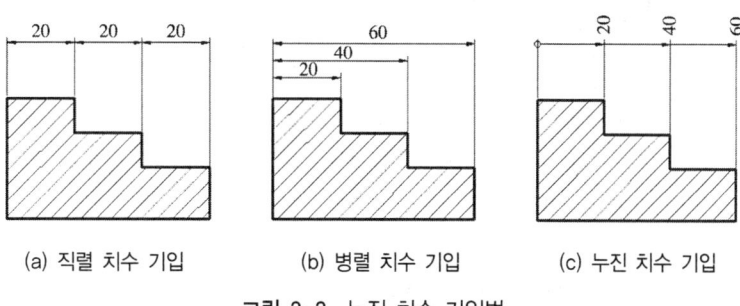

(a) 직렬 치수 기입　　(b) 병렬 치수 기입　　(c) 누진 치수 기입

그림 3-3 누진 치수 기입법

(4) 치수 기입의 원칙

① 부품의 기능상 또는 제작, 조립 등에 있어서 꼭 필요하다고 생각되는 치수만 명확하게 기입한다.
② 치수는 되도록 계산해서 구할 필요가 없도록 기입한다.
③ 중복 치수는 피한다.
④ 가능하면 정면도에 집중하여 기입한다.
⑤ 반드시 전체길이, 전체높이, 전체 폭에 관한 치수는 기입하여야 한다.
⑥ 필요에 따라 기준으로 하는 점과 선 또는 가공면을 기준으로 기입한다.
⑦ 관련된 치수는 가능하면 모아서 보기 쉽게 기입한다.
⑧ 참고치수에 대해서는 치수문자에 괄호를 붙인다.

(5) 치수 보조 기호와 여러 가지 치수 기입

　치수를 나타내는 수치에 부가하여 그 치수의 의미를 명확히 하기 위하여 사용하는 기호를 의미한다.

[표 3-1] 치수 보조 기호

구 분	기 호	사용 예
지 름	ϕ	$\phi 60$
반 지 름	R	R20
구의 지름	$S\phi$	$S\phi 40$
구의 반지름	SR	SR30
정사각형의 변	□	□12
관의 두께	t	t5
45°의 모따기	C	C3
원호의 길이	⌒	⌒40
참고 치수	( )	(50)
이론적으로 정확한 치수	☐	40

① 지름의 치수 기입

치수를 기입할 곳이 원형일 경우 지름기호를 이용하여 치수 기입한다.

치수문자 앞에 지름을 뜻하는 "ϕ"를 붙여 사용한다. 이때 우측면의 투상을 생략해도 된다.

② 반지름의 치수 기입

반지름의 치수 기입을 할 때에는 치수문자 앞에 반지름(R)을 붙인다.

큰 원호의 경우 Z자형으로 구부려 치수 기입한다.

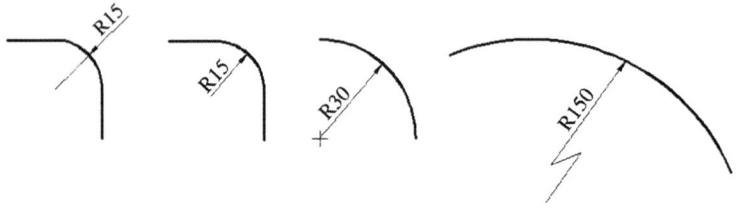

그림 3-4 반지름의 치수 기입

③ 현, 원호의 치수 기입
  ㉠ 현의 길이 표시 방법
    현에 직각하는 치수보조선을 긋고 현에 평행한 치수선을 사용하여 나타낸다.
  ㉡ 호의 길이 표시 방법
    치수 보조선을 긋고, 그 원호와 같은 중심의 원호를 치수선으로 하고, 치수 수치의 위에 원호를 표시하는 기호(⌒)를 붙인다.

제 3 장 치수기입법 및 재료표시법

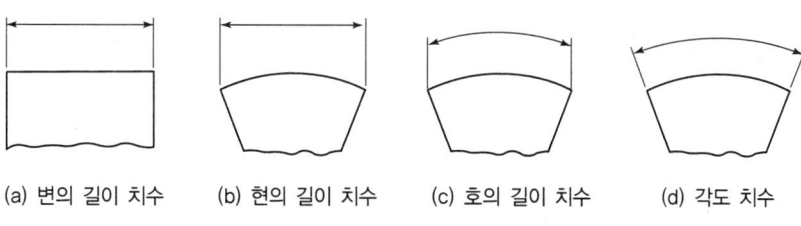

(a) 변의 길이 치수   (b) 현의 길이 치수   (c) 호의 길이 치수   (d) 각도 치수

그림 3-5 호의 치수 기입

④ 각도 기입 방법

각도를 기입하는 치수선은 그 각을 구성하는 두 변 또는 연장선 사이에 원호로 나타낸다.

⑤ 사각 평면의 표시 방법

평면을 둥근 면과 구별하기 위해 도면에 가는 실선의 대각선표시를 하기도 한다.

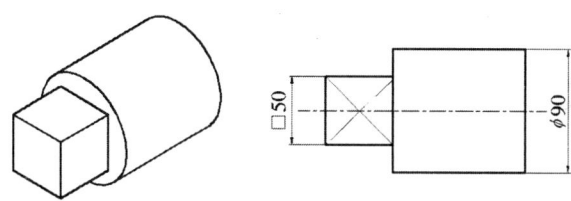

그림 3-6 사각 평면의 치수 기입

⑥ 구의 지름과 구의 반지름

구(Sphere)의 지름 또는 반지름을 나타내는 치수를 기입할 때 치수문자 앞에 S∅ 또는 SR을 붙여 사용한다.

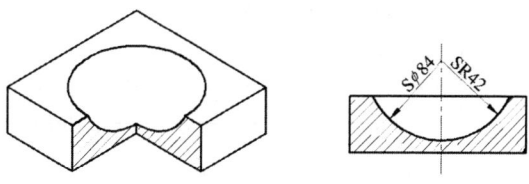

그림 3-7 구의 치수 기입

3-2 기계재료 표시법

1. 재료 기호의 구성

한국공업규격(KS)의 금속부문(D)에서의 재료 기호는 종류별로 화학성분, 기계적 성질 및 용도에 따라 지정된다. 보통 3부분으로 구성되어 나타내지만 필요에 따라 4부분으로 나타낼 수도 있다.

① 처음 부분 : 재질을 표시하는 기호로서 영어의 머리문자 또는 원소기호를 사용한다.
② 두 번째 부분 : 규격명 또는 제품명을 표시하는 기호로서 영어 또는 로마 글자의 머리 자를 쓰고 판, 관, 봉, 선, 주조품, 단조품 등의 제품을 모양별 종류나 용도를 표시한다.
③ 세 번째 부분 : 재료의 종류를 나타내는 기호로서 재료의 최저 인장 강도 또는 재료의 종별 번호를 나타내는 숫자가 사용된다.
④ 끝 부분 : 필요에 따라서 재료 기호 끝 부분에 재료의 경(硬), 연(軟), 열처리 상황, 제조법등을 첨가하여 나타낼 수도 있다.

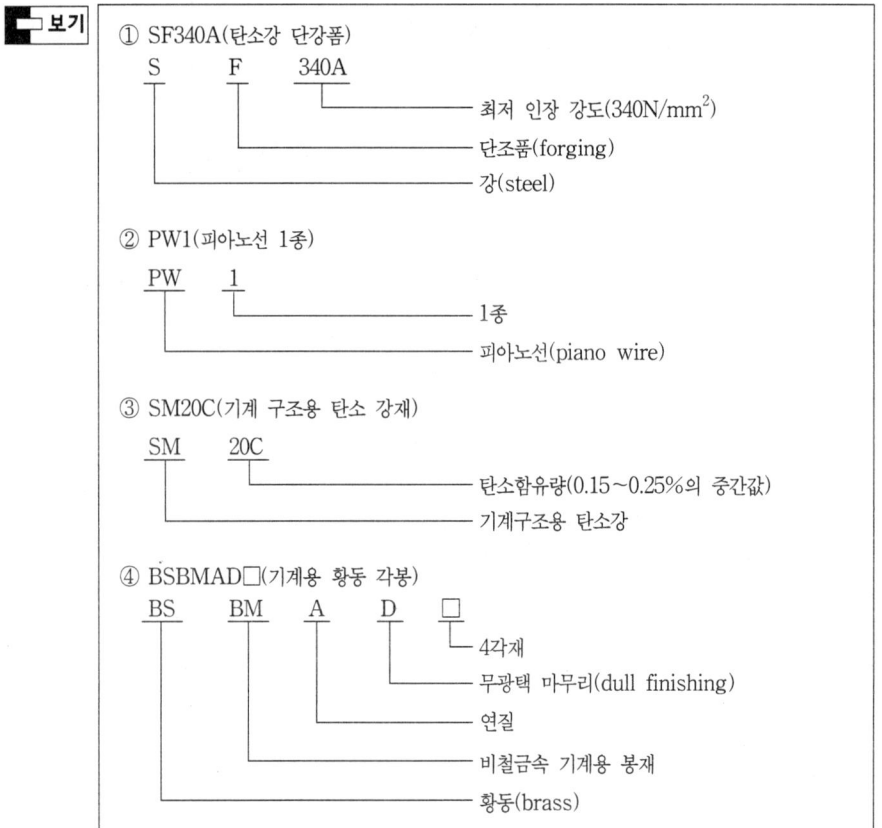

[표 3-2] 처음 부분의 기호

기호	재질명	영문	기호	재질명	영문
Al	알루미늄	aluminium	HBs	고강도 황동	high strength brass
AlB	알루미늄 청동	aluminium bronze	HMn	고망간	high manganese
B	청동	bronze	PB	인 청동	phosphor bronze
Bs	황동	brass	S	강	steel
C	구리	copper	ST	스테인리스강	stainless steel
Cr	크롬	chromium	WM	화이트 메탈	white metal

[표 3-3] 중간 부분의 기호

기호	재질명	기호	재질명
B	봉(bar)	MC	가단주철품(malleable iron cashing)
C	주조품(castings)	P	판(plate)
CD	구상 흑연주철	PS	일반 구조용 판
CP	냉간 압연강판	PW	피아노선
CS	냉간 압연강대	S	일반 구조용 압연재
DC	다이 캐스팅(die castings)	SW	강선(steel wire)
F	단조품(forgings)	T	관(tube)
HG	고압 가스용기	TC	탄소공구강
HP	열간 압연강판	W	선(wire)
HR	열간 압연	WR	선재(wire rod)
HS	열간 압연강대	WS	용접구조용 압연강
K	공구강		

2. 재료의 종류와 기호

① SHP1~SHP3 : 열간 압연 연강판 및 강대
② SS330, SS400, SS490, SS540 : 일반구조용 압연강판
③ SCP1~SCP3 : 냉간 압연강판 및 강대
④ SM400A~SM570 : 용접구조용 압연강재
⑤ PW1~PW3 : 피아노선
⑥ SPS1~SPS9 : 스프링 강재
⑦ SCr415~SCr420 : 크롬 강재
⑧ SNC415, SNC815 : 니켈 크롬 강재
⑨ SF340A~SF640B : 탄소강 단강품
⑩ STC1~STC7 : 탄소공구강재
⑪ SM10C~SM58C, SM9CK, SM15CK, SM20CK : 기계구조용 탄소강재
⑫ SC360~SC480 : 탄소 주강품
⑬ GC100~GC350 : 회주철품

⑭ GCD370~GCD800 : 구상흑연 주철품
⑮ BMC270~BMC360 : 흑심 가단 주철품
⑯ WMC330~WMC540 : 백심가단 주철품
⑰ C5191B : 인청동
⑱ BC1~BC7 : 청동주물
⑲ ALDC1~ALDC8 : 알루미늄 합금 다이캐스팅

3. 기계재료의 열처리 표시

부품 전체에 열처리를 할 때에는 부품란에 재질과 함께 열처리 방법을 표시하거나 주기란에 기입한다. 부품의 면 일부분에 열처리를 할 때에는 아래 그림과 같이 범위를 외형선에 평행하게 약간 떼어서 굵은 1점 쇄선을 긋고 열처리 방법을 기입한다.

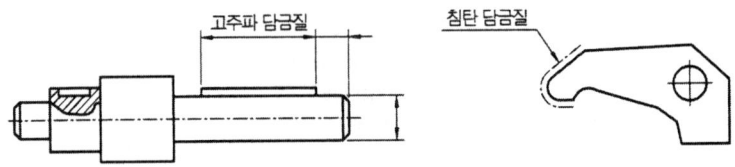

그림 3-8 기계열처리의 표시방법

제 4 장 표면 거칠기 및 치수 공차

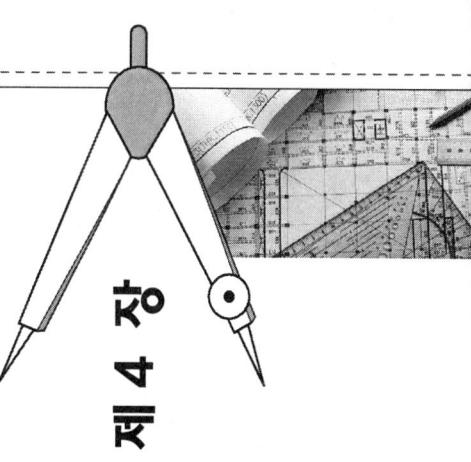

4-1 표면 거칠기 표시

기계 부품의 표면은 기구적인 기능을 필요로 하는 부분, 접착력을 요하는 부분, 내식성을 요하는 부분, 외관을 필요로 하는 부분, 성능에 영향을 주는 부분 등의 목적에 따라 다듬질 면의 거칠기 정도가 구분되어야 하고, 이 내용은 도면에 정확히 구별하여 표시해야 한다.

1. 표면 거칠기

공작물의 표면에 생긴 작은 구간에서의 요철을 표면 거칠기(surface roughness)라 한다. 또한, 표면 거칠기보다 큰 간격으로 반복되는 기복의 상태를 파상도라 하며, 이는 공작기계나 바이트의 변형, 진동 등에 의하여 발생한다. KS에서는 표면 거칠기의 측정 방법으로 최대 높이(Ry), 10점 평균 거칠기(Rz : ten point height), 산술 평균 거칠기(Ra)의 3가지 방법을 규정하고 있다.

[표 4-1] 가공 방법의 약호

가공 방법	약호 I	약호 II	가공 방법	약호 I	약호 II
선 반 가 공	L	선 반	호 우 닝 가 공	GH	호 우 닝
드 릴 가 공	D	드 릴	액체호우닝다듬질	SPL	액체호우닝
보 링 머 신 가 공	B	보 링	배 럴 연 마 가 공	SPBR	배 럴
밀 링 가 공	M	밀 링	버 프 다 듬 질	FB	버 프
플 레 이 닝 가 공	P	평 삭	브러스트다듬질	SB	브러스트
세 이 핑 가 공	SH	형 삭	래 핑 다 듬 질	FL	래 핑
브 로 우 치 가 공	BR	브로칭	줄 다 듬 질	FF	줄
리 머 가 공	FR	리 머	스크레이퍼다듬질	FS	스크레이퍼
연 삭 가 공	G	연 삭	페 이 퍼 다 듬 질	FCA	페 이 퍼
벨 트 샌 드 가 공	GB	포 연	주 조	C	주 조

(1) 대상면을 지시하는 기호

표면의 결을 도시할 때에 대상 면을 지시하는 기호는 60°로 벌린, 길이가 다른 절선으로 하는 면의 지시 기호를 사용하며, 지시하는 대상면을 나타내는 선의 바깥쪽에 붙여서 쓴다.

① 절삭 등 제거 가공의 필요 여부를 문제 삼지 않는 경우에는 아래 (그림 a)와 같이 면에 지시 기호를 붙여서 사용한다.
② 제거 가공을 필요로 한다는 것을 지시할 때에는 면의 지시 기호의 짧은 쪽의 다리 끝에 가로선을 부가한다.(그림 b)
③ 제거 가공해서는 안 된다는 것을 지시할 때에는 면의 지시 기호에 내접하는 원을 부가한다.(그림 c)

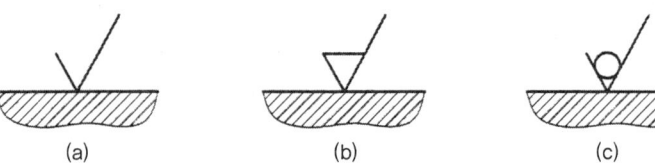

(a)　　　　　　　(b)　　　　　　　(c)

그림 4-1 표면에 대한 지시기호

(2) 표면 거칠기 값의 지시

산술 평균 거칠기(R_a)로 지시하는 경우, 표면 거칠기는 KS B 0161에 규정하는 산술 평균 거칠기의 표준 수열 중에서 선택하여 지시하는데, 이 경우 첨자 'a'는 기입하지 않는다. 다만, 필요가 있어서 표준 수열에 따를 수 없는 경우, 허용할 수 있는 최대 값을 '$R_a \leq 10$' 등과 같이 지시한다. 그리고 표면 거칠기의 지시 값 기입 위치는 다음 중 어느 하나에 따른다.

① 표면 거칠기의 최대값을 지시하는 경우에는 [그림 4-2(a)]와 같이 기입한다.
② 표면 거칠기 값을 어느 구간으로 지시하는 경우에는 상한 값을 위로, 하한 값을 아래로 나란히 기입한다.[그림 4-2(b)]
③ 표면 거칠기의 지시값에 대한 컷오프값을 지시할 필요가 있을 때에는 아래 표에서 선택하여 면의 지시 기호의 긴 쪽 다리에 붙인 가로선 아래에 표면 거칠기의 지시값에 대응시켜 기입한다.[그림 4-2(c)]
④ 최대 높이($R_{\max}$) 또는 10점 평균 거칠기(R_a)로써 지시하는 경우는 면의 지시 기호의 긴쪽 다리에 가로선을 붙여, 그 아래쪽에 약호와 함께 기입한다.[그림 4-2(d)]

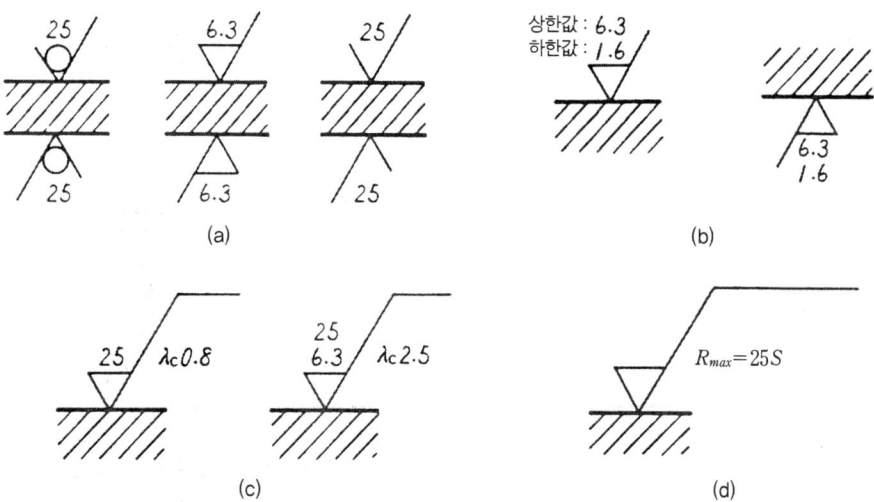

그림 4-2 표면 거칠기 값의 지시

제 3 편 기계제도

⑤ 줄무늬 방향을 지시할 때에는 표에 규정하는 기호를 면의 지시 기호의 오른쪽에 부기한다.

기호	의미	설명도
=	가공으로 생긴 앞줄의 방향이 기호를 기입한 그림의 투영면에 평행	커터의 줄무늬 방향
⊥	가공으로 생긴 앞줄의 방향이 기호를 기입한 그림의 투영면에 수직	커터의 줄무늬 방향
X	가공으로 생긴 선이 두 방향으로 교차	커터의 줄무늬 방향
M	가공으로 생긴 선이 다방면으로 교차 또는 무방향	
C	가공으로 생긴 선이 거의 동심원	
R	가공으로 생긴 선이 거의 방사상(레이디얼형)	

⑥ 면의 지시 기호에 대한 각 지시 사항의 기입 위치는 아래그림과 같다.

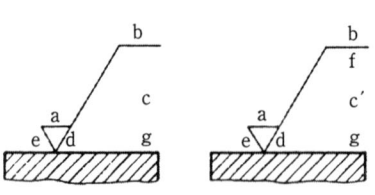

a : 산술 평균 거칠기값
b : 가공방법
c : 컷 오프 값
c' : 기준 길이
d : 줄무늬 방향 기호
e : 다듬질 여유 기입
f : 산술 평균 거칠기 이외의 표면거칠기 값
g : 표면 파상도

그림 4-3 면의 지시기호

(3) 다듬질 기호

KS B 0617에 의하면, 면의 지시 기호 대신 다듬질 기호를 사용할 수도 있다고 규정하고 있다. 그러나 이 방법은 ISO 1302 규격에는 꼭 맞지 않으므로, 되도록 빠른 기간에 면의 지시 기호로 바꾸어 사용하는 것이 좋다.

① 다듬질 기호

다듬질 기호를 사용하여 표면거칠기를 지시할 때에는 삼각 기호(▽)의 수와 파형 기호(∼)로 표시한다. 아래 표는 다듬질 기호에 대한 표면거칠기의 기호 및 가공 방법, 특별히 지정하는 경우 이외에는 이 중 하나를 선택해서 사용한다.

② 다듬질 기호 기입

다듬질 기호를 사용하여 면의 결을 지시할 때에는, 삼각 기호에 표면거칠기의 표준값, 컷오프값, 기준 길이, 가공 방법, 줄무늬 방향의 기호 및 다듬질 여유값을 부기할 수 있다. 이때, 산술 평균 거칠기는 a, 최고 높이는 s, 10점 평균 거칠기는 z의 기호를 표면 거칠기의 표준값 다음에 기입한다.

[표 4-2] 표면 거칠기의 기호 및 가공 방법(단위 : μm)

명 칭	기 호	거칠기 정도 (Ra)	적 용
-	▽	-	절삭가공 등 가공을 하지 않은 표면 주물의 표면
거친다듬질	▽ⁿ	약 25∼100μm	일반 절삭가공만하고 끼워 맞춤이 없는 표면 (드릴구멍, 선삭가공부 등)
중간다듬질	▽ˣ	약 6.3∼25μm	끼워맞춤만 있고 상대운동은 없는 표면 커버와 몸체의 끼워맞춤부, 키홈, 축과 회전체의 결합부 등
상급다듬질	▽ʸ	약 0.8∼6.3μm	끼워맞춤이 있고 상대운동이 있는 표면 베어링, 씰 등 정밀 축 기계요소 등이 끼워지는 표면, 정밀가공이 요구되는 표면 (연삭 가공)
정밀다듬질	▽ᶻ	약 0.1∼0.8μm	대단히 매끄러운 표면을 의미함 게이지류, 피스톤, 실린더 표면 등 (호닝 등 정밀입자가공)

4-2 치수 공차

1. 치수 공차 일반 사항

설계 도면을 작성할 때에는 그 부품의 생산 방법이나 생산 공정 등을 신중히 고려하여 필요한 내용을 빠짐없이 기입하도록 해야 하며, 호환성을 유지하기 위하여 부품의 조립과 기능 및 용도에 필요한 가공 정밀도를 제시해야 한다.

2. 치수 공차의 용어

① 구멍 : 주로 원통형 부분의 내측 부분
② 축 : 주로 원통형 부분의 외측 부분
③ 실 치수 : 두점 사이의 거리를 실제로 측정한 치수
④ 허용 한계 치수 : 실 치수가 그 사이에 들어가도록 정한 대·소의 허용치수이며, 최대허용치수(30.2)와 최소허용치수(29.9)가 있다.(예 : $30^{+0.2}_{-0.1}$)
⑤ 기준 치수 : 치수 허용한계의 기준이 되는 치수
⑥ 기준선 : 허용 한계치수 또는 끼워 맞춤을 도시할 때 치수허용차의 기준이 되는 선으로, 치수허용차가 0인 직선으로 기준치수를 나타낼 때에 사용한다.
⑦ 치수 허용차 : 허용 한계치수에서 그 기준치수를 뺀 값으로 위치수 허용차와 아래치수허용차가 있다.
⑧ 치수 공차 : 최대 허용 한계치수와 최소허용 한계치수의 차이다. 또는 위치수 허용차와 아래치수 허용차의 차를 의미하기도 하며 공차라고도 한다.

> **예제**
> $30^{+0.05}_{-0.02}$에서 최대허용치수와 최소허용치수는?
>
> **풀이** ① 최대허용치수=기준치수+위치수허용차=30+0.05=30.05mm
> ② 최소허용치수=기준치수+아래치수허용차=30+(−0.02)=29.98mm
> ③ 치수공차=최대허용치수−최소허용치수=30.05−29.98=0.07mm

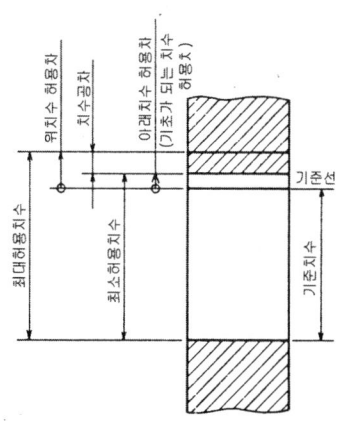
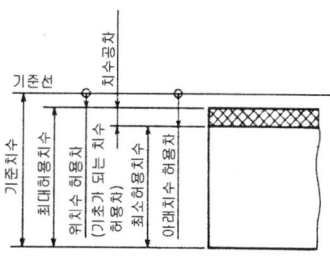

그림 4-4 치수 공차의 용어

3. 기본 공차

① IT 기본 공차는 치수 공차와 끼워 맞춤에 있어서 정해진 모든 치수 공차를 의미하는 것으로 국제 표준화 기구(ISO) 공차 방식에 따라 분류하며 IT 01부터 IT 18까지 20등급으로 구분하여 KS B 0401에 규정하고 있다. IT 01과 IT 0에 대한 값은 사용 빈도가 적으므로 별도로 정하고 있다.
② IT 공차의 수치 : 기준 치수가 500 이하인 경우와 500을 초과하여 3150까지 공차 등급 IT 1부터 IT 18에 대한 기본공차의 수치를 나타낸다.

[표 4-3] 기본 공차의 적용

용 도	게이지 제작 공차	끼워 맞춤 공차	끼워 맞춤 이외 공차
구 멍	IT 1 ~ IT 5	IT 6 ~ IT 10	IT 11 ~ IT 18
축	IT 1 ~ IT 4	IT 5 ~ IT 9	IT 10 ~ IT 18

4-3 끼워 맞춤

기계 부품을 조립할 때 구멍과 축이 미끄럼 운동이나 회전 운동이 이루어질 수 있는 경우와 상호 운동 없이 동력을 전달해야 되는 경우가 있다. 이와 같이, 구멍과 축이 조립되는 관계를 끼워 맞춤이라 하고, 구멍의 지름이 축의 지름보다 큰 경우 두 지름의 차를 틈새, 축의 지름이 구멍의 지름보다 큰 경우 두 지름의 차를 죔쇠라 한다.

[표 4-4] 틈새와 죔새

구 분	용 어	해 설
틈새	최소 틈새	구멍의 최소 허용 치수 − 축의 최대 허용 치수
	최대 틈새	구멍의 최대 허용 치수 − 축의 최소 허용 치수
죔새	최소 죔새	축의 최소 허용 치수 − 구멍의 최대 허용 치수
	최대 죔새	축의 최대 허용 치수 − 구멍의 최소 허용 치수

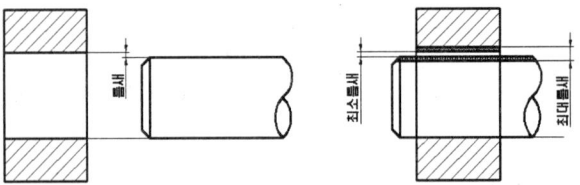

그림 4-5 축의 지름이 구멍의 지름보다 작은 경우

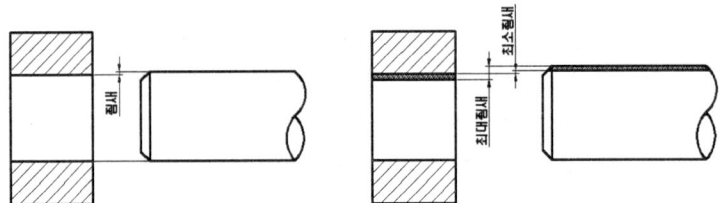

그림 4-6 축의 지름이 구멍의 지름보다 큰 경우

1. 끼워 맞춤의 종류

끼워 맞춤 부분을 가공할 때 부품 소재의 상태나 가공의 난이 정도에 따라 구멍을 기준으로 할 것인지 또는 축 기준으로 할 것인지에 따라 구멍 기준식과 축 기준식으로 나눈다.

① 구멍 기준식 끼워 맞춤 : 아래 치수 허용차가 0인 H 기호 구멍을 기준 구멍으로 하고, 이에 적당한 축을 선정하여 필요한 죔쇠나 틈새를 얻는 끼워 맞춤으로 H6~H10의 다섯 가지 구멍을 기준 구멍으로 사용한다.

② 축 기준식 끼워 맞춤 : 위 치수 허용차가 0인 h 기호 축을 기준으로 하고, 이에 적당한 구멍을 선정하여 필요한 죔쇠나 틈새를 얻는 끼워 맞춤으로 h5-h9의 5가지 축을 기준으로 사용한다.

제 4 장 표면 거칠기 및 치수 공차

[표 4-5] 구멍과 축의 기호 및 상호관계

구멍 기호	⇐ 지름이 커짐　　　　　　　　　　　지름이 작아짐 ⇒
	최소허용치수와 기준치수 일치
	A B C D E F G | H | Js K M N P R S T U X
축 기호	⇐ 지름이 작아짐　　　　　　　　　　　지름이 커짐 ⇒
	최대허용치수와 기준치수 일치
	a b c d e f g | h | js k m n p r s t u x

[표 4-6] 상용하는 구멍 기준 끼워 맞춤

기준축	구멍 공차역 클래스												
	헐거운 끼워 맞춤				중간 끼워 맞춤			억지 끼워 맞춤					
H6				g5	h5	js5	k5	m5					
			f6	g6	h6	js6	k6	m6	n6	p6			
H7			f6	g6	h6	js6	k6	m6	n6	p6	r6	s6	t6	u6	x6
		e7	f7		h7	js7							
H8			f7		h7								
		e8	f8		h8								
	d9	e9											
H9		d8	e8		h8								
	c9	d9	e9		h9								
H10	b9	c9	d9										

[표 4-7] 상용하는 축 기준 끼워 맞춤

기준축	구멍 공차역 클래스												
	헐거운 끼워 맞춤				중간 끼워 맞춤			억지 끼워 맞춤					
h5					H6	JS6	K6	M6	N6	P6			
			F6	G6	H6	JS6	K6	M6	N6	P6			
h6			F7	G7	H7	H7	K7	M7	N7	P7	R7	S7	T7	U7	X7
		E7	F7										
			F8		H8								
h7		D8	E8	F8		H8							
		D9	E9			H9							
h8		D8	E8			H8							
	C9	D9	E9			H9							
h9	B10	C10	D10										

3-33

2. 끼워 맞춤 상태에 따른 분류

① 헐거운 끼워 맞춤 : 구멍의 최소 치수가 축의 최대 치수보다 큰 경우이며, 항상 틈새가 생기는 끼워 맞춤으로 미끄럼 운동이나 회전 운동이 필요한 기계 부품 조립에 적용한다.

예 제	구 명	축
최대 허용 치수	A = 50.025mm	a = 49.975mm
최소 허용 치수	B = 50.000mm	b = 49.950mm
최대 틈새	A − b = 0.075mm	
최소 틈새	B − a = 0.025mm	

② 억지 끼워 맞춤 : 구멍의 최대 치수가 축의 최소 치수보다 작은 경우이며, 항상 죔쇠가 생기는 끼워 맞춤으로 동력 전달을 하기 위한 기계 조립이나 분해 조립이 불필요한 영구 조립 부품에 적용한다.

예 제	구 명	축
최대 허용 치수	A = 50.025mm	a = 50.050mm
최소 허용 치수	B = 50.000mm	b = 50.034mm
최대 죔쇠	a − B = 0.050mm	
최소 죔쇠	b − A = 0.009mm	

③ 중간 끼워 맞춤 : 중간 끼워 맞춤은 축, 구멍의 치수에 따라 틈새 또는 죔쇠가 생기는 끼워 맞춤으로, 헐거운 끼워 맞춤이나 억지 끼워 맞춤으로 얻을 수 없는 더욱 작은 틈새나 죔쇠를 얻는 데 적용하며, 베어링 조립은 중간 끼워 맞춤의 대표적인 보기이다.

예 제	구 명	축
최대 허용 치수	A = 50.025mm	a = 50.011mm
최소 허용 치수	B = 50.000mm	b = 49.995mm
최대 죔쇠	a − B = 0.011mm	
최대 틈새	A − b = 0.030mm	

구 멍	축	상호관계
⌀60H7	⌀60g6	구멍 기준식 헐거운 끼워 맞춤
⌀40H7	⌀40p7	구멍식 억지 끼워 맞춤
⌀30G6	⌀30h7	축 기준식 헐거운 끼워 맞춤
⌀50P6	⌀50h7	축 기준식 억지 끼워 맞춤

4-4 기하 공차

기하 공차는 기계 부품의 치수 공차에 형상 및 위치 공차를 주어 제품을 정밀하고 효율적으로 생산하여 경제성이 있도록 하는데 있다. 기하 공차 표시법에서는 도면에 말을 쓰지 않고 숫자, 문자 및 기호를 사용해야하며, 기호의 사용법은 국제적으로 통일되어 있으며, KS B 0608에서 규정되어 있다.

1. 기하 공차의 종류와 그 기호

[표 4-8] 기하 공차의 종류와 기호

적용하는 형체	구분	기호	공차의 종류	
단독 형체	모양공차	─	진직도 공차	
		▱	평면도 공차	
		○	진원도 공차	
		⌭	원통도 공차	
단독 형체 또는 관련 형체		⌒	선의 윤곽도 공차	
		⌓	면의 윤곽도 공차	
관련 형체	자세공차	∥	평행도 공차	최대실체공차 적용 (MMC)
		⊥	직각도 공차	
		∠	경사도 공차	
	위치공차	⊕	위치도 공차	최대실체공차 적용 (MMC)
		◎	동축도 공차 또는 동심도 공차	
		═	대칭도 공차	
	흔들림공차	↗	원주 흔들림 공차	
		↗↗	온 흔들림 공차	

[표 4-9] 기하 공차의 부가기호

표시하는 내용		기 호
공차붙이 형체	직접 표시하는 경우	
	문자기호에 의하여 표시하는 경우	
데이텀	직접 표시하는 경우	
	문자기호에 의하여 표시하는 경우	
데이텀 표적(target) 기입틀		Ø2/A1
이론적으로 정확한 치수	직각 테두리로 표시	50
돌출 공차역	돌출된 부분까지 포함하는 공차표시	Ⓟ
최대 실체 공차 방식	최대질량의 실체를 갖는 조건	Ⓜ
형체 치수 무관계	규제기호로 표시되지 않음	Ⓢ

2. 기하 공차의 기입방법

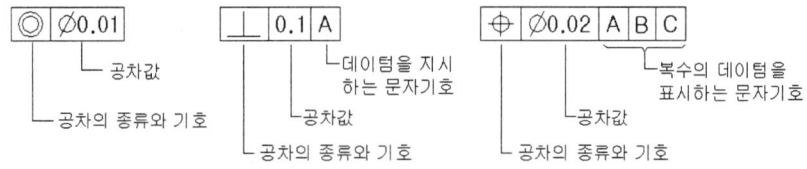

기계요소제도 제 5 장

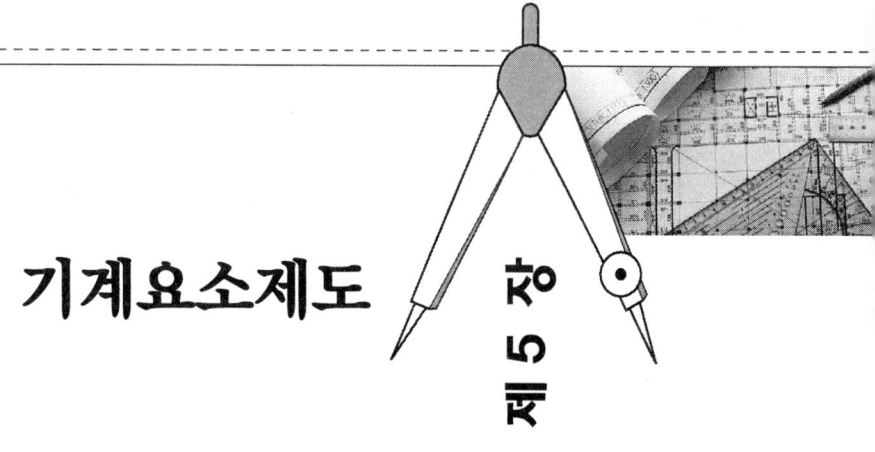

5-1 체결용 기계요소

1. 나사

(1) 나사의 표시 방법

나사의 표시 방법은 나사의 호칭, 나사의 등급, 나사산의 감긴 방향 및 나사산 줄의 수에 대하여 다음과 같이 나타낸다.

| 나사산의 감긴 방향 | 나사산의 줄 수 | 나사의 호칭 | 나사의 등급 |

(2) 나사의 호칭법

① 미터 나사의 호칭법

| 나사의 종류를 표시하는 기호 | 나사의 호칭지름을 표시하는 숫자 | × | 피치 |

[예] M 50×2

② 유니파이 나사의 호칭법

| 나사의 지름을 표시하는 숫자 | 산의 수 | 나사 종류를 표시하는 기호 |

[예] 3/8-16 UNC

③ 인치 나사의 호칭법

| 나사의 종류를 표시하는 기호 | 나사의 호칭지름을 표시하는 숫자 | 산 | 산의 수 |

[예] SM 1/4 산 40

[표 5-1] 나사의 종류 기호 및 호칭방법(KS B 0200)

구 분		나사의 종류	나사의 종류 기호	나사의 호칭에 대한 표시법	관련 규격
일반용	ISO 규격에 있는것	미터 보통 나사	M	M8	KS B 0201
		미터 가는 나사		M8×1	KS B 0204
		미니추어 나사	S	S 05	KS B 0228
		유니파이 보통 나사	UNC	3/8-16 UNC	KS B 0203
		유니파이 가는 나사	UNF	No. 8-36 UNF	KS B 0206
		미터 사다리꼴 나사	Tr	Tr 10×2	KS B 0229
		관용 테이퍼 나사 — 테이퍼 수나사	R	R 3/4	KS B 0222
		관용 테이퍼 나사 — 테이퍼 암나사	Rc	Rc 3/4	
		관용 테이퍼 나사 — 평행 암나사	Rp	Rp 3/4	
		관용 평행 나사	G	G 1/2	KS B 0221
	ISO 규격에 없는것	30° 사다리꼴 나사	TM	TM 18	KS B 0227
		29° 사다리꼴 나사	TW	TM 20	KS B 0226
		관용 테이퍼 나사 — 테이퍼 나사	PT	PT 7	KS B 0222
		관용 테이퍼 나사 — 평행 암나사	PS	PS 7	
		관용 평행 나사	PF	PF 7	KS B 0221

(3) 나사산의 감김 방향 및 나사산의 줄 수

① 나사산의 감김 방향

나사산의 감김 방향은 왼나사일 때에는 '좌'자로 표시하고, 오른나사일 때에는 표시하지 않는다. 또한, '좌' 대신에 'L'을 사용할 수도 있다.

② 나사산의 줄 수

나사산의 줄 수는 여러 줄 나사의 경우에는 '2줄', '3줄' 등과 같이 표시하고, 한 줄 나사인 경우에는 표시하지 않는다. 또한, '줄' 대신에 'N'도 사용할 수도 있다.

[표 5-2] 나사표기 방법의 예

구 분	감긴 방향	줄 수	호 칭	등 급	설 명
좌2줄 M 60×2-6H	좌	2줄	M60×2	6H	2줄 왼나사 미터 가는 나사 지름이 60mm이고 피치가 2mm인 공차 6H인 암나사
좌 M20-6H/6g	좌	1줄	M20	6H/6g	1줄 왼나사 나사로미터 나사 지름이 20mm인 암나사 6H와 수나사 6g의 조합
No.4-40 UNC-2A	우	1줄	4-40UNC	2A	1줄 오른나사 유니 파이 보통나사 A급 (피치 25.4/40=0.6350mm)

(4) 나사의 도시법

① 수나사의 도시방법

[표 5-3] 수나사 도시방법

나사의 각부	선의 종류	나사부의 그림	비 고
수나사의 바깥지름	굵은 실선		
수나사의 골	가는 실선		
완전 나사부와 불완전 나사부의 경계선	굵은 실선		
불완전 나사부의 끝 밑선	가는 실선		축선에 대하여 30° 경사
측면도시에서 골지름	가는 실선 (3/4 원)		

[표 5-4] 암나사 도시방법

나사의 각부	선의 종류	나사부의 그림	비 고
암나사의 안지름	굵은 실선		
암나사의 골	가는 실선		
가려서 보이지 않는 나사부	파선		
측면도시에서 골지름	가는 실선 (3/4 원)		

2. 키(Key)

(1) 키의 기능

키는 보통 사각형 혹은 원형 단면을 가진 작은 금속 막대로서, 풀리, 기어 등과 같은 회전체를 축에 고정하여 축과 회전체 사이의 미끄럼을 방지 하고, 회전력을 전달하는 결합용 기계요소이다.

(2) 키의 호칭법

규격번호	종류 및 호칭 치수	길이	끝 모양의 특별 지정	재 료
KS B 1311	평행 키 10×8	25	양 끝 둥	SM 45 C

3. 핀

(1) 핀의 호칭방법

[표 5-5] 암나사 도시방법

핀의 종류	그 림	호칭 지름	호칭 방법
평행 핀		핀의 지름	규격 번호 또는 명칭, 종류, 형식, 호칭, 지름×길이, 재료
테이퍼 핀		작은 쪽의 지름	명칭, 등급 $d \times l$, 재료
슬롯 테이퍼 핀		갈라진 부분의 지름	명칭, $d \times l$, 재료, 지정 사항
분할 핀 (스플릿 핀)		핀 구멍의 치수	규격 번호 또는 명칭, 호칭, 지름×길이, 재료

① 종류는 끼워맞춤 기호에 따른 m6, h7의 두 종류이다.
② 형식은 끝면의 모양이 납작한 것이 A, 둥근 것이 B이다.
③ 등급은 테이퍼의 정밀도 및 다듬질 정도에 따라 1급, 2급의 두 종류가 있다.

4. 리벳

(1) 리벳 이음의 도시법

① 리벳을 크게 도시할 필요가 없을 때에는 리벳 구멍을 약도로 도시한다.
② 리벳의 체결 위치만 표시할 경우에는 중심선만을 그린다.
③ 같은 간격으로 연속하는 같은 종류의 구멍표시 방법은 간단히 기입한다.
④ 여러 장의 얇은 판의 단면 도시에서 각 판의 파단선은 서로 어긋나게 긋는다.
⑤ 리벳은 길이 방향으로 절단하여 도시하지 않는다.

5-2 축용 기계요소

1. 축(Shaft)이음

축은 단면의 모양은 원형이며 보통 2개 이상의 베어링으로 지지되어 있는 것으로 동력을 직접적으로 전달하는 회전 막대로서 기계에서 가장 중요한 요소 중의 하나이다.

(1) 축 도시법방법

① 축은 길이방향으로 단면도시를 하지 않는다. 단, 부분단면은 허용한다.
② 긴축은 중간을 파단하여 짧게 그릴 수 있으며 실제치수를 기입한다.
③ 축 끝에는 모따기 및 라운딩을 할 수 있다.
④ 축에 있는 널링(knurling)의 도시는 빗줄인 경우는 축선에 대하여 30°로 엇갈리게 그린다.

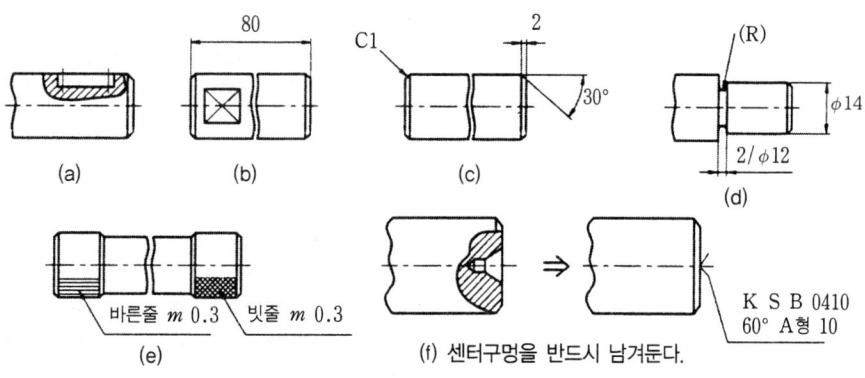

그림 5-1 축의 도시 방법

2. 베어링

회전짝을 이루는 두 요소가 직접 접촉하면 마찰에 의해서 소음과 열이 발생하고 마멸이 촉진된다. 회전축과 축을 지지하는 요소 사이의 마찰을 줄이고 원활한 상대 운동을 유지하기 위해서 설치하는 축용 기계요소를 베어링이라 한다.

(1) 구름 베어링의 호칭법

① 베어링 계열기호 : 베어링 형식과 치수계열을 나타낸다.
  ㉠ 형식(첫 번째 숫자)
    1 …… 복식 자동 조심형
    2, 3 …… 복식 자동 조심형(큰 나비)
    6 …… 단식 홈형
    7 …… 단식 앵귤러 볼형
    N …… 원통 롤러형
  ㉡ 치수계열(두 번째 숫자) : 폭과 높이 계열과 지름 계열을 조합한 것으로 같은 베어링의 안지름에 대한 폭과 바깥지름과의 계열을 나타낸다.
  ㉢ 안지름 번호(세 번째, 네 번째 숫자) : 안지름 번호 1~9까지는 안지름 번호와 안지름이 같고 안지름 번호가 안지름 20mm 이상 480mm 미만에서는 안지름을 5로 나눈 수가 안지름 번호이다.
    00 : 안지름 10mm, 01 : 안지름 12mm, 02 : 안지름 15mm, 03 : 안지름 17mm

② 호칭번호의 표시
  ㉠ 6008C2P6

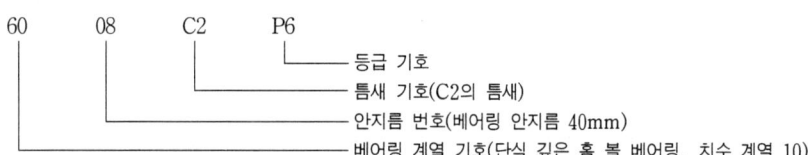

  ㉡ 6312ZNR

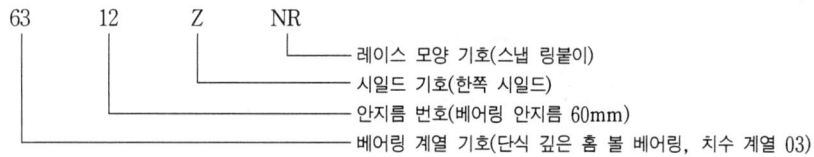

㉢ NA4916V

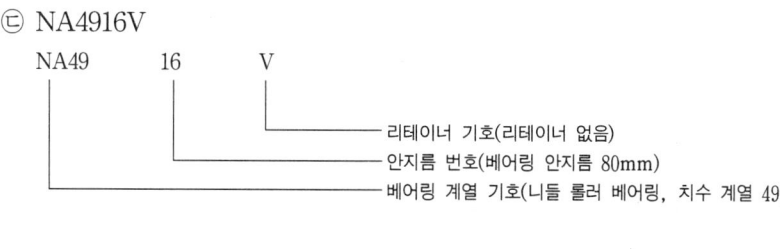

㉣ 2320K

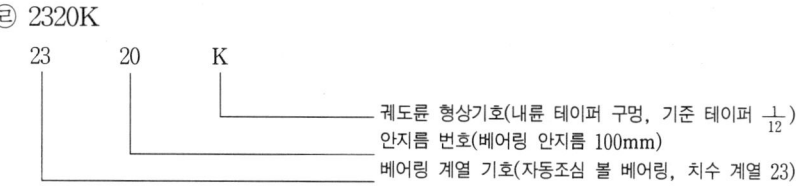

3. 구름베어링의 제도(KS 규격 B0004-2)

① 볼베어링과 롤러 베어링의 간략도시방법

간략 도면	볼 베어링	롤러 베어링	간략 도면	볼 베어링	롤러 베어링
	깊은홈 볼 베어링	원통 롤러 베어링		복열 깊은홈 볼 베어링	복열 원통 롤러 베어링
	복열 자동조심 볼 베어링			앵귤러 콘택트 볼 베어링	테이퍼 롤러 베어링
	복열 앵귤러 콘택트 볼 베어링			복열 앵귤러 콘택트 볼 베어링(분리형)	
		니들 롤러 베어링			복열 니들 롤러 베어링

② 스러스트 베어링의 간략도시방법

간략 도면	볼 베어링	롤러 베어링
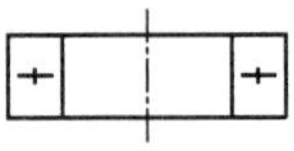	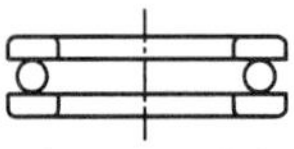 스러스트 볼 베어링	 스러스트 롤러 베어링  스러스트 니들 베어링(케이지)
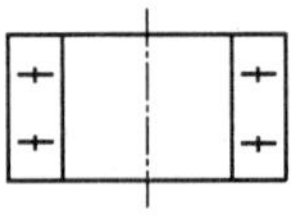	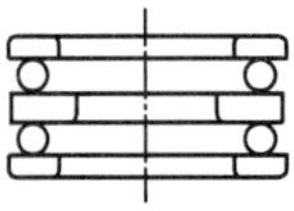 복열 스러스트 볼 베어링	
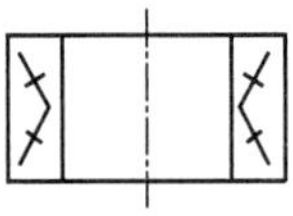	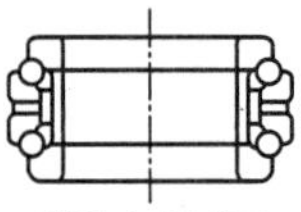 앵귤러 콘택트 스러스트 볼 베어링	
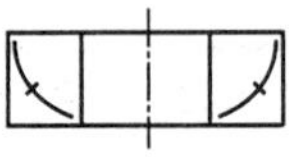		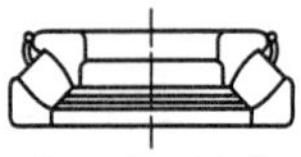 자동조심 스러스 롤러 베어링

5-3 전동용 기계요소

1. 기어

(1) 이의 크기

이의 크기를 나타내는 방법으로는 원주 피치, 지름 피치 및 모듈의 세 가지 방법으로 표시하며 KS규격에서는 모듈만 제시하고 있다.

기어는 피치원의 둘레에 따라 같은 간격으로 절삭되어 있다. 원둘레 및 피치가 같지 않으면 맞물릴 수 없다. KS규격에서는 모듈을 0.1~25mm까지로 규정하고 있으며 모듈 값이 클수록 이의 크기가 크다.

① 원주 피치(Circle pitch)

피치원 둘레 위에서 서로 인접한 이와 이사이의 원호의 길이로 원둘레를 길이로 나눈 값을 의미한다.

$$p = \frac{\pi D}{Z}[\text{mm}] \quad \text{or} \quad p = \pi m$$

여기서, p : 원주 피치
D : 피치원의 지름(mm)
Z : 잇수

② 모듈(Modoule)

이 한 개에 해당하는 피치원 지름의 길이로서 m으로 표시하며 피치원의 지름을 잇수로 나눈 값으로 미터식기어의 크기를 나타낸다.

$$m = \frac{d}{z} = \frac{\text{피치원의 지름}}{\text{잇수}}$$

③ 지름 피치(Diametral pitch)

피치원의 지름 1inch에 해당하는 잇수이며 잇수를 인치로 나타낸 피치원의 지름으로 나눈 값이다.

$$p = \frac{\text{잇수}}{\text{피치원 지름}} = \frac{z}{D}(\text{inch}) = \pi m (\text{mm}) = \frac{25.4z}{D}$$

(2) 기어의 제도

기어의 제도는 KS B 0002에 따르고, 도면에 포함되는 일반 사항은 KS B 0001에 따른다. 기어의 종류에는 여러 가지가 있으나, KS B 0002에서는 스퍼 기어, 헬리컬 기어, 더블 헬리컬 기어, 스크루 기어, 베벨 기어, 스파이럴 기어, 하이포이드 기어, 웜 및 웜 기어와 같은 8종류에 대하여 규정하고 있다.

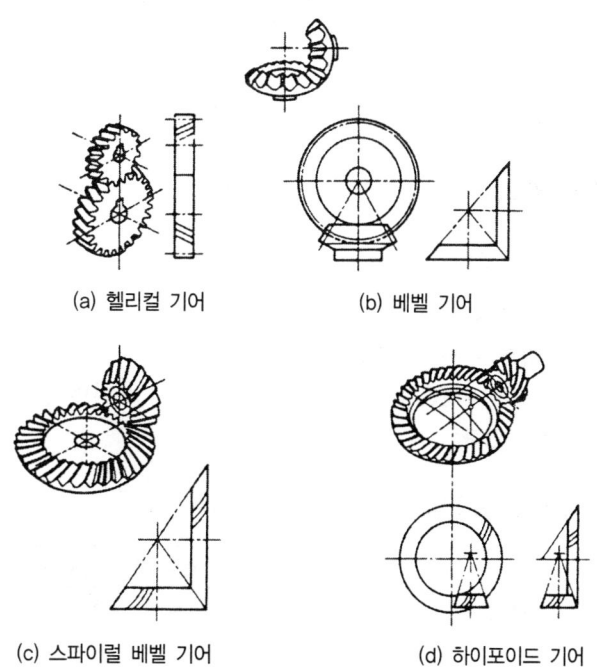

(a) 헬리컬 기어   (b) 베벨 기어

(c) 스파이럴 베벨 기어   (d) 하이포이드 기어

그림 5-2 기어의 종류

① 스퍼기어의 도시법

기어의 도시법은 치형을 생략하고 약도법을 사용하여 다음 같이 나타낸다.

㉠ 정면도는 같은 축에서 직각인 방향에서 본그림으로 한다.
㉡ 이끝원은 굵은 실선으로 그린다.
㉢ 피치원은 가는 1점 쇄선으로 그린다.
㉣ 이뿌리원은 가는 실선으로 그린다. 단, 축에 직각 방향으로 단면 투상할 경우에는 굵은 실선으로 그린다.
㉤ 표준 압력 각은 $a=20°$, 치형은 인벌류트 치형으로 한다.

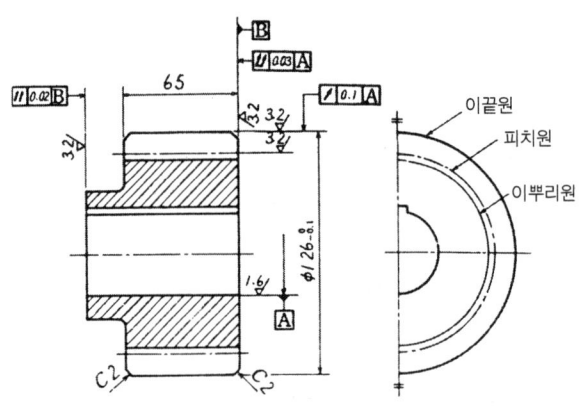

[예] 스퍼기어의 요목표

스퍼기어 요목표		
기어 치형		표 준
공구	치 형	보통이
	모 듈	3
	압력각	20°
잇 수		40
피치원 지름		PCD φ120
전체 이높이		4.5
다듬질 방법		호브 절삭
정밀도		KS B1405, 5급

그림 5-3 스퍼 기어

2. 벨트 풀리

(1) 평벨트 풀리

2개의 축에 벨트 풀리를 고정하고 여기에 평벨트를 걸어 벨트와 풀리와의 마찰력을 이용하여 동력을 전달할 때 쓰인다.

평벨트의 재질은 가죽이나 고무, 강철등이 쓰이며 풀리의 구조에 따라 일체형과 분할형이 있다.

(2) 평벨트 풀리의 호칭법

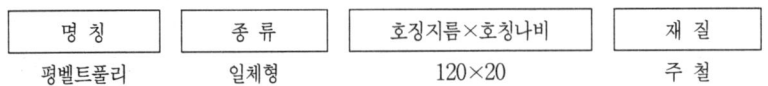

(3) 평벨트 풀리의 도시법

① 벨트 풀리는 축 직각 방향의 투상을 정면도로 한다.
② 모양이 대칭형인 벨트 풀리는 그 일부분만을 도시한다.

③ 암과 같은 방사형의 것은 수직 중심선 또는 수평 중심선까지 회전하여 투상한다.
④ 암은 길이 방향으로 절단하지 않으며 단면형은 도형의 밖이나 도형 속에 표시한다.
⑤ 테이퍼 부분의 치수는 치수보조선을 빗금 방향(수평 60° 또는 30°)으로 긋는다.

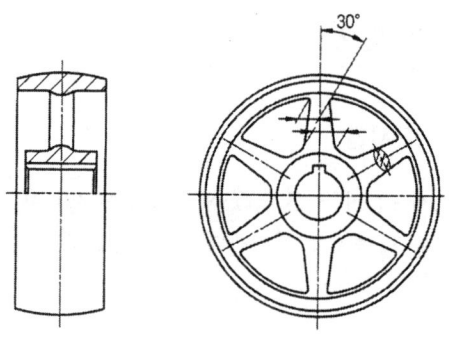

그림 5-4 평벨트의 풀리의 도시

3. V벨트 풀리

V벨트는 사다리꼴의 단면을 갖는 고리 모양의 벨트이며, V벨트 풀리는 V형의 홈을 만들어 쐐기 작용에 의하여 마찰력을 증대시킨 벨트 풀리이다. V벨트 풀리에는 V벨트의 형별에 따라 M형, A형, B형, C형, D형, E형 등과 같은 6종류가 있다.

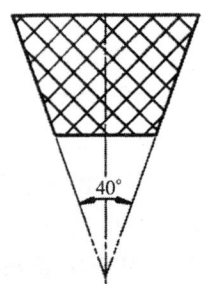

그림 5-5 V벨트 풀리의 단면

(1) V벨트 풀리의 호칭 방법

규격번호 또는 명칭	호칭지름	종 류	보스의 위치 구별
KS B 1403	250	A1	Ⅲ

(2) V벨트 풀리의 도시방법

① V벨트 풀리의 홈 수는 규정이 없으나 M형은 한줄 걸기를 원칙으로 한다.

② V벨트 풀리는 림이 V자형으로 되어 있으므로 호칭지름(D)은 V벨트를 걸었을 때 V단면의 중앙을 지나는 가상원의 지름으로 나타낸다.

5-4 제어용 기계요소

1. 스프링의 도시법

스프링의 제도는 KS B 0005에 규정되어 있으며, 일반적으로 간략도로 도시하고, 필요한 사항은 항목표에 기입한다. 항목표의 내용은 필요에 따라 일부를 생략하거나 추가할 수 있다.

(1) 코일 스프링의 제도

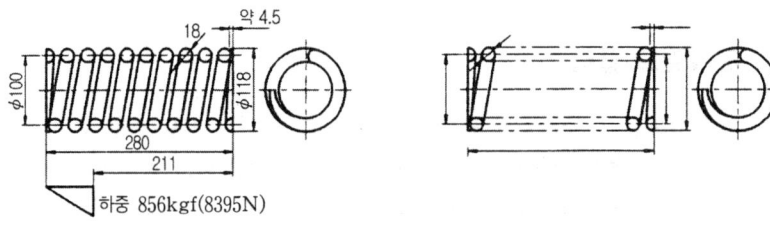

그림 5-6 코일 스프링의 제도   그림 5-7 코일 스프링의 간략도

① 스프링은 원칙적으로 하중이 걸리지 않은 상태로 그린다. 만약, 하중이 걸린 상태인 경우에는 선도 또는 그때의 치수와 하중을 기입한다.
② 하중과 높이(또는 길이) 또는 처짐과의 관계를 표시할 필요가 있을 때에는 선도로 표시한다. 선도는 사용상 지장이 없는 한 직선으로 표시하고, 그 굵기는 스프링을 표시하는 선과 같게 한다.
③ 특별한 단서가 없는 한 모두 오른쪽 감기로 도시하고, 왼쪽 감기로 도시할 때에는 '감긴 방향 왼쪽'이라고 한다.
④ 그림 안에 기입하기 힘든 사항은 일괄하여 항목표에 표시한다.
⑤ 코일 부분의 투상은 나선이 되고, 시트에 근접한 부분의 피치 및 각도가 연속적으로 변하는 것은 직선으로 표시한다.
⑥ 코일 부분의 중간 부분을 생략할 때에는 생략한 부분을 가는 1점 쇄선으로 표시하거나, 또는 가는 2점 쇄선으로 표시해도 좋다.
⑦ 스프링의 종류와 모양만을 도시할 때에는 재료의 중심선만을 굵은 실선으로 그린다.

컴퓨터응용밀링기능사

제 4 편

기계가공법 및 안전관리

제 1 장   공작기계 및 절삭제
제 2 장   선반가공
제 3 장   밀링가공
제 4 장   연삭가공
제 5 장   드릴링, 보링머신 가공, 슬로터
제 6 장   기어가공
제 7 장   정밀입자 및 특수가공
제 8 장   측   정
제 9 장   수기가공(손 다듬질)
제 10 장   기계안전

제1장 공작기계 및 절삭제

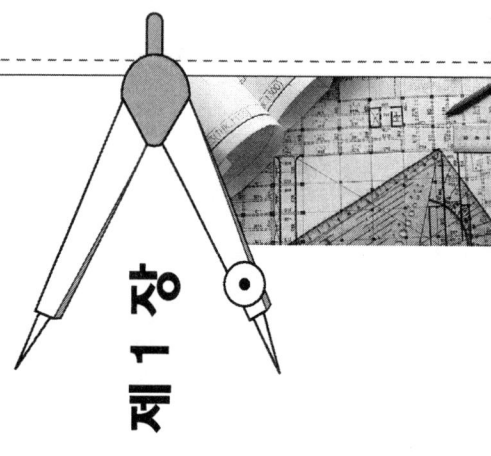

1-1 공작기계의 분류

(1) 일반(범용) 공작기계

절삭속도 및 이송의 범위가 크고, 부속 장치를 사용하여 다양한 종류의 가공을 할 수 있는 공작기계이며, 여러 가지 소량 생산에 적합하지만, 부품을 다량으로 양산하는 데 사용하며 이는 선반, 드릴링머신, 밀링머신, 연삭기 등의 공작기계가 있다.

(2) 단능 공작기계

간단한 공정이나 1종의 공정밖에 할 수 없는 공작기계이며, 다량생산에 적합하나 다른 공정의 가공에 융통성이 없다. 이는 바이트연삭기, 센터리스연삭기, 타이어보링 머신 등의 공작기계가 있다.

(3) 전용 공작기계

특정한 모양, 치수의 제품을 양산하기에 적합하도록 만든 공작기계이며, 사용 범위에는 좁고, 소량 생산에는 적합하지 않는 공작기계로 전용 공작기계에는 모방선반, 자동선반, 생산밀링머신 등이 있으며, 또한 전용 공작기계를 여러 개 조합하여 자동화한 트랜스퍼 머신(Transfer Machine) 등이 있어서 기계공작에 큰 역할을 한다.

(4) 만능 공작기계

여러 가지 종류의 공작기계에서 할 수 있는 가공을 1대의 공작기계에서 가능하도록 제작한 공작기계이다.

1-2 공작기계의 구비조건

① 제품의 공작 정밀도가 좋을 것
② 절삭 가공능률이 우수할 것
③ 융통성이 풍부할 것
④ 조작이 용이하고, 안전성이 높을 것
⑤ 동력 손실이 적고, 기계 강성이 높을 것

1-3 공작기계의 기본운동

① 절삭 운동 : 절삭할 때 칩과 절삭공구가 길이방향으로 움직이는 운동
② 이송 운동 : 공작물과 절삭공구가 절삭방향으로 이송하는 운동
③ 위치 조정운동 : 공구와 공작물 간의 절삭조건에 따른 절삭 깊이 조정 및 일감, 공구의 설치 및 제거

1-4 절삭저항의 요소

① 가공물의 재질 : 단단한 재질일수록 절삭저항은 증가한다.
② 공구날끝의 모양 및 공구각 : 경사각이(약 30°까지) 커질수록 감소한다.
③ 절삭면적(이송×깊이) : 절삭면적이 커질수록 절삭저항이 증가한다.
④ 절삭속도 : 절삭속도가 클수록 절삭저항은 감소한다.
⑤ 절삭제 : 절삭유를 사용하면 절삭저항은 감소한다.

1-5 절삭저항의 3분력

절삭저항=주분력(P_1) 10 > 배분력(P_3)(2-4) > 이송분력(P_2)(1-2)

① 주분력(P_1 : Principal Culting Force) : 절삭방향으로 작용하는 분력
② 이송분력(P_2 : Feed Force) : 이송방향(평행)으로 작용하는 분력
③ 배분력(P_3 : Radial Force) : 공구의 축 방향으로 작용하는 분력

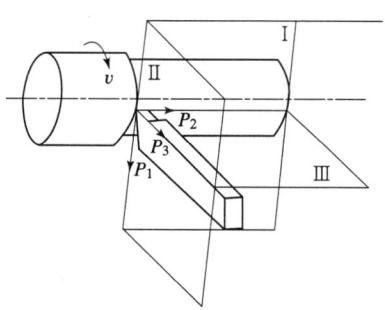

그림 1-1 절삭저항의 3분력

1-6 절삭동력

(1) 선반의 절삭동력(PS, KW)

$$PS = \frac{P_1(N) \times V}{75 \times 9.81 \times 60 \times \eta}, \quad KW = \frac{P_1(N) \times V}{102 \times 9.81 \times 60 \times \eta}$$

(V=절삭 속도, η=효율, P_1=주분력 : $f \times t \times$ 비절삭 저항[ks])

(2) 절삭률(Q)

$$Q = v \times f \times t \, (\mathrm{cm^3/min})$$

1-7 절삭조건

작업자가 공작기계를 조작하여 쉽게 조절할 수 있게, 즉 단위 시간당 절삭량에 영향을 끼치는 변수들의 조합을 절삭조건이라 한다.

실제 가공물을 절삭하는 데 있어서 가장 중요한 절삭조건은 절삭공구 재질, 공작물 재질, 절삭속도, 이송, 절삭깊이, 절삭유 사용유무 등에 영향을 받는다.

(1) 절삭속도

$$V = \frac{\pi DN}{1000} [\mathrm{m/min}], \quad N = \frac{1000 V}{\pi D} [\mathrm{rpm}]$$

(2) 절삭면적

$$F = f \times t$$

F : 절삭면적(mm²), f : 이송(mm/rev), t : 절삭깊이(mm)

(3) 절삭 조건과 공구 수명과의 관계

① 절삭조건의 3요소 : 절삭 속도, 이송, 절삭 깊이
② 공구수명은 절삭속도, 이송, 절삭 깊이 순으로 영향을 받는다.
   → 경제적 절삭을 위해 절삭 깊이를 크게 하는 것이 유리하다.

1-8 공구인선과 이송이 표면거칠기에 미치는 영향

표면거칠기를 적게 하려면, 일반적으로 공구인선의 반지름을 크게 하고 이송을 적게 하는 것이 좋다. 반면, 인선의 반지름을 너무 크게 하면 절삭저항이 증가하여 바이트와 공작물 간에 떨림이 발생할 수 있다.

$$H = \frac{S^2}{8r}, \quad S = \sqrt{8rH}$$

1-9 칩의 생성

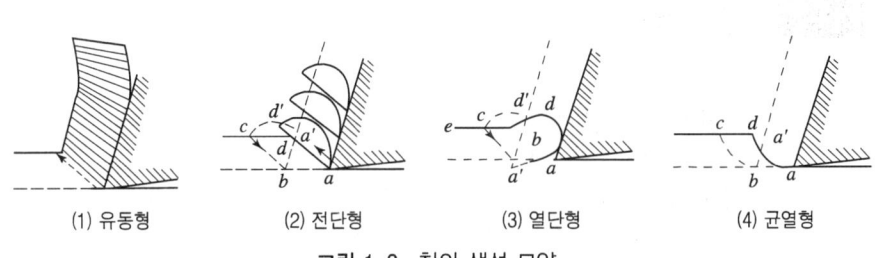

그림 1-2 칩의 생성 모양

(1) 유동형 칩(flow type chip)

칩이 공구의 경사면 위를 유동하는 것과 같이 원활하게 연속적으로 흘러 나가는 형태로서 칩 발생시 연속적인 미끄럼 파괴에 의하여 절삭되어, 길게 연속적 코일모양으로 되며, 절삭면의 변동이 없고 진동이 적으며, 가공면이 깨끗하고 절삭작용이 원활하고, 신축성이 크고 소성변형이 쉬운 재료에 적합하다.

① 공작물의 재질이 연하고 인성이 큰 재질일 때
② 윗면 경사각이 클 때
③ 절삭 깊이가 작을 때
④ 고속 절삭 할 때(절삭속도가 높을 때), 절삭제를 사용할 때

(2) 전단형 칩(shear type chip)

칩이 원활히 흐르지 못하고, 칩을 밀어내는 압축력이 축적되어야 분자사이에 전 단이 일어나기 때문에 미끄럼 간격이 커진다. 불연속적인 미끄럼에 의하여 나타나므로 유동형과 균열형의 중간에 속하는 형태이며, 절삭저항은 한 개의 칩이 발생할 때마다 변동하여 가공면이 매끄럽지 못하다. 연한 재질의 공작물을 작은 경사각으로 저속 가공할 때 생긴다.

(3) 열단형 칩(tear type chip)

공구의 날 끝보다 날의 아래쪽에 균열이 발생되면서 절삭이 되는 형태로서 재료가 공구전면에 접착하여 공구의 상면을 미끄러져 나가지 못하여, 아래 방향에 균열이 발생하면서 가공면이 나쁘다.
① 공작물의 재질이 공구에 접착하기 쉬울 때
② 점성이 큰 재질을 작은 경사각의 공구로 절삭할 때
③ 절삭 깊이가 클 때

(4) 균열형 칩(Crack type chip)

균열의 발생은 열단형과 같으나, 순간적으로 공구의 날 끝 앞에서 일감의 표면을 향해 균열이 생기고 이것이 칩이 된다. 칩 발생시의 진동으로 절삭력의 변동이 크며 가공면이 매우 불량하다. 주철과 같은 메진(취성) 재료를 저속 가공할 때

1-10 구성인선(built-up edge)

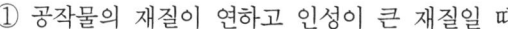

(1) 구성인선

보통 연강, 스테인리스강 및 알루미늄과 같은 연한재료를 절삭할 때 절삭공구의 날 끝에 공작물의 미분이 압착 또는 용착되어 날 끝을 싸버려 날 끝의 일부와 같은 상태로 절삭을 하는 수가 있다. 날 끝에 쌓인 것을 구성인선이라 한다. 구성인선의 발생과정은 $\frac{1}{10} \sim \frac{1}{200}$[sec] 시간에 발생 → 성장 → 분열 → 탈락의 주기로 반복하여 작업이 진행된다.

(2) 구성인선의 발생

① 알루미늄, 황동, 스테인리스강, 연강 등의 연한재료
② 절삭공구의 날끝온도가 상승
③ 절삭속도가 늦을 때(고속도강인 경우 10~25m/min)
④ 경사각을 적게 하였을 때
⑤ 절삭깊이가 깊을 때

(3) 방지책

① 절삭깊이를 적게 한다.
② 상면경사각을 크게 한다.
③ 절삭속도를 크게 한다.(고속도강인 경우, 임계속도 120~150m/min)
④ 윤활성이 있는 절삭유를 사용한다.

1-11 공구의 수명 판정방법

예리하게 연삭된 공구를 사용하여 동일한 가공물을 일정한 조건으로 절삭하기 시작해서 깎아지지 않을 때까지의 절삭시간이다.
① 표면에 광택 또는 반점이 있는 무늬가 생길 때
② 절삭공구인선의 마모가 일정량에 달했을 때
③ 가공된 완성치수의 변화가 일정량에 달하였을 때
④ 주분력에 비해 배분력 또는 이송분력이 급격히 증가할 때
⑤ 칩의 색깔 및 어떤 현상의 변화로 불꽃이 발생할 때

1-12 공구의 수명식

[Taylor의 식]

$$VT^m = C, \quad V = \frac{C}{T^m}, \quad T^m = \frac{C}{V}$$

V = 절삭속도[m/min]
T = 공구수명[min]
C = 공구 수명 상수(공구, 공작물, 절삭조건에 따른 값)
n = 공구에 따라 변화하는 지수
 - 고속도강(0.05~0.2), 초경합금(0.4~0.55), 세라믹(0.4~0.55)
T = 1분[min]일 때의 절삭속도

1-13 공구인선의 파손

(1) 크레이터마모(crater wear)

절삭공구의 경사면에 칩이 슬라이드(side)할 때 마찰력에 의하여 오목하게 파진 모양의 형태이다.
① 공구 날 위의 압력을 감소시킨다.
② 공구 상면의 칩의 흐름에 대한 저항을 감소시킨다.
③ 절삭속도 및 이송속도를 감소시킨다.

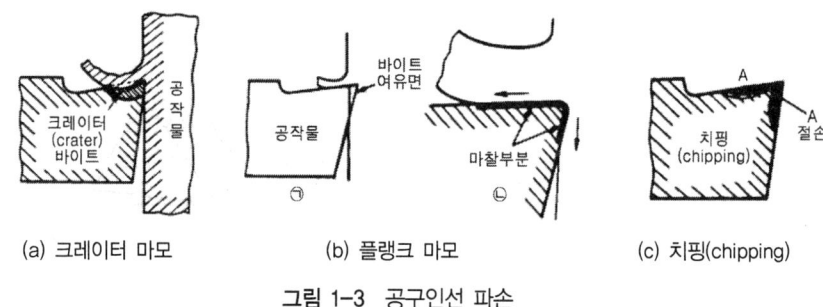

(a) 크레이터 마모　　　(b) 플랭크 마모　　　(c) 치핑(chipping)

그림 1-3 공구인선 파손

(2) 플랭크마모(flank wear)

절삭공구의 여유면과 절삭면과의 마찰에 의해서 절삭면에 평행하게 마모되는 형태이며, 주철와 같이 분말상 칩이 생길 때 주로 발생한다.
① 절삭속도를 저속으로 하고 이송을 크게 한다.
② 절삭 깊이를 적게 하고 여유각과 노오즈 반경을 다소 크게 한다.
③ 날 끝을 센터에 맞추고 절삭유를 공급한다.
④ 공구의 팁 재료를 단단한 것으로 사용한다.

(3) 치핑(chipping)

공구인선의 일부가 파괴되어 탈락하는 것으로 단속절삭, 공작기계의 진동, 절삭시 급냉 등으로 공구인선에 crack이 생기고 선단의 일부가 결손되는 현상이다.
① 절삭 날의 각도가 큰 것을 사용한다.
② 노오즈 반경이 큰 공구를 사용한다.
③ 윗면경사각이 작은 칩 브레이크 만든다.
④ 공구의 팁 재료를 인성이 큰 것으로 사용한다.
⑤ 절삭 깊이를 작게 한다.

1-14 절삭온도

(1) 절삭열

절삭열은 [그림 1-4]와 같이 열이 발생하면 가공물이나 공구에 가열되어 온도가 상승한다. 절삭열의 발생부분은 다음과 같다.
① 전단면 AB에서 전단면에서 전단 소성 변형이 일어날 때 생기는 열(60%)
② 공구경사면 AC에서 칩과 공구 경사면이 마찰할 때 생기는 열(30%)
③ 공구 여유면과 공작물 표면 AO에서 마찰할 때 생기는 열(10%)

열의 분포 크기는 칩(75%) > 공구(18%) > 공작물(7%) 순이다.

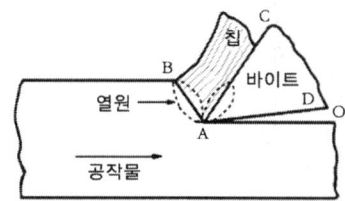

그림 1-4 절삭열원

(2) 절삭온도 측정법

① 칩의 색깔에 의한 방법
② 칼로리미터(열량계)에 의한 방법
③ 공구에 열전대를 삽입하는 방법
④ 시온 도료를 사용하는 방법
⑤ 공구와 일감을 열전대로 사용하는 방법
⑥ 복사 고온계에 의한 방법

(3) 절삭온도의 영향

① 절삭저항의 감소 : 공작물이 연화되어 전단응력이 작아지기 때문
② 공구수명의 단축 : 절삭효율은 상승하나 공구의 날끝 온도가 상승하기 때문
③ 치수정밀도 불량 : 온도상승에 의한 열팽창 때문

1-15 절삭유

공작물의 가공면과 공구 사이에는 절삭 및 전단 작용에 의해서 온도가 상승하여 나쁜 영향을 주게 된다.

(1) 절삭유의 작용

① 냉각작용 : 절삭공구와 공작물의 온도상승을 방지한다.
② 윤활작용 : 공구 날과 칩 사이의 마찰저항을 감소한다.
③ 방청 및 세척작용 : 공작물을 산화방지하고 미분 및 칩을 제거한다.

(2) 절삭유의 사용 목적

① 절삭저항이 감소하고 공구의 수명을 연장한다.
② 다듬질면의 마찰을 적게 하므로 다듬질 면을 좋게 한다.
③ 공작물의 열팽창 방지로 가공물의 치수 정밀도를 높게 한다.
④ 칩의 흐름이 좋아지기 때문에 절삭가공을 쉽게 한다.
⑤ 공구인선을 냉각시켜 온도상승에 따른 경도 저하를 막는다.

(3) 절삭유의 구비조건

① 냉각성, 방청성, 방식성이 우수하여야 한다.
② 감마성, 윤활성이 좋아야 한다.
③ 유동성이 좋고, 적하가 쉬워야 한다.
④ 인화점, 발화점이 높아야 한다.
⑤ 인체에 무해하며, 변질되지 말아야 한다.
⑥ 기계 도장에 영향이 없어야 한다.

(4) 절삭유의 분류

① 수용성 절삭유 : 점성이 낮고 비열이 높으며 냉각작용이 우수하다.
  ㉠ 에멀션형(유화유) : 광물유에 비눗물을 첨가하여 사용한 것으로 냉각작용이 비교적 크고 윤활성이 좋으며, 원액에 10~20배의 물을 희석해서 사용한다. 일반 절삭제로 널리 사용, 값이 싸다.
  ㉡ 솔류블형 : 침투성, 냉각성이 우수하고 약 50배의 물에 희석하며, 투명 또는 반투명 상태이다.
  ㉢ 솔류션형 : 방청력과 냉각성이 우수하고 연삭작업에 주로 사용되며, 50~100배 물에 희석한 투명한 액체이다.
② 불수용성 절삭유 : 물에 희석하지 않고 사용하며 냉각작용보다는 윤활작용을 목적으로 한다.

㉠ 광물성유 : 윤활은 좋으나 냉각은 나쁘고 점성이 낮으며 경절삭에 사용. 경유, 기계유, 스핀들 오일, 석유 등이 있으며 석유는 절삭속도가 높을 때 사용되고 (황동, 경합금), 기계유는 저속절삭(탭가공, 브로우치) 등에 이용된다.

㉡ 동식물유 : 일반적으로 점성이 높으나 냉각작용이 나쁘고 변질되기 쉬우며, 강력한 윤활작용, 완성가공, 저속 중절삭에 사용된다. 돈유, 올리브유, 종자유, 파자마유, 콩기름 등이 있다.

㉢ 광물유+동식물의 혼합유 : 강력 절삭에 사용

㉣ 석유 : 5~20배의 석유와 황유를 혼합사용. 고속절삭, 니켈, 스텐인레스강, 단조강 절삭에 사용된다.

㉤ 극압유 : 공구가 고온, 고압상태에서 마찰을 받을 때 사용하며 윤활작용이 주목적이다. 황, 염소, 납, 인 등의 화합물로 절삭공구의 고온, 고압상태에서 마찰을 받을 때 윤활 목적으로 첨가

> **참고** 주철 절삭시에는 절삭유를 사용하지 않고 황동, 청동 등엔 유화유를 사용한다.

> **참고** **윤활제의 목적** : 윤활, 냉각, 밀폐작용, 청정작용(부식방지)

1-16 윤활제

기계의 접촉부분에 적당량의 윤활제를 공급하여 마찰저항을 줄이고 슬라이딩을 원활하게 하여 기계적인 마모를 감소시키는 것을 윤활이라 한다. 윤활제는 윤활작용, 냉각작용, 밀폐작용, 청정작용을 목적으로 사용하며, 갖추어야 할 조건은 다음과 같다.
① 사용 상태에서 충분한 점도가 있어야 한다.
② 한계 윤활상태에서 견딜 수 있는 유성이 있어야 한다.
③ 산화나 열에 대하여 안정성이 높아야 한다.
④ 화학적으로 불활성이며, 균질하여야 한다.

(1) 윤활법의 종류

① 적하 급유법(Drop feed oiling) : 비교적 고속회전에 많이 사용. 기름통으로 저장되어 일정한 양만큼씩 떨어지도록 한 방식이다.
② 오일링(Oil ring) 급유법 : 고속 주축의 급유를 균등히 할 목적에 사용된다.
③ 분무 급유법(Oil mist) : 미세한 안개처럼 된 기름을 공기로 베어링에 보내는 것으로 집중급유법의 하나로 고속회전과 이물질 혼입을 방지할 수 있고 수명이 길다. 고속 내면 연삭기, 고속드릴 초고속 베어링에 사용된다.
④ 튀김(비산) 급유법(Splash oil) : 베어링 등을 직접 기름 속에 담그지 않고 옆에 있는 기어나, 회전링(커넥팅로드 끝에 달려있는 국자)에 의해 기름을 튀겨 날려서 윤활하는 방식(보통선반)이다.

⑤ 유욕법(Oil bath method) : 저속 및 중속 축의 급유방식(오일게이지로 확인)이다.
⑥ 강제 급유법 : 순환펌프를 이용하여 급유하는 방법으로 고속회전시 베어링의 냉각효과에 효과적이다.
⑦ 담금 급유법 : 윤활유 속에서 마찰부 전체가 잠기도록 하는 방법
⑧ 패드(pad diling) : 무명이나 털 등을 섞어 만든 패드 일부를 오일통에 담가 저널의 아래면에 모세관 현상으로 급유하는 방법
⑨ 그리스(grease) 윤활 : 수동 급유법, 충진 급유법, 컵 급유법, 스핀들 급유법이 많이 사용되며, 그리스는 비산이나 유출되지 않으므로 급유 횟수가 적고, 사용온도 범위가 넓으며, 장시간 사용에 적합하지만 급유, 세정, 교환 등 취급이 까다롭고 이물질이 혼합된 경우 제거가 곤란한 결점이 있으며, 고속회전에는 사용되지 않는다.

1-17 절삭공구재료의 구비조건

① 피 절삭재 보다는 경도와 인성이 클 것
② 고온에서 경도가 감소되지 않을 것
③ 내마모성이 클 것
④ 절삭저항을 받으므로 강도가 클 것
⑤ 저마찰성 및 형상을 만들기 용이하고 가격이 쌀 것

1-18 공구재료의 종류

(1) 탄소공구강(STC)

① 탄소강 : 탄소량 0.6~1.5, 탄소공구강 : 탄소 함유량 0.9~1.3
② 200℃ 이상의 온도에서 뜨임효과 → 경도저하 → 고속절삭에 불리

> **참고** 저온뜨임(100~200℃), 고온뜨임(400~650℃)

③ 줄, 펀치, 정 등을 제작

(2) 합금공구강(STS)

① 재료 : 탄소(0.8~1.5%)공구강에 W-Cr-V-Ni 등 합금원소를 첨가하여 경화능을 개선한 것.
② 저속절삭 및 총형 공구용(450℃)까지 사용이 가능하다.

(3) 고속도 공구강(SKH)

합금 공구강보다 높은 온도에서 절삭 성능이 있으며, 600℃까지 경도를 유지하고 내열성과 내마모성이 커서 고속절삭이 가능하다. 고속도강의 담금질온도는 1200℃~1350℃, 뜨임온도는 550℃~580℃로 하여 드릴, 밀링커터, 바이트 등으로 사용한다.

① 재료 : W-Cr-V-Mo-Co
② 대표적인 것으로 W(18%)-Cr(4%)-V(1%)이 있다.
③ 탄소공구강보다 높은 온도에서 절삭 능력이 뛰어나다.
④ 내마모성이 크며 공구수명이 탄소공구강의 2배 이상이다.

(4) 주조 경질 합금

① 대표적인 것으로 스텔라이트가 있으며, 주조로 성형한 것을 연삭으로 다듬질하여 사용하며, 금속절삭에 널리 사용되지 않는다.
② 재료 : W-Cr-Co-C
③ 초경합금과 고속도강의 중간 성능을 갖는다.
④ 단조나 열처리가 되지 않으므로 매우 단단하다.
⑤ 850℃까지 경도가 유지되나 취성이 있고 값이 비싸다.
⑥ 절삭날을 연강 자루에 전기용접이나 경납땜을 하여 사용한다.

(5) 초경합금

① W-Ti-Ta 등의 탄화물 분말을 Co 또는 Ni을 결합하여 1400℃ 이상에서 소결시킨 것(주성분 : W, Ti, Co, C 등이다.)
② 경도 및 고온경도가 높다.
③ 내마모성과 취성이 크다.
④ 피복 초경합금은 내열성, 내마모성, 내용착성이 우수하며 일반 초경합금에 비해 2~5배의 공구수명이 증대되며, 고온, 고속절삭에서 우수한 성능을 갖는다.

> **참고** 초경 팁(carbide tip)의 표시
> P(푸른색) : 일반강, 절삭시
> M(노란색) : 스테인리스강, 주강 절삭시
> K(붉은색) : 비철금속, 주철 절삭시
> [예] 'P10-01-3'
>   P : 팁 재종, 10 : 인성, 01 : 형태, 3 : 크기
>   (P01-고속절삭, P10-나사절삭, P20, P30-황삭)

(6) 세라믹 합금

① 산화알루미늄 가루(Al_2O_3) 분말에 규소 및 마그네슘 등의 산화물이나 다른 산화물의 첨가물을 넣고 소결한 것
② 고속절삭, 고온에서 경도가 높고, 내마멸성이 좋다.

③ 경질합금보다 인성이 작고 취성이 있어 충격 및 진동에 약하다.
④ 고속절삭시 구성인선이 생기지 않아 가공면이 좋다.
⑤ 땜이 곤란하여 고정용 홀더나 접착제를 사용한다.
⑥ 절삭열에 의해 냉각제를 사용하지 않는다.
⑦ 칩 브레이커 제작이 곤란하다.

(7) 서멧 공구

① Al_2O_3 분말 70%에 탄질화 티탄 TiCN 분말을 30% 정도 혼합하여 수소 분위기에 소결하여 제작
② 초경합금에 비해 고속절삭이 가능하고 마모가 적으며 공구수명이 길다.
③ 고속, 저속 등 절삭의 속도범위가 적다.
④ TiN은 내 충격성이 우수하다.
⑤ TiC은 고온에서 강도 및 마찰저항이 우수하고, 열의 변화에 내성이 있어 강의 절삭에 매우 우수한 성능을 나타낸다.
⑥ 중절삭시 인선의 소성변형과 치핑의 우려가 있다.

(8) 다이아몬드

① 가장 경도가 높고 1500m/min의 고속절삭이 가능하다.
② 비철금속의 정밀 완성가공 및 경절삭의 초정밀 연속절삭에 적합하다.
③ 취성이 크고 가격이 너무 고가이다.
④ 열팽창이 적고 열전도율이 크다.(강의 2배)
⑤ 마찰계수가 대단히 적다.
⑥ 공구 사용시 인선의 강도 유지를 위해 경사각을 작게 한다.

(9) CBN 공구(Cubic Boron Nitride Tool)

① CBN(육방정 질화붕소)의 미소분말을 초고온, 고압(약 2000℃, 7만 기압)으로 소결한 공구이다.
② 초경합금보다 1.5~2배의 경도를 갖으며 열전도율이 높고 열팽창이 작다.
③ 담금질강, 고속도강, 내열강 등의 난삭제의 절삭, 연삭에 우수한 성능을 갖는다.
④ 철과의 반응성이 작다.

(10) 피복 초경합금(coated carbide steel)

피복 초경합금은 초경합금의 모재 위에 내마모성이 우수한 물질(TiC, TiN, TiCN, Al_2O_3)을 5~10μm 얇게 피복한 것으로 가스의 플라스마 상태에서 생기는 이온을 이용하여 피복하는 물리적 증착방법(Physical Vapor Deposition, PVD)과 화학증착법(Chemical Vapor Deposition, CVD)으로 행하여, 이는 고온에서 증착되기 때문에 접착력이 아주 강하여 강, 주강, 주철, 비철 금속절삭에 많이 사용된다.

제4편 기계가공법 및 안전관리

선반가공 제 2 장

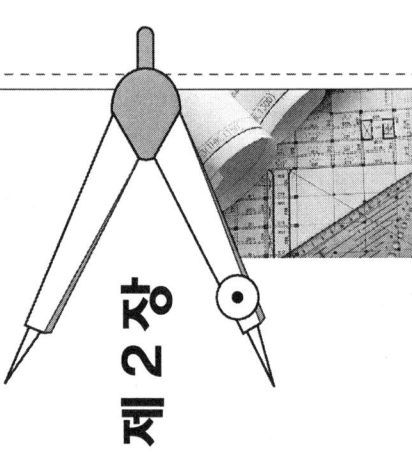

2-1 선반의 크기 표시

선반의 크기는 베드 위에서 스윙(swing), 왕복대 상의 스윙, 양 센터 사이의 거리로 나타낸다.

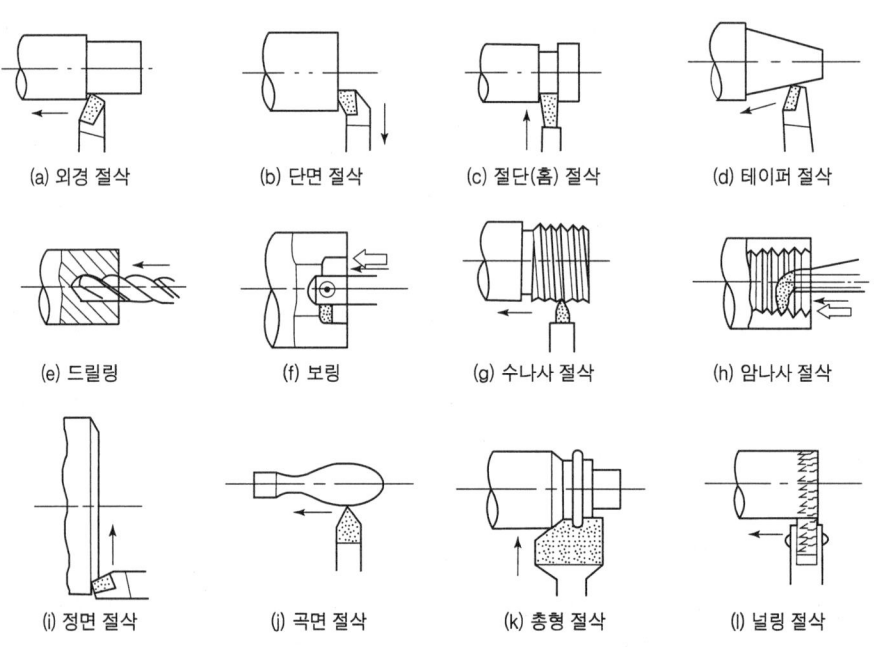

그림 2-1 선반 작업의 종류

제 2 장 선반가공

2-2 선반의 종류

① 탁상선반 : 정밀 소형기계 및 시계부품 가공
② 보통선반 : 가장 많이 사용
③ 정면선반 : 직경이 크고 길이가 짧은 공작물 가공(대형 풀리, 플라이휠)
④ 수직선반 : 중량이 큰 대형공작물, 직경이 크고, 폭이 좁으며 불균형한 공작물을 가공하며 공작물 고정이 쉽고 안정된 중절삭이 가능하고 비교적 정밀하다.
⑤ 터릿선반 : 터릿으로 불리는 선회 공구대를 가진 것으로 너트, 와셔, 나사, 핀 등 모양이 간단한 제품의 대량 생산용. 램형, 새들형, 드럼형 등이 있다.
⑥ 공구선반 : 릴리빙 장치(=Back off 장치)를 가진 것으로 절삭공구(호브, 커터, 탭 등)의 여유각을 가공한다.
⑦ 자동선반 : 캠이나 유압기구를 사용하여 자동화한 것으로 핀, 볼트, 시계, 자동차 생산에 사용된다.
⑧ 모방선반 : 형상이 복잡하거나 곡선형 외경만을 가진 일감을 많이 가공할 때 편리하며 트레이서를 접촉시켜 형판모양으로 공작물을 가공한다. 자동모방 장치이용, 테이퍼 및 곡면 등을 모방 절삭. 유압식, 전기식, 전기 유압식이 있다.
⑨ 차축선반 : 철도 차량용 차축 가공한다.
⑩ 크랭크축 선반 : 크랭크축의 베어링 저널과 크랭크 핀을 가공한다.
⑪ 갭 선반 : 베드 상의 스윙을 크게 하기 위해서 주축대로부터 베드의 일부가 분해될 수 있는 선반이다.
⑫ 차륜선반 : 철도차량의 차륜을 깎는 선반으로 정면선반 2개가 서로 마주본다.

2-3 선반의 구조

(1) 주축대(Head stock)

주축대에는 공작물을 지지하면서 회전을 주는 주축(spindle)과 이것을 지지하는 베어링(bearing) 및 주축에 회전을 주는 구동 기구인 속도 변환 장치가 내장되어 있으며, Ni-Cr강, 침탄강, 질화강 등으로 제작되어 있다. 2점 또는 3점 지지방식을 사용한다. 주축은 중공축으로 되어있는데 그 이유는 다음과 같다.
① 무게를 감소하여 주축 베어링에 작용하는 하중을 줄여준다.
② 중공은 실축보다 굽힘과 비틀림 응력에 강하여 강성을 유지한다.
③ 긴 공작물을 고정에 편리하다.
④ 고정된 센터를 쉽게 분리할 수 있으며, 콜릿 척을 사용할 수 있다.

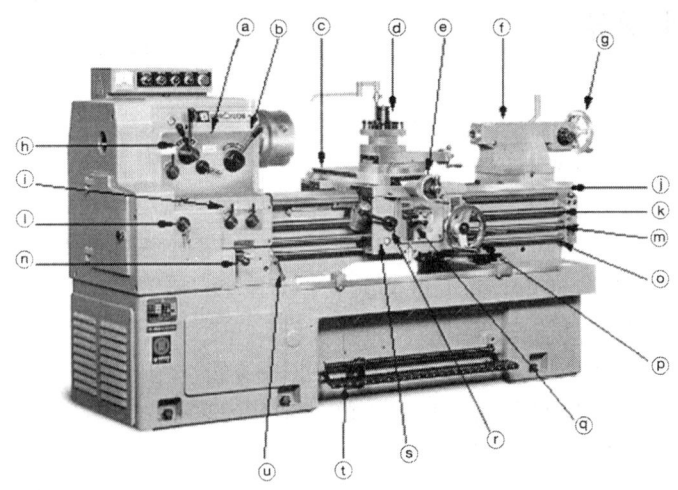

그림 2-2 보통선반의 각부 명칭

ⓐ 주축대
ⓑ 백기어 레버
ⓒ 새들
ⓓ 공구대
ⓔ 가로이송 핸들
ⓕ 심압대
ⓖ 심압대 핸들
ⓗ 주축속도 변환레버
ⓘ 이송나사 변환레버
ⓙ 베드
ⓚ 리드 스크루
ⓛ 이송속도 변환레버
ⓜ 자동이송 축
ⓝ 노튼 기어
ⓞ 시동 축
ⓟ 왕복대 이송핸들
ⓠ 자동이송 레버
ⓡ 하프너트 레버
ⓢ 왕복대
ⓣ 브레이크
ⓤ 시동 레버

일반적으로 단차식 주축대의 특징은 다음과 같다.
① 벨트걸이로 구조가 간단하다.
② 주축 속도 변환이 작으며 고속회전이 어렵다.
③ 백 기어(저속 강력절삭 목적)가 설치되어 있다.
④ 값이 싸나, 운전시 위험이 따른다.

(2) 심압대(Tail Stock)

심압대는 우측 베드 상에 있으며, 작업내용에 따라 좌우로 움직여 위치조정을 할 수 있도록 되어 있다. 심압대에서 할 수 있는 사항은 다음과 같다.
① 축에 정지 센터를 끼워 긴 공작물을 고정하거나 센터 대신 드릴·리머 등을 고정할 수 있다.
② 조정나사의 조정으로 심압대를 편위시켜 테이퍼를 절삭할 수 있다.
③ 심압축을 움직일 수 있다.
④ 심압축은 모스 테이퍼(morse taper)로 되어 있다.

또한, 심압대의 구비조건은 다음과 같다.
① 심압대는 베드의 어떠한 위치에도 적당히 고정할 수 있을 것
② 센터를 고정하는 심압대의 스핀들은 축 방향으로 이동하여 적당한 위치에 고정할 수 있을 것
③ 축 중심을 편위시켜 테이퍼를 가공할 수 있을 것

(3) 베드(Bed)

베드의 재질은 40~60%의 강철 파쇄를 넣어 만든 강인주철, 구상흑연주철, 미하나

이트(meehanite)주철, 인장강도 30kgf/mm² 이상의 합금주철 등의 고급주철를 사용하고, 주조로 인한 내부응력을 제거하기 위해 시즈닝(seasoning)처리하여 사용한다.

베드에는 절삭작용에 의해 비틀림 작용과 굽힘 작용을 받으므로 리브(rib)를 붙여서 튼튼하게 한다. 이 형식은 평행형, 지그재그형, 십자형, X형 등이 있다.

(4) 왕복대

왕복대의 베드 윗면에서 주축대와 심압대 사이를 슬라이드 운동하는 부분으로 에이프런(apron), 새들(saddle), 복식공구대(compound tool rest)로 구성되어 있다. 자동이송은 이송축과 에이프런(apron) 내부의 기어장치, 나사가공은 리드 스크루의 회전을 하프너트(half nut)로 왕복대에 전달해 이송한다.

2-4 선반의 부속장치

1. 센 터

(1) 센터 : 공작물을 지지하는 부속장치이다.

① 회전 센터는 주축에서 사용(모스테이퍼 사용 약 $\frac{1}{20}$)하고

② 정지 센터는 심압대에서 사용(모스테이퍼 사용 약 $\frac{1}{20}$)

(2) 센터의 선단의 각도

① 미국식 : 60° → 정밀가공중 소형 공작물가공에 사용된다.

② 영국식 : 75° or 90° → 중량이 큰 대형 공작물가공에 사용된다.

③ 센터의 종류
  ㉠ 베어링 센터 : 고속 회전시 사용된다.
  ㉡ 하프 센터 : 단(끝)면 가공시 사용된다.
  ㉢ 베벨(파이프) 센터 : 관류나 중량이 큰 공작물에 사용된다.

2. 면판(face plate)

① 주축의 나사에 고정, 돌리개를 사용하여 공작물 가공에 사용된다.
② 대형 공작물이나 복잡한 형상의 공작물 가공에 사용된다.
  → 앵글 플레이트, 클램프 등의 고정구와 웨이트 밸런스를 위한 추를 사용한다.

3. 돌림판과 돌리개

양 센터 작업시 사용된다.
① 돌림판 : 주축 끝 나사 부에 고정된다.
② 돌리개 : 돌림판과 공작물에 회전 전달에 쓰인다.

4. 방진구

양센터 가공시 사용된다.
① 가늘고 긴 공작물 가공시 자중과 절삭력으로 휨이 생겨 균일한 직경을 가진 진원 단면의 절삭가공이 곤란하기 때문에 방진구가 사용된다.
② 보통 직경의 12배 이상의 길이는 불안전한 절삭조건일 때 사용하고, 직경의 20배 이상의 길이일 때 방진구를 사용한다.
③ 방진구의 종류
    ㉠ 고정식 방진구 : 베드에 설치, 3개의 조로 구성되어 있다.
    ㉡ 이동식 방진구 : 왕복대의 새들에 설치, 2개의 조로 구성되어 있다.

5. 심봉(mandrel)

구멍이 있는 공작물을 고정, 가공시 심봉 자체는 양센터로 지지하거나 주축의 테이퍼 구멍에 끼워 사용하고, 구멍과 외경을 동심으로 가공시에 사용된다.
① 단체 심봉(Solid) : 정밀한 중심내기용(가장 보통형) 1/100, 1/1000의 테이퍼로 비교적 간단하고 확실하게 공작물을 고정한다.
② 팽창식 맨드릴(Expanding) : 공작물 구멍이 심봉보다 클 때, 슬리브(Sleeve)를 끼워 이것을 축 방향으로 이동시켜 지름을 조정한다.
③ 테이퍼 맨드릴(Taper) : 테이퍼 가공용으로 사용된다.
④ 너트(갱)맨드릴(Gang) : 두께가 얇은 여러 개의 원판형 공작물을 심봉에 끼우고 너트로 고정하여 사용한다.
⑤ 조립(원추)맨드릴(Cone) : 비교적 큰 지름(pipe)의 원통형을 가공시 사용한다.
⑥ 나사 맨드릴(Thread) : 공작물에 나사 구멍이 있을 때 사용한다.

6. 척(chuck)

바깥지름으로 크기를 나타낸다.
① 연동척(만능척, 스크롤 척) : 규칙적인 외경을 가진 재료를 가공. 단동척 보다 고정력이 약하다. 3개의 조(jaw)를 크라운 기어를 사용하여, 동시에 이동시킨다.
② 단동척 : 다소 불규칙한 외경의 공작물 가공과 중심을 편심시켜 가공할 수 있다. 4개의 조(jaw)가 있다.

③ 마그네틱 척 : 전자석 설치, 얇은 공작물을 변형시키지 않고 가공한다.
④ 콜릿 척 : 가는 지름의 환봉 재료 고정. 탁상, 터릿 선반용으로 사용한다.
⑤ 벨 척 : 4, 6, 8개의 볼트로 불규칙한 환봉 재료의 고정
⑥ 공기척 : 공작물의 장탈을 신속·확실하게 하기 위해 압축공기나 유압을 이용하여 조(jaw)를 동작시키며, 다수 가공시 사용되고, 자동화에 능률적이다.
⑦ 복동척(양용척) : 조(jaw) 4개, 단동척＋연동척의 기능으로, 먼저 단동척으로 중심을 맞추고 다음부터는 연동식으로 작업한다. 불규칙한 공작물의 다량 고정시 유용하다. 렌치 장치에 의해 단동과 연동이 양용된다.

2-5 선반작업

(1) 테이퍼 절삭방법

① 복식 공구대 회전 방법 : 길이가 짧고 테이퍼 값이 클 때

$$\theta = \tan^{-1}\frac{D-d}{2l}$$

② 심압대(tail stock)를 편위시키는 방법 : 테이퍼 길이가 길 때 외경테이퍼에서만 적용

㉠ 전체 길이에 대한 심압대 편위량 : $x = \frac{(D-d)L}{2\,l}[\mathrm{mm}]$

㉡ 테이퍼 길이에 대한 편위량 : $x = \frac{D-d}{2}[\mathrm{mm}]$

③ 테이퍼 절삭장치를 이용하는 방법
④ 가로 이송과 세로 이송을 동시에 작업하는 방법
⑤ 총형바이트에 의한 방법

2-6 나사 절삭작업

(1) 나사 절삭 원리

공작물이 1회전할 때 나사의 1pitch만큼 바이트를 이송시키는 것으로 주축회전은 중간축을 거쳐 리드 스크류에 전해지며, 리드 스크류 회전은 에이프런의 하프너트에 의하여 왕복대를 세로방향으로 이송시키면서 나사를 가공하게 된다.

(2) 변환 기어 계산

① 리드 스크류 피치(mm), 나사피치(mm)로 절삭할 때

> **예제**
> $L(p)$ = 6mm, 나사가공(p) = 2mm 절삭시
> **풀이** $\dfrac{2}{6} = \dfrac{20\,(\text{주축})}{60\,(\text{리드 스크류})}$

② 리드스크류 피치(inch), 나사피치(inch)로 절삭할 때

> **예제**
> $L(p)$ = 1″당 4산, 나사(p) = 1″당 13산으로 가공
> **풀이** $\dfrac{4\times 5}{13\times 5} = \dfrac{20\,(\text{주축기어 잇수})}{65\,(\text{리드스크류기어 잇수})}$

③ 리드스크류 피치(inch), 나사피치(mm)로 절삭할 때

> **예제**
> $L(p)$ = 1″당 4산, 나사(p) = 2mm로 가공
> **풀이** $\dfrac{5\times 4\times 2}{127} = \dfrac{40}{127}$

④ 리드 스크류 피치(mm), 나사피치(inch)로 절삭할 때

> **예제**
> $L(p)$ = 8mm, 나사(p) = 1″당 6산으로 가공
> **풀이** $\dfrac{127}{5\times 8\times 6} = \dfrac{127}{240} = \dfrac{127\times 1}{60\times 4} = \dfrac{127\times 20}{60\times 80}$

⑤ 웜나사 절삭

원주 피치 $p = \pi m\,[\text{mm}],\ p = \dfrac{\pi}{D_p}[\text{in}]$

여기서 m : 모듈율, D_p : 지름피치[in]이다.

2-7 선반의 가공시간

(1) 외경가공

$$T = \frac{L}{Nf} i$$

여기서,
- T : 정미시간
- N : 회전수 ($\frac{1000V}{\pi D}$)
- f : 이송속도
- L : 공작물 길이 + 도입부여유량 + 종료부여유량
- i : 회수 = $\frac{\text{소재지름} - \text{가공후 지름}}{2 \times \text{절삭깊이}}$

밀링가공

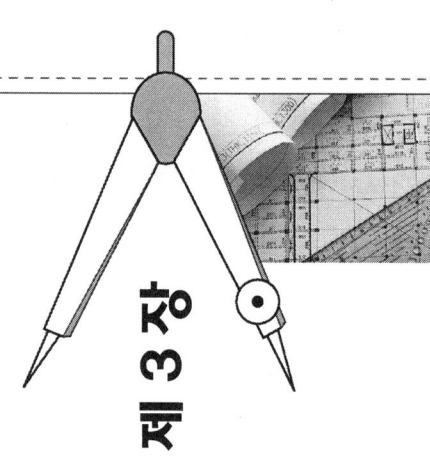

3-1 밀링머신의 가공 분야

밀링머신은 많은 날을 가진 커터를 회전시켜 테이블 위에 고정된 공작물을 절삭 가공하는 공작기계이다. 이 기계에서 가공할 수 있는 작업은 다음과 같다.

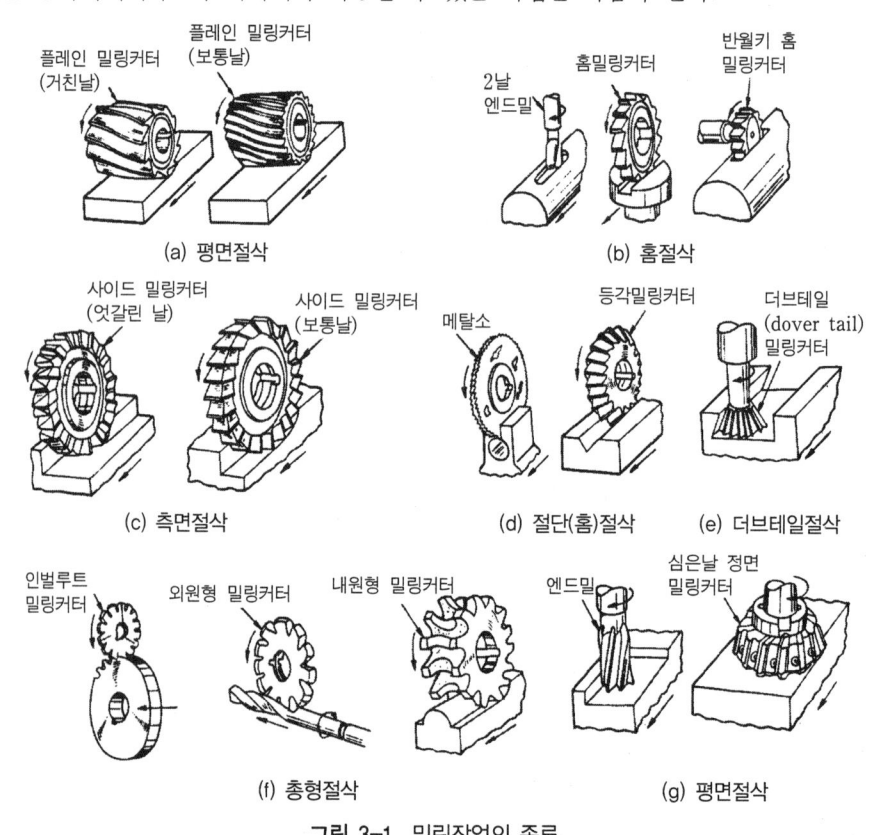

그림 3-1 밀링작업의 종류

3-2 밀링머신의 크기 표시

① 일반적으로 가공할 수 있는 최대치수 및 번호(0~5번)
② 표준형 : 테이블의 좌우 이송거리
　　　　　새들(saddle)의 전후 이송거리
　　　　　니이(knee)의 상하 이송거리
③ 보통의 크기표시 : 테이블의 이동량(좌우×전후×상하)
　　　　　　　　　테이블의 작업면의 크기(길이×폭)
　㉠ 만능 및 수평 밀링머신 : 주축 중심선으로부터 테이블 면까지의 최대거리
　㉡ 수직 밀링머신 : 주축 끝으로부터 테이블 면까지의 최대거리 및 주축 헤드의 최대 이동거리
④ 보통 호칭 번호의 크기로 표시(0~5번)
　→ 새들의 전후 이송거리(50mm)간격

번호	No.0	No.1	No.2	No.3	No.4	No.5
이동거리	150	200	250	300	350	400

3-3 밀링머신의 종류

(1) 니이형 밀링머신(knee type milling mmachine)

 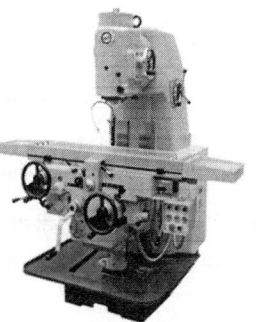 

(a) 수평 밀링머신　　　(b) 수직 밀링머신　　　(c) 만능 밀링머신

그림 3-2 니이형 밀링머신 종류

① 수평 밀링머신(horizontal milling machine)

스핀들을 칼럼(column) 상부에 수평방향으로 장치하고 회전하며, 니이는 상하로 이동하고, 새들은 전후방향, 테이블은 새들 위에서 좌우로 이송하므로 테이블은 칼럼의 앞면을 전후, 좌우, 상하 세 방향으로 이동하게 된다.

아버(arbor)는 스핀들 구멍에 고정하고 여기에 밀링커터를 고정하여 공작물을 가공한다. 아버의 끝 부분은 아버 지지부로 지지되며, 끝 부분의 커터를 죄는 나사는 회전함에 따라 너트가 잠기도록 왼나사로 되어 있다.

② 수직 밀링머신(vertical milling machine)

스핀들이 수직 방향으로 장치되며, 정면커터(face cutter)와 엔드밀(end mill) 등을 이용하여 평면 가공, 홈 가공, 측면 가공 등에 적합한 기계이다.

스핀들 헤드는 고정형, 상하 이동형이 있으며, 일명 복합형이라 하여 좌우로 적당한 각도로 경사시킬 수 있고 수평작업도 가능한 형식이 있다.

③ 만능 밀링머신(universal milling machine)

수평 밀링머신과 거의 같으나 다른 점은 새들 위에 선회대가 있고, 그 위에서 테이블이 수평 선회하는 점이 다르다. 이는 분할대를 이용하여 나선 홈을 가공할 수 있으며, 헬리컬 기어(helical gear), 트위스트 드릴(twist drill)의 홈 등을 절삭할 수 있다.

(2) 생산형 밀링머신(production milling machine)

밀링머신의 기능을 대량 생산에 적합하도록 단순화 및 자동화된 밀링머신이며, 스핀들 헤드가 1개 있는 단두형, 2개 있는 쌍두형, 2개 이상 있는 다두형이 있다. 테이블은 상하 이송하지 않고 좌우로만 이송하기 때문에 베드형 밀링머신이라고도 한다. 또한 공작물을 고정한 원형 테이블을 연속 회전시키며 가공하는 회전밀러(rotary miller)인 회전 테이블형 밀링머신이 있고, 2개의 스핀들 헤드를 써서 두 종류의 가공을 동시에 할 수 있는 고성능 밀링머신이다.

(3) 플레이너형 밀링머신(planer type milling machine)

플래노 밀러(plano-miller)라고도 하며, 플레이너의 공구대 대신 밀링 헤드가 장치된 형식이다. 대형 공작물과 중량물의 공작물을 강력 절삭에 적합하며, 쌍두형과 단두형이 있다.

(4) 특수 밀링머신

특수 밀링머신에는 지그(jig), 게이지(gauge), 다이(die) 등의 공규류를 가공하는 공구 밀링머신, 나사를 전용으로 가공하는 나사 밀링머신, 모방 장치를 이용하여 단조, 프레스, 주조용 금형 등의 복잡한 형상의 공작물을 가공하는 모방 밀링머신과 그 외 탁상 밀링머신, 키이 홈 밀링머신, 조각 밀링머신 등이 있다.

3-4 밀링머신의 구조

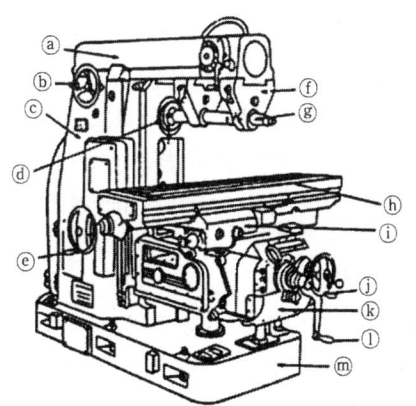

ⓐ 오버 암
ⓑ 오버 암 이송핸들
ⓒ 칼럼
ⓓ 주축(스핀들)
ⓔ 테이블 이송핸들
ⓕ 아버 지지대
ⓖ 아버
ⓗ 테이블
ⓘ 새들
ⓙ 새들 이송핸들
ⓚ 에이프런
ⓛ 상하 이송핸들
ⓜ 베이스

그림 3-3 수평 밀링머신의 각부 명칭

(1) 칼럼(column)

밀링머신의 본체로서 앞면은 미끄럼면으로 되어 있으며, 아래는 베이스를 포함하고 있다. 미끄럼면은 니이를 상하로 이동할 수 있도록 되어 있으며, 베이스와 니이 사이에 잭 스크루를 지지하고 있어 니이의 상하 이송이 가능하도록 되어 있다.

(2) 오버암(over arm)

칼럼의 상부에 설치되어 있는 것으로 플레인 밀링 커터용 아버를 아버 브레이스가 지지하고 있다. 아버 브레이스는 임의의 위치에 체결하도록 되어 있다.

(3) 니이(knee)

니이는 칼럼에 연결되어 있으며, 위에는 테이블을 지지하고 있다. 또한 니이는 테이블을 좌우, 전후, 상하를 조정하는 복잡한 기구가 포함되어 있다.

(4) 새들(saddle)

새들은 테이블을 지지하며, 니이의 상부 미끄럼면 위에 얹혀 있어 그 위를 앞뒤 방향으로 미끄럼 이동하는 것으로서 윤활장치와 테이블의 어미나사 구동기구로 이루어져 있다.

(5) 테이블(table)

공작물을 직접 고정하는 부분이며, 새들 상부의 안내면에 장치되어 수평면을 좌우로 이동한다.

3-5 밀링머신의 부속장치

(1) 분할대(Indexing head)

밀링머신의 테이블에 설치하고 공작물을 분할대의 스핀들과 심압대 센터 사이에 지지하거나 스핀들에 장치한 척에 공작물을 고정하고, 필요한 각도나 등분으로 분할할 때 사용한다. 또한, 변환기어로 테이블과 연결하여 비틀림 홈, 스파이럴 기어 등을 가공할 수 있다. 종류에는 만능식과 단능식의 2종이 있다.

(2) 회전테이블(circular table)

밀링머신의 테이블에 올려놓고 주로 원형 공작물을 가공할 때 이용한다. 공작물은 회전 테이블 위의 바이스에 고정하고, 수동 또는 테이블 자동이송으로 가공한다. 원판도 가공할 수 있고, 또한 테이블의 좌우 및 전후이송을 사용하면 윤곽가공도 할 수 있고, 회전 테이블 핸들을 사용하면 간단한 분할 작업도 할 수 있다.
보통 사용되는 테이블 지름은 300mm, 400mm, 500mm 등이 사용된다.

(3) 슬로팅장치(slotting attachment)

수평 밀링머신이나 만능 밀링머신의 칼럼에 설치하여 사용한다. 주축 회전운동을 직선 왕복운동으로 변환시켜 슬로터작업을 할 수 있도록 한 장치이며, 공작물 안지름에 키홈, 스플라인(spline), 세레이션(serration) 등을 가공한다. 슬로팅 장치는 주축을 중심으로 좌우 90°씩 선회할 수 있다.

(4) 수직밀링장치(vertical milling attachment)

수직축장치는 수평 밀링머신의 칼럼(column) 상부의 주축에 고정하고 주축에서 기어로 회전이 전달되며, 수직축의 회전수는 밀링머신의 주축의 회전수와 같다. 수직축은 칼럼과 평행된 면내에서 임의의 각도로 경사시킬 수 있다.

(5) 래크절삭장치(rack cutting attachment)

만능 밀링머신의 칼럼에 고정되고, 밀링머신의 주축에 의하여 회전이 전달되어 래크기어(rack gear)를 절삭할 때 사용한다. 공작물 고정용의 특수바이스(vice) 및 테이블 단부에 고정된 래크 장치에는 각종 피치(pitch)의 래크절삭이 가능하도록 기어 변환장치가 있다.

3-6 밀링머신의 절삭공구

(1) 평면(Plain) 밀링커터

  ① 주축과 평행한 평면을 절삭할 때
  ② 비틀림 날의 나선각(보통 15~30°)
    ㉠ 15° : 경 절삭용
    ㉡ 25~35° : 중 절삭용
    ㉢ 45~70° : 헬리컬 밀링커터(진동이 적고 가공면이 양호하나 추력(Thrust)이 작용한다.)
      ※ 비틀림날 여유각 3~6°

(2) 측면 밀링커터(side millling cutter)

  ① 측면 밀링커터 : 비교적 날 폭이 좁으며 날은 원주와 양측에 있다. 홈파기, 정면 밀링에 사용
  ② 엇갈린날 밀링커터 : 좁은 원통형 커터로 서로 15°정도 어긋나 반대방향으로 나선날이 있다.
  ③ 슬로팅 밀링커터 : 직경에 비해서 길이가 긴 커터

(3) 메탈 슬리팅 소 : 절단과 홈파기용

(4) 각 밀링커터 : 내부의 홈 가공용으로 편각커터는 45°, 50°, 60°, 70°, 80°가 있고, 양각커터는 V형 날로서 45°, 60°, 90°가 있다.

(5) 엔드밀 : 일반적으로 가공물의 외측 홈 부 좁은 평면 등의 가공

  - 테이퍼자루와 일체가 되어 주축
  - 특히 대형은 자루와 절인이 별개로 되어 셀 엔드밀(대형 공작물가공)이라 함.
    ※ 20mm 이상 테이퍼 자루, 20mm 이하 곧은 자루
    ※ 드릴 13mm 이상 테이퍼 자루, 13mm 이하 곧은 자루

(6) 정면 밀링커터(face milling cutter) : 밀링커터 축에 수직인 평면 가공

(7) 총형 밀링커터 : 윤곽을 갖는 커터이며, 기어, 커터, 리머, 탭 등 윤곽을 가공시 사용함.

(8) 슬래브 밀링커터 : 절삭량을 크게 하여 평면절삭, 비틀림날에 홈을 내어 절삭 칩이 끊어지게 함.

(9) 플라이 커터 : 단인공구로 요구하는 모양으로 연삭하여 사용. 수량이 적은 공작물의 특수한 형상을 가진 부분을 가공할 경우 총형 밀링 커터로 만들어 경제적, 시간적 여유가 없을 때 사용된다.

(10) 홈 밀링커터 : T홈, 반달키 홈 등을 가공

3-7 밀링 절삭 이론

(1) 절삭 속도

밀링커터의 매분 원주 속도로써 공작물 및 공구의 재질에 따라 따르다.

$$V = \frac{\pi DN}{1000} [\text{m/min}]$$

여기서, D : 커터지름[mm]
N : 회전수[rpm]
V : 속도[m/min]

(2) 이 송

① 이송속도 : 밀링가공시 이송속도는 밀링커터의 날 1개마다의 이송을 기준으로 한다.

$$f = f_z \times Z \times N, \text{ 날 1개당 이송(mm/toolth)}$$

여기서, f : 테이블 이송[mm/min]
N : 커터 회전수[rpm]
Z : 커터날수[개]

절삭속도를 결정할 때는 다음과 같은 원칙을 고려한다.
㉠ 공구의 수명을 연장하기 위해서는 약간 절삭속도를 낮게 한다.
㉡ 공작물의 강도, 경도 등의 기계적 성질을 고려한다.
㉢ 황삭 가공할 때에는 저속으로 이송을 크게 하고, 다듬질 가공할 때에는 고속으로 이송을 느리게 한다.
㉣ 밀링커터의 마멸과 손상이 클 경우는 절삭속도를 느리게 한다.

(3) 절삭 깊이

절삭 깊이가 커지면 절삭속도를 낮게 하고, 절삭깊이를 작게 하면 절삭속도를 높여 가공하는 것이 일반적이다.

3-8 상향 절삭과 하향 절삭

	상향 절삭	하향 절삭
장점	① 칩이 날을 방해하지 않는다. ② 밀링커터의 진행 방향과 테이블의 이송방향이 반대이므로 이송기구의 백래시 제거 ③ 기계에 무리를 주지 않는다. ④ 일반적인 가공에 유리하고 치수정밀도의 변화가 적다. ⑤ 절삭날에는 가공시작부터 끝까지 절삭저항이 점차 증가하므로 절삭날에 작용하는 충격이 적다.	① 커터가 공작물을 아래로 누르는 것과 같은 작용을 하므로 공작물 고정이 간단하다. ② 커터의 마모가 적고 또한 동력 소비가 적다. ③ 가공면이 깨끗하다. ④ 절단, 홈 가공 등 난점이 있는 대량생산에 유리하고 가공면을 잘 볼 수 있고, 절삭량을 크게 할 수 있다. ⑤ 커터의 절삭방향과 이송방향이 같으므로 절삭날 하나하나의 날자리 간격이 짧다.
단점	① 커터가 공작물을 올리는 작용을 하므로 공작물을 견고히 고정해야 한다. ② 커터의 수명이 짧다. ③ 동력 낭비가 많다. ④ 가공면이 깨끗하지 못하다.	① 칩이 커터와 공작물 사이에 끼어 절삭을 방해한다. ② 떨림이 나타나 공작물과 커터를 손상시키며 백래시 제거 장치가 없으면 작업을 할 수 없다.

3-9 분할 작업(법)

(1) 직접 분할법(=면판분할법)

분할대의 면판에 24개의 구멍이 등 간격으로 뚫어져 있음.(면판 위의 24개 구멍을 이용하여 분할)

> **참고** 24의 약수 : 2, 3, 4, 6, 8, 12, 24 ⇒ 7종 분할 가능, $\dfrac{24}{N}$

(2) 단식 분할법

웜과 웜(기어)휠의 기어 비는 1 : 40.(분할 크랭크 1회전은 웜 휠을 1/40 회전 시킴)

$$\frac{h}{H} = \frac{R}{N} = \frac{40}{N}$$

여기서, H : 분할대 구멍수
h : 1회 분할에 필요한 구멍수
R : 웜과 웜휠의 회전비
    (브라운샤프형, 신시네티형)
N : 분할 등분수

예제
단식 분할로 원주 72등분

풀이 $\dfrac{h}{H} = \dfrac{40}{N} = \dfrac{40}{72} = \dfrac{10}{18}$ ⇒ 분할판 18공(열)을 사용하여 매 회전 10공씩 이동시킨다.

참고 1~3판에서 18구멍의 판을 찾아서 정하고 분자의 숫자만큼 이동시킨다.

예제
원주 7등분

풀이 $\dfrac{h}{H} = \dfrac{40}{N} = \dfrac{40}{7} = 5\dfrac{5 \times 3}{7 \times 3} = 5\dfrac{15}{21}$ ⇒ 분할판 21공(열)을 사용하고 5회전과 15공씩 이동시킨다.

예제
원주 15등분

풀이 $\dfrac{h}{H} = \dfrac{40}{15} = 2\dfrac{10 \times 2}{15 \times 2} = 2\dfrac{20}{30}$

(3) 각도 분할법

$$\dfrac{h}{H} = \dfrac{\theta°}{9°} = \dfrac{\theta \times 60'}{540'}$$

예제
원주에 $7\dfrac{1}{2}$로 분할

풀이 $\dfrac{7\dfrac{1}{2}}{9} = \dfrac{\dfrac{15}{2}}{9} = \dfrac{15}{18}$

연삭가공

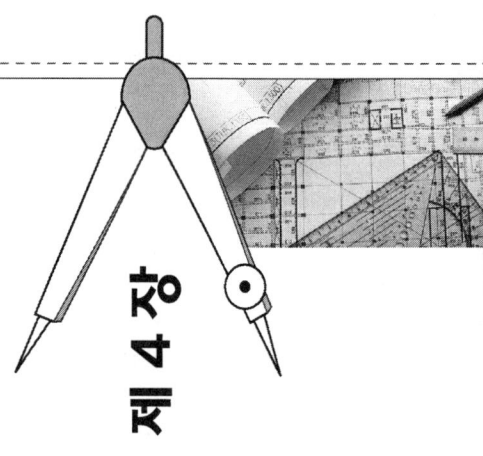

4-1 외경 연삭기

연삭가공은 공구 대신에 연삭숫돌(grinding wheel)을 고속으로 회전시켜 공작물의 원통이나 평면을 극히 소량씩 절삭하는 정밀 공작기계를 연삭기(grinding machine)라 하며, 이 연삭기를 이용하여 작업하는 것을 연삭가공이라 한다.

(1) 원통 연삭기

공작물을 양 센터로 지지, 테이블 좌우이송, 숫돌대 전후이송 가공이 있으며 원통연삭방식은 다음과 같다.

① 트레버스 컷(Treverse cut) 방식

공작물 회전과 숫돌이송을 동시에 좌우로 운동하여 연삭

㉠ 테이블 왕복형 : 공작물을 고정한 테이블을 왕복시키는 형식으로 소형 공작물의 연삭에 적합하다.

㉡ 숫돌대 왕복형 : 숫돌대를 왕복 운동시키는 형식으로 대형 중량 공작물의 연삭에 적합하다.

② 플렌지 컷(Plunged cut) 방식

숫돌 절입 방식으로 공작물과 숫돌에 이송을 주지 않고 전후(가로) 이송으로 연삭한다. 공작물은 회전만하고 숫돌대의 연삭숫돌을 테이블과 직각으로 전후 이송을 주어 연삭하는 형식이다.

(2) 만능 연삭기

구조는 원통연삭기와 같으나 테이블, 숫돌대, 주축대를 각각 선회시킬 수 있으며, 주축대에는 척을 고정할 수 있고, 내면 연삭장치가 부착되어 있어 내면연삭도 할 수 있어 작업할 수 있는 범위가 넓다.

4-2 내경 연삭기

(1) 공작물 회전형

공작물에 회전 운동을 주어 연삭하는 방식으로 일반적으로 공작물이 작고 균형이 잡혀 있는 공작물 연삭에 적합하다.

(2) 공작물 고정형

공작물은 정지시키고 숫돌축이 회전 운동과 동시에 공전 운동을 하는 방식으로 플래너터리(planetary)형 또는 유성형이라고 한다.
내연기관의 실린더와 같이 대형이고 균형이 잡히지 않은 것에 적합하며, 원통 연삭도 가능하다.

※ 플래너터리(Planetary : 유성형) 방식
공작물은 정지 숫돌축이 회전 연삭운동과 동시에 공전운동을 하는 방식.

(3) 센터리스 연삭기

가공물은 센터로 지지하지 않는다.

센터리스연삭기의 장점은 다음과 같다.
① 가늘고 긴 핀, 원통, 중공축 등을 연삭하기 쉽다.
② 연속 작업할 수 있으며, 대량생산에 적합하다.
③ 기계의 조정이 끝나면 초보자도 작업을 할 수 있다.
④ 고정에 따른 변형이 없고 연삭 여유가 작아도 된다.
⑤ 연삭숫돌의 나비가 크므로 지름의 마멸이 적고 수명이 길다.

단점은 다음과 같다.
① 긴 홈이 있는 공작물은 연삭할 수 없다.
② 대형 중량물은 연삭할 수 없다.
③ 연삭숫돌의 나비보다 긴 공작물은 전후 이송법으로 연삭할 수 없다.

또한 센터리스 연삭의 연삭 방식에는 통과이송법과 전후이송방법이 있다.

제 4 장 연삭가공

(1) 테이블 왕복형　　(2) 숫돌대 왕복형　　(3) 숫돌대가로 이송형　　(4) 테이퍼 연삭

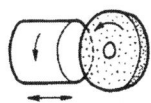 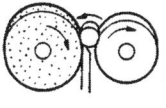 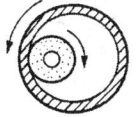 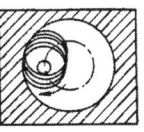

(5) 끝면 연삭　　(6) 센터리스 연삭　　(7) 공작물 회전형　　(8) 공작물 고정형

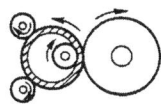 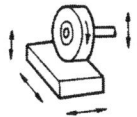 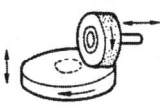 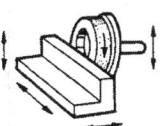

(9) 센터리스 연삭　　(10) 테이블 왕복형　　(11) 테이블 회전형　　(12) 정면 연삭

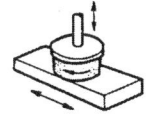 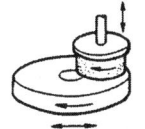 

(13) 테이블 왕복형　　(14) 테이블 회전형　　(15) 양면 역삭

그림 4-1 연삭 작업의 종류

4-3 연삭숫돌

연삭숫돌의 3요소	연삭숫돌의 5인자
입자(절삭날) 결합제(절삭날지지) 기공(칩의 저장, 배출)	입자의 종류 : 절삭날의 종류 조직 : 숫돌 입자율 입도 : 절삭날의 크기 결합제의 종류 : 결합제의 특성 결합도 : 절삭날 발생속도의 조정

4-4 연삭숫돌의 입자

(1) 숫돌 입자의 용도(대책)

기호	KS	종 류	상 품 명	용 도	비고
A	1A 2A	갈색 용융알루미나질 95%	-Alundum -Alexide	일반강재 보통탄소강	
WA	3A 4A	백색 용융알루미나질 99.5%	-38Alundum -AA Aloxide	담금질강 내열강 고속도강 합금강	
C	1C 2C	암자색(회색) 탄화규소질 97%	-37 Crystlon -Carborundum	주철, 석재, 유리,비 철, 비금속	
GC	3C 4C	흑색(녹색) 탄화규소질 98%	-39 crystlon -Carborundum	초경합금, 다이스강, 특수강, 세라믹	
D			D(ND) : 천연산 SD(MD)합성다이아몬드 SDC : 금속 합성다이아몬드	보석절단 석재 및 콘크리트	

[기타] SDC : 금속 합성 다이아몬드
        CBN : 입방 정형 질화붕소(6방형 질화붕소) 상품명-borazon

[인조입자] 탄화규소(SiC)-인장강도가 낮은 재료, 단단한 재료에 적합
           산화알루미늄(Al_2O_3) : 주로 인장강도가 큰 재료에 적합
           탄화붕소

4-5 입도

숫돌 입자는 메시(mesh : 체인길이 1평방 inch안의 체눈의 수)로써 선별하며 입자의 크기를 입도라 한다.

(1) 거친 입도

  ① 거친 연삭, 절삭 깊이와 이송을 많이 줄 때
  ② 접촉 면적이 넓을(클) 때
  ③ 공작물이 연하고 연성, 점성, 질긴 성질일 때

(2) 가는 입도

  ① 다듬 연삭, 공구연삭
  ② 접촉 면적이 적을 때
  ③ 공작물이 단단(경도가 높고)하고 취성(메진)인 재료

> **참고** 연삭숫돌과 가공물의 접촉면이 적을 때에는 미세한 입자를, 접촉면이 클 땐 거친 입자를 사용

4-6 숫돌의 결합도(경도)

경도란 접착제의 세기, 즉 연삭 입자를 고착시키는 접착력이다. 따라서 경도가 크다는 것은 접착력이 세다는 걸 말한다.

(1) 결합도에 따른 숫돌의 선택기준

결합도가 높은 숫돌(굳은 숫돌)	결합도가 낮은 숫돌(연한 숫돌)
연한 재료의 연삭	단단한(경한) 재료의 연삭
숫돌차의 원주 속도가 느릴 때	숫돌차의 원주 속도가 빠를 때
연삭 깊이가 얕을 때	연삭 깊이가 깊을 때
접촉면이 작을 때	접촉면이 클 때
재료 표면이 거칠 때	재료표면이 치밀할 때

4-7 연삭숫돌의 조직

연삭숫돌의 단위체적당의 입자수를 밀도라고 한다. 숫돌의 전체 용적 중에 어느 정도의 비율로 입자가 들어 있는가를 말함. 입자가 차지하는 비율이 크면 조밀, 비율이 낮으면 조직이 치밀.(거칠다)

(1) 거친 숫돌 조직

① 연질, 점성이 높은 재료
② 거친 연삭 및 접촉 면적이 크다.

(2) 치밀 조직 숫돌

① 경질(군고)이고 메짐(취성)이 있는 재료
② 다듬질, 총형 연삭 및 접촉면이 적다.

> **참고** 일반적으로 조직이 조밀해지면 기공이 적고, 거칠면 기공이 많다.

4-8 결합제

결합제가 구비하여야 할 조건은 다음과 같다.
① 결합력의 조절 범위가 넓을 것
② 열이나 연삭액에 대해 안정할 것
③ 원심력, 충격에 대한 기계적 강도가 있을 것
④ 성형이 좋을 것

결합제	기호	원호	주성분	용도
무기질	V	Vitrified	점토, 장석 (자기질)	일반 연삭용(90%사용) 지름이 크거나 얇은 숫돌에 부적합(충격에 약함)
	S	Silicate	물, 유리 (규산소다)	대형 숫돌에 사용(중연삭에 부적합) (고속도강), 균열 발생 쉬운 재료
유기질	E	Shellai	천연수지 (셀락)	결합력 제일 약함, 거울면 연삭절단용 및 다듬질면의 정밀도가 높은 것에 사용
	R	Rubber	합성(천연)고무	매우 얇은 숫돌 사용 센터리스 조정 숫돌용
	B	Resinoid	베클라이트 (Bakilite)	절단 숫돌용에 적합 주물 덧쇠자르기에 사용
금속	PVA	Polyvingl	비닐결합제	비철금속 연삭용
	M	Metal	천연다이아몬드 +황동, 니켈, 은	초경합금 연삭용, 세라믹, 보석, 유리

▶참고 연삭숫돌의 표시

WA - 60 - K - 7 - V - 1 - A - 225 × 20 × 51 × rpm
↓   ↓   ↓   ↓   ↓   ↓   ↓   ↓
입자 입도 결합도 조직 결합제 형상 모서리모양(외경 × 폭 × 내경)
                                   (1~3호) (A~L)

4-9 숫돌의 원주속도

$$n = \frac{1000v}{\pi d}[\text{rpm}]$$

여기서, n : 숫돌의 회전수[rpm]
         v : 원주속도[m/min]
         d : 숫돌의 지름[mm]

4-10 연삭숫돌의 수정

(1) 무딤(glazing)

숫돌의 입자가 탈락되지 않고 마모에 의해서 납작하게 둔화된 상태
① 원인
   ㉠ 결합도가 높다.
   ㉡ 원주 속도가 크다.
   ㉢ 숫돌재료가 공작물에 부적합
② 결과
   ㉠ 연삭성 불량, 연삭열 발열
   ㉡ 연삭 손실이 생긴다.

(2) 눈메움(Loading)

숫돌 입자의 표면이나 기공에 칩이 차 있는 상태
① 원인
   ㉠ 숫돌 입자가 너무 가늘고 조직이 치밀하다.
   ㉡ 연삭 깊이가 깊고 원주 속도가 느리다.
② 결과
   ㉠ 연삭성이 불량하고 다듬질 면이 거칠다.
   ㉡ 숫돌 입자가 마모되기 쉽다.
   ㉢ 공작물 표면에 상처가 생긴다.

(3) 드레싱(재생작업)

숫돌입자를 무딤이나 눈 메움으로 절삭성이 나빠진 숫돌 면에 날카로운 입자를 발생시켜주는 작업.

(4) 트루잉(성형, 모양 고치기)

연삭숫돌의 외형을 수정하여 규격에 맞는 제품을 만드는 과정

(5) 입자탈락(spilling)

결합제의 힘이 약해서 작은 절삭력이나 충격에 쉽게 입자가 탈락하는 것

제 5 장 드릴링, 보링머신 가공, 슬로터

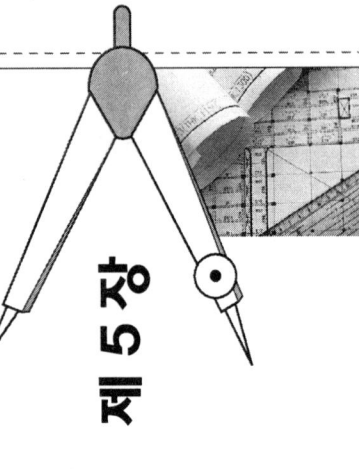

5-1 드릴링머신(drilling machine)

(1) 드릴링(Drilling)

공작물고정, 공구회전과 주축방향 이송, 리밍, 보링, 카운터 보링, 스폿페이싱, 카운터 싱킹, 태핑 등을 공구에 따라 할 수 있다.

(2) 리머(Reaming)

구멍의 정밀도를 높이기 위한 작업. 리머의 여유는 직경 10mm일 때 0.2mm 정도이며, 드릴작업 rpm의 2/3~3/4, 이송은 같거나 빠르게 한다.

(3) 탭핑(Tapping)

공작물 내부에 암나사 가공, 태핑을 위한 드릴가공은 나사의 외경－피치로 한다.
[예] M12의 탭 작업시 드릴 구멍은 12－1.75＝10.25mm로 한다.

(4) 보링(Boring)

뚫린 구멍을 다시 절삭, 구멍을 넓히고 다듬질하는 것. 보링바아에 바이트를 사용한다.

(5) 스폿 페이싱(Spot Facing)

볼트 또는 너트 등의 구멍과 직각이 되게 머리부가 접촉되는 부분을 깎아서 만드는 작업

(6) 카운터 싱킹(Counter Sinking)

접시머리 나사의 머리가 묻히게 하기 위해 원뿔자리를 만드는 작업

(7) 카운터 보링(Counter Boring)

작은 나사, 볼트의 머리부가 돌출되지 않도록 머리부가 들어갈 자리부분을 단이 있게 구멍 뚫는 작업

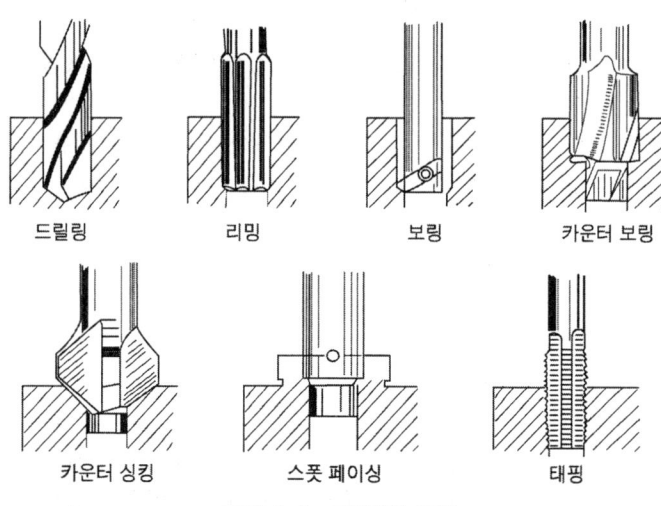

그림 5-1 드릴링의 종류

5-2 드릴링머신의 크기

① 스윙, 즉 스핀들 중심부터 기둥까지 거리의 2배 정도가 된다.
② 뚫을 수 있는 구멍의 최대지름으로 나타낸다.
③ 스핀들 끝부터 테이블 뒷면까지의 최대거리로 표시한다.

(1) 탁상 드릴링 머신

① 작은 구멍(13mm) 이하 작업용
② 크기는 뚫을 수 있는 구멍지름, 스윙 및 테이블의 크기

(2) 직립 드릴링 머신

① $\phi 13$ 이상 ~ $\phi 50$ 이하 가공
② 구조 : spindle, head, colum, table, base

③ 크기
  ㉠ 스윙(주축 중심부터 컬럼 표면까지 거리의 2배)
  ㉡ 테이블의 크기
  ㉢ 드릴가공을 할 수 있는 최대 지름
  ㉣ 주축 구멍의 모스 테이퍼 번호
  ㉤ 주축 끝과 테이블 윗면과의 최대거리

(3) 레이디얼 드릴링 머신

① 가장 주로 쓰이며 공작물을 고정시켜 놓고 주축의 위치를 이동시켜서 구멍의 중심 맞추어 작업
② 비교적 대형이며 무거운 공작물의 구멍 뚫기, 주축이동
③ 암에는 새들이 있고 이동은 피니언과 래크로 작동
④ 크기
  ㉠ 뚫을 수 있는 구멍지름
  ㉡ 주축 끝과 테이블 윗면과의 최대거리
  ㉢ Base의 작업면적
  ㉣ 주축 테이퍼 번호

(4) 다축 드릴링 머신 : 1대의 기계에 많은 수의 스핀들이 있으며 1회에 많은 구멍을 뚫을 때 능률적이고 한 번에 여러 개의 구멍을 작업한다.

(5) 다두 드릴링 머신 : 직립 드릴링 머신의 상부 기구를 같은 베드 위에 여러 개 나란히 장치한 것으로 각각의 스핀들에 드릴, 그밖에 여러 가지 공구를 꽂아 드릴, 리머, 탭 등을 여러 공구를 작업 순서대로 고정 후 연속사용. 황삭 및 완성 가공을 연속적으로 한다.

(6) 심공 드릴링 : 각종 내연기관의 크랭크축에 있는 오일구멍과 같이 머신지름에 비해 비교적 깊은 구멍 가공(오일 주입구가 있음)

5-3 절삭공구와 절삭조건

(1) 드릴의 각도

트위스트 드릴의 인선각은 연강용에 대해 118°로 일반적으로 가공 재료가 단단할수록 인선각이 커진다.(여유각 : 10~15°, 웨브각 : 135°, 나선각 : 20~32°)

(2) 디이닝(Thinning)

무디어진 웨브를 연삭하는 것으로 드릴의 섕크 쪽으로 갈수록 웨브의 두께가 증가하여 절삭성이 나빠진다. 이 웨브는 드릴가공이 이송을 줄 때 추력이 일어나는 원인이 되며, 드릴 연삭시 웨브의 두께를 처음 두께 상태로 얇게 연삭하는 것

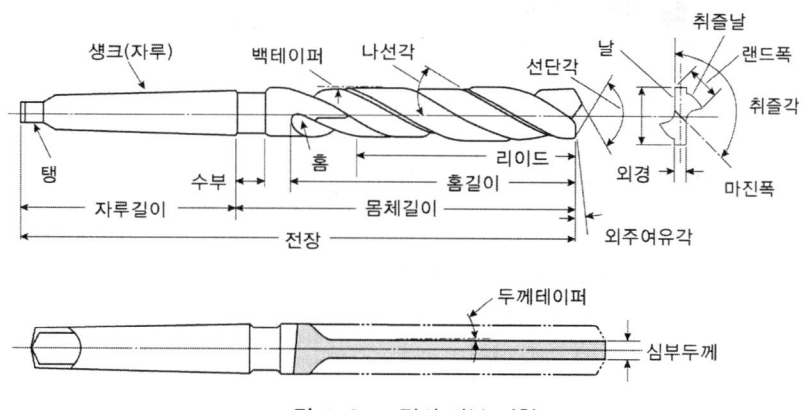

그림 5-2 드릴의 각부 명칭

(3) 웨브

드릴 끝의 홈과 홈 사이의 두께로 자루 쪽으로 갈수록 커진다.

(4) 마진

드릴의 홈을 따라서 나타나는 좁은 면으로 드릴의 크기를 정하며 예비적 날의 역할과 날의 강도 보강하며 드릴의 위치를 잡아준다.

(5) 몸 여유

드릴과 구멍 내면이 마찰하는 것을 방지.(백 테이퍼로 만듦)

몸체 여유(body clearance)는 드릴 지름 5mm 이상으로 날 길이 100mm에 대하여 보통 0.025~0.15mm로 한다.

(6) 절삭조건

$$v = \frac{\pi d n}{1000}[\text{m/min}], \quad n = \frac{1000v}{\pi d}[\text{mm}]$$

5-4 보링머신(boring machine)

보링머신은 기능이나 구조 등에 따라 수평 보링머신, 정밀 보링머신, 지그 보링 머신 등이 있다.

> **참고** | 보링머신의 크기
> ① 주축지름 및 주축 이동거리
> ② 테이블의 크기
> ③ 주축거리의 상하 이동거리 및 테이블의 이동거리

(1) 수평식 보링머신 - 대표적인 보링머신

　① 테이블형 : 보링 및 기계 가공 병행 중형 이하 가공물
　② 플레이너형 : 중량이 큰 일감의 정밀가공
　③ 플로어형 : 테이블형에서 곤란한 대형 일감
　④ 이동형 : 이동작업, 기계수리형

(2) 지그 보링머신

구멍을 대단히 정확한 좌표위치(구멍간의 거리공차 ±0.02~0.005사이)에 정밀 가공하기 위한 것으로 (보통 항온실 온도 20℃±1℃, 습도 55% 유지) 나사식 보정장치, 현미경을 이용한 광학적 장치 등을 가지고 있다.

(3) 정밀 보링머신

　① 다이아몬드 공구, 초경질 공구를 사용, 고속 경절삭과 미세한 이동으로 정밀한 구멍가공이 가능하다.
　② 실린더, 피스톤 핀, 베어링 부시, 라이너의 가공에 사용된다.

(4) 심공 보링머신

　① 구멍의 깊이가 10~20배 이상의 것을 뚫을 때 사용된다.
　② 특수 드릴을 사용하여 자동적으로 축 중심을 유지하면서 구멍 절삭이 된다.

(5) 보링공구와 부속 장치

　보링의 3대 부속 장치 : 보링 바이트, 보링바, 보링 공구대

5-5 슬로터(slotter)

슬로터는 세이퍼를 수직으로 높은 것 같은 기계로 바이트를 설치한 램이 수직으로 왕복 운동한다. 키홈, 평면, 구멍의 내면, 내접기어, 스플라인 구멍, 기타 특수한 형상, 곡면의 절삭가공에 적합하며, 슬로터 크기는 램의 최대 행정, 테이블의 크기, 테이블의 이동거리, 회전테이블의 직경으로 표시한다.

제 6 장 기어가공

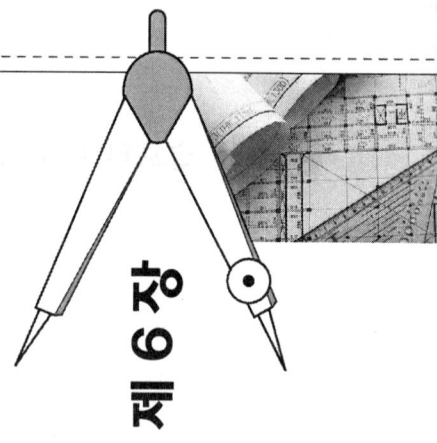

6-1 기어 절삭법

(1) 형판에 의한 방법

① 가공방법 : 기어 치형과 같은 형판을 사용하여 공구대를 형판에 따라 미끄럼 안내하여 가공하는 모방절삭이며 특징은 다음과 같다.
  ㉠ 기어 가공면이 거칠다.
  ㉡ 생산 능률이 낮다.
  ㉢ 특수 용도의 기어제작에 한정이용(저속형 대형 스퍼기어, 직선 베벨기어)

(2) 총형 공구에 의한 절삭법

① 가공방법 : 기어 이홈의 모양과 같은 커터를 사용하여 기어소재 1피치만큼씩 회전시켜서 차례로 기어를 절삭이며 특징은 다음과 같다.
  ㉠ 치형 곡선과 피치의 정밀도가 나쁘다.
  ㉡ 생산 능률이 낮아 소량생산에 사용
  ㉢ 사용기계 : 밀링, 세이퍼, 슬로터

(3) 창성에 의한 절삭

인벌류트 곡선의 성질을 응용한 정확한 기어절삭 공구를 기어의 소재와 함께 회전운동을 주며 축 방향으로 왕복 운동을 시켜 절삭한다. 가공방법은 다음과 같다.
① 래크커터에 의한 방법
② 피니언 커터에 의한 방법
③ 호브에 의한 절삭

6-2 기어절삭 기계의 종류

(1) 호빙머신

호브(Hob)라는 기어 절삭공구와 기어소재에 서로 상대적인 운동을 주어 창성법으로 기어를 가공하는 공작기계이며, 종류는 다음과 같다.
① 수직형(직립) : 대형기어 가공
② 수평형 : 소형기어 가공
③ 기어표시
　㉠ 가공할 수 있는 기어의 최대 지름
　㉡ 기어의 폭 및 피치
　　• 지름피치 $P = \dfrac{\pi D}{Z}$
　　• 피치원지름 $D = M \cdot Z$
④ 구동기구(4대 기구)
　㉠ 호브의 회전기구
　㉡ 호브의 이송기구
　㉢ 테이블 회전기구
　㉣ 차동 기어장치(헬리컬 기어 절삭)

6-3 브로칭 머신

다수의 절삭날을 일직선상에 가진 브로치(Broach)라는 공구를 사용해서 공작물의 구멍 내면 및 표면을 필요한 형상으로 가공을 위해 인발 또는 압입하여 절삭한다. 단, 브로치 제작이 어렵고 고가이므로 사용상 주의가 요구된다.

(1) 브로칭 특징

① 호환성을 필요로 하는 부품의 대량 생산에 효과적
② 자동차, 전기부품의 소형기재의 정밀가공에 적합
③ 급속 귀환 장치가 있다.
④ 브로칭 머신의 크기 : 최대 인장 응력과 행정

(2) 브로치 피치

① 치수가 적고 절삭 깊이가 짧을수록 날 끝수를 적게 하고 치수가 크고 절삭 깊이가 길 때는 날 끝수를 많이 한다.
② 막깎기 날부에서 필요한 치수와 형상으로 가깝게 만들어지며, 다듬질 날부를 향할수록 절삭량은 적고 다듬질 날부에서 완전한 치수와 형상으로 다듬질 된다.
③ 1회 통과로 완성 제품 생산되며 가공시간이 짧고 호환성이 있다.
④ 브로치의 테이퍼 좁은 쪽이 가공면에 먼저 닿는다.
⑤ 공작물 모양에 따라 브로치를 만들어야 하고 브로치 설계제작에 시간이 걸린다. 공구값이 비싸므로 일정량 이상의 대량생산에 이용된다.

(3) 작업조건

① 절삭속도(m/min) : 대체로 5~10m/min, 중탄소강(18), 공구강(6~14), 황동(34), 주철(16~18)
② 브로치의 랜드가 커지면 마찰력이 증가하고 여유각이 작아지면 마찰력이 감소한다.
③ 일반적으로 절삭부를 결정할 때 중요시 되는 것은 피드($feed$)

$$P = C\sqrt{L}$$

P = 피치
L = 절삭부 길이
C = 1.5~2(피삭재 재질에 따른 값)

제7장 정밀입자 및 특수가공

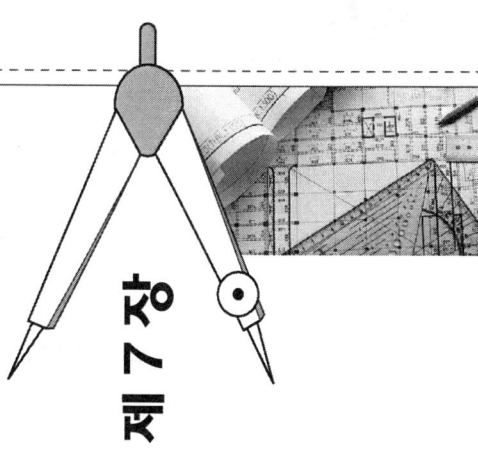

7-1 래 핑

마모(마멸)현상을 가공에 응용한 것으로 래핑은 랩이라는 공구와 공작물 사이에 랩제를 넣고, 공작물을 누르면서 상대 운동으로 공작물을 매끈하고 정밀하게 다듬질하는 가공 방법으로 게이지류(블록, 스냅, 리미트, 프러그 등) 볼, 롤러, 내면기관용 연료분사펌프 등, 정밀 기계부품 및 렌즈프리즘, 광학 기계용 유리 기구를 다듬질에 사용된다.

(1) 래핑의 장점

① 가공면이 매끈한 거울면
② 높은 정밀도(평면도, 진원도, 진직도 등)
③ 가공된 면의 내식성, 내마모성 상승
④ 작업 방법이 간단하고 대량생산 가능

(2) 래핑의 단점

① 가공면에 랩제 잔유가 쉽고 제품의 마멸 촉진
② 아주 높은 정밀도를 위해선 숙련 필요
③ 가공면에 랩제가 잔류하기 쉽고, 제품 사용시 마멸을 촉진한다.
④ 작업이 깨끗하지 못하고 작업자의 손과 옷을 더럽힌다.

(3) 습식 래핑법

건식에 비해 가공면이 거칠다.(거친 래핑)

① 랩제와 기름혼합
② 억센 랩으로 비교적 고압력, 고속도 가공
③ 작은 구멍, 유리, 보석 등의 다듬질 가공
④ 압력 $4.9N/cm^2$, 속도는 건식법의 5~6배

(4) 건식 래핑법 : 다듬 래핑

① 건조상태에서 작업. 주로 습식 래핑 후 더욱 매끈한 표면 가공
② 블록 게이지 제작에 사용
③ 압력 $9.8~14.7N/cm^2$, 속도 30~50m/min

(5) 랩

① 원칙적으로 가공물보다 연한 재질(강철은 주철제) : 동합금, 납, 연강 등
② 조직이 치밀할 것
③ 형상을 오래 유지 할 수 있도록 내마모성이 좋을 것

(6) 랩제

① 강철 : Al_2O_3(산화 알루미늄)
② 연한금속 : SiC(탄화규소)
③ 다듬질용 : Cr_2O_3(산화크롬), C입자(Cr_2O_3(산화크롬), 산화철(Fe_2O_3)-연한금속 (유리, 수정), 산화크롬(Cr_2O_3)
④ A, WA입자 : 강철
⑤ 석류석 : 목제, 반도체재료

7-2 호닝(마찰작업)

보링, 리밍, 연삭가공 등에서 가공이 끝난 원통의 내면에 정밀도를 더욱 높이기 위하여 직사각형 단면의 가는 숫돌을 방사 방향으로 배치한 혼(hone)으로 구멍에 넣고 회전 운동과 축방향의 운동을 동시에 시켜 정밀 다듬질하는 방법을 호닝이라 한다.
호닝은 실린더, 고속 베어링면 등의 내면에 대한 진원도, 진직도, 표면 거칠기 등을 개선하고, 다듬질하는 데 널리 이용한다.

(1) 호닝의 특징

① 발열이 적고 경제적인 정밀가공이 가능하다.
② 전(前)가공에서 발생한 진직도, 진원도, 테이퍼 등에 발생한 오차를 수정할 수 있다.

③ 표면거칠기를 좋게 할 수 있다.
④ 정밀한 치수로 가공 할 수 있다.

(2) 혼의 구성 : 손잡이부, 숫돌 유지부, 가압 장치(유압 or 스프링), 자재 연결장치 등

(3) 혼의 크기 : 지름($\phi 6 \sim \phi 106$), 길이(1600mm)

(4) 혼의 재질 ┌ Al_2O_3(A, WA입자) : 다듬질용
             └ SiC(G, GC입자) : 거친 작업용

(5) 원주 속도(연삭의 1/4) : $40 \sim 70$m/min
    연강 $30 \sim 50$m/min, 주철 $60 \sim 70$m/min
    (왕복속도는 원주 속도의 $1/2 \sim 1/4$)

(6) 가공압력 ┌ 보통(거친)가공 : $9.81N/cm^2$
            └ 정밀가공 : $39.2 \sim 58.7N/cm^2$

(7) 혼의 운동 : 회전운동과 동시에 왕복운동 방향의 각도 $-40 \sim 60°$(무늬 교차각)
             (표준 : $10 \sim 30°$, 정밀 : $10 \sim 40°$, 거침 : $40 \sim 60°$)

(8) 연삭액 : 등유+돼지기름+황, 주철(등유), 강(등유+황화유), 청동(라아드유)

> **참고** 숫돌의 길이는 공작물 길이(구멍깊이)의 1/2 이하. 왕복운동은 양끝에서 숫돌길이의 1/4정도 구멍에서 나올 때 정지.

7-3 액체호닝(분사가공)

액체호닝은 가공액과 혼합된 연마제를 압축 공기와 함께 노즐로 공작물인 경금속, 플라스틱, 고무, 유리 등의 표면에 분출시켜 다듬면을 얻는 가공 방법이다.
액체호닝은 광택이 적지만 피닝 효과(peening effect)가 크고, 복잡한 모양의 공작물도 다듬질이 가능하며 공작물 표면에 액체(물)와 미세 연삭 입자와의 보통 혼합비 1 : 2로 혼합액을 압축, 공기로 분사한다.
액체호닝은 습식 다듬질 가공(샌드 블라스팅과 비슷)이다.
액체호닝의 분사각도는 $40 \sim 50°(45°)$이며 노즐(12.5mm)과 표면사이의 거리 $60 \sim 80$mm, 분사량 $5 \sim 7$N이다. 액체호닝의 용도는 주조품, 스케일 및 산화막 제거 피로강도 및 인장강도($5 \sim 10\%$) 증가시킨다. 유리, 프라스틱, 고무, 다이케스팅 제품, 다이의 귀따기 및 표면가공에 응용된다. 연마제는 Al_2O_3, SiC, 규사가 사용되며 액체호닝의 특징은 다음과 같다.

① 가공면에 방향성이 존재하지 않으며 가공시간이 짧다.
② 공작물 표면의 산화막이나 도료, 거스러미 등을 제거할 수 있어, 도장이나 도금의 바탕을 깨끗이 다듬는 데 좋다.
③ 가공물의 피로강도를 10%정도 향상 시킨다.
④ 형상이 복잡한 것도 쉽게 가공한다.

7-4 슈퍼 피니싱 : 연삭 여유 0.002~0.01mm

연삭숫돌을 공작물 표면에 가압(스프링, 유압)하면서 공작물 이송과 진동을 주고 공작물을 회전시켜 균일한 표면을 얻는 법으로 저압, 저속도의 가공이므로 발열이 적고 가공 변질층을 제거 할 수 있으며 내마모성, 내식성이 우수하고 다듬질 시간이 짧다.(방향성이 없는 다듬질 면을 얻는다.)

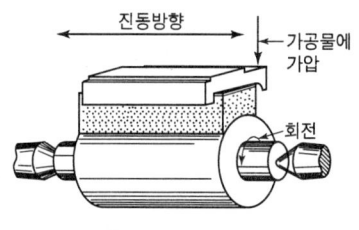

그림 7-1 슈퍼피니싱

① 용도 : 평면, 원통(외, 내면), 곡면, 베어링 접촉부, 각종 롤러, 게이지, 엔진 등
② 원주(상대)속도 : 15~18m/min ⇒ 초기(거친) 5~10m/min
　　　　　　　　　　　　　　　　후기(다듬) 15~30m/min
③ 숫돌 압력 : 0.98~29.4N/cm^2
④ 숫돌의 진동폭 : 보통 2~3mm ⇒ 초기(거친) 1~3, 후기(다듬) 3~5

7-5 폴리싱과 버핑

(1) 폴리싱

바퀴표면에 부착시킨 탄성 있는 재료(목재, 피혁, 직물 등)에 미세한 연삭입자로 공작물표면을 버핑하기 전에 다듬는 법. 속도는 1500m/min

(2) 버 핑

직물(면), 털(모) 등으로 원반을 만들고 (나사못 및 아교로 붙이거나 재봉으로 누빔) 공작물 표면의 녹 제거 및 광택을 내는 작업
① 버프재료 : 보통 포목이나 가죽
② 바퀴지름 : 보통 25~600mm
③ 버핑의 평균속도 : 1500m/min

④ 버핑의 압력 : 330g/cm²
⑤ 버프의 3요소 : 연삭입자+유지+직물

7-6 배럴 다듬질 : 충돌가공(주물귀, 돌기 부분, 스케일 제거)

회전하는 상자 속에 공작물과 미디어, 콤파운드(유지+직물), 공작액 등을 넣고 회전과 진동을 주어 표면을 다듬질(회전형, 진동형)
① 회전 상자의 형상 : 보통 6각~8각(10~12각)
② 배럴 속도(3~30rev/min), 진동폭(3~9mm), 진동수(20~90cycle)
③ 미디어 : 숫돌입자, 모래, 석영, 알루미늄(거친 작업) 나무 및 가죽(광택내기)
④ 공작물에 대한 미디어의 용적혼합비 : 1:2~1:6

7-7 버니싱 다듬질

원통의 내면 및 외면을 매끈히 다듬질된 강구(steel ball) 또는 롤러로 공작물에 압입하여 표면을 매끈하게 다듬는 가공법으로 일종의 소성가공이다.

버니싱은 드릴, 리머 등 기계가공에서 생긴 스크래치(scratch), 공구 자국 등을 제거하고, 연삭 가공을 할 수 없는 곳에 많이 쓰이는 가압 가공법이다.

버니싱한 면은 매끈하게 되는 동시에 가공 경화되어 피로강도, 부식저항, 내마모성, 치수 정밀도, 표면 거칠기 등을 향상한다.

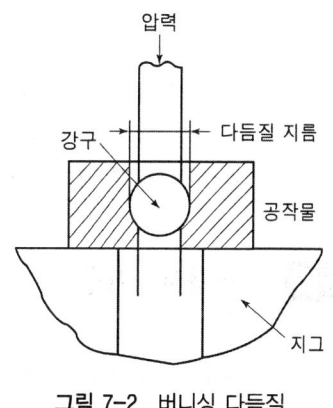

그림 7-2 버니싱 다듬질

7-8 롤러 다듬질 : 선반에서 작업한다.

선반 가공 후 다듬질하는 방법으로 로울러 공구를 사용하여 공작물에 압착하고 공작물 표면에 소성변형을 일으켜 다듬질한다. 표면은 가공경화가 생겨 피로강도 증가

7-9 쇼트 피이닝 : 표면을 타격하는 일종의 냉간가공

철강의 작은 볼(shot)을 공작물 표면에 분사하여 강재의 화학조성을 변화시키지 않고 표면을 매끈하게 하여 피로강도 기계적 성질 향상이 된다.

① 피닝 효과 : 공작물의 표면경화 및 피로한도 증가
② Shot 재질 : 칠드주철, 망간주철, 컷 와이어쇼트
③ Shot의 크기 : 0.7~0.9mm
④ 작업속도 : 40~50m/sec
⑤ 용도 : 볼베어링의 끝가공, 판스프링, 레일, 기어 등 반복하중을 받는 곳
⑥ 공기압(분사속도) : $4kg/cm^2$, 분사각 90°
⑦ 용도
   ㉠ 열처리 후 변형이 생기는 복잡한 공작물
   ㉡ 압연이나 인발 가공한 공작물
   ㉢ 열간 압연에 의한 탈탄층 및 침탄 부분
   ㉣ 모서리부분의 응력 하중을 받는 곳
⑧ 효과
   ㉠ 피로 강도의 향상
   ㉡ 시효 균열의 방지
   ㉢ 주물의 기포 제거
   ㉣ 내마모성 증대
   ㉤ 탈탄에 대한 보안 효과

7-10 초음파 가공 : 충돌가공

전기적 에너지를 기계적 에너지로 변화시키며 초음파(16kc/sec 이상), 주파수의 진동 (20~30kc/sec)을 주고 공작물과 공구사이에 연삭입자와 연삭액을 넣고 펌프로 순환시켜 입자와 공작물에 대한 충돌로 인한 다듬질(진동자의 자기변형으로 초경합금, 보석류를 다듬질)하며, 공구재료는 연강, 피아노선이 쓰인다.

① 용도 : 담금질강, 초경합금, 보석, 수정 등을 다듬질 가공한다.
② 연삭입자 : Al_2O_3, SiC, 다이아몬드+공작액(물+석유)
③ 특징
   ㉠ 초경질이며, 메짐성이 큰 재료에 사용된다.
   ㉡ 구멍가공, 절단, 평면, 표면 가공 등을 할 수 있다.
   ㉢ 연삭 가공에 비하여 가공면의 변질 및 스트레인(변형)이 적다.
   ㉣ 전기적으로 불량도체일지라도 보통금속과 동일하게 가공이 된다.

7-11 전해 가공 : E.C.M

공작물과 전극사이 0.1~0.4mm 정도 떠우고 그 사이로 전해액을 강제 유동. 공작물이 전극 모양을 따라 가공(용해작용)되며 전기의 용해작용 이용(전기 분해법칙 이용)한다. 보통 전기 도금장치와 반대 작용이고 공작물을 (+)극으로 하고 모형이나 공구 (-)극과 함께 알카리성을 전해액 속에 넣어 통전 가공된다.
주로 구멍, 홈, 형조각 등을 가공

(1) 특징(효과)

① 전력은 소모되지 않고 단위 시간당 가공량이 많다.
② 높은 열이 발생하지 않고 기계적인 힘이 작용하지 않는다.
③ 내열강, 고장력강 등을 가공

7-12 전해 연마

전기도금과 반대적인 작업이며 전해가공의 일종으로 전기 화학적 방법으로 전해현상을 이용. 표면을 다듬질. 공작물을 (+)극으로 하고 구리, 아연, 납 등을 (-)로 하여 전해액 혹에 넣고 직류전류를 짧은 시간 동안에 강하게 흐르게 하여 전기적으로 그 표면을 매끈하게 다듬질하며, 금속표면의 미소돌기부분을 용해하여 거울면 상태로 가공된다.

(1) 용도

드릴의 홈이나 바늘 및 주사침 구멍을 깨끗하게 다듬질

(2) 특징

① 가공변질층이 나타나지 않으므로 평활한 면을 얻을 수 있다.
② 가공면에 방향성이 없다.
③ 내마멸성 및 내부식성이 좋아진다.
④ 복잡한 형상의 공작물 연마도 가능하다.
⑤ 면이 깨끗하고 도금이 잘 된다.
⑥ 연마량이 적어 깊은 홈은 제거가 되지 않으며, 모서리가 라운드 된다.
⑦ 연질의 금속도 용이하게 연마할 수 있다.

7-13 전해 연삭

전해 연마에서 나타난 양극(+)의 생성물을 전해 작용으로 제거하는 작업으로 전해 연삭은 작업속도가 빠르고 숫돌의 소모가 적으며, 가공면이 연삭다듬질보다 우수하다. 가공조건으로 접촉압역은 $2~3kg/cm^3$가 쓰이며 가공속도는 증가하나 전극소모가 크다.

① 경도가 높은 재료일수록 연삭능률이 기계연삭보다 높다.
② 박판이나 형상이 복잡한 공작물을 변형 없이 연삭할 수 있다.
③ 연삭저항이 적으므로 연삭열 발생이 적고, 숫돌 수명이 길다.
④ 설비비와 숫돌 가격이 비싸다.
⑤ 필요로 하는 다양한 전류를 얻기가 힘들다.
⑥ 다듬질 면은 광택이 나지 않는다.
⑦ 정밀도는 기계연삭보다 낮다.

7-14 화학 연마

산 용액중에 가공물을 담고 가열하며 화학반응을 촉진시켜 금속 표면에 광택을 얻는 방법(열에너지 이용)으로 재료의 강도나 경도에 관계없이 가공이 되고 변형이나 가공 거스러미가 없다. 가공경화나 표면의 변질층이 없다. 공구가 필요 없고 대량생산이 가능하다.

7-15 화학 밀링

화학밀링은 가공하지 않을 공작물 부분에 내식성 피막으로 피복해 부식하는 방법으로 화학절삭이라고도 한다. 가공형상은 기계적 밀링과 거의 같으나 가공 원리는 전혀 다르다.

화학밀링의 특징은 대량생산, 넓은 면 가공, 복잡한 형상 및 얇은 단면 가공이 가능하며, 공구비가 절감되고 가공면의 변질층이 적은 장점이 있지만, 가공 속도와 가공 깊이에 제한을 받고 부식성 및 다듬질면의 거칠기가 떨어지는 단점이 있다.

7-16 화학 연삭

공작물 표면에 작은 요철부의 볼록부를 용삭할 때, 기계적 마찰로 더욱 능률적인 가공을 하는 방법이다. 공작물과 공구 사이에 고운 연삭 입자를 넣으면 효과적이다.

7-17 방전 가공(E.D.M)

방전 현상을 인공적으로 설정하여 그 에너지를 이용하는 가공 방법이다.(전기 접점에 의한 직류 콘덴서법) 공작물과 공구가 직접 접촉함이 없이 상호간에 어느 간격을 유지하면서 그 사이에선 물리적으로 가공하는 방법(공작물 (+)극 가공전극 (-)이며 극과의 간격은 5~10mm)이며, 종류로는 콘덴서 형, 크리스탈 형, 다이오드 형이 있으며, 기본적인 회로 형식은 RC 회로이다.

(1) 용 도

   담금질강, 고속도강, 내열강, 다이아몬드, 수정 등을 가공한다.

(2) 장 점

   ① 공작물 경도와 관계없이 전기도체이면 쉽게 가공된다.
   ② 숙련된 작업이 필요하지 않는다.(무인가공 가능)
   ③ 전극 형상 그대로 정밀도가 높은 가공이 된다.
   ④ 가공조건의 선택과 변경이 쉽다.
   ⑤ 비 접촉성으로 기계적인 힘이 가해지지 않는다.
   ⑥ 다듬질 면은 방향성이 없고 균일하다.
   ⑦ 복잡한 표면형상이나 미세한 가공이 가능하다.
   ⑧ 가공표면의 열 변질층 두께가 균일하여 마무리 가공이 쉽다.
   ⑨ 가공변형이 적어 박판가공이 용이하다.

(3) 단 점

   ① 공구 전극이 필요하며 전극가공의 어려움과 공구의 소모가 크다.
   ② 가공부분에 변질층이 남으며 다소 가공속도가 느리다.
   ③ 비전도체인 경우 가공이 어렵고 가전도(저부형, 금형)에 제한 받음.

(4) 전극 재료

   구리, 은, 텅스텐 합금, 황동, 인청동, 텅스텐, 흑연(가장 좋으나 소모가 빠르다.)

(5) 전극재료의 조건

① 방전이 안정하고 가공속도 및 정밀도가 높을 것
② 전극소모가 적고 가공이 쉬울 것
③ 가격이 저렴할 것

(6) 가공액

절연도가 높은 유전체액 사용(높은 점도액은 부적절), 일반적으로 경유 사용(와이어 컷은 물(탈이온수) 사용)

7-18 레이저 가공

렌즈, 반사경 등으로 한곳에 모아 빛의 흡수로 인해 국부적, 순간적으로 가열 ⇒ 증발, 용해되어 가공

(1) 특징

① 비접촉 가공으로 공구마모가 거의 없다.
② 임의의 위치 가공이 가능(원격조정이 가능하고 진공이 불필요)
③ 열에 의한 변형이 적으므로 열, 충격을 받기 쉬운 재료가공에 적합
④ 비금속(세라믹, 가죽)의 가공이 가능
⑤ 미세 가공과 난삭제 가공이 용이하다.
⑥ 투명체를 통해 가공할 수 있다.

7-19 전자 빔 가공

전자렌즈로 가공물 위에 접속시킨다.(구멍 및 전자 빔 용접)

① 전자 빔의 굵기를 조절할 수 있다.
② 단시간에 국소부분을 가열시킬 수 있다.
③ 전자가 고체 내부에 침입해 가공 에너지를 내부에 주어진다.
④ 전자는 질량이 작고 전하량이 크므로 전기적, 자기적으로 고속도에서 제어가 가능하다.

제 8 장 측 정

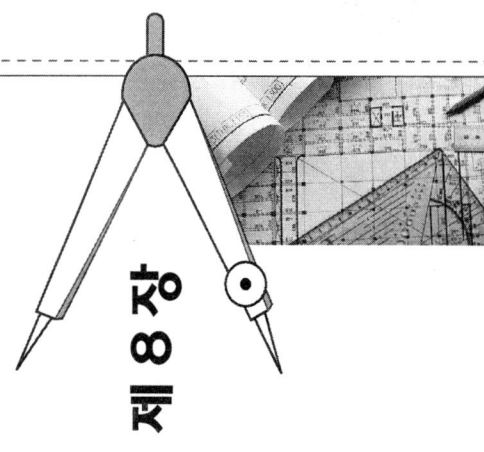

8-1 측정기의 선택시 고려사항

측정기는 그 측정목적에 적합한 것을 사용해야 한다. 선정이 적절하지 않으면, 요구되는 측정값을 얻을 수 없다.

① 측정대상 : 측정량의 종류, 상태
② 측정환경 : 장소, 조건
③ 측정수량 : 소량인가, 다량인가
④ 측정방법 : 원격, 자동, 지시, 기록 등
⑤ 측정기에 요구되는 성능 : 측정범위, 정밀도, 감도, 다루기의 편리성, 내구성, 고장시의 처리 등
⑥ 경제적 상황 : 가격, 유지비, 측정에 소요되는 비용
⑦ 측정기 선택시 주의사항
　㉠ 측정 또는 검사를 결정하고 측정기를 선정한다.
　㉡ 피 측정물의 치수와 공차에 가장 적합한 측정기를 선택한다.
　㉢ 측정수량에 따른 측정 소요시간을 감안하여 선정한다.

8-2 측정의 종류

(1) 직접측정(Direct Measurement)

일정한 길이나 각도로 표시되어있는 측정기를 사용하여 피 측정물에 직접 접촉하여 눈금을 읽는 방식(절대측정)

① 장점
　㉠ 측정범위가 다른 측정 방법보다 넓다.
　㉡ 피 측정물의 실제치수를 직접 읽을 수 있다.
　㉢ 양이 적고 종류가 많은 제품을 측정하기에 적합하다.(다품종 소량생산)
② 단점
　㉠ 눈금을 잘못 읽기 쉽고, 측정시 시간이 많이 걸린다.
　㉡ 측정기가 정밀할 때는 측정시 많은 숙련과 경험이 필요하다.

(2) 비교측정(Relative Measurement)

기준이 되는 일정한 치수와 피측정물을 비교하여 그 측정치의 차이를 읽는 방법으로 비교측정은 다이얼게이지, 미니미터, 공기마이크로미터(공기의 흐름을 확대 기구를 이용하여 길이를 측정하는 방식), 전기마이크로미터 등이 있다.

① 장점
　㉠ 높은 정밀도의 측정을 비교적 쉽게 할 수 있다.
　㉡ 치수가 고르지 못한 것을 계산하지 않고 알 수 있다.
　㉢ 길이, 각종모양, 공작기계의 정밀도 검사 등 사용범위가 넓다.
　㉣ 먼 곳에서 측정이 가능하고, 자동화에 도움을 줄 수 있다.
　㉤ 히스테리시스(백래쉬) 오차가 적다.
　㉥ 범위를 전기량으로 바꾸어서 측정이 가능하다.
　㉦ 나이프 에지를 이용 1000배정도 확대측정이 가능하다.
② 단점
　㉠ 측정범위가 좁고, 직접 제품의 치수를 읽을 수 없다.
　㉡ 기준치수인 표준게이지가 필요하다.

(3) 간접측정(Indirect Measurement)

피 측정물의 모양이 기하학적으로 간단하지 않는 경우 측정부의 치수를 수학적이나 기하학적인 관계에서 얻을 수 있는 경우에 이용되며, 간접측정은 사인 바에 의한 각도측정, 롤러와 블록 게이지에 의한 테이퍼 측정, 삼침법에 의한 나사의 유효지름 측정 등이 있다.

(4) 절대측정(Absolute Measurement)

정의에 따라서 결정된 양을 실현시키고, 그것을 사용하여 실시하는 측정이다. U자관 압력계-수은주 높이, 밀도, 중력가속도를 측정해서 종합적으로 압력의 측정값을 결정하는 것을 말한다.

8-3 굽힘에 의한 변형

① (a=0.2113L) 에어리 점(Airy Point)
눈금이 중립면에 없는 경우 및 블록 게이지와 단도기를 수평으로 지지할 때 사용되는 방법으로서, 처음 평행한 2개의 단면이 지지에 의하여 굽힘이 발생한 후에도 양단 면이 평행을 유지할 수 있는 지지 방법으로서 길이의 오차도 최소화 할 수 있다.

② (a=0.2203L) 베셀점(Bessel Point)
중립면에 눈금을 만든 표준자를 지지할 때 사용되는 방법이며, 눈금 면의 직선거리와의 차이를 최소화하는데 사용되는 방법으로 중립축 또는 중립면의 변위를 최소화 할 수 있다.

③ a=0.2232L
전장에 걸쳐 변형이 가장 작으며, 양단과 중앙의 처짐이 동일하게 된다.

④ a=0.2386L
지지점 사이, 즉 중앙부의 처짐을 최소화(0점) 할 수 있으므로 중앙부의 직선의 유지가 필요한 경우에 사용된다.

8-4 아베의 원리

아베의 원리는 측정하려는 길이를 표준자로 사용되는 눈금의 연장선상에 놓는다 라는 것인데 이는 피측정물과 표준자와는 측정방향에 있어서 동일 직선상에 배치하여야 한다(독일의 아베). 길이측정의 경우 치환법을 응용하면 기하학적 위치에 의한 측정오차를 가장 확실하게 피할 수 있다.(컴퍼레이터의 원리 : 비교측정기)
① 만족 : 외측마이크로, 측장기
② 불만족 : 버니어캘리퍼스

8-5 측정 오차

(1) 오차=측정치−참값(측정하여 결정한 값)
(2) 오차율=오차/참값
(3) 오차 백분율=오차율×100(%)

(4) 측정오차의 종류

① 개인오차

측정하는 사람의 습관이나 부주의 때문에 생기는 오차로서, 숙련도에 따라 어느 정도 줄일 수 있다.

② 계통오차(systematic error)

측정기로 동일한 측정 조건하에서 피측정물을 측정할 때에 같은 크기와 부호가 발생되는 오차로서 이는 보정하여 측정값을 수정할 수 있다. 이와 같이 측정기의 보정을 구하는 것을 교정이라 한다. 측정기를 미리 검사함으로서 수정할 수 있다.

③ 우연오차(accidental error)

측정기, 측정물 및 환경 등의 원인을 파악할 수 없어 측정자가 보정할 수 없는 오차이다. 이럴 경우에는 여러 번 반복 측정하여 그 평균값을 구하는 것이 좋다.

(5) 측정에 미치는 사항

① 시차(parallax)

측정자의 부주의 즉, 읽음에 있어서 시선의 방향에 따라 생기는 오차이다. 읽음선과 눈금선이 다른 평면 내에 있을 때에는 관측 방향에 의해서 선의 상대위치가 달리 보여 $f = a\phi$인 오차가 발생하므로 항상 눈금에 수직으로 관측하여야 한다.

② 온도의 영향

세계 각국에서는 공업적인 표준온도를 20℃로 인정하고 있다. 온도변화 Δt℃ (원래의 온도-변화 후의 온도) 따라 생기는 변화량 $\Delta \lambda$는 물체의 길이 l[mm]과 열팽창계수 α로부터 다음 식으로 구한다.

$$\Delta \lambda = l \cdot \alpha \cdot \Delta t$$

따라서, 강의 열팽창계수는 11.5×10^{-6}/℃이므로, 1m의 물체가 표준온도와 1℃ 다를 때의 오차는 11.5μ이 된다.

8-6 버니어 캘리퍼스

외경, 내경, 깊이, 단차 및 길이를 측정하는 것으로 미터식에서는 1/20mm, 1/50mm까지 읽을 수 있다. 종류로는 미동장치가 없는 M1형(0.05mm) 및 미동장치가 있는 M2형(1/20mm까지 측정)과 CB형 및 CM형(1/20mm까지 측정) 4가지가 있다.

$$C = S - \left(\frac{n-1}{n}\right) = \frac{S}{n}$$

아들자의 네 번째 눈금선이 어미자 눈금과 일치하므로 어미자 23mm 눈금선에서 아들자 0선까지의 치수 0.05×4=0.2mm가 되며, 최종 길이 읽음값은 23+0.2=23.2mm가 된다.

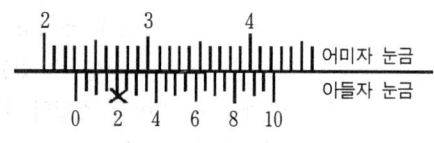

그림 8-1 눈금 읽는 방법

[표 8-1] 버니어 캘리퍼스의 눈금

어미자의 최소눈금(mm)	아들자의 눈금 기입 방법	최소 측정값(mm)
0.5	12mm를 25등분	0.02
	24.5mm를 25등분	
1	49mm를 50등분	0.05
	19mm를 20등분	
	39mm를 20등분	

8-7 마이크로미터

표준마이크로미터는 나사의 피치 0.5mm, 딤블의 원주눈금이 50등분되어 있기 때문에 딤블의 1회전에 의한 스핀들의 이동량(M)은 0.01mm의 측정이 가능하다.

$$M = 0.5 \times \frac{1}{50} = \frac{1}{100} = 0.01\,mm$$

```
슬리브의    1mm 눈금     4
슬리브의    0.5mm 눈금   0.5
딤블의      0.01mm 눈금  0.27  +
                        4.77mm
```

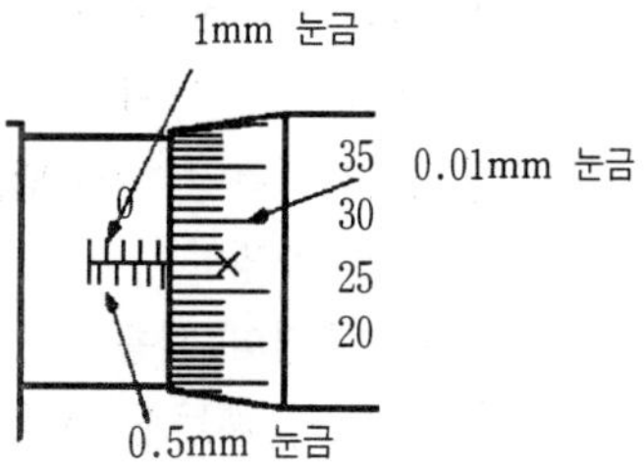

그림 8-2 마이크로미터의 눈금

8-8 다이얼 게이지

다이얼 게이지는 길이의 비교측정에 사용되며 평면이나 원통형의 평활도, 원통의 진원도, 축의 흔들림 정도 등의 검사나 측정에 쓰이고 시계형, 부채꼴형 등이 있다.
기타 게이지로 공차범위내 정밀하게 측정할 수 있는 하이케이터(hicator), 두께를 측정할 수 있는 다이얼 두께 게이지, 깊이를 측정할 수 있는 다이얼 깊이 게이지, 내경을 측정할 수 있는 실린더 게이지 등이 있다.

(1) 다이얼 게이지의 원리

모두가 스핀들의 적은 움직임을 지렛대나 기어장치로 확대하여 눈금과 지침으로 그 움직임을 읽는다. 눈금은 원둘레를 100등분하여 1눈금이 1/100mm를 나타내는 것이 보통이지만 특수한 것은 1/1000mm를 나타내는 것도 있다.

(2) 다이얼 게이지의 사용 범위

평행도, 직각도, 진원도, 두께, 깊이, 축의 굽힘 검사, 공작기계의 정밀도 검사, 회전축의 흔들림 검사, 기계가공에 있어서 흔들림 검사.

(3) 다이얼 게이지의 특징

① 측정범위가 넓다.
② 연속된 변위량의 측정이 가능하다.
③ 소형, 경량으로 취급이 용이하다.
④ 어태치먼트의 사용방법에 따라 측정이 광범위하다.
⑤ 다이얼 눈금과 지침에 의해서 읽기 때문에 읽기오차가 적다.
⑥ 다원측정(동시에 많은 개소의 측정이 가능)의 검출기로서 이용할 수 있다.

(4) 다이얼 게이지의 응용

① 다이얼 두께 게이지
② 다이얼 깊이 게이지
③ 진원도 측정 : 지름법, 반지름법, 3점법
④ 내경 측정
⑤ 큰 구면의 지름
⑥ 직각도, 흔들림 측정

8-9 하이트 게이지

대형 부품, 복잡한 모양의 부품 등을 정반 위에 올려놓고, 정반 면을 기준으로 하여 높이를 측정하거나 스크라이버(scriber) 끝으로 금긋기 작업을 하는데 사용한다.

(1) 아들자의 눈금 기입 방법

일반적으로 어미자 49mm를 50등분 한 아들자로서, 최소 측정값이 1/50mm로 되어 있고, 어미자 양쪽에 눈금을 새긴 것에는 1/20mm의 최소 측정값을 함께 사용하고 있다.

(2) 하이트 게이지 종류

하이트 게이지는 HT형, HM형, HB형의 세 종류가 있으며, HT형과 HM형의 복합형이 가장 많이 사용하고 있다. 호칭치수는 300mm, 600mm, 1,000mm가 있다.

8-10 게이지 블록의 용도

① 검사용(2급) : 공구절삭, 공구의 설치, 게이지 제작, 측정기의 조정.
　　　　　　　공작용으로 검사는 6개월, 정밀도(평행도 허용치)는 ±0.4μ
② 검사용(1급) : 기계부품 공구 등의 검사, 게이지 정도 검사.
　　　　　　　검사는 1년, 정밀도(평행도 허용치)는 ±0.2μ
③ 표준용(0급) : 일람용, 검사용, B/G의 정도 검사, 측정기류의 정도 검사.
　　　　　　　검사는 2년, 정밀도(평행도 허용치)는 ±0.1μ
④ 참조용(00급) : 표준용 B/G의 정도 검사, 학술용.
　　　　　　　 검사는 3년, 정밀도(평행도 허용치)는 ±0.05μ

8-11 한계 게이지

공차 부호의 방향은 통과측 플러그 게이지는 +로 하고, 정지측 게이지는 -로 한다.

(1) 테일러의 원리

테일러의 원리란 통과측에는 모든 치수 또는 결정량이 동시에 검사되고 정지측에는 각 치수가 개개로 검사되어야 한다. 라는 것으로 끼워 맞춤에 적용되는 것으로 테일러의 원리가 반드시 적용하는 것은 아니며, 게이지의 사용상 불편한 점도 있기 때문에 어느 정도 벗어난 것도 허용된다.

(2) 한계 게이지의 장점

① 검사하기가 편하고 합리적이다.
② 합·부 판정이 쉽다.
③ 취급의 단순화 및 미숙련공도 사용 가능
④ 측정시간 단축 및 작업의 단순화

(3) 한계 게이지의 단점

① 합격 범위가 좁다.
② 특정 제품에 한하여 제작되므로 공용사용이 어렵다.

(4) 표준 게이지

① 와이어 게이지 : 각종 선재의 지름이나 판재의 두께 측정에 사용된다.
② 틈새 게이지 : 미소한 틈새측정에 사용된다.
③ 피치 게이지 : 나사의 피치나 산수를 측정
④ 센터 게이지 : 나사바이트의 각도 측정
⑤ 반지름 게이지 : 곡면의 둥글기를 측정

(5) 구멍용 한계 게이지

구멍용 한계 게이지는 여러 가지 형상의 것이 있으며, 호칭 치수에 크기에 따라 다른 종류의 것이 사용된다. 즉, 호칭 치수가 비교적 작은 것은 플러그 게이지(plug gauge)가 사용되고, 그보다 큰 것은 평 플러그 게이지(flat plug gauge), 그 이상은 봉 게이지(bar gauge)가 사용된다.

(6) 축용 한계 게이지

이 한계 게이지는 ISO규격에 호칭치수 315mm 이하에서는 스냅 게이지를 사용하고 315mm를 초과하는 것에는 마이크로 인디게이터 부착 게이지 사용을 권장하고 있다. 단, 작은 지름에 대하여 통과측에는 링 게이지를 또 얇은 두께의 공작물에 대하여는 통과측, 정지측 모두 링 게이지를 사용하고 있다.

① 링 게이지(ring gauge)

지름이 작은 것이나 두께나 얇은 공작물의 측정에 사용된다. 링 게이지는 스냅 게이지에 비하여 가격이 비싸지만 테일러의 원리에 따라 통과측에는 링 게이지를 사용하는 것이 바람직하다.

② 스냅 게이지(snap gauge)
　스냅 게이지를 사용한 방법은 일반적으로 측정 압력이 작용하므로 취급에 주의하여야 한다.
　스냅 게이지는 테일러의 원리에 따라 정지측에만 사용하는 것이 좋으나, 게이지 원가 가격이 싸고 사용상 편리성, 축의 형상오차가 작다는 것 등을 고려하여 통과측, 정지측 모두 사용하고 있다.

8-12 공기 마이크로미터

공기 마이크로미터는 길이의 미소 변위를 공기의 압력 또는 공기량의 변화를 확대기구로 하여 지시부의 부자(float)에 의해 길이를 측정하는 것으로 유체역학의 원리를 응용한 것이다.

공기마이크로미터의 특징은 다음과 같다.
① 10만배 정도의 배율이 극히 높다.
② 피측정면과 무접촉으로 측정하므로 연질재료 측정이 가능하다.
③ 전용측정이므로 대량 연속측정에 활용 한다.
④ 타원, 테이퍼, 진원도, 진직도, 직각도, 평행도 등을 측정할 수 있다.
⑤ 원거리 자동측정에 활용한다.
⑥ 비교측정기 이므로 최대, 최소 두 개의 표준게이지가 있어야 한다.
⑦ 피측정물의 표면이 거칠면 실제치수보다 작게 측정된다.
⑧ 보조장치 및 공기압축원이 필요하다.

8-13 사인 바

삼각함수의 사인을 이용하여 임의의 각도를 설정 및 측정하는 측정기로서, 크기는 롤러 중심 간의 거리로 표시하며 일반적으로 100mm, 200mm를 많이 사용한다.

$$\sin\alpha = \frac{H}{L}, \quad H = L \times \sin\alpha$$
$$\alpha = \sin^{-1}\frac{H}{L}$$

사인바를 이용하여 각도 측정시 $\alpha > 45°$로 되면 오차가 커지므로 기준면에 대하여 45° 이하로 설정한다.

8-14 수나사 측정

유효지름을 측정은 나사 마이크로미터, 삼선법, 공구 현미경 등의 광학적 측정기로 하는 방법이 있다. 삼침법 측정방법은 $d_2 = M - 3d + 0.86603p$이다.

(1) 삼침법

나사 게이지 등과 같이 정밀도가 높은 나사의 유효지름 측정에 3침법(3선법)이 쓰이며, 지름이 같은 3개의 핀 게이지를 나사산의 골에 끼운 상태에서 바깥지름을 마이크로미터 등으로 측정하여 계산하며, 유효지름을 측정하는 가장 정밀한 방법이다.

(2) 나사 마이크로미터에 의한 방법

엔빌 측에 V홈 측정자를 스핀들 측에 원뿔형 측정자를 사용하여 유효지름 값을 직접 읽을 수 있다.

(3) 광학적인 방법

투영기, 공구현미경 등의 광학적 측정기에서 나사축 선과 직각으로 움직이는 전후이동 마이크로미터 헤드의 읽음 값으로 구할 수 있다.

제4편 기계가공법 및 안전관리

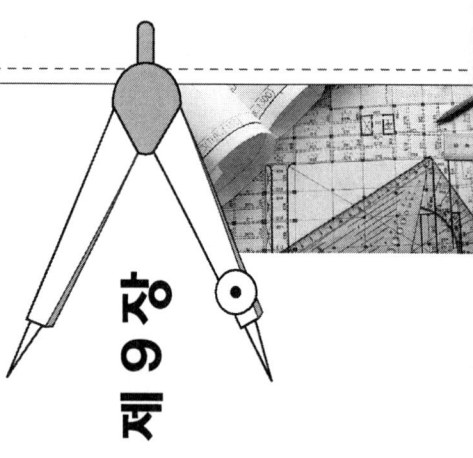

수기가공 (손 다듬질)

9-1 줄의 종류

(1) 단면 모양에 따른 종류

삼각줄, 평줄, 반원줄, 사각줄, 둥근줄 등 5종류가 있다.

(2) 줄눈의 형상에 따른 종류

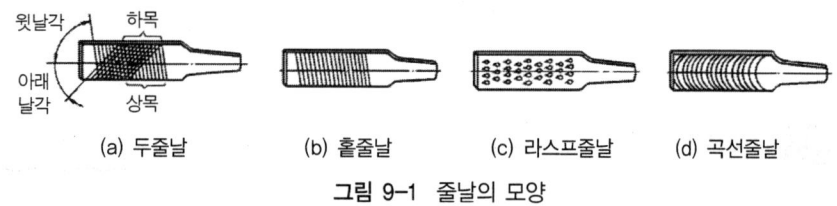

그림 9-1 줄날의 모양

① 단목(홑눈줄 : single cut) : 한쪽 방향(70~80°)으로만 눈을 만든 것으로, Pb, Sn, Al과 같이 연질재료 및 얇은 판금의 가장자리 절삭에 사용한다.
② 복목(겹눈줄 : double cut) : 일반적으로 다듬질용이며 두 개의 상하 날이 교차하도록 만든 것으로 상날(절삭)은 70~80°로 하부날(칩배출)은 40~45°로 되어 있으며 강과 주철과 같은 다듬 절삭에 사용하며 연한 금속, 일반 철공용으로 쓰인다.
③ 귀목(라스프줄 : rasp cut) : 줄날이 돌기 형식이며 목재, 가죽, 베크라이트 등 비금속재료의 거친 절삭에 사용한다.
④ 파목(곡선줄 : curved cut) : 줄날이 곡선으로 칩 배출이 용이하고 절삭 능력이 강력해서 납, Al, 플라스틱, 목재 등과 같은 재질 절삭에 사용한다.

(3) 줄눈의 크기에 따른 분류

대황목(아주 거친 눈)줄, 황목, 중목(중간 눈)줄, 세목(가는 눈)줄, 유목줄 등이 있으며 같은 가는눈 줄이라도 줄의 크기가 작은 쪽이 줄눈이 곱다.

(4) 조줄(set file)

단면 모양이나 다른 줄 5~12개를 1개조로 조합한 줄로서 금형이나 정밀가공에 사용된다. 줄자루가 없는 것이 특징이다.

9-2 줄 작업의 종류

(1) 직진법

줄을 길이 방향으로 직진시켜 절삭하는 방법으로 황삭 및 최종 다듬질 작업에 사용한다.

(2) 사진법

넓은 면 절삭에 적합하며, 절삭량이 많아 황삭 및 모따기에 적합하다.

(3) 횡진법(병진법)

줄을 길이 방향과 직각 방향으로 움직여 절삭하는 방법으로 폭이 좁고 길이가 긴 공작물의 줄 작업에 좋다.

9-3 리머 가공(reaming)

드릴로 뚫은 구멍은 보통 진원도 및 내면이 다듬질정도가 양호하지 못하므로 리머를 사용하여 구멍의 내면을 매끈하고 정확하게 가공하는 작업을 리머작업 또는 리밍(reaming)이라고 한다. 리머의 여유는 0.2~0.3mm 정도가 주로 사용된다.
리머재질은 고속도강으로 만든다.

(1) 리머의 종류

① 핸드 리머
② 기계 리머 : 채킹 리머, 조버스 리머, 브리지 리머
③ 테이퍼 리머 : 모스테이퍼 리머, 테이퍼핀 리머, 파이프 리머
④ 조정 리머 : 조정 리머, 팽창 리머

⑤ 셸 리머 : 자루와 날부가 별개로 되어있는 리머
⑥ 솔리드 리머 : 자루와 날부가 같은 소재로 된 리머

(2) 리머 작업시 유의사항

① 다듬여유를 작게 하고 낮은 절삭속도로써 이송을 크게 하면 좋은 가공면이 된다.
② 리머를 뺄 때 역회전시켜서는 안 된다.
③ 기름을 충분히 주어 칩이 잘 배출되도록 해야 한다.
④ 채터링(떨림)을 방지하기 위해 절삭날의 수는 홀수날이고 부등 간격으로 배치한다.

9-4 탭 및 다이스 가공

나사는 원통의 외면과 내면에 나선 모양으로 절삭한 것이며, 탭 작업(tapping)이란 드릴로 뚫은 구멍에 탭과 탭 핸들에 의해 암나사를 내는 작업이다.
다이스 작업(dies working)이란 둥근봉 또는 관 바깥지름 다이스(dies)를 사용하여 수나사를 내는 작업이다.

(1) 탭 작업(tapping)

탭(tap)은 나사부와 자루부분으로 되어 있으며 암나사를 만드는 공구이다.
① 핸드 탭 : 1번, 2번, 3번 탭의 3개가 1개조로 되어 있고, 탭의 가공률은 1번 : 55%, 2번 탭 : 25%, 3번 탭 : 20% 가공을 한다. 현장에서는 보통 2번, 3번 탭만으로 태핑을 한다.
② 기계 탭 : 작업능률을 향상시키기 위해 기계에 장치하여 나사를 내는 탭
  ㉠ 테이퍼 탭(taper tap) : 자루 부분의 지름을 너트의 구멍 지름보다도 가늘고 길게 만들고 챔퍼 부분의 테이퍼도 완만하게 한 것으로 대량생산에 사용한다.
  ㉡ 마스터 탭(master tap) : 다이스나 체이서 등을 만드는 탭이다.
  ㉢ 건 탭(gun tap) : 탭에 비틀림 홈이 있는 것으로(15°) 고속 절삭용이다.
  ㉣ 파이프 탭(pipe tap) : 가스 탭이라고도 하며, 가스관 또는 조인트에 암나사를 깎는 탭이다.
  ㉤ 스파이럴 탭(spiral tap) : 인성이 강한 강재에 대하여 절삭성이 좋고 절삭면이 매끈하게 다듬질된다. 나사부가 나선형으로 되어있다.
③ 탭 작업시 탭이 부러지는 이유
  ㉠ 구멍이 너무 작거나 구부러진 경우
  ㉡ 탭이 경사지게 들어간 경우
  ㉢ 탭의 지름에 적합한 핸들을 사용하지 않는 경우
  ㉣ 너무 무리하게 힘을 가하거나 빨리 절삭할 경우

ⓓ 막힌 구멍의 밑바닥에 탭의 선단이 닿았을 경우

④ 탭 구멍 : 탭 구멍의 지름은 다음과 같은 식으로 구할 수 있다.

미터나사 : $d = D - p$

인치 나사 : $d = 25.4 \times D - \dfrac{25.4}{N}$

여기서, d : 탭 구멍의 지름[mm]
D : 나사의 바깥지름[mm]
p : 나사의 피치[mm]
N : 1인치(25.4mm) 사이의 산 수

(2) 다이스 가공

다이스는 수나사를 만드는 공구로서 내면은 나사로 되어 있고 칩이 빠져 나올 수 있는 홈이 있다. 앞면에 2~2.5산, 뒷면에 1~1.5산 정도가 모따기로 되어있고 앞면을 공작물에 접촉시켜서 작업을 한다. 나사 지름을 조절할 수 있는 분할 다이스와 나사 지름을 조절할 수 없는 단체 다이스로 나눈다.

제10장 기계안전

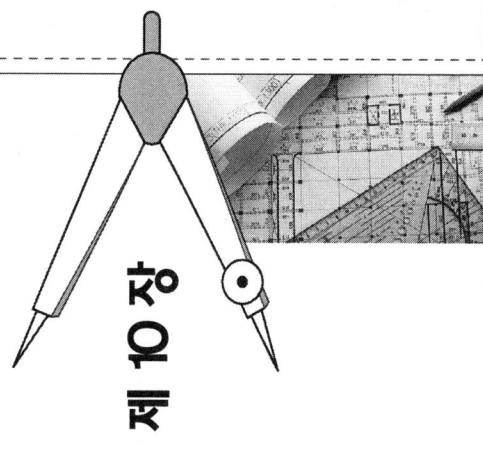

10-1 일반 공구류 작업의 안전수칙

① 공구는 작업 종류에 적합한 것을 사용하고, 용도 이외에 사용해서는 안 되며, 사용 전에 점검하여 불안전한 것은 절대로 사용해서는 안 된다.
② 불량 공구는 되도록 반납하고, 함부로 수리해서는 안 된다.
③ 공구나 손에 기름이 묻어 있을 때는 깨끗이 닦아낸 다음 사용하여야 한다.
④ 공구는 항상 일정한 장소에 비치하여 두고 질서 있게 보관되어야 한다.
⑤ 공구는 절대로 던지면 안 되며, 무리하게 조작해서는 안 된다.
⑥ 공구는 기계, 재료, 발판, 난간 등 떨어지기 쉬운 곳에 놓지 않도록 한다.
⑦ 작업이 완료되었을 때는 수량, 훼손, 여부 및 이상 유무를 확인하여야 한다.

10-2 해머 작업의 안전

① 손잡이가 금이 갔거나, 머리가 손상된 것, 쐐기가 없는 것, 모양이 찌그러진 것은 사용하지 않는다.
② 공동 작업을 할 때에는 호흡을 잘 맞추고 신호에 유의를 하고 주위를 잘 살펴야한다.
③ 기름이 묻은 손이나 장갑을 끼고 작업하지 않으며, 처음부터 큰 힘을 주어 작업하지 않는다.
④ 녹이 슨 재료를 작업할 때는 보호 안경을 착용하여야 하며, 열처리된 재료는 해머로 때리지 않도록 주의한다.
⑤ 좁은 곳이나 발판이 불안한 곳에서는 해머작업을 하지 않는다.

10-3 공작 기계의 안전

일반 공작기계의 기계 점검은 작업 전에 기계의 주요부분, 안전장치 또는 방호 장치를 확인 점검하며, 기계의 기능을 충분히 발휘할 수 있는지 확인하는 마음의 자세가 더욱 중요하다. 기계의 점검은 일반적으로 정지 상태와 운전상태로 분류하여 점검토록 한다.

[기계 정지 상태의 점검]
① 급유 상태
② 주행 기타의 섭동 부분
③ 전도기와 개폐기
④ 나사, 볼트 너트의 풀림상태
⑤ 안전장치와 동력 전달장치
⑥ 힘이 작용하는 부분의 손상 유무 및 기타

[운전상태로 점검하는 부분]
① 시동 정지 장치의 기능
② 기어의 결합 상태
③ 클러치의 상태
④ 베어링의 온도 상승 상태
⑤ 섭동부의 상태
⑥ 이상 음향의 유무 및 기타

10-4 선반 작업의 안전

① 회전중인 공작물의 가공면에 손을 대지 말아야 하며, 치수를 측정할 때는 기계를 정지시키고 측정을 한다.
② 선반의 베드 위나 공구대 위에 직접 측정기나 공구를 올려놓지 말아야 하고, 심압대 스핀들이 지나치게 앞으로 나와서는 안 된다.
③ 작업복의 소매 자락이 회전 공작물에 말려들지 않도록 복장을 단정하게 한다.
④ 기어를 변속할 때, 바이트 및 기타 공구 장치를 교환, 제거할 때에는 기계를 정지시킨 후 작업을 하여야 한다.
⑤ 칩(Chip)이 발산 될 때는 보안경을 쓰고, 맨손으로 칩을 제거하지 않고, 갈고리를 사용하도록 한다.
⑥ 내경 작업 중에 구멍 속에 손가락을 넣어 청소하거나 점검하려고 하면 안 된다.
⑦ 양 센터 작업에는 공작물의 크기에 알맞은 돌리개를 사용하고, 가늘고 긴 공작물을 가공할 때는 방진구를 사용한다.
⑧ 선반의 운전 중 이송 작동을 시켜놓고 자리를 이탈하지 않도록 한다.
⑨ 선반 가동 전에 척 핸들을 빼었는지 확인하고 기계의 윤활 부분을 점검한다.
⑩ 긴 공작물이 기계 밖으로 돌출 되었을 때는 빨간 천을 부착하여 위험 표시를 한다.
⑪ 작업 중 진동으로 인하여 공작물의 고정 나사 및 조가 풀어질 우려가 있으므로 수시로 점검 확인한다.

⑫ 센터 작업 중에는 심압대 센터에 자루 윤활유를 주어 센터가 타지 않도록 하며, 센터가 일감에서 빠져 나오지 않도록 조심한다.
⑬ 사고가 있거나 부상을 입었을 경우에는 즉시 남의 도움을 청하고 관계 직원에게 보고한다.

10-5 드릴 머신의 작업안전

① 회전하고 있는 주축이나 드릴에 옷자락이나 머리카락이 말려들지 않도록 주의한다.
② 드릴을 회전시킨 후 머신 테이블은 조정하지 않으며, 공작물은 완전하고 고정한다.
③ 드릴을 고정하거나 풀 때에는 주축이 완전히 정지된 후에 확인하여야 한다.
④ 시동 전 드릴이 바른 위치에 안전하게 고정되었는가를 확인하여야 한다.
⑤ 드릴이나 드릴 소켓 등을 뽑을 때에는 드릴 뽑기를 사용하며 해머 등으로 두들겨 뽑지 않는다.
⑥ 얇은 판의 구멍 뚫기에는 보조판 나무를 사용하는 것이 좋다.
⑦ 구멍 뚫기가 끝날 무렵은 이송을 천천히 하며 장갑을 끼고 작업을 하지 않는다.

10-6 밀링 작업의 안전

① 공작물과 공구는 정확히 장착하고, 공작물 및 공구제거시 시동레버를 주의를 요한다.
② 정면 커터 작업시에는 칩이 튀어나오므로 칩 커버를 설치하고 커터 날 끝과 같은 높이에서 절삭 상태를 관찰하여서는 안 된다.
③ 가공 중에 기계에 얼굴을 가까이 대지 말고, 주축 회전 중 밀링 커터 주위에 손을 대거나 브러시를 사용하여 칩을 제거해서는 안 된다.
④ 테이블 위에 측정기나 공구류를 올려놓지 않으며, 절삭 공구나 공작물을 설치 할 때 시동레버가 접촉되기 쉬우므로 전원을 끄고 작업한다.

10-7 연삭 작업의 안전

① 작업시작 전 숫돌은 3분 이상 공회전 하며, 연삭기의 외부를 점검하고 안전장치가 제자리에 있으며, 이상 유무 관계를 확인한다.
② 숫돌은 각 연삭기 종류에 규정된 것을 사용하여야 하며, 갈아 끼울 때에는 나무망치 등으로 가볍게 두드려서 소리(청음 양호)를 들어보고 균열이 없는가를 확인하고, 숫돌의 균형을 맞춘 다음 사용토록 한다.

③ 플랜지의 지름은 숫돌 지름의 1/3~1/2의 것을 사용한다.
④ 숫돌의 설치가 안전한가를 확인하고 패킹이 없는 숫돌은 미리 플랜지와 숫돌 사이에 플랜지와 같은 지름의 패킹을 끼운다.
⑤ 숫돌의 설치가 끝나면 최소한 3분 이상은 공회전 시켜야 하며, 작업자는 숫돌의 회전 방향에서 몸을 비키도록 한다.
⑥ 플랜지의 조임 볼트는 정확하게 대각선 방향으로 렌치를 사용하여 조이고, 해머 등으로 볼트를 두드려서 조이지 않는다.
⑦ 공작물의 받침대가 설치된 연삭기는 공작물 받침대와 연삭숫돌 사이의 틈새가 3mm(1~5가 적당) 이내가 되도록 조정 작업을 한다.
⑧ 연삭 작업은 반드시 시동 전에 보안경을 착용하도록 하고, 흡진 장치가 되지 않은 연삭 작업은 방진 마스크를 쓰고 작업한다.
⑨ 평형 숫돌은 측면에 작용하는 힘에 약하므로 가급적 측면은 사용하지 않도록 한다.
⑩ 연삭숫돌은 항상 드레싱 하여 사용하고 작업시 진동이 심하면 작업을 곧 중지시킨다.
⑪ 공작물과 숫돌의 접촉은 조심성 있게 가볍게 하고 적당한 압력으로 연삭 한다. 갑자기 힘을 주어서 밀어붙이지 않도록 한다.
⑫ 숫돌 커버가 규정에 맞고, 안전하게 설치되어 있는지 확인 점검하고, 작업시 커버를 벗겨놓지 않는다.
⑬ 정지하고 있는 숫돌에 연삭액을 주지 않도록 한다.

10-8 기계의 안전 점검 검사

기계의 안전사고가 발생하기 전에 적절한 예방책을 강구하기 위해서 모든 생산 작업장에서는 불안전한 작업 방법 및 행동과 불안전한 물체 및 기계의 상태를 조사하여 위험성을 없애는 수단을 일반적으로 안전 점검 검사라 한다.

(1) 일상 안전 점검 검사

일상 점검은 주로 과거의 실적 데이터와 기술적 검토를 기초로 하여 작성된 일상 점검 기준서에 의해서 일상 운전 중에 실시한다. 이 점검 기준서는 기계 장치의 종류에 따라서 점검개소, 점검기간, 점검방법 및 내용 등이 다르다.

(2) 정기 안전 점검 검사

정기 점검은 점검표(Check list)를 만들어서 이에 실행하는 것이 일반적이고 편리하다. 이 점검표는 생산 공정 및 작업 형태에 따라 알맞도록 작성하며 보통 정기 점검을 할 때에는 설비의 노후화 속도가 크고 위험성이 현저한 것부터 중심적으로 다루어야 한다.

(3) 예방보전

산업 재해의 가능성을 조기에 발견하기 위해서는 작업 현장의 기계, 장치의 효율적인 관리를 위해서도 손상되기 쉬운 곳에 대해서는 지난 날의 실적으로 미루어 보아 그 부품에 대한 수명을 미리 예상하여서, 수명이 다 되었다고 생각되면 미리 교체하여야 한다.

이와 같이 고장을 일으키기 전에 합리적인 기계 설비 관리에 의해서 항상 정상적으로 유지할 수 있도록 정비하는 것을 예방 보전이라 하며 매우 중요한 일이다. 기계 및 장치는 예방 보전에 의해서 고장 발생의 기회가 줄어들므로 안전성이 더욱 유지될 수 있게 된다.

10-9 산업안전

(1) 설계의 안전화(충분한 강도)

기계 설비를 구성하는 요소들은 그 요소에 작용하는 최대하중, 응력집중, 하중의 조류(정하중, 동하중, 충격하중, 반복하중)를 예측하여 안전율을 고려한 강도계산에 의하여 구조 및 치수를 결정해야 한다.

안전율의 계산은 다음 식에 의한다.

$$\text{안전율} = \frac{\text{극한강도}}{\text{최대응력}} = \frac{\text{파단하중}}{\text{허용하중}}$$

(2) 적합한 재질

(3) 가공시의 안전성

10-10 산업 재해율

(1) 천인율

재해발생 빈도를 나타내는 것으로 다음 식에 의한다.

$$\text{천인율} = \frac{\text{근로재해건수}}{\text{평균근로자수}} \times 1,000$$

(2) 도수율

재해발생 빈도를 나타내는 것으로 다음 식에 의한다.

$$도수율 = \frac{근로재해건수}{근로연시간수} \times 1{,}000{,}000$$

(3) 강도율

재해 발생에 의한 손실 정도를 나타내는 것으로 다음 식에 의한다.

$$강도율 = \frac{근로총손실일수}{근로연시간수} \times 1{,}000$$

10-11 안전표지와 색채 사용도

① 빨강(적색) : 고도의 위험, 방화금지, 방향표시, 규제 등에 사용
② 주황색(오렌지색) : 항공의 보안시설, 위험표지
③ 황색 : 피난, 충동, 장애물 등의 주의표시
④ 자주색 : 방사능 위험표시
⑤ 녹색 : 안전지대 표시, 위생, 대피소, 구호소위치
⑥ 청색 : 지시, 주의, 수리 중, 송전중 표시
⑦ 백색 : 주의표시, 정리정돈, 통로, 글씨 및 보조색
⑧ 흑색 : 방향표시, 글씨
⑨ 파랑 : 출입금지

10-12 작업별 조명도

① 초정밀 작업 : 750Lux
② 정밀작업 : 300Lux
③ 보통작업 : 150Lux
④ 기타작업 : 75Lux

10-13 소 음

① 안락한계 : 45~65dB
② 불쾌한계 : 65~120dB
③ 허용한계 : 85~95dB

10-14 화 상

① 1도 화상 : 홍반성으로 피부가 붉게 되고 따금따금 아프다. 냉찜질 또는 습포질을 한다.
② 2도 화상 : 수포성으로 피부가 붉게되고 물집이 생긴다. 냉찜질을 하고 물집은 터트리지 않는다.
③ 3도 화상 : 괴사성으로 피하조직이 죽어서 회백색, 흑갈색으로 변하다. 전문의사에게 치료를 받아야 한다.

10-15 감 전

일반적으로 1.2mA 전후의 전기가 인체에 흐르면 무감각하고 정도를 넘으면 근육에 경련을 일으켜 심신이 자유를 잃어 호흡곤란, 호흡정지, 인사불성, 심장 장애를 일으킨다.

[응급조치]
① 전원을 끊는다.　　　　　② 환자를 안정시킨다.
③ 전신마사지를 한다.　　　④ 체온을 보호시킨다.

10-16 소화기의 용도

① 보통화재(A급) : 포말소화기(가장 적합), 분말소화기, CO_2소화기
② 기름화재(B급) : 포말소화기(적합), 분말소화기(적합), CO_2소화기
③ 전기화재(C급) : CO_2소화기(가장 적합), 분말소화기

컴퓨터응용밀링기능사

제 5 편

CNC 공작법

제 1 장 CNC 공작기계의 개요
제 2 장 CNC 선반
제 3 장 CNC 머시닝센터

제5편 CNC공작법

제1장 CNC 공작기계의 개요

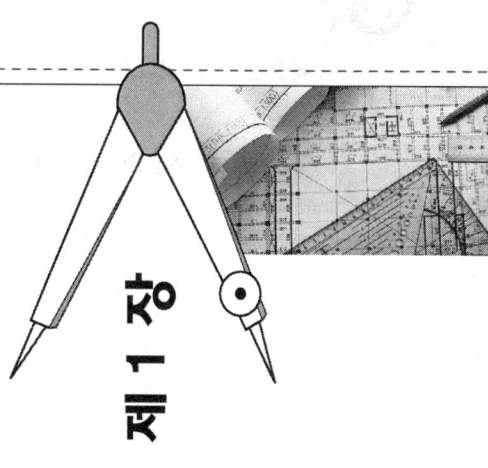

1-1 CNC의 개요

CNC 공작기계의 출현으로 산업현장에서 작업자가 손으로 움직였던 기계의 조작이 자동화됨은 물론 손 조작으로 불가능했던 자동차모형 등과 같은 형상이 복잡한 부품도 가공할 수 있어 정밀도 및 제작능률을 더욱 높일 수 있게 되었다.

1. NC의 정의

(1) NC(Numerical Control)

수치제어의 정보를 지령하여 공작기계의 운전을 자동으로 제어하는 것.

(2) CNC(Computer Numerical Control)

Computer를 내장한 NC를 말하며 기억소자인 반도체와 관련 기술의 급격한 발달로 컴퓨터가 기능과 가격 면에서 크게 진보되고, 소형화되자 이를 NC장치에 내장한 것이다.

2. NC 공작기계의 정보 처리과정

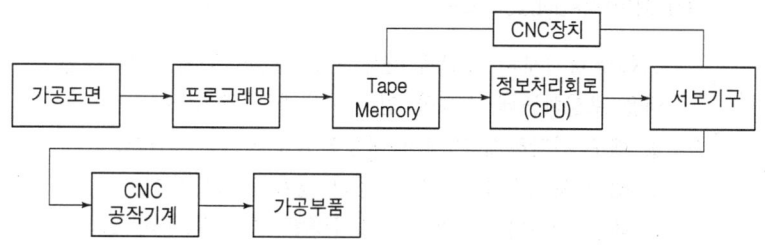

3. NC의 발전과정 5단계

① NC : 공작기계 1대를 NC 1대로 단순 제어하는 단계
② CNC : 1대의 공작기계가 여러 종류의 공구를 자동적으로 교환하면서(ATC장치) 여러 종류의 가공을 하는 복합 기능 수행 단계
③ DNC(Direct Numerical Control) : 1대의 컴퓨터로 여러 대의 공작기계를 자동적으로 제어하면서 생산 관리적 요소를 생략한 시스템 단계
④ FMS(Flexible Manufacturing System) : 여러 종류의 다른 공작기계를 제어함과 동시에 창고, 조립 및 생산관리도 컴퓨터로 하여 자동화한 시스템 단계(유연한 생산 시스템)
⑤ CIMS(Computer-Integrated Manufacturing System) : FMS에서 생산관리, 경영관리까지 총괄하여 제어하는 단계(컴퓨터 통합가공)

4. CNC의 경제적 효과

(1) 산업사회에서 CNC기계의 경제적 효과의 장점과 단점

[장점]
① 경영관리 유연성
② 치공구 비용의 감소
③ 자동화 및 성역화 실현
④ 가공에 소요되는 시간 단축
⑤ 생산의 유연성 향상
⑥ 사용기계 대수 절감 및 공장크기 축소
⑦ 재고의 감소
⑧ 공구수명 연장
⑨ 안전사고의 예방

[단점]
① 투자비용이 과다
② 관리비용의 과다
③ 작업자 및 프로그래머의 비용증대

5. 경제성 평가방법

(1) 페이백(Payback)방법

CNC공작기계의 도입에 따른 연간 절약비용의 예측 값을 투자액에 비교하여 투자액을 보상하는데 필요한 연수를 구하는 방법이다.
① 매우 간단하게 기계의 내용연수를 구할 수 있다.
② 쉽게 못쓰게 되는 장치 등의 평가에 적합하다.
③ 내용 연수가 긴 기계의 평가방법으로 정확성이 떨어진다.

(2) MAPI(Manufacturing and Applied Products Insitute Method) 방법

구입을 계획하고 있는 CNC 공작기계에 의한 최초 연도의 부품생산 비용을 현재가
지고 있는 CNC 공작기계에 의한 비용과 비교하여 평가하는 방법이다.
① 가장 많이 사용
② 공작기계의 교체에 좋은 평가방법
③ 어느 일정기간이 아니더라도 사용할 수 있는 평가 방법

6. CNC 구성요소

(1) CNC 공작기계의 주요 구성요소

① 컨트롤러(Controller) : 천공테이프에 기록된 언어, 즉 정보를 받아서 펄스(pulse)
화시킨다. 이 펄스화된 정보는 서보기구에 전달되어 여러 가지 제어 역할을 한다.
② 서보모터(Servo Motor) : 펄스에 의한 각각 지령에 의하여 대응하는 회전 운동을
한다.
③ 서보기구(Servo Unit) : 펄스화된 정보는 서보기구에 전달되어 정밀도와 아주 관계
가 깊은 X, Y, Z 등 각 축을 제어한다.
④ 볼 스크류(Ball Screw) : 서보 모터에 연결되어 있어 서보 모터의 회전 운동을
직선운동으로 바꾸어 주는 장치
⑤ 리졸버(Resolver) : 기계의 움직임을 전기적인 신호로 표시하는 장치
⑥ 엔코더(Encoder) : 서보 모터 회전운동의 위치검출 및 이송속도를 검출하는 장치
이고 서보 모터 뒤쪽에 부착되어 있다.

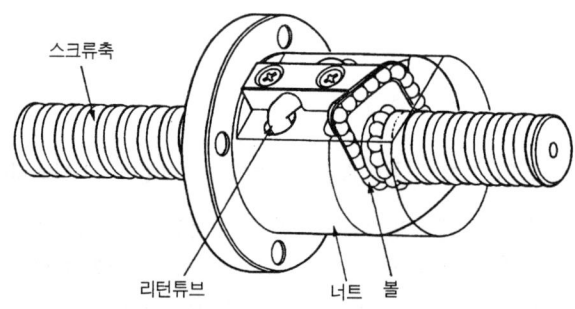

그림 1-1 볼 스크류

(2) 공정의 흐름도

부품도면에서 가공까지 공정의 흐름도는 다음과 같다.

① 부품도면 → ② 가공계획 ┌ • CNC가공범위와 사용기계선정
　　　　　　　　　　　　　• 가공물 척킹방법 및 치공구 선정
　　　　　　　　　　　　　• 가공순서 결정
　　　　　　　　　　　　└ • 가공할 공구 선정

→ ③ 파트프로그래밍 → ④ 천공테이프 → ⑤ CNC장치 → ⑥ 공작기계 → ⑦ 가공물

(3) 군관리(DNC) 시스템

CNC공작기계의 작업성 및 생산성을 향상시키는 동시에 이것을 CNC 공작기계 군으로 시스템 하여 그 운용을 제어 및 관리하는 시스템이다. DNC시스템의 4가지 기본요소는 다음과 같다.

① 중앙 컴퓨터
② NC프로그램을 저장하는 기억장치
③ 통신선
④ 공작기계

(4) 유연한 생산(FMS : Flexible Manufacturing System)시스템

FMS의 장점은 다음과 같다.

① 생산성 향상
② 생산 준비시간 단축
③ 재고품 감소
④ 임금절약
⑤ 생산품 품질향상
⑥ 작업 안전도 향상

(5) 컴퓨터 통합 가공(CIMS : Computer Intrgratad Manufacturing System)시스템

CIMS를 채용하면 다음과 같은 이점을 얻을 수 있다.

① 더욱 짧은 제품 수명주기와 시장의 수요에 즉시 대응할 수 있다.
② 더 좋은 공정제어를 통하여 품질의 균일성을 향상시킨다.
③ 재료, 기계, 인원을 잘 활용할 수 있고 재고를 줄임으로서 생산성을 향상시킨다.
④ 전체생산과 경영관리를 더욱 잘 할 수 있으므로 제품의 비용을 낮출 수 있다.

(6) 서보기구 종류

① 개방회로 제어방식(Open Loop System)

구동모터로는 스태핑 모터(Stepping Motor)가 사용되며, 검출기나 피드백 회로를 가지지 않기 때문에 정밀도가 낮아 오늘날 NC 기계에는 거의 사용하지 않는다.

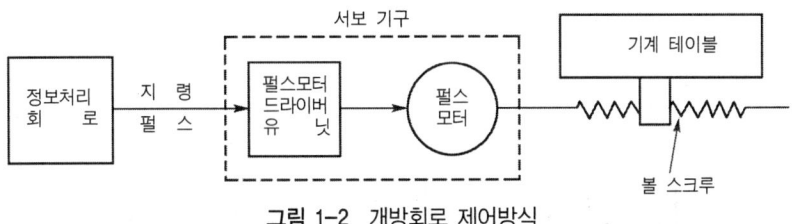

그림 1-2 개방회로 제어방식

② 반 폐쇄 회로 방식(Semi-Closed Loop System)

서보 모터의 축 또는 볼 스크류의 회전 각도를 통하여 위치를 검출하는 방식으로 직선 운동을 회전 운동으로 바꾸어 검출한다. CNC 공작기계에 이 방식을 많이 사용한다.

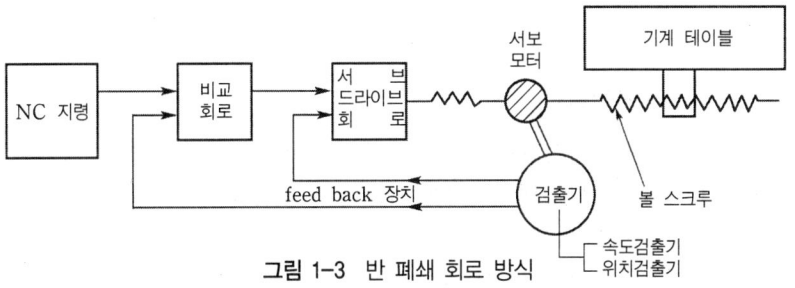

그림 1-3 반 폐쇄 회로 방식

③ 폐쇄 회로 방식(Closed Loop System)

기계의 테이블에 직접적으로 스케일(Scale)을 부착하여 위치편차를 피드백 시키는 방식으로 반 폐쇄회로 제어방식과 제어방식은 같지만 정밀도가 높아 고정밀도의 공작기계나 대형 공작기계 등에 많이 사용한다.

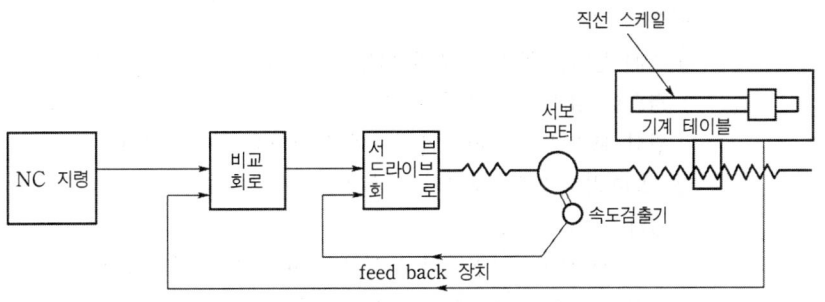

그림 1-4 폐쇄 회로 방식

④ 복합회로 제어방식(Hybrid Loop System)

반 폐쇄회로 제어방식과 폐쇄회로 제어방식을 결합한 제어 방식으로 반 폐쇄회로의 높은 게인(Gain : 증폭기 등의 입력에 대한 출력의 비율)을 이용하여 제어하며 기계의 오차는 직선형(Linear) 스케일에 의한 폐쇄회로로써 보정하여 정밀도를 향상시킨다. 대형 공작기계와 같이 강성을 충분히 높일 수 없는 기계에 적합한 방식이다.

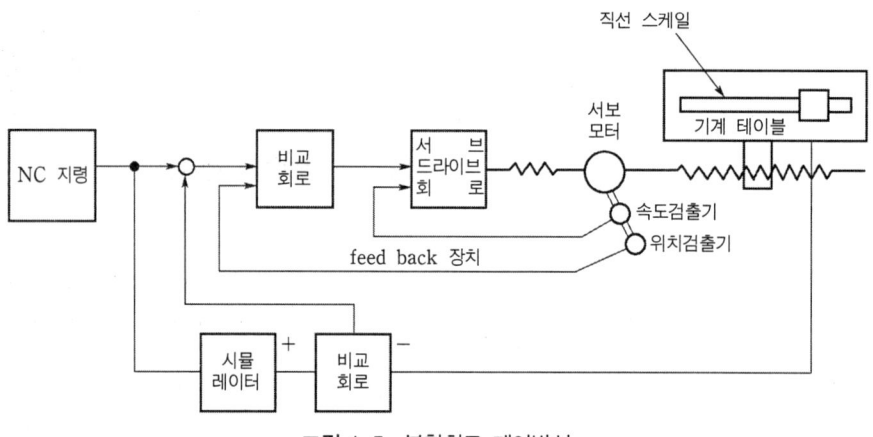

그림 1-5 복합회로 제어방식

(7) NC제어방식

① 위치결정제어 : 공구의 최후 위치만 제어하는 것. [예] 드릴링, 스폿용접기 등
② 직선절삭제어 : 기계 이동 중에 절삭을 행할 수 있는 제어. [예] 선반, 밀링, 보링머신 등
③ 윤곽제어 : 곡선 등의 복잡한 형상을 연속 제어하는 것. [예] 2차원, 3차원 이상의 제어에 사용

(8) NC의 펄스 분배방식

윤곽제어를 할 때 펄스를 분배하는 방식에는 MIT방식, DDA방식, 대수연산방식의 3가지가 있다. 초기에는 대수연산방식이 사용하였으나, 현재는 DDA방식이 주류를 이루고 있다.

① MIT 방식 : X축, Y축의 이동을 균등하게 하기 위하여 양쪽으로 적당한 시간 간격으로 펄스를 발생시켜 실선으로 움직이도록 근사시키는 방법으로 2차원 2.5차원의 보간은 가능하지만 3차원의 보간은 불가능하다.
② DDA방식 : 직선보간의 경우에 우수한 성능을 가지고 있어 현재 주류를 이루고 있다.
③ 대수연산방식 : X축과 Y축의 방향을 한정하고 계단식으로 이동하여 접근하는 방식으로 원호보간에 유리하다.

1-2 CNC 공작기계에 의한 절삭가공

1 기계 조작판 사용법

1. 기계 조작판 스위치 설명

(1) 모드 스위치(mode switch)

작업(조작)의 종류를 결정한다.
① DNC : DNC운전을 한다.
② 편집(edit) : 프로그램의 신규 작성 및 메모리에 등록된 프로그램을 수정
③ 자동운전(auto) : 메모리에 등록된 프로그램 자동운전
④ 반자동(MDI : manual date input) : 프로그램을 작성하지 않고 기계를 동작시킨다. 공구회전, 주축회전 간단한 절삭이송 지령에 사용.
⑤ 핸들(handle) 또는 MPG(manual pulse generator) : 조작판의 핸들을 이용하여 축을 이동 시킬 때 사용하며, 핸들의 한 눈금(1 pulse)당 이동량은 0.001mm, 0.01mm, 0.1mm 등이 있다.
⑥ 수동절삭(jog) : 공구이송을 연속적으로 외부 이송속도 조절 스위치의 속도로 이송시키며, 주로 엔드밀(end mill)의 직선절삭, face mill의 직선절삭 등 간단한 수동 작업에 쓰인다.
⑦ 급송이동(rpd : rapid) : 공구를 급속으로 이동시킨다.
⑧ 원점복귀(zrn : zero return) : 공구를 기계원점으로 복귀시키며, 조작판의 원점 방향 축 버튼을 누르면 자동으로 기계원점까지 복귀하고 원점복귀 완료램프가 점등한다.

(2) 급속 오버라이드(rapid override)

자동, 반자동, 급속이송 mode에서 G00의 급속 위치결정 속도를 외부에서 변화를 주는 기능이다.

(3) 이송속도 오버라이드(feed override)

자동, 반자동 mode에서 지령된 이송속도(feed)를 외부에서 변화시키는 기능이며, 보통 0~150%까지이고 10%의 간격으로 이동된다.

(4) 주축속도 오버라이드(spindle override)

mode에 관계없이 주축속도를 외부에서 변화시키는 기능

(5) 비상정지 버튼(emergency stop button)

돌발적인 충돌이나 위급한 상황에서 작동시키며, 버튼을 누르면 비상정지(stop)하고 main전원을 차단한다. 비상정지 해제는 화살표 방향으로 돌리면 버튼이 튀어나오면서 해제된다.

(6) 자동개시(cycle start) 및 이송정지(feed hold)

① 자동개시 : 자동, 반자동, DNC mode에서 프로그램을 실행한다.
② 이송정지 : 자동개시의 실행으로 진행 중인 프로그램을 정지시킨다. 이송 정지 상태에서는 자동개시 버튼을 누르면 현재 위치에서 재개된다.

(7) 핸들(MPG :manual pulse generator)

축(axis)의 이동을 핸들(mpg) mode에서 펄스단위로 이동시키며, 펄스 단위는 0.001mm, 0.01mm, 0.1mm 등이 있다.

(8) 기타 스위치

① 드라이런(dry run) : 이 스위치가 ON되면 프로그램에 지령된 이송속도를 무시하고 JOG속도로 이송된다.
② 싱글 블록(sigle block) : 자동개시의 작동으로 프로그램이 연속적으로 실행하지만 싱글 블록 기능이 ON되면 한 블록씩 실행된다.
③ 옵쇼날 블록 스킵(optional block skip) : 선택적으로 프로그램에 지령된 "/"(슬래쉬)에서 " ; "(EOB)까지를 건너뛰게 할 수 있다.
④ 절삭유(coolant on, off) : 절삭유의 사용을 제어한다. 프로그램에서 지령한 M08, M09보다 우선한다.
⑤ 행정오버 해제(emg-limit switch release) : 기계 최대영역의 마지막에 설치되어 있는 limit switch까지 기계가 이동하면 행정오버 알람이 발생된다. 알람을 해제하기 위해서 이 스위치를 누르고 있는 상태에서 행정 오버된 축을 반대로 이동시키면 된다.
⑥ 프로그램 보호 키(program protect key) : 프로그램의 편집(수정, 삽입, 삭제, 변경)이나 파라메타를 key OFF 상태에서 변경할 수 있다.

CNC 선반

2-1 CNC 선반의 개요

1. CNC 선반의 구성

CNC 선반의 구성는 제작회사에 따라 CNC 장치의 종류, 주축대 및 공구대의 배열에 따라 각각의 다른 특징을 가지고 있으며, 구성을 크게 나누면 기계본체 부분과 CNC 장치부분으로 구분할 수 있다.

CNC 선반을 기능별로 표시하면 다음과 같다.
- 본체 : ① 주축대(head stock), ② 공구대(tool post), ③ 척(chuck), ④ 이송장치 - Boll Screw
- CNC 장치 : ① 서보모터(servo motor), ② 지령방식, ③ 위치 검출기, ④ 포지션 코더(position coder)

(1) 주축대(head stock)

주축대는 스핀들 서보모터(spindle servo motor)의 회전을 벨트 및 변환 기어를 통해 스핀들(spindle) 선단에 있는 척(chuck)을 회전시키고, 척에 물린 공작물을 회전시킬 수 있는 시스템이다. 일반적으로 주축의 회전은 무단변속으로 회전수를 프로그램에 의해 지령하고, 변속장치가 없는 소형기계와 변속장치가 있는 중형 이상의 기계가 있다. 그리고 벨트 전동으로 슬립이 발생되는 문제를 해결하는 포지션 코더 (position coder)가 설치되어 실제 공작물의 회전수를 검출한다.

(2) 공구대(tool post)

공구대는 공구를 장착하는 장치로서 회전 공구대(turret)와 갱(gang)타입 공구대가 있다.

회전 공구대는 일반적으로 회전 드럼의 4~12개 station에 각종 공구를 장착하여 프로그램에 의해 선택하여 사용한다. 매회 공구선택의 위치 정밀도는 회전 공구대 내부의 커플링(coupling)에 의해 정밀한 위치를 결정을 하게 구성되어 있고, 회전 드럼의 회전력은 유압 또는 전기모터로 회전시킨다.

(3) 척(chuck)

공작물을 고정하는 척(chuck)은 유압으로 작동하는 유압척과 공기압력으로 작동하는 공압척 및 특수척이 사용된다.

척 죠(chuck jaw)를 작동시키는 실린더는 로터리 실린더를 사용하여 공작물 회전 중에도 공작물 물림압력이 저하되지 않으며, 공작물의 형상이나 재질에 따라 척의 압력을 조절하여 공작물이 변형되지 않고 이탈하는 것을 방지할 수 있어야 한다.

(4) 심압대(tail stock)

심압대(tail stock)은 가늘고 긴 공작물을 가공할 때 휨 현상이나 떨림을 방지하기 위하여 공작물 중심을 지지하는 장치이다.

심압대의 스핀들에는 회전센타(live center)를 끼워 공작물을 지지하는데 이용하고 유압이나 공기압을 사용하여 공작물을 지지하기 때문에 센터드릴이나 드릴은 심압대에 끼워 사용할 수 없다.

(5) 조작판

조작판은 CNC선반을 조작할 수 있는 스위치가 집결되어 있으며, 같은 콘트롤러(controller)를 사용해도 공작기계 메이커에 따라 스위치(switch) 모양과 종류에 따라 조작방법차이가 있다.

(6) 서보모터(servo motor)

서보모터(servo motor)는 정보처리회로(CPU)의 명령에 따라 공작기계 테이블(table) 등을 움직이게 하는 모터(motor)이다.

일반 3상 모터와는 달리 저속에서도 큰 토오크(torque)와 가속성, 응답성이 우수한 모터로서 속도와 위치를 동시에 제어한다.

속도제어와 위치검출은 엔코더(encoder)에 의하며, 일반적으로 모터 뒤쪽에 붙어 있다.

2. 인서트(insert), 툴 홀더 표기법(ISO)

절삭공구 제작사마다 약간의 차이는 있으므로 공구선정시 상세한 것은 제작사의 Catalog를 참고하여 선정하기 바라며 여기서는 일반적인 사항과 ISO규격을 토대로 소개하기로 한다.

(1) 형상 및 크기

① 형상은 가능한 강도가 크고 경제적인 큰 코너각의 인서트를 선정한다.
② 인서트 크기는 최소 크기를 선정하며 최대 절삭깊이는 인선길이의 1/2정도가 적당하다.

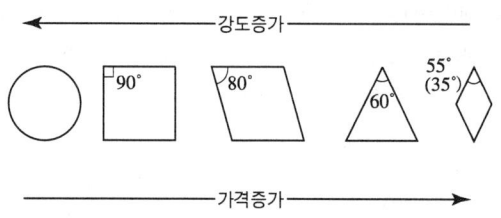

그림 2-1 코너각에 따른 강도와 가격 증가

(2) 인서트 형번 표기법

간단히 요약 설명하였으며 자세한 사항은 ISO규격표를 참고한다.

① ISO 선삭용 인서트 규격(예시)

T	N	M	G	16	04	08	B25
①	②	③	④	⑤	⑥	⑦	⑧

② ISO 선삭용 인서트 규격 요약 설명

번호	구 분	형상 분류	요 약 설 명
①	인서트 형상	C, D, E, K, L, R, S, T, V, W	• 코너각이 클수록 강도가 증가하고 작을수록 모방 절삭이 가능 • 강도가 크고 경제적인 큰 코너각를 선정
②	주절인 여유각	B, C, D, E, F, N, O, P, T	• 여유각이 클수록 강도는 저하되고 절삭 저항은 감소 • "O"번 Special
③	공 차	A, C, H, E, G, J, K, L, M, U	• 인서트 형상 제작시 공차를 의미하며 정밀작업의 공구보정에 고려한다.
④	단면형상	A, B, C, F, G, H, J, M, N, Q, R, T, U, W, X	• 공구수명을 고려하여 단면형상 선택 • "X"번 Special
⑤	인서트 길이 내접원 직경	R, S, T, C, D, V, W의 길이 치수로 약칭 구분	• 인서트 형상에 따라 인선의 길이, 내접원 직경을 의미한다.
⑥	인선높이	인선높이의 치수로 약칭 구분	• 인선높이를 의미한다.
⑦	노즈 반지름	노즈 반지름 치수를 기호화 구분	• 노즈 반지름을 너무 크게하면 절삭저항이 증가하고 공작물에 떨림이 발생할 수 있다.
⑧	칩브레이크의 형상	B, C, D, E, F, N, P, T	• ISO, 인서트의 규격을 참고한다.

2-2 CNC의 표준규격

1. 좌표축과 운동기호

좌표축(제어축)은 CNC공작기계의 각 축에 대하여 제어대상이 되는 축을 의미하며 좌표축과 운동기호 등이 각각의 장비마다 달라지면 프로그램을 작성할 때 혼동을 일으키기 쉬워 이를, ISO 및 KS규격으로 CNC공작기계의 좌표축과 운동기호를 오른손 직교좌표계를 표준좌표계로 지정하여 놓았다.

그림 2-2 오른손 직교좌표계와 운동기호

2. 좌 표 계

(1) 기계좌표계

기계원점, 즉 원점복귀가 되는 위치를 기준으로 기계좌표계가 설정되며, 사용자가 임의로 변경할 수 없도록 되어 있다.
기계원점은 기계가 항상 동일한 위치로 되돌아가는 기준점으로 공작물원점인 프로그램 원점과 기계원점을 알려줄 때 기준이 되는 점이며, 각종 파라미터의 값이나 설정치의 기준이 되며, 모든 연산의 기준이 되는 점이다.
이 기계원점을 잘 이해하여 프로그램에 적용할 경우 기계의 워밍업 후 바로 작업을 시작할 수 있어 편리하다.

(2) 절대좌표계

CNC기계는 수치제어에 의해서 움직이며 수치, 즉 좌표값은 대부분 절대좌표계에 의해서 움직이며 절대좌표계의 원점은 도면을 보고 기준을 쉽게 잡을 수 있는 곳의 한 점을 원점으로 정하는데 이 점을 프로그램 원점이라고 하며. 이 점을 원점으로 한 좌표계를 절대좌표계 또는 공작물 좌표계라고도 한다.

(3) 상대좌표계

상대좌표는 현재의 위치에서 이동하고자 하는 거리만큼 쉽게 이동하고자 하거나, 좌표계 설정 또는 공구 보정을 할 때 주로 사용되며, 현 위치가 좌표계의 기준이 되고, 필요에 따라 현 위치를 0점(기준점)으로 지정(setting)할 수 있다.

(4) 잔여좌표계

프로그램을 실행(AUTO)할 때 실행되고 있는 현재의 프로그램 위치가 얼마 남았나를 나타내는 좌표계로, 이 잔여 좌표값을 확인함으로써 기계의 충돌을 예상하여 미리 안전조치를 취할 수 있다.

3. 프로그램 원점

CNC공작기계는 절대좌표(absolute)에 의하여 주로 제어가 이루어지고 이 절대좌표의 기준을 원점으로 잡아서 모든 위치의 값을 그 점을 기준으로 프로그램을 작성하는 방식으로 그 점을 프로그램 원점이라고 하며 그 점을 기준으로 부호를 갖는 수치로 좌표값을 표시하여 프로그램을 입력한다.

프로그램 원점은 바꿀 수 없는 기계좌표와는 달리 프로그램에 의해서 바꿀 수가 있는데 이를 좌표계 설정이라고 하며 CNC선반은 G50에 의해서 CNC머시닝센터는 G92에 의해서 바꿀 수 있다.

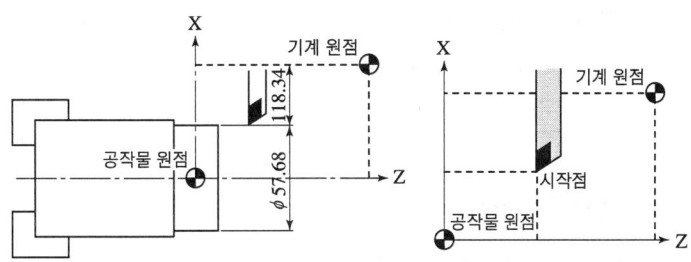

그림 2-3 프로그램 원점 설정방법

4. 시작점과 좌표계 설정

기준공구가 출발하는 위치를 시작점(S/P : Start point)이라고 하고 프로그램의 원점과 시작점의 위치관계(거리값)를 CNC기계에 명령을 주어 실행시키는 것을 좌표계 설정을 하였다고 하고 이 결과에 의해서 공작물의 원점이 정하여 지며 이를 공작물 좌표계 설정이라고 한다.

5. 좌표치와 최소입력단위

좌표값 단위의 입력방법에는 인치 입력(G20)과 미터법 입력(G21)방식이 있으며, 파라미터에서 선택할 수 있으나 대부분 미터단위로 설정되어 있다.

어드레스	기　　　　　능	비　　고
D	복합반복사이클(G71, G76)에서 1회 절삭값	0T는 G71에서 U, G76은 Q를 사용
I J K	고정사이클(G90)에서 구배값 자동 면취에서 면취량 원호가공에서 원호중심에서 끝점까지의증분값	
K	나사가공사이클(G76)에서 나사산의 높이	0T는 P
R	원호가공에서 반지름 값	

6. 좌표치의 지령방법

축을 좌표축에 대하여 움직이는 방식에는 절대지령방식과 증분지령방식이 있다. 절대(absolute)지령방식은 프로그램 원점을 기준으로 좌표축과 방향(-, +)을 입력하는 방식이고, 증분(incremental)지령방식은 현재의 위치를 기준으로 좌표축과 방향(-, +)을 입력하는 방식이다. 장비에 따라서 한 블록에 두 가지를 혼합하여 지령할 수도 있다.

(1) 절대지령 방식

공작물원점을 기준으로 직교 좌표계의 좌표값을 입력하는 방식.

[예] ▷ CNC선반의 경우 : G00 X60.0 Z80.0 ;
　　　▷ 머시닝센터의 경우 : G00 G90 X100.0 Y100.0 Z50.0 ;
　　　　　　　　　　　　　　 G01 G90 X50.0 Y30.0 Z50.0 F200 ;

(2) 증분지령 방식

현재 공구위치를 기준으로 다음위치까지의 거리를 입력하는 방식.

[예] ▷ CNC선반의 경우 : G00 U35.0 W42.0 ;
　　　▷ 머시닝센터의 경우 : G00 G91 X23.0 Y43.0 Z17.0 ;

(3) 혼합지령 방식

한 블록(줄)에 [절대지령방식&증분지령방식]을 사용하여 지령하는 방식으로 주로 CNC선반에서 많이 사용.

[예] ▷ CNC선반의 경우 : G00 X27.0 W23.0 ;

CNC 공작기계는 작동이 대부분 자동적이고 그 작동 지령은 NC 프로그램에 의하여 주어진다. 따라서 NC 프로그램 없이는 NC 기계를 원활하게 사용할 수 없다. 그러므로 NC 공작기계를 사용하기 위해서는 부품 도면으로부터 NC 프로그램을 작성하는 새로운 작업이 필요하게 된다. 이 작업을 프로그래밍(Programming)이라 한다.

제 2 장 CNC 선반

2-3 CNC 선반 프로그래밍

1. 프로그램의 기초

(1) 프로그램의 용어

① 어드레스(Address) : 영문 대문자(A~Z) 중 1개로 표시한다.
② 워드(Word) : 블록을 구성하는 가장 작은 단위가 워드이며 워드는 어드레스와 데이터의 조합으로 구성된다.

[예]   G 50 X 150.0 Z 200.0 ;
              └── 데이터
          └──── 어드레스

③ 블록(Block) : 한 개의 지령단위를 블록이라 하며 각각의 블록은 기계가 한번의 동작을 한다.

N	G	X	Y	Z	F	S	T	M	;
전개번호	준비기능	좌표치			이송기능	주축기능	공구기능	보조기능	EOB

(2) 어드레스의 기능

기 능	어 드 레 스			의 미
프로그램번호	O			프로그램 번호
전개번호	N			전개번호
준비기능	G			이동형태(직선, 원호보간 등)
좌 표 값	X	Y	Z	각 축의 이동위치(절대방식)
	U	V	W	각 축의 이동거리와 방향(증분방식)
	I	J	K	원호 중심의 각 축 성분, 모떼기량 등
	R			원호반지름, 코너 R
이송기능	F, E			이송속도, 나사리드
보조기능	M			기계 작동부위 지령
주축기능	S			주축속도
공구기능	T			공구번호 및 공구보정번호
휴지	P, U, X			휴지시간(dwell)
프로그램번호지정	P			보조프로그램 호출번호
전개번호지정	P, Q			복합반복주기에서 호출, 종료번호
반복횟수	L			보조프로그램 반복횟수
매개변수	D, I, K			주기에서의 파라미터

2. 프로그래밍 구성

(1) 주축기능(S)

CNC선반에서 절삭속도가 공작물의 가공에 미치는 영향은 매우 크다. 절삭속도란 공구와 공작물 사이의 상대속도이므로 일정한 절삭속도는 주축의 회전수를 조절함으로써 가능하다.

$$N = \frac{1{,}000\,V}{\pi D}\,[\text{rpm}]$$

여기서, N : 주축회전수(rpm)
V : 절삭속도(m/min)

$$V = \frac{\pi DN}{1{,}000}\,[\text{m/min}]$$

여기서, D : 지름(mm)

① 절삭속도 일정제어(G96)

단면이나 테이퍼(taper) 절삭에서는 지름이 절삭과정에 따라 변화하여 절삭속도도 이에 따라 달라지므로 가공면의 표면 거칠기도 나빠진다. 이러한 문제를 해결하기 위하여 지름 값의 차이에 따라 달라지는 절삭속도를 일정하게 유지시켜 주는 기능이 절삭속도 일정제어이며 단이 많은 계단축 가공 및 단면가공에 주로 사용한다.

[예] G96 S180 M03 ;
   절삭속도가 180m/min가 되도록 공작물의 지름에 따라 주축회전수가 변한다. 그리고 G96에서 단면절삭과 같이 공작물의 지름이 작아질 경우 주축의 회전수가 무리하게 높아지는 것을 방지하기 위하여 G50에서 최고회전수를 지령하게 된다.

② 절삭속도 일정제어 취소(G97)

절삭속도 일정제어 취소 기능은 회전수만을 일정하게 제어하는 기능으로 드릴작업, 나사작업, 공작물 지름의 변화가 심하지 않는 공작물을 가공할 때 사용한다.

[예] G97 S500 M03 ;
   주축은 500rpm으로 회전한다.

③ 주축 최고회전수 설정(G50)

G50에서 S로 지정한 수치는 최고회전수를 나타내며 좌표계 설정에서 최고회전수를 지정하게 되면 전체 프로그램을 통하여 주축의 회전수는 최고회전수를 넘지 않게 된다. 또한 G96에서 최고회전수보다 높은 회전수를 요구하더라도 주축에서는 최고회전수로 대체하게 된다.

[예] G50 S1800 ;
   주축의 최고회전수는 1800rpm이다.

제 2 장 CNC 선반

(2) 공구기능(T)

공구의 선택과 공구보정을 하는 기능으로 어드레스 T로 나타내며 T기능이라고도 한다. 공구기능은 T에 연속되는 4자리 숫자로 지령하는데 그 의미는 다음과 같다.

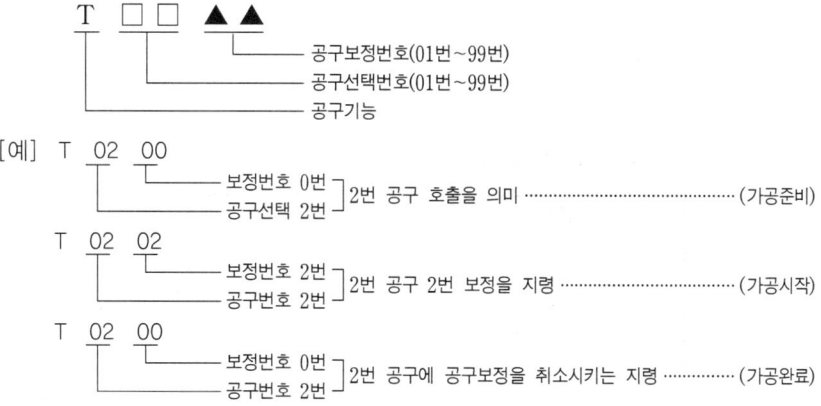

(3) 이송기능(F)

① 공작물에 대하여 공구를 이송시켜주는 기능을 말하며 G98 코드의 분당 이송 (mm/min)과 G99 코드의 회전당 이송(mm/rev)으로 지령할 수 있는데 CNC 선반에서는 G99코드를 사용한 회전당 이송으로 프로그램 한다.

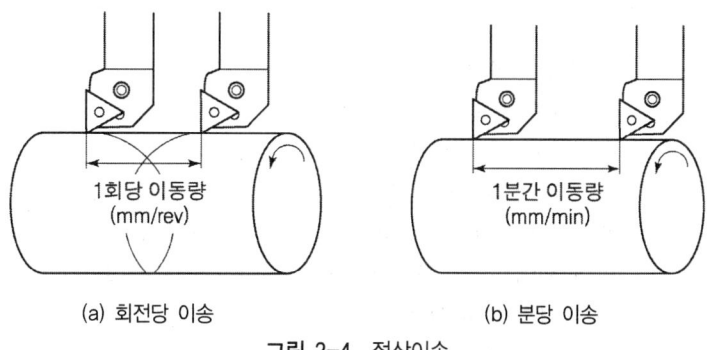

(a) 회전당 이송　　　　　　(b) 분당 이송

그림 2-4 절삭이송

② NC 공작 기계에서 가공물과 공구와의 상대속도를 지정하는 것
③ NC 선반에서는 mm/rev 단위로 쓰며 공구를 주축 1회전당 얼마만큼 이동하는가 하는 것으로 F를 사용한다.
　[예] G01 X50. F0.1 ;
　　　◎ 주축 1회전당 0.1mm씩 이동하다.
　　　◎ 지령 범위 : F0.001~F500.

(4) 보조기능(M 기능)

보조 기능은 어드레스(M : miscellaneous function)는 로마자 M 다음에 2자리 숫자(M00~M99)를 붙여 지령하며, CNC 공작기계가 여러 가지 동작을 행할 수 있도록 하기 위하여 서보모터를 비롯한 여러 가지 보조 장치를 제어하는 ON/OFF의 기능을 수행하며 M기능이라고 한다.

보조기능에 대하여는 KS로 규정되어 있다.(표 2-1 참조)

[표 2-1] M기능일람표

M — CODE	기 능	비 고
M00	Program Stop	프로그램
M01	Optional Program Stop	
M02	Program End	
M03	주축 정회전(CW)	주축회전
M04	주축 역회전(CCW)	
M05	주축 정지	
M08	절삭유 토출	절삭유
M09	절삭유 정지	
M12	Chuck Clamp	척킹 상태
M13	Chuck Unclamp	
M98	보조 프로그램 호출	보조프로그램
M99	보조 프로그램 종료	

① 프로그램 정지(M00) : program stop

프로그램 정지 기능은 자동적으로 기계의 사이클을 정지시킨다. 따라서 가공물을 측정하고 칩을 제거하는 등의 작업을 할 때 사용한다.

② 선택적 프로그램 정지(M01) : optional program stop

프로그램 수행 중 M01에서 정지하는 것은 M00과 동일하지만 M01은 기계조작반의 M01기능을 유효(ON)로 할 것인지 무효(OFF)로 할 것인지는 스위치에 의해서 결정할 수 있다. 즉, 조작반의 스위치를 ON해야만 M00과 동일한 기능을 가진다. 선택적 프로그램 정지 기능은 공구를 점검하고자 할 때, 또는 절삭량이 많아서 칩을 제거해야 할 때, 공작물을 측정하고자 할 때 사용하지만 보통 공정과 공정 사이에 넣어서 제품의 상태를 점검하기 위하여 많이 사용한다.

③ 프로그램 끝(M02) : end of program

프로그램의 끝을 나타내는 기능으로서 요즈음 생산되는 CNC선반에서는 M02가 프로그램의 끝을 나타냄과 동시에 프로그램의 첫머리로 커서(cursor)를 되돌리는 기능도 있다.

(5) 준비기능(G 기능)

준비기능(G : preparation function)은 로마자 G 다음에 2자리 숫자(G00~G99)를 붙여 지령하며, 제어장치의 기능을 동작하기 위한 준비를 하기 때문에 준비기능(G 코드)이라 하며 다음의 2가지로 구분한다.

구 분	의 미	구 별
1회 유효 G코드 (one shot G-code)	지령된 블록에 한해서 유효한 기능	"00" 그룹
연속 유효 G코드 (modal G-code)	동일 그룹의 다른 G-code가 나올 때까지 유효한 기능	"00" 이외의 그룹

[표 2-2] G기능 일람표

G - CODE	기　　　능	비 고
G00	급속 위치결정(급속이송)	위치 결정
G01	직선보간(직선절삭)	절삭기능
G02	원호보간 CW(시계방향)	절삭기능
G03	원호보간 CCW(반시계 방향)	절삭기능
G04	휴지·드웰(DWELL)	잠시정지
G27	기계원점 복귀 점검	
G28	자동원점 복귀(제 1원점)	원점복귀
G29	원점으로 부터의 귀환	원점복귀
G30	제 2원점 복귀	
G40	인선 R보정 취소	인선보정
G41	인선 R보정 좌측	인선보정
G42	인선 R보정 우측	
G50	좌표계 설정, 주축최고 회전수 설정	좌표계설정
G70	정삭가공 싸이클	복합형 고정싸이클
G71	내·외경 황삭가공 싸이클	복합형 고정싸이클
G72	단면가공 싸이클	복합형 고정싸이클
G73	유형 반복가공 싸이클	복합형 고정싸이클
G74	단면 홈가공 사이클(드릴가공 싸이클)	복합형 고정싸이클
G75	내·외경 홈가공 싸이클	복합형 고정싸이클
G76	자동 나사가공 싸이클	
G90	내·외경 절삭 싸이클	단일형 고정싸이클
G92	나사 절삭 싸이클	단일형 고정싸이클
G94	단면 절삭 싸이클	
G96	주속 일정제어 ON(m/min)	주축속도
G97	주속 일정제어 OFF(rpm)	주축속도
G98	분당 이송(mm/min)	이송속도
G99	회전당이송(mm/rev)	이송속도

[One Shot G코드 & Modal G코드 사용법의 예]

G01 X50. F0.1 ; ············· N01
Z50. ; ························ N02
X100. Z100. ; ·············· N03
G00 X150. ; ················· N04

※ N01~N03 ⇒ 이 블록은 G01 유효
　　N04 ⇒ G00만 유효

(6) G00(급속이송) G01(직선절삭)을 이용한 계단가공

① G00(급속이송)

공작물에 지령된 수치만큼 공구위치만 결정되는 지령(절대, 증분, 혼용 지령가능)이다.

[사용되는 예]

　㉠ 공구가 공작물을 가공하기 위해 공작물에 접근시
　㉡ 일차가공 후 다음 점으로 이동할 때
　㉢ 가공이 끝나고 공구를 교환하기 위해 시작점으로 되돌아 갈 때
　㉣ 가공이 완료되었을 때

```
G00 X(U)    Z(W) ;
```

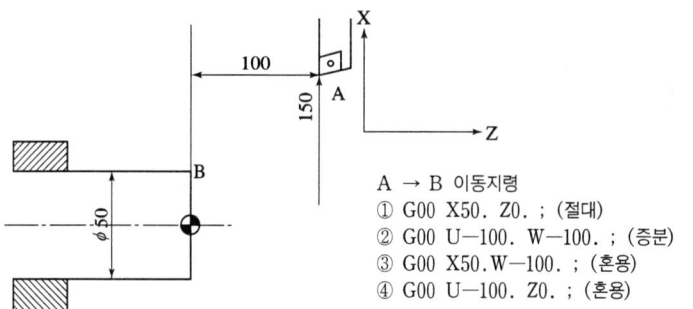

A → B 이동지령
① G00 X50. Z0. ; (절대)
② G00 U-100. W-100. ; (증분)
③ G00 X50.W-100. ; (혼용)
④ G00 U-100. Z0. ; (혼용)

그림 2-5 급속이송

> **참고**
> **절대지령** : 공작물 원점에서 이동하고자 하는 위치
> **증분지령** : 현재 위치에서 이동하고자 하는 지령까지의 X축 방향 Z축 방향의 거리

② G01(직선보간)

공구를 지령한 이송속도로 현재의 위치에서 지령한 위치로 직선 이동시키는 것으로 실제 가공을 하는 기능이다.

```
G01 X(U)    Z(W)    F ;
```

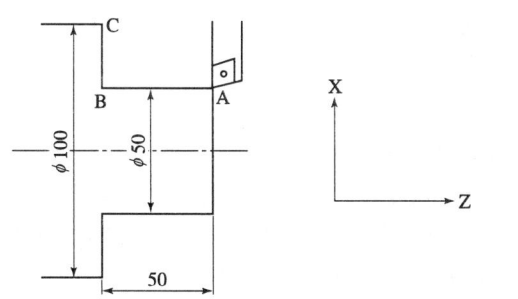

[계단 가공인 경우]
A → B (절대)
　G01 Z-50. F0.2 ;
B → C (절대)
　X100. ;
A → B (증분)
G01 W-50. F0.2 ;
B → C
　U50. ; (증분)

그림 2-6 직선보간

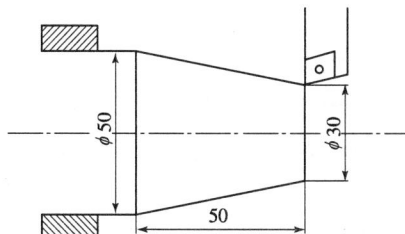

[Taper 가공인 경우]
A → B 경로
　G01 X50. Z-50. F0.2 ; (절대)
　G01 U20. W-50. F0.2 ; (증분)
　G01 X50. W-50. F0.2 ; (혼용)
　G01 U20. Z-20. Z-50. F0.2 ; (혼용)

그림 2-7 테이퍼 가공

③ 원호보간(circular interpolation : G02 G03)
다음의 지령에 의해 공구가 원호가공을 할 수 있다.

```
G02 X(U)___Z(W)___I___K___F____ ;
G02 X(U)___Z(W)___R___F____ ;
```

```
G03 X(U)___Z(W)___I___K___F____ ;
G03 X(U)___Z(W)___R___F____ ;
```

[표 2-3] 원호보간 좌표어 일람표

조 건		지령	의 미	
			오른손좌표계	왼손좌표계
1	회전방향	G02	시계방향(CW)	반시계방향(CCW)
		G03	반시계방향(CCW)	시계방향(CW)
2	끝점의 위치	X, Z	좌표계에서 끝점의 위치 X, Z	
	끝점까지의 거리	U, W	시작점에서 끝점까지의 거리	
3	시작점에서 중심까지의 거리	I, K	시작점에서 중심까지의 거리(I는 항상 반경지정)	
	원호반경(선택기능)	R	원호의 반경(180° 이하의 원호)	

참고　CW : Clock wise　　　CCW : Counter clock wise
　　　（시계방향）　　　　　（반시계방향）

④ G04기능(휴지 : Dwell)

```
G04  X (U, P) ;
```

㉠ 프로그램에 지정된 시간동안 공구의 이송을 잠시 중지시키는 기능(적용 : 드릴 가공, 홈가공, 모서리 다듬질 가공시 양호한 가공면을 얻기 위해 사용)
㉡ 단위는 X, U, P,를 사용하는데 X, U는 소수점을 P는 0.001 단위를 사용
[예]   G04 X1.5   G04 U1.5   G04 P1500)

$$정지시간(SEC) = 스핀들(주축) \frac{60}{주축회전수(rpm)} \times 일시정지\ 회전수$$

(7) 사이클 가공

CNC선반 가공에서 거친절삭(황삭가공) 또는 나사절삭 등은 1회의 절삭으로 불가능하므로 여러 번 반복동작을 해야 한다. 사이클 가공은 이러한 반복되는 동작의 프로그램을 한 블록 또는 두 블록으로 프로그램을 간단히 할 수 있도록 만든 G-코드를 말한다. 사이클에는 변경된 수치만 반복하여 지령하는 단일형 고정 사이클(canne dcycle)과 한 개의 블록으로 지령하는 복합형 반복 사이클(multiple repeative cycle)이 있다.

① 안, 바깥지름 절삭 사이클 (G90) : 단일 고정 사이클

```
G90  X(U)___  Z(W)___  F___ ; (직선절삭)
G90  X(U)___  Z(W)___  I(R)___  F___ ; (테이퍼 절삭)
```

여기서, ┌ X(U)___ Z(W)___ : 절삭의 끝점 좌표
        │ I(R)___ : 테이퍼의 경우 절삭의 끝점과 절삭의 시작점의 상대 좌표값, 반지름
        │   지령(I=11T에 적용, R=0T에 적용)
        └ F : 이송속도

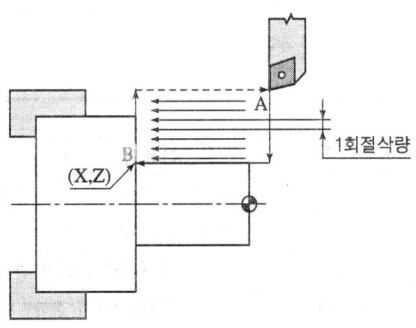
그림 2-8 직선절삭 사이클

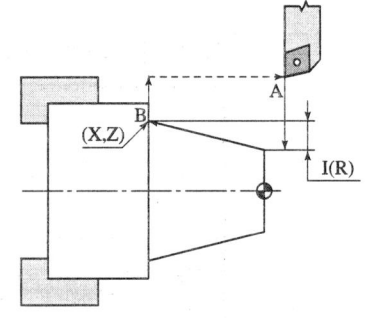
그림 2-9 테이퍼절삭 사이클

② 단면 절삭 사이클(G94) : 단일 고정 사이클
주로 직경이 길고 길이가 짧은 공작물 가공에 적합한 가공방법임.

```
G94 X(U)___ Z(W)___ : (평행 절삭)
G94 X(U)___ Z(W)___ : (테이터절삭)
```

여기서, X(U)___ Z(W)___ : 절삭의 끝점 좌표
K(R)___ : 테이퍼의 경우 절삭의 끝점과 절삭의 시작점의 상대 좌표값
(K=11T에 적용, R=0T에 적용)

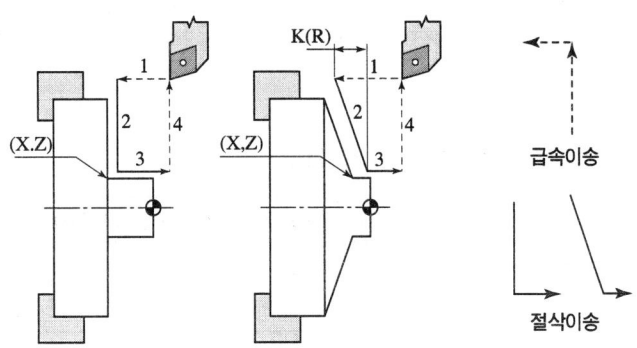

그림 2-10 단면 절삭 사이클

예제

G94 고정 사이클을 이용하여 프로그램 하시오.

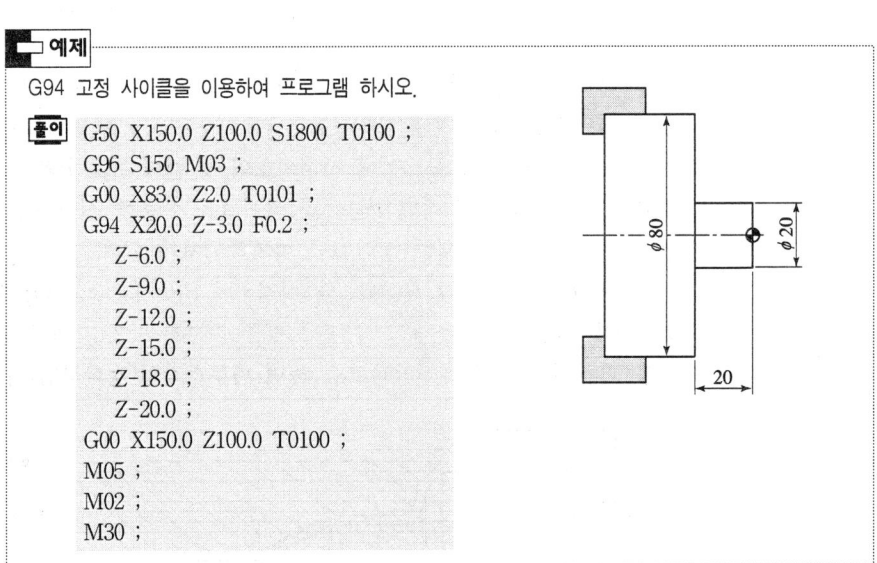

풀이
G50 X150.0 Z100.0 S1800 T0100 ;
G96 S150 M03 ;
G00 X83.0 Z2.0 T0101 ;
G94 X20.0 Z-3.0 F0.2 ;
   Z-6.0 ;
   Z-9.0 ;
   Z-12.0 ;
   Z-15.0 ;
   Z-18.0 ;
   Z-20.0 ;
G00 X150.0 Z100.0 T0100 ;
M05 ;
M02 ;
M30 ;

③ 안, 바깥지름 거친절삭 사이클(G71) : 복합 반복 사이클
  ㉠ 적용기계 : FANUC 0T

```
G71 U(Δd′) R(e) ;
G71 P(ns) Q(nf) U(Δu) W(Δw) F(f) S(s) T(t) ;
```

여기서, ┌ U(Δd′) : 1회 가공깊이(절삭깊이)-(반지름 지령, 소수점 지령 가능)
        │ R(e) : 도피량(절삭 후 간섭없이 공구가 빠지기 위한 양)
        │ P(ns) : 다듬절삭가공 지령절의 첫 번째 전개번호
        │ Q(nf′) : 다듬절삭가공 지령절의 마지막 전개번호
        │ U(ΔU) : X축 방향 다듬절삭 여유(지름지령)
        │ W(ΔW) : Z축 방향 다듬절삭 여유
        └ F, S, T : 거친절삭 가공시 이송속도, 주축속도, 공구선택. 즉, P와 Q사이의
                   데이터는 무시되고 G71블록에서 지령된 데이터가 유효.

  ㉡ 적용기계 : FANUC 11T

```
G71 P(ns) Q(nf′) U(Δu) W(Δw) D(Δd) F(f) S(s) T(t) ;
```

여기서, ┌ P(ns) : 다듬절삭가공 지령절의 첫 번째 전개번호
        │ Q(nf) : 다듬절삭가공 지령적의 마지막 전개번호
        │ U(Δu) : X축 방향 다듬절삭 여유-(지름지령)
        │ W(Δw) : Z축 방향 다듬절삭 여유
        │ D(Δd) : 1회 가공깊이(절삭깊이)-(반지름 지령, 소수점 지령 불가)
        └ F, S, T : 거친절삭 가공시 이송속도, 주축속도, 공구선택 즉, P와 Q사이의 데
                   이터는 무시되고 G71블록에서 지령된 데이터가 유효.

안, 바깥지름 거친절삭 사이클(G71) 가공은 아래의 그림과 같은 형식의 제품가공에 적합하며 G71이전에 미리 G00(급속이송)으로 그림의 A위치에 갖다놓은 후 G71사이클을 사용하고 이때 전개번호의 첫 번째 번호 P와 전개번호 마지막 번호 Q를 사용하는데 이때 P는 G71사이클을 이용한 절삭가공 시작위치이고, Q는 G71사이클을 이용한 절삭가공 마지막위치가 된다.

이는 "[G00 A] → [G71 사이클] → [시작위치 P] → [끝위치 Q]"의 형식으로 프로그램에 적용하면 되는데 그림에서 빗금친 부분과 같은 형식을 띠고 있어야 한다.(거친절삭=황삭작업이라고도 하며 마무리작업(정삭작업)이 필요하다.)

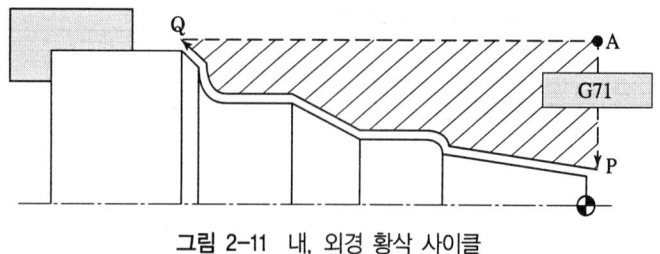

그림 2-11 내, 외경 황삭 사이클

```
G00 A ;                                          G71사이클 시작위치
G71 U4.0 R0.5 ;
G71 P10 Q100 U0.4 W0.2 F0.2 ;     N10에서 N100까지를 사이클 가공함
N10 G00 P ;                           P는 G71사이클을 이용한 절삭가공 시작위치
    :                                         (이때 Z값이 있으면 알람이 발생함)
    :
    :
N100 Q ;                              Q는 G71사이클을 이용한 절삭가공 마지막위치
```

④ 다듬절삭 사이클(G70) : 복합 반복 사이클

```
G70 P(ns) Q(nf) ;
```

여기서, P(ns) : 다듬절삭가공 지령절의 첫 번째 전개번호
　　　　Q(nf) : 다듬절삭가공 지령절의 마지막 전개번호

G71, G72, G73 사이클로 황삭작업 후 정삭작업을 하기 위해서 정삭여유를 주는데 이때 G70사이클로 다듬절삭(정삭작업)을 한다.

G70에서의 F, S, T는 G71, G72, G73에서 지령된 것은 무시되고 전개번호 ns와 Nf사이에서 지령된 값이 유효하다. G70의 사이클이 완료되면 공구는 급속이동으로 시작점으로 오고 G70의 다음 블록을 받아들인다

이러한 G70, G71, G73의 복합 반복 사이클에서는 ns와 nf사이에 보조프로그램의 호출이 불가능하며, 거친절삭에 의해 기억된 어드레스는 G70을 실행한 후 소멸된다.

⑤ 단면 거친절삭 사이클(G72) : 복합 반복 사이클

```
G72 P(ns) Q(nf) U(Δu) W(Δw) D(Δd) F(f) S(s) T(t) ;
```

여기서, P(ns) : 다듬절삭가공 지령절의 첫 번째 전개번호
　　　　Q(nf) : 다듬절삭가공 지령적의 마지막 전개번호
　　　　U(Δu) : X축 방향 다듬절삭 여유-(지름지령)
　　　　W(Δw) : Z축 방향 다듬절삭 여유
　　　　D(Δd) : 1회 가공깊이(절삭깊이)
　　　　　　　 (반지름 지령, 소숫점 지령 불가)

(8) 나사가공

① 나사절삭 코드(G32)

```
G32 X(U)___ Z(W)___ (Q___ ) F___ ;
```

여기서, X(U)___ Z(W)___ : 나사 절삭의 끝지점 좌표
　　　　Q : 다줄 나사 가공시 절입각도(1줄 나사의 경우 Q0이므로 생략)
　　　　F : 나사의 리드(lead)
　　　　　 (F 대신 E를 사용할 때 인치계 나사의 경우, 인치로 되어 있는 피치를 밀리미터(mm)로 바꾸어 입력해야 한다.)

G32지령으로 가공할 수 있는 나사는 평행나사, 테이퍼나사, 다줄나사, 정면(Scroll)나사 등이다.

나사의 피치 불량을 방지하기 위하여 주축위치 검출기(Position coder)에서 1회전 신호를 검출하여 나사절삭이 진행되므로 공구가 반복되어도 동일한 점에서 시작된다. 나사가공을 할 때에는 주축의 회전수가 변하면 올바른 나사를 가공할 수 없으므로 주축 회전수 일정제어(G97)로 지령하고, 이송속도 조절 오버라이드는 100%로 고정(변경하지 않는다)하여야 한다.

또한 나사가공 중에는 나사의 불량방지를 위하여 이송정지 기능이 무효화된다. 그러므로 나사가공 중에 이송정지 버튼을 누르면 그 블록의 나사가공이 완료된 후에 정지한다.

② 단일고정형 나사절삭 사이클(G92)

㉠ 평행나사

```
G92 X(U)___ Z(W)___ F
```

㉡ 테이퍼나사

```
G92 X(U)___ Z(W)___ I___ F___ ; (FANUC 11T의 경우)
G92 X(U)___ Z(W)___ R___ F___ ; (FANUC 0T의 경우)
```

여기서, ┌ X(U) : 절삭시 나사 끝지점 X좌표 (지름 지령)
　　　　│ Z(W) : 절삭시 나사 끝지점의 Z좌표
　　　　│ F : 나사의 리드(lead)
　　　　└ I or R : 테이퍼나사 절삭시 나사 끝지점(X좌표)과 나사 시작(X좌표)의 거리
　　　　　　　　 (반지름 지령)와 방향.(I-__ , R-__ 는 외경나사, I__ , R__ 는 내경나사)

③ 복합고정형 나사절삭 사이클(G76)

㉠ 적용기계 : FANUC 0T

```
G76 P(m)___ (r)___ (a)___ Q(Δd min)___ R(d)___ :
G76 X(U)___ Z(W)___ P(k)___ Q(Δd)___ R(i)___ F___ ;
```

여기서, ┌ p(m) : 다듬질 횟수(01~99까지 입력가능)
　　　　│ (r) : 면취량(Oo~99까지 입력가능)
　　　　│ (a) : 나사의 각도
　　　　│ 　　C(Δdmm) : 최소 절입 깊이
　　　　│ R(d) : 다듬절차 여유
　　　　│ X(U), Z(W) : 나사 끝지점 좌표
　　　　│ P(k) : 나사산 높이(반지름 지령)
　　　　│ Q(Δd) : 첫 번째 절입 깊이(반지름 지령) - 소수점 사용 불가
　　　　│ R(i) : 테이퍼 나사에서 나사 끝지점 X값과 나사 시작점 X값의 거리(반지름
　　　　│ 　　　지령) - I=0이면 평행나사이며, 생략할 수 있다.
　　　　└ F : 나사의 리드

ⓛ 적용기계 : FANUC 11T

```
G76 X(U)__ Z(W)__ I__ K__ D__ (R__)F__ A__ P__ ;
```

여기서, X(U) Z(W) : 나사 끝지점 좌표
I : 나사 절삭시 나사 끝지점 X값과 나사 시작점 X값의 거리(반지름 지령)
 - I=0이면 평행나사이며 생략할 수 있다.
K : 나사산 높이(반지름 지령)
D : 첫 번째 절입 깊이(반지름 지령) ---소수점 사용 불가
F : 나사의 리이드
A : 나사의 각도
P : 절삭방법(생략하면 절삭량 일정, 한쪽날 가공을 수행)
R : 면취량

④ 유형 반복 사이클(G73) : 복합 반복 사이클

㉠ 적용기계 : FANUC 0T

```
G73 U(Δd′) W(Δw′) R(e) ;
G73 P(ns) Q(nf) U(Δu) W(Δw) F(f) S(s) T(t) ;
```

여기서, U(Δd′) : X축 거친절삭 가공량(도피량)
W(Δw′) : Z축 거친절삭 가공량(도피량)
R(e) : 분할 횟수(거친절삭 횟수)
P(ns) : 다듬절삭가공 지령절의 첫 번째 전개번호
Q(nf) : 다듬절삭가공 지령절의 마지막 전개번호
U(Δu) : X축 방향 다듬절삭여유(지름지령)
W(ΔW) : Z축 방향 다듬절삭여유
F, S, T : 거친절삭 가공시 이송속도, 주축속도, 공구선택

ⓛ 적용기계 : FANUC 11T

```
G73 P(ns) Q(nf) I(i) K(k) U(Δu) W(Δw) D(Δd) F(f) S(s) T(t) ;
```

여기서, P(ns) : 다듬절삭가공 지령절의 첫 번째 전개번호
Q(nf) : 다듬절삭가공 지령절의 마지막 전개번호
I(i) : X축 거친절삭 가공량(도피량) : 반지름 지령
K(k) : Z축 거친절삭 가공량(도피량)
U(Δu) : X축 방향 다듬절삭 여유-(지름지령)
W(Δw) : Z축 방향 다듬절삭여유
D(Δd) : 분할 횟수(거친절삭 횟수)
F, S, T : 거친절삭 가공시 이송속도, 주축속도, 공구선택

G73은 단조나 주조 제품처럼 가공여유가 포함되어 있으며 일정한 형태를 가지고 있는 부품의 가공에 효과적이다. G73에서 I, K는 단조나 주조에서 가공여유로 남겨 놓은 치수에서 절삭가공의 다듬절삭 여유를 제외한 치수를 의미한다.
참고로 환봉 형태의 소재가공에는 불필요한 시간이 많이 소요되므로 적당하지 못함.

(9) 가상인선

가공작업은 프로그램작성 후 프로그램내용에 맞게 공구를 선정하여 작업을 하게 되는데 이때 그림A와 같이 X축은 외경에, Z축은 단면에 공구를 세팅하게 되는데 이때 모든 공구는 공구의 끝이 날카롭지 않고 그림에서와 같이 로우즈반경 주어져있다. 그러므로 그림B의 확대도와 같이 끝이 없는데도 마치 끝이 있는 경우처럼 가정되어서 가공이 이루어진다.

그런데 이때 Z축에 수평이거나 X축에 수평인 제품의 가공에서는 문제점은 없으나 테이퍼나, 원호가공에서는 프로그램의 요구와는 다른 치수와 형상의 제품이 완성되게 된다.

이를 해결하기 위한 방법은 가상인선을 정해 놓고 이 점을 기준점으로 가상인선보정을 하면 되는데 이를 "인선반지름보정"이라고 한다.

원리는 인선중심이 가공면에 대하여 항상 수직방향으로 반지름 벡터(vector)만큼 떨어져 운동하도록 CNC장치에서 제어하여 자동으로 보정한다.

(10) 공구 인선반지름 보정

[인선 반지름 보정 명령 방법]

```
G41 (G00, G01) X(U) Z(W) ; 좌보정
G42 (G00, G01) X(U) Z(W) ; 우보정
G40 (G00, G01) X(U) Z(W) I K ; 취소
```

프로그램을 작성 할 때 공구인선이 프로그램경로의 어느 쪽에 접하여 이동하는가를 지정하여 주어야 하는데, 준비기능 G41, G42(그림 참조)로 지령하며 터이퍼 절삭이나 원호절삭시 반드시 지령하여야 한다.

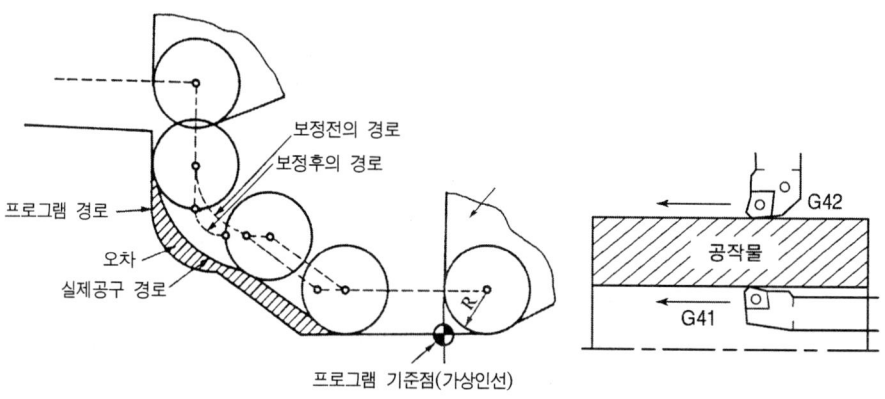

그림 2-12 공구 인선반지름 보정

예제

아래와 같은 도면을 공구보정과 취소하는 기능을 포함한 프로그램을 작성하시오.

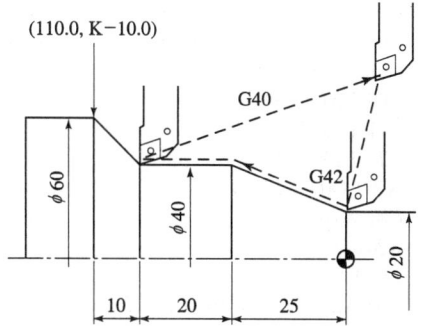

풀이
G50 X150.0 Z100.0 S2000 ;
G96 S150 M03 T0300 ;
G00 G42 X20.0 Z0.0 T0303 ;
G01 X40.0 Z-25.0 F0.2 ;
W-20.0 ;
G00 G40 X150.0 Z100.0 I10.0 K-10.0 ;
T0300 M05 ;
M02 ;

예제

아래의 도면을 지금까지 터득한 준비기능과 나사가공용 G76 코드를 이용하여 작성하시오. 단, 매회 절입깊이는 [표 3]의 데이터를 참조한다.(T01 = 황삭, T03 = 정삭, T05 = 홈, T07 = 나사)

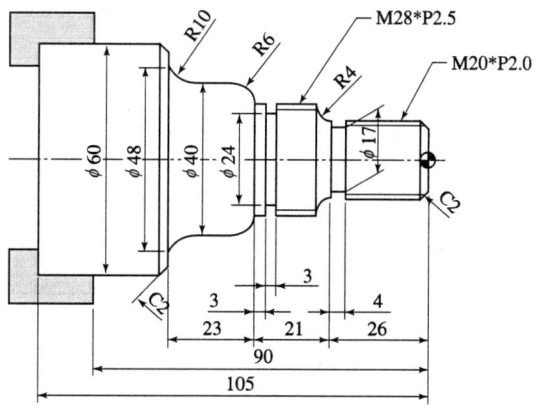

풀이

```
O2012
G50 X150.0 Z100.0 S1800 T0100 ;
G96 S160 M03 ;
G00 X64.0 Z0.0 T0101 M08 ;
G01 X-1.0 F0.15 ;
G00 X64.0 Z1.0 ;
G71 U2.0 R0.5 ;
G71 P100 Q200 U0.4 W0.2 F0.2 ;
N100 G00 X16.0 ;
G01 Z0.0 ;
X20.0 Z-2.0 ;
 Z-26.0 ;
G02 X28.0 Z-30.0 R4.0 F0.07 ;
G01 Z-47.0 ;
 X28.0 ;
G03 X40.0 Z-53.0 R6.0 ;
G01 Z-60.0 ;
G02 X48.0 Z-70.0 R10.0 ;
G01 X56.0 ;
N200 X60.0 Z-72.0 ;
G00 X150.0 Z100.0 T0100 M09 ;
G50 X150.0 Z100.0 S1800 T0300 ;
G96 S180 M03 ;
G00 X64.0 Z1.0 T0303 M08 ;
G70 P100 Q200 ;
G00 X150.0 Z100.0 T0300 M09 ;
T0500 ;
G97 S850 M03 ;
G00 X32.0 Z-44.0 T0505 M08 ;
G01 X24.0 F0.15 ;
G04 P140 ;
G00 X32.0 ;
 Z-26.0 ;
 X24.0 ;
G01 X17.0 ;
G04 P140 ;
G01 X24.0 ;
G00 Z-25.0 ;
G01 X17.0 ;
G04 P140 ;
G00 X30.0 ;
X150.0 Z100.0 T0500 M09 ;
G50 X150.0 Z100.0 T0700 ;
G97 S700 M03 ;
G00 X30.0 Z-28.0 T0707 M08 ;
G76 P010060 Q50 R30 ;
G76 X25.02 Z-42.0 P1490 Q400 F2.5 ;
G00 X22.0 Z2.0 ;
G76 P010060 Q50 R30 ;
G76 X27.62 Z-24.0 P1190 Q350 F2.0 ;
G00 X150.0 Z100.0 T0700 M09 ;
M05 ;
M02 ;
M30 ;
```

CNC 머시닝센터 제3장

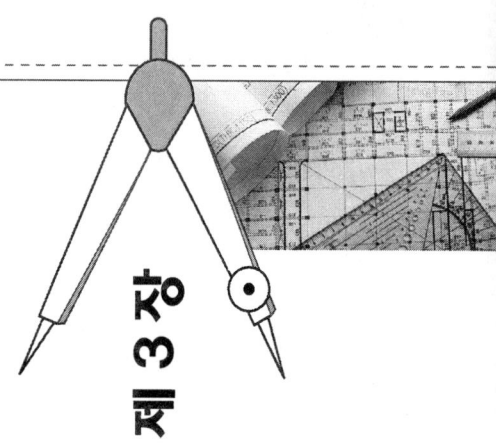

3-1 머시닝센터(Machining Center)의 개요

1. 머시닝센터의 특징

밀링머신, 보링머신, 드릴머신 등을 하나로 한 복합 공작기계인 머시닝 센터에 따라 자동적으로 바꾸어주는 자동공구교환장치(ATC : Automatic Tool Changer)를 갖추고 있으므로 직선 또는 원호를 가공하거나 드릴링, 탭핑, 보링 등의 연속된 작업을 일관되게 할 수 있으므로 복잡한 형상의 기계 부품을 손쉽게 가공할 수 있는 공작기계를 말한다.

CNC머시닝센터의 특징은 다음과 같다.
① 소형부품은 테이블에 여러 개 고정하여 연속작업을 할 수 있음.
② 면 가공, 드릴링, 태핑, 보링 작업 등을 수동으로 공구교환 없이 자동 공구교환을 한다. 공구를 자동교환 함으로써 공구교환 시간이 단축되어 가공시간을 줄일 수 있음.
③ 원호가공 등의 기능으로 엔드밀을 사용하여도 치수별 보링 작업을 할 수 있어 특수 치공구의 제작이 불필요함.
④ 주축회전수의 제어범위가 크고 무단변속을 할 수 있어서 요구하는 회전수를 빠른 시간 내 정확히 얻을 수 있음.
⑤ 컴퓨터를 내장한 NC로서 메모리 작업을 할 수 있으므로 한사람이 여러 대의 기계를 가동할 수 있기 때문에 인건비를 절약할 수 있음.
⑥ 프로그램 오류 시 직접 키보드를 사용하여 수정 작업을 할 수 있음.

2. CNC머시닝센터의 주요 부품

(1) 자동공구 교환 장치(ATC)

자동공구 교환 장치는 공구 매거진(tool magazine), 공구 교환기(change arm), 서브 체인저(sub changer)로 구성되며 모든 기능은 전기모터와 공압 실린더에 의해 작동된다.

공구 매거진(TOOL MAGAZINE)종류 : 드럼(drum)형, 체인(chain)형, 공구 선택 방식이 있다.

① 순차(sequential)방식 : 매거진 내의 배열순으로 공구를 주축에 장착.

② 랜덤 방식
  ㉠ 배열순과는 관계없이 매거진 포트 번호 또는 공구번호를 지령하는 것에 의해 임의로 공구를 주축에 장착.
  ㉡ 순차방식에 비해 구조가 복잡하고 공구의 배치에 주의를 기울여야 함.
  ㉢ 사용 빈도가 높은 공구를 항상 같은 번호로 매거진에 넣어두고 쓰거나 한 개의 공구를 한 작업에서 여러 번 선택하여 사용할 경우에는 공구를 순서대로 배열할 필요가 없기 때문에 프로그램이 간단해지고 사용이 편리하다.

③ 공구교환기(CHANGE ARM)

스핀들에 꽂혀있는 공구와 새로 사용될 공구를 교환해주는 장치로 대기 포트에 꽂혀있는 공구와 스핀들에 꽂혀있는 공구를 동시에 뽑아 180° 회전하여 장착시킨다.

④ 서브 체인저(SUB-CHANGER)

T지령에 의하여 공구 매거진에 꽂혀있는 공구를 대기 포트에 M06지령에 의하여 대기 포트에 꽂혀있는 공구를 공구 매거진에 장착한다. 수동으로 교환시킬 수도 있다.

(2) 자동 팔레트 교환 장치(APC)

공작물의 장착 및 탈착 시간을 단축하기 위하여 2개 이상의 팔레트를 이용하여 1개가 기계측에서 작업하는 도중에 다른 팔레트는 공작물을 장착 및 탈착한다. 2개의 팔레트는 모양이 동일하며 작동은 수동 조작 및 자동 프로그램에 의한 교환이 가능하다. 테이블을 대용할 수 있는 APC의 교환 장치는 팔레트 유닛, 팔레트 베드, 공압장치로 구성된다.

3-2 머시닝센터 프로그래밍

1. 머시닝센터 좌표어와 제어축

(1) 좌표어

① 공구의 이동을 지령
② 이동축을 표시하는 어드레스와 이동방향과 이동량을 지령하는 수치로 구성
③ 기본축(X, Y, Z) : 서로 직교하는 3축에 대응하는 어드레스로 좌표의 위치나 거리를 지정
④ 부가축(A, B, C, U, V, W) : 부가축의 어드레스로 회전축의 각도와 축의 길이 및 위치를 지정
⑤ 원호보간(I, J, K) : X, Y, Z를 따라가는 원호의 시작점부터 원호중심까지의 거리를 지정
⑥ 원호보간(R) : 원호 반지름을 지정

(2) 제어축

머시닝센터에서 제어축은 좌표어의 X, Y, Z를 사용하여 제어축을 지령하며, 각 축에 대한 회전축에 A, B, C를 사용하기도 하며 이를 부가축이라 한다.

(3) 좌표축

① 좌표계 : 프로그램을 작성할 때 혼란을 방지하기 위해서 오른손 좌표계를 사용한다.
② 기준 : 가공시 테이블과 주축이 움직이지만 공작물은 고정되어 있고 공구가 이동하면서 가공하는 것처럼 프로그램 한다.

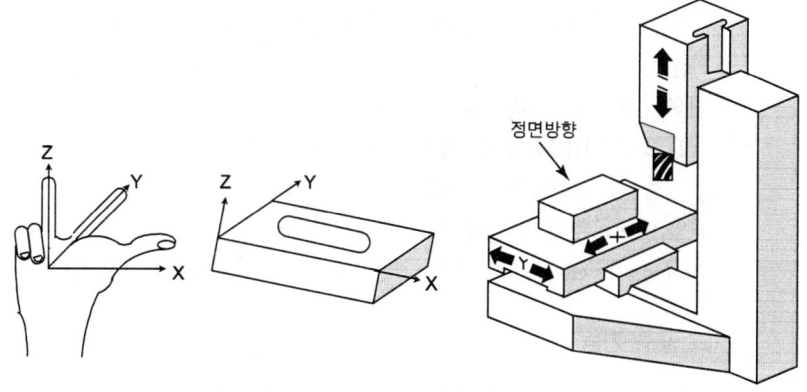

그림 3-1 오른손 직교좌표계

2. 좌표계의 종류

(1) 공작물 좌표계

도면을 보고 가공에 편리한 프로그램을 작성하기 위하여 도면상의 임의의 점을 프로그램 원점으로 지정하며 이 좌표계를 공작물 좌표계라 한다.

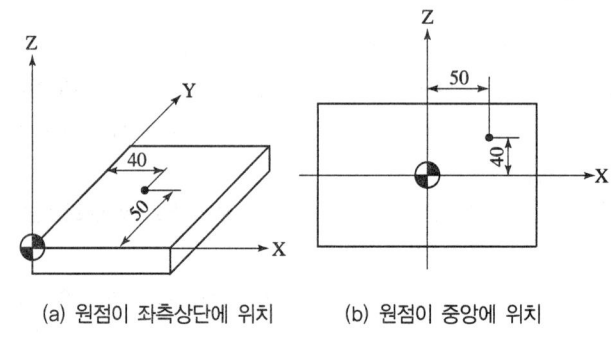

(a) 원점이 좌측상단에 위치 (b) 원점이 중앙에 위치

그림 3-2 공작물 좌표계

(2) 좌표계 지령방법

① G92 : 머시닝 센터 좌표계 설정
② G54-G59 : 공작물 좌표계 설정(공구의 시작점 지정)

[형식] G92 X150. Y100. Z150. ;
　　　　G54 X100. Y100. Z150. ; 1번 공작물 좌표계
　　　　G55 X150. Y100. Z150. ; 2번 공작물 좌표계

3. 기타 기능

(1) 주축 기능

주축의 회전 속도(rpm)를 지정하는 기능으로 "S" 다음에 4자리 숫자 이내로 지정한다.

[예] S1000 - 1000rpm

① 방법 : RPM 일정 제어 - 머시닝센터에서 사용
　[형식] G97 S1500 M03 ; (1500 RPM으로 정회전)
② 방법 : 주속 일정제어 - 선반에서 사용
　[형식] G96 S150 M03 ; (절삭속도가 150m/min로 정회전)

(2) 공구 기능

공구의 선택기능으로 "T" 다음에 2자리 숫자로 지령하여 일반적으로 공구 매거진에 공구 포트 수만큼 지령할 수 있다.

[형식] T12 M06 ; (12번 공구 교환)

(3) 보조 기능

기계의 ON/OFF 제어에 사용하는 보조 기능은 "M" 다음에 2자리 숫자로 지령한다.
① P/G에 관련된 M-코드 : M00, M01, M02, M30, M98, M99
② 기계적인 M-코드 : 나머지 M-code
③ M-코드는 한 블록에서 1개의 코드만 유효하며 2개 이상 지령 시 뒤에 지령한 M-코드만 유효
④ 조작판상의 기능이 프로그램상의 지령된 M-코드보다 우선한다.
[형식]   M02

4. 프로그램 작성

(1) 보간 기능

① 급속 이송 위치 기능(G00)

공구를 현재의 위치에서 지령된 위치(종점)까지 급속 이송속도로 이동시킨다. 급송 이송속도는 파라메터에 설정되어 있으며 센트롤 시스템에서는 RT0, RT1, RT2 3개 중에서 하나를 선택.(파라미터1500~1502)

```
G00 { G90
      G91  X _ Y _ Z _ ;
```

② 직선 가공(G01)

지령된 종점으로 F의 이송속도에 따라 직선으로 가공한다.

```
G01 { G90
      G91  X _ Y _ Z _ F_ ;
```

여기서, ┌ X, Y, Z : X, Y, Z 축 가공 종점의 좌표
        └ F : 이송속도(mm/min)

(2) 절대, 증분지령

① 절대 지령(G90)

절대 지령 방식은 미리 설정된 좌표계 내에서 종점의 좌표 위치를 지령한다. 사용하는 워드(Word)는 G90이며, 종점의 좌표 위치가 좌표계 원점을 기준으로 해서 양(+)의 방향이면 '+'를, 음(-)의 방향이면 '-'를 붙여 지령한다.

② 증분 지령(G91)

증분 지령 방식은 이동 시작점(공구의 현위치)에서 종점(지령 위치)까지의 이동량과 이동 방향을 지령한다. 지령 워드는 G91이고, 공구의 이동 방향이 X축 상에서 오른쪽으로 이동하였을 경우는 X값이 '+', Y축 상에서 위로 이동하였을 경우 Y값은 '+'가 되고, 반대로 이동하였을 경우는 X, Y값 모두 '-'가 된다.

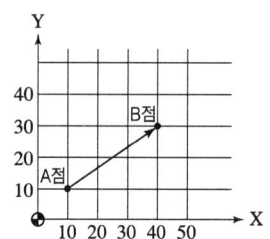

[절대 지령과 증분 지령의 사용 예]
* 그림의 A점에서 B점으로 이동할 때
   절대 지령
     G00 G90 X40.0 Y30.0 ;
   증분 지령
     G00 G91 X30.0 Y20.0 ;

(3) G01을 이용한 면취 가공 및 코너 R 가공

교차하는 두 직선 사이에 면취(Chamfering)나 코너(Corner) R 가공을 한 블록으로 간단히 지령할 수 있는 기능이다.

직선 가공 지령 형식의 끝에 C___를 지령하면 면취 가공 명령이 되고, R___를 지령하면 코너 R 가공 명령이 된다.

```
                  G90              C____
지령형식 :  G01        X____ Y____         F___ ;
                  G91              R____
```

① 지령 워드의 의미

㉠ X, Y : 면취나 코너 R 가공이 X, Y, Z의 3축에 걸리는 경우는 차원 높은 어려운 가공에 속한다. 따라서 평면 선택 기능에 따른 기본 2축을 선택하며, 보통의 경우는 G17 평면에서 X, Y 좌표이다. 여기서 좌표값(수치)은 면취나 라운드 가공이 없을 때 두 직선의 가상 교점의 좌표이다.

㉡ C, R : 면취 C 다음에 이어지는 숫자는 가상 교점에서 면취 개시점 및 종료점까지의 거리이고, 라운드 R 다음의 숫자는 반경 값을 지령한다.

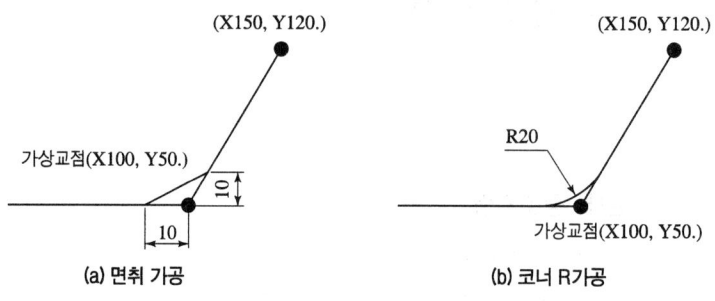

(a) 면취 가공   (b) 코너 R가공

[지령 예]

```
G01 G90 X100. Y50. C10. F100 ;        G01 G90 X100. Y50. R20. F100 ;
    X150. Y120. ;                         X150. Y120. ;
```

(4) 원호 가공하기

지령된 시점에서 종점까지 반경 R크기로 시계방향(G02), 반시계방향(G03)으로 원호가공(그림 3-3 참조)

제 3 장 CNC 머시닝센터

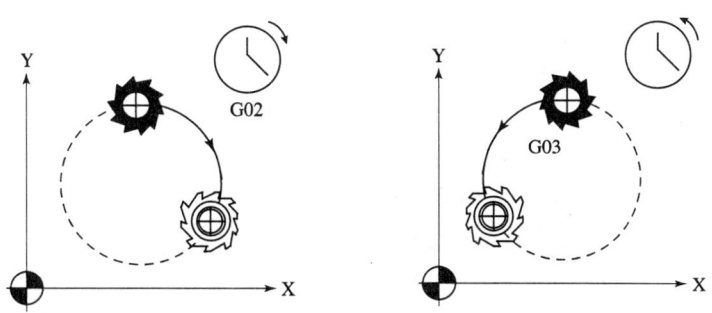

그림 3-3 원호 가공

① 지령 방법

```
G17   G02   G90   X_ Y_ I_ J_
G18   G03   G91   Z_ X_ I_ K_ F_ ;
G19               Y_ Z_ J_ K_
```

② 원호 보간

원호 보간에서 I, J, K의 어드레스는 X축 방향의 값을 I로, Y축 방향을 J로, Z축 방향을 K로 지령한다. 또한 I, J, K의 부호는 시점에서 원호의 중심이 (+)방향인가 (-)방향인가에 따라 결정하며, 값은 원호 시점에서 원호 중심까지의 거리값이다.

[A점에서 B점으로 가공하는 프로그램 예(그림 3-4 참조)]

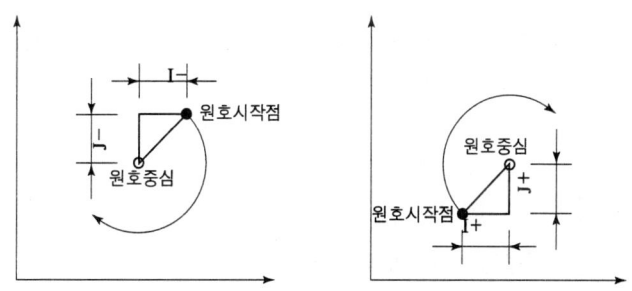

그림 3-4 원호 보간 지령

(5) 원점복귀

① 기계원점(Reference Point)복귀

기계원점이란 기계상에 고정된 임의의 지점이고, 간단한 조작으로 쉽게 이 지점에 복귀시킬 수 있으며 기계제작시 기계 제조회사에서 위치를 설정한다. 프로그램 및 기계조작시 기준이 되는 위치이므로 제조회사의 A/S Man, 이외는 위치를 변경하지 않는 것이 좋다. 전원을 투입하고 최초 한번은 기계원점복귀를 해야만 기계좌표가 성립된다. 최근에 생산되는 기계는 전원을 차단해도 기계 좌표와 절대좌표를 기억하는 기계도 있다.

② 수동 원점 복귀

모드 스위치를 "원점복귀"에 위치시키고 JOG 버튼을 이용하여 각축을 기계원점으로 복귀시킬 수 있다. 보통 전원 투입 후 제일 먼저 실시하며 비상정지 스위치(Emergency Stop Switch)를 눌렀을 때도(ON, OFF) 후에도 마찬가지로 기계원점 복귀를 해야 한다.

③ 자동 원점복귀(G28)

모드 스위치를 "자동" 혹은 "반자동"에 위치시키고 G28을 이용하여 각축을 기계원점까지 복귀시킬 수 있다 급속 이송으로 중간점을 경유 기계원점까지 자동 복귀한다. 단, Machine Lock 스위치 ON 상태에서는 기계원점 복귀할 수 없다.

㉠ 지령방법

```
G28  {G90
      G91   X_ Y_ Z_ ;
```

㉡ 지령 워드의 의미
- X, Y, Z : 기계 원점복귀를 하고자 하는 축을 지령하며, 어드레스 뒤에 지령된 Data는 중간점의 좌표가 된다. G91지령 (증분지령)은 현재 위치에서 이동거리이고 G90지령(절대지령)은 공작물 좌표계 원점으로부터의 위치이므로 절대지령의 방식은 주의를 해야 한다.(G28 G90 X0. Y0. Z0. ; 를 지정하면 공작물 좌표계의 X0. Y0. Z0. 까지 이동하고 기계원점으로 복귀한다.)

④ 원점 복귀 Check(G27)

기계원점에 복귀하도록 작성된 프로그램이 정확하게 기계 원점에 복귀했는지를 Check하는 기능이다. 지령된 위치가 원점이 되면 원점복귀 Lamp가 점등하고 지령된 위치가 원점 위치에 있지 않으면 알람이 발생된다.

㉠ 지령방법

```
G27  {G90
      G91   X_ Y_ Z_ ;
```

㉡ 지령 워드의 의미
- X, Y, Z : 원점복귀를 하고자 하는 축을 지령하면 어드레스 뒤에 지령된 Data는 중간점의 좌표가 된다. G91지령(증분지령)은 현재 위치에서 이동거리이고 G90지령(절대지령)은 공작물 좌표계 원점에서의 위치이므로 절대지령의 방식은 주의를 해야 한다.

⑤ 원점으로부터 자동복귀(G29)

일반적으로 G28 또는 G30 다음에 사용한다.

㉠ 지령방법

```
G29  {G90
      G91   X_ Y_ Z_ ;
```

ⓒ 지령 워드의 의미
- X, Y, Z : G28 또는 G30에서 지령했던 중간점을 기억했다가 그 중간점을 경유한 후 지령된 X, Y, Z좌표 점으로 이송

⑥ 제2, 제3, 제4 원점 복귀(G30)
중간점을 경유하여 파라메타에 설정된 제2원점의 위치로 급속 속도로 복귀한다.
㉠ 지령방법

```
G30  {G90  X_ Y_ Z_ ;
      G91
```

ⓒ 지령 워드의 의미
- P2, P3, P4 : 제2, 3, 4원점을 선택하고 P를 생략하면 제2원점이 선택된다.
- X, Y, Z : 원점복귀를 하고자 하는 축을 지령하며, 어드레스 뒤에 지령된 Data는 중간점의 좌표가 된다. G91지령(증분지령)은 현재 위치에서 이동거리이고 G90지령(절대지령)은 공작물 좌표계 원점에서의 위치이므로 절대지령의 방식은 주의해야 한다.

(6) 좌표계 설정

① 공작물 좌표계 설정(G92)
프로그램 작성시 도면이나 제품의 기준점을 설정하여 그 기준점으로부터 가공위치를 지령함으로써 간단하게 프로그램을 작성할 뿐 아니라 실수를 줄일 수 있다. 그러나 공작물의 기준점이 어느 위치에 있는지 NC 기계는 모르고 있으므로 이 기준점을 NC 기계에 알려주는 기능이 G92이며 이 작업을 공작물 좌표계 설정이라 한다.
㉠ 지령방법

```
G92 G90 X_ Y_ Z_ ;
```

ⓒ 지령 워드의 의미
- X, Y, Z : 설정하고자 하는 절대좌표계(공작물 좌표계)의 현재위치

② 공작물 좌표계 선택(G54~G59)
이미 설정된 공작물 좌표계(워크보정 화면에 입력한다.)를 선택할 수 있다. 워크보정 화면에 입력하는 값은 기계원점에서 공작물 좌표계 원점까지의 거리를 입력한다.
㉠ 지령방법

```
G54
 |   }G90 X_ Y_ Z_ ;
G59
```

ⓒ 지령 워드의 의미
  • X, Y, Z : 절대좌표계(공작물 좌표계)의 위치
ⓒ 공작물 좌표계 설정 기능과 공작물 좌표계 선택 기능의 프로그램 비교, 생산성을 향상하기 위하여 테이블 위에 같은 공작물(다른 종류의 공작물도 가능)을 여러 개 동시에 고정하여 가공할 경우 아래 셋업 값으로 G92 기능과 G54~G59 기능을 이용한 프로그램을 비교한다.
ⓒ 수평형 머시닝센터의 공작물 좌표계 선택 : 수평형 머시닝센터(Horizontal Machining Center)에서 회전테이블 위에 설치된 공작물을 회전시키면서 공작물을 가공한다. 이때 공구 전면의 공작물 가공면을 G54~G59 기능을 사용하여 프로그램을 작성하고, 각각의 가공면에 대하여 공작물 좌표계를 설정한다.

③ 로컬(Local) 좌표계 설정(G52)
프로그램을 쉽게 작성하기 위하여 이미 설정된 공작물 좌표계에서 임의의 지점에 로컬 좌표계를 설정할 수 있다.
임의의 지점에 원점을 설정하여 원래의 원점에서 좌표값을 계산하는 번거로움 없이 쉽게 프로그램을 작성할 수 있다.
ⓒ 지령방법

```
G52 G90 X_ Y_ Z_ ;
G52 X0. Y0. Z0. ; - 로컬 좌표계 무시
```

ⓒ 지령 워드의 의미
  • X, Y, Z : 현재의 공작물 좌표계에서 설정하고자 하는 로컬(구역좌표) 좌표계의 원점위치
ⓒ 프로그램

```
↓ ;
G52 G90 X105.657 Y80.657 ; ············································ 로컬 좌표계 원점 지정
G00 X30.27 Y18. ; ························································ ⓐ점으로 급속 위치 결정
    ↓
G52 X0. Y0. ······································································· 로컬 좌표계 무시
```

④ 기계 좌표계 선택(G53)
공작물 좌표계와 관계없이 기계원점에서 임의 지점으로 급속이동(G00 기능 포함) 시킨다. 자동공구 측정 장치가 설치된 위치까지 이동시킬 때나 기계원점에서 항상 일정한 지점까지 위치 결정하는 방법으로 많이 사용한다.
ⓒ 지령 방법

```
G53 G90 X_ Y_ Z_ ;
```

ⓒ 지령 워드의 의미
  • X, Y, Z : 기계원점에서 이동지점까지의 기계좌표를 지령한다. 절대지령(G90)

에서만 실행되고 증분지령(G91)에서는 무시된다.
(기계 좌표계 선택 지령의 예제 1)
ⓒ 프로그램

```
ⓐ점에 공구 중심을 이동시킨다.(X, Y축)
  G53 G90 X-180.123 Y-155.236 ;
  (G92 G90 X0. Y0. ;) ;  … 기계원점에서 공작물 좌표계 원점까지 이동시키고
                            공작물 좌표계 설정을 하는 방법이다.
ⓑ점에 공구 중심을 이동시킨다.(X, Y축)
  G53 G90 X-225.837 Y-100,653 ;
```

(7) 보정 기능

프로그램을 작성할 때 공구의 길이와 형상을 고려하지 않고 프로그램을 작성하게 된다. 그러나 실제 가공할 때는 각각의 공구가 길이와 직경의 크기에 차이가 있으므로 이 차이의 량을 보정 화면에 등록하고 공작물을 가공할 때 호출하여 자동으로 위치 보상을 받을 수 있게 하는 기능을 보정 기능이라 한다. 이 각각의 공구길이의 차이와 직경의 크기 등을 측정하여 미리 보정화면에 등록하여 둔다. 이 량을 측정하는 것을 공구셋팅(Tool Setting)이라 한다.

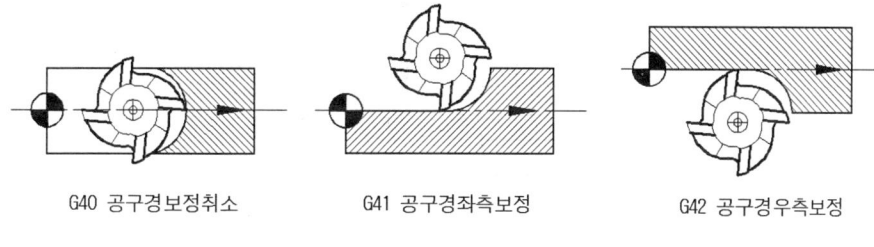

G40 공구경보정취소   G41 공구경좌측보정   G42 공구경우측보정

그림 3-5 공구보정 경로

① 공구경 보정(G40, G41, G42)

공구의 측면 날을 이용하여 가공하는 경우 공구의 직경 때문에 공구중심(주축중심)이 프로그램과 일치하지 않는다. 이와 같이 공구반경 만큼 발생하는 (엔드밀, 페이스 커터)에 많이 사용된다.

㉠ 지령방법

```
G17 G40 ································································· 공구경 보정 취소
G18(G00, G01)   G41 α_ β_ D_ ; ························· 공구경 좌측 보정
G19 G42 α_ β_ D_ ; ····················································· 공구경 우측 보정
```

㉡ 지령 워드의 의미
• α, β : 평면선택 기능에 따라 X, Y, Z 중 기준 두 축이 좌표를 지령한다.

(G17 평면 선택인 경우 X, Y축 방향에 공구경 보정이 적용되고, G18 평면에서는 Z, X축, G19 평면선택은 Y, Z축 방향에 공구경 보정이 적용된다.)
• D : 공구경 보정 번호(보정 번호)

ⓒ Start Up 블록

공구경 보정 무시(G40) 상태에서 공구경 보정(G41, G42)을 지령한 블록을 Start Up 블록이라 한다.

```
N01 G41 G01 X0. D01 F100 ; ················································· Start Up Block
N02 Y50. ;
N03 X55. ;
```

② 공구길이 보정

공작물을 도면대로 가공하기 위해서는 그림 3-6과 같이 여러 개의 공구를 교환하면서 가공하게 된다. 이때 그림에서와 같이 공구의 길이가 각각 다르므로 공구의 기준길이에 대하여 각각의 공구가 얼마만큼 길이의 차이가 있는지를 오프셋 량으로 CNC 장치에 설정하여 놓고 그 길이만큼 보정하여 주면 공구길이 보정을 할 수 있다.

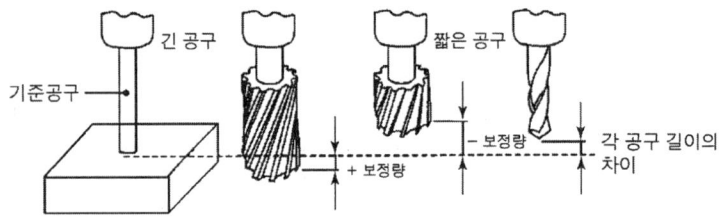

그림 3-6 공구길이 보정

```
G43 : +방향 공구길이 보정(+방향으로 이동)
G44 : -방향 공구길이 보정(-방향으로 이동)
```

공구길이 보정은 G43, G44 지령으로 Z축 이동지령의 종점위치를 보정 메모리에 설정한 값만큼 +, -로 보정할 수 있다. 또한 공구길이 보정은 Z축에 한하여 가능하며 공구길이 보정을 취소할 때는 G49로 지령하여 G49를 생략하고 단지 보정 번호를 00 즉, H00으로 지정할 수 있다.

㉠ 지령 방법

```
지령 형식 : G00 G43 Z_ H_ ;
```

```
취소 형식 : G00 G49 Z_ ;
```

여기서, H : 해당 공구의 보정량을 입력한 공구 번호

(8) 고정사이클

프로그램을 간단하게 하는 기능으로 구멍 가공하는 몇 개의 블록을 하나의 블록으로 프로그램을 작성할 수 있다. 고정 사이클에는 드릴, 탭, 보링 기능 등이 있고, 응용하여 다른 기능으로도 사용할 수 있다.
예를 들면 보링 사이클로 드릴작업도 가능하다.
고정사이클의 종류는 G73~G89까지 12종류가 있고 G80 기능으로 고정사이클을 말소시킨다.
고정사이클 기능을 쉽게 이해하기 위해서는 각 고정 사이클의 공구 경로를 관찰하여 이해하면 된다.
다음의 예에서 일반 프로그램과 고정 사이클 프로그램의 차이를 알 수 있다.

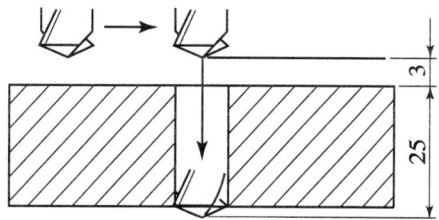

그림 3-7 고정사이클 및 일반 프로그램의 예

고정사이클 프로그램(1블록)	일반 프로그램(4블록)
↓ G81 G90 G99 X20. Y30. Z-25. R3. F50. : ↓	↓ G00 G90 X20. Y30. ; Z3. ; G01 Z-25. F50. ; G00 Z3. ; ↓

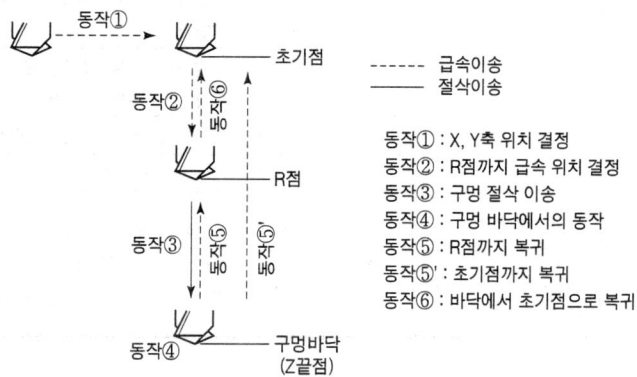

그림 3-8 고정사이클의 기본 동작 구성

① 고정사이클 기본 지령 형식

고정사이클의 종류에 따라 다소 차이는 있으나, 기본적인 지령 형식은 다음과 같다. 각 어드레스에 대한 설명은(표 참조)

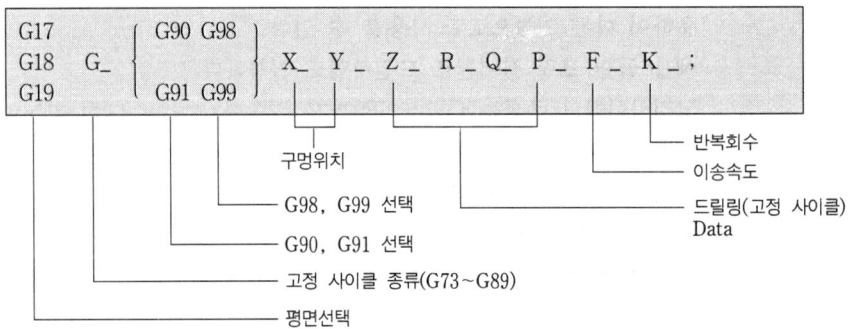

[표 3-1] 고정사이클의 어드레스 설명

지령 내용	어드레스	어드레스 내용설명
G17, G18, G19	G	평면선택 기능(G17, G18, G19) 중 하나를 선택
고정 사이클 종류	G	고정 사이클 일람표 참고
G90, G91 선택	G	절대, 상대지령을 선택한다. 이미 지령된 경우는 생략할 수 있다.
G98, G99 선택	G	초기점 복귀와 R점 복귀를 선택한다.
구멍위치	X,Y	구멍가공 위치를 절대, 증분지령으로 지령한다. 공구이동은 급속이송(G00)으로 이동한다.
드릴링 Data	Z	구멍가공 최종 깊이를 지령한다. R점에서 Z위치까지 절삭이송(G01)한다. 절대지령은 공작물 좌표계 Z축 원점에서 절삭깊이가 되고, 증분지령인 경우 R점에서 절삭 깊이를 지령한다.
	R	구멍가공 후 R점(구멍가공 시작점)을 지령한다. 최종 구멍가공을 종료하고 공구를 R점까지 복귀한다. 또 초기점에서 R점(가공시작점)까지 급속이송(G00)으로 이동하는 지령이다. 절대지령은 공작물 좌표계 Z축 원점에서의 위치가 되고 증분지령인 경우 초기점에서 이동거리를 지령한다.
	Q	G73, G83기능에서 매회 절입량 또는 G76,G87기능에서 Shift량을 지령한다.(항상 증분지령으로 한다.)
	P	구멍바닥에서 드웰(정지)시간을 지령한다.
	F	구멍가공 이송속도를 지령한다.
반복회수 (0 Serise 이외의 시스템은 L 어드레스로 반복회수를 지령한다.)	K	K지령을 생략하면 K1로 지령한 것으로 간주하고, K0을 지령하면 현재 블록에서 고정 사이클 Data만 기억하고, 구멍작업은 다음에 구멍위치 지령이 되면 사이클 기능을 실행한다.

[표 3-2] 고정사이클 일람표

G코드	용 도	동작3번 (절삭방향절입동작)	동작4번 (구멍밑에서동작)	동작5번 (도피동작)
G73	고속 심공드릴 사이클	간헐 절삭이송		급속이송
G74	역탭핑 사이클(왼나사)	절삭이송	주축 정회전	절삭이송
G76	정밀보링 사이클	절삭이송	주출 정위치 정지	급속이송
G81	드릴 사이클	절삭이송		급속이송
G82	카운트보링 사이클	절삭이송	드웰(Dwell)	급속이송
G83	심공드릴 사이클	간헐 절삭이송		급속이송
G84	탭핑 사이클	절삭이송	주축 역회전	절삭이송
G85	보링 사이클(리이머)	절삭이송		절삭이송
G86	보링 사이클	절삭이송	주축 정지	급속이송
G87	백보링 사이클	절삭이송	주축 정위치 정지	급속이송
G88	보링 사이클	절삭이송	① 드웰(Dwell) ② 주축정지	급속 이송, 절삭 이송
G89	보링 사이클	절삭이송	드웰(Dwell)	절삭이송

(9) 보조 프로그램

보조 프로그램은 주 주 프로그램 또는 다른 보조 프로그램에서 호출하여 실행하다.

```
M 98 P 1004   L2 ;
```

여기서, M 98 : 주 프로그램에서 보조 프로그램의 호출
P : 보조 프로그램 번호
L : 반복 호출 횟수(1004를 2회 호출하라는 지령)

컴/퓨/터/응/용/밀/링/기/능/사

제6편

최근 기출문제

≫ 2013년 기출문제
≫ 2014년 기출문제
≫ 2015년 기출문제
≫ 2016년 기출문제
≫ CBT 모의고사

2013

컴/퓨/터/응/용/밀/링/기/능/사/

기출문제

제1회 컴퓨터응용밀링기능사 기출문제

2013년 1월 27일

01 부식을 방지하는 방법에서 알루미늄(Al)의 방식법(防蝕法)이 아닌 것은?
① 수산법　　　② 황산법
③ 니켈산법　　④ 크롬산법

해설 알루미늄의 방식법 : 알루미늄표면을 적당한 전해액 중에서 양극산화 처리하여 산화물계 피막을 형성시킨 방법이며 수산법, 황산법, 크롬산법 등이 있다.

02 베어링 합금이 갖추어야 할 구비조건이 아닌 것은?
① 열전도율이 커야 한다.
② 마찰계수가 크고 저항력이 작아야 한다.
③ 내식성이 좋고 충분한 인성이 있어야 한다.
④ 하중에 견딜 수 있는 경도와 내압력을 가져야 한다.

해설 베어링 합금의 조건
① 하중에 대한 내구력을 가질 수 있을 정도의 경도, 내압력을 가질 것
② 축에 적응이 잘 될 수 있을 정도로 충분한 점성과 인성이 있을 것
③ 주조성, 피가공성이 좋고 열전도율이 클 것
④ 마찰 계수가 적고 저항력이 클 것
⑤ 소착에 대한 저항력이 클 것
⑥ 윤활유에 대한 내식성이 좋고 값이 쌀 것

03 기계재료의 성질 중 기계적 성질이 아닌 것은?
① 인장강도　　② 연신율
③ 비열　　　　④ 전성

해설 (1) 기계적 성질
① 연성, 전성, 인성, 취성(메짐)
② 인장강도 및 경도
③ 피로한계, Creep, 연신율, 단면수축률, 충격값

(2) 물리적 성질
① 비열 ② 용융점 ③ 비중 ④ 선팽창 계수
⑤ 열전도율 및 전기전도율 ⑥ 금속의 탈색
⑦ 자성 ⑧ 성분, 조직, 전기저항 ⑨ 융해잠열

04 철강 및 비철금속재료 중에서 회주철의 재료 기호는?
① GC 300　　② SC 450
③ SS 400　　④ BMC 360

해설　① GC 300 : 회주철품
　　　② SC 450 : 탄소 주강품
　　　③ SS 400 : 일반구조용 압연강판
　　　④ BMC 360 : 흑심 가단 주철품

05 보통주철의 특성에 대한 설명으로 틀린 내용은?
① 진동흡수 능력이 있다.
② 강에 비해 연신율이 작다.
③ 강에 비해 인장강도가 크다.
④ 용융점이 낮아 주조에 적합하다.

해설 보통주철은 강에 비해 인장강도가 작고 압축강도가 크다.

06 7 : 3 황동에 주석 1% 정도를 첨가한 동합금은?
① 네이벌 황동　　② 망간 황동
③ 애드미럴티 황동　④ 쾌삭 황동

해설　① 네이벌 황동 : 6-4황동에 0.75% Sn첨가. 파이프, 용접봉, 선박 기계부품으로 사용
　　　② 망간 황동 : 주로 4-6 황동에 3.5% 정도의 망간을 첨가. 선박의 추진기인 스크류, 선박용 기계, 바닷물을 퍼올리는 펌프류, 터빈의 날개 등에 사용

답 01.③ 02.② 03.③ 04.① 05.③ 06.③

③ 애드미럴티 황동 : 7-3황동에 1% Sn첨가.
관, 판으로 증발기, 열교환기에 사용
④ 쾌삭 황동 : 황동에 납 0.5~3.0%를 첨가한 것으로서 시계의 톱니바퀴(齒車) 등에 사용

07 강의 절삭성을 향상시키기 위하여 인(P)이나 황(S)을 첨가시킨 특수강은?
① 쾌삭강　　② 내식강
③ 내열강　　④ 내마모강

해설　쾌삭강 : 강의 피삭성을 증가시켜, 절삭 가공을 쉽게 하기 위해 특히 P, S를 첨가한 강

08 재료에 반복하중 및 교번하중이 작용할 때 재료 내부에 생기는 저항력은?
① 외력　　② 응력
③ 구심력　　④ 원심력

해설　응력 : 재료에 반복하중 및 교번하중이 작용할 때 재료 내부에 생기는 저항력

09 기어의 잇수가 각각 40, 50개인 두 개의 기어가 서로 맞물고 회전하고 있다. 축간 거리가 90mm일 때 모듈은?
① 1　　② 2
③ 3　　④ 4

해설　중심거리
$C = \dfrac{(Z_1 + Z_2)M}{2} = \dfrac{(40+50)m}{2}$
$90 = \dfrac{(40+50)M}{2}$　∴ 2

10 다음 중 전동용 기계요소에 해당하는 것은?
① 볼트와 너트　　② 리벳
③ 체인　　④ 핀

해설
• 전동용 기계요소 : 벨트, 로프, 체인, 링크 마찰차 및 캠 기어 등
• 체결용 기계요소 : 볼트와 너트, 키, 핀, 코터, 리벳, 용접 수축확대 및 테이퍼이음

11 다음 중 나사의 리드(lead)가 가장 큰 것은?
① 피치 1mm의 4줄 미터 나사
② 8산 2줄의 유니파이 보통 나사
③ 16산 3줄 유니파이 보통 나사
④ 피치 1.5mm의 1줄 미터 가는 나사

해설　$L = nP$
① $L = 4 \times 1 = 4\,mm$
② $L = (25.4/8) \times 2 = 6.35\,mm$
③ $L = (25.4/16) \times 3 = 4.76\,mm$
④ $L = 1 \times 1.5 = 1.5\,mm$

12 인장스프링에서 하중 100N이 작용할 때의 변형량이 10mm일 때 스프링 상수는 몇 N/m인가?
① 0.1　　② 0.2
③ 10　　④ 20

해설　$P = K \cdot \delta,\ K = \dfrac{P}{\delta} = \dfrac{100}{10} = 10$

13 스프링 소재를 금속 스프링과 비금속 스프링으로 분류할 때 비금속 스프링에 속하지 않는 것은?
① 고무 스프링　　② 공기 스프링
③ 동합금 스프링　　④ 합성수지 스프링

해설　재료에 의한 스프링 분류
① 금속 스프링 : 강철, 인청동, 황동 등
② 비금속 스프링 : 고무, 나무, 합성수지, 유체 스프링(공기, 물, 기름 등)

14 안내 키(key)라고도 하며, 축 방향으로 보스를 미끄럼 운동시킬 필요가 있을 때에 사용되는 것은?
① 성크 키　　② 페더 키
③ 접선 키　　④ 원뿔 키

해설　미끄럼 키(Sliding Key) : 안내키, 페더키(Feather Key)라고도 하며 보스와 축이 상대적으로 축 방향으로만 이동이 가능한 키로서 키를 작은 나사로 고정한다.

답　07.①　08.②　09.②　10.③　11.②　12.③　13.③　14.②

15 다음 V벨트 종류 중 인장강도가 가장 작은 것은?
① M ② A
③ B ④ E

해설 V벨트 단면의 형상은 M, A, B, C, D, E 형의 6종류가 있으며 M에서 E쪽으로 가면 단면이 커지며 M형이 인장강도가 가장 작다.

16 나사의 도시방법에 관한 설명 중 틀린 것은?
① 나사의 끝면에서 본 그림에서 모떼기 원을 표시하는 굵은 선은 반드시 나타내야 한다.
② 나사의 끝면에서 본 그림에서 나사의 골 밑은 가는 실선으로 그린 원주의 3/4에 건의 같은 원의 일부로 표시한다.
③ 나사의 측면에서 본 그림에서 나사산의 봉우리를 굵은 실선으로 표시한다.
④ 나사의 측면에서 본 그림에서 나사산의 골 밑은 가는 실선으로 표시한다.

해설 나사의 끝면에서 본 그림에서 모떼기 원을 표시하는 가는 선은 반드시 나타내야 한다.

17 다음 중 정보를 나타내기 위한 목적으로만 사용하는 치수로서 가공이나 검사공정에 영향을 주지 않고 도면상의 기타 치수나 관련 문서의 치수로부터 산출되는 치수로서 괄호 안에 기입하는 치수는?
① 기능 치수(functional dimension)
② 비기능 치수(non-functional dimension)
③ 참고 치수(auxiliary dimension)
④ 소재 치수(basic material dimension)

해설 참고 치수(auxiliary dimension)
정보를 나타내기 위한 목적으로만 사용하는 치수로서 가공이나 검사공정에 영향을 주지 않고 도면상의 기타 치수나 관련 문서의 치수로부터 산출되는 치수로서 괄호 안에 기입하는 치수이다.

18 다음 끼워 맞춤에 관계된 치수 중 헐거운 끼워 맞춤을 나타낸 것은?
① ∅45 H7/p6 ② ∅45 H7/js6
③ ∅45 H7/m6 ④ ∅45 H7/g6

해설 ① ∅45 H7/p6 : 구멍 기준식 억지 끼워 맞춤
② ∅45 H7/js6 : 구멍 기준식 중간 끼워 맞춤
③ ∅45 H7/m6 : 구멍 기준식 중간 끼워 맞춤
④ ∅45 H7/g6 : 구멍 기준식 헐거운 끼워 맞춤

19 도면에 다음과 같이 주철제 V벨트 풀리가 호칭되어 있을 경우 이 풀리의 호칭지름은 몇 mm인가?

| KS B 1400 250A 1 Ⅱ |

① 100 ② 140
③ 250 ④ 1400

해설 KS B 1400 250A 1 Ⅱ에서 풀리의 바깥지름 1400, 호칭지름은 250이다.

20 스프링을 도시할 경우 그림 안에 기입하기 힘든 사항은 일괄하여 스프링 요목표에 기입한다. 다음 중 압축 코일 스프링의 요목표에 기입되는 항목으로 거리가 먼 것은?
① 재료의 지름 ② 감김 방향
③ 자유 길이 ④ 초기 장력

해설 압축 코일 스프링의 요목표에 기입되는 항목 재료의 지름, 코일의 평균지름, 코일의 안지름, 유효 감김 수, 총 감김 수, 감김 방향, 자유 높이(길이) 등이다.

21 단면도의 표시방법에서 그림과 같은 단면도의 명칭은?
① 전단면도
② 한쪽 단면도
③ 부분 단면도
④ 회전 도시 단면도

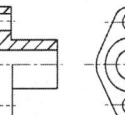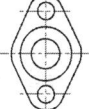

답 15. ① 16. ① 17. ③ 18. ④ 19. ③ 20. ④ 21. ②

해설 ① 온 단면도(전단면도) : 물체의 기본적인 모양을 가장 잘 나타낼 수 있도록 물체의 중심에서 반으로 절단하여 나타낸 것을 온단면도 혹은 전단면도라 한다.
② 한쪽 단면도(반단면도) : 상하 또는 좌우 대칭형의 물체는 기본 중심선을 경계로 1/2은 외형도로, 나머지 1/2은 단면도로 동시에 나타낸다. 대칭 중심선의 우측 또는 위쪽을 단면으로 한다.
③ 부분 단면도 : 외형도에서 필요로 하는 일부분만을 부분 단면도로 도시할 수 있다. 파단선(가는실선)으로 단면의 경계를 표시하고 프리핸드로 외형선의 1/2굵기로 그린다.
④ 회전 도시 단면도 : 핸들이나 바퀴 등의 암이나 리브, 훅, 축, 구조물의 부재 등의 절단면은 90° 회전하여 도시하거나 절단할 곳의 전후를 끊어서 그 사이에 그린다.

22 그림과 같이 제3각법으로 정투상하여 나타낸 도면에서 누락된 평면도로 가장 적합한 것은?

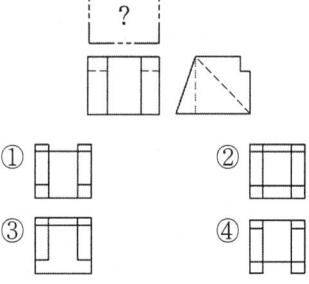

① ② ③ ④

23 표면의 결 기호와 함께 사용하는 가공 방법의 약호에서 리밍 작업 기호는?
① BR ② FR
③ SH ④ FL

해설
브로치 가공	BR
리머 가공	FR
세이핑 가공	SH
래핑 다듬질	FL

24 도면에서 특수한 가공(고주파 담금질 등)을 실시하는 부분을 표시할 때 사용하는 선의 종류는?
① 굵은 실선 ② 가는 1점 쇄선
③ 가는 실선 ④ 굵은 1점 쇄선

해설 굵은 1점 쇄선 : 도면에서 특수한 가공(고주파 담금질 등)을 실시하는 부분을 표시할 때 사용하는 선이다.

25 KS 기하 공차 기호 중 원통도의 표시기호는?
① ○ ③ ◇
② ⊕ ④ ⌀

해설
○	진원도 공차
◇	원통도 공차
⊕	위치도 공차
⌀	동축도 또는 동심도 공차

26 원통 연삭에서 바깥지름 연삭 방식 중 연삭 숫돌을 숫돌의 반지름 방향으로 이송하면서, 원통면, 단이 있는 면 등의 전체 길이를 동시에 연삭하는 방식은?
① 테이블 왕복형 ② 숫돌대 왕복형
③ 플런지 컷형   ④ 공작물 왕복형

해설 ① 테이블 왕복형 : 공작물을 고정한 테이블을 왕복시키는 형식으로 소형 공작물의 연삭에 적합
② 숫돌대 왕복형 : 숫돌대를 왕복 운동시키는 형식으로 대형 중량 공작물의 연삭에 적합
③ 플런지 컷형 : 공작물은 회전만하고 숫돌대의 연삭숫돌을 테이블과 직각으로 전후 이송을 주어 연삭하는 형식으로 원통면, 단있는 면, 테이퍼형, 곡선 윤곽 등의 전체 길이를 동시에 연삭 할 수 있는 생산형 연삭기이다.

답 22.④ 23.② 24.④ 25.② 26.③

27 밀링 머신에서 지름이 70mm인 초경합금의 밀링 커터로 가공물을 절삭할 때 커터의 회전수는 몇 rpm인가? (단, 절삭속도는 120m/min이다.)

① 546　　② 556
③ 566　　④ 576

해설　$N = \dfrac{1000V}{\pi d} = \dfrac{1000 \times 120}{\pi \times 70} = 546\,\text{rpm}$

28 밀링 머신에서 분할대는 어디에 설치하는가?

① 심압대　　② 스핀들
③ 새들 위　　④ 테이블 위

해설　밀링 머신에서 분할대는 테이블 위에 설치한다.

29 그림과 같이 작은 나사나 볼트의 머리를 일 감에 묻히게 하기 위하여 단이 있는 구멍 뚫기를 하는 작업은?

① 카운터 보링
② 카운터 싱킹
③ 스폿 페이싱
④ 리밍

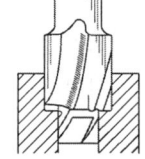

해설　① 카운터 보링 : 작은 나사, 볼트의 머리부가 돌출되지 않도록 머리부가 들어갈 자리부분을 단이 있게 구멍 뚫는 작업
② 카운터 싱킹 : 접시머리 나사의 머리가 묻히게 하기 위해 원뿔자리를 만드는 작업
③ 스폿 페이싱 : 볼트 또는 너트 등의 구멍과 직각이 되게 머리부가 접촉되는 부분을 깎아서 만드는 작업
④ 리밍 : 구멍의 정밀도를 높이기 위한 작업

30 선반을 구성하는 4대 주요부로 짝지어진 것은?

① 주축대, 심압대, 왕복대, 베드
② 회전센터, 면판, 심압축, 정지센터
③ 복식공구대, 공구대, 새들, 에이프런
④ 리드스크루, 이송축, 기어상자, 다리

해설　선반을 구성하는 4대 주요부는 주축대, 심압대, 왕복대, 베드이다.

31 Al_2O_3 분말에 TiC 또는 TiN분말을 혼합하여 수소 분위기 속에서 소결하여 제작하는 공구 재료는?

① 세라믹(ceramic)
② 주조 경질합금(cast alloyed hard metal)
③ 서멧(cermet)
④ 소결 초경합금(sintered hard metal)

해설　① 서멧 : Al_2O_3 분말 70%에 TiC 또는 TiN 분말을 30% 정도 혼합하여 수소 분위기에서 소결하여 제작
② 세라믹 : 산화알루미늄 가루(Al_2O_3) 분말에 규소 및 마그네슘 등의 산화물이나 다른 산화물의 첨가물을 넣고 소결한 것
③ 주조 경질합금 : 대표적인 것으로 스텔라이트(stellite)가 있으며, 이 합금은 주조에 의하여 만들어지는 Co(40~55%)+Cr(25~35%)+W(12~30%)+C(1.5~3%) 합금이다.
④ 소결 초경합금 : W-Ti-Ta 등의 탄화물 분말을 Co 또는 Ni를 결합하여 1400℃ 이상에서 소결시킨 것으로 주성분은 W, Ti, Co, C 등이다.

32 M5×0.8 탭 작업을 할 때 가장 적합한 드릴 지름은?

① 4mm　　② 4.5mm
③ 5mm　　④ 5.8mm

해설　5-0.8=4.2mm이나 보통 약간(0.2mm 정도) 크게 드릴작업 한다.

33 연삭숫돌의 결합체 중 주성분이 점토이고 가장 많이 사용되고 있으며 기호를 "V"로 표시하는 결합제는?

① 비트리파이드　　② 실리케이트
③ 셸락　　④ 레지노이드

답　27. ①　28. ④　29. ①　30. ①　31. ③　32. ②　33. ①

해설 ① 비트리파이드(Vitrified, V) : 점토, 장석 등을 주성분으로 하여 약 1300~1350℃에서 2~3일간 가열하여 도자기 만드는 것 같이 자기질화한 것이다.
② 실리케이트(Silicate, S) : 규산나트륨(Na_2SiO_3, 물유리)을 주성분으로 하여 입자와 혼합하여 성형한 후 260℃ 정도의 저온에서 1~3일간 가열하여 만든다.
③ 셀락 결합제(shellac, E) : 천연수지인 셀락이 주성분으로 비교적 저온에서 제작한다.
④ 레지노이드 결합제(resinoid, B) : 열경화성 합성수지인 베이크라이트(bakelite)를 주성분으로 결합이 강하고 탄성이 풍부하여 건식 절단에 이용된다.

34 구멍용 한계 게이지가 아닌 것은?
① 원통형 플러그 게이지
② 봉 게이지
③ 테보 게이지
④ 스냅 게이지

해설 스냅 게이지는 축용 한계 게이지이다.

35 기계가공에서 절삭성능을 높이기 위하여 절삭유를 사용한다. 절삭유의 사용 목적으로 틀린 것은?
① 절삭공구의 절삭온도를 저하시켜 공구의 경도를 유지시킨다.
② 절삭속도를 높일 수 있어 공구수명을 연장시키는 효과가 있다.
③ 절삭 열을 제거하여 가공물의 변형을 감소시키고, 치수 정밀도를 높여 준다.
④ 냉각성과 윤활성이 좋고, 기계적 마모를 크게 한다.

해설 절삭유의 사용 목적
① 절삭저항이 감소하고 공구의 수명을 연장한다.
② 다듬질면의 마찰을 적게 하므로 다듬질면을 좋게 한다.
③ 공작물의 열팽창 방지로 가공물의 치수 정밀도를 높게 한다.
④ 칩의 흐름이 좋아지기 때문에 절삭가공을 쉽게 한다.
⑤ 공구인선을 냉각시켜 온도상승에 따른 경도 저하를 막는다.

36 다음 중 수평밀링머신에서 주로 사용하는 커터는?
① 엔드밀   ② 메탈 쏘
③ T홈 커터 ④ 더브테일 커터

해설 메탈 쏘, 평면밀링커터, 측면밀링커터 등은 수평밀링머신에서 주로 사용하는 커터이다.

37 수평밀링머신의 플레인 커터 작업에서 상향절삭과 비교한 하향절삭(내려깎기)의 장점으로 옳은 것은?
① 날 자리 간격이 짧고, 가공면이 깨끗하다.
② 기계에 무리를 주지 않는다.
③ 이송 기구의 백래시가 자연히 제거된다.
④ 절삭열에 의한 치수 정밀도의 변화가 작다.

해설 상향절삭과 하향절삭의 비교

구분	상향 절삭	하향 절삭
칩에 영향	절삭에 방해 없다.	절삭에 방해 있다.
백래쉬 제거	백래쉬 제거장치 필요 없다.	백래쉬 제거장치 필요하다.
공작물 고정	불안하므로 확실히 고정해야 한다.	안정된 고정이 된다.
공구 수명	수명이 짧다. 날 파손은 적으나 마멸이 심하다.	수명이 길다. 날 파손은 생길 수 있으나 마모가 적다.
소비 동력	소비가 크다.	소비가 적다.
가공면	거칠다.	깨끗하다.

38 특정한 모양이나 치수의 제품을 대량으로 생산하기 위한 목적으로 제작된 공작 기계는?
① 단능 공작 기계 ② 만능 공작 기계
③ 범용 공작 기계 ④ 전용 공작 기계

답 34.④ 35.④ 36.② 37.① 38.④

※해설 ① 단능 공작 기계 : 간단한 공정이나 1종의 공정밖에 할 수 없는 공작기계이며, 다량 생산에 적합하나 다른 공정의 가공에 융통성이 없다.
② 만능 공작 기계 : 선반, 드릴링 머신, 밀링 머신 등의 공작 기계의 구조를 적당히 조합하여 한 대의 기계로 만든 것. 이 기계 한 대로 선삭, 구멍 뚫기, 밀링 절삭 등의 작업을 할 수 있는 매우 편리한 기계이나 생산성은 좋지 않다.
③ 범용 공작 기계 : 특정 부품을 전문으로 가공하는 전용 공작 기계에 대하여 1대로 여러 가지 가공을 할 수 있는 공작기계
④ 전용 공작 기계 : 특정한 모양, 치수의 제품을 양산하기에 적합하도록 만든 공작기계이며, 사용 범위에는 좁고, 소량 생산에는 적합하지 않는 공작기계이다.

39 빌트업 에지(built-up edge)의 발생을 감소시키기 위한 방법이 아닌 것은?
① 절삭 속도를 작게 한다.
② 윤활성이 좋은 절삭 유제를 사용한다.
③ 절삭 깊이를 얕게 한다.
④ 공구의 윗면 경사각을 크게 한다.

※해설 구성인선(built-up edge)의 방지(억제)법
① 공구의 윗면 경사각을 크게 한다.
② 절삭 깊이를 작게 한다.
③ 절삭 속도를 크게 한다.
④ 이송을 작게 한다.(저속회전일 때 이송을 크게 한다)
⑤ 칩의 절삭저항을 작게 한다.

40 수나사의 유효지름 측정 방법이 아닌 것은?
① 콤비네이션 세트에 의한 방법
② 삼침법에 의한 방법
③ 공구 현미경에 의한 방법
④ 나사 마이크로미터에 의한 방법

※해설 수나사의 유효지름 측정 방법
① 삼침법
② 나사 마이크로미터에 의한 방법
③ 광학적인(투영기, 공구현미경) 방법

41 선반 척 중 불규칙한 일감을 고정하는데 편리하며 4개의 조로 구성되어 있는 것은?
① 단동척   ② 콜릿척
③ 마그네틱척   ④ 연동척

※해설 ① 단동척 : 다소 불규칙한 외경의 공작물 가공과 중심을 편심시켜 가공할 수 있다. 4개의 조가 있다.
② 콜릿척 : 가는 지름의 환봉 재료 고정. 탁상, 터릿 선반용으로 사용된다.
③ 마그네틱척 : 전자석 설치, 얇은 공작물을 변형시키지 않고 가공된다.
④ 연동척 : 규칙적인 외경을 가진 재료를 가공. 단동척 보다 고정력이 약하다. 3개(또는 4개)의 조를 크라운 기어를 사용, 동시에 이동시킨다.

42 방전 가공에 대한 일반적인 특징으로 틀린 것은?
① 전극은 구리나 흑연 등을 사용한다.
② 전기 도체이면 쉽게 가공할 수 있다.
③ 전극의 형상대로 정밀하게 가공할 수 있다.
④ 공작물은 음극, 공구는 양극으로 한다.

※해설 방전가공(E.D.M) : 방전 현상을 인공적으로 설정하여 그 에너지를 이용하는 가공 방법이다.(전기 접점에 의한 직류 콘덴서법) 공작물과 공구가 직접 접촉함이 없이 상호간에 어느 간격을 유지하면서 그 사이에선 물리적으로 가공하는 방법(공작물 양(+)극 가공 공구는 음(−)극)이다.

43 머시닝센터 작업시 공구의 길이가 그림과 같을 때 다음 프로그램에서 T02의 공구 길이 보정값은?

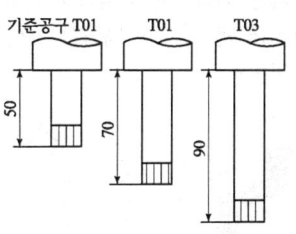

답 39. ① 40. ① 41. ① 42. ④ 43. ①

```
T02 ;
G90 G43 G00 Z10 H02 ;
S950 M03 ;
```

① 20 ② −20
③ −40 ④ 40

◈해설 위 그림과 프로그램에서 T02의 공구 길이 보정값은 70−50=20이다.

44 CNC 공작기계의 일상 점검 중 매일 점검 내용에 해당하지 않는 것은?

① 베드면에 습동유가 나오는지 손으로 확인한다.
② 유압 탱크의 유량은 충분한가 확인한다.
③ 각축은 원활하게 급속 이송되는지 확인한다.
④ NC장치 필터 상태를 확인한다.

◈해설

구분	점검내용	점검세부내용
매일 점검	1. 외관 점검	• 장비 외관 점검 • 베드면에 습동유가 나오는지 손으로 확인한다.
	2. 유량 점검	• 습동면 및 볼스트류 급유탱크 유량 확인 • Air Lubricator Oil 확인 (Air에 Oil을 혼합하여 실린더를 보호하는 장치) • 절삭유의 유량은 충분한가? • 유압탱크의 유량은 충분한가?
	3. 압력 점검	• 각부의 압력이 명판에 지시된 압력을 가리키는가?
	4. 각부의 작동 검사	• 각축은 원활하게 급속이동 되는가? • ATC 장치는 원활하게 작동 되는가? • 주축의 회전은 정상적인가?

45 그림은 바깥지름 막깎기 사이클의 공구 경로를 나타낸 것이다. 복합형 고정 사이클의 명령어는?

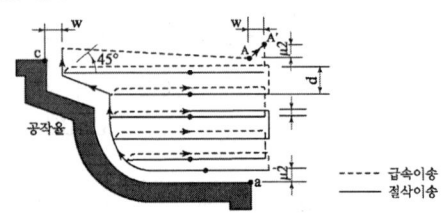

① G70 ② G71
③ G72 ④ G73

◈해설 내, 외경 황삭 사이클(G71)
복합형 고정 Cycle로서 최종 절삭 프로그램 시 공구의 경로를 지정한 후 일정한 조건을 제시하면 자동적으로 황삭 가공을 실시한다. 또한 절삭 여유를 주면 절삭 여유를 남기고 초기점 위치로 되돌아간다.

G코드	그룹	기 능
G70	00	절삭가공 Cycle
G71		내외경 황삭 Cycle
G72		단면 황삭 Cycle
G73		모방 절삭 Cycle
G74	10	단면 홈 Cycle
G75		외경 홈 가공 Cycle
G76		자동 나사 가공 Cycle

46 다음 CNC선반 프로그램에서 분당이송(mm/min)의 값은?

```
G30 U0. W0. ;
G50 X150. Z100. T0200 ;
G97 S1000 M03 ;
G00 G42 X60. Z0. T0202 M08 ;
G01 Z-20. F0.1 ;
```

① 100 ② 200
③ 300 ④ 400

◈해설 $F = f \times N = 0.1 \times 1000 = 100 \text{ mm/min}$

47 CNC프로그램에서 보조 프로그램을 사용하는 방법이다. (A), (B), (C)에 차례로 들어갈 어드레스로 적당한 것은?

주 프로그램	보조 프로그램	보조 프로그램
O4567 ;	O1004 ;	O0100 ;
↓	↓	↓
↓	↓	↓
(A) P1004 ;	(A) P0100 ;	↓
↓	↓	↓
↓	↓	↓
(C) ;	(B) ;	(B) ;

답 44.④ 45.② 46.① 47.②

① (A) ; M98. (B) ; M02. (C) ; M99
② (A) ; M98. (B) ; M99. (C) ; M02
③ (A) ; M30. (B) ; M99. (C) ; M02
④ (A) ; M30. (B) ; M02. (C) ; M99

해설 (A) ; M98 : 보조 프로그램 호출
(B) ; M99 : 보조 프로그램 종료 표시로 주 프로그램으로 복귀
(C) ; M02 : 프로그램 종료

48 CNC선반 절삭가공의 작업 안전에 관한 사항으로 틀린 것은?
① 절삭유의 비산을 방지하기 위하여 문(door)을 닫는다.
② 절삭 가공 중에 반드시 보안경을 착용한다.
③ 공작물이 튀어나오지 않도록 확실히 고정한다.
④ 칩의 제거는 면장갑을 끼고 손으로 제거한다.

해설 칩의 제거는 면장갑을 끼고 손으로 제거하지 말고 갈고리 등을 이용하여 제거한다.

49 서보 제어방식 중 모터에 내장된 타코 제너레이터에서 속도를 검출하고, 기계의 테이블에 부착된 스케일에서 위치를 검출하여 피드백 시키는 방식은?
① 개방회로 방식   ② 반폐쇄회로 방식
③ 폐쇄회로 방식   ④ 반개방회로 방식

해설 폐쇄회로 방식 : 서보 제어방식 중 모터에 내장된 타코 제너레이터에서 속도를 검출하고, 기계의 테이블에 부착된 스케일에서 위치를 검출하여 피드백 시키는 방식이다.

50 범용 공작기계와 CNC 공작기계를 비교하였을 때 CNC 공작 기계가 유리한 점이 아닌 것은?
① 복잡한 형상의 부품가공에 성능을 발휘한다.
② 품질이 균일화되어 제품의 호환성을 유지할 수 있다.
③ 장시간 자동운전이 가능하다.
④ 숙련에 오랜 시간과 경험이 필요하다.

해설 CNC 공작 기계는 범용 공작기계에 비하여 숙련에 오랜 시간과 경험이 필요하지 않는다.

51 200rpm으로 회전하는 스핀들 5회전 휴지를 지령하는 것으로 옳은 것은?
① G04×1.5 ;   ② G04×0.7 ;
③ G40×1.5 ;   ④ G40×0.7 ;

해설 Dwell Time(G04) : 잠시 멈춤, 휴지시간 절삭 시 지령된 시간 동안 공구의 이송 시간을 잠시 정지시키는 기능을 한다. 이러한 기능은 드릴 가공을 할 때 칩을 절단하거나 예리한 모서리 가공이 가능하다.

$$정지시간(sec) = \frac{60}{rpm} \times 회전수$$
$$= \frac{60}{200} \times 5 = 1.5 \sec$$

프로그램에 G04를 이용하여 표시하면
G04 X 1.5 ;
G04 U 1.5 ;
G04 P1500 ; (P는 소숫점을 붙이지 않는다.)

52 다음 입출력 장치 중 출력장치가 아닌 것은?
① 하드 카피장치(hard copier)
② 플로터(plotter)
③ 프린터(printer)
④ 디지타이저(digitizer)

해설 디지타이저(digitizer)는 입력장치이다.

53 기계의 기준점인 기계원점을 기준으로 정한 좌표계이며, 기계제작자가 파라미터에 의해 정하는 좌표계는?
① 공작물 좌표계   ② 상대 좌표계
③ 기계 좌표계   ④ 증분 좌표계

답 48. ④ 49. ③ 50. ④ 51. ① 52. ④ 53. ③

※해설 ① 기계 좌표계 : CNC공작기계의 좌표 원점은 기계의 기준점으로 기계제작사에 파라미터에 의하여 정하여진다. 기계원점은 사용자가 원점위치를 변경할 수 없으며 기계의 기준 점은 기준점 복귀지령에 의하여 공구대가 항상 일정한 위치로 복귀하는 고정점으로서, 공구가 원점에 복귀함으로써 기계좌표 원점이 설정되며, 기계원점을 좌표원점(X0, Z0.)으로 해서 설정되는 좌표계를 기계 좌표계라 한다.
② 절대 좌표계(WORK 좌표계, 프로그램 좌표계) : 공작물을 가공하기 위하여 프로그램 작성에 필요한 기준 좌표계로 공작물좌표계라고도 한다. 일반적으로 공작물의 편리한 가공을 위하여 도면상의 임의의 점을 원점으로 하는 좌표계로써 G50을 이용하여 공작물마다 X0, Z0으로 설정한 좌표를 말하며 공작물 좌표계 원점은 작업자가 편리한 임의의 위치로 할 수 있다.
③ 상대 좌표계 : 각 축의 임의의 위치를 좌표 원점으로 설정할 수 있는 좌표계로써, 공구보정이나 공작물 좌표계를 설정할 때, 또는 수동으로 가공할 때 유용하게 사용한다. 즉 현재 서있는 위치가 원점이 되는 좌표계를 말한다.(U, W를 사용)된다.

54 CNC 프로그램에서 몇 개의 단어들이 모여 구성된 한 개의 지령단위를 지령절(Block)이라고 하는데 지령절과 지령절을 구분하는 것은?

① KS ② EOB
③ ISO ④ DNC

※해설 EOB : CNC 프로그램에서 몇 개의 단어들이 모여 구성된 한 개의 지령단위를 지령절(Block)이라고 하는데 지령절과 지령절을 구분하는 것이다.

55 CNC 공작기계에서 자동 운전을 실행하기 전에 도면의 임의의 점에 좌표계 원점을 정하고, 작성한 프로그램을 테이블 위에 있는 일감에 적용시켜 원점 위치를 설정하는 것은?

① 공작물 좌표계 설정
② 상대 좌표계 설정
③ 기계 좌표계 설정
④ 잔여 좌표계 설정

※해설 공작물 좌표계 설정 : CNC 공작기계에서 자동 운전을 실행하기 전에 도면의 임의의 점에 좌표계 원점을 정하고, 작성한 프로그램을 테이블 위에 있는 일감에 적용시켜 원점 위치를 설정하는 것이다.

56 다음 중 원호보간 지령과 관계없는 것은?

① G02 ② G03
③ R ④ M09

※해설 원호보간(G02, G03) : 공작물의 원호를 절삭 가공하는 지령으로 가공시점에서 지령된 종점까지를 반경 R 또는 I, K값의 크기로 F에 따라 원호를 가공한다.

57 머시닝센터 가공시 평면을 선택하는 G코드가 아닌 것은?

① G17 ② G18
③ G19 ④ G20

※해설
- G17 : X, Y 평면
- G18 : Z, X 평면
- G19 : Y, Z 평면

58 CNC프로그램에서 "G97 S200 ;"에 대한 설명으로 맞는 것은?

① 주축은 200rpm으로 회전한다.
② 주축속도가 200m/min이다.
③ 주축의 최고 회전수는 200rpm이다.
④ 주축의 최저 회전수는 200rpm이다.

※해설 ① 방법 : RPM 일정제어 - 머시닝센터에서 사용
[형식] G97 S200 M03 ;
　　　(200rpm으로 정회전)
② 방법 : 주속 일정제어 - 선반에서 사용
[형식] G96 S200 M03 ;
　　　(절삭속도가 200m/min로 정회전)

답 54.② 55.① 56.④ 57.④ 58.①

59 드릴링 머신의 작업시 안전사항 중 틀린 것은?

① 드릴을 회전시킨 후에는 테이블을 조정하지 않는다.
② 드릴을 고정하거나 풀 때는 주축이 완전히 정지한 후에 작업을 한다.
③ 드릴이나 드릴 소켓 등을 뽑을 때는 해머 등으로 가볍게 두드려 뽑는다.
④ 얇은 판의 구멍 뚫기에는 밑에 보조 판 나무를 사용하는 것이 좋다.

해설 드릴이나 드릴 소켓 등을 뽑을 때는 드릴 뽑기(쐐기모양)를 구멍에 끼우고 해머 등으로 가볍게 두드려 뽑는다.

60 CNC선반 프로그램에서 나사 가공에 대한 설명 중 틀린 것은?

```
G76 P011060 Q50 R20 ;
G76 X47.62 Z-32. P1190 Q350 F2.0 ;
```

① G76은 복합 사이클을 이용한 나사가공이다.
② 나사산의 각도는 50° 이다.
③ 나사가공의 최종지름은 47.62mm이다.
④ 나사의 리드는 2.0mm이다.

해설 지령방법의 표준은 P011060으로서 절삭 회수가 1번 면취량이 10으로 하고 나사의 각도는 60°로 한다.

답 59. ③ 60. ②

2013년 4월 14일 제2회 컴퓨터응용밀링기능사 기출문제

01 주철의 성질에 관한 설명으로 옳지 않은 것은?
① 주철은 깨지기 쉬운 것이 큰 결점이나 고급주철은 어느 정도 충격에 견딜 수 있다.
② 주철은 자체의 흑연이 윤활제 역할을 하고, 흑연 자체가 기름을 흡수하므로 내마멸성이 커진다.
③ 흑연의 윤활작용으로 유동형 절삭칩이 발생하므로 절삭유를 사용하면서 가공해야 한다.
④ 압축강도가 매우 크기 때문에 기계류의 몸체나 베드 등의 재료로 많이 사용된다.

해설 주철은 균열형 칩이 발생하며 절삭유를 사용하지 않는다.

02 판유리 사이에 아세틸렌 로스나 폴리비닐수지 등의 얇은 막을 끼워 넣어 만든 것으로, 강한 충격에 잘 견디고, 깨졌을 때에도 파편이 날지 않는 특수유리는?
① 강화 유리   ② 안전 유리
③ 조명 유리   ④ 결정화 유리

해설 안전 유리 : 판유리 사이에 아세틸렌 로스나 폴리비닐수지 등의 얇은 막을 끼워 넣어 만든 것으로, 강한 충격에 잘 견디고, 깨졌을 때에도 파편이 날지 않는다.

03 고탄소강에 W, Cr, V, Mo 등을 첨가한 합금강으로 고온경도, 내마모성 및 인성을 상승시킨 공구강은?
① 합금 공구강   ② 탄소 공구강
③ 고속도 공구강   ④ 초경합금 공구강

해설 ① 합금공구강(STS : 탄소(0.8~1.5%)공구강에 W-Cr-V-Ni 등 합금원소를 첨가하여 경화능을 개선시킨 공구강이다.
② 탄소 공구강(STC) : C, Si, Mn, P, S 등 성분으로 탄소가 0.8~1.5% 함유한 범위가 고탄소강이다.
③ 고속도 공구강(SKH) : 고탄소강에 W, Cr, V, Mo 등을 첨가한 합금강으로 고온경도, 내마모성 및 인성을 상승시킨 공구강이다.
④ 초경합금 : W-Ti-Ta 등의 탄화물 분말을 Co 또는 Ni을 결합하여 1400℃ 이상에서 소결시킨 공구강이다.(주성분 : W, Ti, Co, C 등이다.)

04 마텐자이트의 변태를 이용한 고탄성 재료인 것은?
① 세라믹   ② 합금 공구강
③ 게르마늄 합금   ④ 형상기억 합금

해설 형상기억 합금 : 힘을 가해서 변형을 시켜도 본래의 형상을 기억하고 있어 조금만 가열해도 곧 본래의 형상으로 복원하는 합금으로 마텐자이트의 변태를 이용한 고탄성 재료이다.

05 금속이 탄성한계를 초과한 힘을 받고도 파괴되지 않고 늘어나서 소성 변형이 되는 성질은?
① 연성   ② 취성
③ 경도   ④ 강도

해설 ① 연성 : 금속이 탄성한계를 초과한 힘을 받고도 파괴되지 않고 늘어나서 소성 변형이 되는 성질이다.
② 취성 : 재료가 외력에 의하여 영구 변형을 하지 않고 파괴되거나 극히 일부만

답 01. ③ 02. ② 03. ③ 04. ④ 05. ①

영구 변형을 하고 파괴되는 성질로 인성(靭性)과는 반대되는 성질로, 항력이 크며 변형능이 작다.
③ 경도 : 어느 물체의 경도란 그 물체를 다른 물체로 눌렀을 때 그 물체의 변형에 대한 저항력의 크기로서 규정한다.
④ 강도 : 재료에 하중이 걸린 경우, 재료가 파괴되기까지의 변형저항을 그 재료의 강도라고 한다.

06 비중이 1.74이며 알루미늄보다 가벼운 실용 금속으로 가장 가벼운 금속은?

① 아연 ② 니켈
③ 마그네슘 ④ 코발트

해설
① 아연 : 녹는 점 419.47℃, 비중 7.14이며 상온에서는 단단하고 좀 메지므로 가공하기 힘들지만, 100~115℃로 가열하면 전성(展性)·연성(延性)이 대단히 증대하여 박판(薄板)으로 압연하든가 선(線)으로 만들 수 있다.
② 니켈 : 녹는점 1455℃, 끓는점 2732℃, 밀도는 8.9 g/cm³이며 은백색의 강한 광택이 있는 금속이다. 공기 중에서 변하지 않고 산화 반응을 일으키지 않아 도금이나 합금 등을 통해 도전의 재료로 사용된다.
③ 마그네슘 : 녹는점 650℃, 끓는점 1,100℃, 비중이 1.74이며 알루미늄보다 가벼운 실용 금속으로 가장 가벼운 금속이다. 연성·전성이 높아 얇은 박(箔)이나 가느다란 철사로 만들 수 있다.
④ 코발트 : 녹는점 1495℃, 끓는점 2927℃, 밀도 8.90g/cm³이며 철과 비슷한 광택이 나는 전이금속이다.

07 Ca-Si 또는 Fe-Si 등으로 접종처리한 강인한 펄라이트 주철로 담금질 후 내마멸성이 요구되는 공작기계의 안내면과 기관의 실린더 등에 사용되는 주철은?

① 고력 합금 주철 ② 미하나이트 주철
③ 흑심가단 주철 ④ 칠드 주철

해설
① 고력 합금 주철 : 일반공작기계, 자동차 주물에 사용하며 보통주물에 0.5~2.0% Ni을 첨가하거나 약간의 Cr, Mo를 배합하여 강도를 높인 것이다. Ni-Cr계 주철은 기계구조용강으로 가장 많이 사용되고 있는 고력합금주철로 강인하고 내마멸성과 내식성이 있으며 절삭성도 좋다.
② 미하나이트 주철 : Ca-Si 또는 Fe-Si 등으로 접종처리한 강인한 펄라이트 주철로 담금질 후 내마멸성이 요구되는 공작기계의 안내면과 기관의 실린더 등에 사용된다.
③ 흑심가단 주철 : 저탄소, 저규소의 백주철을 풀림 처리하여 Fe_3C를 분해 시켜 흑연을 입상으로 석출시킨 것이다.
④ 칠드 주철 : 표면은 백주철로 하고, 내부는 연한 회주철로 만든 것으로 압연용 칠드 롤러, 차륜 등과 같은 것에 사용된다.

08 스프링의 용도에 가장 적합하지 않은 것은?

① 충격완화용 ② 무게측정용
③ 동력전달용 ④ 에너지 축적용

해설 스프링의 용도
① 완충용(충격 에너지 흡수, 방진) : 차량용 현가장치, 승강기 완충 스프링
② 에너지 축적 이용 : 계기용 스프링, 시계의 태엽, 완구용 스프링, 축음기, 총포의 격심용 스프링
③ 무게 측정용 : 힘의 변형원리를 이용하여 압축력(또는 인장력)에 의한 변형 길이로 힘을 측정한다. 저울 등이 이에 해당한다.
④ 동력용 : 안전밸브, 조속기, 스프링 와셔

09 재료의 전단 탄성 계수를 바르게 나타낸 것은?

① 굽힘 응력/전단 변형률
② 전단 응력/수직 변형률
③ 전단 응력/전단 변형률
④ 수직 응력/전단 변형률

해설 재료의 전단 탄성 계수
= 전단 응력 / 전단 변형률

답 06.③ 07.② 08.③ 09.③

10 직접전동 기계요소인 홈 마찰차에서 홈의 각도(α)는?

① $2\alpha = 10 \sim 20°$ ② $2\alpha = 20 \sim 30°$
③ $2\alpha = 30 \sim 40°$ ④ $2\alpha = 40 \sim 50°$

해설 홈 마찰차에서 홈의 각도(α)는 $2\alpha = 30 \sim 40°$

11 하중 20kN을 지지하는 훅 볼트에서 나사부의 바깥지름은 약 몇 mm 인가? (단, 허용응력 σ_a = 50N/mm²이다.)

① 29 ② 57
③ 10 ④ 20

해설 $d = \sqrt{\dfrac{2W}{\sigma}} = \sqrt{\dfrac{2 \times 20000}{50}} = 28.2 = $ M29

12 평기어에서 잇수가 40개, 모듈이 2.5인 기어의 피치원 지름은 몇 mm인가?

① 100 ② 125
③ 150 ④ 250

해설 $D = M \times Z = 2.5 \times 40 = 100$

13 축계 기계요소에서 레이디얼 하중과 스러스트 하중을 동시에 견딜 수 있는 베어링은?

① 니들 베어링
② 원추 롤러 베어링
③ 원통 롤러 베어링
④ 레이디얼 볼 베어링

해설 원추 롤러 베어링
레이디얼 하중과 스러스트 하중을 동시에 견딜 수 있는 베어링이다.

14 체결하려는 부분이 두꺼워서 관통구멍을 뚫을 수 없을 때 사용되는 볼트는?

① 탭볼트 ② T홈볼트
③ 아이볼트 ④ 스테이볼트

해설 ① 탭볼트 : 체결하려는 부분이 두꺼워서 관통 구멍을 뚫을 수 없을 때
② 스테이볼트 : 부품을 일정한 간격으로 유지하고, 구조자체를 보강하는 데 사용
③ T홈볼트 : 공작기계의 테이블 T홈에 볼트의 머리 부분을 끼워서 적당한 위치에 공작물과 기계 바이스를 고정할 때 사용
④ 아이볼트 : 무거운 기계와 전동기 등을 들어 올릴 때 로프, 체인 또는 훅을 거는 데 사용

15 우드러프 키라고도 하며, 일반적으로 60mm 이하의 작은 축에 사용되고, 특히 테이퍼 축에 편리한 키는?

① 평키 ② 반달키
③ 성크키 ④ 원뿔키

해설 ① 평키 : 축을 키의 폭만큼 납작하게 깎아서 보스의 키 홈과의 사이에 밀어 넣는다.
② 반달키 : 우드러프 키라고도 하며, 일반적으로 60mm 이하의 작은 축에 사용되고, 특히 테이퍼 축에 편리하다.
③ 성크키 : 축과 보스 양쪽에 모두 키 홈을 파서 비틀림 모멘트를 전달하는 키로서 가장 많이 사용한다.
④ 원뿔키 : 축과 보스에 키를 파지 않고 보스 구멍을 테이퍼 구멍으로 하여 속이 빈 원뿔을 끼워 마찰력만으로 밀착시키는 키이다.

16 다음 공차역의 위치 기호 중 아래 치수 허용차가 0인 기호는?

① H ② h
③ G ④ g

해설 아래 치수 허용차가 0인 기호는 H이고, 위 치수 허용차가 0인 기호는 h이다.

17 베어링 번호표시가 6815일 때 안지름 치수는 몇 mm인가?

① 15mm ② 65mm
③ 75mm ④ 315mm

답 10. ③ 11. ① 12. ① 13. ② 14. ① 15. ② 16. ① 17. ③

해설 안지름 번호(세번, 네 번째 숫자)
안지름 번호 1~9까지는 안지름 번호와 안지름이 같고 안지름 번호의 안지름 20mm 이상 480mm 미만은 안지름을 5로 나눈수가 안지름 번호이다.

00 : 안지름 10mm, 01 : 안지름 12mm,
02 : 안지름 15mm, 03 : 안지름 17mm
따라서 15×5=75mm이다.

18 재료 기호가 "GCD 350-22"로 표시된 경우 재료 명칭으로 옳은 것은?

① 탄소공구강
② 고속도강
③ 구상흑연주철
④ 회주철

해설 ① 탄소공구강 : STC5
② 고속도강 : SKH55
③ 구상흑연주철 : GCD 350-22
④ 회주철 : FC200

19 나사의 도시 방법에 대한 설명으로 틀린 것은?

① 단면도에 나타내는 나사 부품에서 해칭은 나사산의 봉우리를 나타내는 선까지 긋는다.
② 완전 나사부와 불완전 나사부의 경계선은 가는 실선으로 그린다.
③ 수나사와 암나사의 골을 표시하는 선은 가는 실선으로 그린다.
④ 나사의 끝면에서 본 그림에서 나사의 골밑은 가는 실선으로 약 3/4에 가까운 원의 일부로 나타낸다.

해설 완전 나사부와 불완전 나사부의 경계선은 굵은 실선으로 그린다.

20 보기와 같이 대상물의 구멍, 홈 등 일부분의 모양을 도시하는 것으로 충분한 경우 사용되는 투상도는?

[보기]
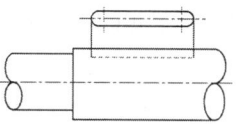

① 보조 투상도 ② 국부 투상도
③ 회전 투상도 ④ 부분 투상도

해설 ① 보조 투상도 : 물체의 경사면을 실형으로 그려서 바꾸기 할 필요가 있을 경우에는 그 경사면과 위치에 필요 부분만을 보조 투상도로 표시한다.
② 국부 투상도 : 물체의 구멍이나 홈 등의 한 국부만의 모양을 도시하는 것으로 충분한 경우에는 필요한 부분을 국부투상도로 나타낸다.
③ 회전 투상도 : 투상면이 어느 각도를 가지고 있기 때문에 그 물체의 실제모형을 표시하지 못할 때에는 그 부분을 회전해서 물체의 실제모형을 도시할 수 있다.
④ 부분 투상도 : 그림의 일부를 도시하는 것으로 충분한 경우에는 필요한 부분만 투상도로서 나타낸다.

21 그림과 같은 입체도에서 화살표 방향을 정면으로 하는 제3각 투상도로 나타낼 때 가장 올바르게 나타낸 것은?

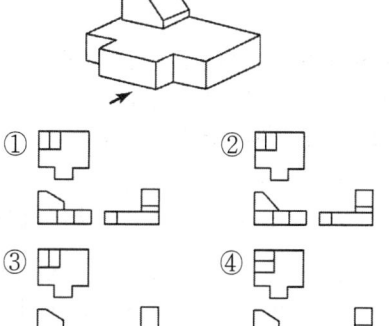

해설 위 그림 입체도에서 화살표 방향을 정면으로 하는 제3각 투상도로 나타낼 때 ①항이 올바른 표현이다.

답 18. ③ 19. ② 20. ② 21. ①

22 그림에서 나타난 기하공차의 설명으로 틀린 것은?

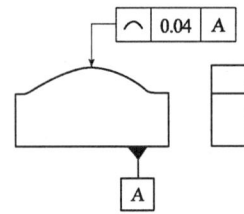

① A는 데이텀이다.
② 0.04는 공차 값이다.
③ 모양 공차에 속한다.
④ 면의 윤곽도 공차이다.

해설 위 그림에서 나타난 기하공차는 선의 윤곽도 공차이다.

23 실제 길이가 50mm인 것을 "1 : 2"로 축척하여 그린 도면에서 치수 기입은 얼마로 해야 하는가?
① 25 ② 50
③ 100 ④ 150

해설 실제 길이가 50mm인 것을 "1 : 2"로 축척하여 그린 도면에서 치수 기입은 실제길이 50mm로 나타낸다.

24 물체의 보이는 면이 평면임을 나타내고자 할 때 그 면을 특정 선을 가지고 "X" 표시로 나타내는데, 이때 사용하는 선은?
① 가는 실선   ② 굵은 실선
③ 가는 1점 쇄선 ④ 굵은 1점 쇄선

해설 물체의 보이는 면이 평면임을 나타내고자 할 때 가는 실선으로 "X" 표시한다.

25 표면의 결 도시기호에서 가공에 의한 컷의 줄무늬가 기호를 기입한 면의 중심에 대하여 거의 동심원 모양이 될 때 사용하는 기호는?
① M ② C
③ R ④ X

해설

기호	의미
X	가공으로 생긴 선이 두 방향으로 교차
M	가공으로 생긴 선이 다방면으로 교차 또는 무방향
C	가공으로 생긴 선이 거의 동심원
R	가공으로 생긴 선이 거의 방사상(레이디얼형)

26 수직 밀링머신에서 공작물을 전후로 이송시키는 부위는?
① 테이블 ② 새들
③ 니이   ④ 컬럼

해설
① 테이블 : 새들 위에서 좌우 방향 이송하며 공작물 고정 및 부속 장치 등을 지지 및 설치
② 새들 : 수직 밀링에서 공작물을 전후로 이송시키는 부위로 백래시 제거장치 등이 있다.
③ 니이 : 새들과 테이블을 지지하고 컬럼의 미끄럼 면에서 상하 이동
④ 컬럼 : 밀링 머신의 몸체로 절삭저항의 변동에 잘 견디어 진동이 적고 충분한 강도를 가져야 한다. 하부는 안전성을 위해 넓은 면적이다.

27 스텔라이트(stellite)가 대표적이며 철강 공구와 다르게 단조 및 열처리가 되지 않는 특징이 있고, 고온 경도와 내마모성이 크므로 고속 절삭공구로 특수용도에 사용되는 것은?
① 고속도 공구강 ② 주조 경질합금
③ 세라믹 공구   ④ 소결 초경합금

해설 ① 고속도 공구강 : 대표적인 것은 W(18%)+Cr(4%)+V(1%)으로 18-4-1 표준 고속도강이며, W, Cr, Mo, V, Co 등을 함유하는 고탄소 합금강으로 공구 형상 성형이나 날 부위 재연삭이 용이하고, 가격이 비교적 싸며, 수명도 안정적이고 다루기 쉬운 장점이 있다.
② 주조 경질합금 : 스텔라이트(stellite)가 대표적이며 철강 공구와 다르게 단조 및 열처리가 되지 않는 특징이 있고, 고온 경

답 22.④ 23.② 24.① 25.② 26.② 27.②

도와 내마모성이 크므로 고속 절삭공구로 특수용도에 사용된다.
③ 세라믹 공구 : 세라믹은 89~99%의 산화알루미늄(Al_2O_3)분말에 규소(Si) 및 마그네슘(Mg) 등의 산화물이나 그밖에 다른 산화물의 첨가물을 넣고 소결한 것으로 1700~1800℃의 고온에서 경도가 높고 내마멸성이 좋으며, 초경합금보다 더욱 높은 속도로 절삭할 수 있으나 경질합금보다 인성이 적고 취성이 있어 충격 및 진동에 약하다.
④ 소결 초경합금 : 초경합금은 W, Ti, Ta 등의 탄화물을 Co로 결합시킨 합금을 말하며 고온, 고속절삭에서도 높은 경도를 유지하므로 절삭 공구재료로 뛰어난 특징이 있다. 다만, 진동이나 충격을 받으면 부서지기 쉬우므로 주의해야 한다.

28 진원도란 원형부분의 기하학적 원으로부터 벗어난 크기를 말한다. 진원도 측정방법이 아닌 것은?
① 직경법 ② 3점법
③ 반경법 ④ 대칭법

해설 진원도 측정방법 : 직경법(지름법), 3점법, 반경법(반지름법)이 있다.

29 다음 중 보통 선반의 심압대 대신 회전 공구대를 사용하여 여러 가지 절삭공구를 공정에 맞게 설치하여 간단한 부품을 대량 생산하는데 적합한 선반은?
① 차축 선반 ② 차륜 선반
③ 터릿 선반 ④ 크랭크축 선반

해설 ① 차축 선반 : 철도 차량용 차축 가공한다.
② 차륜 선반 : 철도차량의 차륜을 깎는 선반으로 정면선반 2개를 서로 마주본다.
③ 터릿 선반 : 보통 선반의 심압대 대신 회전 공구대를 사용하여 여러 가지 절삭공구를 공정에 맞게 설치하여 간단한 부품을 대량 생산하는 데 적합하다.
④ 크랭크축 선반 : 크랭크축의 베어링 저널과 크랭크 핀을 가공한다.

30 선반에서 그림과 같은 가공물의 테이퍼를 가공하려 한다. 심압대의 편위량(e)은 몇 mm인가? (단, $D=35mm$, $d=25mm$, $L=400mm$, $I=200mm$)

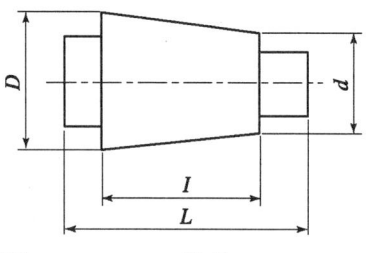

① 2.5 ② 5
③ 10 ④ 20

해설 $x = \dfrac{(D-d)L}{2l} = \dfrac{(35-25) \times 400}{2 \times 200} = 10$

31 센터리스 연삭기의 통과 이송법에서 조정숫돌은 연삭숫돌 축에 대하여 일반적으로 몇 도 경사 시키는가?
① 1~1.5° ② 2~8°
③ 9~10° ④ 10~15°

해설 조정숫돌은 연삭숫돌 축에 대해 2~8° 경사시킨다.(보통 3~4°를 많이 쓴다.)

32 드릴링 머신에 의해 접지머리 나사의 머리 부분이 묻히도록 원뿔자리를 만드는 작업은?
① 스폿 페이싱 ② 카운터 싱킹
③ 보링 ④ 태핑

해설 ① 스폿 페이싱 : 볼트 또는 너트 등의 구멍과 직각이 되게 머리부가 접촉되는 부분을 깎아서 만드는 작업
② 카운터 싱킹 : 접시머리 나사의 머리가 묻히게 하기 위해 원뿔자리를 만드는 작업
③ 보링 : 뚫린 구멍을 다시 절삭, 구멍을 넓히고 다듬질하는 것. 보링 바에 바이트를 사용
④ 태핑 : 공작물 내부에 암나사 가공, 태핑을 위한 드릴가공은 나사의 외경-피치로 한다.

답 28. ④ 29. ③ 30. ③ 31. ② 32. ②

33 밀링 머신에서 가공 능률에 영향을 주는 절삭 조건으로 관계가 가장 먼 것은?
① 절삭 속도 ② 테이블의 크기
③ 이송   ④ 절삭 깊이

해설 ① 절삭조건의 3요소 : 절삭 속도, 이송, 절삭 깊이
② 공구수명은 절삭속도, 이송, 절삭 깊이 순으로 영향을 받는다.

34 연삭숫돌의 3대 요소에 해당되지 않는 것은?
① 입자   ② 결합도
③ 결합제 ④ 기공

해설 숫돌은 연삭입자를 결합제를 결합하여 여러 모양으로 만든다. 그 구성은 입자, 결합제, 기공의 3요소로 되어있다.

35 게이지 블록의 부속품 중 내측 및 외측을 측정할 때 홀더에 끼워 사용하는 부속품은?
① 둥근형 조
② 센터 포인트
③ 베이스 블록
④ 나이프 에지

해설 둥근형 조 : 게이지 블록의 부속품 중 내측 및 외측을 측정할 때 홀더에 끼워 사용하는 부속품이다.

36 절삭 공구를 사용하여 공작물을 가공할 때 연속형 칩이 생성될 수 있는 절삭조건이 아닌 것은?
① 경질의 공작물을 가공할 때
② 공구의 윗면 경사각이 클 때
③ 이송 속도가 작을 때
④ 절삭 속도가 빠를 때

해설 유동형(연속형) 칩(flow type chip)
절삭면의 변동이 없고 진동이 적으며, 가공면이 깨끗하고 절삭작용이 원활하고, 신축성이 크고 소성변형이 쉬운 재료에 적합하다.

① 공작물의 재질이 연하고 인성이 큰 재질일 때
② 윗면 경사각이 클 때
③ 절삭 깊이가 작을 때
④ 고속 절삭할 때(절삭속도가 높을 때) 절삭제를 사용할 때

37 엔드밀에 의한 가공에 관한 설명 중 틀린 것은?
① 엔드밀은 홈이나 좁은 평면 등의 절삭에 많이 이용된다.
② 엔드밀은 가능한 짧게 고정하고 사용한다.
③ 휨을 방지하기 위해 가능한 절삭량을 많게 한다.
④ 엔드밀은 가능한 지름이 큰 것을 사용한다.

해설 엔드밀에 의한 가공은 휨을 방지하기 위해 가능한 절삭량을 적게 한다.

38 공작기계 안내면의 단면 모양이 아닌 것은?
① 산형   ② 더브테일형
③ 원형   ④ 마름모형

해설 공작기계 안내면의 단면 모양은 산형, 더브테일형, 원형, 평형이 있다.

39 일반적으로 머시닝센터 가공을 한 후 일감에 거스러미를 제거할 때 사용하는 공구는?
① 바이트
② 줄
③ 스크라이버
④ 하이트게이지

해설 줄은 기계가공을 한 후 일감에 거스러미를 제거할 때 사용하는 공구이다.

40 선반 작업에서 연한 일감을 고속 절삭할 때에는 칩(chip)이 연속적으로 흘러나오게 되어 위험하다. 이러한 위험을 방지하기 위하여 칩을 짧게 끊어 주는 것은?
① 칩 컷터(chip cutter)

답 33. ② 34. ② 35. ① 36. ① 37. ③ 38. ④ 39. ② 40. ③

② 칩 셋팅(chip setting)
③ 칩 브레이커(chip breaker)
④ 칩 그라인딩(chip grinding)

해설 칩 브레이커(chip breaker)
선반 작업에서 연한 일감을 고속 절삭할 때에는 칩(chip)이 연속적으로 흘러나오게 되어 위험하다. 이러한 위험을 방지하기 위하여 칩을 짧게 끊어주는 장치이다.

41 다음 그림과 같은 원리로 원통형 내면에 강철 볼 형의 공구를 압입해 통과시켜 매끈하고 정도가 높은 면을 얻는 가공법은?

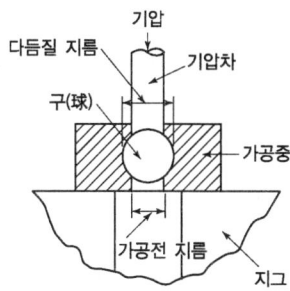

① 버니싱(burnishing)
② 폴리싱(polishing)
③ 숏 피이닝(shot-peening)
④ 버핑(buffing)

해설 ① 버니싱(burnishing)
원통형 내면에 강철 볼 형의 공구를 압입해 통과시켜 매끈하고 정도가 높은 면을 얻는 가공법
② 폴리싱(polishing)
바퀴표면에 부착시킨 탄성 있는 재료(목재, 피혁, 직물 등)에 미세한 연삭입자로 공작물표면을 버핑하기 전에 다듬는 법
③ 숏 피이닝(shot-peening)
철강의 작은 볼(shot)을 공작물 표면에 분사하여 강재의 화학조성을 변화시키지 않고 표면을 매끈하게 하여 피로강도 기계적 성질 향상
④ 버핑(buffing)
직물(면), 털(모) 등으로 원반을 만들고 (나사못 및 아교로 붙이거나 재봉으로 누빔) 공작물 표면의 녹 제거 및 광택을 내는 작업

42 절삭유제의 구비조건이 아닌 것은?
① 방청, 윤활성이 우수할 것
② 냉각성이 충분할 것
③ 장시간 사용해도 잘 변질되지 않을 것
④ 발화점이 낮을 것

해설 절삭유는 발화점이 높아야 한다.

43 머시닝센터에서 지름 20mm의 커터로 회전수 500rpm으로 주축을 회전시킬 때 분당 이송량(mm/min)은? (단, 커터날 수 12개, 날 1개당 이송 0.2mm이다.)
① 600   ② 1200
③ 3000   ④ 2400

해설 $f = f_z \times n \times Z = 0.2 \times 500 \times 12 = 1200$

44 CNC선반에서 절삭속도가 130m/min로 일정 제어되면서 주축이 정회전 되도록 지령된 것은?
① G97 S130 M03 ;
② G96 S130 M03 ;
③ G97 S130 M04 ;
④ G96 S130 M04 ;

해설 ① G96 S130 M03 ;
절삭속도가 130[m/min]가 되도록 공작물의 지름에 따라 주축회전수가 변한다. 그리고 G96에서 단면절삭과 같이 공작물의 지름이 작아질 경우 주축의 회전수가 무리하게 높아지는 것을 방지하기 위하여 G50에서 최고회전수를 지령하게 된다.
② G97 S130 M03 ;
주축은 130[rpm]으로 회전한다.

답 41. ① 42. ④ 43. ② 44. ②

45 현재의 위치점이 기준이 되어 이동된 량을 벡터값으로 표현하며, 현재 위치를 0(zero)으로 설정할 때 사용하는 좌표계의 종류는?
① 공작물 좌표계 ② 극 좌표계
③ 상대 좌표계 ④ 기계 좌표계

해설 ① 공작물 좌표계 : 프로그램의 원점을 절대좌표의 기준점인 X0.0 Y0.0 Z0.0로 지정하는 것을 공작물 좌표계이다.
② 극 좌표계 : CAD작업에서 임의의 점의 위치를 정점(원점)으로부터의 거리(r)와 방향(Θ)으로 정하는 좌표계이다.
③ 상대 좌표계 : 현재의 위치점이 기준이 되어 이동된 량을 벡터값으로 표현하며, 현재 위치를 0(zero)으로 설정할 때 사용하는 좌표계이다.
④ 기계 좌표계 : 기계의 기준점, 즉 기계 원점을 기준으로 기계좌표계가 설정되며, 기계 제작사가 파라메타에 의해 정한 점으로 사용자가 임의로 변경해서는 안 된다.

46 다음 CNC 선반 프로그램에서 자동 원점 복귀 지령으로 맞는 것은?

```
G28 U0. W0. ;
G50 X150. Z150. S3000 T0300 ;
G96 S180 M03 ;
G00 X62. Z2. T0303 M08 ;
```

① G28 ② G50
③ G96 ④ G00

해설 ① G28 : 자동 원점 복귀
② G50 : 주축 최고회전수 설정
③ G96 : 절삭속도 일정제어
④ G00 : 급속 위치결정(급속이송)

47 CNC선반에서 선택적 프로그램 정지(M01)기능을 사용하는 경우와 가장 거리가 먼 것은?
① 작업도중에 가공물을 측정하고자 할 경우
② 작업도중에 칩의 제거를 요하는 경우
③ 작업도중에 절삭유의 차단을 요하는 경우
④ 공구교환 후에 공구를 점검하고자 할 경우

해설 선택적 프로그램 정지(M01)
Optional program stop : 프로그램 수행 중 M01에서 정지하는 것은 M00과 동일하지만 M01은 기계조작반의 M01기능을 유효(ON)로 할 것인지 무효(OFF)로 할 것인지는 스위치에 의해서 결정할 수 있다. 즉, 조작반의 스위치를 ON해야만 M00과 동일한 기능을 가진다.
선택적 프로그램 정지 기능은 공구를 점검하고자 할 때, 또는 절삭량이 많아서 칩을 제거해야 할 때, 공작물을 측정하고자 할 때 사용하지만 보통 공정과 공정 사이에 넣어서 제품의 상태를 점검하기 위하여 많이 사용한다.

48 다음 중 머시닝센터의 준비 기능(G 코드)에서 성질이 다른 하나는?
① G17 ② G18
③ G19 ④ G20

해설 ① G17 : X-Y 평면
② G18 : Z-X 평면
③ G19 : Y-Z 평면
④ G20 : inch 입력

49 머시닝센터에서 태핑 작업시 Z축의 일정량 이송마다 주축을 1회전하도록 제어하여 가감속시에도 변하지 않으며 Float 탭 홀더가 필요 없고 고속 고정도의 태핑이 가능하도록 할 수 있는 모드는?
① 리지드(Rigid) 모드
② 드릴링 모드
③ R점 모드
④ 고속 팩 사이클 모드

해설 리지드(Rigid) 모드
머시닝센터에서 태핑 작업시 Z축의 일정량 이송마다 주축을 1회전하도록 제어하여 가감속시에도 변하지 않으며 Float 탭 홀더가 필요 없고 고속 고정도의 태핑이 가능하도록 할 수 있는 모드이다.

답 45.③ 46.① 47.③ 48.④ 49.①

50 머시닝센터에서 다음 도면과 같이 내측 한 면을 $70^{+0.03}_{0}$으로 가공하려고 한다. 엔드밀 지름 16mm 공구로 내측의 한쪽 면을 효율적으로 가공하기 위해 일반적으로 사용하는 보정값은?

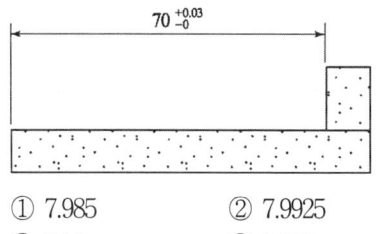

① 7.985   ② 7.9925
③ 0.03   ④ 0.015

해설 $0.03 \div 2 = 0.015$, $16 \div 2 = 8$
$8 - 0.015 = 7.985$

51 다음 CNC프로그램에 대한 설명으로 옳은 것은?

G04 P200 ;

① 0.2초 동안 정지
② 200초 동안 정지
③ 2초 동안 정지
④ 20초 동안 정지

해설 G04기능(휴지 : Dwell)
단위는 X, U, P,를 사용하는데 X, U는 소수점을, P는 0.001 단위를 사용
[예] G04 X0.2 G04 U0.2 G04 P200 ;
0.2초 동안 정지
정지시간(sec) = $\frac{60}{\text{주축회전수(rpm)}} \times$ 일시정지 회전수

52 모터에 내장된 타코 제네레이터에서 속도를 검출하고 엔코더에서 위치를 검출하여 피드백하는 제어방식으로 일반 CNC공작기계에 가장 많이 사용되는 서보기구의 형식은?

① 개방회로 방식   ② 반폐쇄회로 방식
③ 폐쇄회로 방식   ④ 복합회로 방식

해설 ① 개방회로 방식 : 구동모터로는 스태핑 모터가 사용되며, 검출기나 피드백 회로를 가지지 않기 때문에 정밀도가 낮아 오늘날 NC 기계에는 거의 사용하지 않는다.
② 반폐쇄회로 방식 : 모터에 내장된 타코 제네레이터에서 속도를 검출하고 엔코더에서 위치를 검출하여 피드백하는 제어방식으로 일반 CNC공작기계에 가장 많이 사용한다.
③ 폐쇄회로 방식 : 기계의 테이블에 직접적으로 스케일(Scale)을 부착하여 위치편차를 피드백 시키는 방식으로 반폐쇄회로 제어방식과 제어방식은 같지만 정밀도가 높아 고정밀도의 공작기계나 대형 공작기계 등에 많이 사용한다.
④ 복합회로 방식 : 반폐쇄회로 방식과 폐쇄회로 방식을 혼합한 방식이다. 만약 반폐쇄회로 방식으로 움직인 결과 오차가 있으면 그 오차를 폐쇄회로 방식으로 검출하여 보정을 행하는 방식으로 가격이 고가이므로 고정밀도를 필요로 할 때 사용된다.

53 다음 CNC 선반의 준비기능 중 틀린 것은?
① G00 : 급속위치결정
② G03 : 시계방향 원호보간
③ G41 : 인선 반지름 보정 좌측
④ G30 : 제2원점 복귀

해설 • G02 : 시계방향 원호보간
• G03 : 반시계방향 원호보간

54 CNC선반 프로그램에서 T0101의 설명 중 틀린 것은?
① T0101에서 T는 공구기능을 나타낸다.
② T0101에서 앞부분 01은 공구교환에 필요하다.
③ T0101에서 뒷부분 01은 공구보정에 필요하다.
④ T0101은 1번 공구로 공구보정 없이 가공한다.

답 50. ① 51. ① 52. ② 53. ② 54. ④

해설 공구기능(T) : 공구의 선택과 공구보정을 하는 기능으로 어드레스 T로 나타내며 T기능이라고도 한다. 공구기능은 T에 연속되는 4자리 숫자로 지령하는데 그 의미는 다음과 같다.
- T01 : 공구선택번호
- 01 : 공구보정번호

55 다음 CNC프로그램의 N22 블록에서 생략 가능한 요소는?

[보기]
N21 G00 X50. Z2. ;
N22 G01 X50. Z0. F0.1 ;

① G01 ② X50.
③ Z0   ④ F0.1

해설 위 보기에서 N22 블록에서 생략 가능한 요소 X50.이다.

56 CNC 공작기계가 자동 운전 도중 알람이 발생하여 정지하였을 경우 조치사항으로 틀린 것은?
① 프로그램의 이상 유무를 확인한다.
② 비상 정지 버튼을 누른 후 원인을 찾는다.
③ 발생한 알람의 내용을 확인한 후 원인을 찾는다.
④ 해제 버튼을 누른 후 다시 프로그램을 실행시킨다.

해설 해제 버튼을 누른 후 원점 복귀부터 시키고 다시 프로그램을 실행시킨다.

57 CAD/CAM 소프트웨어에서 작성된 가공 데이터를 읽어 특정의 CNC 공작기계 컨트롤러에 맞도록 NC 데이터를 만들어 주는 것은?
① 도형 정의   ② 가공 조건
③ CL 데이터   ④ 포스트 프로세서

해설 포스트 프로세서 : CNC 공작기계에 맞추어 NC 데이터를 생성하는 작업이다.

58 다음과 같이 지령된 CNC선반 프로그램이 있다. N02블록에서 F0.3의 의미는?

N01 G00 G99 X-1.5 ;
N02 G42 G01 Z0 F0.3 M08 ;
N03 X0 ;
N04 G40 U10. W-5 ;

① 0.3m/min   ② 0.3mm/rev
③ 30mm/min   ④ 300mm/rev

해설 0.3mm/rev, 주축 1회전당 0.3mm씩 이동한다.

59 복합형 고정 사이클 기능에서 다듬질(정삭) 가공으로 G70을 사용할 수 없으며, 피드 홀드(Feed Hold) 스위치를 누를 때 바로 정지하지 않는 기능은?
① G76   ② G73
③ G72   ④ G71

해설 ① G76 : 자동나사절삭 사이클로 피드 홀드(Feed Hold) 스위치를 누를 때 바로 정지하지 않는 기능이다.
② G73 : 유형 반복 사이클
③ G72 : 단면 거친 절삭 사이클
④ G71 : 안. 바깥지름 거친절삭 사이클

60 밀링작업시 안전 및 유의 사항으로 틀린 것은?
① 작업 전에 기계 상태를 사전 점검한다.
② 가공 후 거스러미를 반드시 제거한다.
③ 공작물을 측정할 때는 반드시 주축을 정지한다.
④ 주축의 회전속도를 바꿀 때는 주축이 회전하는 상태에서 한다.

해설 주축의 회전속도를 바꿀 때는 반드시 주축이 정지한 상태에서 한다.

답 55. ② 56. ④ 57. ④ 58. ② 59. ① 60. ④

2013년 7월 21일 제4회 컴퓨터응용밀링기능사 기출문제

01 18-8형 스테인리스강의 주성분은?
① Cr 18% - Ni 8%
② Ni 18% - Cr 8%
③ Cr 18% - Ti 8%
④ Ti 18% - Ni 8%

해설 18-8스테인리스강이라 함은 그 성분이 Cr 18%, Ni 8%인 것으로 그 특징은 다음과 같다.
① 내산 및 내식성이 13% Cr 스테인리스강보다 우수하다.
② 비자성이다.
③ 인성이 좋으므로 가공이 용이하다.
④ 산과 알칼리에 강하다.
⑤ 용접하기 쉽다.
⑥ 탄화물(Cr_4C)이 결정립계에 석출하기 쉽다.

02 다음 중 연삭재 또는 연마제로서 사용되는 천연 소재는?
① 알런덤 ② 카보런덤
③ 에머리 ④ 탄화붕소

해설 천연연마제
① 다이아몬드(diamond)
② 금강석(에머리 : emery) : 주성분은 알루미나이고 연마제로 이용
③ 커런덤(corundum) : 주성분은 알루미나이고 색상은 여러 가지이나 양질은 보석(루비, 사파이어)으로 이용하고, 공업용으로는 유리칼, 연마제로 활용한다.

03 탄소강의 성질에 관한 설명으로 옳지 않은 것은?
① 탄소량이 많아지면 인성과 충격치는 감소한다.
② 탄소량이 증가할수록 내식성은 증가한다.
③ 탄소강의 비중은 탄소량의 증가에 따라 감소한다.
④ 비열, 항자력은 탄소량의 증가에 따라 증가한다.

해설 탄소량이 증가할수록 내식성은 감소한다.

04 보통 주철에 Ni, Cr, Mo, Cu, Mg 등의 합금원소나 Si, Mn, P 등을 특히 다량 첨가하여 보통 주철에서 얻을 수 없는 훌륭한 기계적인 성질과 내식, 내마멸, 내열성 등의 특성을 갖도록 한 것은?
① 합금 주철
② 칠드 주철
③ 가단 주철
④ 미하나이트 주철

해설
① 합금 주철 : 보통 주철에 Ni, Cr, Mo, Cu, Mg 등의 합금원소나 Si, Mn, P 등을 특히 다량 첨가하여 보통 주철에서 얻을 수 없는 훌륭한 기계적인 성질과 내식, 내마멸, 내열성 등의 특성을 가지고 있다.
② 칠드 주철 : 주물의 일부 또는 전체 표면을 높은 경도(硬度) 또는 내마모성으로 만들기 위해 금형에 접해서 주철용탕을 응고 및 급랭시켜서 제조하는 주철 주물로, 롤러, 차축, 실린더 라이너 등에 사용한다.
③ 가단 주철 : 주철을 열처리하여 그 산화 작용에 의하여 가단성(可鍛性)을 부여한 것. 보통 주철보다도 점성(粘性)이 강하고 충격에 잘 견디는 재질이 얻어지므로 용도도 넓으며 흑심 가단 주철과 백심 가단 주철이 있다.
④ 미하나이트 주철 : 주물용 선철에 강 부스러기를 가한 쇳물과 규소철 등을 접종(接種)하여 미세 흑연을 균일하게 분포시킨 펄라이트 층의 주철로 강도·변형 모두 보통 주철보다 뛰어나다.

답 01. ① 02. ③ 03. ② 04. ①

05 특수청동 중 시효 경화 처리 후의 강도가 981MPa 이상으로 특수강에 견줄만하며, 뜨임 경화 시효성이 뚜렷하여 베어링, 고급 스프링, 전기 접점, 전극 등에 사용되는 것은?

① 알루미늄 청동　② 베릴륨 청동
③ 아암즈 청동　　④ 코슨 합금

해설
① 알루미늄 청동 : Cu에 Al을 2~15% 첨가한 합금. 이 합금은 강도가 극히 높고 비중이 낮으며(8.5), 내식성도 우수하다.
② 베릴륨 청동 : 특수청동 중 시효 경화 처리 후의 강도가 981MPa 이상으로 특수강에 견줄만하며, 뜨임 경화 시효성이 뚜렷하여 베어링, 고급 스프링, 전기 접점, 전극 등에 사용한다.
③ 아암즈 청동 : 특수 알루미늄 청동의 일종으로서 재질이 강인하고 내식성이 풍부하여 어뢰(魚雷), 항공기 부품으로 이용한다.
④ 코슨 합금(Corson) : Ni 3~4%, Si 0.8~1.0%의 Cu 합금. 도전성(導電性) : 25~35m/Ωmm²)이 크므로 고력(高力) 통신선, 장경간 송전선(長徑間 送電線), 고력 트롤리선에 사용한다.

06 청동합금에서 탈산제로 인동을 첨가하여 제조하여 강도, 탄성률, 내마모성을 향상시킨 합금주물로 기어, 베어링, 유압실린더 등에 이용되는 것은?

① 규소청동 주물
② 납청동 주물
③ 인청동 주물
④ 알루미늄 청동 주물

해설
① 규소청동 주물 : Si를 함유한 청동으로 규소는 탈산하기 위해 첨가하고 남은 나머지이다. 또 순구리를 Si로 탈산시킨 경우, Cu 중에 Si가 남아 있어도 이것을 규소청동이라 부른 것이 있다. Si는 합금의 강도를 증가시킬 뿐만 아니라 내식성도 크게 한다.
② 납청동 주물 : 30% 이하의 납에 10% 이하의 주석을 함유하는 구리합금. Pb 10~25%, Sn 11~3%인 것이 많으며, 주로 베어링재로 쓰이며 납이 증가됨에 따라서 주석은 감소된다.
③ 인청동 주물 : 청동합금에서 탈산제로 인동을 첨가하여 제조하여 강도, 탄성률, 내마모성을 향상시킨 합금주물로 기어, 베어링, 유압실린더 등에 이용한다.
④ 알루미늄 청동 주물 : Cu에 Al을 2~15% 첨가한 합금. 이 합금은 강도가 극히 높고 비중이 낮으며(8.5), 내식성도 우수하다. 주조성과 내식성은 강보다 우수하다. 보통 절삭은 약간 곤란하다.

07 6 : 4 황동에 주석을 0.75~1% 정도 첨가하여 판, 봉 등으로 가공되어 용접봉, 파이프, 선박용 기계에 주로 사용되는 것은?

① 애드미럴티 황동　② 네이벌 황동
③ 델타 메탈　　　　④ 듀라나 메탈

해설
① 애드미럴티 황동 : 7-3황동에 1% Sn첨가하여 관, 판으로 가공되어 증발기, 열교환기에 사용
② 네이벌 황동 : 6-4 황동에 주석을 0.75~1% 정도 첨가하여 판, 봉 등으로 가공되어 용접봉, 파이프, 선박용 기계에 주로 사용
③ 델타 메탈 : 6-4황동에 1~2% Fe함유하였고, 강도, 대기 및 해수에 대하여 내식성이 크고, 광산기계, 선박, 화학기계용으로 사용
④ 듀라나 메탈 : 7-3황동에 Sn, Al, Fe 2% 첨가하여 강도가 크며, 선박용기계 부품에 사용

08 나사산의 각도가 미터계에서는 30°, 인치계에서는 29°로서 애크미 나사라고도 하는 것은?

① 사각 나사　② 사다리꼴 나사
③ 톱니 나사　④ 너클 나사

해설
① 사각 나사 : 용도는 축 방향으로 큰 하중을 받아 운동 전달에 적합. 하중의 방향이 일정하지 않은 교번하중 작용 시 효과적이다.

답 05.② 06.③ 07.② 08.②

② 사다리꼴 나사 : 나사산의 각도가 미터계에서는 30°, 인치계에서는 29°로서 애크미 나사라고도 한다.
③ 톱니 나사 : 용도는 한쪽방향으로 집중하중이 작용하여 압착기·바이스·나사잭 등과 같이 압력의 방향이 항상 일정할 때 사용하는 것으로 압력 쪽은 사각나사, 반대쪽은 삼각나사로 되어있다. 나사각은 30°와 45°가 있다.
④ 너클 나사 : 원형·둥근나사라고도 하고 나사산의 각은 30°로 나사산의 산마루와 골의 모양은 둥글게 되어있다. 용도는 급격한 충격을 받는 부분, 전구, 먼지와 모래 등이 많이 끼는 경우와 오염된 액체의 밸브 또는 호스 이음나사 등에 사용된다.

09 축과 보스의 양쪽에 모두 키 홈을 파기 어려울 때 사용되며, 편심되지 않고 축의 어느 위치에나 설치할 수 있는 것은?
① 평키   ② 원뿔 키
③ 반달 키 ④ 새들 키

해설 ① 평 키 : 축을 키의 폭만큼 납작하게 깎아서 보스의 키 홈과의 사이에 밀어 넣는다. 1/100의 기울기를 붙이기도 하고 새들 키보다 약간 큰 힘을 전달시킬 수 있다.
② 원뿔 키 : 축과 보스에 키를 파지 않고 보스 구멍을 테이퍼 구멍으로 하여 속이 빈 원뿔을 끼워 마찰력만으로 밀착시키는 키로서 바퀴가 편심되지 않고 축의 어느 위치에나 설치가 가능하다.
③ 반달 키 : 반월상의 키로서 축의 홈이 깊게 되어 축의 강도가 약하게 되기는 하나 축과 키 홈의 가공이 쉽고, 키가 자동적으로 축과 보스 사이에 자리를 잡을 수 있어 60mm 이하의 작은 축이나 테이퍼 축에 사용한다.
④ 새들 키 : 축에는 홈을 파지 않고 축과 키 사이의 마찰력으로 회전력을 전달. 축의 강도를 감소시키지 않고 고정할 수 있으나, 큰 동력을 전달시킬 수 없으므로 경하중소직경에 사용된다.

10 다음 그림과 같이 접속된 스프링에 하중(W)이 60N이 작용할 때 처짐량(δ)은 몇 mm인가? (단, 스프링 상수 $k_1 = k_2$ =2N/mm이다.)

① 15
② 20
③ 25
④ 30

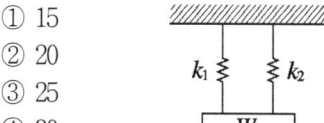

해설 스프링 병렬 연결시
• 스프링 상수 $= k_1 + k_2 = 2 + 2 = 4$
• 스프링의 처짐 $\delta = \dfrac{작용하중}{스프링\ 상수}$
$= \dfrac{60}{4} = 15\ mm$

11 하중이 축선에 직각으로 작용하는 곳에 사용하는 베어링은?
① 레이디얼 베어링 ② 피벗 베어링
③ 컬러 베어링   ④ 스러스트 베어링

해설 ① 레이디얼 베어링 : 레이디얼 하중, 즉 축에 직각 방향의 하중을 지지할 때 사용. 미끄럼 베어링에선 저널 베어링이라고도 한다.
② 피벗 베어링 : 피벗 베어링은 절구 베어링이라고도 하며 세워져 있는 축에 의하여 스러스트 하중을 받을 때 사용한다.
③ 컬러 베어링 : 수평으로 된 축이 스러스트 하중을 받을 때 사용하는 베어링으로 여러 단의 칼라가 배열되어 있어 베어링의 길이가 비교적 길어진다.
④ 스러스트 베어링 : 스러스트 하중, 즉 축 단이나 축의 중간에 단을 만들어 축 방향의 하중을 받을 때 사용. 피벗 베어링, 칼라 스러스트 베어링이 있다.

12 시간이 변함에 따라 크기와 방향이 변하지 않는 하중은?
① 정하중   ② 반복하중
③ 교번하중 ④ 충격하중

해설 ① 정하중 : 일정한 크기의 힘이 가해진 상태에서 정지하고 있는 하중 또는 일정한 속도로 매우 느리게 가해지는 하중
② 반복하중 : 방향이 변하지 않고 계속하여 반복 작용하는 하중으로 진폭은 일정, 주기는 규칙적인 하중으로 차축을

답 09. ② 10. ① 11. ① 12. ①

지지하는 압축 스프링에 작용하는 것과 같은 하중.
③ 교번하중 : 하중의 크기와 방향이 충격 없이 주기적으로 변화하는 하중으로, 피스톤 로드와 같이 인장과 압축을 교대로 반복하는 하중
④ 충격하중 : 비교적 단시간에 충격적으로 작용하는 하중으로, 못을 박을 때와 같이 순간적으로 작용하는 하중

13 원통 커플링의 종류에 속하지 않는 것은?
① 반중첩 커플링   ② 머프 커플링
③ 셀러 커플링   ④ 플랜지 커플링

해설 ① 반중첩 커플링 : 주철제 원통 속에 전달축보다 약간 크게 한 축 단면에 기울기를 주어 중첩시킨 후 공통의 키로서 고정한 커플링이며, 축방향으로 인장력이 작용하는 기계의 축 이음에 사용된다.
② 머프 커플링 : 주철제의 원통 속에서 두 축을 맞대어 맞추고 키로 고정한 것으로, 축 지름과 하중이 아주 작을 경우에 사용. 인장력이 작용하는 축이음에는 부적합하다. 작업상 안전을 위하여 안전 커버를 씌워 사용한다.
③ 셀러 커플링 : 머프 커플링을 셀러가 개량한 것으로 주철제 원통은 내면이 원추면으로 되어있다. 여기에 두 축을 끼우고, 바깥면이 원추면으로 되어있는 원추통을 양쪽에서 끼워 넣은 다음 3개의 볼트로 죄어 축을 고정시키는 커플링이다.
④ 플랜지 커플링 : 주철 또는 주강제의 플랜지를 축에 억지 끼워 맞춤을 하거나 키로 결합시킨 후 두 플랜지를 볼트로 체결한 것. 플랜지의 중앙부는 요철을 만들어 두 축의 중심을 일치시키고, 큰 축과 고속도인 정밀 회전축에 적당하고, 공장 전동축 또는 일반 기계의 커플링으로 가장 널리 사용된다.

14 나사에서 리드(lead)란?
① 나사가 1회전을 때 축 방향으로 이동한 거리
② 나사가 1회전했을 때 나사산상의 1점이 이동한 원주거리
③ 암나사가 2회전 했을 때 축 방향으로 이동한 거리
④ 나사가 1회전 했을 때 나사산상의 1점이 이동한 원주각

해설 나사에서 리드(lead) : 나사가 1회전했을 때 축 방향으로 이동한 거리

15 모듈(M)이 5, 잇수가 각 30개, 50개의 한 쌍의 스퍼기어가 있다. 중심거리는?
① 150mm   ② 200mm
③ 250mm   ④ 300mm

해설 $C = \dfrac{M(Z_1 + Z_2)}{2} = \dfrac{5(30+50)}{2} = 200\,mm$

16 기계제도에서 굵은 1점 쇄선이 사용되는 용도에 해당하는 것은?
① 숨은선   ② 파단선
③ 특수 지정선 ④ 무게 중심선

해설 ① 숨은선 : 가는 파선 또는 굵은 파선
② 파단선 : 불규칙한 파형의 가는 실선 또는 지그재그선
③ 특수 지정선 : 굵은 1점 쇄선
④ 무게 중심선 : 가는 2점 쇄선

17 기어를 도시하는 데 있어서 선의 사용방법으로 맞는 것은?
① 잇봉우리원은 가는 실선으로 표시한다.
② 피치원은 가는 2점 쇄선으로 표시한다.
③ 이골원은 가는 1점 쇄선으로 표시한다.
④ 잇줄방향은 보통 3개의 가는 실선으로 표시한다.

해설 기어 제도의 도시법은 다음과 같다.
① 이끌원은 굵은 실선으로 그린다.
② 피치원은 가는 일점쇄선으로 그린다.

답 13. ④ 14. ① 15. ② 16. ③ 17. ④

③ 이뿌리원은 가는 실선으로 그린다.
④ 축에 직각 방향으로 본 그림의 단면으로 도시할 때의 이뿌리원은 굵은 실선으로 그린다.
⑤ 베벨 기어와 웜휠에서 이뿌리원은 생략해도 좋다.
⑥ 잇줄 방향은 보통 3개의 가는 실선으로 그린다.

18 다음 그림이 나타내는 공유압 기호는 무엇인가?
① 체크 밸브
② 릴리프 밸브
③ 무부하 밸브
④ 감압 밸브

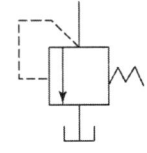

해설 위 그림에서 공유압 기호는 릴리프 밸브이다.

19 제거가공을 허락하지 않는 것을 의미하는 표면의 결 도시기호는?

① 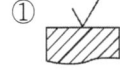   ②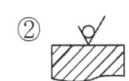
③ 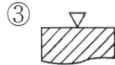   ④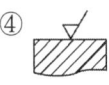

해설 ① 절삭 등 제거 가공의 필요 여부를 문제 삼지 않는 경우에는 아래그림 (a)와 같이 면에 지시 기호를 붙여서 사용한다.

② 제거 가공을 필요로 한다는 것을 지시할 때에는 면의 지시 기호의 짧은 쪽의 다리 끝에 가로선을 부가 한다.(그림 b)

③ 제거 가공해서는 안 된다는 것을 지시할 때에는 면의 지시 기호에 내접하는 원을 부가한다.(그림 c)

20 기계제도에서 사용하는 치수 공차 및 끼워맞춤과 관련한 용어 설명으로 틀린 것은?
① 실 치수 : 형체의 실측 치수
② 기준 치수 : 위 치수 허용차 및 아래 치수 허용차를 적용하는 데 따라 허용한계 치수가 주어지는 기준이 되는 치수
③ 최소 허용 치수 : 형체에 허용되는 최소 치수
④ 공차 등급 : 기본공차의 산출에 사용하는 기준치수의 함수로 나타낸 단위

해설 공차 등급 : IT 1부터 IT 18에 대한 기본 공차의 수치를 나타낸다.

21 치수를 표현하는 기호 중 치수와 병용되어 특수한 의미를 나타내는 기호를 적용할 때가 있다. 이 기호에 해당하지 않는 것은?
① S∅7   ② C3
③ □5   ④ SR15

해설 치수를 표현하는 기호

지 름	∅
반 지 름	R
구 의 지름	S∅
구 의 반지름	SR
정사각형의 변	□
관 의 두 께	t
45°의 모따기	C
원호의 길이	⌒

22 그림과 같은 입체도에서 화살표 방향을 정면으로 할 경우 정면도로 가장 적합한 것은?

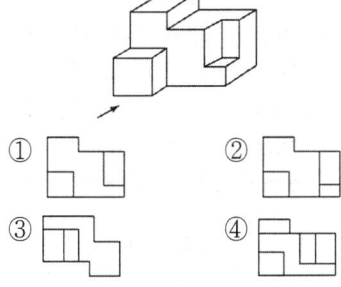

답 18. ② 19. ② 20. ④ 21. ③ 22. ①

제6편 최근 기출문제

23 다음 기하공차를 나타내는 데 있어서 데이텀이 반드시 필요한 것은?

① 원통도 ② 평행도
③ 진직도 ④ 진원도

해설 데이텀이 반드시 필요한 것은 평행도, 직각도, 경사도, 위치도, 동심도, 대칭도. 흔들림 등이다.

24 다음의 도시된 단면도의 명칭은?

① 전단면도
② 한쪽 단면도
③ 부분 단면도
④ 회전도시 단면도

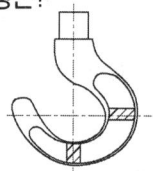

해설 회전도시 단면도
핸들이나 바퀴 등의 암이나 리브, 훅, 축, 구조물의 부재 등의 절단면은 90°회전하여 도시하거나 절단할 곳의 전후를 끊어서 그 사이에 그린다.

25 아래 도시된 내용은 리벳 작업을 위한 도면 내용이다. 바르게 설명한 것은?

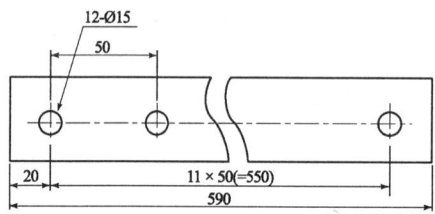

① 양끝 20mm 띄워서 50mm의 피치로 지름 15mm의 구멍을 12개 뚫는다.
② 양끝 20mm 띄워서 50mm의 피치로 지름 12mm의 구멍을 15개 뚫는다.
③ 양끝 20mm 띄워서 12mm의 피치로 지름 15mm의 구멍을 50개 뚫는다.
④ 양끝 20mm 띄워서 15mm의 피치로 지름 50mm의 구멍을 12개 뚫는다.

해설 위 그림은 해석은 양끝 20mm 띄워서 50mm의 피치로 지름 15mm의 구멍을 12개 뚫는다.

26 기어를 가공하는 방법으로 적당하지 않은 것은?

① 형판에 의한 방법
② 연동척에 의한 방법
③ 총형 커터에 의한 방법
④ 창성법에 의한 방법

해설 기어 절삭법
① 형판에 의한 방법
② 총형 커터에 의한 방법
③ 창성법에 의한 방법

27 보통 버니어캘리퍼스로 측정할 수 없는 것은?

① 외측 측정
② 나사 유효경 측정
③ 좁은 폭 측정
④ 내측 측정

해설 버니어 캘리퍼스
외경, 내경, 깊이, 단차 및 길이를 측정하는 것으로 미터식에서는 1/20mm, 1/50mm까지 읽을 수 있다. 종류로는 미동장치가 없는 M1형(0.05mm) 및 미동장치가 있는 M2형(1/20mm까지 측정)과 CB형 및 CM형(1/20mm까지 측정) 4가지가 있다.

28 지름 100mm, 길이 300mm인 연강봉을 선반에서 가공할 때 이송을 0.2mm/rev, 절삭속도를 157m/min으로 하면 1회 가공하는데 걸리는 시간은?

① 3분 ② 4분
③ 5분 ④ 6분

해설 선반의 작업시간
외경가공 $T=\dfrac{L}{Nf}i$, T=정미시간,
N=회전수$\left(\dfrac{1000V}{\pi D}\right)$, f=이송속도
$N=\dfrac{1000V}{\pi D}=\dfrac{1000\times 157}{\pi \times 100}=499.8$
$T=\dfrac{L}{Nf}i=\dfrac{300}{499.8\times 0.2}\times 1$
$=3분\times 60=180초$

답 23. ② 24. ④ 25. ① 26. ② 27. ② 28. ①

29 수직 밀링 머신에서 기둥의 슬라이드면을 따라 상하로 이송하는 밀링 장치는?
① 니(knee)
② 새들(saddle)
③ 테이블(table)
④ 오버 암(over arm)

해설 ① 니(knee) : 수직 밀링 머신에서 기둥의 슬라이드면을 따라 상하로 이송하는 밀링 장치
② 새들(saddle) : 새들은 테이블을 지지하며, 니의 상부 미끄럼면 위에 얹혀 있어 그 위를 앞뒤 방향으로 미끄럼 이동한다.
③ 테이블(table) : 공작물을 직접 고정하는 부분이며, 새들 상부의 안내면에 장치되어 수평면을 좌우로 이동한다.
④ 오버 암(over arm) : 칼럼의 상부에 설치되어 있는 것으로 플레인 밀링 커터용 아버를 아버 브레이스가 지지하고 있다.

30 절삭공구를 계속 사용하였을 때 나타나는 현상이 아닌 것은?
① 절삭성이 저하된다.
② 가공치수의 정밀도가 떨어진다.
③ 표면거칠기가 나빠진다.
④ 소요 절삭동력이 감소한다.

해설 절삭공구를 계속 사용하면 소요 절삭동력이 증가한다.

31 각도 측정기에 해당하지 않는 것은?
① 사인 바   ② 각도 게이지
③ 서피스 게이지   ④ 콤비네이션 세트

해설 서피스 게이지 : 선반작업에서 공작물의 중심내기 및 높이 조정하기에 주로 사용된다.

32 수평 밀링머신의 플레인 커터 작업에서 상향절삭에 대한 특징으로 맞는 것은?
① 날 자리 간격이 짧고, 가공면이 깨끗하다.
② 기계에 무리를 주지만 공작물 고정이 쉽다.
③ 가공할 면을 잘 볼 수 있어 시야 확보가 좋다.
④ 커터의 절삭방향과 공작물의 이송방향이 서로 반대로 백래시가 없어진다.

해설 상향절삭과 하향절삭의 비교

구분	상향 절삭	하향 절삭
칩에 영향	절삭에 방해 없다.	절삭에 방해 있다.
백래쉬 제거	백래쉬 제거장치 필요 없다.	백래쉬 제거장치 필요하다.
공작물 고정	불안하므로 확실히 고정해야 한다.	안정된 고정이 된다.
공구 수명	수명이 짧다. 날 파손은 적으나 마멸이 심하다.	수명이 길다. 날 파손은 생길 수 있으나 마모가 적다.
소비 동력	소비가 크다.	소비가 적다.
가공면	거칠다.	깨끗하다.

33 선반에서 다음 설명에 해당되는 부분은?

주축 맞은편에 설치하여 공작물을 지지하거나 드릴 등의 공구를 고정할 때 사용한다.

① 심압대   ② 주축대
③ 베드   ④ 왕복대

해설 ① 심압대 : 주축 맞은편에 설치하여 공작물을 지지하거나 드릴 등의 공구를 고정할 때 사용한다.
② 주축대 : 선반(旋盤)의 왼쪽 끝에 고정되어 있는 동력을 전달하는 부분으로 그 속에 주축이 내장되어 있고, 이에 센터를 끼워 심압대(心押臺)와 함께 공작물을 지지한다. 주축의 회전 속도 및 이송 속도를 조정하는 변환 장치가 갖추어져 있다.
③ 베드 : 주축대(主軸臺), 심압대(心押臺), 왕복대를 장착한 상자형 주철제 기대(基臺)를 말한다.
④ 왕복대 : 선반(旋盤)에서 절삭 공구(切削工具)를 이송시키는 장치. 크게 새들, 절삭 공구대, 에이프런의 3부로 이루어져 있다.

답 29. ① 30. ④ 31. ③ 32. ④ 33. ①

34 밀링 머신에서 공구의 떨림 현상을 발생하게 하는 요소와 가장 관련이 없는 것은?
① 가공의 절삭 조건
② 밀링 커터의 정밀도
③ 공작물의 고정 방법
④ 밀링 머신의 크기

해설 밀링 머신에서 공구의 떨림(Chattering)원인
① 기계의 강성 부족
② 커터의 정밀도 부족
③ 공작물 고정의 부적정
④ 절삭 조건의 부적정

35 드릴링, 보링, 리밍 등 1차 가공한 것을 더욱 정밀하게 연삭 가공하는 것으로 구멍의 진원도, 진직도 및 표면거칠기 등을 향상시키기 위한 가공법은?
① 래핑   ② 수퍼피니싱
③ 호닝   ④ 방전가공

해설 ① 래핑 : 마모(마멸)현상을 가공에 응용으로 공작물과 랩 공구사이에 미분말 상태의 랩제와 윤활제를 넣고 상대운동으로 표면을 매끈하게 가공하는 방법
② 수퍼피니싱 : 연삭숫돌을 공작물 표면에 가압(스프링, 유압)하면서 공작물 이송과 진동을 주고 공작물을 회전시켜 균일한 표면을 얻는 가공법으로 저압, 저속도의 가공이므로 발열이 적고 가공 변질층을 제거 할 수 있으며 내마모성, 내식성이 우수하고 다듬질 시간이 짧다.
③ 호닝 : 드릴링, 보링, 리밍 등 1차 가공한 것을 더욱 정밀하게 연삭 가공하는 것으로 구멍의 진원도, 진직도 및 표면거칠기 등을 향상시키기 위한 가공법
④ 방전가공 : 방전 현상을 인공적으로 설정하여 그 에너지를 이용하는 가공 방법이다. (전기 접점에 의한 직류 콘덴서법) 공작물과 공구가 직접 접촉함이 없이 상호간에 어느 간격을 유지하면서 그 사이에선 물리적으로 가공하는 방법

36 무겁고 회전시키기가 곤란하거나 중량이 커서 편심으로 가공될 우려가 있는 제품의 구멍을 2차 가공하여야 할 때 적합한 공작기계는?
① 보링 머신   ② 플레이너
③ 셰이퍼   ④ 호빙 머신

해설 ① 보링 머신 : 무겁고 회전시키기가 곤란하거나 중량이 커서 편심으로 가공될 우려가 있는 제품의 구멍을 2차 가공하여야 할 때 적합한 공작기계
② 호빙 머신 : 호브(Hob)라는 기어 절삭공구와 기어소재에 서로 상대적인 운동을 주어 창성법으로 기어를 가공하는 공작기계

37 다음 중 구멍이 있는 공작물을 고정하여 동심으로 가공할 때 사용하는 선반용 부속장치는?
① 맨드릴   ② 단동척
③ 방진구   ④ 평행판

해설 ① 맨드릴 : 구멍이 있는 공작물을 고정하여 동심으로 가공할 때 사용하는 선반용 부속장치
② 단동척 : 다소 불규칙한 외경의 공작물 가공과 중심을 편심시켜 가공할 수 있다. 4개의 조가 있다.
③ 방진구 : 가늘고 긴 공작물 가공시 자중과 절삭력으로 휨이 생겨 균일한 직경을 가진 진원 단면의 절삭가공이 곤란하기 때문에 방진구 사용

38 가공물의 표면 거칠기를 나쁘게 하고 공구의 수명을 단축시키며 진동 등의 원인이 되는 구성 인선 발생을 억제할 수 있는 것은?
① 절삭 깊이를 크게 한다.
② 윤활성이 좋은 절삭유제를 사용한다.
③ 절삭 속도를 작게 한다.
④ 공구의 윗면 경사각을 작게 한다.

답 34. ④ 35. ③ 36. ① 37. ① 38. ②

해설 구성인선의 방지(억제)법
① 공구의 윗면 경사각을 크게 한다.
② 절삭 깊이를 작게 한다.
③ 절삭속도 크게한다.
④ 이송을 작게 한다.(저속회전일 때 이송을 크게 한다)
⑤ 윤활성이 좋은 절삭유 사용

39 센터리스(centerless) 연삭기에는 이송 장치가 따로 없다. 무엇이 이송을 대신해 주는가?
① 연삭 숫돌   ② 공작물 지지대
③ 공작물   ④ 조정 숫돌

해설 센터리스(centerless) 연삭기에는 조정 숫돌로 이송을 대신하므로 이송 장치가 따로 없다. 조정 숫돌은 연삭숫돌 축에 대해 2~8° 경사 시킨다.(보통 3~4°를 많이 쓴다.)

40 일반적으로 유동형 칩이 발생하는 조건으로 틀린 것은?
① 절삭 깊이가 적을 때
② 절삭속도가 빠를 때
③ 메진 재료를 저속으로 절삭할 때
④ 공구의 윗면 경사각이 클 때

해설 유동형 칩이 발생하는 조건
① 공작물의 재질이 연하고 인성이 큰 재질일 때
② 윗면 경사각이 클 때
③ 절삭 깊이가 작을 때
④ 고속 절삭 할 때(절삭속도가 높을 때) 절삭제를 사용할 때

41 연삭작업에서 로딩(눈 메움)이 일어나는 경우로 적합하지 않은 것은?
① 드레싱한 연삭숫돌을 사용할 경우
② 연성이 큰 재료를 연삭할 경우
③ 결합도가 너무 단단하여 자생작용이 어려운 경우
④ 조직이 지나치게 치밀한 경우

해설 눈 메움(Loading) : 숫돌 입자의 표면이나 기공에 칩이 차 있는 상태로 원인은
① 숫돌 입자가 너무 가늘고 조직이 치밀하다.
② 연삭 깊이가 깊고 원주 속도가 느리다.
③ 연성이 큰 재료를 연삭할 경우
④ 결합도가 너무 단단하여 자생작용이 어려운 경우

42 환봉 또는 관 외경 등의 원통 외면에 수나사를 내는 공구는?
① 탭   ② 드릴
③ 리머   ④ 다이스

해설 ① 탭 : 구멍에 암나사를 내는 공구
② 드릴 : 구멍을 뚫는 공구
③ 리머 : 구멍에 정밀도를 높이기 위한 공구
④ 다이스 : 외경에 수나사를 내는 공구

43 A점에서 B점으로 그림과 같이 원호가공하는 프로그램으로 맞는 것은?

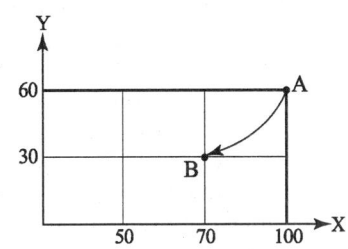

① G90 G02 X70.0 Y30.0 R30.0 ;
② G90 G03 X70.0 Y30.0 R30.0 ;
③ G91 G02 X70.0 Y30.0 R30.0 ;
④ G91 G03 X70.0 Y30.0 R30.0 ;

해설 위 그림에서 A점에서 B점으로
G90 G02 X70.0 Y30.0 R30.0 ;

44 머시닝센터의 절대 좌표를 나타낸 화면이다. 공구의 현재 위치가 다음과 같이 표시될 수 있도록 반자동(MDI) 모드에서 공작물좌표계의 원점을 설정하고자 할 때 입력할 내용으로 적당한 것은?

답 39. ④ 40. ③ 41. ① 42. ④ 43. ① 44. ④

(ABSOLUTE)		(ABSOLUTE)
X 57.632	→	X 0.000
Y 75.432		Y 0.000
Z 55.235		Z 10.000
(설정하기 전 화면)		(설정한 후 화면)

① G89 X0. Y0. Z10. ;
② G90 X0. Y0. Z10. ;
③ G91 X0. Y0. Z10. ;
④ G92 G90 X0. Y0. Z10. ;

해설 위 절대 좌표를 나타낸 화면에서 공작물좌표계의 원점설정은 G92 G90 X0. Y0. Z10. ;

45 CNC선반에서 단면이나 테이퍼 가공시 절삭속도를 일정하게 유지시키고자 할 때 사용하는 준비기능은?

① G94 ② G96
③ G97 ④ G98

해설
① 절삭속도 일정제어(G96)
   CNC선반에서 단면이나 테이퍼 가공시 절삭속도를 일정하게 유지시키고자 할 때 사용한다.
② 절삭속도 일정제어 취소(G97)
   절삭속도 일정제어 취소 기능은 회전수만을 일정하게 제어하는 기능으로 드릴작업, 나사작업, 공작물 지름의 변화가 심하지 않는 공작물을 가공할 때 사용한다.

46 CNC선반에서 공구기능 T0503에서 "03"이 뜻하는 것은?

① 공구 보정번호
② 공구 번호
③ 공구 수
④ 공구 보정량

해설
• T05 : 공구선택번호
• 03 : 공구보정번호

47 CNC 공작기계의 일상 점검 중 매일 점검사항이 아닌 것은?

① 작동 점검
② 게이지 압력점검
③ 기계의 정도검사
④ 유량 점검

해설
매년 점검	레벨(수평) 점검
	기계 정도검사
	절연 상태 점검

48 일감을 측정하거나 정확한 거리의 이동 또는 공구보정 할 때 사용하며 현 위치가 좌표계의 원점이 되고 필요에 따라 그 위치를 기준점으로 지정할 수 있는 좌표계는?

① 상대 좌표계 ② 기계 좌표계
③ 공구 좌표계 ④ 임시 좌표계

해설
① 상대 좌표계 : 일감을 측정하거나 정확한 거리의 이동 또는 공구보정할 때 사용하며 현 위치가 좌표계의 원점이 되고 필요에 따라 그 위치를 기준점으로 지정할 수 있는 좌표계를 상대좌표계라고 한다.
② 기계좌표계 : 기계를 제작할 때 일정한 위치에 기준점을 정한다. 이 점을 기계원점이라고 하며 이 기계 원점을 기준으로 하는 좌표계를 기계좌표계라고 한다.
③ 공작물 좌표계 : 프로그램을 작성할 때는 도면상의 어떤 한 점을 기준으로 정하여 프로그램을 작성한다. 이렇게 작성된 프로그램의 기준점과 가공될 공작물의 기준점을 일치시켜야 편리하게 공작물을 가공할 수 있다. 이렇게 기준점을 일치시킨 좌표계를 공작물 좌표계라고 한다.

49 CNC선반 프로그램 중 G70 P10 Q50 ;에서 P10의 의미는?

① 다듬절삭 지령절의 첫 번째 전개번호
② 다듬절삭 지령절의 마지막 전개번호
③ 거친절삭 지령절의 첫 번째 전개번호
④ 거친절삭 지령절의 마지막 전개번호

해설
• P : 정삭가공 프로그램의 첫 번째 전개번호
• Q : 정삭가공 프로그램의 마지막 전개번호

답 45. ② 46. ① 47. ③ 48. ① 49. ①

50 모터에서 속도를 검출하고, 기계의 테이블에서 위치를 검출하여 피드백 시키는 그림과 같은 서보기구 방식은?

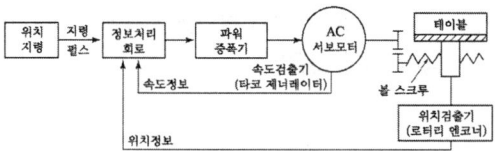

① 하이브리드 방식
② 폐쇄회로 방식
③ 반폐쇄회로 방식
④ 개방회로 방식

해설 폐쇄회로 방식 : 기계의 테이블에 직접적으로 스케일(Scale)을 부착하여 위치편차를 피드백 시키는 방식으로 반 폐쇄회로 제어방식과 제어방식은 같지만 정밀도가 높아 고정밀도의 공작기계나 대형 공작기계 등에 많이 사용

51 CNC선반에서 지령값 X75.0으로 프로그램하여 소재를 시험가공한 후에 측정한 결과 ∅74.95이었다. 기존의 X축 보정값을 0.005라 하면 공구 보정값을 얼마로 수정해야 하는가?

① 0.005 ② 0.045
③ 0.055 ④ 0.01

해설 가공에 따른 X축 보정값=75−54.95=0.05
기존의 보정값=0.005
공구의 보정값=0.05+0.005=0.055

52 다음은 공구 길이 보정 프로그램이다. 빈칸에 알맞은 것은?

```
         :
G90 G00 G43 Z100. ____ ;
         :
```

① D01 ② H01
③ S01 ④ M01

해설 공구길이 보정은 G43, G44 지령으로 Z축 이동지령의 종점위치를 보정 메모리에 설정한 값만큼 +, −로 보정할 수 있다. 또한 공구길이 보정은 Z축에 한하여 가능하며 공구길이 보정을 취소할 때는 G49로 지령하여 G49를 생략하고 단지 보정 번호를 00, 즉 H00으로 지정할 수 있다.

53 CNC선반 작업시의 안전사항 중 잘못된 것은?

① 공작물을 고정한 다음 회전시키면서 공작물의 중심이 잘 맞았는지 점검한다.
② 공구는 공작물과 충분한 거리를 유지하도록 돌출거리를 크게 한다.
③ 치수 검사는 공작물 회전이 완전히 멈춘 다음 측정한다.
④ 공구 교환위치는 공작물과 충돌하지 않는 위치로 한다.

해설 안전을 위하여 공구의 돌출거리를 짧게 한다.

54 그림의 (A), (B), (C)에 해당하는 공작기계로 적당한 것은?

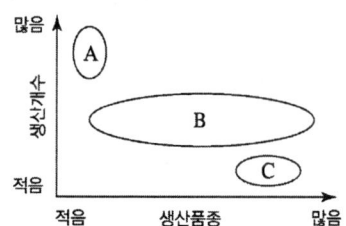

㉮ (A) : 범용기계, (B) : 전용기계,
   (C) : CNC공작기계
㉯ (A) : 범용기계, (B) : CNC공작기계,
   (C) : 전용기계
㉰ (A) : 전용기계, (B) : 범용기계,
   (C) : CNC공작기계
㉱ (A) : 전용기계, (B) : CNC공작기계,
   (C) : 범용기계

답 50. ② 51. ③ 52. ② 53. ② 54. ④

해설 위 그림에서 (A) : 전용기계, (B) : CNC공작기계, (C) : 범용기계이다.

55 머시닝센터의 준비기능에 대한 설명 중 틀린 것은?

① G17 - XY 평면 지정
② G21 - 메트릭 변환(metric-data) 입력
③ G43 - 공구길이 보정 「+」
④ G54 - 로칼(local) 좌표계 설정

해설
- G54 - 공작물 좌표계 설정
- G52 - 지역(local) 좌표계 설정
- G53 - 기계 좌표계 설정

56 CAM 시스템의 가공 과정 흐름도로 올바른 것은?

① 공구경로 생성 → 곡면 모델링 → NC데이터 생성 → DNC 전송
② 곡면 모델링 → 공구경로 생성 → NC데이터 생성 → DNC 전송
③ 곡면 모델링 → NC데이터 생성 → 공구경로 생성 → DNC 전송
④ 공구경로 생성 → NC데이터 생성 → 곡면 모델링 → DNC 전송

해설 CAM 시스템의 가공 과정 흐름도
곡면 모델링 → 공구경로 생성 → NC데이터 생성 → DNC 전송

57 공작기계 작업에서 안전에 관한 사항으로 틀린 것은?

① 기계 위에 공구나 작업복 등을 올려놓지 않는다.
② 회전하는 기계를 손이나 공구로 멈추지 않는다.
③ 칩이 비산할 때는 손으로 받아서 처리한다.
④ 절삭 중이나 회전 중에는 공작물을 측정하지 않는다.

해설 칩이 비산할 때는 손으로 절대 받아서 처리하지 않는다.

58 CNC선반에서 나사 절삭에 사용하는 준비기능이 아닌 것은?

① G32   ② G76
③ G90   ④ G92

해설
- G90 : 내·외경 절삭 싸이클

59 준비기능 중 절삭가공에 사용되는 기능이 아닌 것은?

① G00   ② G01
③ G02   ④ G03

해설
- G00 : 급송이송
- G01 : 직선절삭
- G02 : 시계방향절삭
- G03 : 반시계방향절삭

60 다음 지령절에서 직경(d)이 ϕmm일 때 주축의 회전수는 얼마인가?

```
G50 X100. Z100. T0100 S1500 ;
G96 S150 M03 ;
```

① 150rpm   ② 1000rpm
③ 1500rpm   ④ 2387rpm

해설 G50 S1500 ; 주축 최고회전수 : 1500rpm
G96 S150 M03 ; 주속 일정제어
$v=150$m/min
$n = \dfrac{1000v}{\pi d} = \dfrac{1000 \times 150}{\pi \times 20} = 2387\,rpm$

∴ 주축 최고회전수를 넘을 수 없으므로 주축은 1500rpm으로 회전한다.

답 55.④ 56.② 57.③ 58.③ 59.① 60.③

2013년 10월 12일 제5회 컴퓨터응용밀링기능사 기출문제

01 70%구리에 30%의 Pb을 첨가한 대표적인 구리합금으로 화이트 메탈보다도 내하중성이 커서 고속고하중용 베어링으로 적합하여 자동차, 항공기 등의 주 베어링으로 이용되는 것은?
① 알루미늄 청동 ② 베릴륨 청동
③ 애드미럴티 포금 ④ 켈밋 합금

해설 ① 알루미늄 청동 : Cu에 Al을 2~15% 첨가한 합금. 인장 강도와 내식성, 내마모, 내열성, 내피로성은 황동이나 청동보다 뛰어나나 단조성, 가공성 및 용접성은 떨어져 특수한 화학 기기, 선박, 항공기, 자동차, 차량 등의 부품에 사용되고 있다.
② 베릴륨 청동 : Cu에 2~3%의 Be를 첨가한 시효 경화성 합금으로 구리합금 중 최고 강도(약 980 MPa)를 가지며 내식성이 우수하여 기어, 베어링, 판스프링 등에 이용된다.
③ 애드미럴티 포금 : 2% 정도의 Zn을 첨가한 포금으로써(88% Cu, 10% Sn, 2% Zn), 인장강도는 216~294N/cm², 연신율은 15~20%이다.
④ 켈밋 합금 : 70% 구리와 30% 납의 합금으로 열전도성이 좋고 온도 상승이 적으며 기계적 성질로서의 내마모성도 우수하기 때문에 플레인 베어링의 라이닝재(材)로 사용된다. 화이트 메탈 베어링에 비해 고하중, 고속 운전에도 견딜 수 있으므로 항공기, 자동차, 디젤 기관 등의 베어링으로 널리 이용되고 있다.

02 Cu60% - Zn40% 합금으로서 상온조직이 $\alpha+\beta$ 상으로 탈아연 부식을 일으키기 쉬우나 강력하기 때문에 기계부품용으로 널리 쓰이는 것은?
① 켈밋 ② 문쯔메탈
③ 톰백 ④ 하이드로날륨

해설 ① 문쯔메탈 : Cu 60% - Zn 40%합금으로 상온조직이 $\alpha+\beta$상으로 탈아연 부식을 일으키기 쉬우나 강력하기 때문에 기계부품에 널리 쓰인다.
② 톰백 : 8~20%의 아연을 구리에 첨가한 구리합금은 황동(黃銅) 중에서 가장 금빛깔에 가까우며, 소량의 납을 첨가하여 값이 싼 금색 합금을 만든다.
③ 하이드로날륨 : 내식 알루미늄합금 중 대표적인 것으로 실용합금은 판·봉·관 등의 전신재용과 주조용으로 크게 나누는데, 주조용은 다이캐스트로서 소형 카메라의 몸체 등에 사용된다.

03 규소강의 주된 용도로 가장 적합한 것은?
① 줄 또는 해머
② 변압기의 철심
③ 선반용 바이트
④ 마이크로미터의 슬리브

해설 규소강 : 철에 1~5%의 규소를 첨가한 특수강철로 탄소 등의 불순물이 아주 적고 투자율과 전기 저항이 높으며, 자기 이력 손실이 적어, 발전기, 변압기 등의 철심을 만드는 데 사용된다.

04 Fe-C 상태도에 의한 강의 분류에서 탄소함유량이 0.0218~0.77%에 해당하는 강은?
① 아공석강 ② 공석강
③ 과공석강 ④ 정공석강

해설 보통 강과 주철은 탄소 함유량으로 구분하는데, 학술상 분류는 강은 아공석강(0.0218~0.77%C), 공석강(0.77%C), 과공석강(0.77~2.11%C)으로 되어 있고, 주철은 아공정 주철(2.11~4.3%C), 공정 주철(4.3%C), 과공정 주철(4.3~6.68%C)로 되어 있다.

답 01. ④ 02. ② 03. ② 04. ①

05 주철조직에 니켈이 잘 고용되어 있으면 여러 가지 좋은 점이 나타나는데 그 내용으로 틀린 것은?
① 강도를 증가시킨다.
② 펄라이트를 미세하게 하여 흑연화를 촉진시킨다.
③ 내열성, 내식성, 내마멸성을 증가시킨다.
④ 얇은 부분의 칠(chill)의 발생을 촉진시킨다.

해설 니켈주철 : 주철에 소량의 Ni을 첨가하면 그 강도는 현저히 증가한다. 주철 속의 Ni은 Si와 같이 Fe_3C를 분해하여 흑연화를 촉진시키며 내열성, 내식성, 내마멸성을 증가시킨다. 경한 탄화물의 반점을 없애며, 주물 표면의 경화를 방지한 것이다. 그리고 그 작용은 점진적으로 Si와 같이 주철을 취약하게 하지 않고 경도를 증가시킨다.

06 강의 표면에 암모니아가스를 침투시켜 내마멸성과 내식성을 향상시키는 표면경화법은?
① 침탄법 ② 시안화법
③ 질화법 ④ 고주파경화법

해설
① **침탄법** : 저탄소강을 탄소 또는 탄소를 많이 함유한 목탄, 골탄 등으로 표면에 탄소를 침투시켜 고탄소강으로 만든 다음에 이것을 급냉시켜 표면을 표면 경화하는 방법이다.
② **시안화법** : 청화칼리 또는 청화소다 등의 시안화물에 의한 표면의 경화법으로 침탄보다 훨씬 얇은 경화층을 쉽게 만들기 위해서 오래전부터 이용되어온 방법이다.
③ **질화법** : 강의 표면에 암모니아가스를 침투시켜 내마멸성과 내식성을 향상시키는 표면경화법이다.
④ **고주파경화법** : 코일 속 또는 코일 곁에 철강의 피가열체를 두고 코일에 흘린 고주파 전류에 의하여 발생한 전자 유도 전류에 의해서 피가열체의 표면층만을 급속히 가열한 다음, 곧바로 물을 분사하여 급랭시킴으로써 표면층만을 담금질하는 방법이다.

07 금속은 전류를 흘리면 전류가 소모되는데 어떤 금속에서는 어느 일정 온도에서 갑자기 전기저항이 '0'이 된다. 이러한 현상은?
① 초전도 현상   ② 임계 현상
③ 전기장 현상   ④ 자기장 현상

해설 초전도 현상 : 물질이 일정한 온도에서 갑자기 전기저항을 잃고 전류를 무제한으로 흘려 보내는 현상으로 금속은 전류를 흐르면 전류가 소모되는데 어떤 금속에서는 어느 일정온도에서 갑자기 전기저항이 0이 된다.

08 미끄럼 베어링의 윤활 방법이 아닌 것은?
① 적하 급유법
② 패드 급유법
③ 오일링 급유법
④ 그리스 급유법

해설 미끄럼 베어링의 윤활방법
① **적하 급유법(Drop feed oiling)** : 비교적 고속회전에 많이 사용. 기름통으로 저장되어 일정한 양만큼씩 떨어지도록 한 방식이다.
② **오일링(Oil ring) 급유법** : 고속 주축의 급유를 균등히 할 목적에 사용된다.
③ **패드(pad oiling) 급유법** : 무명이나 털 등을 섞어 만든 패드 일부를 오일통에 담가 저널의 아래면에 모세관 현상으로 급유하는 방법
④ **그리스(grease) 윤활** : 수동 급유법, 충진 급유법, 컵 급유법, 스핀들 급유법이 많이 사용하며 그리스는 비산이나 유출되지 않으므로 급유 횟수가 적고, 사용 온도 범위가 넓으며, 장시간 사용에 적합하며 미끄럼 베어링의 윤활방법이 아니다.

09 비틀림모멘트 440N·m, 회전수 300rev/min(=rpm)인 전동축의 전달 동력(kW)은?
① 5.8   ② 13.8
③ 27.6   ④ 56.6

답 05.④ 06.③ 07.① 08.④ 09.②

해설 　전달 동력으로 축 지름을 구할 경우
① $T = 7024 \times 10^3 \times \dfrac{H}{N}$ [N·mm] [PS]
② $T = 9549 \times 10^3 \times \dfrac{H'}{N}$ [N·mm] [kW]
전달동력 $kW = \dfrac{300 \times 440000}{9549 \times 10^3} = 13.8$ 이다.

10 일반적으로 사용하는 안전율은 어느 것인가?
① $\dfrac{\text{사용응력}}{\text{허용응력}}$　② $\dfrac{\text{허용응력}}{\text{기준강도}}$
③ $\dfrac{\text{기준강도}}{\text{허용응력}}$　④ $\dfrac{\text{허용응력}}{\text{사용응력}}$

해설 　안전율 = $\dfrac{\text{기준강도}}{\text{허용응력}}$

11 결합용 기계요소인 와셔를 사용하는 이유가 아닌 것은?
① 볼트 머리보다 구멍이 클 때
② 볼트 길이가 길어 체결 여유가 많을 때
③ 자리면이 볼트 체결압력을 지탱하기 어려울 때
④ 너트가 닿는 자리면이 거칠거나 기울어져 있을 때

해설 　와셔의 용도
① 볼트의 구멍이 볼트의 지름보다 너무 클 때
② 표면이 거칠거나 접촉면이 기울어져 있을 때
③ 자리면이 볼트 체결압력을 지탱하기 어려울 때
④ 목재나 고무와 같이 압축에 약하여 너트가 내려앉는 것을 막을 필요가 있을 때

12 회전축의 회전방향이 양쪽 방향인 경우 2쌍의 접선키를 설치할 때 접선키의 중심각은?
① 30°　② 60°
③ 90°　④ 120°

해설 　접선키 : 회전방향이 양 방향일 경우 중심각이 120° 되는 위치에 2조 설치한다. 아주 큰 회전력의 경우에 사용한다.

13 축이나 구멍에 설치한 부품이 축 방향으로 이동하는 것을 방지하는 목적으로 주로 사용하며, 가공과 설치가 쉬워 소형정밀기기나 전자기기에 많이 사용되는 기계요소는?
① 키　② 코터
③ 멈춤링　④ 커플링

해설 　멈춤링 : 축이나 구멍에 설치한 부품이 축 방향으로 이동하는 것을 방지하는 목적으로 주로 사용된다.

14 기어에서 이의 간섭 방지 대책으로 틀린 것은?
① 압력각을 크게 한다.
② 이의 높이를 높인다.
③ 이 끝을 둥글게 한다.
④ 피니언의 이뿌리면을 파낸다.

해설 　기어에서 이의 간섭 : 인벌류트 기어에 있어서 잇수가 적을 때나 잇수비가 클 때에 한쪽의 이 끝이 상대의 이뿌리에 닿아서 회전할 수 없게 되는 현상을 이의 간섭이라 하며 방지 대책은 다음과 같다.
① 압력각을 크게 한다.
② 이의 높이를 줄인 낮은 이를 사용할 수 있으나 물림률을 저하시키는 결점이 있다.
③ 치형의 이끝면을 깎아낸다.
④ 피니언의 이뿌리면을 파낸다.

15 나사의 풀림 방지법이 아닌 것은?
① 철사를 사용하는 방법
② 와셔를 사용하는 방법
③ 로크 너트에 의한 방법
④ 사각 너트에 의한 방법

해설 　나사의 풀림방지법
① 와셔를 사용하는 방법
② 로크너트를 사용하는 방법
③ 자동쬠너트에 의한 방법
④ 분할 핀, 작은 나사, 멈춤 나사에 의한 방법
⑤ 철사에 의한 방법
⑥ 플라스틱 플러그에 의한 방법

답　10. ③　11. ②　12. ④　13. ③　14. ②　15. ④

16 그림과 같은 입체도에서 화살표 방향이 정면일 때 우측면도로 적합한 것은?

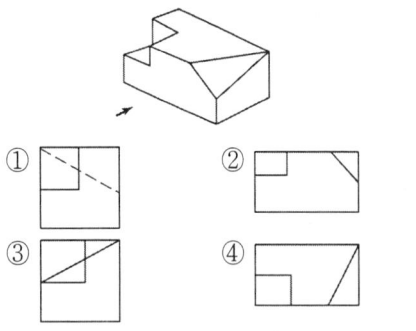

해설 위 그림에서 우측면도로 적합한 것은 ③항이다.

17 기계 제도에서 굵은 1점 쇄선을 사용하는 경우로 가장 적합한 것은?

① 대상물의 보이는 부분의 겉모양을 표시하기 위하여 사용한다.
② 치수를 기입하기 위하여 사용한다.
③ 도형의 중심을 표시하기 위하여 사용한다.
④ 특수한 가공 부위를 표시하기 위하여 사용한다.

해설 굵은 1점 쇄선 : 특수한 가공을 하는 부분 등 특별한 요구사항을 적용할 수 있는 범위를 표시하는 데 사용

18 KS 기어 제도의 도시방법 설명으로 올바른 것은?

① 잇봉우리원은 가는 실선으로 그린다.
② 피치원은 가는 1점 쇄선으로 그린다.
③ 이골원은 가는 2점 쇄선으로 그린다.
④ 잇줄 방향은 보통 2개의 가는 1점 쇄선으로 그린다.

해설 ① 잇봉우리원은 굵은실선으로 그린다.
② 피치원은 가는 1점 쇄선으로 그린다.
③ 이골원은 가는실선으로 그린다.
④ 잇줄 방향은 보통 3개의 가는 실선으로 그린다.

19 그림과 같은 기하공차 기입틀에서 첫째 구획에 들어가는 내용은?

| 첫째 구획 | 둘째 구획 | 셋째 구획 |

① 공차 값
② MMC 기호
③ 공차의 종류 기호
④ 데이텀을 지시하는 문자 기호

해설 기하공차 기입틀

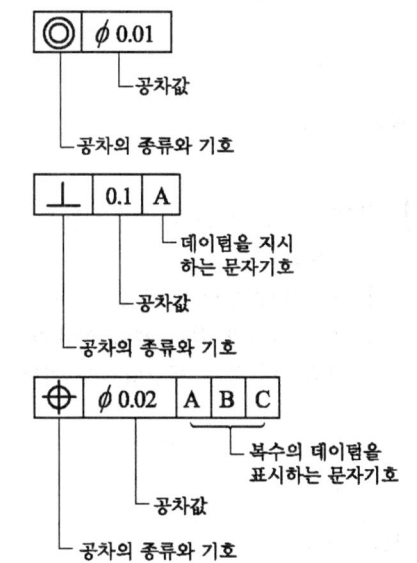

20 구멍 $50^{+0.025}_{+0.009}$에 조립되는 축의 치수가 $50^{0}_{-0.016}$이라면 이는 어떤 끼워 맞춤인가?

① 구멍 기준식 헐거운 끼워맞춤
② 구멍 기준식 중간 끼워맞춤
③ 축 기준식 헐거운 끼워맞춤
④ 축 기준식 중간 끼워맞춤

해설 위 내용은 구멍 ϕ50G6, 축 ϕ50h7이므로 축 기준식 헐거움 끼워맞춤이다.

21 다음 중 기계제도에서 각도 치수를 나타내는 치수선과 치수 보조선의 사용방법으로 올바른 것은?

답 16.③ 17.④ 18.② 19.③ 20.③ 21.④

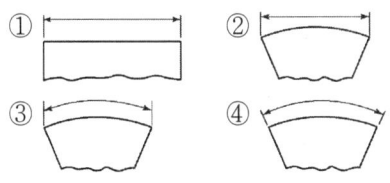

해설　① 변의 길이치수　② 현의 길이치수
　　　③ 호의 길이치수　④ 각도 치수

22 비경화 테이퍼 핀의 호칭 지름을 나타내는 부분은?

① 가장 가는 쪽의 지름
② 가장 굵은 쪽의 지름
③ 중간 부분의 지름
④ 핀 구멍 지름

해설　테이퍼 핀의 호칭지름은 가장 가는 쪽의 지름이다.

23 가공 방법의 표시방법 중 M은 어떤 가공 방법인가?

① 선반 가공　② 밀링 가공
③ 평삭 가공　④ 주조

해설　① 선반 가공 : L　② 밀링 가공 : M
　　　③ 평삭 가공 : P　④ 주조 : C

24 다음 선의 종류 중에서 선이 중복되는 경우 가장 우선하여 그려야 되는 선은?

① 외형선　② 중심선
③ 숨은선　④ 치수보조선

해설　겹치는 선의 우선순위
① 외형선 ② 숨은선 ③ 절단선
④ 중심선 ⑤ 무게중심선 ⑥ 치수보조선

25 공유압 기호에서 기호의 표시방법과 해석에 관한 설명으로 틀린 것은?

① 기호는 기기의 실제 구조를 나타내는 것은 아니다.
② 기호는 원칙적으로 통상의 운휴상태 또는 기능적인 중립상태를 나타낸다.
③ 숫자를 제외한 기호 속의 문자는 기호의 일부분이다.
④ 기호는 압력, 유량 등의 수치 또는 기기의 설정 값을 표시하는 것이다.

해설　기호는 압력, 유량 등의 수치 또는 기기의 설정값을 표시하는 것이 아니다.

26 절삭유에 높은 윤활효과를 얻도록 첨가제를 사용하는데 동식물유에 사용하는 첨가제로 거리가 먼 것은?

① 유황　　② 흑연
③ 아연　　④ 규산염

해설　절삭유에 사용되는 첨가제로 동식물성계는 유황, 흑연, 아연분 등을 첨가하고, 수용성 절삭은 인산염, 규산염 등을 첨가한다.

27 밀링 머신에서 둥근 단면의 공작물을 사각, 육각 등으로 가공할 때에 편리하게 사용되는 부속 장치는?

① 분할대
② 릴리빙 장치
③ 슬로팅 장치
④ 래크 절삭 장치

해설　분할대 : 밀링머신의 테이블에 설치하고 공작물을 분할대의 스핀들과 심압대 센터 사이에 지지하거나 스핀들에 장치한 척에 공작물을 고정하고, 필요한 각도나 등분(사각, 육각 등)으로 분할할 때 사용한다.

28 3개의 조가 120° 간격으로 구성 배치되어 있는 척은?

① 콜릿척　　② 단동척
③ 복동척　　④ 연동척

해설　연동척 : 3개의 조가 120° 간격으로 구성 배치

답　22. ①　23. ②　24. ①　25. ④　26. ④　27. ①　28. ④

29 나사 마이크로미터는 앤빌이 나사의 산과 골 사이에 끼워지도록 되어 있으며 나사에 알맞게 끼워 넣어서 나사의 어느 부분을 측정하는가?

① 바깥 지름
② 골 지름
③ 유효 지름
④ 안지름

해설 나사마이크로미터는 나사의 유효지름을 측정할 때 사용한다.

30 절삭공구 수명이 종료되고 공구를 재 연삭하거나 새로운 절삭공구로 바꾸기 위한 공구수명 판정방법으로 틀린 것은?

① 공구 인선의 마모가 일정량에 달했을 때
② 절삭저항의 주 분력에는 변화가 적어도 이송분력이나 배분력이 급격히 증가할 때
③ 완성 치수의 변화량이 없을 때
④ 가공면에 광택이 있는 색조 또는 반점이 생길 때

해설 공구의 수명 판정방법
① 표면에 광택 또는 반점이 있는 무늬가 생길 때
② 절삭공구인선의 마모가 일정량에 달 했을 때
③ 가공된 완성치수의 변화가 일정량에 달하였을 때
④ 주분력에 비해 배분력 또는 이송분력이 급격히 증가할 때
⑤ 칩의 색깔 및 어떤 현상의 변화로 불꽃이 발생할 때

31 다음 그림은 연강을 절삭할 때 일반적인 칩 형태의 범위를 나타낸 것이다. (A), (B), (C)에 해당하는 칩 형태를 바르게 짝지은 것은?

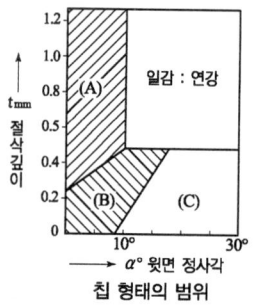

① (A) : 경작형, (B) : 유동형, (C) : 전단형
② (A) : 경작형, (B) : 전단형, (C) : 유동형
③ (A) : 전단형, (B) : 유동형, (C) : 균열형
④ (A) : 유동형, (B) : 균열형, (C) : 전단형

해설 위 그림은 (A) 경작형, (B) 전단형, (C) 유동형이다. 일반적으로 연강과 같이 인성이 있는 공작물은 유동형이 생기기 쉽고, 납과 같이 점성이 있는 공작물은 열단형이 생기기 쉽다. 또한, 주철과 같이 취성이 있는 재질은 전단형이 생기지만 절삭속도가 느리고, 경사각이 적으면 균열형이 생기기 쉽다.

32 물이나 경유 등에 연삭 입자를 혼합한 가공액을 공구의 진동면과 일감 사이에 주입시켜 가며 기계적으로 진동을 주어 표면을 다듬는 가공 방법은?

① 방전 가공
② 화학적 가공
③ 전자빔 가공
④ 초음파 가공

해설 초음파 가공
충돌가공으로 공구와 공작물 사이에 물 또는 경유 등의 연삭입자를 혼합한 가공액을 주입시켜 가며 초음파에 의한 진동으로 표면을 다듬는 가공법

33 연삭 숫돌에서 결합도가 높은 숫돌을 사용하는 조건에 해당하지 않는 것은?

① 경도가 큰 가공물을 연삭할 때
② 숫돌차의 원주 속도가 느릴 때
③ 연삭 깊이가 작을 때
④ 접촉 면적이 작을 때

답 29.③ 30.③ 31.② 32.④ 33.①

해설 결합도에 따른 숫돌의 선택기준

결합도가 높은 숫돌 (굳은 숫돌)	결합도가 낮은 숫돌 (연한 숫돌)
연한 재료의 연삭	단단한(경한) 재료의 연삭
숫돌차의 원주 속도가 느릴 때	숫돌차의 원주 속도가 빠를 때
연삭 깊이가 얕을 때	연삭 깊이가 깊을 때
접촉면이 작을 때	접촉면이 클 때
재료 표면이 거칠 때	재료 표면이 치밀할 때

34 보통선반에서 왕복대의 구성요소에 포함되지 않는 것은?
① 심압대(tall stock)
② 에이프런(apron)
③ 새들(saddle)
④ 공구대(tool post)

해설 왕복대 구성요소 : 에이프런, 새들, 공구대

35 탭으로 암나사를 가공하기 위해서는 먼저 드릴로 구멍을 뚫고 탭 작업을 해야 한다. M6×1.0의 탭을 가공하기 위한 드릴지름을 구하는 식으로 맞는 것은? (단, d=드릴 지름, M=수나사의 바깥지름, P=나사의 피치이다.)
① $d = M \times P$
② $d = P - M$
③ $d = M - P$
④ $d = M - 2P$

해설 M6×1.0의 탭을 가공하기 위한 드릴지름 $d = M - P = 6 - 1 = 5$ mm이다.

36 밀링 커터(cutter)에 의한 절삭 방향 중 하향 절삭가공의 장점은?
① 절삭열에 의한 치수 정밀도의 변화가 작다.
② 칩(chip)이 절삭날의 진행을 방해하지 않는다.
③ 커터(cutter)의 날이 마찰 작용을 하지 않으므로 날의 마멸이 작고 수명이 길다.
④ 이송기구의 백래시(backlash)가 자연히 제거된다.

해설

구분	하향 절삭
칩에 영향	절삭에 방해 있다.
백래쉬 제거	백래쉬 제거장치 필요하다.
공작물 고정	안정된 고정이 된다.
공구 수명	수명이 길다. 날 파손은 생길 수 있으나 마모가 적다.
소비 동력	소비가 적다.
가공면	깨끗하다.
절삭열 영향	치수정밀도의 변화가 크다.

37 다음 기계 중 원형 구멍 가공(드릴링)에 가장 부적합한 기계는?
① 머시닝센터
② CNC 밀링
③ CNC 선반
④ 슬로터

해설 슬로터는 구멍에 키 홈을 가공하는 기계이다.

38 다음 절삭 공구 중 밀링 커터와 같은 회전 공구로 래크를 나선 모양으로 감고, 스파이럴에 직각이 되도록 축 방향으로 여러 개의 홈을 파서 절삭날을 형성한 것은?
① 호브
② 래크 커터
③ 피니언 커터
④ 총형 커터

해설 호브는 밀링 커터와 같은 회전 공구이다. 래크를 나선 모양으로 감고, 스파이럴에 직각이 되도록 축 방향으로 여러 개의 홈을 파서 절삭날을 형성하게 한 것이다.

39 원형 단면봉의 지름 85mm, 절삭속도 150m/min일 때 회전수는 약 몇 rpm인가?
① 458
② 562
③ 1764
④ 180

해설 $n = \dfrac{1000V}{\pi d} = \dfrac{1000 \times 150}{\pi \times 85} = 562$

40 측정 대상물을 측정기의 눈금을 이용하여 직접적으로 측정하는 길이 측정기는?
① 버니어 캘리퍼스

답 34.① 35.③ 36.③ 37.④ 38.① 39.② 40.①

② 다이얼 게이지
③ 게이지 블록
④ 사인바

해설 버어니어 캘리퍼스(vernier calipers)
직접적으로 측정하는 길이측정기로 어미자의 눈금(본척)과 아들자의 눈금(부척)으로 공작물의 외경과 내경, 깊이, 단차를 측정할 수 있는 측정기이며, 호칭 치수는 측정이 가능한 최대 길이로 나타낸다.

41 밀링 커터의 공구각 중 날의 윗면과 날끝을 지나는 중심선 사이의 각으로 크게 하면 절삭 저항은 감소하나 날이 약해지는 단점을 갖는 것은?

① 랜드 ② 경사각
③ 날끝각 ④ 여유각

해설 밀링커터 경사각은 날의 윗면과 날끝을 지나는 중심선 사이의 각으로, 정면 밀링커터에서는 레이디얼 경사각이라고도 하며, 경사면이 축 방향과 이루는 각을 액시얼 경사각이라 한다. 이들 각을 크게 하면 절삭저항은 감소하나 날이 약하게 되는 결점이 있다.

42 가늘고 긴 일감을 지지하는데 센터나 척을 사용하지 않고 일감의 바깥면을 연삭하는 연삭기는?

① 원통 연삭기 ② 만능 연삭기
③ 평면 연삭기 ④ 센터리스 연삭기

해설 센터리스연삭기(centerless grinding machine) 원통연삭기의 일종이며, 센터나 척을 사용하지 않고 연삭숫돌과 조정숫돌 사이를 지지판으로 지지하면서 연삭하는 것으로, 가늘고 긴 공작물을 고정 없이 연삭하는 것이 큰 특징이다.

43 CNC선반 가공에서 단조나 주조물에 가공여유가 포함되어 일정한 형태를 가지고 있는 부품가공에 효과적인 유형 반복 사이클 G-코드는?

① G74 ② G71
③ G72 ④ G73

해설 NC선반에서
① 유형 반복 사이클(G73) : 단조나 주조에서 가공여유가 포함되어 일정한 형태를 가지고 있는 부품의 가공에 효과적이다.
② 팩 드릴링(Peck drilling) : 단면 홈가공 사이클(G74) : 긴 칩이 발생하여 작업을 방해하는 경우 칩을 짧게 절단해야 할 필요가 있는 경우의 드릴작업, 단면 홈작업, 보링 작업 등에 주로 사용한다.

44 머시닝센터에서 120rpm으로 회전하는 주축에 피치 2mm의 나사를 내려고 한다. 주축의 이송 속도는 몇 mm/min인가?

① 100 ② 120
③ 200 ④ 240

해설 머시닝센터에서 이송속도
$F = N \times 피치(p)$
$= 120 \times 2 = 240 \,mm/min$

45 CNC선반에서 다이아몬드(PCD : Poly crystalline diamond) 바이트로 절삭하기에 가장 부적합한 재료는?

① 알루미늄합금
② 구리합금
③ 담금질된 강
④ 텅스텐 카바이드

해설 CNC선반에서 다이아몬드 공구 바이트로 담금질된 강은 가공이 어렵다.

46 CAD/CAM용 하드웨어의 구성에서 중앙처리장치의 구성에 해당하지 않은 것은?

① 주기억장치
② 연산논리장치
③ 제어장치
④ 입력장치

답 41. ② 42. ④ 43. ④ 44. ④ 45. ③ 46. ④

해설 중앙처리장치(CPU; Central Processing Unit)
① 제어장치(Control Unit) : 입출력장치와 기억장치 및 연산장치 등을 제어
② 연산장치(ALU; Arithmetic & Logic Unit) : 자료의 비교, 판단과 산술연산, 논리연산, 관계연산, 이동 등을 수행
③ 레지스터(Register), 주기억장치 : 데이터를 일시적으로 기억할 수 있는 중앙처리장치 내의 임시 기억장치

47 다음과 같은 그림에서 A점에서 B점까지 이동하는 CNC선반 가공 프로그램에서 ( ) 안에 알맞은 준비기능은?

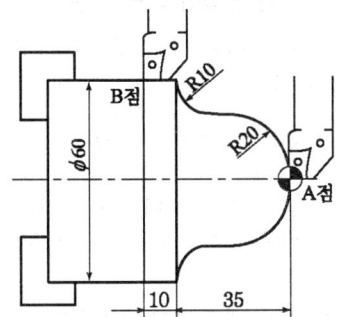

G03 X40.0 Z-20.0 R20.0 F0.25 ;
G01 Z-25.0 ;
( ) X60.0 Z-35.0 R10.0 ;
G01 Z-45.0 ;

① G00　　② G01
③ G02　　④ G03

해설 그림에서 프로그램( )은 (G02) X60. Z-35. R10. 이다.

48 밀링작업 안전에 대하여 설명한 것 중 틀린 것은?

① 정면 커터 작업시에는 칩이 튀어나오므로 칩 커버를 설치하는 것이 좋다.
② 주축 회전 중에 커터 주위에 손을 대거나 브러시를 사용하여 칩을 제거해서는 안 된다.

③ 가공 중에 기계에 얼굴을 가까이 대고 확인한다.
④ 테이블 위에는 측정기나 공구류를 올려놓지 않는다.

해설 밀링 가공 중에 기계에 얼굴을 가까이 대고 확인하면 위험하다.

49 다음 프로그램은 어느 부분을 가공하는 것인가?

G00 X26. Z3. T0707 M08;
G92 X23.2.Z-13.5 F2.0
　　X22.7;

① 외경 황삭가공　② 외경 정삭가공
③ 홈 가공　　　　④ 나사 가공

해설 위 프로그램에서 G92는 나사가공 사이클이다.

50 CNC 프로그램에서 보조기능 M01이 뜻하는 것은?

① 프로그램 정지
② 프로그램 끝
③ 선택적 프로그램 정지
④ 프로그램 끝 및 재개

해설 CNC 프로그램에서 보조기능
① M00 : 프로그램 정지
② M02 : 프로그램 끝
③ M01 : 선택적 프로그램 정지
④ M30 : 프로그램 끝 및 재개

51 다음은 머시닝센터에서 드릴사이클을 이용하여 구멍을 가공하는 프로그램의 일부이다. 설명 중 틀린 것은?

G81 G90 G99 X20. Y20. Z-23. R3. F60 M08;
G91 X40.

① 구멍 가공의 위치는 X가 20mm이고 Y가 20mm인 위치이다.

답 47.③ 48.③ 49.④ 50.③ 51.③

② 구멍가공의 깊이는 23mm이다.
③ G99는 초기점 복귀 명령이다.
④ 이송속도는 60m/min이다.

해설 초기점 복귀(G98)와 R점 복귀(G99)이다.

52 CNC 선반의 드릴가공이나 나사가공에서 주축 회전수를 일정하게 유지하고자 할 때 사용하는 준비기능은?

① G50 ② G94
③ G97 ④ G98

해설 ① 절삭속도 일정제어 취소(G97)
절삭속도 일정제어 취소 기능은 회전수만을 일정하게 제어하는 기능으로 드릴작업, 나사작업, 공작물 지름의 변화가 심하지 않는 공작물을 가공할 때 사용한다. G97 S M03 ; 인 경우 주축은 지정된 회전수(rpm)값으로 회전한다.
② 절삭속도 일정제어(G96)
단면이나 테이퍼(taper) 절삭에서는 지름이 절삭과정에 따라 변화하여 절삭속도도 이에 따라 달라진다. G96 S M03 ; 인 경우 절삭속도(m/min)값으로 공작물 지름에 따라 주축 회전수가 변화한다.
③ G50 S M03 ; 인 경우
주축의 최고회전수(rpm) 한계를 의미한다.

53 공작기계의 핸들 대신에 구동모터를 장치하여 임의의 위치에 필요한 속도로 테이블을 이동시켜 주는 기구의 명칭은?

① 펀칭기구 ② 검출기구
③ 서보기구 ④ 인터페이스 회로

해설 서보기구 : 공작기계의 핸들 대신에 구동모터를 장치하여 임의의 위치에 필요한 속도로 테이블을 이동시켜 주는 기구

54 CNC 공작기계가 한 번의 동작을 하는데 필요한 정보가 담겨져 있는 지령단위를 무엇이라고 하는가?

① 어드레스(address)
② 데이터(data)
③ 블록(block)
④ 프로그램(program)

해설 ① 어드레스(Address) : 영문 대문자(A~Z) 중 1개로 표시한다.
② 데이터(Data) : 수치와 입력 단위의 범위
③ 블록(Block) : 한 개의 지령단위를 블록이라 하며 각각의 블록은 기계가 한 번의 동작을 한다.

55 CNC선반에서 1초동안 일시정지(dwell)를 지령하는 방법이 아닌 것은?

① G04 01000 ② G04 P1000
③ G04 X1. ④ G04 U1.

해설 G04 기능(휴지 : Dwell)
단위는 X, U, P,를 사용하는데 X, U는 소수점 P는 0.001 단위를 사용
[예] G04 X1. G04 U1. G04 P1000)

56 CNC선반 베드 면에 습동유가 나오는지 손으로 확인하는 것은 어느 점검 사항에 해당하는가?

① 수평 점검 ② 압력 점검
③ 외관 점검 ④ 기계의 정도 점검

해설 외관 점검 : 베드 면에 습동유가 나오는지 손으로 확인하는 점검이다.

57 머시닝센터의 보정기능에서 공구 지름 보정 G-코드가 아닌 것은?

① G40 ② G41
③ G42 ④ G43

해설 ① G40 : 공구지름 보정 취소
② G41 : 공구지름 보정 좌측
③ G42 : 공구지름 보정 우측
④ G43 : 공구길이 보정 "+"

답 52. ③ 53. ③ 54. ③ 55. ① 56. ③ 57. ④

58 다음 중 CNC선반에서 가공하기 어려운 것은?
① 나사 가공   ② 래크 가공
③ 홈 가공   ④ 드릴 가공

해설 CNC선반에서 래크가공은 불가능하다.

59 머시닝센터 가공시의 안전사항으로 틀린 것은?
① 기계의 전원 투입 후 안전 위치에서 저속으로 원점복귀한다.
② 핸들 운전 시 기계에 무리한 힘이 전달되지 않도록 핸들을 천천히 돌린다.
③ 위험 상황에 대비하여 항상 비상정지 스위치를 누를 수 있도록 준비한다.
④ 급속이송 운전은 항상 고속을 선택한 후 운전한다.

해설 급속이송 운전은 항상 저속을 선택한 후 운전한다.

60 일반적으로 CNC선반 작업 중 기계원점 복귀를 해야 하는 경우에 해당하지 않는 것은?
① 처음 전원스위치를 ON하였을 때
② 작업 중 비상 버튼을 눌렀을 때
③ 작업 중 이송정지(feed hold) 버튼을 눌렀을 때
④ 기계가 행정한계를 벗어나 경보(alarm)가 발생하여 행정오버해제 버튼을 누르고 경보(alarm)을 해제하였을 때

해설 일반적으로 CNC선반 작업 중 기계원점 복귀를 해야 하는 경우
① 처음 전원스위치를 ON하였을 때
② 작업 중 비상 버튼을 눌렀을 때
③ 기계가 행정한계를 벗어나 경보(alarm)가 발생하여 행정오버해제 버튼을 누르고 경보(alarm)을 해제하였을 때

답 58. ② 59. ④ 60. ③

2014

컴/퓨/터/응/용/밀/링/기/능/사/

기출문제

2014년 1월 26일 제1회 컴퓨터응용밀링기능사 기출문제

01 60% Cu에 40% Zn을 첨가한 것으로 주로 열교환기, 파이프, 대포의 탄피에 쓰이는 황동 합금은?

① 톰백　　　　　② 네이벌 황동
③ 애드미럴티 황동　④ 문쯔 메탈

해설
① 톰백 : 5~20%의 저 아연합금으로 전연성이 좋고 색이 금에 가까우므로 모조 금박으로 금대용으로 사용
② 네이벌 황동 : 6-4황동에 0.75% Sn첨가 파이프, 용접봉, 선박 기계부품으로 사용
③ 애드미럴티 황동 : 7-3황동에 1% Sn첨가 관, 판으로 증발기, 열교환기에 사용
④ 문쯔 메탈 : 60% Cu에 40% Zn을 첨가한 것으로 주로 열교환기, 파이프, 대포의 탄피에 사용

02 청동은 주석의 함유량이 몇 % 정도일 때 연신율이 최대가 되는가?

① 4~5%　　　　② 11~15%
③ 16~19%　　　④ 20~22%

해설 Sn 17~20%에서 최대 인장강도 값을 가지며 연신율은 Sn 4%에서 최대치가 된다.

03 용융온도가 3400℃ 정도로 높은 고용융점 금속으로 전구의 필라멘트 등에 쓰이는 금속재료는?

① 납　　　　　② 금
③ 텅스텐　　　④ 망간

해설 텅스텐 : 용융온도가 3400℃ 정도로 높은 고용융점 금속으로 전구의 필라멘트 등에 쓰이는 금속재료이다.

04 금속에 있어서 대표적인 결정격자와 관계없는 것은?

① 체심입방격자　② 면심입방격자
③ 조밀입방격자　④ 조밀육방격자

해설 금속 원자 결정
① 체심입방격자(BCC) : 융점 높고 강도 크다.(소속 원자수 : 2개, 배위수(인접 원자수) : 8개) ⇒ Cr, W, Mo, V, Li, Na, Ta, K, α-Fe, δ-Fe
② 면심입방격자(FCC) : 전연성, 전기전도율 크다. 가공성 우수(소속 원자수 : 4개, 배위수 : 12개) ⇒ Al, Ag, Au, Cu, Ni, Pb, Ca, Co, γ-Fe
③ 조밀 육방 격자(HCP) : 전연성, 접착성, 가공성 불량(소속 원자수 : 2개, 배위수 : 12개) ⇒ Mg, Zn, Cd, Ti, Be, Zr, Ce

05 구상 흑연주철에 영향을 미치는 주요 원소로 조합된 것으로 가장 적합한 것은?

① C, Mn, Al, S, Pb
② C, Si, N, P, Cu
③ C, Si, Cr, P, Zn
④ C, Si, Mn, P, S

해설 주철에 미치는 원소의 영향
① C : 주철에 가장 큰 영향을 미치며, 탄소함유량이 적으면 백선화 된다. 반대로 증가하면 용융점이 저해되고 주조성이 좋아진다.
② Si : 주철의 질을 연하게 하고 냉각시 수축을 적게 한다. 규소가 많으면 공정점이 저탄소강 쪽으로 이동하며, 흑연화를 촉진시킨다.
③ Mn : 적당한 양의 망간은 강인성과 내열성을 크게 한다.
④ P : 쇳물의 유동성을 좋게 하고, 주물의 수축을 적게 하나 너무 많으면 단단해지고 균열이 생기기 쉽다.
⑤ S : 쇳물의 유동성을 나쁘게 하며 기공이 생기기 쉽고 수축율이 증가한다.

답 01. ④　02. ①　03. ③　04. ③　05. ④

06 재료를 상온에서 다른 형상으로 변형시킨 후 원래 모양으로 회복되는 온도로 가열하면 원래 모양으로 돌아오는 것은?
① 제진 합금   ② 형상기억 합금
③ 비정질 합금 ④ 초전도 합금

해설 형상기억 합금 : 문자 그대로 어떠한 모양을 기억할 수 있는 합금을 말한다. 즉 고온 상태에서 기억한 형상을 언제까지라도 기억하고 있는 것으로, 저온에서 작은 가열만으로도 다른 형상으로 변화시켜 곧 원래의 형상으로 되돌아가는 현상을 형상기억 효과라 하며, 현재 실용화된 대표적인 형상기억 합금은 니켈-티탄(Ni-Ti)계, 구리-알루미늄-니켈, 구리-아연-알루미늄 합금의 세 종류이다.

07 탄소강에 인(P)이 주는 영향이 아닌 것은?
① 연신율 증가
② 충격치 감소
③ 강도 및 경도 증가
④ 가공시 균열

해설 인(P) : 경도와 강도를 증가시키고, 연신율이 감소하며 가공시 편석 및 균열을 일으킨다. 상온메짐성의 원인이 된다. 기포가 없는 주물을 만들 수 있고, 절삭성이 좋아진다.

08 3,140N·mm의 비틀림 모멘트를 받는 실체 축의 지름은 약 몇 mm인가? (단, 허용전단응력 T_a = 2N·/mm² 이다.)
① 10mm   ② 12.5mm
③ 16.7mm ④ 20mm

해설 $d = \sqrt[3]{\dfrac{5.1T}{\tau}} = \sqrt[3]{\dfrac{(5.1 \times 3,140)}{2}} = 20\ mm$

09 수나사 중심선의 편심을 방지하는 목적으로 사용되는 너트는?
① 플레이트 너트 ② 슬리브 너트
③ 나비 너트   ④ 플랜지 너트

해설
① 플랜지 너트 : 육각의 대각선 거리보다 큰 지름의 플랜지가 달린 너트로 접촉면이 거칠거나, 큰 면압을 피하려 할 때 사용한다.
② 나비 너트 : 손으로 돌려서 죌 수 있는 모양으로 된 것이다.
③ 슬리브 너트 : 머리 밑에 슬리브가 있는 너트로 수나사 중심선의 편심을 방지하는데 사용한다.
④ 플레이트 너트 : 암나사를 깎을 수 없는 얇은 판에 리벳으로 설치하여 사용하는 너트이다.

10 안전율(S) 크기의 개념에 대한 가장 적합한 표현은?
① S > 1   ② S < 1
③ S ≥ 1   ④ S ≤ 1

해설 안전율(Safety Factor)
재료의 허용응력은 탄성한도를 기준으로 정하지만 탄성한도의 범위를 쉽게 구하기가 어려우므로, 쉽게 구할 수 있는 극한강도를 기준으로 하여 결정한다. 극한강도를 허용응력으로 나눈 값을 안전율이라 한다. 안전율은 1.5~15 정도의 값을 선택한다.

안전율 = $\dfrac{극한강도}{허용응력}$ = $\dfrac{인장\ 또는\ 기준강도}{허용응력}$
= $\dfrac{파괴강도}{허용응력}$

극한강도(σ_u) > 허용응력(σ_a) ≥ 사용응력(σ_w)가 되고 S는 항상 1보다 큰 값이 된다.

11 원뿔 베어링이라고도 하며 축 방향 및 축과 직각 방향의 하중을 동시에 받는 베어링은?
① 레이디얼 베어링
② 테이퍼 베어링
③ 스러스트 베어링
④ 슬라이딩 베어링

해설 ① 레이디얼 베어링(Radial Bearing) : 레이디얼 하중, 즉 축에 직각 방향의 하중을 지지할 때 사용. 미끄럼 베어링에선 저널 베어링이라고도 한다.

답 06. ② 07. ① 08. ④ 09. ② 10. ① 11. ②

② 스러스트 베어링(Thrust Bearing) : 스러스트 하중, 즉 축단이나 축의 중간에 단을 만들어 축 방향의 하중을 받을 때 사용. 피벗 베어링, 칼라 스러스트 베어링
③ 테이퍼 베어링(Taper Bearing) : 레이디얼 하중과 스러스트 하중이 동시에 작용하는 하중을 지지
④ 슬라이딩 베어링 : 미끄럼접촉을 하는 베어링으로 평면베어링이라 한다.

12 모듈이 2이고 잇수가 각각 36, 74 개인 두 기어가 맞물려 있을 때 축간 거리는 몇 mm 인가?

① 100mm ② 110mm
③ 120mm ④ 130mm

해설 축간 거리
$$C = \frac{(Z_1 + Z_2)M}{2} = \frac{(36+74) \times 2}{2} = 110 \text{ mm}$$

13 캠이나 유압장치를 사용하는 브레이크로서 브레이크 슈(shoe)를 바깥쪽으로 확장하여 밀어 붙이는 것은?

① 드럼 브레이크 ② 원판 브레이크
③ 원추 브레이크 ④ 밴드 브레이크

해설 드럼 브레이크 : 캠이나 유압장치를 사용하는 브레이크로서 브레이크 슈(shoe)를 바깥쪽으로 확장하여 밀어 붙이는 것이다.

14 유체가 나사의 접촉면 사이의 틈새나 볼트의 구멍으로 흘러나오는 것을 방지할 필요가 있을 때 사용하는 너트는?

① 캡 너트   ② 홈붙이 너트
③ 플랜지 너트 ④ 슬리브 너트

해설 ① 홈붙이 너트 : 위쪽에 분할 핀을 끼울 수 있는 홈이 있는 너트
② 캡 너트 : 나사 구멍이 뚫려 있지 않은 너트로 유체의 흐름 방지 및 부식 방지의 목적으로 사용한다.

15 키의 너비만큼 축을 평행하게 가공하고, 안장키보다 약간 큰 토크 전달이 가능하게 제작된 키는?

① 접선 키   ② 평 키
③ 원뿔 키   ④ 둥근 키

해설 ① 접선 키 : 접선 방향에 설치하는 키로서 1/100의 기울기를 가진 2개의 키를 한 쌍으로 하여 사용한다. 회전방향이 양방향일 경우 중심각이 120° 되는 위치에 2조 설치한다. 아주 큰 회전력의 경우에 사용한다.
② 평 키 : 축을 키의 폭만큼 납작하게 깎아서 보스의 키 홈과의 사이에 밀어 넣는다. 1/100의 기울기를 붙이기도 하고 새들(안장) 키보다 약간 큰 힘을 전달시킬 수 있다.
③ 원뿔 키 : 축과 보스에 키를 파지 않고 보스 구멍을 테이퍼 구멍으로 하여 속이 빈 원뿔을 끼워 마찰력만으로 밀착시키는 키로서 바퀴가 편심 되지 않고 축의 어느 위치에나 설치가 가능하다.
④ 둥근 키 : 핀 키라고도 하며, 핸들과 같이 작은 것의 고정에 사용되고 단면은 원형이고 하중이 작을 때만 사용된다.

16 기계제도에서 가는 2점 쇄선을 사용하여 도면에 표시하는 경우인 것은?

① 대상물의 일부를 파단한 경계를 표시할 경우
② 인접하는 부분이나 공구, 지그 등의 위치를 참고로 표시할 경우
③ 특수한 가공부분 등 특별한 요구사항을 적용할 범위로 표시할 경우
④ 회전도시 단면도를 절단한 곳의 전·후를 파단하여 그 사이에 그릴 경우

해설 인접하는 부분이나 공구, 지그 등의 위치를 참고로 표시할 경우는 가상선으로 가는 2점 쇄선을 사용한다.

답 12.② 13.① 14.① 15.② 16.②

제6편 최근 기출문제

17 절단면을 사용하여 대상물을 절단하였다고 가정하고 절단면의 앞 부분을 제거하고 그리는 도형은?

① 단면도　　② 입체도
③ 전개도　　④ 투시도

해설　물체 내부의 보이지 않는 부분은 숨은선으로 표시하여도 좋으나, 구조가 복잡한 경우와 조립도 등에서는 많은 숨은선으로 인하여 오히려 도면의 이해가 어려워진다. 이와 같은 경우, 필요한 부분을 절단한 것으로 가상하여 그 단면 모양을 외형선으로 표시하면 물체의 형상을 뚜렷이 나타낼 수 있는데, 이렇게 그려진 도면을 단면도라 한다.

18 도면에서 도시된 키에 대한 "KS B 1311 Tg 20×12×70"으로 지시된 경우 이에 대한 설명으로 올바른 것은?

① 나사용 구멍 없는 평형키이다.
② 키의 길이가 20mm이다.
③ 키의 높이가 12mm이다.
④ 둥근 바닥 형상을 가지고 있다.

해설　키의 넓이 20mm, 높이 12mm, 길이 70mm이다.(호칭치수 20×12이다.)

19 기계제도에서 스프링 도시에 관한 설명으로 틀린 것은?

① 코일 스프링, 벌류트 스프링, 스파이럴 스프링 등은 일반적으로 무하중 상태에서 그린다.
② 스프링의 종류 및 모양만을 간략도로 나타내는 경우에는 스프링 재료의 중심선만을 굵은 1점 쇄선으로 나타낸다.
③ 요목표에 단서가 없는 코일 스프링 및 벌류트 스프링은 모두 오른쪽 감은 것을 나타낸다.
④ 겹판 스프링을 도시할 때는 스프링 판이 수평인 상태에서 그린다.

해설　스프링의 종류와 모양만을 도시할 때에는 재료의 중심선만을 굵은 실선으로 그린다.

20 구름 베어링의 기호가 7206 C DB P5로 표시되어 있다. 이중 정밀도 등급을 나타내는 것은?

① 72　　② 06
③ DB　　④ P5

해설　72(베어링 계열 기호)
06(안지름 번호)
C(틈새 기호)
DB(뒷면조합)
P5(정밀도 등급기호)

21 그림과 같은 도면에서 'K'의 치수 크기는 얼마인가?

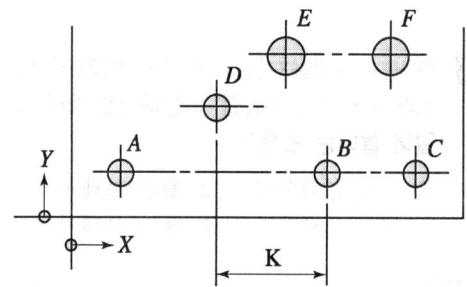

	X	Y	φ
A	20	20	13.5
B	140	20	13.5
C	200	20	13.5
D	60	60	13.5
E	100	90	26
F	180	90	26

① 50　　② 60
③ 70　　④ 80

해설　B점 140 − D점 60 = 80

답　17.① 18.③ 19.② 20.④ 21.④

22 3각법으로 그린 보기와 같은 투상도의 입체도로 가장 적합한 것은?

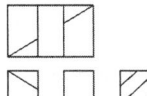

①  ②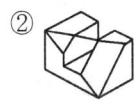
③ 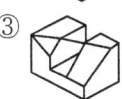 ④

23 기하 공차 중 데이텀이 적용되지 않는 것은?
① 평행도 ② 평면도
③ 동심도 ④ 직각도

해설 데이텀이 적용되지 않는 기하 공차

기호	공차의 종류
─	진직도 공차
▱	평면도 공차
○	진원도 공차
⌭	원통도 공차
⌒	선의 윤곽도 공차
⌒	면의 윤곽도 공차

24 다음 중 가공 방법의 기호를 옳게 나타낸 것은?
① 보링가공 : BR
② 줄 다듬질 : FL
③ 호닝가공 : GBL
④ 밀링가공 : M

해설 ① 보링가공 : B
② 줄 다듬질 : FF
③ 호닝가공 : GH
④ 래핑 다듬질 : FL

25 "⌀60 H7"에서 각각의 항목에 대한 설명으로 틀린 것은?
① ⌀ : 지름 치수를 의미
② 60 : 기준 치수
③ H : 축의 공차역의 위치
④ 7 : IT 공차 등급

해설 H : 구멍의 공차역의 위치

26 다음 중 절삭 공구용 재료가 가져야 할 기계적 성질 중 맞는 것을 모두 고르면?

㉠ 고온 경도(hot hardness)
㉡ 취성(brittleness)
㉢ 내마멸성(resistance to wear)
㉣ 강인성(toughness)

① ㉠, ㉡, ㉢ ② ㉠, ㉡, ㉣
③ ㉠, ㉢, ㉣ ④ ㉡, ㉢, ㉣

해설 공구의 재료로서 갖추어야할 조건은 다음과 같다.
① 가공재료(피 절삭재) 보다는 경도와 인성이 클 것
② 고온에서 경도가 감소되지 않을 것
③ 마찰계수가 작고 내마멸성이 우수할 것
④ 절삭저항을 받으므로 강도(강인성)가 클 것

27 밀링머신을 이용한 가공에서 상향절삭의 특징이 아닌 것은?
① 백래시가 발생하므로 이를 제거해야 한다.
② 기계의 강성이 낮아도 무방하다.
③ 절삭이 상향으로 작용하여 공작물의 고정에 불리하다.
④ 공구 수명이 하향 절삭에 비해 짧은 편이다.

답 22. ① 23. ② 24. ④ 25. ③ 26. ③ 27. ①

해설 상향절삭과 하향절삭의 비교

구 분	상향 절삭	하향 절삭
칩에 영향	절삭에 방해 없다.	절삭에 방해 있다.
백래쉬 제거	백래쉬 제거장치 필요 없다.	백래쉬 제거장치 필요 하다.
공작물 고정	불안하므로 확실히 고정해야 한다.	안정된 고정이 된다.
공구수명	수명이 짧다. 날 파손은 적으나 마멸이 심하다.	수명이 길다. 날 파손은 생길 수 있으나 마모가 적다.
소비동력	소비가 크다.	소비가 적다.
가공면	거칠다.	깨끗하다.

28 다음 중 연삭 가공의 일반적인 특징이 아닌 것은?

① 경화된 강을 연삭할 수 있다.
② 연삭점의 온도가 낮다.
③ 가공 표면이 매우 매끈하다.
④ 연삭 압력 및 저항이 적다.

해설 연삭기의 특징
① 경화된 강과 같은 굳은 재료를 절삭할 수 있다.
② 칩이 작으므로 가공 표면이 매우 매끈하다.
③ 연삭 압력 및 저항은 작게 작용하고, 마그네틱 척을 사용 공작물을 고정한다.
④ 단시간에 정확한 치수를 가공할 수 있다.
⑤ 절삭날은 자생작용(마모 → 파쇄 → 탈락 → 생성)을 반복한다.

29 다음 중 게이지 블록과 함께 사용하여 삼각함수 계산식을 이용하여 각도를 구하는 것은?

① 수준기
② 사인 바
③ 요한슨식 각도게이지
④ 컴비네이션 세트

해설 사인 바 : 게이지 블록과 함께 사용하여 삼각함수의 사인을 이용하여 임의의 각도를 설정

및 측정하는 측정기로서, 크기는 롤러 중심 간의 거리로 표시하며 일반적으로 100mm, 200mm를 많이 사용한다.

$\sin\alpha = H/L$, $H = L \times \sin\alpha$, $\alpha = \sin^{-1}\dfrac{H}{L}$

사인 바를 이용하여 각도 측정시 $\alpha > 45$도로 되면 오차가 커지므로 기준면에 대하여 45도 이하로 설정한다.

30 다음 중 일반적으로 절삭유제에서 요구되는 조건으로 거리가 먼 것은?

① 유막의 내압력이 높을 것
② 냉각성이 우수할 것
③ 가격이 저렴할 것
④ 마찰계수가 높을 것

해설 절삭유제의 구비조건
① 마찰계수가 낮을 것
② 유막의 내압력이 높아 유막이 파손되지 않을 것
③ 절삭유제의 표면장력이 작고 칩이 형성까지 잘 침투될 것
④ 화학적으로 안정하여 장시간 사용시 변질되지 않을 것
⑤ 방청성이 우수하고 인체에 해가 없을 것
⑥ 인화점이 높을 것

31 다음 중 연삭 숫돌의 구성 요소가 아닌 것은?

① 숫돌 입자　② 결합제
③ 기공　　　④ 드레싱

해설 연삭 숫돌의 3요소
① 입자(절삭날)
② 결합제(절삭날지지)
③ 기공(칩의 저장, 배출)

32 다음 중 가공 표면이 가장 매끄러운 면을 얻을 수 있는 칩은?

① 경작형 칩　② 유동형 칩
③ 전단형 칩　④ 균열형 칩

답 28. ② 29. ② 30. ④ 31. ④ 32. ②

해설 ① 경작형 칩 : 공구의 날 끝보다 날의 아래쪽에 균열이 발생되면서 절삭이 되는 형태로서 재료가 공구전면에 접착하여 공구의 상면을 미끄러져 나가지 못하여, 아래 방향에 균열이 발생하여 가공면이 나쁘다.
② 유동형 칩 : 칩이 공구의 경사면 위를 유동하는 것과 같이 원활하게 연속적으로 흘러 나가는 형태로서 칩 발생시 연속적인 미끄럼 파괴에 의하여 절삭되어, 길게 연속적 코일모양으로 되며, 절삭면의 변동이 없고 진동이 적으며, 가공면이 깨끗하다.
③ 전단형 칩 : 칩이 원활히 흐르지 못하고, 칩을 밀어내는 압축력이 축적되어야 분자사이에 전 단이 일어나기 때문에 미끄럼 간격이 커진다. 불연속적인 미끄럼에 의하여 나타나므로 유동형과 균열형의 중간에 속하는 형태이며 절삭저항은 한 개의 칩이 발생할 때마다 변동하여, 가공면이 매끄럽지 못하다.
④ 균열형 칩 : 균열의 발생은 열단형과 같으나, 순간적으로 공구의 날 끝 앞에서 일감의 표면을 향해 균열이 생기고 이것이 칩이 된다. 칩 발생시의 진동으로 절삭력의 변동이 크며 가공면이 매우 불량하다.

33 다음 중 전주 가공의 일반적이 특징이 아닌 것은?
① 가공 정밀도가 높은 편이다.
② 복잡한 형상 또는 중공축 등을 가공할 수 있다.
③ 제품의 크기에 제한을 받는다.
④ 일반적으로 생산시간이 길다.

해설 전주 가공은 전착층 그 자체를 제품으로 하는 특이한 가공법으로 다음과 같은 특징이 있다.
① 첨가제와 전주 조건으로 전착금속의 기계적 성질을 쉽게 조정할 수 있다.
② 가공 정밀도가 높아 모형과의 오차를 ±2.5㎛ 정도로 할 수 있다.
③ 매우 높은 정밀도의 다듬질 면을 얻을 수 있다.
④ 복잡한 형상, 이음매 없는 관, 중공축 등을 제작할 수 있다.
⑤ 제품의 크기에 제한을 받지 않는다.
⑥ 언더컷 형이 아니면 대량 생산이 가능하다.
⑦ 생산하는 시간이 길다.
⑧ 모형 전면에 일정한 두께로 전착하기가 어렵다.
⑨ 금속의 종류에 제한을 받는다.
⑩ 제작 가격이 다른 가공 방법에 비해 비싸다.

34 밀링 커터 중 절단 또는 좁은 홈파기에 가장 적합한 것은?
① 총형 커터(formed cutter)
② 엔드 밀(end mill)
③ 메탈 슬리팅 소(metal slitting saw)
④ 정면 밀링 커터(face milling cutter)

해설 ① 총형 커터(formed cutter)
윤곽을 갖는 커터이며 기어, 커터, 리머, 탭 등 윤곽을 가공시 사용한다.
② 엔드 밀(end mill)
일반적으로 가공물의 외측 홈 부 좁은 평면 등의 가공한다.
③ 메탈 슬리팅 소(metal slitting saw)
절단과 홈파기용으로 사용한다.
④ 정면 밀링 커터(face milling cutter)
밀링커터 축에 수직인 평면 가공한다.
(스로우어웨이 밀링커터를 널리 사용)

35 부품의 길이 측정에 쓰이는 측정기 중 이미 알고 있는 표준치수와 비교하여 실제 치수를 도출하는 방식의 측정기는?
① 버니어 캘리퍼스
② 측장기
③ 마이크로미터
④ 다이얼 테스트 인디케이터

답 33.③ 34.③ 35.④

해설 테스트 인디케이터(test indicator)는 레버식 다이얼 게이지이며, 측정자의 운동방향과 지침의 회전방향에 따라 세로형, 가로형, 수직형이 있고, 최소 눈금이 0.01mm는 측정범위가 0.8mm, 0.002mm의 것은 0.2mm로 되어 있으며 부품의 길이 측정에 쓰이는 측정기 중 이미 알고 있는 표준치수와 비교하여 실제 치수를 도출하는 방식의 측정기이다.

36 선반바이트에서 바이트의 옆면 및 앞면과 가공물의 마찰의 줄이기 위한 각의 명칭으로 옳은 것은?

① 경사각 ② 여유각
③ 절삭각 ④ 설치각

해설 바이트의 상부 경사각은 직접 절삭력에 영향을 끼치며, 이 각이 크면 절삭 성능이 좋고 공작물 표면은 아름답게 다듬어지지만 날 끝이 약해진다. 여유각은 공구의 끝과 공작물의 마찰을 방지하기 위한 것이며, 필요 이상으로 크게 할 필요는 없다.

37 드릴의 각부 명칭 중 트위스트 드릴 홈 사이에 좁은 단면 부분은?

① 웨브(web) ② 마진(margin)
③ 자루(shank) ④ 탱(tang)

해설 ① 웨브(web) : 홈과 홈 사이에 두께를 말하며, 자루쪽으로 갈수록 두꺼워 지고, 드릴이 커지면 두꺼워진다. 또한, 절삭날의 각도가 중심에 가까울수록 웨브로 인하여 절삭성이 나빠지게 된다. 이를 방지하기 위하여 드릴의 웨브 부분을 약간 연삭하는 것을 씨닝(thinning)이라 한다.
② 마진 : 드릴의 홈을 따라서 나타나는 좁은 면으로 드릴의 크기를 정하며 예비적 날의 역할과 날의 강도 보강하며 드릴의 위치를 잡아준다.

38 다음 공작기계 중 일반적으로 가공물이 고정된 상태에서 공구가 직선운동만을 하여 절삭하는 공작기계는?

① 호빙 머신 ② 보링 머신
③ 드릴링 머신 ④ 브로칭 머신

해설 브로칭 : 브로칭 머시인(broaching machine)에서 브로칭 공구를 사용하여 한번 통과시켜 구멍의 내면을 깎는 가공을 브로칭(broaching)이라 하며, 각형 구멍, 키이 홈, 스플라인의 구멍 등을 다듬질 하는데 사용하며 가공물이 고정된 상태에서 공구가 직선운동만을 하여 절삭하는 공작기계이다.

39 선반에서 주축회전수를 1200rpm, 이송속도 0.25mm/rev으로 절삭하고자 한다. 실제 가공길이가 500mm라면 가공에 소요되는 시간은 얼마인가?

① 1분 20초 ② 1분 30초
③ 1분 40초 ④ 1분 50초

해설 $T = \dfrac{l}{Nf} = \dfrac{500}{1200 \times 0.25}$
$= 1.67\min = 1분 40초$

40 나사 머리의 모양이 접시모양일 때 테이퍼 원통형으로 절삭 가공하는 것은?

① 리밍(reaming)
② 카운터 보링(counter boring)
③ 카운터 싱킹(counter sinking)
④ 스폿 페이싱(spot facing)

해설 ① 리밍(reaming) : 구멍의 정밀도를 높이기 위한 작업. 리머의 여유는 직경 10mm일 때 0.2mm 정도이며, 드릴작업 rpm의 2/3~3/4, 이송은 같거나 빠르게 한다.
② 카운터 보링(counter boring) : 작은 나사, 볼트의 머리부가 돌출되지 않도록 머리부가 들어갈 자리부분을 단이 있게 구멍 뚫는 작업
③ 카운터 싱킹(counter sinking) : 접시머리 나사의 머리가 묻히게 하기 위해 원뿔자리를 만드는 작업
④ 스폿 페이싱(spot facing) : 볼트 또는 너트 등의 구멍과 직각이 되게 머리부가 접촉되는 부분을 깎아서 만드는 작업

답 36. ② 37. ① 38. ④ 39. ③ 40. ③

41 다음 중 선반(lathe)을 구성하고 있는 주요 구성 부분에 속하지 않는 것은?
① 분할대　　② 왕복대
③ 주축대　　④ 베드

해설　분할대는 밀링 부속장치이다.

42 축에 키 홈 작업을 하려고 할 때 가장 적합한 공작기계는?
① 밀링머신
② CNC 선반
③ CNC Wire Cut 방전가공기
④ 플레이너

해설　축에 키 홈 작업을 하려고 할 때 가장 적합한 공작기계는 밀링이며 구멍에 키 홈 작업을 하려고 할 때 가장 적합한 공작기계는 슬로터이다.

43 머시닝 센터에서 G00 G43 Z10. H12 ; 블록으로 공구 길이 보정을 하여 공작물을 가공하였더니 도면의 치수보다 Z값이 0.5mm 작았다. 길이 보전 번호 H12의 보정값을 얼마로 수정하여 가공해야 하는가? (단, H12의 기존의 보정값은 100.0 이 입력된 상태이다.)
① 99.05　　② 99.5
③ 100.05　　④ 100.5

해설　기준 공구보다 길이가 긴 경우 +방향(G43)으로 한다.
100.0+0.5mm=100.5mm

44 프로그램의 구성에서 단어(word)는 무엇으로 구성되어 있는가?
① 주소+수치(address+data)
② 주소+주소(address+address)
③ 수치+수치(data+data)
④ 수치+EOB(data+end of block)

해설　단어(Word)
지령절을 구성하는 가장 작은 단위로 주소(address)와 수치(data)의 조합에 의해서 이루어진다.
예)　G　50　X　150.0
　　주소　수치　주소　수치

45 다음 중 범용 밀링 가공시의 안전 사항으로 틀린 것은?
① 측정기 및 공구는 밀링 머신의 테이블 위에 올려 좋지 않는다.
② 밀링 머신의 윤활 부분에 적당량의 윤활유를 주입한 후 사용한다.
③ 정면 커터로 평면을 가공할 때 칩이 작업자의 반대쪽으로 날아가도록 한다.
④ 밀링 칩은 예리하여 위험하므로 가공 중에 청소용 브러시로 제거하여야 한다.

해설　기계를 정지한 상태에서 칩을 제거하여야 한다.

46 다음 중 범용 선반 작업시 보안경을 착용하는 목적으로 가장 적합한 것은?
① 가공 중 비산되는 칩으로부터 눈을 보호
② 절삭유의 심한 냄새로부터 눈을 보호
③ 미끄러운 바닥에 넘어지는 것을 방지
④ 가공 중 강한 섬광을 차단하여 눈을 보호

해설　보안경을 착용하는 목적은 눈을 보호하는 것이다.

47 CNC 선반 원호보간(G02, G03)에서 "시작점에서 원호 중심까지의 X축"의 입력 사항으로 옳은 것은?
① 어드레스 I와 벡터량
② 어드레서 K와의 벡터량
③ 어드레서 I와 어드레스 K
④ 원호 반지름 R과 벡터량

답　41.① 42.① 43.④ 44.① 45.④ 46.① 47.①

해설 I, K : 시점에서 중심까지 각각의 거리를 의미하며, I 값은 반경로 지령. 부호는 시점을 기준으로 중심이 어느 위치에 있는가에 따라 결정된다.

48 CNC 선반의 프로그램 중 절삭유 공급을 하고자 할 때 사용해야 하는 기능은?
① F 기능　② M 기능
③ S 기능　④ T 기능

해설 ① F 기능 : 이송속도, 나사리드
② M 기능 : 기계 작동부위 지령
③ S 기능 : 주축속도
④ T 기능 : 공구번호 및 공구보정번호

49 그림과 같은 바이트가 이동하며 절삭할 때 공구인선반경 보정으로 옳은 준비기능은?
① G41
② G42
③ G43
④ G44

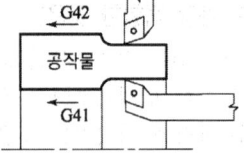

해설

텍스트로 된 추가 설명이 필요합니다.
간략하게 설명부탁드려요.

50 다음 프로그램에서 공작물의 직경이 40mm 일 때 주축의 회전수는 약 몇 rpm인가?

```
G50 S1300 ;
G96 S130 ;
```

① 828　② 130
③ 1035　④ 1300

해설 G50 S1300 ; 주축 최고회전수 : 1300rpm
G96 S130 ; 주축일정제어 $v=130$m/min
$$n = \frac{1000v}{\pi d} = \frac{1000 \times 130}{\pi \times 40} = 1035\,rpm$$

51 다음 중 다듬질 사이클(G70)에 관한 설명으로 잘못된 것은?
① 다듬질 사이클이 완료되면 황삭 사이클과 마찬가지로 초기점으로 복귀하게 된다.
② 다듬질 사이클 지령은 반드시 황삭 가공 바로 다음 블록에 지령해야 한다.
③ 다듬질 사이클을 실행하면 사이클에 지령된 시퀀스(sequence) 번호를 찾아서 실행한다.
④ 하나의 프로그램 안에 2개 이상의 황삭 사이클을 사용할 때는 시퀀스(sequence) 번호를 다르게 지령해야 한다.

해설 다듬질 사이클(G70)
① 다듬질 사이클의 시작점과 황삭 사이클의 시작점이 같아야 한다.
② G71에서의 F, S, T는 일련번호 ns-nf 사이에서 지령된 값이 유효하다.
③ 사이클 가공 중에는 보조 프로그램 호출이 불가능하다.
④ G70 가공이 끝나면 공구는 급속으로 시작점으로 복귀한다.

52 다음 중 머시닝 센터에서 공작물 좌표계를 설정할 때 사용하는 준비 기능은?
① G28　② G50
③ G92　④ G99

해설 ① G28 : 자동 원점 복귀
② G50 : 스케일링, 미러 기능 무시
③ G92 : 공작물 좌표계를 설정
④ G99 : 고정 사이클 R점 복귀

답 48. ②　49. ①　50. ③　51. ②　52. ③

53 CNC 선반에서 나사 가공 시 F는 어떤 값을 지령하는가?
① 나사의 피치 ② 나사산의 높이
③ 나사의 리드 ④ 나사절삭 반복횟수

해설 나사 가공 시 F(이송속도)=나사의 리드 (줄수×피치)

54 다음 중 CNC 공작 기계에서 위치 결정(G00) 동작을 실행 할 경우 가장 주의해야 할 사항은?
① 절삭 칩의 제거
② 충돌에 의한 사고
③ 잔삭이나 미삭의 처리
④ 과절삭에 의한 치수 변화

해설 급송이송(G00)은 충돌에 의한 사고를 가장 주의해야 한다.

55 다음 중 CNC 공작기계의 월간 점검사항과 가장 거리가 먼 것은?
① 각 부의 필터(filter) 점검
② 각 부의 팬(fan) 점검
③ 백 래시 보정
④ 유량 점검

해설 유량 점검은 매일 점검이다.

56 CNC 선반에서 증분값 명령 방식으로만 이루어진 것은?
① G00 U_ W_ ;
② G00 X_ Z_ ;
③ G00 X_ W_ ;
④ G00 U_ Z_ ;

해설 ① 절대지령방식 : G00 X_ Z_ ;
② 증분지령방식 : G00 U_ W_ ;
③ 절대증분 혼합방식 : G00 U_ Z_ ;

57 다음 중 CAM 시스템에서 정보의 흐름을 단계별로 나타낸 것으로 가장 적합한 것은?
① CL데이터 생성 → 포스트 프로세싱 → 도형 정의 → DNC
② CL데이터 생성 → 도형 정의 → 포스트 프로세싱 → DNC
③ 도형 정의 → 포스트 프로세싱 → CL데이터 생성 → DNC
④ 도형 정의 → CL데이터 생성 → 포스트 프로세싱 → DNC

해설 CAM 시스템에서 정보의 흐름
도형정의 → CL데이터 생성 → 포스트 프로세싱 → DNC

58 머시닝 센터의 고정사이클에 관한 설명으로 틀린 것은?

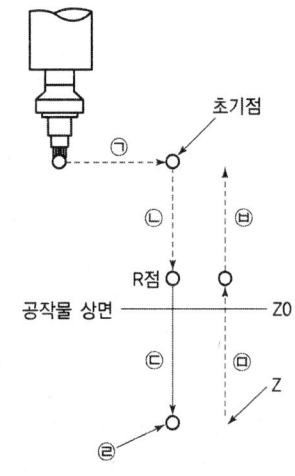

① ㉠은 X, Y축 위치 결정 동작
② ㉡는 R점까지 급속 이송하는 동작
③ ㉢은 구멍을 적삭 가공하는 동작
④ ㉣는 R점까지 급속으로 후퇴하는 동작

해설 ㉠ X, Y축 위치결정
㉡ R점까지 급속이송
㉢ 구멍가공(절삭이송)
㉣ 구멍바닥에서 동작
㉤ R점까지 후퇴(급속이송)
㉥ 초기점으로 복귀

답 53.③ 54.② 55.④ 56.① 57.④ 58.④

59 CNC 공작기계에 이용되고 있는 서버기구의 제어 방식이 아닌 것은?

① 개방회로 방식
② 반개방회로 방식
③ 폐쇄회로 방식
④ 반폐쇄회로 방식

해설 서보기구 종류
① 개방회로 방식(Open Loop System)
   구동모터로는 스태핑 모터(Stepping Motor)가 사용되며, 검출기나 피드백 회로를 가지지 않기 때문에 정밀도가 낮아 오늘날 NC 기계에는 거의 사용하지 않는다.
② 반폐쇄회로 방식(Semi-Closed Loop System)
   서보 모터의 축 또는 볼 스크루의 회전 각도를 통하여 위치를 검출하는 방식으로 직선 운동을 회전 운동으로 바꾸어 검출한다. CNC 공작기계에 이 방식을 많이 사용한다.
③ 폐쇄회로 방식(Closed Loop System)
   기계의 테이블에 직접적으로 스케일(Scale)을 부착하여 위치편차를 피드백 시키는 방식으로 반 폐쇄회로 제어방식과 제어 방식은 같지만 정밀도가 높아 고정밀도의 공작기계나 대형 공작기계 등에 많이 사용한다.
④ 복합회로 방식(Hybrid Loop System)
   반 폐쇄회로 제어방식과 폐쇄회로 제어방식을 결합한 제어 방식으로 반 폐쇄회로의 높은 게인(증폭기 등의 입력에 대한 출력의 비율)을 이용하여 제어하며 기계의 오차는 리니어 스케일에 의한 폐쇄회로로써 보정하여 정밀도를 향상시킨다. 대형 공작기계와 같이 강성을 충분히 높일 수 없는 기계에 적합한 방식이다.

60 인서트 팁의 규격 선정법에서 "N"이 나타내는 내용은?

DNMG 150408

① 공차
② 인서트 형상
③ 여유각
④ 칩 브레이커 형상

해설

T	인서트 형상
N	여유각
M	공차
G	인서트단면 및 칩브레이커형상
15	절삭날 길이
04	두께
08	노즈 반지름

답 59. ② 60. ③

제2회 컴퓨터응용밀링기능사 기출문제

2014년 4월 6일

01 황동에 대한 기계적 성질과 물리적 성질을 설명한 것 중 틀린 것은?

① 30% Zn 부근에서 최대의 연신율을 나타낸다.
② 45% Zn에서 인장강도가 최대로 된다.
③ 50% Zn 이상의 황동은 취약하여 구조용 재에는 부적합하다.
④ 전도도는 50% Zn에서 최소가 된다.

해설 황동의 성질
① 전기(열)전도도가 Zn 40%까지 감소 그 이상에서는 50%에서 최대이고, 연신율은 Zn 30% 최대이다.
② 주조성, 가공성, 내식성, 기계적 성질이 좋다. 압연과 단조가 가능하다.
③ 인장강도는 Zn 45% 최대가 되며 그 이상에서는 급감한다. 따라서 Zn 50% 이상의 황동은 취약해진다.

02 초경 절삭공구용 코팅 인서트의 특징이 아닌 것은?

① 내마모성이 우수하다.
② 내크레이터성이 우수하다.
③ 내산화성이 우수하다.
④ 피삭제와 고온반응성이 높다.

해설 피복 초경합금은 내열성, 내마모성, 내용착성, 내크레이터성, 내산화성이 우수하며 일반 초경합금에 비해 2-5배의 공구수명이 증대되며, 고온, 고속절삭에서 우수한 성능을 갖는다.

03 철의 비중으로 맞는 것은?

① 5.5 ② 7.8
③ 9.5 ④ 11.5

해설 금속의 분류 : 비중 4.5를 기준으로 경금속과 중금속을 구분한다.
① 경금속 : Al(2.7), Mg(1.74), Na(0.97), Si(2.33), Li(0.53)
② 중금속 : Fe(7.87), Cu(8.96), Ni(8.85), Au(19.32), Ag(10.5), Sn(7.3), Pb(11.34), Ir(22.5)

04 일반 탄소강보다 P, S의 함유량을 많게 하거나 Pb, Se, Zr 등을 첨가하여 제조한 강은?

① 스프링 강 ② 쾌삭강
③ 구조용 탄소강 ④ 탄소 공구강

해설 쾌삭강 : 일반 탄소강보다 P, S의 함유량을 많게 하거나 Pb, Se, Zr 등을 첨가시켜 절삭성을 향상시킨 것을 말하며, S을 0.16% 정도 첨가시킨 황 쾌삭강, 0.10~0.30% 정도의 Pb을 첨가시킨 납 쾌삭강, 탄화물을 흑연화시킨 흑연 쾌삭강이 있다.

05 주철에 대한 설명 중 틀린 것은?

① 취성이 없어 고온에서도 소성변형이 되지 않는다.
② 용융온도가 주강에 비해 낮다.
③ 주조성이 우수하다.
④ 주철 중의 탄소는 흑연과 화합 탄소로 존재한다.

해설 취성이 있어 고온에서 소성변형이 되지 않는다.

06 주형에 주조할 때, 경도가 필요한 부분에 칠 메탈(chill metal)을 이용하여 그 부분의 경도를 향상시키는 주철은?

답 01. ④ 02. ④ 03. ② 04. ② 05. ① 06. ④

① 가단주철
② 구상흑연주철
③ 미하나이트 주철
④ 칠드주철

해설 칠드주철(Chilled Casting : 냉경주물)
① 적당한 성분의 주철을 금형이 붙어 있는 사형에 주입해서 응고할 때 필요한 부분만을 급랭시키면 급랭된 부분은 단단하게 되어 연하고 강인한 성질을 갖게 되는 데 이와 같은 조작을 칠(chill)이라고 하며, 칠층의 두께는 10~25mm 정도이다. 이와 같이 해서 만들어진 주물을 냉경주물(chill casting)이라 한다.
② 칠드(chilled)주철이란 표면은 백주철로 하고, 내부는 연한 회주철로 만든 것으로 압연용 칠드 롤러, 차륜 등과 같은 것에 사용된다.

07 순철에 대한 설명 중 틀린 것은?
① 공업용 순철에는 카보닐철, 전해철, 암코철 등이 있다.
② 변압기 철심, 발전기용 박철판 등의 재료로 많이 사용된다.
③ 상온에서 연성 및 전성이 우수하고 용접성이 좋다.
④ 기계적 강도가 높아 기계재료로 많이 사용된다.

해설 순철의 성질
① 순철의 종류로는 아암코철, 전해철, 카보닐철 등이 있으며 카보닐철이 가장 순수하다.
② 항자력이 낮고 투자율이 높아 전기재료(변압기, 발전기용 박판)로 사용
③ 단접성, 용접성 양호하나 유동성 및 열처리성 불량
④ 상온에서 전연성 풍부하며 항복점·인장강도 낮고, 연신율·단면수축률·충격값·인성은 높다.
⑤ 기계적 강도가 낮아 기계재료에 사용되지 않는다.

08 다음 중 다른 벨트에 비하여 탄성과 마찰계수는 떨어지지만 인장강도가 대단히 크고 벨트 수명이 긴 장점을 가지고 있는 것으로 마찰을 크게 하기 위하여 풀리의 표면에 고무, 코르크 등을 붙여 사용하는 것은?
① 가죽 벨트   ② 고무 벨트
③ 섬유 벨트   ④ 강철 벨트

해설 ① 가죽 벨트 : 소가죽을 탄닝, 크롬 처리하여 탄성을 준 것으로 마찰계수가 크며, 방열성도 좋다.
② 고무 벨트 : 직물 벨트에 고무를 입혀서 만든 것으로 유연하고 풀리에 잘 밀착하므로 미끄럼이 적고 비교적 수명이 길다. 습기에는 강하나 열, 기름 등에는 약하다. 인장강도가 크다.
③ 섬유 벨트 : 무명, 삼, 합성섬유의 직물로 만들며 길이와 너비에 제한이 없다. 습기에 약하지만 가죽보다 가격이 저렴하여 많이 사용하고 있다.
④ 강철 벨트 : 강도가 제일 크나 벨트 풀리의 외주의 모양과 두 축의 평행도가 일치해야 한다. 수명이 길고 신장률이 작으므로 고정밀도의 회전각 전달용 등으로 사용된다.

09 국제단위계 SI단위를 옳게 표현한 것은?
① 가속도 : km/h   ② 체적 : kl
③ 응력 : Pa   ④ 힘 : N/m²

해설 SI에서는 응력의 단위는 Pa 또는 N/m²의 어느 것으로 표시해도 좋으나 보통의 경우 응력 및 탄성계수는 각각 MPa 및 GPa로 표시하는 것이 바람직하다.

10 한 변의 길이가 2cm인 정사각형 단면의 주철제 각봉에 4000N의 중량을 가진 물체를 올려놓았을 때 생기는 압축응력(N/mm²)은?
① 10N/mm²   ② 20N/mm²
③ 30N/mm²   ④ 40N/mm²

해설 $\sigma = \dfrac{W}{A} = \dfrac{4000}{20 \times 20} = 10 \text{ N/mm}^2$

답 07.④ 08.④ 09.③ 10.①

11 코일 스프링의 전체의 평균 지름이 30mm, 소선의 지름이 3mm라면 스프링 지수는?

① 0.1　　② 6
③ 8　　　④ 10

해설　스프링 지수 $C = \dfrac{D}{d} = \dfrac{30}{3} = 10$

12 양 끝에 왼 나사 및 오른 나사가 있어서 막대나 로프 등을 조이는 데 사용하는 기계요소는?

① 나비 너트　　② 캡 너트
③ 아이 너트　　④ 턴 버클

해설　턴 버클 : 양 끝에 오른 나사 및 왼 나사가 깎여 있어서, 이를 오른쪽으로 돌리면 양 끝의 수나사가 안으로 끌리므로, 막대와 로프 등을 죄는 데 사용한다.

13 축을 설계할 때 고려사항으로 가장 적합하지 않는 것은?

① 변형　　② 축간 거리
③ 강도　　④ 진동

해설　축 설계상의 고려할 사항 : 변형, 강도, 진동, 부식, 온도 등

14 다음은 무엇에 대한 설명인가?

> 2개의 축이 평행하지만 축 선의 위치가 어긋나 있을 때 사용하며, 한 개의 원판 앞뒤에 서로 직각 방향으로 키 모양의 돌기를 만들어 이것을 양 축 사이의 플랜지 사이에 끼워 놓아, 한 쪽의 축을 회전시키면 중앙의 원판이 홈에 따라서 미끄러지며 다른 쪽의 축에 회전력을 전달시키는 축 이음 방법이다.

① 셀러 커플링　　② 유니버설 커플링
③ 올덤 커플링　　④ 마찰 클러치

해설　올덤 커플링 : 두 축이 평행하며, 그 거리가 비교적 짧고 축선의 위치가 어긋나 있으나 각속도의 변화 없이 회전력을 전달시키려 할 때 사용하고, 밸런스와 마찰의 난점이 있고 편심량이 큰 회전 전달이나 고속의 경우에는 적합하지 않다.

15 기준원 위에서 원판을 굴릴 때 원판 위의 1점이 그리는 궤적으로 나타내는 선은?

① 쌍곡선
② 포물선
③ 인벌류트 곡선
④ 사이클로이드 곡선

해설　사이클로이드 곡선 : 기준원 위에서 원판을 굴릴 때 원판 위의 1점이 그리는 궤적으로 나타내는 선이다.

16 테이퍼 및 기울기의 표시방법에 관한 설명으로 틀린 것은?

① 테이퍼는 원칙적으로 중심선에 연하여 기입한다.
② 기울기는 원칙적으로 변에 연하여 기입한다.
③ 테이퍼 또는 기울기의 정도와 방향을 특별히 명확하게 나타낼 필요가 있을 경우에는 별도로 도시한다.
④ 경사면에서 지시선으로 끌어내어 테이퍼 및 기울기를 기입해서는 안 된다.

해설　테이퍼, 기울기의 표시 방법
① 테이퍼는 원칙적으로 중심선에 연하여 기입하고, 기울기는 변에 연하여 기입한다.
② 테이퍼 또는 기울기의 정도와 방향을 특별히 명확하게 나타낼 필요가 있을 경우에는 별도로 표시한다.
③ 특별한 경우에는 경사면에서 지시선을 끌어내어 기입할 수 있다.

답　11. ④　12. ④　13. ②　14. ③　15. ④　16. ④

제 6 편 최근 기출문제

17 그림과 같은 제3각법 정투상도에서 우측면도로 가장 적합한 것은?

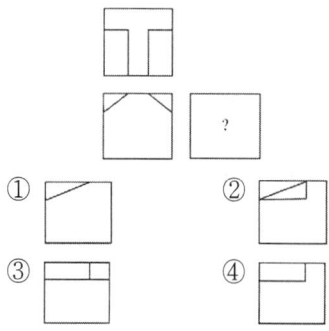

18 기어를 제도할 때 피치원은 어느 선으로 표시하는가?
① 가는 1점 쇄선 ② 가는 파선
③ 가는 2점 쇄선 ④ 가는 실선

해설 이끝원은 굵은 실선으로 그리고 피치원은 가는 1점 쇄선으로 그린다.

19 스프링의 도시법에서 스프링의 종류 및 모양만을 간략도로 도시하는 경우에 스프링 재료의 중심선의 종류는?
① 가는 1점 쇄선 ② 가는 2점 쇄선
③ 가는 실선 ④ 굵은 실선

해설 스프링의 종류와 모양만을 도시할 때에는 재료의 중심선만을 굵은 실선으로 그린다.

20 그림에서 a는 표면 거칠기의 지시사항 중 어느 것에 해당하는가?
① 가공 방법
② 줄무늬 방향의 기호
③ 표면거칠기의 지시값
④ 표면 파상도

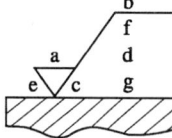

해설
• a: 산술 평균 거칠기 값
• b: 가공 방법
• c: 컷오프값
• d: 줄무늬 방향 기호

• e: 다듬질 여유 기입
• f: 산술 평균 거칠기 이외의 표면 거칠기 값
• g: 표면 파상도

21 끼워 맞춤에서 ∅30 H7/p6은 어떤 끼워 맞춤인가?
① 구멍 기준식 헐거운 끼워 맞춤
② 구멍 기준식 억지 끼워 맞춤
③ 축 기준식 헐거운 끼워 맞춤
④ 축 기준식 억지 끼워 맞춤

해설 ∅30 H7/p6은 구멍 기준식 억지 끼워 맞춤이다.

22 그림과 같이 도시된 단면도의 명칭은?

① 회전 도시 단면도
② 조합에 의한 단면도
③ 부분 단면도
④ 한쪽 단면도

해설 회전 도시 단면도: 핸들이나 바퀴 등의 암이나 리브, 훅, 축, 구조물의 부재 등의 절단면은 90° 회전하여 도시하거나 절단할 곳의 전후를 끊어서 그 사이에 그린다.

23 기하공차 중 자세공차의 종류로만 짝지어진 것은?
① 진직도 공차, 진원도 공차
② 평행도 공차, 경사도 공차
③ 원통도 공차, 대칭도 공차
④ 윤곽도 공차, 온 흔들림 공차

해설

자세공차	//	평행도 공차
	⊥	직각도 공차
	∠	경사도 공차

답 17. ④ 18. ① 19. ④ 20. ③ 21. ② 22. ① 23. ②

24 기계제도에서 가는 실선이 사용되지 않는 것은?
① 외형선 ② 치수선
③ 지시선 ④ 치수 보조선

해설 외형선은 굵은 실선이다.

25 그림과 같은 도면에서 A부의 치수는?

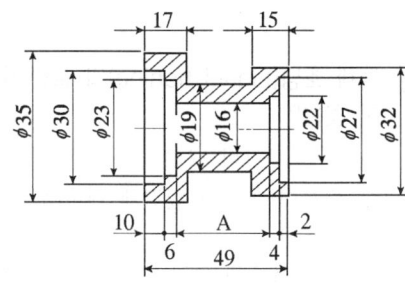

① 27 ② 31
③ 33 ④ 35

해설 49-(10+6+2+4)=27

26 크레이터(crater) 마모를 줄이기 위한 방법이 아닌 것은?
① 절삭공구 경사면 위의 압력을 감소시킨다.
② 절삭공구의 경사각을 작게 한다.
③ 절삭공구 경사면 위의 마찰계수를 감소시킨다.
④ 윤활성이 좋은 냉각제를 사용한다.

해설 크레이터(crater) 마모 방지법
① 공구날 위의 압력 감소 : 경사각을 크게 하고 이송을 빠르게 한다.
② 공구 상면의 칩의 흐름에 대한 저항 감소 : 공구상면을 연삭하고 윤활성이 좋은 윤활제 사용한다.

27 단조품 및 주물품에 볼트 또는 너트를 고정할 때 접촉부가 안정되게 하기 위하여 구멍 주위를 평면으로 깎아 자리를 내는 작업은?
① 스폿 페이싱 ② 태핑
③ 카운터 싱킹 ④ 보링

해설 스폿 페이싱(Spot Facing) : 볼트 또는 너트 등의 구멍과 직각이 되게 머리부가 접촉되는 부분을 깎아서 만드는 작업

28 선반은 주축대, 심압대, 베드, 이송기구 및 왕복대 등으로 구성되어 있다. 에이프런(apron)은 어느 부분에 장치되어 있는가?
① 왕복대 ② 이송기구
③ 주축대 ④ 심압대

해설 왕복대 : 베드 안내면 상에 놓여져 있으며 공구를 부착시켜서 이송 운동에 의해 공작물을 절삭하는 부분으로 구성은 에이프런(Apren), 내부 : 자동이송장치 및 나사 절삭 장치, 새들(saddle), 공구대(Toal past)

29 다음 중 정면 밀링 커터와 엔드밀을 사용하여 평면 가공, 홈 가공 등을 하는 작업에 가장 적합한 밀링 머신은?
① 공구 밀링 머신 ② 특수 밀링 머신
③ 모방 밀링 머신 ④ 수직 밀링 머신

해설 수직 밀링 머신 : 정면 밀링 커터와 엔드밀을 사용하여 평면 가공, 홈 가공 등을 하는 작업에 가장 적합

30 특정한 모양이나 같은 치수의 제품을 대량 생산하는데 적합하도록 만든 공작기계로서 사용범위가 한정되어 있고, 다품종 소량의 제품 생산에는 적합하지 않으며 조작이 쉽도록 만든 공작기계는?
① 표준 공작기계 ② 만능 공작기계
③ 범용 공작기계 ④ 전용 공작기계

해설 만능 공작기계 : 특정한 모양이나 같은 치수의 제품을 대량 생산하는데 적합하도록 만든 공작기계로서 사용범위가 한정되어 있고, 다품종 소량의 제품 생산에는 적합하지 않으며 조작이 쉽도록 만든 공작기계이다.

답 24.① 25.① 26.② 27.① 28.① 29.④ 30.④

31 밀링 머신의 부속장치 중 주축의 회전운동을 직선 왕복운동으로 변화시키고, 바이트를 사용하여 가공물의 안지름에 키(key)홈, 스플라인(spline), 세레이션(serration) 등을 가공하는 장치는?

① 슬로팅 장치　② 밀링 바이스
③ 래크 절삭 장치　④ 분할대

해설 슬로팅 장치(slotting attachment) : 수평 밀링머신이나 만능 밀링머신의 컬럼에 설치하여 사용한다. 주축 회전운동을 직선 왕복운동으로 변환시켜 슬로터작업을 할 수 있도록 한 장치이며, 공작물 안지름에 키홈, 스플라인(spline), 세레이션(serration) 등을 가공한다. 슬로팅 장치는 주축을 중심으로 좌우 90°씩 선회할 수 있다.

32 밀링 머신에서 홈이나 윤곽을 가공하는데 적합하며 원주면과 단면에 날이 있는 형태의 공구는?

① 엔드밀　② 메탈 소
③ 홈 밀링 커터　④ 리머

해설 ① 엔드밀 : 드릴이나 리머와 같이 일체의 자루를 가진 것으로 홈, 윤곽, 평면, 구멍 등을 가공할 때 쓰이며, 생크의 모양이 곧은 것과 테이퍼로 되어있다.
② 메탈 소 : 공작물을 절단하거나 깊은 홈 가공에 이용한다.

33 선반에서 ∅45mm의 연강 재료를 노즈 반지름 0.6mm인 초경합금 바이트로 절삭 속도 120m/min, 이송을 0.06mm/rev로 하여 다듬질 하고자 한다. 이때, 이론적인 표면 거칠기 값은?

① 0.62μm　② 0.68μm
③ 0.75μm　④ 0.81μm

해설 $H = \dfrac{S^2}{8\gamma} = \dfrac{0.06^2}{8 \times 0.6} = 0.00075\text{mm} = 0.75\mu\text{m}$

34 연삭 가공에서 공작물 1회전 마다의 이송은 숫돌의 폭 이하로 하여야 한다. 일반적으로 다듬질 연삭 시 이송속도는 대략 몇 m/min 정도로 하여야 하는가?

① 5~10　② 1~2
③ 0.2~0.4　④ 0.01~0.05

해설 다듬질 연삭 시 이송속도는 0.2~0.4m/min 정도이다.

35 액체 호닝(Liquid honing)의 설명 중 잘못된 것은?

① 가공 시간이 짧다.
② 형상이 복잡한 일감에 대해서는 가공이 어렵다.
③ 일감 표면의 산화막이나 도료 등을 제거할 수 있다.
④ 공작물에 피로강도를 향상시킬 수 있다.

해설 액체 호닝 용도
① 주조품, 스케일 및 산화막 제거 피로강도 및 인장강도(5~10%) 증가
② 가공면에 방향성이 존재하지 않으며, 가공시간이 짧고, 복잡한 형상도 쉽게 가공
③ 유리, 프라스틱, 고무 금형,다 이케스팅 제품, 주형, 다이의 귀따기 및 표면가공

36 다음 중 절삭공구 재료로 가장 적합하지 않은 것은?

① 탄소공구강　② 합금공구강
③ 연강　④ 세라믹

해설 ① 탄소공구강
　- 탄소강 : 탄소량 0.6~1.5
　- 탄소공구강 : 탄소 함유량 0.9~1.3
　- 200℃ 이상의 온도에서 뜨임효과 → 경도저하 → 고속절삭에 불리
　- 줄, 펀치, 정 등을 제작
② 합금공구강
　- 재료 : 탄소(0.8~1.5%)공구강에 W-Cr-V-Ni 등 합금원소를 첨가하여 경화능을 개선한 것

답 31.① 32.① 33.③ 34.③ 35.② 36.③

- 저속절삭 및 총형 공구용 450℃까지 사용이 가능하다.
③ 세라믹
- 산화알루미늄 가루(Al_2O_3) 분말에 규소 및 마그네슘 등의 산화물이나 다른 산화물의 첨가물을 넣고 소결한 것
- 고속절삭, 고온에서 경도가 높고, 내마멸성이 좋다.
- 경질합금보다 인성이 적고 취성이 있어 충격 및 진동에 약하다.

37 바깥지름을 연삭하는 원통연삭기 중에서 연삭 숫돌을 숫돌의 반지름 방향으로 이송하면서 공작물을 연삭하는 방식으로 단이 있는 면, 테이퍼 형 등의 연삭에 적합한 형식은?

① 테이블 왕복형 ② 숫돌대 왕복형
③ 플런지 컷형   ④ 센터리스 연삭형

해설 ① 테이블 왕복형 : 공작물을 고정한 테이블을 왕복시키는 형식으로 소형 공작물의 연삭에 적합하다.
② 숫돌대 왕복형 : 숫돌대를 왕복 운동시키는 형식으로 대형 중량 공작물의 연삭에 적합하다.
③ 플런지 컷형 : 공작물은 회전만하고 숫돌대의 연삭숫돌을 테이블과 직각으로 전후 이송을 주어 연삭하는 형식이다. 원통면, 단있는 면, 테이퍼형, 곡선 윤곽 등의 전체 길이를 동시에 연삭할 수 있는 생산형 연삭기이다.
④ 센터리스 연삭형 : 특수한 연삭기를 사용하여 공작물을 고정하지 않은 상태에서 연삭하는 방식이다. 이 방법은 전용 연삭기에 의한 소형, 대량생산에 이용된다.

38 나사의 유효지름을 측정하는 가장 정밀한 방법은?

① 삼침법
② 광학적인 방법
③ 센터 게이지에 의한 방법
④ 나사 마이크로미터에 의한 방법

해설 유효지름의 측정
① 삼침법 : 나사 게이지 등과 같이 정밀도가 높은 나사의 유효지름 측정에 3침법(3선법)이 쓰이며, 지름이 같은 3개의 핀 게이지를 나사산의 골에 끼운 상태에서 바깥지름을 마이크로미터 등으로 측정하여 계산하며, 유효지름을 측정하는 가장 정밀한 방법이다.
② 나사 마이크로미터에 의한 방법 : 엔빌 측에 V홈 측정자를 스핀들 측에 원뿔형 측정자를 사용하여 유효지름 값을 직접 읽을 수 있다.
③ 광학적인 방법 : 투영기, 공구현미경 등의 광학적 측정기에서 나사축 선과 직각으로 움직이는 전후이동 마이크로미터 헤드의 읽음 값으로 구할 수 있다.

39 다음 중 자루와 날 부위가 별개로 되어 있는 리머는?

① 조정 리머   ② 팽창 리머
③ 솔리드 리머 ④ 셸 리머

해설 ① 조정 리머 : 지름을 조정할 수 있는 리머
② 팽창 리머 : 몸통을 팽창시켜 지름을 약간 조정할 수 있는 리머
③ 솔리드 리머 : 자루와 날부가 같은 소재로 된 리머
④ 셸 리머 : 자루와 날부가 별개로 되어있는 리머

40 절삭유제에 대한 일반적인 설명으로 틀린 것은?

① 마찰감소, 절삭열 냉각, 가공표면의 거칠기를 향상시킨다.
② 절삭유제에는 수용성과 불수용성 절삭유제 등이 있다.
③ 극압유는 절삭공구가 고온, 고압 상태에서 마찰을 받을 때 사용한다.
④ 올리브유, 면실유, 대두유 등의 식물성 기름은 고속 중절삭에 적합하다.

답 37. ③ 38. ① 39. ④ 40. ④

해설 올리브유, 면실유, 대두유 등의 식물성 기름은 일반적으로 점성이 높으나 냉각작용이 나쁘고 변질되기 쉬우며 강력한 윤활작용, 완성가공, 저속 중절삭에 사용된다.

41 축 지름의 치수를 직접 측정할 수는 없으나 기계 부품이 허용 공차 안에 들어 있는지를 검사하는데 가장 적합한 측정 기기는?

① 한계 게이지
② 버니어 캘리퍼스
③ 외경 마이크로미터
④ 사인바

해설 한계 게이지 : 기계 부품의 정해진 실제 치수가 크고 작은 두 개의 한계 사이에 들도록 하는 것이 합리적이다. 이 두 개의 한계를 나타내는 치수를 허용 한계치수라 하고, 큰 쪽을 최대 허용치수, 작은 쪽을 최소 허용치수라 하고, 두 한계치수의 차를 공차라 한다. 이 부품의 실제 가공된 치수가 두 한계 허용치수 내에 있는지는 한계 게이지를 이용하여 검사한다. 공차 부호의 방향은 통과측 플러그 게이지는 +로 하고, 정지측 게이지는 -로 한다.

42 다음 중 선반 바이트의 앞면 절삭각(front cutting edge angle)에 대한 설명으로 옳은 것은?

① 주절인과 바이트의 중심선이 이루는 각
② 부절인과 바이트의 중심선에 직각에서 이루는 각
③ 부절인에서 바이트의 뒤쪽으로 이어지는 면과 수평에서 이루는 각
④ 부절인을 이루는 바이트 앞면의 바이트 수직선과 이루는 각

해설 선반 바이트의 앞면 절삭각(전방각)
부절인과 바이트의 중심선에 직각에서 이루는 각으로 떨림의 방지 등의 절삭 안정성과 관계되며 다듬질 면의 거칠기를 결정한다.

43 CNC 선반 프로그램에서 다음과 같은 블록을 올바르게 설명한 것은?

G28 U10. W10. ;

① 자동 원점 복귀 명령문이다.
② 제 2 원점 복귀 명령문이다.
③ 중간점을 경유하지 않고 곧바로 이동한다.
④ G28에서는 X 또는 Z를 사용할 수 없다.

해설 자동 원점 복귀(G28)
모드 스위치를 "자동" 혹은 "반자동"에 위치시키고 G28을 이용하여 각축을 기계원점까지 복귀시킬 수 있다. 급속 이송으로 중간점을 경유 기계 원점까지 자동 복귀한다. 단, Machine Lock 스위치 ON 상태에서는 기계 원점 복귀할 수 없다.

44 다음 설명에 해당하는 CNC 기능은?

- 일감과 공구의 상대 속도를 지정하는 기능이 있다.
- 분당 이송(mm/min)과 회전당 이송(mm/rev)이 있다.

① 준비 기능(G)   ② 주축 기능(S)
③ 이송 기능(F)   ④ 보조 기능(M)

해설 이송기능(F)
공작물에 대하여 공구를 이송시켜주는 기능을 말하며 G98 코드의 분당 이송(mm/min)과 G99 코드의 회전당 이송(mm/rev)으로 지령할 수 있는데 CNC 선반에서는 G99코드를 사용한 회전당 이송으로 프로그램 한다.

45 다음 중 CNC 공작기계의 제어에 사용되는 주소(address)가 기계의 보조 장치 ON/OFF 제어기능을 의미하는 것은?

① X   ② M
③ P   ④ U

답 41.① 42.② 43.① 44.③ 45.②

해설 　보조 기능(M - 기능) : 보조 기능은 어드레스(M : miscellaneous function)는 로마자 M 다음에 2자리 숫자(M00~M99)를 붙여 지령하며, CNC 공작기계가 여러 가지 동작을 행할 수 있도록 하기 위하여 서보모터를 비롯한 여러 가지 보조 장치를 제어하는 ON/OFF의 기능을 수행하며 M기능이라고 한다.

46 CNC 선반에서 가공 작업 중 바이트에 칩이 감겨버렸다. 다음 중 칩의 제거 방법으로 가장 올바른 것은?

① 작업 수행 중 손으로 제거한다.
② 작업은 계속하며 칩 제거용 공구로 제거한다.
③ 가공시간 단축을 위하여 작업 완료 후 제거한다.
④ 이송 및 작업을 정지하고, 안전한 영역에서 제거한다.

해설 　CNC 선반에서 가공 작업 중 바이트에 칩이 감겼을 때 이송 및 작업을 정지하고, 안전한 영역에서 제거한다.

47 다음 중 밀링작업에서 작업안전에 관한 사항으로 틀린 것은?

① 눈의 높이에서 커터 날 끝의 절삭 상태를 보면서 가공한다.
② 정면커터로 절삭할 때는 칩이 비산하므로 칩 커버를 설치한다.
③ 절삭공구나 공작물을 설치할 때는 전원을 끄거나 완전히 정지시키고 실시한다.
④ 테이블 위에 공구나 측정기를 올려놓지 않는다.

해설 　밀링작업에서 눈의 높이에서 커터 날 끝의 절삭 상태를 보면서 가공하지 않는다.

48 다음 중 머시닝센터작업 시에 일시적으로 좌표를 "0"(Zero)로 설정할 때 사용하는 좌표계는?

① 기계 좌표계　　② 극좌표
③ 상대 좌표계　　④ 잔여 좌표계

해설 　① 상대 좌표계 : 머시닝센터작업 시에 일시적으로 좌표를 "0"(Zero)로 설정할 때 사용하는 좌표계이다.
　② 잔여 좌표계 : 프로그램을 실행(AUTO)할 때 실행되고 있는 현재의 프로그램 위치가 얼마 남았나를 나타내는 좌표계로, 이 잔여 좌표값을 확인함으로써 기계의 충돌을 예상하여 미리 안전조치를 취할 수 있다.

49 1500rpm으로 회전하는 스핀들에서 3회전의 휴지(dwell)를 하려고 한다. 다음 중 정지 시간의 프로그램으로 옳은 것은?

① G04 X0.1 ;　　② G04 U0.12 ;
③ G04 P140 ;　　④ G04 A0.18 ;

해설 　• 60초 : 정지시간(초) : 1500rpm : 3회전
　• 정지시간 : $x = \dfrac{60 \times 3}{1500} = 0.12\text{sec}$
　• CNC선반에서 0.12초 휴지(dwell)하는 프로그래밍 : G04 X0.12 ; , G04 U0.12 ; , G04 P120 ;

50 다음 중 백래시(Back lash) 보정기능의 설명으로 옳은 것은?

① 축의 이동이 한 방향에서 반대 방향으로 이동할 때 발생하는 편차 값을 보정하는 기능
② 볼 스크루의 부분적인 마모 현상으로 발생된 피치간의 편차 값을 보정하는 기능
③ 백보링 기능의 편차 량을 보정하는 기능
④ 한 방향 위치결정 기능의 편차 량을 보정하는 기능

해설 　백래시(Back lash) 보정기능
축의 이동이 한 방향에서 반대 방향으로 이동할 때 발생하는 편차 값을 보정하는 기능

답　46. ④　47. ①　48. ③　49. ②　50. ①

51 다음 중 CNC 프로그램에서 선택적 프로그램(program) 정지를 나타내는 보조 기능은?

① M00　② M01
③ M02　④ M03

해설 ① M00 : Program Stop(프로그램 정지)
② M01 : Optional Program Stop(선택적 프로그램 정지)
③ M02 : Program End(선택적 정지)
④ M03 : 주축 정회전(CW)

52 다음 CNC선반 프로그램에서 가공물의 지름이 10mm일 때 주축의 회전수는 몇 rpm인가?

```
G50 S2000 ;
G96 S120 ;
```

① 120　② 955
③ 2000　④ 3820

해설 $n = \dfrac{1000v}{\pi d} = \dfrac{1000 \times 120}{\pi \times 10} = 3820 \text{rpm}$

CNC선반 프로그램에서 주축 최고 회전수(G50)는 2000rpm이므로 정답은 2000rpm이다.

53 다음 중 CNC 공작기계 제어방식의 종류가 아닌 것은?

① 직선 절삭 제어　② 위치 결정 제어
③ 원점 절삭 제어　④ 윤곽 절삭 제어

해설 NC제어방식
① 위치 결정 제어 : 공구의 최후 위치만 제어하는 것
　[예] 드릴링, 스폿용접기 등
② 직선 절삭 제어 : 기계 이동 중에 절삭을 행할 수 있는 제어
　[예] 선반, 밀링, 보링머신 등
③ 윤곽 절삭 제어 : 곡선 등의 복잡한 형상을 연속 제어하는 것
　[예] 2차원, 3차원 이상의 제어에 사용

54 다음 중 나사의 피치가 2mm인 2줄 나사를 가공할 때 나사의 리드 값으로 옳은 것은?

① 2mm　② 4mm
③ 6mm　④ 8mm

해설 리이드=나사의 줄수×피치=2×2=4

55 다음 중 CNC 공작기계에서 정보가 흐르는 과정을 가장 올바르게 나열한 것은?

① 도면→CNC프로그램→정보처리 회로→기계 본체→서보기구 구동→가공물
② 도면→CNC프로그램→정보처리 회로→서보기구 구동→기계 본체→가공물
③ 도면→정보처리 회로→CNC프로그램→서보기구 구동→기계 본체→가공물
④ 도면→CNC프로그램→서보기구 구동→정보처리 회로→기계 본체→가공물

해설 CNC 공작기계에서 정보가 흐르는 과정
도면→CNC프로그램→정보처리 회로→서보기구 구동→기계 본체→가공물

56 다음 중 원호 보간에 관한 설명으로 틀린 것은?

① 시계 방향의 원호지령은 G02이다.
② 반시계 방향의 원호지령은 G03이다.
③ 절대 혹은 증분지령 모두 사용할 수 있다.
④ 원호의 크기는 R 값으로만 지령해야 한다.

해설 원호 보간 좌표어

조건		지령	의 미	
			오른손좌표계	왼손좌표계
1	회전방향	G02	시계방향(CW)	반시계방향(CCW)
		G03	반시계방향(CCW)	시계방향(CW)
2	끝점의 위치	X, Z	좌표계에서 끝점의 위치 X, Z	
	끝점까지의 거리	U, W	시작점에서 끝점까지의 거리	
3	시작점에서 중심까지의 거리	I, K	시작점에서 중심까지의 거리 (I는 항상 반경지정)	
	원호반경 (선택기능)	R	원호의 반경 (180° 이하의 원호)	

답 51. ②　52. ③　53. ③　54. ②　55. ②　56. ④

57 다음 머시닝센터 프로그램에서 G98의 의미로 옳은 것은?

G17 G90 G98 G83 Z-25 0 R3.0 Q2.0 F120 ;

① 보조프로그램 호출
② 1회 절입량
③ R점 복귀
④ 초기점 복귀

해설 - 평면선택(G17, G18, G19) 중 하나를 선택
- G90, G91 : 절대지령, 증분지령
- G98 : 초기점 복귀
- G99 : R점 복귀
- Z : 구멍가공 최종깊이를 지령한다.
- R : 구멍가공 후 R점(구멍가공 시작점)을 지령
- Q : 1회 절입량 또는 Shift량을 지령
- F : 이송속도(구멍가공 이송속도)

58 CAD/CAM용 하드웨어의 구성요소 중 중앙처리장치(CPU)의 구성요소에 해당하는 것은?

① 출력장치   ② 변환장치
③ 입력장치   ④ 제어장치

해설 중앙처리장치(CPU) : 제어장치, 주기억장치, 연산장치

59 머시닝센터의 NC프로그램에서 T02를 기준 공구로 하여 T06 공구를 길이 보정하려고 한다. G43코드를 이용할 경우 T06 공구의 길이 보정량으로 옳은 것은?

① 11
② -11
③ 80
④ -80

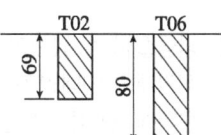

해설 • 기준 공구보다 길이가 긴 경우 +방향(G43)으로 한다.(80-69=11)
• 기준 공구보다 길이가 짧은 경우 -방향(G44)으로 한다.(±부호는 필요 없음)

60 CNC선반의 복합형 고정 사이클 중에서 외경정삭용 사이클에 해당하는 것은?

① G70   ② G71
③ G72   ④ G73

해설 ① G70 : 외경정삭가공 사이클
② G71 : 내·외경 황삭가공 사이클
③ G72 : 단면가공 사이클
④ G73 : 유형 반복가공 사이클

답 57. ④ 58. ④ 59. ① 60. ①

제4회 컴퓨터응용밀링기능사 기출문제

2014년 7월 20일

01 담금질할 수 있으며 내마멸성이 요구되는 공작기계의 안내면과 강도를 요하는 기관의 실린더에 쓰이는 주철은?

① 구상흑연 주철　② 미하나이트 주철
③ 칠드 주철　　　④ 흑심가단 주철

해설 미하나이트 주철(Meehanite cast iron)
미하나이트 주철은 약 3%C, 1.5%Si인 쇳물에 칼슘 실리케이트(Ca-Si)나 페로실리콘(Fe-Si)을 접종시켜 미세한 흑연을 균일하게 분포시킨 펄라이트 주철이다. 이 주철은 주물의 두께 차나 내외에 상관없이 균일한 조직을 얻을 수 있고, 강인하나 칠화 할 위험성이 있다. 인장강도는 255~340MPa이고, 용도는 브레이크 드럼, 크랭크 축, 기어, 등에 내마모성이 요구되는 공작기계의 안내면과 강도를 요하는 내연기관의 실린더 등에 사용한다. 접종(inoculation)은 백선화 억제 및 양호한 흑연을 얻기 위하여 첨가물을 용탕 속에 넣는 것이다.

02 절삭공구에 사용되는 공구재료의 용도분류 기호 중 틀린 것은?

① G　　② K
③ M　　④ P

해설 • 초경 팁의 표시
P(푸른색) : 일반강, 절삭 시
M(노란색) : 스테인리스강, 주강 절삭 시
K(붉은색) : 비철금속, 주철 절삭 시

[예] 'P10 - 01 - 3'
P : 팁 재종, 10 : 인성, 01 : 형태,
3 : 크기(P01 - 고속절삭, P10 - 나사절삭, P20, P30 - 황삭)

03 절삭공구 중 비금속 재료에 해당하는 것은?

① 고속도강　② 탄소공구강
③ 합금공구강　④ 세라믹

해설 절삭공구 중 경질공구 비금속 재료는 초경합금, 세라믹, 스텔라이트, 서멧공구 등이 있다.

04 적절히 냉간가공을 하면 탄성, 내식성 및 내마멸성이 향상되고, 자성이 없어 통신기기나 각종 계기의 고급 스프링의 재료로 사용되는 합금은?

① 포금　　② 납 청동
③ 인청동　④ 켈밋 합금

해설 인청동 : 적절히 냉간가공을 하면 탄성, 내식성 및 내마멸성이 향상되고, 자성이 없어 통신기기나 각종 계기의 고급 스프링의 재료로 사용되는 합금이다.

05 구상흑연 주철의 기지조직 중에서 가장 강도가 강인한 것은?

① 페라이트형　② 펄라이트형
③ 불스아이형　④ 시멘타이트형

해설 구상흑연 주철은 조직에 따라 페라이트형, 펄라이트형, 시멘타이트형을 분류되다. 페라이트형은 그 모양이 마치 황소의 눈과 같다고 하여 소눈 조직(bull's eye structure) 라고 한다. 강인하고 인장 강도 400~800MPa이다.

06 금속재료가 가지고 있는 일반적인 특성이 아닌 것은?

① 일반적으로 투명하다.
② 전기 및 열의 양도체이다.
③ 금속 고유의 광택을 가진다.
④ 소성변형성이 있어 가공하기 쉽다.

답 01. ②　02. ①　03. ④　04. ③　05. ②　06. ①

해설   금속의 공통적 성질
① 실온에서 고체이며, 결정체이다.(단, Hg 제외)
② 가공이 용이하고, 연성과 전성이 품부하고 강도, 경도, 비중이 비교적 크다.
③ 불투명하고 고유의 색상이 있으며, 빛을 반사한다.
④ 전자, 중성자의 배열에 의하여 결정되는 내부구조이고 결정의 내부구조를 변경할 수 있다.
⑤ 비중이 크고, 경도 및 용융점이 높으며 순금속 융점은 그 금속의 고유의 온도이다.
⑥ 열 및 전기의 양도체이다.

07 알루미늄의 특징에 대한 설명으로 틀린 것은?
① 전연성이 나쁘며 순수 Al은 주조가 곤란하다.
② 대부분의 Al은 보크사이트로 제조한다.
③ 표면에 생기는 산화피막의 보호성분 때문에 내식성이 좋다.
④ 열처리로 석출경화, 시효경화시켜 성질을 개선한다.

해설   알루미늄 합금의 특성과 용도
① 내식성이 우수하고, 전연성이 풍부하며 순수 Al은 주조가 곤란하다.
② 대부분의 Al은 보크사이트로 제조한다.
③ 표면에 생기는 산화피막의 보호성분 때문에 내식성이 좋고 가공성, 적응성 좋고 무게가 가볍다.
④ 알루미늄은 광범위하게 각종 형상을 만들 수 있고 열처리로 석출경화, 시효경화시켜 성질을 개선한다.
⑤ 경도나 안정성을 증가시키기 위한 공정이나 열처리를 병행할 수 있다는 점이다.

08 모듈이 2이고, 피치원의 지름이 60mm인 스퍼기어와 이에 맞물려 돌아가고 있는 피니언의 피치원의 지름이 38mm일 때 피니언의 잇수는?
① 18개   ② 19개
③ 30개   ④ 38개

해설   피치원 지름 = 모듈 × 잇수
잇수 = 38 ÷ 2 = 19

09 구름 베어링의 종류 중에서 스러스트 볼 베어링의 형식 기호는 무엇으로 나타내는가?
① 형식기호 : 2   ② 형식기호 : 5
③ 형식기호 : 6   ④ 형식기호 : 7

해설   ① 형식기호 : 2(스러스트 자동조심 롤러 베어링)
② 형식기호 : 5(스러스트 볼 베어링)
③ 형식기호 : 6(깊은 홈 볼 베어링)
④ 형식기호 : 7(앵귤러 볼 베어링)

10 강철 줄자를 쭉 뺏다가 집어넣을 때 자동으로 빨려 들어간다. 그 내부에 어떤 스프링을 사용하였는가?
① 코일 스프링   ② 판 스프링
③ 와이어 스프링   ④ 태엽 스프링

해설   태엽 스프링(spiral spring)
시계나 계기류의 등의 변형 에너지를 저장하여 동력용으로 사용하며 강철 줄자가 태엽 스프링에 해당된다.

11 볼트 머리부의 링(ring)으로 물건을 달아 올리는 구조로 훅(hock)을 걸 수 있는 형상의 고리가 있는 볼트는 무엇인가?
① 아이 볼트   ② 나비 볼트
③ 리머 볼트   ④ 스테이 볼트

해설   ① 아이 볼트 : 무거운 기계와 전동기 등을 들어 올릴 때 로프, 체인 또는 훅을 거는 데 사용한다.
② 나비 볼트 : 손으로 돌려 죌 수 있는 모양이다.
③ 리머 볼트 : 리머로 다듬질한 구멍에 꼭 끼워 미끄럼을 방지하는 볼트이다.
④ 스테이 볼트 : 부품을 일정한 간격으로 유지하고, 구조 자체를 보강하는 데 사용한다.

답   07. ①   08. ②   09. ②   10. ④   11. ①

12 하중 18kN, 응력 5MPa일 때, 하중을 받는 정사각형의 한 변의 길이는 몇 mm인가?
① 40　　② 50
③ 60　　④ 70

해설　$a = \sqrt{\dfrac{18000}{5}} = 60$ mm

13 진동이나 충격에 의한 너트의 풀림을 방지하는 것은?
① 로크 너트　　② 플레이트 너트
③ 슬리이브 너트　　④ 나비 너트

해설　로크너트를 사용하는 방법
2개의 너트를 사용하여 너트 사이를 서로 미는 상태로 항상 하중이 작용하고 있는 상태를 유지하는 것이다. 보통 하중을 위쪽의 너트가 받으므로 아래의 너트는 보통보다 낮게 만들어 사용하며 진동이나 충격에 의한 너트의 풀림을 방지한다.

14 맞물림 클러치에서 턱의 형태에 해당하지 않는 것은?
① 사다리꼴 형　　② 나선 형
③ 유선 형　　④ 톱니 형

해설　맞물림 클러치에서 턱의 형태 : 사다리꼴 형, 나선(삼각, 사각)형, 톱니 형

15 공작기계의 이송 나사로 널리 사용되고 나사의 밑이 두꺼워 산 마루와 골에 틈이 생기므로 공작이 용이하고 맞물림이 좋으며 마모에 대하여 조정하기 쉬운 이점이 있는 나사는?
① 유니파이 나사　　② 너클 나사
③ 톱니 나사　　④ 사다리꼴 나사

해설　사다리꼴 나사(Trapezoidal screw thread) 애크미 나사라고도 하고, 나사산의 각도는 미터계(TM)에서는 30°, 인치계(TW)에서는 29°이다. 용도는 스러스트(thrust)를 전달시키는 운동용 나사로 공작기계의 이송 나사로 널리 사용된다.

16 호칭번호 6303 ZNR인 베어링에서 안지름의 치수는 몇 mm인가?
① 15mm　　② 17mm
③ 30mm　　④ 63mm

해설　안지름 번호(세째번, 넷째번 숫자)
안지름 번호 1에서 9까지는 안지름 번호와 안지름이 같고 안지름 번호의
00 … 안지름 10mm　01 … 안지름 12mm
02 … 안지름 15m　03 … 안지름 17mm

17 다음 중 보조 투상도를 사용해야 될 곳으로 가장 적합한 경우는?
① 가공 전·후의 모양을 투상할 때 사용
② 특정 부분의 형상이 작아 이를 확대하여 자세하게 나타낼 때 사용
③ 물체 경사면의 실형을 나타낼 때 사용
④ 물체에 대한 단면을 90° 회전하여 나타낼 때 사용

해설　보조투상도 : 물체의 경사면을 실형으로 그려서 바꾸기 할 필요가 있을 경우에는 그 경사면과 위치에 필요부분만을 보조 투상도로 표시

18 굵은 1점 쇄선을 사용하는 선으로 가장 적합한 것은?
① 되풀이하는 도형의 피치를 나타내는 기준선
② 수면, 유면 등의 위치를 표시하는 선
③ 표면처리 부분을 표시하는 특수 지정선
④ 치수선을 긋기 위하여 도형에서 인출해낸 선

해설　① 되풀이하는 도형의 피치를 나타내는 기준선 : 가는 1점 쇄선
② 수면, 유면 등의 위치를 표시하는 선 : 가는 실선
③ 표면처리 부분을 표시하는 특수 지정선 : 굵은 1점
④ 치수선을 긋기 위하여 도형에서 인출해낸 선 : 가는 실선

답　12. ③　13. ①　14. ③　15. ④　16. ②　17. ③　18. ③

19 축과 구멍의 끼워 맞춤에서 최대 틈새는?

① 구멍의 최대 허용 치수 – 축의 최소 허용 치수
② 구멍의 최소 허용 치수 – 축의 최대 허용 치수
③ 축의 최대 허용 치수 – 축의 최소 허용 치수
④ 구멍의 최소 허용 치수 – 구멍의 최대 허용 치수

해설 틈새와 죔새

용어	해설
최소 틈새	구멍의 최소 허용 치수 – 축의 최대 허용 치수
최대 틈새	구멍의 최대 허용 치수 – 축의 최소 허용 치수
최소 죔새	축의 최소 허용 치수 – 구멍의 최대 허용 치수
최대 죔새	축의 최대 허용 치수 – 구멍의 최소 허용 치수

20 나사의 도시법에 대한 설명으로 틀린 것은?

① 수나사의 바깥지름은 굵은 실선으로 그린다.
② 암나사의 안지름은 굵은 실선으로 그린다.
③ 수나사와 암나사의 결합부는 수나사로 그린다.
④ 완전 나사부와 불완전 나사의 경계는 가는 실선으로 그린다.

해설 완전 나사부와 불완전 나사부의 경계선은 굵은 실선으로 그린다.

21 다음 중 데이텀 표적에 대한 설명으로 틀린 것은?

① 데이텀 표적은 가로선으로 2개 구분한 원형의 테두리에 의해 도시한다.
② 데이텀 표적이 점일 때는 해당 위치에 굵은 실선으로 X표시를 한다.
③ 데이텀 표적이 선일 때는 굵은 실선으로 표시한 2개의 X표시를 굵은 실선으로 연결한다.
④ 데이텀 표적이 영역일 때는 원칙적으로 가는 2점 쇄선으로 그 영역을 둘러싸고 해칭을 한다.

해설 데이텀 표적이 선일 때는 굵은 실선으로 표시한 2개의 X표시를 가는 실선으로 연결한다.

22 그림과 같은 입체도의 화살표 방향 투상도로 가장 적합한 것은?

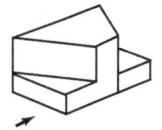

① ② ③ ④

23 제거가공의 지시 방법 중 "제거가공을 필요로 한다."를 지시하는 것은?

① ② ③ ④

해설
∀ : 제거가공의 필요여부를 문제삼지 않는다.
∀ : 제거가공을 해서는 안 된다.
∇ : 제거가공을 필요로 한다.

24 단면도의 표시방법에서 그림과 같은 단면도의 종류는?

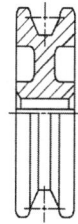

① 온 단면도
② 한쪽 단면도
③ 부분 단면도
④ 회전 도시 단면도

해설 ① 온 단면도 : 물체의 기본적인 모양을 가장 잘 나타낼 수 있도록 물체의 중심에서 반으로 절단하여 나타낸 것을 온 단면도 혹은 전 단면도라 한다.

답 19.① 20.④ 21.③ 22.③ 23.④ 24.②

② 한쪽 단면도 : 상하 또는 좌우 대칭형의 물체는 기본 중심선을 경계로 1/2은 외형도, 나머지 1/2은 단면도로 동시에 나타낸다. 대칭 중심선의 우측 또는 위쪽을 단면으로 한다.
③ 부분 단면도 : 외형도에서 필요로 하는 일부분만을 부분 단면도로 도시할 수 있다. 파단선(가는실선)으로 단면의 경계를 표시하고 프리핸드로 외형선의 1/2굵기로 그린다.
④ 회전 도시 단면도 : 핸들이나 바퀴 등의 암이나 리브, 훅, 축, 구조물의 부재 등의 절단면은 90° 회전하여 도시하거나 절단할 곳의 전후를 끊어서 그 사이에 그린다.

25 개개의 치수에 주어진 치수 공차가 축차로 누적되어도 좋은 경우에 사용하는 치수의 배치법은?
① 직렬 치수 기입법
② 병렬 치수 기입법
③ 좌표 치수 기입법
④ 누진 치수 기입법

해설 치수의 배치
① 직렬 치수 기입법 : 직렬로 나란히 연결된 개개의 치수에 주어진 치수공차가 차례로 누적되어도 상관없는 경우에 사용한다.
② 병렬 치수 기입법 : 이 방법에 따르면 병렬로 기입하는 개개의 치수공차는 다른 치수의 공차에 영향을 미치지 않는다.
③ 누진 치수 기입법 : 이 방법에 따르면 치수공차에 관하여 병렬 치수 기입법과 완전히 동등한 의미를 가지면서, 한 개의 연속된 치수선으로 간편하게 표시할 수 있다. 기점기호(○)와 치수선의 다른 끝은 화살표로 표시한다
④ 좌표 치수 기입법 : 구멍의 위치나 크기 등의 치수는 좌표를 사용하여 표로 나타내어도 좋다. 예를 들면 기점은 기준 구멍이나 대상물의 한 구석 등 기능 또는 가공의 조건을 고려하여 적절하게 선택한다.

26 일반적인 방법으로 선반에서 가공하지 않는 것은?
① 원통 가공
② 나사절삭 가공
③ 기어 가공
④ 널링 가공

해설 기어 가공은 만능밀링, 호빙머신 등에서 가공한다.

27 연삭가공 방법이 아닌 것은 무엇인가?
① 원통연삭
② 평면연삭
③ 내연연삭
④ 탄성연삭

28 연삭숫돌의 결합도 선정 기준으로 틀린 것은?
① 숫돌의 원주 속도가 빠를 때는 연한 숫돌을 사용한다.
② 연삭 깊이가 얕을 때는 경한 숫돌을 사용한다.
③ 공작물의 재질이 연하면 연한 숫돌을 사용한다.
④ 공작물과 숫돌의 접촉 면적이 작으면 경한 숫돌을 사용한다.

해설 공작물의 재질이 연하면 경한 숫돌을 사용한다.

29 표면 거칠기의 표시법 중 최대높이 거칠기를 나타내는 것은?
① Ra
② Rmax
③ Rz
④ Re

해설 표면 거칠기의 표현
① 최대높이 거칠기 : Rmax(1999년도 이전), Ry(1999년도 이후 개정)
② 산술 평균 거칠기 : Ra
③ 10점 평균 거칠기 : Rz

답 25.① 26.③ 27.④ 28.③ 29.②

30 수평 밀링머신의 플레인 커터 작업에서 하향절삭의 장점이 아닌 것은?
① 공작물의 고정이 쉽다.
② 상향절삭에 비하여 날의 마멸이 적고 수명이 길다.
③ 날 자리 간격이 짧고 가공면이 깨끗하다.
④ 백래시 제거장치가 필요 없다.

해설 하향절삭의 단점은 떨림이 나타나 공작물과 커터를 손상시키며 백래시 제거 장치가 없으면 작업을 할 수 없다.

31 드릴의 표준 날끝 선단각은 몇 도(°)인가?
① 118°   ② 135°
③ 163°   ④ 181°

해설 드릴의 각도 : 트위스트 드릴의 인선각은 연강용에 대해 118°로 일반적으로 가공 재료가 단단할수록 인선각이 커진다.(여유각 : 10~15°, 웨브각 : 135°, 나선각 : 20~32°)

32 기계공작에서 비절삭 가공에 속하는 것으로 맞는 것은?
① 밀링머신   ② 호빙머신
③ 유압 프레스   ④ 플레이너

해설 유압 프레스 : 비절삭 가공으로 소성가공에 해당된다.

33 선반의 장치 중 체이싱 다이얼의 용도는 무엇인가?
① 하프너트의 작동시기 결정
② 테이퍼 가공 각도 결정
③ 심압대 편위 값의 결정
④ 나사의 피치에 따른 변환기어 레버 위치 결정

해설 하프너트와 체이싱 다이얼 : 나사 가공시 하프너트를 동일한 위치에서 맞물리게 하는 시기를 체이싱 다이얼에서 확인한다.

34 주물품에서 볼트, 너트 등이 닿는 부분을 가공하여 자리를 만드는 작업은?
① 보링   ② 스폿 페이싱
③ 카운터 싱킹   ④ 리밍

해설
① 보링 : 뚫린 구멍을 다시 절삭, 구멍을 넓히고 다듬질하는 것. 보링바아에 바이트를 사용한다.
② 스폿 페이싱 : 볼트 또는 너트 등의 구멍과 직각이 되게 머리부가 접촉되는 부분을 깎아서 만드는 작업
③ 카운터 싱킹 : 접시머리 나사의 머리가 묻히게 하기 위해 원뿔자리를 만드는 작업
④ 리밍 : 구멍의 정밀도를 높이기 위한 작업. 리머의 여유는 직경 10mm일 때 0.2mm 정도이며, 드릴작업 rpm의 2/3~3/4, 이송은 같거나 빠르게 한다.

35 구성인선의 방지 대책과 가장 거리가 먼 것은?
① 윤활성이 좋은 절삭 유제를 사용한다.
② 절삭 깊이를 얕게 한다.
③ 공구의 윗면 경사각을 크게 한다.
④ 이송속도를 높여 전단형 칩이 형성 되도록 한다.

해설 절삭 속도를 높이고 이송속도를 느리게 하여 유동형 칩이 형성 되도록 한다.

36 니형 밀링머신의 컬럼면에 설치하는 것으로 주축의 회전 운동을 수직 왕복 운동으로 변환시켜 주는 장치는?
① 원형테이블   ② 분할대
③ 래크 절삭 장치   ④ 슬로팅 장치

해설 슬로팅(slotting) 장치 : 니형 밀링머신의 컬럼 앞면에 주축과 연결하여 사용하며 주축의 회전운동을 공구대 램의 직선 왕복 운동으로 변화시켜 바이트로써 직선 절삭가능(키이, 스플라인, 세레이션, 기어가공 등)

답 30. ④ 31. ① 32. ③ 33. ① 34. ② 35. ④ 36. ④

37 동식물 유 절삭제에 첨가하여 높은 윤활 효과를 얻는 첨가제가 아닌 것은?
① 아연 ② 흑연
③ 인산염 ④ 유화물

해설 첨가제로 동식물성계는 유황, 흑연, 아연분 등을 첨가하고, 수용성절삭은 인산염, 규산염 등을 첨가한다. 일반적으로 저속 절삭할 때에는 극압 첨가제 사용하지 않는다.

38 와이어 컷 방전가공의 와이어 전극 재질로 적합하지 않은 것은?
① 황동 ② 구리
③ 텅스텐 ④ 납

해설 와이어 전극 재질 : 황동, 구리, 텅스텐이 사용된다.

39 주어진 절삭 속도가 40m/min이고, 주축회전수가 70rpm이면 절삭되는 일감의 지름은 약 몇 mm인가?
① 82 ② 182
③ 282 ④ 382

해설 $V = \dfrac{\pi DN}{1000}$ [m/min] = $D = \dfrac{40 \times 1000}{\pi \times 70} = 182$ mm

40 절삭 속도와 가공물의 지름 및 회전수와의 관계를 설명한 것으로 옳은 것은?
① 절삭 속도가 일정할 때 가공물 지름이 감소하면 경제적인 표준 절삭 속도를 얻기 위하여 회전수를 증가시킨다.
② 절삭 속도가 너무 빠르면 절삭 온도가 낮아져, 공구 선단의 경도가 저하되고 공구의 마모가 생긴다.
③ 절삭 속도가 감소하면 가공물의 표면 거칠기가 좋아지고 절삭공구 수명이 단축된다.
④ 절삭 속도의 단위는 분당 회전수(rpm)로 한다.

해설 절삭 속도는 공구와 가공물 관계의 운동속도로서 가공물이 단위시간당 공구인선을 지나는 원주거리를 말하며, 가공물의 표면거칠기, 공구수명, 절삭능률 등에 영양을 주는 인자이다. 절삭 속도가 빠르면 절삭량이 증가하고 능률은 향상되나 공구인선의 온도가 상승하고 공구인선의 마모가 촉진되어 공구수명의 감소로 연속 절삭작업이 안된다. 절삭 속도가 일정할 때 가공물 지름이 감소하면 경제적인 표준 절삭 속도를 얻기 위하여 회전수를 증가시킨다.

41 공구의 수명에 관한 설명으로 맞지 않는 것은?
① 일감을 일정한 절삭조건으로 절삭하기 시작하여 깎을 수 없게 되기까지의 총 절삭 시간을 분(min)으로 나타낸 것이다.
② 공구의 수명은 마멸이 주된 원인이며, 열 또한 원인이다.
③ 공구의 윗면에서는 경사면 마멸, 옆면에서는 여유면 마멸이 나타난다.
④ 공구의 수명은 높은 온도에서 길어진다.

해설 공구의 수명 : 절삭공구를 계속 사용하여 절삭 날이 마모되면 절삭성이 마모될 뿐만 아니라 가공 치수의 정밀도가 떨어지고, 표면의 거칠기가 나빠지며, 소요동력이 증가하게 된다. 마멸이 가장 주요원인이며 열도 그 원인이 된다.

42 외측 마이크로미터 측정면의 평면도를 검사하는데 사용하는 것은?
① 옵티컬 플랫 ② 오토 콜리메이터
③ 옵티 미터 ④ 사인 바

해설 옵티컬 플랫 : 외측 마이크로미터 측정면의 평면도를 검사한다.

43 CNC선반에서 심압대 쪽에서 주축방향으로 내경가공을 위하여 주로 사용되는 반경보정은?
① G40 ② G41
③ G42 ④ G43

답 37. ③ 38. ④ 39. ② 40. ① 41. ④ 42. ① 43. ②

해설

G코드	가공 위치	공구 경로 설명
G40	공구인선 R보정 무시	프로그램 경로
G41	공구인선 R보정 좌측	공구진행 방향으로 공구가 공작물의 좌측에 있다.
G42	공구인선 R보정 우측	공구진행 방향으로 공구가 공작물의 우측에 있다.

44 CNC선반에서 "왼M30×2"인 나사를 가공하려고 할 때, 회전당 이송속도(F) 값은 얼마인가?

① 1.0   ② 2.0
③ 3.0   ④ 4.0

해설 "왼M30×2"=피치(2.0)가 회전당 이송속도(F) 값이다.

45 다음 중 CNC공작기계 작업시 안전사항으로 가장 적절하지 않은 것은?

① 전원은 순서대로 공급하고 끌 때에는 역순으로 한다.
② 윤활유 공급 장치의 기름은 양을 확인하고 부족시 보충한다.
③ 작업시에는 보안경, 안전화 등 보호장구를 착용하여야 한다.
④ 충돌의 위험이 있을 때에는 전원 스위치를 눌러 기계를 정지시킨다.

해설 비상정지 버튼(emergency stop button) 돌발적인 충돌이나 위급한 상황에서 작동시키며, 버튼을 누르면 비상정지(stop)하고 main전원을 차단한다. 비상정지 해제는 화살표 방향으로 돌리면 버튼이 튀어 나오면서 해제된다.

46 다음 중 CNC 공작기계에 사용되는 어드레스의 의미가 서로 틀리게 연결된 것은?

① P, X, U : 기계 각 부위 지령
② F. E : 이송 속도, 나사의 리드
③ X, Y, Z : 각 축의 이동 위치 지정
④ P, Q : 복합반복사이클의 시작과 종료 번호

해설 P, X, U : 휴지시간(dwell)

47 다음 중 CNC선반에서 보정화면에 입력되는 값과 관계없는 것은?

① X축 길이 보정 값
② Z축 길이 보정 값
③ 공구인선 반경 값
④ 공구의 지름 보정 값

해설 공구의 지름 보정 값은 머시닝센터에서 입력하는 값이다.

48 다음 중 NC 공작기계의 테이블 이송속도 및 위치를 제어해주는 장치는?

① 서보기구
② 정보처리회로
③ 조작반
④ 포스트 프로세서

해설 서보기구 : 사람의 손과 발에 해당되는 것은 서보기구이며 두뇌에 해당하는 정보처리회로(CPU)에 의해 지령된 명령에 따라 테이블을 움직이는 역할을 담당한다.

49 다음 중 수치제어 밀링에서 증분명령(incremental)으로 프로그래밍한 것은?

① G90 X20. Y20. Z50. ;
② G90 U20. V20. W50. ;
③ G91 X20. Y20. Z50. ;
④ G91 U20. V20. W50. ;

해설 ① 절대지령 방식 : 공작물원점을 기준으로 직교 좌표계의 좌표값을 입력하는 방식
[예] • CNC선반의 경우
　　　G00 X60.0 Z80.0 ;
　　• 머시닝센터의 경우
　　　G00 G90 X100.0 Y100.0 Z50.0 ;
　　　G01 G90 X50.0 Y30.0 Z50.0 F200 ;

답 44.② 45.④ 46.① 47.④ 48.① 49.③

② 증분지령 방식 : 현재 공구 위치를 기준으로 다음 위치까지의 거리를 입력하는 방식
[예] • CNC선반의 경우
  G00 U35.0 W42.0 ;
• 머시닝센터의 경우
  G00 G91 X23.0 Y43.0 Z17.0 ;

50 CNC 제어에 사용하는 기능 중 "공구 선택 및 보정"을 하는 기능은?

① T기능   ② S기능
③ G기능   ④ M기능

해설 ① T기능 : 공구번호 및 공구보정번호
② S기능 : 주축속도
③ G기능 : 이동형태(직선, 원호보간 등)
④ M기능 : 기계 작동부위 지령

51 프로그램을 편리하게 하기 위하여 도면상에 있는 임의의 점을 프로그램상의 절대좌표 기준점으로 정한 점을 무엇이라 하는가?

① 제 2 원점
② 제 3 원점
③ 기계 원점
④ 프로그램 원점

해설 도면을 보고 프로그램을 할 때에 프로그램을 쉽게 하기 위하여 도면상의 한 점을 원점으로 정하는데 이 점을 프로그램 원점이라고 한다. 이 점을 원점으로 한 좌표계를 절대 좌표계 또는 공작물 좌표계라고도 한다.

52 다음 중 CNC프로그램에서 공구 지름 보정과 관계없는 준비기능은?

① G40   ② G41
③ G42   ④ G43

해설 ① G40 : 공구인선 R보정 무시
② G41 : 공구인선 R보정 좌측
③ G42 : 공구인선 R보정 우측
④ G43 : (머시닝센터에서)+방향 공구길이 보정(+방향으로 이동)

53 다음 중 절삭유의 취급 안전에 관한 사항으로 틀린 것은?

① 미끄럼 방지를 위해 실습장 바닥에 누출되지 않도록 한다.
② 공기 오염의 원인이 되므로 항상 청결을 유지해야 한다.
③ 미생물 증식 억제를 위하여 정기적으로 절삭유의 pH를 점검한다.
④ 작업 완료 후에는 공작물과 손을 절삭유로 깨끗이 세척한다.

해설 작업 완료 후에는 손은 비눗물로 씻는다.

54 CNC선반에서 다음과 같이 프로그램할 때 "F"의 의미로 가장 옳은 것은?

G92 X_ Z_ F_ ;

① 나사 면취량
② 나사산의 높이
③ 나사의 리드(lead)
④ 나사의 피치(pitch)

해설 나사절삭 사이클(G92) 지령방법
: G92 X(U) Z(W) F ; 평행 나사
여기서
- X(U), Z(W) : 나사절삭의 종점 좌표
- F : 나사의 리드

55 다음 중 머시닝센터의 기계일상 점검에 있어 매일 점검 사항과 가장 거리가 먼 것은?

① 각부의 유량 점검
② 각부의 압력 점검
③ 각부의 필터 점검
④ 각부의 작동 상태 점검

해설 각부의 필터 점검은 매월 점검이다.

매일 점검	외관 점검
	유량 점검
	압력 점검
	각부의 작동 검사

답 50. ① 51. ④ 52. ④ 53. ④ 54. ③ 55. ③

56 머시닝센터에서 공구반경보정을 사용하여 최대최소공차의 중간값으로 다음 사각 형상을 가공하려고 한다. 이때의 지령으로 알맞은 것은? (단, 공구는 φ16평 앤드밀이며, 측면가공을 한다.)

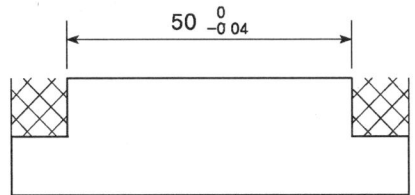

① G41 D01 ; (D01=7.98)
② G41 D02 ; (D02=7.99)
③ G42 D03 ; (D03=8.01)
④ G42 D04 ; (D04=8.02)

해설 φ16 앤드밀을 사용한다면 보정값
$D = 8 - (0.04/4) = 7.99$

57 다음 중 머시닝센터에서 원호 보간시 사용되는 I, J의 의미로 틀린 것은?

① I는 X축 보간에 사용된다.
② J는 Y축 보간에 사용된다.
③ 원호의 시작점에서 원호 끝점까지의 벡터 값이다.
④ 원호의 시작점에서 원호 중심까지의 벡터 값이다.

해설 I, J, K : 항상 증분값으로 지령하며 원호의 시작점부터 끝점까지의 거리와 방향을 지령한다.(I는 X축 거리와 방향, J는 Y축 거리와 방향, K는 Z축 거리와 방향)

58 다음 중 머시닝센터 고정 사이클에서 태핑 사이클로 적당한 G 기능은?

① G81   ② G82
③ G83   ④ G84

해설 ① G81 : 고정 사이클 취소
② G82 : 드릴링 사이클(스폿 드릴링)
③ G83 : 드릴링 사이클(카운터보링 사이클)
④ G84 : 팩 드릴링 사이클(태핑 사이클)

59 다음 중 복합가공기와 가장 유사한 방식은?

① CNC   ② FMC
③ FMS   ④ CIMS

해설 FMC : 복합가공기와 가장 유사한 방식이다.

60 곡면 형상의 모델링에서 임의의 곡선을 회전축을 중심으로 회전시킬 때 발생하여 얻어진 면을 무엇이라 하는가?

① 회전 곡면
② 로프트(loft) 곡면
③ 룰드(ruled) 곡면
④ 메시(mesh) 곡면

해설 ① 회전 곡면 : 곡면 형상의 모델링에서 임의의 곡선을 회전축을 중심으로 회전시킬 때 발생하여 얻어진 면이다.
② 로프트(loft) 곡면 : 여러 개의 단면곡선이 연결규칙에 따라 연결된 곡면
③ 룰드(ruled) 곡면 : 2개의 곡선지정
④ 메시(mesh) 곡면 : 그물처럼 널려 있는 곡선을 가까이 지나는 곡면

답 56. ② 57. ③ 58. ④ 59. ② 60. ①

2014년 10월 11일 제5회 컴퓨터응용밀링기능사 기출문제

01 주철을 고온으로 가열하였다. 냉각하는 과정을 반복하면 부피가 더욱 팽창하게 되는데, 이러한 주철의 성장 원인으로 틀린 것은?

① 흡수된 가스의 팽창
② 펄라이트 조직 중 Fe_3C의 흑연화에 따른 팽창
③ 페라이트 조직 중의 Si의 산화에 의한 팽창
④ 서냉에 의한 시멘타이트의 석출로 인한 팽창

해설 주철의 성장원인
① 펄라이트 조직 중의 Fe_3C분해에 따른 흑연화에 의한 팽창
② 페라이트 조직 중의 규소의 산화에 의한 팽창
③ A_1변태의 반복 과정에서 오는 체적 변화에 따른 미세한 균열이 형성되어 생기는 팽창
④ 흡수된 가스에 의한 팽창
⑤ 불균일한 가열로 생기는 균열에 의한 팽창
⑥ 시멘타이트의 흑연화에 의한 팽창

02 열가소성 플라스틱의 일종으로 비중이 약 0.9이며, 인장강도가 약 28~38MPa 정도이고 포장용 노끈이나 테이프, 섬유, 어망, 로프 등에 사용되는 것은?

① 폴리에틸렌　② 폴리프로필렌
③ 폴리염화비닐　④ 스티롤

해설 ① 폴리에틸렌 : 무색투명하고 내수성, 전기절연성, 내산, 내알칼리성이 우수하다. 충격에도 잘견디며 내화성도 우수하여 석유상자, 브러쉬, 장난감, 농공용배관, 수도관, 전선피복재, 필름(비닐하우스용) 등으로 제조 사용한다.
② 폴리프로필렌 : 열가소성 플라스틱의 일종으로 비중이 약 0.9이며, 인장강도가 약 28~38MPa 정도이고 포장용 노끈이나 테이프, 섬유, 어망, 로프 등에 사용된다.
③ 폴리염화비닐 : 내산, 내알카리성이 우수하다. 황산, 염산, 수산화나트륨 등의 약품이나 바닷물에 용해하거나 부식되지 않으며 기름, 흙속에 묻혀도 침식되지 않는다. 전기, 열의 불량도체이므로 전선관이나 수도관제조에 적합하고 제품의 내외면이 매끄러우므로 마찰계수가 적다. 연질제품은 커튼, 포장재, 모사, 전기피복, 가스관 등으로 제조하며 경질제품은 판재, 상하수도관, 전선배선과, 레코드판 등에 사용된다.

03 다이캐스팅용 알루미늄 합금으로 피삭성과 주조성이 좋고, 용도별 기호 중 Al-Si-Cu계인 것은?

① ALDC 1　② ALDC 3
③ ALDC 4　④ ALDC 7

해설 ALDC 7(Al-Si-Cu계) : 다이캐스팅용 알루미늄 합금으로 피삭성과 주조성이 좋고 Si에 의해 주조성 개선 Cu로 피삭성을 좋게 한 합금으로 대표적인 합금으로 라우탈이 있다.

04 강에 S, Pb 등을 첨가하여 절삭가공시 연속된 가공칩의 발생을 방지하고 피삭성을 좋게 한 특수강은?

① 내식강　② 내열강
③ 쾌삭강　④ 자석강

해설 쾌삭강 : 탄소강에 S, Pb, 흑연을 첨가시켜 절삭성을 향상시킨 것을 말하며, S를 0.16% 정도 첨가시킨 황 쾌삭강, 0.10~0.30% 정도의 Pb을 첨가시킨 납 쾌삭강, 탄화물을 흑연화시킨 흑연 쾌삭강이 있다.

답 01.④ 02.② 03.④ 04.③

05 금속을 상온에서 소성변형 시켰을 때, 재질이 경화되고 연신율이 감소하는 현상은?
① 재결정 ② 가공경화
③ 고용강화 ④ 열변형

해설 가공경화 : 금속을 상온에서 소성변형 시켰을 때, 재질이 경화되고 연신율이 감소하는 현상이다.

06 알루미늄의 특성에 대한 설명으로 틀린 것은?
① 합금재질로 많이 사용한다.
② 내식성이 우수하다.
③ 용접이나 납접이 비교적 어렵다.
④ 전연성이 우수하고 복잡한 형상의 제품을 만들기 쉽다.

해설 알루미늄은 용접도 할 수 있으며 기계적인 클램핑력에 의해 결합될 수 있다.

07 담금질 냉각제 중 냉각속도가 가장 큰 것은?
① 물 ② 소금물
③ 기름 ④ 공기

해설 냉각속도가 가장 큰 순서는 소금물, 기름, 물 순서이다.

08 607C2P6으로 표시된 베어링에서 안지름은?
① 7mm ② 30mm
③ 35mm ④ 60mm

해설 607C2P6
 - P6 : 등급 기호
 - C2 : 틈새 기호(C2의 틈새)
 - 7 : 안지름 번호(베어링 안지름 7mm)
 - 60 : 베어링 계열 기호(단식 깊은 홈 볼 베어링, 치수 계열 10)

09 코일 스프링에 350N의 하중을 걸어 5.6cm 늘어났다면 이 스프링의 스프링 상수(N/mm)는?

① 5.25 ② 6.25
③ 53.5 ④ 62.5

해설 $k = \dfrac{w(하중)}{\delta} = \dfrac{350N}{56mm} = 6.25$

10 1/100의 기울기를 가진 2개의 테이퍼 키를 한 쌍으로 하여 사용하는 키는?
① 원뿔 키 ② 둥근 키
③ 접선 키 ④ 미끄럼 키

해설
① 원뿔 키 : 축과 보스에 키를 파지 않고 보스 구멍을 테이퍼 구멍으로 하여 속이 빈 원뿔을 끼워 마찰력만으로 밀착시키는 키이다.
② 둥근 키 : 핀 키라고도 하며, 핸들과 같이 작은 것의 고정에 사용되고 단면은 원형이고 하중이 작을 때만 사용된다.
③ 접선 키 : 접선 방향에 설치하는 키로서 1/100의 기울기를 가진 2개의 키를 한 쌍으로 하여 사용. 회전방향이 양 방향일 경우 중심각이 120° 되는 위치에 2조 설치한다. 아주 큰 회전력의 경우에 사용
④ 미끄럼 키 : 안내키, 페더키(Feather Key)라고도 하며 보스와 축이 상대적으로 축 방향으로만 이동이 가능한 키로서 키를 작은 나사로 고정한다.

11 축에서 토크가 67.5kN·mm이고, 지름 50mm일 때 키(key)에 발생하는 전단 응력은 몇 N/mm^2인가? (단, 키의 크기는 나비×높이×길이 = 15mm×10mm×60mm이다.)
① 2 ② 3
③ 6 ④ 8

해설 전단응력
$\tau = \dfrac{2T}{lbd} = \dfrac{2 \times 67{,}500}{60 \times 15 \times 50} = 3$

12 너트의 풀림 방지법이 아닌 것은?
① 턴 버클에 의한 방법

답 05.② 06.③ 07.② 08.① 09.② 10.③ 11.② 12.①

② 자동죔 너트에 의한 방법
③ 분할 핀에 의한 방법
④ 로크 너트에 의한 방법

해설 너트의 풀림 방지법
① 와셔를 사용하는 방법
② 로크너트를 사용하는 방법
③ 자동죔너트에 의한 방법
④ 분할핀, 작은나사, 멈춤나사에 의한 방법

13 원동차와 종동차의 지름이 각각 400mm, 200mm일 때 중심거리는?
① 300 mm ② 600 mm
③ 150 mm ④ 200 mm

해설 $C = \dfrac{(D+d)}{2} = \dfrac{400+200}{2} = 300$

14 체결용 기계요소가 아닌 것은?
① 나사   ② 키
③ 브레이크 ④ 핀

해설 ① 체결용 기계요소 : 나사, 키, 핀, 코터, 리벳, 용접 수축확대 및 테이퍼이음
② 축계 기계요소 : 축, 축이음 및 베어링
③ 완충 및 제동용 기계요소 : 브레이크, 스프링 및 플라이휠 등

15 기어에서 이 끝 높이(addendum)가 의미하는 것은?
① 두 기어의 이가 접촉하는 거리
② 이뿌리원부터 이끝원까지의 거리
③ 피치원에서 이뿌리원까지의 거리
④ 피치원에서 이끝원까지의 거리

해설 기어에서 이 끝 높이는 피치원에서 이끝원까지의 거리이다.

16 치수에서 사용되는 치수보조 기호의 설명으로 틀린 것은?
① Sϕ : 원의 지름

② R : 반지름
③ □ : 정사각형의 변
④ C : 45° 모따기

해설 ① 구의 지름 : Sϕ
② 구의 반지름 : SR

17 그림과 같은 입체의 제3각 정투상도로 가장 적합한 것은?

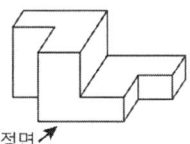
정면

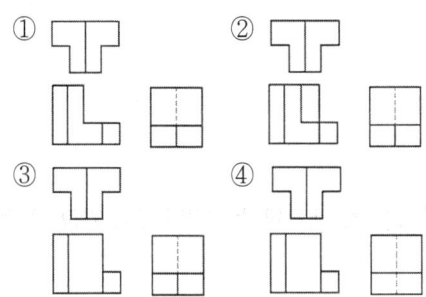

18 다음 중 도면에 ϕ100 H6/p6로 표시된 끼워 맞춤의 종류는?
① 구멍 기준식 억지 끼워 맞춤
② 구멍 기준식 중간 끼워 맞춤
③ 축 기준식 중간 끼워 맞춤
④ 축 기준식 헐거운 끼워 맞춤

해설 상용하는 구멍 기준식 끼워 맞춤

기준축	구멍 공차역 클래스								
	헐거운 끼워 맞춤			중간 끼워 맞춤			억지 끼워 맞춤		
H6			g5	h5	js5	k5	m5		
		f6	g6	h6	js6	k6	m6	n6	p6
H7		f6	g6	h6	js6	k6	m6	n6	p6	r6
	e7	f7		h7	js7				

답 13.① 14.③ 15.④ 16.① 17.① 18.①

19 KS B 1311 TG 20×12×70으로 호칭되는 키의 설명으로 옳은 것은?

① 나사용 구멍이 있는 평행키로서 양쪽 네모형이다.
② 나사용 구멍이 없는 평행키로서 양쪽 둥근형이다.
③ 머리붙이 경사키이며 호칭치수는 20×12이고 호칭길이는 70이다.
④ 둥근바닥 반달키이며 호칭길이는 70이다.

해설 TG 20×12×70 : 머리붙이 경사키이며 호칭치수는 20×12이고 호칭길이는 70이다.

20 도형이 대칭인 경우 대칭 중심선의 한쪽 도형만을 작도할 때 중심선의 양 끝부분의 작도 방법은?

① 짧은 2개의 평행한 굵은 1점 쇄선
② 짧은 2개의 평행한 가는 1점 쇄선
③ 짧은 2개의 평행한 굵은 실선
④ 짧은 2개의 평행한 가는 실선

해설 도형이 대칭인 경우 대칭 중심선의 한쪽 도형만을 작도할 때 중심선의 양 끝부분은 짧은 2개의 평행한 가는 실선으로 작도한다.

21 그림에서 표시된 기하 공차는?

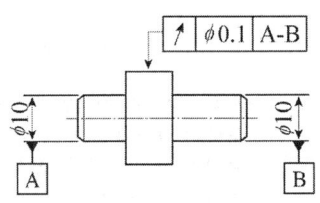

① 동심도 공차
② 경사도 공차
③ 원주 흔들림 공차
④ 온 흔들림 공차

해설
| ↗ | 원주 흔들림 공차 |
| ↗↗ | 온 흔들림 공차 |

22 제품을 규격화 하는 이유로 틀린 것은?

① 품질이 향상 된다.
② 생산성을 높일 수 있다.
③ 제품 상호 간 호환성이 좋아진다.
④ 생산단가를 높여 이익을 극대화 할 수 있다.

해설 제품을 규격화 하는 이유는 생산단가를 낮추어 이익을 극대화 할 수 있다.

23 구름베어링의 안지름이 100mm일 때, 구름베어링의 호칭번호에서 안지름 번호로 옳은 것은?

① 10   ② 20
③ 25   ④ 100

해설 안지름 번호(세 번째, 네 번째 숫자)
안지름번호 1~9까지는 안지름 번호와 안지름이 같고 안지름 번호의 안지름 20mm 이상 480mm 미만에서는 안지름을 5로 나눈수가 안지름 번호이다.(100÷5=20)
- 00 : 안지름 10mm - 01 : 안지름 12mm
- 02 : 안지름 15mm - 03 : 안지름 17mm

24 줄 다듬질의 가공방법 약호는?

① BR   ② FF
③ GB   ④ SB

해설 ① BR : 브로우치 가공
② FF : 줄 다듬질
③ GB : 벨트샌드 가공
④ SB : 브러스트 다듬질

25 ISO 표준에 따라 관용 나사의 종류를 표시하는 기호 중 테이퍼 암나사를 표시하는 기호는?

① R   ② Rc
③ Rp   ④ G

해설 ① R : 관용 테이퍼 수나사
② Rc : 관용 테이퍼 암나사
③ Rp : 관용 평행 암나사
④ G : 관용 평행 나사

답 19.③ 20.④ 21.③ 22.④ 23.② 24.② 25.②

26 수평 밀링머신과 유사하나 복잡한 형상의 지그, 게이지, 다이 등을 가공하는 데 사용하는 소형 특수 밀링머신은?
① 공구 밀링머신   ② 수직 밀링머신
③ 나사 밀링머신   ④ 모방 밀링머신

해설 ① 공구 밀링머신 : 수평 밀링머신과 유사하나 복잡한 형상의 지그, 게이지, 다이 등을 가공하는 데 사용하는 소형 특수 밀링머신이다.
② 수직 밀링머신 : 밀링 주축이 테이블에 대하여 수직으로 고정되고 평면, 윤곽, 홈 및 주로 완성 가공용이다.

27 연삭숫돌의 입자는 크게 천연 입자와 인조 입자로 구분하는데, 천연 입자에 속하는 것은 무엇인가?
① 탄화규소   ② 코런덤
③ 지르코늄 옥사이드 ④ 산화알루미늄

해설 천연산
① 다이아몬드(diamond)
② 금강사(emery) : 주성분은 알루미나이고 연마제로 이용
③ 코런덤(corundum) : 주성분은 알루미나이고 색상은 여러 가지이나 양질은 보석(루비어, 사파이어)을 이용하고 공업용으로는 유리칼, 연마제로 활용한다.
④ 사암(sand stone)

28 밀링머신에서 생산성을 향상시키기 위한 절삭속도 선정방법으로 틀린 것은?
① 다듬질 절삭에서는 절삭속도를 빠르게, 이송을 느리게, 절삭 깊이를 적게 선정한다.
② 거친 절삭에서는 절삭속도를 느리게, 이송을 빠르게, 절삭 깊이를 크게 선정한다.
③ 추천 절삭속도보다 약간 낮게 설정하는 것이 커터의 수명을 연장할 수 있다.
④ 커터의 날이 빠르게 마모되거나 손상될 경우 절삭 속도를 높여서 절삭한다.

해설 커터의 날이 빠르게 마모되거나 손상될 경우 절삭 속도를 낮추어 절삭한다.

29 밀링작업에서 분할법의 종류가 아닌 것은?
① 직접 분할법   ② 간접 분할법
③ 단식 분할법   ④ 차동 분할법

해설 분할 작업(법)
① 직접 분할법(=면판분할법)
② 단식 분할법
③ 차동 분할법

30 전극과 가공물을 절연성의 가공액 중에 일정한 간격을 유지시켜 아크(Arc)열에 의하여 전극의 형상으로 가공하는 방법은 무엇인가?
① 화학적 가공   ② 초음파 가공
③ 레이저 가공   ④ 방전 가공

해설 방전 가공 : 전극과 가공물을 절연성의 가공액 중에 일정한 간격을 유지시켜 아크(Arc)열에 의하여 전극의 형상으로 가공하는 방법이다.

31 선반 바이트에서 절인과 경사면이 평면과 이루는 각도로 절삭력에 영향을 주는 각은?
① 경사각   ② 여유각
③ 절삭각   ④ 공구각

해설 ① 경사각 : 절인과 경사면이 평면과 이루는 각도로 절삭력에 영향을 주는 각이다.
② 여유각 : 공구의 끝과 공작물의 마찰을 방지하기 위한 각이다.

32 3차원 측정기에서 측정물의 측정위치를 감지하여 위치 데이터를 컴퓨터에 전송하는 기능을 가진 장치는?
① 조이스틱   ② 프로브
③ 컬럼   ④ 리니어 장치

답 26. ① 27. ② 28. ④ 29. ② 30. ④ 31. ① 32. ②

해설 프로브 : 3차원 측정기에서 측정물의 측정 위치를 감지하여 위치 데이터를 컴퓨터에 전송하는 기능을 가진 장치이다.

33 선반의 주축을 중공축으로 하는 이유가 아닌 것은?
① 굽힘과 비틀림 응력에 강하다.
② 중량이 감소되어 베어링에 작용하는 하중을 줄여 준다.
③ 길이가 짧고 굵은 가공물 고정에 편리하다.
④ 센터를 쉽게 분리할 수 있다.

해설 주축은 중공축으로 되어있는데 그 이유는 다음과 같다.
① 무게를 감소하여 주축 베어링에 작용하는 하중을 줄여준다.
② 중공은 실축보다 굽힘과 비틀림 응력에 강하여 강성을 유지한다.
③ 긴 공작물을 고정에 편리하다.
④ 고정된 센터를 쉽게 분리할 수 있으며, 콜릿 척을 사용할 수 있다.

34 칩이 공구의 경사면을 연속적으로 흘러 나가는 모양으로 가장 바람직한 형태의 칩은?
① 유동형 칩   ② 경작형 칩
③ 균열형 칩   ④ 전단형 칩

해설 ① 유동형 칩 : 칩이 공구의 경사면을 연속적으로 흘러 나가는 모양으로 가장 바람직한 형태다.
② 경작(균열)형 칩 : 공구의 날 끝보다 날의 아래쪽에 균열이 발생되면서 절삭이 되는 형태로서 재료가 공구전면에 접착하여 공구의 상면을 미끄러져 나가지 못하여, 아래 방향에 균열이 발생한다.
③ 균열형 칩 : 균열의 발생은 열단형과 같으나, 순간적으로 공구의 날 끝 앞에서 일감의 표면을 향해 균열이 생기고 이것이 칩이 된다.
④ 전단형 칩 : 칩이 원활히 흐르지 못하고, 칩을 밀어내는 압축력이 축적되어야 분자 사이에 전단이 일어나기 때문에 미끄럼 간격이 커진다.

35 내경이 20mm이고, 깊이가 50mm인 공작물의 안지름을 가장 정확하게 측정할 수 있는 기기는 무엇인가?
① 실린더 게이지
② 사인 바
③ 블록 게이지
④ M형 버니어 캘리퍼스

해설 실린더 게이지 : 비교측정기로 보통 내경이 20mm 이상의 공작물의 안지름을 가장 정확하게 측정할 수 있다.

36 둥근 봉의 단면에 금 긋기를 할 때 사용되는 공구와 가장 거리가 먼 것은?
① 플러그 게이지   ② 정반
③ 서피스 게이지   ④ V-블록

해설 둥근 봉의 단면에 금 긋기를 할 때 사용되는 공구는 정반, V-블록, 서피스 게이지이다.

37 비절삭 가공법의 종류로만 바르게 짝지어진 것은?
① 선반작업, 줄 작업
② 밀링작업, 드릴작업
③ 연삭작업, 탭 작업
④ 소성작업, 용접작업

해설 비절삭 가공
- 주조 : 목형, 주형, 주조, 특수 주조
- 소성가공 : 단조, 압연, 인발, 압출, 전조, 프레스, 판금
- 용접 : 납땜, 경납땜, 단접, 용접(가스, 전기), 특수용접
- 특수비절삭 : 전해연마, 화학연마, 방전가공, 레이저가공

38 선반가공에서 일감의 매 회전마다 바이트가 이동되는 거리를 회전당 이송량이라고 한다. 이송량의 단위는 무엇인가?
① mm   ② mm/rev
③ rpm   ④ kW/h

답 33. ③ 34. ① 35. ① 36. ① 37. ④ 38. ②

해설 이송속도(feed speed) : 이송량은 선반이나 드릴링작업일 경우, 가공물 1회전당 공구가 축 방향으로 이동하는 거리(mm/rev)를 말하며, 밀링의 경우는 커터의 1날당의 테이블의 이동하는 이동거리(mm/tooth) 또는 분당 이동거리(mm/min), 평삭이나 형삭은 절삭공구 또는 가공물의 1왕복에 대한 이동거리(mm/stroke)를 말한다.

39 절삭공구 재료의 일반적인 구비조건으로 틀린 것은?

① 가격이 저렴해야 한다.
② 가공성이 좋아야 한다.
③ 고온에서 경도를 유지해야 한다.
④ 마모성이 커야 한다.

해설 공구 재료의 구비조건
① 가공 재료보다 경도가 클 것
② 고온에서 경도가 감소되지 않아야 한다.
③ 인성, 강도와 내마모성이 클 것
④ 마찰계수가 적을 것
⑤ 쉽게 원하는 모양으로 만들 수 있어야 한다.
⑥ 취급이 편리하고 가격이 싸고 경제적이어야 한다.
⑦ 내용착성, 내산화성, 내확산성 등 화학적으로 안전성이 커야 한다.

40 연삭가공의 특징에 대한 설명으로 옳은 것은?

① 칩의 연속적인 배출로 칩 브레이커가 필요하다.
② 열처리되지 않은 공작물만 가공할 수 있다.
③ 높은 치수 정밀도와 양호한 표면 거칠기를 얻는다.
④ 절삭날의 자생작용이 없어 가공시간이 많이 걸린다.

해설 연삭가공의 특징
① 경화된 강과 같은 굳은 재료를 절삭할 수 있다.
② 높은 치수 정밀도와 양호한 표면 거칠기를 얻는다.
③ 연삭 압력 및 저항은 작게 작용하고, 마그네틱 척을 사용 공작물을 고정한다.
④ 단시간에 정확한 치수를 가공할 수 있다.
⑤ 절삭날은 자생작용(마모 → 파쇄 → 탈락 → 생성)을 반복한다.

41 10mm 지름의 드릴로 회전수 500rpm으로 작업 시 절삭속도는 몇 약 m/min으로 해야 하는가?

① 10.7   ② 12.7
③ 15.7   ④ 18.7

해설 $V = \dfrac{\pi DN}{1000} = \dfrac{\pi \times 10 \times 500}{1000} = 15.7$

42 절삭저항에 관련된 설명으로 맞는 것은?

① 일반적으로 공구의 뒷면 경사각이 커지면 절삭저항도 커진다.
② 절삭저항은 주분력, 배분력, 이송분력으로 나눌 수 있다.
③ 절삭저항은 공작물의 재질이 연할수록 크게 나타난다.
④ 배분력이 절삭에 가장 큰 영향을 미치며 주절삭력이라 한다.

해설 절삭저항 : 공작물을 절삭할 때 공구는 가공물로부터 큰 저항을 받는데 이것을 절삭저항이라 한다. 절삭저항의 크기는 절삭에 필요한 동력, 피삭성 재료의 여부, 절삭조건의 적부, 공구수명, 표면정밀도 등을 판단하는 기준이 된다.

※ 절삭저항 = 주분력(P1) 10 > 배분력(P3) (2-4) > 이송분력(P2)(1-2)

① 주분력(P1 : Principal Culting Force)
　: 절삭방향으로 작용하는 분력
② 이송분력(P2 : Feed Force)
　: 이송방향(평행)으로 작용하는 분력
③ 배분력(P3 : Radial Force)
　: 공구의 축 방향으로 작용하는 분력

답 39. ④   40. ③   41. ③   42. ②

43 다음 중 CNC공작기계에서 일시정지(G04) 기능으로 사용하지 않는 블록(block)은?

① G04 U5. ;
② G04 X5. ;
③ G04 Z5. ;
④ G04 P5000 ;

해설
- 휴지(Dwell time) G04 : 지령한 시간 동안 프로그램의 진행을 정지시킬 수 있는 기능을 휴지(Dwell)기능이라고 한다.
- 지령방법 : G04 X(U, P) ;
  - X, U : 정지시간(초) 소수점 사용 가능
  - P : 정지시간(초) 소수점을 사용할 수 없다.

44 머시닝센터에서 기준 공구와의 길이 차이값을 입력시키는 방법 중 보정값 앞에 마이너스(-) 부호를 붙이는 경우는?

① 기준공구 길이보다 짧은 경우
② 기준공구 길이보다 길 경우
③ 기준공구 길이와 같을 경우
④ 기준공구 길이보정을 취소할 경우

해설 보정값 앞에 마이너스(-) 부호를 붙이는 경우는 기준공구 길이보다 짧은 경우이다.
① G43 : 공구길이보정 +방향
② G44 : 공구길이보정 -방향
③ G49 : 공구길이보정 취소

45 다음은 CAD/CAM 정보 처리 흐름도이다. ( ) 안에 알맞은 것은?

도면 → 모델링 → ( ) → 전송 및 가공

① 도형 정의
② 가공 데이터 생성
③ 곡선 정의
④ CNC 가공

해설 도면 → 모델링 → 가공 데이터 생성(포스트 프로세스) → 전송 및 가공

46 다음은 선반용 툴 홀더의 ISO 규격이다. 두 번째 S는 무엇을 의미하는가?

C S K P R 25 25 M 12

① 클램핑 방식
② 인서트의 형상
③ 섕크 넓이
④ 인서트의 여유각

해설 ISO를 홀더의 규격 표시
① C : 클램프
② S : 인서트 형상
③ K : 홀더 유형
④ P : 인서트 여유각
⑤ R : 공구 방향
⑥ 25 : 섕크 높이
⑦ 25 : 섕크 폭
⑧ M : 공구길이
⑨ 12 : 절삭날 길이

47 다음 중 CNC선반에서 프로그램 원점에 관한 설명으로 틀린 것은?

① 공작물의 기준이 되는 점을 원점으로 설정한다.
② 공작물의 좌표계 설정은 G50으로 한다.
③ 프로그램 원점은 절대좌표의 원점(X0. Z0.)으로 설정한다.
④ 기계 원점을 프로그램 원점이라 한다.

해설 프로그램 원점
CNC공작기계는 절대좌표(absolute)에 의하여 주로 제어가 이루어지고, 이 절대좌표의 기준을 원점으로 잡아서 모든 위치의 값을 그 점을 기준으로 프로그램을 작성하는 방식으로, 그 점을 프로그램 원점이라고 하며 그 점을 기준으로 부호를 갖는 수치로 좌표값을 표시하여 프로그램을 입력한다.
프로그램 원점은 바꿀 수 없는 기계좌표와는 달리 프로그램에 의해서 바꿀 수가 있는데, 이를 좌표계 설정이라고 하며 CNC선반은 G50에 의해서 CNC머시닝센터는 G92에 의해서 바꿀 수 있다.

답 43. ③ 44. ① 45. ② 46. ② 47. ④

48 CNC선반의 준비기능 중 시계방향 원호 가공에 해당하는 것은?

① G01　② G02
③ G03　④ G32

해설　① G01 : 직선보간(직선절삭)
　② G02 : 원호보간 CW(시계방향)
　③ G03 : 원호보간 CWW(반시계 방향)
　④ G32 : 나사절삭

49 다음 중 CNC 프로그램을 구성하기 위해 기본적으로 필요한 기능이 아닌 것은?

① 준비기능(G)　② 이송기능(F)
③ 공구기능(T)　④ 측정기능(B)

해설

이송기능	F
준비기능	G
보조기능	M
주축기능	S
공구기능	T

50 CNC선반에서 공구기능을 표시할 때, "T0100"에서 01의 의미는 무엇인가?

① 공구선택번호
② 공구보정번호
③ 공구선택번호 취소
④ 공구보정번호 취소

해설　• T01 : 공구선택번호 1번
　• 00 : 보정번호 0번

51 다음 중 밀링 작업에 관한 안전사항으로 적절하지 않은 것은?

① 엔드밀 작업시 절삭유는 비산하므로 사용하여서는 안 된다.
② 공작물 고정시 높이를 맞추기 위하여 평행블록을 사용하였다.
③ 엔드밀과 드릴의 돌출 길이는 되도록 짧게 고정한다.
④ 작업 중 위험한 상황이 발생되면 비상정지버튼을 누른다.

해설　엔드밀 작업시 절삭유는 사용한다.

52 다음은 머시닝센터 프로그램의 일부를 나타낸 것이다. ( ) 안에 내용을 옳게 나열한 것은?

```
G90 G92 X0. Y0. Z100. ;
( ① ) 1500 M03 ;
G00 Z3. ;
( ② ) X25.0 Y20. D07 M08 ;
G01 Z-10. ( ③ ) 50 ;
X90. F160 ;
( ④ ) X110. Y40. R20. ;
X75. Y89.749 R50. ;
G01 X30. Y55. ;
Y18. ;
G00 Z100. M09 ;
```

① ① F, ② M, ③ S, ④ G02
② ① F, ② G42, ③ S, ④ G01
③ ① S, ② H, ③ F, ④ G00
④ ① S, ② G42, ③ F, ④ G03

해설　① S : 정회전
　② G42 : 공구지름 우측 보정
　③ F : 이송속도
　④ G03 : 반시계 방향

53 다음과 같은 프로그램에서 적용된 단일형 고정사이클은?

```
G28 U0. W0. ;
G50 X200. Z100. T0100 ;
G96 S180 M03 ;
G00 X55. Z3. T0101 M08 ;
G94 X25. Z-2. F1.5 ;
     Z-4. ;
     Z-6. ;
     ;
```

① 홈 절삭 사이클
② 단면 절삭 사이클
③ 안지름 절삭 사이클
④ 테이퍼 나사 절삭 사이클

답　48. ②　49. ④　50. ①　51. ①　52. ④　53. ②

해설 G94 : 단면 절삭 사이클

54 CNC선반에서 나사의 피치가 2.5mm인 3줄 나사를 가공하려고 한다. 나사의 리드(F)의 값은 얼마로 해야 하는가?

① 2.5   ② 5.0
③ 7.5   ④ 10.0

해설 리드=줄수×피치=3×2.5=7.5이므로 G99 F7.5으로 지령해야 한다.

55 머시닝센터에서 M10×1.5 탭 가공을 하기 위한 다음 프로그램에서 이송속도는 얼마인가?

```
G43 Z50. H03 S300 M03 ;
G84 G99 Z-10. R5. F__ ;
```

① 150mm/min   ② 300mm/min
③ 450mm/min   ④ 600mm/min

해설 이송속도
$F = N(회전수) \cdot p(피치)$
$= 300 \times 1.5 = 450 \text{mm/min}$

56 대부분의 수치제어 공작기계에 많이 사용되고 있는 방식으로 테이블에서의 위치 검출 없이 서보모터에서 위치와 속도를 검출하는 방식은?

① 폐쇄회로 방식
② 개방회로 방식
③ 반 폐쇄회로 방식
④ 복합회로 방식

해설 반폐쇄회로 방식(Semi-Closed Loop System) 서보모터의 축 또는 볼 스크루의 회전 각도를 통하여 위치를 검출하는 방식으로 직선 운동을 회전 운동으로 바꾸어 검출한다. CNC 공작기계에 이 방식을 많이 사용한다.

57 다음 중 CNC공작기계에서 매일 점검해야 할 사항으로 볼 수 없는 것은?

① 절삭유의 유량
② 습동유의 유량
③ 각 축의 작동 검사
④ 각 부의 FAN MOTOR 회전 이상 유무

해설
• 매월 점검 내용
  ① 각부의 필터 점검
  ② 각부의 fan 모터 점검
  ③ grease oil 주입
  ④ 백래시 보정
• 일일 점검 내용
  ① 외관 점검
  ② 유량 점검
  ③ 압력 점검
  ④ 각부의 작동 검사

58 CNC선반에서 그림과 같이 지름이 30mm인 공작물을 G96 S250 M03 ; 블록으로 가공할 때, 주축 회전수는 약 얼마인가?

① 250rpm
② 2653rpm
③ 2850rpm
④ 3310rpm

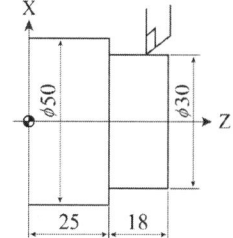

해설 $n = \dfrac{1000v}{\pi d} = \dfrac{1000 \times 250}{\pi \times 30} = 2653 \text{rpm}$

59 공구보정(OFFSET) 화면에서 가상 인선반경 보정을 수행하기 위하여 노즈 반경을 입력하는 곳은?

① R   ② Z
③ X   ④ T

해설 노즈 반경을 입력하는 곳은 R이다.

답 54. ③ 55. ③ 56. ③ 57. ④ 58. ② 59. ①

60 다음 중 NC기계의 안전에 관한 사항으로 틀린 것은?

① 절삭 칩의 제거는 브러시나 청소용 솔을 사용한다.
② 항상 비상버튼을 누를 수 있도록 염두해 두어야 한다.
③ 먼지나 칩 등 불순물을 제거하기 위해 강전반 및 NC 유닛은 압축공기로 깨끗이 청소해야 한다.
④ 강전반 및 NC유닛문은 충격을 주지 말아야 한다.

해설 강전반 및 NC 유닛은 압축공기로 청소하지 않는다.

답 60. ③

2015

컴/퓨/터/응/용/밀/링/기/능/사/

기출문제

제1회 컴퓨터응용밀링기능사 기출문제

2015년 1월 25일

01 백주철을 고온으로 장시간 풀림해서 시멘타이트를 분해 또는 감소시키고 인성이나 연성을 증가시킨 주철로, 대량 생산품에 사용되는 흑심, 백심, 펄라이트계로 구분되는 것은?

① 칠드 주철 ② 회주철
③ 가단주철 ④ 구상흑연주철

해설
① 칠드 주철
용융상태에서 금형에 주입하여 접촉면을 백주철로 만든 것이다.
② 회주철
편상 흑연과 페라이트(약간의 펄라이트)로 되어 있으며, 기계 가공성이 좋고 값이 싸므로 일반 기계부품, 수도관, 난방용품, 가정용품, 농기구 등에 쓰인다. 특히 공작기계의 베드(bed), 프레임(frame) 및 기계 구조물의 몸체 등에 널리 사용된다.
③ 가단주철
백주철을 열처리하여 인성과 연성을 증가시킨 주철로 주강과 같은 정도의 강도를 가지며 주조성과 피삭성이 좋고, 대량생산에 적합하므로 자동차 부품, 파이프 이음쇠 등의 대량생산에 많이 이용된다.
④ 구상흑연주철
용융주철에 Mg, Ce, Mg-Cu, Ca 등을 첨가하여 편상흑연을 구상화시킨 주철이다.

02 강의 담금질 조직에 따라 분류한 것 중 틀린 것은?

① 시멘타이트 ② 오스테나이트
③ 마텐자이트 ④ 트루스타이트

해설 열처리 조직 변화 순서
오스테나이트(200℃) → 마텐자이트(400℃) → 트루스타이트(600℃) → 솔바이트(700℃) → 입상 펄라이트

03 구리에 대한 설명 중 옳지 않은 것은?

① 전연성이 좋아 가공이 쉽다.
② 화학적 저항력이 작아 부식이 잘 된다.
③ 전기 및 열의 전도성이 우수하다.
④ 광택이 아름답고 귀금속적 성질이 우수하다.

해설 구리의 성질 : 비중이 8.9정도이며, 용융점이 1083℃ 정도이다.
① 전기 및 열전도성이 우수하다.
② 전연성이 좋아 가공이 용이하다.
③ 내식성이 강해 부식이 안 된다.
④ 아름다운 광택과 귀금속적 성질이 우수하다.
⑤ Zn, Sn, Ni, Ag 등과 용이하게 합금을 만든다.

04 철강의 5대 원소에 포함되지 않는 것은?

① 탄소 ② 규소
③ 아연 ④ 망간

해설 철강 재료의 5대 원소
C(강에 가장 큰 영향), S 0.05% < P 0.04% < Si 0.1~0.4% < Mn 0.2~0.8%

05 열경화성 수지에 해당되지 않는 것은?

① 페놀 수지 ② 요소 수지
③ 멜라민 수지 ④ 아크릴 수지

해설 열경화성 수지에는 페놀계 수지, 요소 수지, 멜라민 수지, 실리콘 수지, 푸란 수지, 폴리에스테르 수지 및 에폭시 수지 등이 있고, 열가소성 수지에는 스티렌 수지, 염화비닐 수지, 폴리에틸렌 수지, 초산비닐 수지, 아크릴 수지, 폴리아미드 수지, 불소 수지 및 쿠마론인덴 수지 등이 있다.

답 01. ③ 02. ① 03. ② 04. ③ 05. ④

06 순철에 대한 설명으로 옳은 것은?
① 각 변태점에서 연속적으로 변화한다.
② 저온에서 산화작용이 심하다.
③ 온도에 따라 자성의 세기가 변화한다.
④ 알칼리에는 부식성이 크나 강산에는 부식성이 작다.

해설 순철의 성질
① 순철의 종류로는 아암코철, 전해철, 카보닐철 등이 있으며 카보닐철이 가장 순수하다.
② 항자력이 낮고 투자율이 높아 전기재료(변압기, 발전기용 박판)로 사용한다.
③ 단접성, 용접성 양호하나 유동성 및 열처리성이 불량하다.
④ 상온에서 전연성이 풍부하며 항복점·인장강도가 낮고, 연신율·단면수축률·충격값·인성은 높다.
⑤ 온도에 따라 자성의 세기가 변화한다.

07 금속 중 Cu-Sn 합금으로 부식에 강한 밸브, 동상, 베어링 합금 등에 널리 쓰이는 재료는?
① 황동   ② 청동
③ 합금강   ④ 세라믹

해설
① 황동 : Cu-Zn 합금으로 주조성, 가공성이 좋고 청동에 비하여 값이 저렴하고 판, 봉, 관, 선 등의 가공재, 주물에 이용된다.
② 청동 : Cu-Sn 합금으로 부식에 강한 밸브, 동상, 베어링 합금 등에 널리 사용된다.

08 진동이나 충격으로 일어나는 나사의 풀림 현상을 방지하기 위하여 사용하는 기계요소가 아닌 것은?
① 태핑 나사   ② 로크 너트
③ 스프링 와셔 ④ 자동 죔 너트

해설 나사의 풀림 방지법
① 와셔를 사용하는 방법
② 로크 너트를 사용하는 방법
③ 자동 죔 너트에 의한 방법
④ 핀, 작은 나사, 멈춤 나사에 의한 방법

09 소선의 지름 8mm, 스프링의 지름 80mm인 압축코일 스프링에서 하중이 200N 작용하였을 때 처짐이 10mm가 되었다. 이때 스프링 상수는 몇 N/mm인가?
① 5   ② 10
③ 15   ④ 20

해설 $K = \dfrac{P}{\delta} = \dfrac{200}{10} = 20 \text{N/mm}$

10 기준 랙 공구의 기준 피치선이 기어의 기준 피치원에 접하지 않는 기어는?
① 웜 기어   ② 표준 기어
③ 전위 기어   ④ 베벨 기어

해설 전위 기어 : 기준 랙 공구의 기준 피치선이 기어의 기준 피치원에 접하지 않는 기어이다.

11 길이가 50mm인 표준시험편으로 인장시험하여 늘어난 길이가 65mm이었다. 이 시험편의 연신율은?
① 20%   ② 25%
③ 30%   ④ 35%

해설 $\varepsilon = \dfrac{l - l_0}{l_0} \times 100 = \dfrac{65 - 50}{50} \times 100 = 30\%$

12 피치가 2mm인 2줄 나사를 180° 회전시키면 나사가 축 방향으로 움직인 거리는 몇 mm인가?
① 1   ② 2
③ 3   ④ 4

해설 $L = np = 2 \times 2 \times \dfrac{180}{360} = 2 \text{mm}$

13 운동용 나사에 해당하는 것은?
① 미터 가는 나사   ② 유니파이 나사
③ 볼 나사   ④ 관용 나사

답 06.③ 07.② 08.① 09.④ 10.③ 11.③ 12.② 13.③

해설 (1) 운동용 나사
① 사각나사(Square screw thread)
② 사다리꼴나사(Trapezoidal screw thread)
③ 톱니나사(Buttress screw thread)
④ 너클나사(둥근나사 : Round thread)
⑤ 볼나사(Ball screw)
(2) 체결용 나사
① 미터나사
② 유니파이나사
③ 휘트워드나사
④ ISO나사
⑤ 관용나사

14 막대의 양 끝에 나사를 깎은 머리 없는 볼트로서 한쪽 끝을 본체에 튼튼하게 박고, 다른 끝에는 너트를 끼워서 조일 수 있도록 한 볼트는?
① 관통 볼트　　② 탭 볼트
③ 스터드 볼트　④ T 볼트

해설 ① 관통 볼트 : 체결하려는 2개의 부분에 구멍을 뚫고, 여기에 볼트를 관통시킨 다음 너트를 죈다.
② 탭 볼트 : 체결하려는 부분이 두꺼워서 관통 구멍을 뚫을 수 없을 때, 또 긴 구멍을 뚫었더라도 구멍이 너무 길어 관통 볼트의 머리가 숨겨져서 죄기 곤란할 때 너트를 사용하지 않고, 체결하는 상대쪽에 암나사를 내고 머리붙이 볼트를 나사 박음하여 체결하는 볼트이다.
③ 스터드 볼트 : 막대의 양끝에 나사를 깎은 머리 없는 볼트로서 한끝을 본체에 튼튼하게 박고 다른 끝에는 너트를 끼워서 죈다.
④ T홈 볼트 : 공작기계의 테이블 T홈에 볼트의 머리 부분을 끼워서 적당한 위치에 공작물과 기계 바이스를 고정할 때 사용한다.

15 축이음을 차단시킬 수 있는 장치인 클러치의 종류가 아닌 것은?
① 맞물림 클러치
② 마찰 클러치
③ 유체 클러치
④ 유니버셜 클러치

해설 클러치의 종류
① 맞물림 클러치
② 마찰클러치
③ 일방향 클러치
④ 원심클러치
⑤ 전자 클러치
⑥ 유체 클러치

16 다음 기하공차의 종류 중 선의 윤곽도를 나타내는 기호는?
① ⌒　　② ⌖
③ ▱　　④ ⌢

해설 ① ⌒ : 선의 윤곽도
② ⌖ : 원통도
③ ▱ : 평면도
④ ⌢ : 면의 윤곽도

17 ø50H7/g6은 어떤 종류의 끼워 맞춤인가?
① 축 기준식 억지 끼워맞춤
② 구멍 기준식 중간 끼워맞춤
③ 축 기준식 헐거운 끼워맞춤
④ 구멍 기준식 헐거운 끼워맞춤

해설 상용하는 구멍 기준식 끼워 맞춤

기준축	구멍 공차역 클래스									
	헐거운 끼워 맞춤			중간 끼워 맞춤			억지 끼워 맞춤			
H6		g5	h5	js5	k5	m5				
		f6	g6	h6	js6	k6	m6	n6	p6	
H7		f6	g6	h6	js6	k6	m6	n6	p6	r6
	f7		h7	js7						
	f7		h7							
H7	f8		h8							
			h8							
H7			h9							

답　14. ③　15. ④　16. ①　17. ④

제 6 편 최근 기출문제

18 면의 지시기호에서 가공방법을 지시할 때의 기호로 맞는 것은?

19 구름 베어링의 호칭 번호가 6405일 때, 베어링의 안지름은 몇 mm인가?
① 20   ② 25
③ 30   ④ 405

※해설 안지름 번호(내륜 안지름)
00 : 10mm, 01 : 12mm
02 : 15mm, 03 : 17mm
04×5=20mm~495mm까지

20 수나사의 측면을 도시하고자 할 때, 다음 중 가장 적합하게 나타낸 것은?

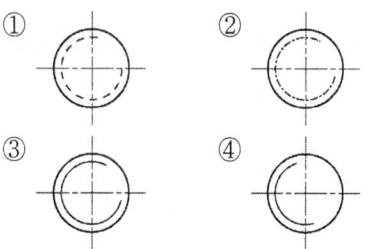

※해설 수나사와 암나사의 측면 도시에서 각각의 골지름은 가는 실선으로 약 3/4원으로 그린다.

21 도형의 중심을 표시하거나 중심이 이동한 중심궤적을 표시하는 데 쓰이는 선의 명칭은?
① 지시선   ② 기준선
③ 중심선   ④ 가상선

※해설 ① 지시선 : 기술, 기호 등을 표시하기 위하여 끌어내는 데 사용
② 기준선 : 위치 결정의 근거가 된다는 것을 명시할 때 사용
③ 중심선 : 도형의 중심을 표시, 중심 이동한 중심 궤적을 표시
④ 가상선 : 인접 부분을 참고로 표시, 공구, 지그의 위치를 참고로 표시 등

22 투상도법에서 그림과 같이 경사진 부분의 실제 모양을 도시하기 위하여 사용하는 투상도의 명칭은?
① 부분 투상도
② 국부 투상도
③ 회전 투상도
④ 보조 투상도

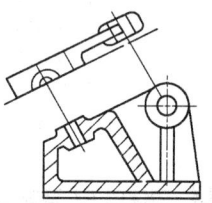

※해설 ① 부분 투상도 : 그림의 일부를 도시하는 것으로 충분한 경우에는 필요한 부분만 투상도로서 나타낸다.
② 국부 투상도 : 물체의 구멍이나 홈 등의 한 국부만의 모양을 도시하는 것으로 충분한 경우에는 필요한 부분을 국부투상도로 나타낸다.
③ 회전 투상도 : 투상면이 어느 각도를 가지고 있기 때문에 그 물체의 실제모형을 표시하지 못할 때에는 그 부분을 회전해서 물체의 실제모형을 도시할 수 있다.
④ 보조 투상도 : 물체의 경사면을 실형으로 그려서 바꾸기 할 필요가 있을 경우에는 그 경사면과 위치에 필요 부분만을 보조 투상도로 표시한다.

23 그림과 같은 입체도에서 화살표 방향을 정면으로 할 경우 평면도로 옳은 것은?

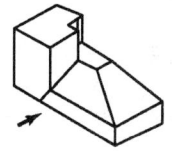

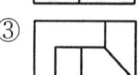 

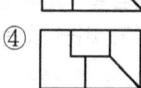

답 18.② 19.② 20.③ 21.③ 22.④ 23.④

24 그림과 같이 축의 치수가 주어졌을때 편심량 A는 얼마인가?

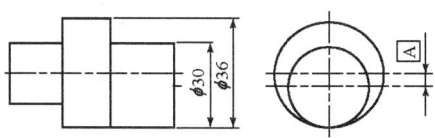

① 1mm ② 3mm
③ 6mm ④ 9mm

25 길이 치수의 허용 한계를 지시한 것 중 잘못 나타낸 것은?

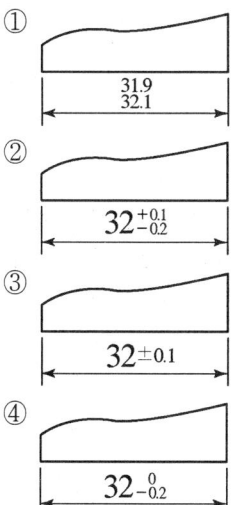

※해설 한계 치수 표기법

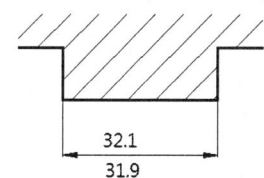

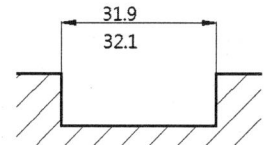

26 수직 밀링머신의 장치 중 일반적인 운동 관계가 옳지 않은 것은?
① 테이블 – 수직 이동
② 주축 스핀들 – 회전
③ 니 – 상하 이동
④ 새들 – 전후 이동

※해설 테이블 – 좌우 이동

27 수용성 절삭유에 대한 설명 중 틀린 것은?
① 광물성유를 화학적으로 처리하여 원액과 물을 혼합하여 사용한다.
② 표면 활성제와 부식 방지제를 첨가하여 사용한다.
③ 점성이 낮고 비열이 커서 냉각효과가 작다.
④ 고속절삭 및 연삭 가공액으로 많이 사용한다.

※해설 수용성 절삭유 : 점성이 낮고 비열이 높으며 냉각작용이 우수하다.

28 선반을 이용한 가공의 종류 중 거리가 먼 것은?
① 널링 가공   ② 원통 가공
③ 더브테일 가공 ④ 테이퍼 가공

※해설 더브테일 가공은 밀링에서 가능하다.

29 줄의 작업 방법이 아닌 것은?
① 직진법   ② 사진법
③ 후진법   ④ 병진법

※해설 줄 작업의 종류
① 직진법 : 줄을 길이 방향으로 직진시켜 절삭하는 방법으로 황삭 및 최종 다듬질 작업에 사용한다.
② 사진법 : 넓은 면 절삭에 적합하며, 절삭량이 많아 황삭 및 모따기에 적합하다.
③ 횡진법(병진법) : 줄을 길이 방향과 직각 방향으로 움직여 절삭하는 방법으로 폭이 좁고 길이가 긴 공작물의 줄 작업에 좋다.

답 24.② 25.① 26.① 27.③ 28.③ 29.③

30 지름이 60mm인 연삭숫돌이 원주속도 1200m/min Ø20mm인 공작물을 연삭할 때 숫돌차의 회전수는 약 몇 rpm인가?

① 16 ② 23
③ 6370 ④ 62800

해설 $N = \dfrac{1000V}{\pi D} = \dfrac{1000 \times 1200}{\pi \times 60} = 6369.426$

31 다음 중 왕복대를 이루고 있는 것은?

① 공구대와 심압대
② 새들과 에이프런
③ 주축과 공구대
④ 주축과 새들

해설 왕복대 : 베드 안내면 상에 놓여져 있으며 공구를 부착시켜서 이송 운동에 의해 공작물을 절삭하는 부분이다. 구성은 에이프런(Apren)(내부 : 자동이송장치 및 나사 절삭장치), 새들(Saddle), 공구대(Toal past)

32 밀링 절삭 방법에 하향 절삭에 대한 설명이 아닌 것은?

① 백래시를 제거해야 한다.
② 기계의 강성이 낮아도 무방하다.
③ 상향 절삭에 비하여 공구의 수명이 길다.
④ 상향 절삭에 비하여 가공면의 표면 거칠기가 좋다.

해설 상향 절삭과 하향 절삭의 비교

구 분	상향 절삭	하향 절삭
칩에 영향	절삭에 방해 없다.	절삭에 방해 있다.
백래시 제거	백래시 제거장치가 필요없다.	백래시 제거장치가 필요하다.
공작물 고정	불안하므로 확실히 고정해야 한다.	안정된 고정이 된다.
공구수명	수명이 짧다. 날 파손은 적으나 마멸이 심하다.	수명이 길다. 날 파손은 생길 수 있으나 마모가 적다.
소비동력	소비가 크다.	소비가 적다.
가공면	거칠다.	깨끗하다.

33 단조나 주조품에 볼트 또는 너트를 체결할 때 접촉부가 밀착되게 하기 위하여 구멍 주위를 평탄하게 하는 가공 방법은?

① 스폿 페이싱 ② 카운터 싱킹
③ 카운터 보링 ④ 보링

해설 ① 스폿 페이싱 : 볼트 또는 너트 등의 구멍과 직각이 되게 머리부가 접촉되는 부분을 깎아서 만드는 작업이다.
② 카운터 싱킹 : 접시머리 나사의 머리가 묻히게 하기 위해 원뿔자리를 만드는 작업이다.
③ 카운터 보링 : 작은 나사, 볼트의 머리부가 돌출되지 않도록 머리부가 들어갈 자리 부분을 단이 있게 구멍 뚫는 작업이다.
④ 보링 : 뚫린 구멍을 다시 절삭, 구멍을 넓히고 다듬질하는 것. 보링바에 바이트를 사용한다.

34 주조할 때 뚫린 구멍이나 드릴로 뚫은 구멍을 깎아서 크게 하거나, 정밀도를 높게 하기 위한 가공에 사용되는 공작기계는?

① 플레이너 ② 슬로터
③ 보링 머신 ④ 호빙 머신

해설 보링 머신 : 내부에 먼저 만들어져 있는 구멍의 크기, 진원도, 원통도, 진직도, 위치 등을 조정하는 작업으로 드릴링, 리밍, 나사(탭핑) 등도 할 수 있다.

35 밀링 머신에서 이송의 단위는?

① $F = $ mm/stroke
② $F = $ rpm
③ $F = $ mm/min
④ $F = $ rpm · mm

해설 이송속도
이송운동의 속도를 말하며 선반은 드릴가공에서는 주축 1회전마다의 이송은 mm/rev으로 표시하며 평삭에서는 mm/stroke로 밀링에서는 mm/min, mm/rev로 표시한다.

답 30.③ 31.② 32.② 33.① 34.③ 35.③

36 소성가공의 종류가 아닌 것은?
① 단조　　② 호빙
③ 압연　　④ 인발

해설　호빙 : 호브(Hob)라는 기어 절삭공구와 기어소재에 서로 상대적인 운동을 주어 창성법으로 기어를 가공하는 공작기계이다.

37 측정량이 증가 또는 감소하는 방향이 다름으로써 생기는 동일치수에 대한 지시량의 차를 무엇이라 하는가?
① 개인 오차　　② 우연 오차
③ 후퇴 오차　　④ 접촉 오차

해설　후퇴 오차(되돌림 오차)
　주위 환경이 변화되지 않는 상태에서 읽음 값에 대해서 지침의 측정량이 증가하는 상태에서의 읽음 값과 감소상태에서의 읽음 값의 차(측정 시 다른 방향으로 접근할 경우 지시의 평균값의 차).

38 연성의 재료를 가공할 때 자주 발생되며, 연속되는 긴 칩으로 두께가 일정하고 가공표면이 양호하여 공구수명을 길게(연장) 할 수 있는 것은?
① 유동형 칩　　② 전단형 칩
③ 열단형 칩　　④ 균열형 칩

해설　유동형 칩(flow type chip)
　칩이 공구의 경사면 위를 유동하는 것과 같이 원활하게 연속적으로 흘러 나가는 형태로서 칩 발생 시 연속적인 미끄럼 파괴에 의하여 절삭되어, 길게 연속적 코일모양으로 되며, 절삭면의 변동이 없고 진동이 적으며, 가공면이 깨끗하다.

39 선반가공에서 바이트날 부분과 공작물의 가공면 사이에 마찰로 인한 열이 많이 발생되어 정밀가공에 어려움이 생긴다. 이때 생기는 열을 측정하는 방법으로 거리가 먼 것은?

① 발생되는 칩의 색깔에 의한 측정 방법
② 칼로리미터에 의한 측정 방법
③ 열전대에 의한 측정 방법
④ 수은 온도계에 의한 측정 방법

해설　절삭온도 측정법
　① 칩의 색깔에 의한 방법
　② 칼로리미터(열량계)에 의한 방법
　③ 공구에 열전대를 삽입하는 방법
　④ 시온 도료를 사용하는 방법
　⑤ 공구와 일감을 열전대로 사용하는 방법
　⑥ 복사 고온계에 의한 방법

40 피니언 커터를 이용하여 상하 왕복운동과 회전운동을 하는 창성식 기어절삭을 할 수 있는 기계는?
① 마그 기어 셰이퍼
② 브로칭 기어 셰이퍼
③ 펠로스 기어 셰이퍼
④ 호브 기어 셰이퍼

해설　펠로스 기어 셰이퍼 : 피니언 커터를 이용하여 상하 왕복운동과 회전운동을 하는 창성식 기어절삭을 할 수 있다.

41 선반에서 척에 고정할 수 없는 불규칙하거나 대형의 가공물 또는 복잡한 가공물을 고정할 때 사용하는 것은?
① 연동척　　② 콜릿척
③ 벨척　　　④ 면판

해설　면판 : 선반에서 척에 고정할 수 없는 불규칙하거나 대형의 가공물 또는 복잡한 가공물을 고정할 때 사용한다.

42 금속으로 만든 작은 덩어리를 공작물 표면에 고속으로 분사하여 피로 강도를 증가시키기 위한 냉간 가공법으로 반복 하중을 받는 스프링, 기어, 축 등에 사용하는 가공법은?
① 래핑　　　② 호닝
③ 숏 피닝　　④ 슈퍼 피니싱

답 36. ② 37. ③ 38. ① 39. ④ 40. ③ 41. ④ 42. ③

해설 쇼트 피이닝 : 표면을 타격하는 일종의 냉간가공. 철강의 작은 볼(shot)을 공작물 표면에 분사하여 강재의 화학조성을 변화시키지 않고 표면을 매끈하게 하여 피로강도 기계적 성질 향상이 된다.

43 다음과 같은 CNC 선반 프로그램에서 일감의 직경이 ∅34mm일 때의 주축 회전수는 약 몇 rpm인가?

```
G50     X__  Z__   S1800  T0100 ;
G95  S160  M03
```

① 160   ② 1000
③ 1500 ④ 1800

해설 $n = \dfrac{1000V}{\pi d} = \dfrac{1000 \times 160}{\pi \times 34} = 1498.6 rpm$

44 다음 중 CNC 시스템의 제어방법이 아닌 것은?

① 위치결정 제어   ② 직선절삭 제어
③ 윤곽절삭 제어   ④ 복합절삭 제어

해설 NC제어방식
① 위치결정 제어 : 공구의 최후 위치만 제어하는 것(예 : 드릴링, 스폿용접기 등)
② 직선절삭 제어 : 기계 이동 중에 절삭을 행할 수 있는 제어(예 : 선반, 밀링, 보링머신 등)
③ 윤곽 제어 : 곡선 등의 복잡한 형상을 연속 제어하는 것(예 : 2차원, 3차원 이상의 제어에 사용)

45 다음 중 CNC 공작기계 좌표계의 이동위치를 지령하는 방식에 해당하지 않는 것은?

① 절대지령 방식   ② 증분지령 방식
③ 혼합지령 방식   ④ 잔여지령 방식

해설 ① 절대지령 방식
공작물 원점을 기준으로 직교 좌표계의 좌표값을 입력하는 방식이다.

② 증분지령 방식
현재 공구 위치를 기준으로 다음 위치까지의 거리를 입력하는 방식이다.
③ 혼합지령 방식
한 블록(줄)에 [절대지령 방식&증분지령 방식]을 사용하여 지령하는 방식으로 주로 CNC선반에서 많이 사용한다.

46 다음 중 공작기계에서의 안전 및 유의사항으로 틀린 것은?

① 주축 회전 중에는 칩을 제거하지 않는다.
② 정면 밀링 커터 작업 시 칩 커버를 설치한다.
③ 공작물 설치 시는 반드시 주축을 정지시킨다.
④ 측정기와 공구는 기계 테이블 위에 놓고 작업한다.

해설 측정기와 공구는 기계 테이블 위에 놓고 작업하지 않는다.

47 다음 CNC선반 프로그램에서 나사가공에 사용된 고정 사이클은?

```
G28  U0.  W0. ;
G50  X150.  Z150.  T0700 ;
G97  S600  M03 ;
G00  X26.  Z3.  T0707  M08 ;
G92  X23.2  Z-20.  F2. ;
     X22.7 ;
```

① G28   ② G50
③ G92   ④ G97

해설 단일고정형 나사절삭 사이클(G92)
G92코드를 사용한 경우에는 X데이터의 지령값을 사용한다.

48 다음 중 CNC 선반에서 공구기능 "T0303"의 의미로 가장 올바른 것은?

① 3번 공구 선택
② 3번 공구의 공구보정 3번 선택

답 43. ③ 44. ④ 45. ④ 46. ④ 47. ③ 48. ②

③ 3번 공구의 공구보정 3번 취소
④ 3번 공구의 공구보정 3회 반복수행

해설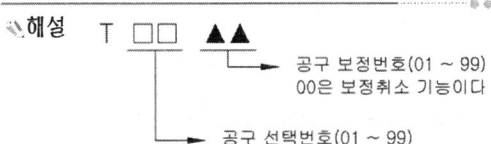

49 머시닝센터에서 ⌀10 엔드밀로 40×40 정사각형 외각 가공 후 측정하였더니 41×41로 가공되었다. 공구지름 보정량이 5일 때 얼마로 수정하여야 하는가? (단, 보정량은 공구의 반지름 값을 입력한다.)
① 5   ② 4.5
③ 5.5 ④ 6

해설 5−0.5=4.5

50 다음 중 CNC 공작기계에서 사용되는 외부 기억장치에 해당하는 것은?
① 램(RAM)
② 디지타이저
③ 플로터
④ USB플래시메모리

해설 USB플래시메모리 : CNC 공작기계에서 사용되는 외부 기억장치이다.

51 다음 중 CNC 선반에서 스핀들 알람(SPINDLE ALARM)의 원인이 아닌 것은?
① 과전류
② 금지영역 침범
③ 주축모터의 과열
④ 주축모터의 과부하

해설 금지영역 침범은 OT ALARM이다.

52 다음 프로그램의 ( ) 부분에 생략된 연속 유효(Modal) G코드(code)는?

```
N01 G01 X30. F0.25 ;
N02 (  ) Z-35. ;
N03 G00 X100. Z100. ;
```

① G00   ② G01
③ G02   ④ G04

해설 연속 유효 G코드(modal G-code) : 동일 그룹의 다른 G-code가 나올 때까지 유효한 기능이므로 여기서는 G01이 된다.

53 머시닝센터 작업 중 회전하는 엔드밀 공구에 칩이 부착되어 있다. 다음 중 이를 제거하기 위한 방법으로 옳은 것은?
① 입으로 불어서 제거한다.
② 장갑을 끼고 손으로 제거한다.
③ 기계를 정지시키고 칩제거 도구를 사용하여 제거한다.
④ 계속하여 작업을 수행하고 가공이 끝난 후에 제거한다.

54 다음 중 CNC 선반에서 다음의 단일형 고정 사이클에 대한 설명으로 틀린 것은?

```
G90 X(U)__ Z(W)__ I__ F__ ;
```

① I__ 값은 직경값으로 지령한다.
② 가공 후 시작점의 위치로 되돌아온다.
③ X(U)___의 좌표값은 X축의 절삭 끝점 좌표이다.
④ Z(W)___의 좌표값은 Z축의 절삭 끝점 좌표이다.

해설 안, 바깥지름 절삭 사이클(G90) : 단일 고정 사이클
① X(U)___ Z(W)___ : 절삭의 끝점 좌표
② I(R)___ : 테이퍼의 경우 절삭의 끝점과 절삭의 시작점의 상대 좌표값, 반지름지령
③ F : 이송속도

답 49. ② 50. ④ 51. ② 52. ② 53. ③ 54. ①

55 다음 중 머시닝센터의 주소(address) 중 일반적으로 소수점을 사용할 수 있는 것으로만 나열한 것은?
① 보조기능, 공구기능
② 원호반경지령, 좌표값
③ 주축기능, 공구보정번호
④ 준비기능, 보조기능

해설 원호반경지령, 좌표값은 소수점을 사용을 사용한다.

56 다음 중 CNC 공작기계의 특징으로 옳지 않은 것은?
① 공작기계가 공작물을 가공하는 중에도 파트 프로그램 수정이 가능하다.
② 품질이 균일한 생산품을 얻을 수 있으나 고장 발생 시 자가 진단이 어렵다.
③ 인치 단위의 프로그램을 쉽게 미터 단위로 자동 변환할 수 있다.
④ 파트 프로그램을 매크로 형태로 저장시켜 필요할 때 불러 사용할 수 있다.

해설 품질이 균일한 생산품을 얻을 수 있고 고장 발생 시 자가 진단이 가능하다.

57 머시닝센터에서 ∅12-2날 초경합금 엔드밀을 이용하여 절삭속도 35m/min, 이송 0.05mm/날, 절삭 깊이 7mm의 절삭조건으로 가공하고자 할 때 다음 프로그램의 ( )에 적합한 데이터는?

G01 G91 X200.0 F(   ) ;

① 12.25　② 35.0
③ 92.8　④ 928.0

해설 $f = f_Z \cdot Z \cdot n = 0.05 \times 2 \times \dfrac{1000 \times 35}{\pi \times 12} = 92.8$

58 다음 중 CNC 선반에서 원호 보간을 지령하는 코드는?
① G02, G03　② G20, G21
③ G41, G42　④ G98, G99

해설 G02(시계방향), G03(반시계방향) : 원호 보간

59 머시닝센터에서 주축 회전수를 100rpm으로 피치 3mm인 나사를 가공하고자 한다. 이때 이송속도는 몇 mm/min으로 지령해야 하는가?
① 100　② 200
③ 300　④ 400

해설 이송속도
$F = n \cdot p = 100 \times 3 = 300 \text{mm/min}$

60 기계상에 고정된 임의의 점으로 기계 제작 시 제조사에서 위치를 정하는 점으로, 사용자가 임의로 변경해서는 안 되는 점을 무엇이라 하는가?
① 기계원점　② 공작물 원점
③ 상대 원점　④ 프로그램 원점

해설 CNC공작기계의 좌표 원점은 기계의 기준점으로 기계제작사에 파라미터에 의하여 정하여진다. 기계원점은 사용자가 원점 위치를 변경할 수 없으며 기계의 기준점은 기준점 복귀지령에 의하여 공구대가 항상 일정한 위치로 복귀하는 고정점으로서, 공구가 원점에 복귀함으로써 기계좌표 원점이 설정되며, 기계원점을 좌표원점(X0. Z0.)으로 해서 설정되는 좌표계를 기계좌표계라 한다.

답 55.② 56.② 57.③ 58.① 59.③ 60.①

2015년 4월 4일 제2회 컴퓨터응용밀링기능사 기출문제

01 면심입방격자 구조로서 전성과 연성이 우수한 금속으로 짝지어진 것은?
① 금, 크롬, 카드뮴
② 금, 알루미늄, 구리
③ 금, 은, 카드뮴
④ 금, 몰리브덴, 코발트

해설 면심입방격자(FCC) : Al, Ag, Au, Cu, Ni, Pb, Ca, Co, γ-Fe

02 탄소강에 함유된 원소 중에서 상온취성의 원인이 되는 것은?
① 망간 ② 규소
③ 인 ④ 황

해설
① 망간 : 황과 화합하여 적열취성방지(MnS)하게 되어 황의 해를 제거하며, 고온 가공을 용이하게 한다. 강도, 경도, 인성을 증가시키며, 고온에 있어서는 결정 입자의 성장을 방해한다. 소성을 증가시키고 주조성을 좋게 한다. 담금질 효과를 크게 하며 탈산제로도 사용한다.
② 규소 : 강의 경도, 탄성 한계, 인장 강도를 증가시키며, 연신율, 충격값, 전성, 가공성은 감소시키고 단접성을 해치고 주조성(유동성)을 좋게 하며 결정입자의 크기를 증대시켜 거칠어진다.
③ 인 : 경도와 강도를 증가시키고, 연신율이 감소하며 가공시 편석 및 균열을 일으킨다. 상온취성의 원인이 된다. 기포가 없는 주물을 만들 수 있고, 절삭성이 좋아진다.
④ 황 : 적열 상태에서는 메짐성이 커 적열취성의 원인이 되며, 인장강도, 연신율, 충격값을 감소시킨다. 강의 용접성을 나쁘게 하며, 강의 유동성을 해치고 기포를 발생시킨다. 망간과 화합하여 절삭성이 좋아진다.

03 고강도 Al합금으로 Al-Cu-Mg-Mn의 합금은?
① 두랄루민 ② 라우탈
③ 실루민 ④ Y합금

해설 두랄루민 : 고강도 Al합금으로 Al-Cu-Mg-Mn의 합금으로 시효경화 처리한 대표적인 합금, 이외에도 인장강도 186MPa 이상의 초두랄루민이 있다.

04 산화물계 세라믹의 주재료는?
① SiO_2 ② SiC
③ TiC ④ TiN

해설
• 세라믹은 금속원소와 비금속원소를 혼합한 Al_2O_3, SiO_2 등의 금속산화물로 내열, 내마모성, 내식재료, 도자기, 타일 등에 사용된다.
• 절삭공구에는 99% 이상의 Al_2O_3 외 MgO, CaO, Na_2O, K_2O, SiO_2를 미량 첨가하며 1600℃ 이상에서 소결한 공구로 1000℃ 이상에서 경도를 유지할 수 있다. 하지만, 초경합금보다 취약하고 열충격에 약한 단점이 있다.

05 반도체 재료의 정제에서 고순도의 실리콘(Si)을 얻을 수 있는 정제법은?
① 인상법 ② 대역정제법
③ 존 레벨링법 ④ 플로팅 존법

해설 플로팅 존법 : LED, 메모리 및 CPU 등과 같은 반도체 소자를 제조하는 데 필요한 기판 등 웨이퍼를 제작하는 공정으로 반도체 재료를 정제에서 고순도의 실리콘(Si)을 얻을 수 있는 정제법이다.

답 01. ② 02. ③ 03. ① 04. ① 05. ④

제 6 편 최근 기출문제

06 금속침투에 의한 표면 경화법으로 금속 표면에 Al을 침투시키는 것은?
① 크로마이징
② 칼로라이징
③ 실리콘라이징
④ 보로나이징

해설
① 크로마이징 : Cr 침투처리
② 칼로라이징 : Al 침투처리
③ 실리콘라이징 : Si 침투처리
④ 보로나이징 : B 침투처리

07 열처리 방법에 대한 설명 중 틀린 것은?
① 불림 – 가열 후 공냉시켜 표준화한다.
② 풀림 – 재질을 연하고 균일하게 한다.
③ 담금질 – 가열 후 서냉시켜 재질을 연화시킨다.
④ 뜨임 – 담금질 후 인성을 부여한다.

해설 담금질 – 가열 후 급냉시켜 재질을 경화시킨다.

08 평 벨트와 비교한 V 벨트 전동의 특성이 아닌 것은?
① 설치면적이 넓어 큰 공간이 필요하다.
② 비교적 작은 장력으로 큰 회전력을 전달할 수 있다.
③ 운전이 정숙하다.
④ 마찰력이 평 벨트보다 크고 미끄럼이 적다.

해설 V 벨트 전동은 설치면적이 적고 큰 공간이 필요하지 않다.

09 기계요소 부품 중에서 직접 전동용 기계요소에 속하는 것은?
① 벨트   ② 기어
③ 로프   ④ 체인

해설 벨트, 로프, 체인은 간접 전동용 기계요소이다.

10 너트의 밑면에 넓은 원형 플랜지가 붙어 있는 너트는?
① 와셔붙이 너트
② 육각 너트
③ 판 너트
④ 캡 너트

해설
① 와셔붙이 너트 : 너트의 밑면에 넓은 원형 플랜지가 붙어 있는 너트로 접촉면이 거칠거나, 큰 면압을 피하려 할 때 사용한다.
② 육각 너트 : 겉모양이 육각인 너트로서 주로 기계부품에 쓰인다.
③ 판 너트 : 암나사를 깎을 수 없는 얇은 판에 리벳으로 설치하여 사용하는 너트
④ 캡 너트 : 나사 구멍이 뚫려 있지 않은 너트로 유체의 흐름 방지 및 부식 방지 목적으로 사용한다.

11 지름 50mm인 원형 단면에 하중 4500N이 작용할 때 발생되는 응력은 약 몇 N/mm²인가?
① 2.3   ② 4.6
③ 23.3   ④ 46.6

해설 $\sigma = \dfrac{W}{A} = \dfrac{A}{\pi \times \dfrac{d^2}{4}} = \dfrac{4 \times 4500}{\pi \times 50^2} = 2.29$

12 시험 전 단면적이 6mm² 시험 후 단면적이 1.5mm²일 때 단면수축률은?
① 25%   ② 45%
③ 55%   ④ 75%

해설 $\psi = \dfrac{A_0 - A}{A_0} \times 100 = \dfrac{6 - 1.5}{6} \times 100 = 75\%$

13 두 물체 사이의 거리를 일정하게 유지시키면서 결합하는 데 사용하는 볼트는?
① 기초볼트   ② 아이볼트
③ 나비볼트   ④ 스테이볼트

답 06. ② 07. ③ 08. ① 09. ② 10. ① 11. ① 12. ④ 13. ④

해설 ① 기초볼트 : 기계 등을 콘크리트 바닥에 설치하는 데 쓰인다.
② 아이볼트 : 무거운 기계와 전동기 등을 들어올릴 때 로프, 체인 또는 훅을 거는 데 사용한다.
③ 나비볼트 : 손으로 돌려 죌 수 있는 모양
④ 스테이볼트 : 부품을 일정한 간격으로 유지하고, 구조자체를 보강하는 데 사용한다.

14 축이 회전하는 중에 임의로 회전력을 차단할 수 있는 것은?
① 커플링   ② 스플라인
③ 크랭크   ④ 클러치

해설 클러치 : 축이 회전하는 중에 임의로 회전력을 차단할 수 있다.

15 고정 원판식 코일에 전류를 통하면, 전자력에 의하여 회전 원판이 잡아 당겨져 브레이크가 걸리고, 전류를 끊으면 스프링 작용으로 원판이 떨어져 회전을 계속하는 브레이크는?
① 밴드 브레이크   ② 디스크 브레이크
③ 전자 브레이크   ④ 블록 브레이크

해설 ① 밴드 브레이크 : 브레이크륜의 외주에 강철밴드를 감고 밴드에 장력을 주어 밴드와 브레이크륜 사이의 마찰에 의하여 제동 작용을 한다.
② 디스크 브레이크 : 원판 브레이크라고도 한다. 바퀴에 디스크가 부착되어 있고, 브레이크 패드가 디스크에 마찰을 가하면 바퀴의 회전 속도가 느려지는 제동장치이다.
③ 전자 브레이크 : 고정 원판식 코일에 전류를 통하면, 전자력에 의하여 회전 원판이 잡아 당겨져 브레이크가 걸리고, 전류를 끊으면 스프링 작용으로 원판이 떨어져 회전을 계속하는 브레이크이다.
④ 블록 브레이크 : 차량, 기중기 등에 많이 사용되는 장치로 브레이크 드럼의 원주 상에 1개 또는 2개의 브레이크 블록을 브레이크 레버로 밀어 붙여 마찰에 의해 제동 작동을 한다.

16 기하공차 기호 중 자세공차 기호는?
① ◎   ② ○
③ //   ④ ⌒

해설 ① ◎ : 원통도(모양공차)
② ○ : 진원도(모양공차)
③ // : 평행도(자세공차)
④ ⌒ : 면의 윤곽도(모양공차)

17 다음과 같은 입체도에서 화살표 방향이 정면도 방향일 경우 올바르게 투상된 평면도는?

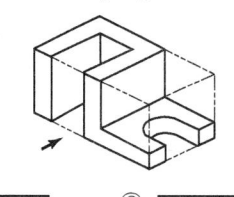

[보기]

① ② ③ ④

18 그림에서 기준 치수 ∅50 구멍의 최대실체치수(MMS)는 얼마인가?

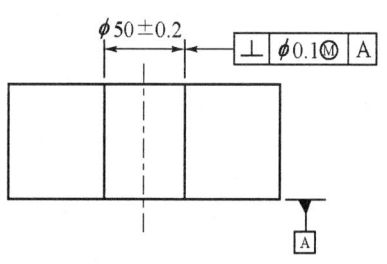

① ∅49.7   ② ∅49.8
③ ∅50   ④ ∅50.2

해설 최대실체치수=기준 치수−아래치수허용차
=50−0.2=49.8

답 14. ④ 15. ③ 16. ③ 17. ② 18. ②

2015년 4월 4일

19 스프링을 제도하는 내용으로 틀린 것은?
① 특별한 단서가 없는 한 왼쪽 감기로 도시
② 원칙적으로 하중이 걸리지 않은 상태로 제도
③ 간략도로 표시하고 필요한 사항은 요목표에 기입
④ 코일의 중간 부분을 생략할 때는 가는 1점 쇄선으로 도시

해설 스프링을 제도는 특별한 단서가 없는 한 모두 오른쪽 감기로 도시하고, 왼쪽 감기로 도시할 때에는 '감긴 방향 왼쪽'이라고 표시한다.

20 도면에 사용하는 치수보조기호를 설명한 것으로 틀린 것은?
① R : 반지름
② C : 30° 모떼기
③ SØ : 구의 지름
④ □ : 정사각형의 한 변의 길이

해설 C : 45° 모떼기

21 그림과 같은 도면에 지시한 기하공차의 설명으로 가장 옳은 것은?

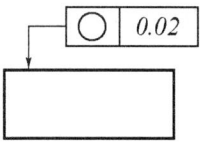

① 원통의 축선은 지름 0.02mm의 원통 내에 있어야 한다.
② 지시한 표면은 0.02mm만큼 떨어진 2개의 평면 사이에 있어야 한다.
③ 임의의 축직각 단면에 있어서의 바깥둘레는 동일 평면 위에서 0.02mm만큼 떨어진 두 개의 동심원 사이에 있어야 한다.
④ 대상으로 하고 있는 면은 0.02mm만큼 떨어진 2개의 직선 사이에 있어야 한다.

해설 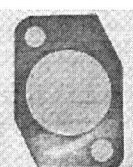 : 임의의 축직각 단면에 있어서의 바깥둘레는 동일 평면 위에서 0.02mm만큼 떨어진 두 개의 동심원 사이에 있어야 한다.

22 맞물리는 한쌍 기어의 도시에서 맞물림부의 이끝원을 그리는 선은?
① 굵은 실선   ② 가는 실선
③ 2점 쇄선   ④ 숨은 선

해설 ① 바깥지름(이끝원)은 굵은실선으로 그린다.
② 피치원은 가는 일점쇄선으로 그린다.
③ 이뿌리원은 가는 실선으로 그린다.

23 다음 그림과 같이 실제 형상을 찍어내어 나타내는 스케치 방법을 무엇이라 하는가?

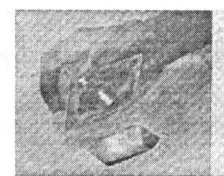

① 프리 핸드법   ② 프린터법
③ 직접 본뜨기법   ④ 간접 본뜨기법

해설 프린트법 : 평면이면서 복잡한 윤곽을 갖는 부품일 경우 물체의 표면에 기름이나 광명단을 얇게 칠하고 그 위에 종이를 대고 눌러서 실제의 모양을 뜨는 방법이다.

24 동일 부위에 중복되는 선의 우선순위가 높은 것부터 낮은 것으로 순서대로 나열한 것은?
① 중심선 → 외형선 → 절단선 → 숨은선
② 외형선 → 중심선 → 숨은선 → 절단선
③ 외형선 → 숨은선 → 중심선 → 절단선
④ 외형선 → 숨은선 → 절단선 → 중심선

해설 겹치는 선의 우선순위
① 외형선 ② 숨은선 ③ 절단선 ④ 중심선
⑤ 무게중심선 ⑥ 치수보조선

답 19.① 20.② 21.③ 22.① 23.② 24.④

25 제작 도면에서 제거가공을 해서는 안 된다고 지시할 때의 표면 결 도시방법은?

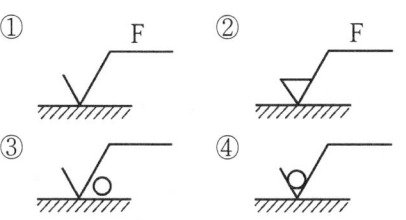

해설 ① ∀ : 제거가공의 필요 여부를 문제삼지 않는다.
② ∀ : 제거가공을 해서는 안 된다.
③ ∀ : 제가가공을 필요로 한다.

26 선반가공 중 테이퍼를 가공하는 방법이 아닌 것은?
① 회전 센터에 의한 방법
② 심압대 편위에 의한 방법
③ 테이퍼 절삭 장치에 의한 방법
④ 복식 공구대를 선회시켜 가공하는 방법

해설 테이퍼 절삭작업
① 복식 공구대를 경사시키는 방법 : 길이가 짧고 테이퍼 값이 클 때 사용된다.
② 심압대를 편위 시키는 방법(Set over) : 비교적 길이가 길고 테이퍼 값이 작을 때 사용된다.
③ 테이퍼 절삭 장치를 사용하는 방법
④ 가로, 세로 이송핸들 사용하는 방법
⑤ 총형 공구를 사용하는 방법

27 빌트업 에지(built-up edge)의 발생과정으로 옳은 것은?
① 성장 → 분열 → 탈락 → 발생
② 분열 → 성장 → 발생 → 탈락
③ 탈락 → 발생 → 성장 → 분열
④ 발생 → 성장 → 분열 → 탈락

해설 구성인선은 매우 짧은 시간($\frac{1}{10} \sim \frac{1}{200}$sec)을 주기로 발생 → 성장 → 최대 → 균열 → 탈락을 반복하여 탈락할 때마다 가공면에 홈집을 만들고 진동을 일으켜 공구의 떨림 현상을 일으켜 가공면을 나쁘게 한다.

28 절삭 깊이가 적고, 절삭속도가 빠르며 경사 각이 큰 바이트로 연성의 재료를 가공할 때 발생하는 칩의 형태는?
① 유동형 칩   ② 전단형 칩
③ 경작형 칩   ④ 균일형 칩

해설 ① 유동형 칩 : 절삭 깊이가 적고, 절삭속도가 빠르며 경사각이 큰 바이트로 연성의 재료를 가공할 때 발생한다.
② 전단형 칩 : 연한 재질의 공작물을 작은 경사각으로 저속 가공할 때 발생한다.
③ 경작형 칩 : 점성이 큰 재질을 작은 경사각의 공구로 절삭할 때 발생한다.
④ 균일형 칩 : 주철과 같은 메진(취성) 재료를 저속 가공할 때 발생한다.

29 다음과 같이 연삭숫돌의 표시방법 중 "K"는 무엇을 나타내는가?

WA 60 K 5 V

① 숫돌입자   ② 조직
③ 결합제   ④ 결합도

해설 WA(입자), 60(입도), K(결합도) 5(조직), V(결합제)

30 보통선반에서 할 수 없는 작업은?
① 드릴링 작업   ② 보링 작업
③ 인덱싱 작업   ④ 널링 작업

해설 인덱싱 작업은 밀링머신에서 가공할 수 있다.

31 필요한 형상의 부품이나 제품을 연삭하는 연삭방법은?
① 경면 연삭   ② 성형 연삭
③ 센터리스 연삭 ④ 그립 피드 연삭

답 25.④ 26.① 27.④ 28.① 29.④ 30.③ 31.②

해설 성형 연삭 : 필요한 형상의 부품이나 제품의 기하곡선, 각도 등을 연삭

32 특정한 제품을 대량생산할 때 가장 적합한 공작기계는?

① 범용 공작기계 ② 만능 공작기계
③ 전용 공작기계 ④ 단능 공작기계

해설 ① 범용 공작기계 : 다양한 종류의 가공을 할 수 있는 공작기계
② 만능 공작기계 : 선반(旋盤), 드릴링 머신, 밀링 머신, 형삭기(形削機) 등의 공작 기계의 구조를 적당히 조합하여 한 대의 기계로 만든 것
③ 전용 공작기계 : 특정한 제품을 대량생산할 때 가장 적합한 공작기계
④ 단능 공작기계 : 간단한 공정이나 1종의 공정밖에 할 수 없는 공작기계

33 외주와 정면에 절삭 날이 있고 주로 수직밀링에서 사용하는 커터로 절삭능력과 가공면의 표면거칠기가 우수한 초경 밀링커터는?

① 슬래브 밀링커터 ② 총형 밀링커터
③ 더브 테일 커터 ④ 정면 밀링커터

해설 ① 슬래브 밀링커터 : 절삭량을 크게 하여 평면절삭, 비틀림날에 홈을 내어 절삭 칩이 끊어지게 함.
② 총형 밀링커터 : 윤곽을 갖는 커터이며 기어, 커터, 리머, 탭 등 윤곽을 가공
③ 더브 테일 커터 : 60°의 각을 가진 원추 형상의 커터로서 더브테일 홈가공이나 바닥면과 양쪽 측면을 가공
④ 정면 밀링커터 : 외주와 정면에 절삭 날이 있으며 밀링커터축에 수직인 평면을 가공

34 주조할 때 뚫린 구멍 또는 드릴로 뚫은 구멍을 크게 확대 하거나, 정밀도 높은 제품으로 가공하는 것은?

① 셰이퍼 ② 브로칭머신
③ 보링머신 ④ 호빙머신

해설 보링머신 : 주조할 때 뚫린 구멍 또는 드릴로 뚫은 구멍을 크게 확대하거나, 정밀도 높은 제품으로 가공

35 래핑가공의 단점에 대한 설명으로 틀린 것은?

① 작업이 지저분하고 먼지가 많다.
② 가공이 복잡하고 대량생산이 어렵다.
③ 비산하는 랩제는 다른 기계나 가공물을 마모시킨다.
④ 가공면에 랩제가 잔류하기 쉽고, 잔류 랩제로 인하여 마모를 촉진시킨다.

해설 래핑은 작업 방법이 간단하고 대량생산이 가능하다.

36 3차원 측정기에서 피측정물의 측정면에 접촉하여 그 지점의 좌표를 검출하고 컴퓨터에 지시하는 것은?

① 기준구 ② 서보모터
③ 프로브 ④ 데이텀

해설 프로브 : 3차원 측정기에서 피측정물의 측정면에 접촉하여 그 지점의 좌표를 검출하고 컴퓨터에 지시한다.

37 측정자의 직선 또는 원호 운동을 기계적으로 확대하여 그 움직임을 지침의 회전 변위로 변환시켜 눈금으로 읽는 게이지는?

① 한계 게이지 ② 게이지 블록
③ 하이트 게이지 ④ 다이얼 게이지

해설 다이얼 게이지 : 측정자의 직선 또는 원호 운동을 기계적으로 확대하여 그 움직임을 지침의 회전 변위로 변환시켜 눈금으로 읽는 게이지이다.

38 W, Cr, V, Mo 등을 함유하고 고온경도 및 내마모성이 우수하여 고온절삭이 가능한 절삭공구 재료는?

답 32.③ 33.④ 34.③ 35.② 36.③ 37.④ 38.②

① 탄소공구강　② 고속도강
③ 다이아몬드　④ 세라믹 공구

해설　고속도강 : W, Cr, V, Mo 등을 함유하고 고온경도 및 내마모성이 우수하여 고온절삭이 가능하다.

39 밀링머신의 부속장치에 해당하는 것은?
① 맨드릴　② 돌리개
③ 슬리브　④ 분할대

해설　맨드릴, 돌리개, 슬리브는 선반 부속공구이다.

40 보통 센터의 선단 일부를 가공하여, 단면 가공이 가능한 센터는?
① 세공 센터
② 베어링 센터
③ 하프 센터
④ 평 센터

해설　센터의 종류
① 세공센터 : 직경이 작은 공작물 가공에 사용
② 베어링 센터 : 고속 회전시 사용
③ 하프 센터 : 단(끝)면 가공시 사용
④ 평 센터 : 센터 구멍을 내지 않고 지지

41 밀링가공에서 상향절삭과 비교한 하향절삭의 특성 중 틀린 것은?
① 기계의 강성이 낮아도 무방하다.
② 공구의 수명이 길다.
③ 가공표면의 광택이 적다.
④ 백래시를 제거하여야 한다.

해설　하향 절삭
① 절삭에 방해가 있다.
② 백래시 제거장치가 필요하다.
③ 안정된 고정이 된다.
④ 수명이 길다.
⑤ 날 파손은 생길 수 있으나 마모가 적다.
⑥ 소비가 적다.
⑦ 깨끗하고 가공표면의 광택이 적다.

42 다음과 같은 테이퍼를 절삭하고자 할 때 심압대의 편위량은 약 몇 mm인가?

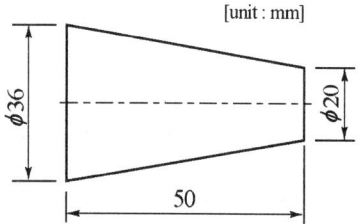

① 8mm　② 10mm
③ 16mm　④ 18mm

해설　테이퍼 길이에 대한 편위량
$$x = \frac{(D-d)}{2} = \frac{(36-20)}{2} = 8\text{mm}$$

43 다음 중 CNC 선반에서 공구 날끝 보정에 관한 설명으로 틀린 것은?
① G42 명령은 모달 명령이다.
② G41은 공구인선 우측 반지름 보정이다.
③ G40 명령은 공구 날끝 보정 취소 기능이다.
④ 공구 날끝 보정은 가공이 시작되기 전에 이루어져야 한다.

해설　G41은 공구인선 좌측 반지름 보정이다.

44 머시닝센터에서 G43 기능을 이용하여 공구 길이 보정을 하려고 한다. 다음 설명 중 틀린 것은?

공구 번호	길이 보정번호	게이지 라인으로부터 공구 길이(mm)	비고
T01	H01	100	
T02	H02	90	기준공구
T03	H03	120	
T04	H04	50	
T05	H05	150	
T06	H06	80	

① 1번 공구의 길이 보정값은 10mm이다.

답 39.④　40.③　41.①　42.①　43.②　44.③

② 3번 공구의 길이 보정값은 30mm이다.
③ 4번 공구의 길이 보정값은 40mm이다.
④ 5번 공구의 길이 보정값은 60mm이다.

해설 4번 공구의 길이 보정값은 -40mm이다.

45 다음 중 주 프로그램(main program)과 보조 프로그램(sub program)에 관한 설명으로 틀린 것은?

① 보조 프로그램에서는 좌표계 설정을 할 수 없다.
② 보조 프로그램의 마지막에는 M99를 지령한다.
③ 보조 프로그램 호출은 M98 기능으로 보조 프로그램번호를 지정하여 호출한다.
④ 보조 프로그램은 반복되는 형상을 간단하게 프로그램하기 위하여 많이 사용한다.

해설 주(Main)프로그램과 보조(Sub)프로그램의 구성 프로그램을 간단히 하는 기능으로 가공할 형태가 여러번 반복하는 경우 가공부분은 하나의 보조(Sub)프로그램으로 작성하고 주(Main)프로그램에서 보조(Sub)프로그램 필요할 때 호출하여 반복 가공을 할 수 있다. 보조 프로그램에서도 좌표계 설정을 할 수 있다.

46 다음 중 CNC 선반에서 드라이 런 기능에 관한 설명으로 옳은 것은?

① 드라이 런 스위치가 ON되면 이송 속도가 빨라진다.
② 드라이 런 스위치가 ON되면 프로그램에서 지장된 이송 속도를 무시하고 조작판에서 이송 속도를 조절할 수 있다.
③ 드라이 런 스위치가 ON되면 이송속도의 단위가 회전당 이송 속도로 변한다.
④ 드라이 런 스위치가 ON되면 급속속도가 최고속도로 바뀐다.

해설 드라이 런 스위치가 ON되면 이송속도를 조절할 수 있다.

47 머시닝센터의 자동공구교환장치에서 지정한 공구번호에 의해 임의로 공구를 주축에 장착하는 방식을 무엇이라 하는가?

① 랜덤 방식   ② 팰릿 방식
③ 시퀀스 방식 ④ 컬립형 방식

해설 ① 랜덤방식 : 공구매거진에 의한 방법
② 터릿방식 : 순차적 교환방식

48 다음 중 기계원점에 관한 설명으로 틀린 것은?

① 기계 상의 고정된 임의의 지점으로 기계 조작 시 기준이 된다.
② 프로그램 작성 시 기준이 되는 공작물 좌표의 원점을 말한다.
③ 조작판상의 원점복귀 스위치를 이용하여 수동으로 원점복귀할 수 있다.
④ G28을 이용하여 프로그램 상에서 자동원점 복귀시킬 수 있다.

해설 기계 원점, 즉 원점 복귀가 되는 위치를 기준으로 기계좌표계가 설정되며, 사용자가 임의로 변경할 수 없도록 되어 있다. 기계원점은 기계가 항상 동일한 위치로 되돌아가는 기준점으로 공작물원점인 프로그램 원점과 기계원점을 알려줄 때 기준이 되는 점이며, 각종 파라미터의 값이나 설정치의 기준이 되며, 모든 연산의 기준이 되는 점이다.

49 다음 중 머시닝센터 작업 시 발생하는 알람 메시지의 내용으로 틀린 것은?

① LUBR TANK LEVEL LOW ALARM → 절삭유 부족
② EMERGENCY STOP SWITCH ON → 비상정지 스위치 ON
③ P/S_ ALARM → 프로그램 알람
④ AIR PRESSURE ALARM → 공기압 부족

해설 LUBR TANK LEVEL LOW ALARM → 습동유 부족

답 45.① 46.② 47.① 48.② 49.①

50 다음은 머시닝 센터 프로그램이다. 프로그램에서 사용된 평면은 어느 것인가?

```
G17 G40 G49 G80 ;
G91 G28 Z0. ;
     G28 X0. Y0. ;
G90 G92 X400. Y250. Z500. ;
T01 M06 ;
    :
```

① Z-Z 평면　　② Y-Z 평면
③ Z-X 평면　　④ X-Y 평면

해설　① G17 : XY 작업평면
　　　② G18 : ZX 작업평면
　　　③ G19 : XZ 작업평면

51 컴퓨터에 의한 통합 가공시스템(CIMS)으로 생산관리 시스템을 자동화할 경우의 이점이 아닌 것은?

① 짧은 제품 수명주기와 시장 수요에 즉시 대응할 수 있다.
② 더 좋은 공정 제어를 통하여 품질의 균일성을 향상시킬 수 있다.
③ 재료, 기계, 인원 등의 효율적인 관리로 재고량을 증가시킬 수 있다.
④ 생산과 경영관리를 잘 할 수 있으므로 제품 비용을 낮출 수 있다.

해설　컴퓨터에 의한 통합 가공시스템(CIMS) 이점
　　　① 더욱 짧은 제품 수명 주기와 시장의 수요에 즉시 대응할 수 있다.
　　　② 더 좋은 공정제어를 통하여 품질의 균일성을 향상시킨다.
　　　③ 재료, 기계, 인원을 잘 활용할 수 있고, 재고를 줄임으로써 비용이 절감된다.
　　　④ 생산과 경영관리를 더욱 잘할 수 있으므로 제품 비용을 낮출 수 있다.

52 다음은 CNC 선반에서 나사가공 프로그램을 나타낸 것이다. 나사 가공할 때 최초 절입량은 얼마인가?

```
G76 P011060 Q50 R20 ;
G76 X47.62 Z-32. P1.19 Q350 F2.0 ;
```

① 0.35mm　　② 0.50mm
③ 1.19mm　　④ 2.0mm

해설　최초 절입량 Q350, 즉 0.35mm이다.

53 다음 중 CNC 공작기계에 사용되는 서보모터가 구비하여야 할 조건으로 틀린 것은?

① 빈번한 시동, 정지, 제동, 역전 및 저속회전의 연속작동이 가능해야 한다.
② 모터 자체의 안정성이 작아야 한다.
③ 가혹 조건에서도 충분히 견딜 수 있어야 한다.
④ 감속 특성 및 응답성이 우수해야 한다.

해설　모터 자체의 안정성이 커야 한다.

54 다음 중 주축 회전수를 1000rpm으로 지령하는 블록은?

① G28 S1000 ;　　② G50 S1000 ;
③ G96 S1000 ;　　④ G97 S1000 ;

해설　절삭속도 일정제어 취소(G97)
　　　절삭속도 일정제어 취소 기능은 회전수만을 일정하게 제어하는 기능으로 드릴작업, 나사작업, 공작물 지름의 변화가 심하지 않는 공작물을 가공할 때 사용한다.
　　　[예] G97 S1000 M03 ;
　　　주축은 1000[rpm]으로 회전한다.

55 다음 중 NC 프로그램의 준비 기능으로 그 기능이 전혀 다른 것은?

① G01　　② G02
③ G03　　④ G04

해설

G01	직선보간(직선절삭)	
G02	원호보간 CW(시계방향)	절삭기능
G03	원호보간 CCW(반시계 방향)	
G04	휴지·드웰(DWELL)	잠시정지

답　50. ④　51. ③　52. ①　53. ②　54. ④　55. ④

56 CNC 공작기계의 준비기능 중 1회 지령으로 같은 그룹의 준비 기능이 나올 때까지 계속 유효한 G 코드는?
① G01　② G04
③ G28　④ G50

해설　G01은 동일 그룹의 다른 G-code가 나올 때까지 유효한 기능

57 다음 중 CNC 제어시스템의 기능이 아닌 것은?
① 통신 기능
② CNC 기능
③ AUTOCAD 기능
④ 데이터 입출력제어 기능

58 다음 중 CNC 선반 프로그램에서 단일형 고정 사이클에 해당되지 않는 것은?
① 내외경 황삭 사이클(G90)
② 나사절삭 사이클(G92)
③ 단면절삭 사이클(G94)
④ 정삭 사이클(G70)

해설　정삭 사이클(G70)은 복합형 고정 사이클이다.

59 다음 중 CNC프로그램을 작성할 때 소수점을 사용할 수 없는 어드레스는?
① F　② R
③ K　④ S

해설　주축기능(S)으로 소수점을 사용할 수 없다.

60 다음 중 선반작업 시 안전사항으로 틀린 것은?
① 작업자의 안전을 위해 장갑은 착용하지 않는다.
② 작업자의 안전을 위해 작업복, 안전화, 보안경 등은 착용하고 작업한다.
③ 장비 사용 전 정상구동상태 및 이상 여부를 확인한다.
④ 작업의 편의를 위해 장비조작은 여러 명이 협력하여 조작한다.

해설　작업의 안전을 위해 장비조작은 혼자서 조작한다.

답 56. ①　57. ③　58. ④　59. ④　60. ④

제4회 컴퓨터응용밀링기능사 기출문제

2015년 7월 19일

01 다음 금속 중에서 용융점이 가장 낮은 것은?
① 백금 ② 코발트
③ 니켈 ④ 주석

해설 ① 백금 : 1774 ② 코발트 : 1495
③ 니켈 : 1455 ④ 주석 : 232

02 7 : 3황동에 대한 설명으로 옳은 것은?
① 구리 70%, 주석 30%의 합금이다.
② 구리 70%, 아연 30%의 합금이다.
③ 구리 70%, 니켈 30%의 합금이다.
④ 구리 70%, 규소 30%의 합금이다.

해설 7-3황동(cartridage brass) : Cu 70%, Zn 40%의 $\alpha+\beta$황동이며, 인장강도가 크고 고온가공이 용이하다. 탈아연 부식이 일어나기 쉽다. 열교환기나, 열간 단조용으로 사용된다.

03 다음 중 정지상태의 냉각수 냉각속도를 1로 했을 때, 냉각속도가 가장 빠른 것은?
① 물 ② 공기
③ 기름 ④ 소금물

해설 급랭 : 소금물, 물, 기름순서로 급속히 냉각한다.

04 다음 중 퀴리점(curie point)에 대한 설명으로 옳은 것은?
① 결정격자가 변하는 점
② 입방격자가 변하는 점
③ 자기변태가 일어나는 온도
④ 동소변태가 일어나는 온도

해설 퀴리점 : 자기변태(A_2 : 768℃)가 일어나는 온도

05 강력한 흑연화 촉진 원소로서 탄소량을 증가시키는 것과 같은 효과를 가지며 주철의 응고 수축을 적게 하는 원소는?
① Si ② Mn
③ P ④ S

해설 주철에 미치는 원소의 영향
① C : 주철에 가장 큰 영향을 미치며, 탄소함유량이 적으면 백선화 된다. 반대로 증가하면 용융점이 저해되고 주조성이 좋아진다.
② Si : 주철의 질을 연하게 하고 냉각시 수축을 적게 한다. 규소가 많으면 공정점이 저탄소강 쪽으로 이동하며, 흑연화를 촉진시킨다.
③ Mn : 적당한 양의 망간은 강인성과 내열성을 크게 한다.
④ P : 쇳물의 유동성을 좋게 하고, 주물의 수축을 적게 하나 너무 많으면 단단해지고 균열이 생기기 쉽다.
⑤ S : 쇳물의 유동성을 나쁘게 하며 기공이 생기기 쉽고 수축률이 증가한다.

06 주철의 일반적 설명으로 틀린 것은?
① 강에 비하여 취성이 작고 강도가 비교적 높다.
② 주철은 파면상으로 분류하면 회주철, 백주철, 반주철로 구분할 수 있다.
③ 주철 중 탄소의 흑연화를 위해서는 탄소량 및 규소의 함량이 중요하다.
④ 고온에서 소성변형이 곤란하나 주조성이 우수하여 복잡한 형상을 쉽게 생산할 수 있다.

해설 주철은 강에 비하여 취성이 크고 강도가 비교적 낮다.

답 01.④ 02.② 03.④ 04.③ 05.① 06.①

07 FRP로 불리며 항공기, 선박, 자동차 등에 쓰이는 복합재료는?
① 옵티컬 화이버
② 세라믹
③ 섬유강화 플라스틱
④ 초전도체

해설 복합재료의 모재 사용에 따라
① 금속을 사용하면 섬유 강화 금속
(FRM, fiber reinforced metals)
② 플라스틱을 사용하면 섬유 강화 플라스틱
(FRP, fiber reinforced plastics)
③ 섬유강화 세라믹스
(FRC, Fiber Reinforced Ceramics)

08 저널 베어링에서 저널의 지름이 30mm, 길이가 40mm, 베어링의 하중이 2400N일 때, 베어링의 압력은 몇 MPa인가?
① 1
② 2
③ 3
④ 4

해설 $P = \dfrac{W}{dl} = \dfrac{2400}{30 \times 40} = 2$

09 두 축이 나란하지도 교차하지도 않으며, 베벨 기어의 축을 엇갈리게 한 것으로, 자동차의 차동기어 장치의 감속기어로 사용되는 것은?
① 베벨기어
② 웜기어
③ 베벨헬리컬기어
④ 하이포이드기어

해설 하이포이드기어 : 두 축이 나란하지도 교차하지도 않으며, 베벨 기어의 축을 엇갈리게 한 것으로, 자동차의 차동기어 장치의 감속기어로 사용한다.

10 나사에 관한 설명으로 틀린 것은?
① 나사에서 피치가 같으면 줄 수가 늘어나도 리드는 같다.
② 미터계 사다리꼴 나사산의 각도는 30°이다.
③ 나사에서 리드라 하면 나사축 1회전당 전진하는 거리를 말한다.
④ 톱니나사는 한 방향으로 힘을 전달시킬 때 사용한다.

해설 나사에서 피치가 같고 줄 수가 늘어나면 리드도 늘어난다.

11 다음 제동장치 중 회전하는 브레이크 드럼을 브레이크 블록으로 누르게 한 것은?
① 밴드 브레이크
② 원판 브레이크
③ 블록 브레이크
④ 원추 브레이크

해설 블록 브레이크 : 차량, 기중기 등에 많이 사용되는 장치로 브레이크 드럼의 원주상에 1개 또는 2개의 브레이크 블록을 브레이크 레버로 밀어 붙여 마찰에 의해 제동작동을 한다.

12 원형나사 또는 둥근나사라고도 하며, 나사산의 각(α)은 30°로 산마루와 골이 둥근 나사는?
① 톱니나사
② 너클나사
③ 볼나사
④ 세트 스크류

해설 너클나사(둥근나사 : Round thread)
원형·둥근나사라고도 하고 나사산의 각은 30°로 나사산의 산마루와 골의 모양은 둥글게 되어 있다. 용도는 급격한 충격을 받는 부분, 전구, 먼지와 모래 등이 많이 끼는 경우와 오염된 액체의 밸브 또는 호스 이음나사 등에 사용된다.

13 42500kgf·mm의 굽힘 모멘트가 작용하는 연강축 지름은 약 몇 mm인가? (단, 허용 굽힘 응력은 5kgf/mm²이다.)
① 21
② 36
③ 44
④ 92

해설 $d = \sqrt[3]{\dfrac{32M}{\pi\sigma_b}} = \sqrt[3]{\dfrac{10.2M}{\sigma_b}}$
$= \sqrt[3]{\dfrac{10.2 \times 42500}{5}} = 44$

답 07.③ 08.② 09.④ 10.① 11.③ 12.② 13.③

14 한 변의 길이가 30mm인 정사각형 단면의 강재에 4500N의 압축하중이 작용할 때 강재의 내부에 발생하는 압축응력은 몇 N/mm²인가?

① 2　　　② 4
③ 5　　　④ 10

해설　압축응력 = $\dfrac{하중}{단면적} = \dfrac{4500}{30 \times 30} = 5\,\text{N/mm}^2$

15 너트 위쪽에 분할 핀을 끼워 풀리지 않도록 하는 너트는?

① 원형 너트　　② 플랜지 너트
③ 홈붙이 너트　　④ 슬리브 너트

해설
① 원형 너트 : 자리가 좁아 보통의 육각너트를 쓸 수 없을 경우 또는 너트의 높이를 작게 할 경우에 사용한다.
② 플랜지 너트 : 육각의 대각선 거리보다 큰 지름의 플랜지가 달린 너트로 접촉면이 거칠거나, 큰 면압을 피하려 할 때 사용한다.
③ 홈붙이 너트 : 위쪽에 분할 핀을 끼울 수 있는 홈이 있는 너트로 풀리지 않도록 한다.
④ 슬리브 너트 : 머리 밑에 슬리브가 있는 너트로 수나사 중심선의 편심을 방지하는 데 사용한다.

16 표면의 줄무늬 방향의 기호 중 "R"의 설명으로 맞는 것은?

① 가공에 의한 커터의 줄무늬 방향이 기호를 기입한 그림의 투상면에 직각
② 가공에 의한 커터의 줄무늬 방향이 기호를 기입한 그림의 투상면에 평행
③ 가공에 의한 커터의 줄무늬 방향이 여러 방향으로 교차 또는 무방향
④ 가공에 의한 커터의 줄무늬 방향이 기호를 기입한 면의 중심에 대하여 대략 레이디얼 모양

해설

기호	의미
=	가공으로 생긴 앞줄의 방향이 기호를 기입한 그림의 투영면에 평행
⊥	가공으로 생긴 앞줄의 방향이 기호를 기입한 그림의 투영면에 수직
X	가공으로 생긴 선이 두 방향으로 교차
M	가공으로 생긴 선이 다방면으로 교차 또는 무방향
C	가공으로 생긴 선이 거의 동심원
R	가공으로 생긴 선이 거의 방사상(레이디얼형)

17 완전 나사부와 불완전 나사부의 경계를 나타내는 선은?

① 가는 실선　　② 굵은 실선
③ 가는 1점 쇄선　　④ 굵은 1점 쇄선

해설　나사 도시방법
① 수나사의 바깥지름과 암나사의 안지름을 표시하는 선은 굵은 실선으로 그린다.
② 수나사와 암나사의 골을 표시하는 선은 가는 실선으로 그린다.
③ 완전 나사부와 불완전 나사부의 경계선은 굵은 실선으로 그린다.

18 기계제도 도면에서 치수 앞에 표시하여 치수의 의미를 정확하게 나타내는데 사용하는 기호가 아닌 것은?

① t　　　② C
③ □　　④ ◇

해설

정사각형의 변	□
판의 두께	t
45°의 모떼기	C
원호의 길이	⌒

19 구멍 치수가 $\varnothing 50^{+0.005}_{0}$이고, 축 치수가 $\varnothing 50^{0}_{-0.004}$일 때, 최대 틈새는?

① 0　　　② 0.004
③ 0.005　　④ 0.009

답　14. ③　15. ③　16. ④　17. ②　18. ④　19. ④

해설

	구멍	축
최대허용치수	A=50.005mm	a=50.000mm
최소허용치수	B=50.000mm	b=49.996mm
최대죔새		a−B=0.000mm
최대틈새		A−b=0.009mm

20 도형의 한정된 특정부분을 다른 부분과 구별하기 위해 사용하는 선으로 단면도의 절단된 면을 표시하는 선을 무엇이라고 하는가?

① 가상선 ② 파단선
③ 해칭선 ④ 절단선

해설 ① 가상선 : 움직인 물체의 상태를 가상하여 나타내는 데 사용
② 파단선 : 부분생략 또는 부분 단면의 경계를 표시하는 데 사용
③ 해칭선 : 도형의 한정된 특정부분을 다른 부분과 구별하는 데 사용
④ 절단선 : 단면도를 그리는 경우 그 절단위치를 대응하는 도면에 표시하는 데 사용

21 투상선이 평행하게 물체를 지나 투상면에 수직으로 닿고 투상된 물체가 투상면에 나란하기 때문에 어떤 물체의 형상도 정확하게 표현할 수 있는 투상도는?

① 사 투상도 ② 등각 투상도
③ 정 투상도 ④ 부등각 투상도

해설 정 투상도 : 투상선이 평행하게 물체를 지나 투상면에 수직으로 닿고 투상된 물체가 투상면에 나란하기 때문에 어떤 물체의 형상도 정확하게 표현할 수 있다.

22 다음 그림에 대한 설명으로 옳은 것은?

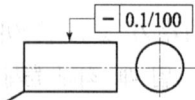

① 지시한 면의 진직도가 임의의 100mm 길이에 대해서 0.1mm만큼 떨어진 2개의 평행면 사이에 있어야 한다.
② 지시한 면의 진직도가 임의의 구분 구간 길이에 대해서 0.1mm만큼 떨어진 2개의 평행 직선 사이에 있어야 한다.
③ 지시한 원통면의 진직도가 임의의 모선 위에서 임의의 구분 구간 길이에 대해서 0.1mm만큼 떨어진 2개의 평행면 사이에 있어야 한다.
④ 지시한 원통면의 진직도가 임의의 모선 위에서 임의로 선택한 100mm 길이에 대해, 축선을 포함한 평면 내에 있어 0.1mm만큼 떨어진 2개의 평행한 직선 사이에 있어야 한다.

해설 | − | 0.1/100 |

지시한 원통면의 진직도가 임의의 모선 위에서 임의로 선택한 100mm 길이에 대해, 축선을 포함한 평면 내에 있어 0.1mm만큼 떨어진 2개의 평행한 직선 사이에 있어야 한다.

23 베어링의 상세한 간략 도시방법 중 다음과 같은 기호가 적용되는 베어링은?

① 단열 앵귤러 콘택트 분리형 볼 베어링
② 단열 깊은 홈 볼 베어링 또는 단열 원통 롤러 베어링
③ 복렬 깊은 홈 볼 베어링 또는 복렬 원통 롤러 베어링
④ 복렬 자동조심 볼 베어링 또는 복렬 구형 롤러 베어링

해설

기호	명칭
	깊은홈 볼 베어링
	복렬 자동조심 볼 베어링
	복렬 앵귤러 콘택트 볼 베어링

답 20.③ 21.③ 22.④ 23.④

24 다음 기하공차에 대한 설명으로 틀린 것은?

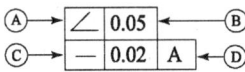

① Ⓐ : 경사도 공차
② Ⓑ : 공차값
③ Ⓒ : 직각도 공차
④ Ⓓ : 데이텀을 지시하는 문자기호

해설 Ⓒ : 진직도 공차

25 다음과 같이 3각법에 의한 투상도에 가장 적합한 입체도는? (단, 화살표 방향이 정면이다.)

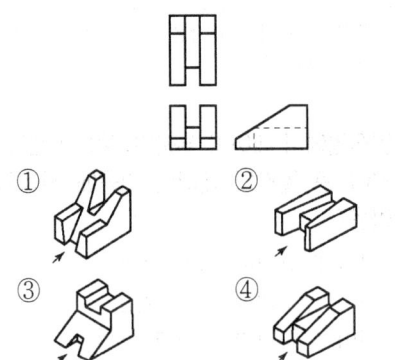

26 구멍의 내면을 암나사로 가공하는 작업은?
① 리밍   ② 널링
③ 탭핑   ④ 스폿 페이싱

해설 ① 리밍 : 구멍의 정밀도를 높이기 위한 작업
② 널링 : 선반에서 손잡이 부분작업으로 저속 회전으로 절삭유를 충분히 공급하면서 1~3회로 완성
③ 탭핑 : 공작물 내부에 암나사 가공
④ 스폿 페이싱 : 볼트 또는 너트 등의 구멍과 직각이 되게 머리부가 접촉되는 부분을 깎아서 만드는 작업

27 각도 측정용 게이지가 아닌 것은?
① 옵티컬 플랫
② 사인 바
③ 콤비네이션 세트
④ 오토 콜리미터

해설 옵티컬 플랫은 평면도 측정이다.

28 선반의 부속장치가 아닌 것은?
① 방진구   ② 면판
③ 분할대   ④ 돌림판

해설 분할대는 밀링부속장치이다.

29 연삭숫돌의 결합도는 숫돌입자의 결합상태를 나타내는데, 결합도 P, Q, R, S와 관련이 있는 것은?
① 연한 것   ② 매우 연한 것
③ 단단한 것   ④ 매우 단단한 것

해설 연삭숫돌의 결합도

결합도 번호	호칭
E, F, G	매우 연한 것
H, I, J, K	연한 것
L, M, N, O	중간 것
P, Q, R, S	단단한 것
T, U, V, W, X, Y, Z	매우 단단한 것

30 일반적으로 고속 가공기의 주축에 사용하는 베어링으로 적합하지 않은 것은?
① 마그네틱 베어링
② 에어 베어링
③ 니들 롤러 베어링
④ 세라믹 볼 베어링

해설 니들 롤러 베어링은 고속회전에 적합하지 않다.

31 연마제를 가공액과 혼합하여 압축공기와 함께 분사하여 가공하는 것은?
① 래핑   ② 슈퍼 피니싱
③ 액체 호닝   ④ 배럴 가공

해설 액체호닝(분사가공)
공작물 표면에 액체(물)와 미세 연삭 입자와

답 24. ③ 25. ④ 26. ③ 27. ① 28. ③ 29. ③ 30. ③ 31. ③

의 보통 혼합비 1 : 2로 혼합액을 압축, 공기로 분사하며 습식 다듬질 가공(샌드 블라스팅과 비슷)한다.

32 공구 마멸의 형태에서 윗면 경사각과 가장 밀접한 관계를 가지고 있는 것은?
① 플랭크 마멸(flank wear)
② 크레이터 마멸(crater wear)
③ 치핑(chipping)
④ 섕크 마멸(shank wear)

해설 크레이터 마멸(경사면 마모)
칩에 의하여 공구의 경사면이 움푹 패이는 마모로서 초경합금과 고속도강에서 나타나고 전연성 재료의 유동형 칩을 만드는 경우에 공구 상면에 주로 발생한다.

33 밀링머신에서 하지 않는 가공은?
① 홈 가공   ② 평면 가공
③ 널링 가공   ④ 각도 가공

해설 널링 가공은 선반에서 작업할 수 있다.

34 범용 선반에서 새들과 에이프런으로 구성되어 있는 부분은?
① 주축대   ② 심압대
③ 왕복대   ④ 베드

해설 왕복대 : 에이프런(Apren 내부 : 자동이송장치 및 나사 절삭 장치), 새들(saddle), 공구대(Toal past)로 구성되어 있다.

35 사인 바를 사용할 때 각도가 몇도 이상이 되면 오차가 커지는가?
① 30°   ② 35°
③ 40°   ④ 45°

해설 사인 바를 이용하여 각도 측정 시 α>45도로 되면 오차가 커지므로 기준면에 대하여 45도 이하로 설정한다.

36 구성 인선의 방지책으로 틀린 것은?
① 절삭 깊이를 적게 한다.
② 공구의 경사각을 크게 한다.
③ 윤활성이 좋은 절삭유를 사용한다.
④ 절삭 속도를 작게 한다.

해설 절삭 속도를 크게 한다.

37 선반작업에서 지름이 작은 공작물을 고정하기에 가장 용이한 척은?
① 콜릿 척   ② 마그네틱 척
③ 연동 척   ④ 압축공기 척

해설 콜릿 척은 지름이 작은 공작물을 고정하기에 가장 용이하다.

38 선반작업에서 테이퍼 부분의 길이가 짧고 경사각이 큰 일감의 테이퍼 가공에 사용되는 방법은?
① 심압대 편위에 의한 방법
② 복식 공구대에 의한 방법
③ 체이싱 다이얼에 의한 방법
④ 방진구에 의한 방법

해설 복식 공구대에 의한 방법 : 테이퍼 부분의 길이가 짧고 경사각이 큰 일감의 테이퍼 가공에 사용된다.

39 일반적으로 마찰면의 넓은 부분 또는 시동되는 횟수가 많을 때, 저속 및 중속 축의 급유에 이용되는 방식은?
① 오일링 급유법   ② 강제 급유법
③ 적하 급유법   ④ 패드 급유법

해설 ① 오일링 급유법 : 고속 주축의 급유를 균등히 할 목적에 사용된다.
② 강제 급유법 : 순환펌프를 이용하여 급유하는 방법으로 고속회전 시 베어링의 냉각효과에 효과적이다.

답 32. ② 33. ③ 34. ③ 35. ④ 36. ④ 37. ① 38. ② 39. ③

③ 적하 급유법 : 유리에 눈금이 새겨진 적하 급유법이 많이 이용되며, 저속 및 중속 축의 급유와 마찰 면이 넓고 시동횟수가 많은 곳에 주로 사용한다.
④ 패드 급유법 : 무명이나 털 등을 섞어 만든 패드 일부를 오일 통에 담가 저널의 아랫 면에 모세관 현상으로 급유하는 방법이다.

40 지름이 40mm인 연강을 주축 회전수가 500rpm인 선반으로 절삭할 때, 절삭속도는 약 몇 m/min인가?
① 12.5   ② 20.0
③ 31.4   ④ 62.8

해설 $V = \dfrac{\pi DN}{1000} = \dfrac{\pi \times 40 \times 500}{1000} = 62.83 \text{m/min}$

41 센터나 척 등을 사용하지 않고, 가늘고 긴 가공물의 연삭에 적합한 연삭기는?
① 평면 연삭기
② 센터리스 연삭기
③ 만능공구 연삭기
④ 원통 연삭기

해설 센터리스 연삭기 : 센터나 척 등을 사용하지 않고, 가늘고 긴 가공물의 연삭에 적합하다.

42 표면 거칠기가 가장 좋은 가공은?
① 밀링   ② 줄 다듬질
③ 래핑   ④ 선삭

해설 표면 거칠기가 가장 좋은 가공순서는 래핑 > 연삭 > 선반이다.

43 다음 중 CNC 공작기계의 구성요소가 아닌 것은?
① 서보기구
② 펜 플로터
③ 제어용 컴퓨터
④ 위치, 속도 검출기구

해설 펜 플로터는 CAD/CAM에서 사용되는 출력장치이다.

44 그림과 같이 M10×1.5 탭 가공을 위한 프로그램을 완성시키고자 한다. ( ) 안에 들어갈 내용으로 옳은 것은?

N10 G90 G92 X0. Y0. Z100. ;
N20 (ⓐ) M03 ;
N30 G00 G43 H01 Z30. ;
N40 (ⓑ) G90 G99 X20. Y30.
     Z-25. R10. F300 ;
N50 G91 X30. ;
N60 G00 G49 G80 Z300. M05 ;
N70 M02 ;

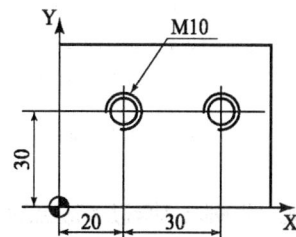

① ⓐ S200, ⓑ G84
② ⓐ S300, ⓑ G88
③ ⓐ S400, ⓑ G84
④ ⓐ S600, ⓑ G88

해설 태핑 사이클(G84)
※ 탭 가공의 이송속도
   F = N × P
여기서, F : 탭 가공 이송속도(mm/min)
         N : 주축 회전수(rpm)
         P : 탭 피치(mm)

45 다음 중 CAD/CAM시스템의 출력장치에 해당하는 것은?
① 모니터   ② 키보드
③ 마우스   ④ 스캐너

해설 키보드, 마우스, 스캐너는 입력장치이다.

답 40. ④ 41. ② 42. ③ 43. ② 44. ① 45. ①

46 CNC 선반의 프로그래밍에서 Dwell 기능에 대한 설명으로 틀린 것은?

① 홈 가공시 회전당 이송에 의한 단차량이 없는 진원가공을 할 때 지령한다.
② 홈 가공이나 드릴가공 등에서 간헐이송에 의해 칩을 절단할 때 사용한다.
③ 자동원점복귀를 하기 위한 프로그램 정지 기능이다.
④ 주소는 기종에 따라 U, X, P를 사용한다.

해설 G04기능(휴지 : Dwell)
① 프로그램에 지정된 시간동안 공구의 이송을 잠시 중지시키는 기능(적용 : 드릴가공, 홈가공, 모서리 다듬질 가공 시 양호한 가공면을 얻기 위해 사용)
② 단위는 X, U, P를 사용하는데 X, U는 소수점을, P는 0.001 단위를 사용
[예] G04 X1.5 G04 U1.5 G04 P1500)

정지시간(SEC) = $\dfrac{60}{\text{주축 회전수(rpm)}} \times$ 일시정지 회전수

47 CNC 선반에서 지령값 X58.0으로 프로그램하여 외경을 가공한 후 측정한 결과 ∅57.96mm 이었다. 기존의 X축 보정값이 0.005라 하면 보정값을 얼마로 수정해야 하는가?

① 0.075   ② 0.065
③ 0.055   ④ 0.045

해설 가공에 따른 X축 보정값=58−57.96=0.04
기존의 보정값=0.005
공구의 보정값=0.04+0.005=0.045

48 서보기구의 제어방식에서 폐쇄회로 방식의 속도 검출 및 위치 검출에 대하여 올바르게 설명한 것은?

① 속도검출 및 위치검출을 모두 서보모터에서 한다
② 속도검출 및 위치검출을 모두 테이블에서 한다.
③ 속도검출은 서보모터에서 위치검출은 테이블에서 한다.
④ 속도검출은 테이블에서 위치검출은 서보모터에서 한다.

해설 폐쇄회로 방식(Closed Loop System)
서보모터의 엔코더에서 나오는 펄스열의 주파수로부터 속도를 제어하고, 기계의 테이블에 위치검출 스케일을 부착하여 위치정보를 피드백시키는 방식이다(고정밀도의 대형 공작기계에 주로 사용).

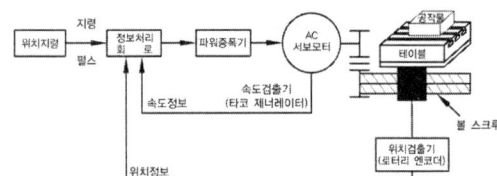

49 CNC 프로그램에서 보조 기능 중 주축의 정회전을 의미하는 것은?

① M00   ② M01
③ M02   ④ M03

해설 ① M00 : 프로그램 정지
② M01 : 프로그램 선택정지
③ M02 : 프로그램 종료
④ M03 : 주축 정회전

50 다음 중 기계원점(reference point)에 관한 설명으로 틀린 것은?

① 기계원점은 기계상에 고정된 임의의 지점으로 프로그램 및 기계를 조작할 때 기준이 되는 위치이다.
② 모드 스위치를 자동 또는 반자동에 위치시키고 G28을 이용하여 각 축을 자동으로 기계원점까지 복귀시킬 수 있다.
③ 수동원점 복귀를 할 때는 속도조절스위치를 최고속도에 위치시키고 조그(jog)버튼을 이용하여 기계원점으로 복귀시킨다.
④ CNC 선반에서 전원을 켰을 때에는 기계원점 복귀를 가장 먼저 실행하는 것이 좋다.

답 46.③ 47.④ 48.③ 49.④ 50.③

해설 ① 기계 원점(Reference Point)
CNC공작기계에는 각축마다 고유의 기계 원점을 가지고 있으며, 이 점이 기계 기준점으로 공구의 교환 위치 및 공작물의 상대 위치를 결정하는 기준이 된다. 기계 원점은 기계제작 시 기계제조회사에서 위치를 설정한다.

② 자동 원점복귀(G28)
모드 스위치를 "자동" 혹은 "반자동"에 위치시키고 G28을 이용하여 각축을 기계원점까지 복귀시킬 수 있다. 급속 이동으로 중간점을 경유 기계 원점까지 자동 복귀한다.

51 CNC 프로그래밍에서 시계방향 원호 보간 지령을 하고자 할 때의 준비기능은?

① G01   ② G02
③ G03   ④ G04

해설 ① G01 : 직선절삭
② G02 : 원호가공(시계방향)
③ G03 : 원호가공(반시계방향)
④ G04 : 드웰(DWELL), 휴지

52 CNC 선반의 지령 중 어드레스 F가 분당이송(mm/min)으로 옳은 코드는?

① G32_ F_ ;   ② G98_ F_ ;
③ G76_ F_ ;   ④ G92_ F_ ;

해설 이송기능(F)
공작물에 대하여 공구를 이송시켜주는 기능을 말하며 G98 코드의 분당 이송(mm/min)과 G99 코드의 회전당 이송(mm/rev)으로 지령할 수 있는데, CNC 선반에서는 G99 코드를 사용한 회전당 이송으로 프로그램한다.

CNC선반		머시닝센터	
지령 방법	의 미	지령 방법	의 미
G98 F_ ;	분당 이송 (mm/min)	G94 F_ ;	분당 이송 (mm/min)
G99 F_ ;	회전당 이송 (mm/rev)	G95 F_ ;	회전당 이송 (mm/rev)

53 머시닝센터의 공구가 일정한 번호를 가지고 매거진에 격납되어 있어서 임의대로 필요한 공구의 번호만 지정하면 원하는 공구가 선택되는 방식을 무슨 방식이라고 하는가?

① 랜덤방식   ② 시퀀스 방식
③ 단순방식   ④ 조합방식

해설 랜덤 방식
① 배열순과는 관계없이 매거진 포트 번호 또는 공구번호를 지령하는 것에 의해 임의로 공구를 주축에 장착한다.
② 순차방식에 비해 구조가 복잡하고 공구의 배치에 주의를 기울여야 한다.

54 CNC 선반에서 주속 일정제어의 기능이 있는 경우 주축 최고 속도를 설정하는 방법으로 옳은 것은?

① G50 S2000 ;   ② G30 S2000 ;
③ G28 S2000 ;   ④ G90 S2000 ;

해설 주축 최고회전수 설정(G50)
G50에서 S로 지정한 수치는 최고회전수를 나타내며 좌표계 설정에서 최고회전수를 지정하게 되면 전체 프로그램을 통하여 주축의 회전수는 최고회전수를 넘지 않게 된다. 또한 G96에서 최고회전수보다 높은 회전수를 요구하더라도 주축에서는 최고회전수로 대체하게 된다.

55 머시닝센터에 X축과 평행하게 놓여 있으며 회전하는 축을 무엇이라고 하는가?

① U축   ② A축
③ B축   ④ P축

해설 ① 기본축(X, Y, Z) : 서로 직교하는 3축에 대응하는 어드레스로 좌표의 위치나 거리를 지정한다.
② 부가축(A, B, C, U, V, W) : 부가축의 어드레스로 회전축의 각도와 축의 길이 및 위치를 지정한다.
③ 원호보간(I, J, K) : X, Y, Z를 따라가는 원호의 시작점부터 원호중심까지의 거리를 지정한다.

답 51. ② 52. ② 53. ① 54. ① 55. ②

제6편 최근 기출문제

56 다음 중 가공하여야 할 부분의 길이가 짧고 직경이 큰 외경의 단면을 가공할 때 사용되는 복합 반복 사이클 기능으로 가장 적당한 것은?

① G71 ② G72
③ G73 ④ G75

해설 단면 황삭 Cycle(G72)
X축 방향의 가공 길이가 Z축에 비해 클 때 최종 정삭 프로그램시 공구경로를 지정함으로써 자동적으로 반복 실행한다.

57 CNC 프로그램에서 피치가 1.5인 2줄 나사를 가공하려면 회전당 이송속도를 얼마로 명령하여야 하는가?

① F0.15 ② F0.3
③ F1.5   ④ F3.0

해설 선반에서 나사가공 시는 리드값으로 해야 하므로 리드=줄수×피치=2×1.5=3이므로 G99 F3.0으로 지령한다.

58 다음 중 CNC 공작기계로 가공할 때의 안전사항으로 틀린 것은?

① 기계 가공하기 전에 일상 점검에 유의하고 윤활유 양이 적으면 보충한다.
② 일감의 재질과 공구의 재질과 종류에 따라 회전수와 절삭속도를 결정하여 프로그램을 작성한다.
③ 절삭 공구, 바이스 및 공작물은 정확하게 고정하고 확인한다.
④ 절삭 중 가공 상태를 확인하기 위해 앞쪽에 있는 문을 열고 작업을 한다.

해설 앞쪽에 있는 문은 반드시 닫고 작업을 한다.

59 다음 중 CNC 공작기계를 사용하기 전에 매일 점검해야 할 내용가 가장 거리가 먼 것은?

① 외관 점검
② 유량 및 공기압력 점검
③ 기계의 수평상태 점검
④ 기계 각 부의 작동상태 점검

해설 기계의 수평상태 점검은 매년 점검사항이다.

60 다음 중 밀링 가공을 할 때의 유의사항으로 틀린 것은?

① 기계를 사용하기 전에 구동 부분의 윤활상태를 점검한다.
② 측정기 및 공구를 작업자가 쉽게 찾을 수 있도록 밀링 머신 테이블 위에 올려놓아야 한다.
③ 밀링 칩은 예리하므로 직접 손을 대지 말고 청소용 솔 등으로 제거한다.
④ 정면커터로 가공할 때는 칩이 작업자의 반대쪽으로 날아가도록 공작물을 이송한다.

해설 측정기 및 공구는 밀링 머신 테이블 위에 올려놓지 않는다.

답 56.② 57.④ 58.④ 59.③ 60.②

2015년 10월 10일 제5회 컴퓨터응용밀링기능사 기출문제

01 보통 주철에 함유되는 주요 성분이 아닌 것은?

① Si ② Sn
③ P   ④ Mn

해설 보통 주철의 조성(단위 : %)

C	Si	Mn	P	S
3.0~3.6	1.0~2.0	0.5~1.0	0.3~1.0	0.06~0.1

02 같은 조성의 강재를 동일한 조건 하에서 담금질하여도 그 재료의 굵기, 두께 등이 다르면 냉각속도가 다르게 되므로 담금질 결과가 달라지게 된다. 이러한 것을 담금질의 무엇이라 하는가?

① 경화능   ② 밴드
③ 질량효과 ④ 냉각능

해설 질량효과(mass effect) : 재료를 담금질할 때 질량이 작은 재료는 내·외부에 온도차가 없으나 질량이 큰 재료는 열의 전도에 시간이 길게 소요되어 내·외부에 온도차가 생겨 외부는 경화되어도 내부는 경화되지 않는 현상이다. 질량이 큰 재료일수록 질량효과가 크며 담금질 효과가 감소한다.

03 탄소강의 표준조직이 아닌 것은?

① 페라이트   ② 트루스타이트
③ 펄라이트   ④ 시멘타이트

해설 탄소강의 표준조직
강을 단련하여 불림(normalizing)처리, 즉 표준화 처리한 것을 말하며 조직에는 다음과 같은 용어가 있다.
① 오스테나이트(austenite) : γ철에 탄소가 1.7% 이하로 고용된 고용체로서 페라이트보다 굳고 인성이 크다. 그러나 이것은 비자성이다.
② 페라이트(ferrite) : α(BCC)철에 극히 소량(상온에서 0.006%, 721℃에서 최대 0.03%)까지 탄소가 고용된 고용체이며, α고용체라고도 한다. 이것은 극히 연하고 연성이 크나 인장강도는 작고 상온에서 강자성체이다.
③ 펄라이트(pearlite) : A_1 변태점에서 오스테나이트의 분열에 의하여 생기는 것으로 탄소 0.85%C의 함유하며, γ고용체가 723℃에서 분열하여 생긴 페라이트와 시멘타이트의 공석정으로 페라이트와 시멘타이트가 층으로 나타나며, 앞에서 설명한 페라이트보다 경도가 크고 강하며 자성이 있다. 탄소강의 기본조직이다.
④ 시멘타이트(cementite) : 시멘타이트는 철(Fe)과 탄소(C)의 화합물인 탄화철(Fe_3C)로서 탄소를 6.68%의 탄소를 함유한 탄화철로 경도와 취성이 커서 잘 부서지는 성질이다.
⑤ 레데부라이트(ledeburite) : γ고용체와 시멘타이트의 공정조직으로 주철에 나타난다.

04 다음 열처리방법 중에서 표면경화법에 속하지 않는 것은?

① 침탄법
② 질화법
③ 고주파경화법
④ 항온열처리법

해설 항온열처리법(Isothermal Heat Treatment)
변태점 이상으로 가열한 강을 보통의 열처리와 같이 연속적으로 냉각하지 않고 염욕 중에 담금질하여 그 온도로 일정한 시간 동안 항온 유지하였다가 냉각하는 열처리를 항온 열처리라고 한다. 담금질과 뜨임을 같이 할 수 있고, 담금질의 균열을 방지할 수 있어 경도와 인성이 동시에 요구되는 공구강, 합금강의 열처리에 사용된다.

답 01.② 02.③ 03.② 04.④

05 보통 합금보다 회복력과 회복량이 우수하여 센서(sensor)와 액추에이터(actuator)를 겸비한 기능성 재료로 사용되는 합금은?

① 비정질 합금   ② 초소성 합금
③ 수소 저장 합금 ④ 형상 기억 합금

해설 형상 기억 합금 : 보통 합금보다 회복력과 회복량이 우수하여 센서(sensor)와 액추에이터(actuator)를 겸비한 기능성 재료로 사용된다.

06 단일 금속에 비해 합금의 특성이 아닌 것은?

① 용융점이 낮아진다.
② 전도율이 낮아진다.
③ 강도와 경도가 커진다.
④ 전성과 연성이 커진다.

해설 합금은 전성과 연성이 작아진다.

07 구리의 원자기호와 비중과의 관계가 옳은 것은? (단, 비중은 20℃, 무산소동이다.)

① Al - 6.86   ② Ag - 6.96
③ Mg - 9.86 ④ Cu - 8.96

해설 ① Al - 2.7
② Ag - 10.5
③ Mg - 1.74

08 다음 중 가장 큰 회전력을 전달할 수 있는 것은?

① 안장 키   ② 평 키
③ 묻힘 키   ④ 스플라인

해설 키의 동력 전달 크기의 순서
안장 키 < 평 키 < 묻힘 키 < 접선 키 < 스플라인

09 강도와 기밀을 필요로 하는 압력용기에 쓰이는 리벳은?

① 접시머리 리벳
② 둥근머리 리벳
③ 납작머리 리벳
④ 얇은 납작머리 리벳

해설 둥근머리 리벳 : 강도와 기밀을 필요로 하는 압력용기에 사용한다.

10 체결하려는 부분이 두꺼워서 관통구멍을 뚫을 수 없을 때 사용되는 볼트는?

① 탭 볼트   ② T홈 볼트
③ 아이 볼트 ④ 스테이 볼트

해설 ① 탭 볼트 : 체결하려는 부분이 두꺼워서 관통 구멍을 뚫을 수 없을 때, 또 긴 구멍을 뚫었더라도 구멍이 너무 길어 관통 볼트의 머리가 숨겨져서 죄기 곤란할 때 너트를 사용하지 않는다.
② T홈 볼트 : 공작기계의 테이블 T홈에 볼트의 머리 부분을 끼워서 적당한 위치에 공작물과 기계 바이스를 고정할 때 사용한다.
③ 아이 볼트 : 무거운 기계와 전동기 등을 들어올릴 때 로프, 체인 또는 훅을 거는 데 사용한다.
④ 스테이 볼트 : 부품을 일정한 간격으로 유지하고, 구조자체를 보강하는 데 사용한다.

11 다음 중 V벨트의 단면 형상에서 단면이 가장 큰 벨트는?

① A   ② C
③ E   ④ M

해설 V-벨트의 각도는 보통 40°이며, 종류는 M, A, B, C, D, E형 등이 있으며, 단면의 크기는 M형이 가장 작고 E형이 가장 크다.

12 양 끝을 고정한 단면적 2cm²인 사각봉이 온도 -10℃에서 가열되어 50℃가 되었을 때, 재료에 발생하는 열응력은? (단, 사각봉의 탄성계수는 21GPa, 선팽창계수는 12×10^{-6}/℃이다.)

답 05.④ 06.④ 07.④ 08.④ 09.② 10.① 11.③ 12.①

① 15.1MPa   ② 25.2MPa
③ 29.9MPa   ④ 35.8MPa

해설 $\sigma = E\varepsilon = E\alpha \Delta t = 21 \times 10^9 \times 12 \times 10^{-6} \times 60$
$= 15.12 \times 10^4 \text{N/m}^2 = 15.1 \text{MPa}$

여기서, E : 탄성계수
$\Delta t : t_2 - t_2$ (온도변화량)
α : 선팽창계수

13 풀리의 지름 200mm, 회전수 900rpm인 평벨트 풀리가 있다. 벨트의 속도는 약 몇 m/s인가?

① 9.42   ② 10.42
③ 11.42   ④ 12.42

해설 $V = \dfrac{\pi DN}{60000} = \dfrac{\pi \times 200 \times 900}{60000} = 9.42 \text{m/s}$

14 나사에서 리드(L), 피치(P), 나사 줄 수(n)와의 관계식으로 옳은 것은?

① L=P   ② L=2P
③ L=nP   ④ L=n

해설 리드(lead) : 나사산이 원통을 한 바퀴 회전하여 축 방향으로 나아가는 거리
• 리드와 피치 사이의 관계 $L = nP$

15 표준기어의 피치점에서 이끝까지의 반지름 방향으로 측정한 거리는?

① 이뿌리 높이   ② 이끝 높이
③ 이끝 원   ④ 이끝 틈새

해설 이끝 높이 : 표준기어의 피치점에서 이끝까지의 반지름 방향으로 측정한 거리이다.

16 다음 중 기하공차 기호와 그 의미의 연결이 틀린 것은?

① ⌇ : 평면도   ② ◎ : 동축도
③ ∠ : 경사도   ④ ○ : 원통도

해설

기호	공차의 종류
⌇	평면도 공차
○	진원도 공차
⌀	원통도 공차
◎	동축도 공차
∠	경사도 공차

17 다음 도면에 대한 설명으로 옳은 것은?

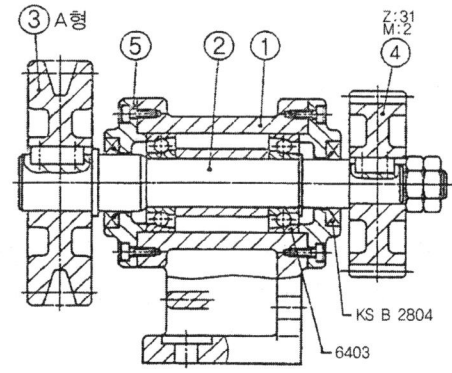

① 품번 ③에서 사용하는 V벨트는 KS 규격품 중에서 그 두께가 가장 작은 것이다.
② 품번 ④는 스퍼기어로서 피치원 지름은 62mm이다.
③ 롤러베어링이 사용되었으며 안지름치수는 15mm이다.
④ 축과 스퍼기어는 묻힘 핀으로 고정되어 있다.

해설 ① 품번 ③에서 사용하는 V벨트는 KS 규격품 중에서 그 두께가 가장 작은 것은 M형이다.
② 품번 ④는 스퍼기어로서 피치원 지름은 62mm이다.(D=MZ=31×2=62)
③ 롤러베어링이 사용되었으며 안지름치수는 03이므로 17mm이다.
④ 축과 스퍼기어는 묻힘 키로 고정되어 있다.

18 "$\phi 20$ h7"의 공차 표시에서 "7"의 의미로 가장 적합한 것은?

답 13. ① 14. ③ 15. ② 16. ④ 17. ② 18. ③

① 기준 치수 ② 공차역의 위치
③ 공차의 등급 ④ 틈새의 크기

해설 h(축 기준), 7(공차의 등급)

19 다음 나사 중 리드가 가장 큰 것은?
① 피치가 2.5mm인 2줄 나사
② 피치가 2.0mm인 3줄 나사
③ 피치가 3.5mm인 2줄 나사
④ 피치가 6.5mm인 1줄 나사

해설
① $2.5 \times 2 = 5$
② $2.0 \times 3 = 6$
③ $3.5 \times 2 = 7$
④ $6.5 \times 1 = 6.5$

20 그림과 같은 입체도에서 화살표 방향에서 본 것을 정면도로 할 때 가장 적합한 정면도는?

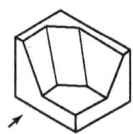

21 도면에서 2종류 이상의 선이 같은 장소에서 중복되는 경우에 우선순위를 옳게 나타낸 것은?
① 외형선 > 절단선 > 숨은선 > 치수 보조선 > 중심선 > 무게 중심선
② 외형선 > 숨은선 > 절단선 > 중심선 > 무게 중심선 > 치수 보조선
③ 숨은선 > 절단선 > 외형선 > 중심선 > 무게 중심선 > 치수 보조선
④ 숨은선 > 절단선 > 외형선 > 치수 보조선 > 중심선 > 무게 중심선

해설 겹치는 선의 우선순위
① 외형선 ② 숨은선 ③ 절단선 ④ 중심선
⑤ 무게 중심선 ⑥ 치수 보조선

22 국부 투상도를 나타낼 때 주된 투상도에서 국부투상도로 연결하는 선의 종류에 해당하지 않는 것은?
① 치수선 ② 중심선
③ 기준선 ④ 치수 보조선

해설 국부 투상도 : 대상물의 구멍, 홈 등 한 국부만의 모양을 도시하는 것으로 충분한 경우에는 그 필요한 부분만을 국부 투상도로서 나타낸다. 투상 관계를 나타내기 위하여 원칙적으로 주된 그림으로부터 중심선, 기준선, 치수보조선, 가는 1점 쇄선, 가는 실선 등으로 연결한다.

23 표면의 결 도시기호가 그림과 같이 나타날 때 설명으로 틀린 것은?

$$R_a\ 1.6 \ \sqrt{\ } \ \ \overset{ground}{2.5/R_y\ 6.3\ max.} \ \bot$$

① 표면의 결은 연삭으로 제작
② $R_a = 1.6\mu m$에서 최대 $R_y = 6.3\mu m$까지로 제한
③ 투상면에 대략 수직인 줄무늬 방향
④ 샘플링 길이는 $2.5\mu m$

해설 ④항에서 컷 오프 값이 $2.5\mu m$이다.

24 치수 보조 기호 중 구의 반지름 기호는?
① SR ② Sϕ
③ ϕ ④ R

해설

구 분	기 호
지름	ϕ
반지름	R
구의 지름	Sϕ
구의 반지름	SR

답 19. ③ 20. ② 21. ② 22. ① 23. ④ 24. ①

25 그림과 같이 벨트 풀리의 암 부분을 투상한 단면도법은?

① 부분 단면도
② 국부 단면도
③ 회전도시 단면도
④ 한쪽 단면도

해설 회전도시 단면도 : 핸들이나 바퀴 등의 암이나 리브, 훅, 축, 구조물의 부재 등의 절단면은 90° 회전하여 도시하거나 절단할 곳의 전후를 끊어서 그 사이에 그린다.

26 절삭 면적을 나타낼 때 절삭 깊이와 이송량과의 관계는?

① 절삭 면적=이송량/절삭 깊이
② 절삭 면적=절삭 깊이/이송량
③ 절삭 면적=절삭 깊이×이송량
④ 절삭 면적=$\dfrac{이송량 \times 절삭\ 깊이}{2}$

해설 절삭 면적 : 절삭 면적은 절삭 깊이와 이동의 곱으로 표시한다.

$$F = s \times t\ [\text{mm}^2]$$

여기서, F : 절삭 면적[mm²]
s : 이동[mm/rev]
t : 절삭 깊이[mm]

27 일반적으로 절삭가공에서 절삭유제로 사용하는 것으로 가장 거리가 먼 것은?

① 유화유   ② 다이나모유
③ 광유   ④ 지방질유

해설 ① 에멀션형(유화유) : 광유에 비눗물을 첨가하여 사용한 것으로 냉각작용이 비교적 크고 윤활성이 좋으며 원액에 10~20배의 물을 희석해서 사용한다. 일반절삭제로 널리 사용하며, 값이 싸다.
② 광물유 : 경유, 머신유, 스핀들유, 석유 및 기타 광유 또는 혼합유로서 윤활작용은 좋으나 냉각작용은 비교적 약하다. 주로 경(輕)절삭에 사용한다.
③ 동·식물유 : 돈유(lard oil), 올리브유(oliv oil), 종자유(seed oil), 피마자유, 콩기름, 기타 고래기름 등으로 윤활작용이 강력하나 냉각작용은 그다지 좋은 편은 아니다. 주로 다듬질가공에 사용한다.

28 빌트 업 에지(built up edge)의 발생을 감소시키기 위한 내용 중 틀린 것은?

① 윤활성이 좋은 절삭유제를 사용한다.
② 공구의 윗면 경사각을 크게 한다.
③ 절삭 깊이를 크게 한다.
④ 절삭 속도를 크게 한다.

해설 절삭 깊이를 작게 하면 빌트 업 에지(built up edge)의 발생을 감소시킨다.

29 테이블 위에 설치하며 원형이나 윤곽 가공, 간단한 등분을 할 때 사용하는 밀링 부속장치는?

① 슬로팅 장치   ② 회전 테이블
③ 밀링 바이스   ④ 래크 절삭 장치

해설 회전 테이블 장치(circular table) : 가공물에 회전운동이 필요할 때 사용하며 테이블 위의 바이스에 고정하고, 원형의 홈가공, 바깥 둘레의 원형 가공, 원판의 분할 가공 등을 할 수 있는 장치이다.

30 연마제를 가공액과 혼합한 것을 압축공기를 이용하여 가공물의 표면에 분사시켜 매끈한 다듬면을 얻는 가공법은?

① 슈퍼 피니싱   ② 액체 호닝
③ 폴리싱   ④ 버핑

해설 액체 호닝 : 연마제를 가공액과 혼합한 것을 압축공기를 이용하여 가공물의 표면에 분사시켜 매끈한 다듬면을 얻는 가공법이다.

31 다음 연삭숫돌의 표시 방법 중 "60"은 무엇을 나타내는가?

답 25. ③ 26. ③ 27. ② 28. ③ 29. ② 30. ② 31. ②

"WA 60 K 5 V"

① 숫돌입자   ② 입도
③ 결합도   ④ 결합체

해설 WA(입자) 60(입도) K(결합도) 5(조직) V(결합제)

32 일반적으로 드릴링 머신에서 가공하기 곤란한 작업은?

① 카운터 싱킹   ② 스플라인 홈
③ 스폿 페이싱   ④ 리밍

해설 스플라인 홈 작업이 브로칭 머신에서 작업이 가능하다.

33 산화알루미늄 분말을 주성분으로 마그네슘, 규소 등의 산화물과 소량의 다른 원소를 첨가하여 소결한 절삭공구 재료는?

① 세라믹   ② 다이아몬드
③ 초경합금   ④ 고속도강

해설 세라믹 : 산화알루미늄 가루(Al_2O_3) 분말에 규소 및 마그네슘 등의 산화물이나 다른 산화물의 첨가물을 넣고 소결한 것으로 고속절삭, 고온에서 경도가 높고, 내마멸성이 좋다.

34 밀링머신의 분할 가공방법 중에서 분할 크랭크를 40회전하면, 주축이 1회전하는 방법을 이용한 분할법은?

① 직접 분할법   ② 단식 분할법
③ 차동 분할법   ④ 각도 분할

해설 단식 분할법 : 웜과 웜(기어) 휠의 기어 비는 1 : 40(분할 크랭크 1회전은 웜 휠을 1/40 회전 시킴)

35 일반적으로 오토 콜리메이터를 이용하여 측정하는 것으로 거리가 먼 것은?

① 진직도   ② 직각도
③ 평행도   ④ 구멍의 위치

해설 오토콜리메이터는 평면경, 프리즘 등을 이용하여 미소한 각도의 변화 또는 평면의 기울기 등을 측정하고, 정밀한 정반의 평면도, 마이크로미터의 측정면의 직각도, 평행도, 공작기계 안내면의 진직도, 직각도, 평행도, 그 밖의 작은 각도 차의 변화나 흔들림 등을 측정한다.

36 게이지 블록의 부속품 중 내측 및 외측을 측정할 때 홀더에 끼워 사용하는 부속품은?

① 둥근형 조   ② 센터 포인트
③ 베이스 블록 ④ 나이프 에지

해설 둥근형 조 : 게이지 블록의 부속품 중 내측 및 외측을 측정할 때 홀더에 끼워 사용하는 부속품이다.

37 지름이 50mm인 연장을 선반에서 절삭할 때, 주축을 200rpm으로 회전시키면 절삭속도는 약 몇 m/min인가?

① 21.4   ② 31.4
③ 41.4   ④ 51.4

해설 $V = \dfrac{\pi DN}{1000} = \dfrac{\pi \times 50 \times 200}{1000} = 31.4 \text{m/min}$

38 다음 중 수나사를 가공하는 공구는?

① 탭   ② 리머
③ 다이스   ④ 스크레이퍼

해설 탭은 암나사, 다이스는 수나사를 가공한다.

39 기어가공에서 창성법에 의한 가공이 아닌 것은?

① 호브에 의한 가공
② 형판에 의한 가공
③ 래크 커터에 의한 가공
④ 피니언 커터에 의한 가공

답 32.② 33.① 34.② 35.④ 36.① 37.② 38.③ 39.②

해설 창성에 의한 절삭 : 인벌류트 곡선의 성질을 응용한 정확한 기어절삭 공구를 기어의 소재와 함께 회전운동을 주며 축 방향으로 왕복운동을 시켜 절삭한다. 가공방법은 다음과 같다.
① 래크커터에 의한 방법
② 피니언 커터에 의한 방법
③ 호브에 의한 절삭

40 재질이 연한 금속을 가공할 때 칩이 공구의 윗면 경사면 위를 연속적으로 흘러 나가는 형태의 칩은?
① 전단형 칩   ② 열단형 칩
③ 유동형 칩   ④ 균열형 칩

해설 ① 전단형 칩 : 연한 재질의 공작물을 작은 경사각으로 저속 가공할 때 생긴다.
② 열단형 칩 : 점성이 큰 재질을 작은 경사각의 공구로 절삭할 때 생긴다.
③ 유동형 칩 : 재질이 연한 금속을 가공할 때 칩이 공구의 윗면 경사면 위를 연속적으로 칩이 흘러 나가는 형태이다.
④ 균열형 칩 : 주철과 같은 메진(취성) 재료를 저속 가공할 때 생긴다.

41 선반작업에서 3개의 조가 120° 간격으로 구성 배치되어 있는 척은?
① 단동척   ② 콜릿척
③ 연동척   ④ 마그네틱척

해설 ① 단동척 : 다소 불규칙한 외경의 공작물 가공과 중심을 편심시켜 가공할 수 있다. 4개의 조가 있다.
② 콜릿척 : 가는 지름의 환봉 재료 고정. 탁상, 터릿 선반용으로 사용된다.
③ 연동척 : 규칙적인 외경을 가진 재료를 가공. 단동척보다 고정력이 약하다. 3개의 조를 크라운 기어를 사용, 동시에 이동시킨다.
④ 마그네틱척 : 전자석 설치, 얇은 공작물을 변형시키지 않고 가공된다.

42 일반적으로 선반작업에서 가공할 수 없는 가공법은?
① 외경 가공   ② 테이퍼 가공
③ 나사 가공   ④ 기어 가공

해설 기어 가공은 호빙머신이나 만능밀링머신에서 가공할 수 있다.

43 수치제어 공작기계에서 수치제어가 뜻하는 것은?
① 수치와 부호로써 구성된 정보로 기계의 운전을 자동으로 제어하는 것
② 사람이 기계의 손잡이를 조작하여 공구 및 공작물을 이동 제어하는 것
③ 한 사람이 여러 대의 공작 기계를 운전, 조작 제어하며 작업하는 것
④ 소재의 투입부터 가공, 출고까지 관리하는 것으로 공장전체 시스템을 무인화 하는 것

해설 수치제어(NC)의 개념
Numerical Control의 약자로 수치제어라는 뜻으로 어떠한 수치와 부호로서 구성된 정보(Data)를 매개수단으로 하여 기계의 운전을 자동으로 제어하는 시스템을 말한다. 어떠한 가공물의 형상이나 가공조건을 컴퓨터 또는 수동 프로그램하여, 정보회로를 통하여 지령펄스(Pulse data)를 발생시켜 서보기구(Servo)를 작동시켜 NC 기계를 자동적으로 가공하는 것을 말한다.

44 다음 프로그램에서 N90 블록을 실행할 때 주축의 회전수는 몇 rpm인가?

N70 G96 S157 M03 ;
N80 G00 X50 Z60. ;
N90 G01 .Z10 F0.1 :

① 950   ② 1000
③ 1050   ④ 1100

답 40. ③ 41. ③ 42. ④ 43. ① 44. ②

해설 G50 S2000 ; 주축 최고회전수 : 2000rpm
G96 S157 M03 ; 주속일정제어 V=157m/min
$$n = \frac{1000v}{\pi d} = \frac{1000 \times 157}{\pi \times 50} = 999.5 \, rpm$$

45 CNC의 서보기구를 위치 검출방식에 따라 분류할 때 해당하지 않는 것은?
① 폐쇄회로 방식(closed loop system)
② 반폐쇄회로 방식(semi-closed loop system)
③ 반개방회로 방식(semi-open loop system)
④ 복합회로 방식(hybrid servo system)

해설 서보기구 종류
① 폐쇄회로 방식(closed loop system)
기계의 테이블에 직접적으로 스케일을 부착하여 위치편차를 피드백시키는 방식으로, 반 폐쇄회로 제어방식과 제어방식은 같지만 정밀도가 높아 고정밀도의 공작기계나 대형 공작기계 등에 많이 사용한다.
② 반 폐쇄회로 방식(semi-closed loop system)
서보 모터의 축 또는 볼 스크류의 회전각도를 통하여 위치를 검출하는 방식으로 직선운동을 회전운동으로 바꾸어 검출한다.
③ 개방회로 방식(open loop system)
구동 모터로는 스태핑 모터(Stepping Motor)가 사용되며, 검출기나 피드백 회로를 가지지 않기 때문에 정밀도가 낮아 오늘날 NC 기계에는 거의 사용하지 않는다.
④ 복합회로 방식(hybrid servo system)
반 폐쇄회로 제어방식과 폐쇄회로 제어방식을 결합한 제어 방식으로, 반 폐쇄회로의 높은 게인(Gain : 증폭기 등의 입력에 대한 출력의 비율)을 이용하여 제어하며, 기계의 오차는 직선형(Linear) 스케일에 의한 폐쇄회로로써 보정하여 정밀도를 향상시킨다. 대형 공작기계와 같이 강성을 충분히 높일 수 없는 기계에 적합한 방식이다.

46 CNC선반의 프로그램이다. (   ) 안에 들어갈 G-코드로 적합한 것은?

(   ) X110.0 Z120.0 S1300 T0100 M42 ;
① G60   ② G50
③ G40   ④ G30

해설 G50 : 좌표계 설정, 주축최고 회전수 설정

47 CNC선반에서 증분 지령 어드레스는?
① V, X   ② U, W
③ X, Z   ④ Z, W

해설
좌표치			
X	Y	Z	각 축의 이동 위치(절대 방식)
U	V	W	각 축의 이동 거리와 방향(증분 방식)
I	J	K	원호 중심의 각 축 성분, 면취량 등
R			원호 반경, 구석 R, 모서리 R 등

48 다음 중 서보모터가 일반적으로 갖추어야 할 특성으로 거리가 먼 것은?
① 큰 출력을 낼 수 있어야 한다.
② 진동이 적고 대형이어야 한다.
③ 온도상승이 적고 내열성이 좋아야 한다.
④ 높은 회전각 정도를 얻을 수 있어야 한다.

해설 서보모터(Servo Motor) : 펄스에 의한 각각 지령에 의하여 대응하는 회전운동을 한다. 서보모터는 진동이 적고 소형이어야 한다. 일반 3상 모터와는 달리 저속에서도 큰 토크(Torque)와 가속성, 응답성이 우수한 모터로서 속도와 위치를 동시에 제어한다. 일반적으로 모터 뒤에 붙어있다.

49 일반적으로 CNC선반에서 절삭동력이 전달되는 스핀들 축으로 주축과 평행한 축은?
① X축   ② Y축
③ Z축   ④ A축

해설 CNC선반에서 주축과 평행한 축은 Z축이다.

답 45. ③ 46. ② 47. ② 48. ② 49. ③

50 머시닝센터에서 작업평면이 Y-Z평면일 때 지령되어야 할 코드는?
① G17   ② G18
③ G19   ④ G20

해설 ① G17 : X-Y 평면
     ② G18 : Z-X 평면
     ③ G19 : Y-Z 평면
     ④ G20 : inch 데이터 입력

51 CNC 공작기계의 조작반 버튼 중 한 블록씩 실행시키는 데 사용되는 버튼은?
① 드라이 런(Dry run)
② 피드 홀드(Feed hold)
③ 싱글 블록(Single block)
④ 옵셔널 블록 스킵(Optional block skip)

해설 ① 드라이 런(Dry run) : 이 스위치가 ON되면 프로그램에 지령된 이송속도를 무시하고 JOG속도로 이송된다.
     ② 피드 홀드(Feed hold) : 자동개시의 실행으로 진행 중인 프로그램을 정지시킨다. 이송 정지 상태에서는 자동개시 버튼을 누르면 현재 위치에서 재개된다.
     ③ 싱글 블록(Single block) : 자동개시의 작동으로 프로그램이 연속적으로 실행하지만 싱글 블록 기능이 ON되면 한 블록씩 실행된다.
     ④ 옵셔널 블록 스킵(Optional block skip) : 선택적으로 프로그램에 지령된 "/"(슬래시)에서 " ; "(EOB)까지를 건너뛰게 할 수 있다.

52 밀링작업에 대한 안전사항으로 거리가 먼 것은?
① 전기의 누전여부를 작업 전에 점검한다.
② 가공물은 기계를 정지한 상태에서 견고하게 고정한다.
③ 커터 날 끝과 같은 높이에서 절삭상태를 관찰한다.
④ 기계 가동 중에는 자리를 이탈하지 않는다.

53 CNC 프로그램에서 EOB의 뜻은?
① 프로그램의 종료
② 블록의 종료
③ 보조기능의 정지
④ 주축의 정지

해설 EOB : 블록의 종료

54 다음 보조기능의 설명으로 틀린 것은?
① M00 - 프로그램 정지
② M02 - 프로그램 종료
③ M03 - 주축시계방향 회전
④ M05 - 주축반시계방향 회전

해설 • M05 - 주축 정지
      • M04 - 주축반시계방향 회전

55 다음 그림에서 A에서 B로 가공하는 CNC선반 프로그램으로 옳은 것은?

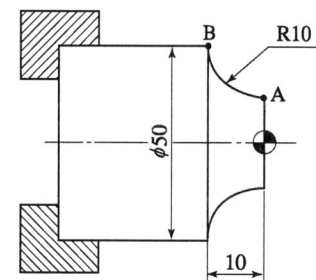

① G02 X50.0 Z-10.0 R-10.0 F0.1 ;
② G02 X50.0 Z-10.0 R10.0 F0.1 ;
③ G03 X50.0 Z-10.0 R10.0 F0.1 ;
④ G04 X50.0 Z-10.0 I10.0 F0.1 ;

해설 ① R 지령 방식
        G02 X50.0 Z-10.0 R10.0 F0.1 ;
     ② I, K 지령 방식
        G02 X50.0 Z-10.0 I10.0 F0.1 ;

56 휴지(dwell)시간 지정을 의미하는 어드레스가 아닌 것은?

답 50. ③ 51. ③ 52. ③ 53. ② 54. ④ 55. ② 56. ④

① X ② P
③ U ④ K

해설 프로그램에 G04을 이용하여 표시하면
① G04 X 1.2 ;
② G04 U 1.2 ;
③ G04 P1200 ; (P는 소숫점을 붙이지 않는다.)

57 다음 CNC선반의 프로그램에서 자동원점 복귀를 나타내는 준비기능은?

```
G28 U0. W0.
G50 X150. Z150. S2800 T0100 ;
G96 S180 M03 ;
G00 X62. Z2. T0101 M08 ;
```

① G00 ② G28
③ G50 ④ G96

해설

| G28 | 자동원점 복귀(제1원점) |
| G30 | 제2원점 복귀 |

58 CNC 공작기계에서 정보 흐름의 순서가 옳은 것은?

① 지령펄스열 → 서보구동 → 수치정보 → 가공물
② 지령펄스열 → 수치정보 → 서보구동 → 가공물
③ 수치정보 → 지령펄스열 → 서보구동 → 가공물
④ 수치정보 → 서보구동 → 지령펄스열 → 가공물

해설 CNC 공작기계에서 정보 흐름의 순서
수치정보 → 지령펄스열 → 서보구동 → 가공물

59 CNC선반에서 드릴작업 시 사용되는 기능은?

① G74 ② G90
③ G92 ④ G94

해설 ① G74 : 단면 홈 Cycle
② G90 : 내외경 절삭 Cycle
③ G92 : 나사 절삭 Cycle
④ G94 : 단면 절삭 Cycle

60 머시닝 센터에서 지름 10mm인 엔드밀을 사용하여 외측 가공 후 측정값이 ⌀62.0mm가 되었다. 가공치수를 ⌀61.5mm로 가공하려면 보정값을 얼마로 수정하여야 하는가? (단, 최초 보정은 5.0으로 반지름 값을 사용하는 머시닝센터이다.)

① 4.5 ② 4.75
③ 5.5 ④ 5.75

해설 반지름 보정값만큼 지령위치를 기준에서 5mm가 시프트되어 가공한 것으로, 바깥지름이 작게 가공되었으므로 보정값도 작게 해야 한다.

답 57. ② 58. ③ 59. ① 60. ②

2016

컴/퓨/터/응/용/밀/링/기/능/사

기출문제

2016년 1월 24일 제1회 컴퓨터응용밀링기능사 기출문제

01 강의 5대 원소에 속하지 않는 것은?
① 황(S)   ② 마그네슘(Mg)
③ 탄소(C)   ④ 규소(Si)

해설 철강 재료의 5대 원소
C(강에 가장 큰 영향), S < 0.05%, P < 0.04%, Si < 0.1~0.4%, Mn < 0.2~0.8%

02 합금공구강 강재의 종류의 기호에 STS11로 표시된 기호의 주된 용도는?
① 냉간 금형용
② 열간 금형용
③ 절삭 공구강용
④ 내충격 공구강용

해설 ① 냉간 금형용 : STS3
② 열간 금형용 : STD4
③ 절삭 공구강용 : STS11
④ 내충격 공구강용 : STS4

03 원자의 배열이 불규칙한 상태의 합금은?
① 비정질 합금   ② 제진 합금
③ 형상 기억 합금   ④ 초소성 합금

해설 ① 비정질 합금 : 원자의 배열이 불규칙한 상태의 합금이다.
② 제진 합금 : 높은 강도와 탄성을 지니면서도 금속성의 소리나 진동이 없는 특수 금속이다.
③ 형상 기억 합금 : 힘을 가해서 변형을 시켜도 본래의 형상을 기억하고 있어 조금만 가열해도 곧 본래의 형상으로 복원하는 합금이다.
④ 초소성 합금 : 점토처럼 자유 자재로 변형하여 형 그대로 만드는 합금으로 복잡한 형상품 가공에 이용되고 있다.

04 구리의 일반적인 특징으로 틀린 것은?
① 전연성이 좋다.
② 가공성이 우수하다.
③ 전기 및 열의 전도성이 우수하다.
④ 화학 저항력이 작아 부식이 잘 된다.

해설 구리의 성질 : 비중이 8.9 정도이며, 용융점이 1083℃ 정도이다.
① 전기 및 열전도성이 우수하다.
② 전연성이 좋아 가공이 용이하다.
③ 내식성이 강해 부식이 안 된다.
④ 아름다운 광택과 귀금속적 성질이 우수하다.
⑤ Zn, Sn, Ni, Ag 등과 용이하게 합금을 만든다.

05 구상 흑연주철에서 구상화 처리 시 주물 두께에 따른 영향으로 틀린 것은?
① 두께가 얇으면 백선화가 커진다.
② 두께가 얇으면 구상흑연 정출이 되기 쉽다.
③ 두께가 두꺼우면 냉각속도가 느리다.
④ 두께가 두꺼우면 구상흑연이 되기 쉽다.

해설 두께가 두꺼우면 편상 흑연이 되기 쉽다.

06 기계부품이나 자동차부품 등에 내마모성, 인성, 기계적 성질을 개선하기 위한 표면경화법은?
① 침탄법   ② 항온풀림
③ 저온풀림   ④ 고온뜨임

해설 침탄법 : 기계부품이나 자동차부품 등에 내마모성, 인성, 기계적 성질을 개선하기 위한 표면경화법이다.

답 01.② 02.③ 03.① 04.④ 05.④ 06.①

07 부식을 방지하는 방법에서 알루미늄의 방식법에 속하지 않는 것은?
① 수산법   ② 황산법
③ 니켈산법   ④ 크롬산법

해설 알루미늄의 방식법
① 수산법 : 두껍고 강한 피막, 내식성 우수, 용액 가격이 고가이다. 순수 Al의 경우 내식성 등 최우수 피막, 순도가 낮은 피막에서도 피막의 광택이 좋다.
② 황산법 : 가장 널리 쓰인다. 경제적, 투명한 피막, 내식 내마모성 우수, 유지 용이, 착색력이 좋다.
③ 크롬산법 : 반투명이나 에나멜과 같은 외관. 광학기계, 가전제품 및 전기통신기기 등에 사용한다.

08 축과 보스에 동일 간격의 홈을 만들어서 토크를 전달하는 것으로 축 방향으로 이동이 가능하고 축과 보스의 중심을 맞추기가 쉬운 기계요소는?
① 반달 키   ② 접선 키
③ 원뿔 키   ④ 스플라인

해설 ① 반달 키 : 반월상의 키로서 축의 홈이 깊게 되어 축의 강도가 약하게 되기는 하나 축과 키 홈의 가공이 쉽고, 키가 자동적으로 축과 보스 사이에 자리를 잡을 수 있어 60mm 이하의 작은 축이나 테이퍼 축에 사용한다.
② 접선 키 : 2개의 키를 한 쌍으로 하여 사용. 회전 방향이 양 방향일 경우 중심각이 120°되는 위치에 2조 설치한다. 아주 큰 회전력의 경우에 사용
③ 원뿔 키 : 축과 보스에 키를 파지 않고 보스 구멍을 테이퍼 구멍으로 하여 속이 빈 원뿔을 끼워 마찰력만으로 밀착시키는 키로서 바퀴가 편심되지 않고 축의 어느 위치에나 설치가 가능
④ 스플라인 : 축의 원주에 수많은 키를 깎은 것으로 큰 토크를 전달시키고, 내구력이 크며 축과 보스의 중심축을 정확하게 맞출 수 있고 축 방향으로 이동도 가능

09 브레이크 블록의 길이와 너비가 60mm×20mm이고, 브레이크 블록을 미는 힘이 900N일 때 브레이크 블록의 평균 압력은?
① 0.75N/mm^2
② 7.5N/mm^2
③ 10.8N/mm^2
④ 108N/mm^2

해설 브레이크 압력
$$p_a = \frac{W}{bl} = \frac{900}{20 \times 60} = 0.75\text{N/mm}^2$$

10 지름 5mm 이하의 바늘 모양 롤러를 사용하는 베어링으로서 단위면적당 부하용량이 커서 협소한 장소에서 고속의 강한 하중이 작용하는 곳에 주로 사용하는 베어링은?
① 스러스트 롤러 베어링
② 자동 조심형 롤러 베어링
③ 니들 롤러 베어링
④ 테이퍼 롤러 베어링

해설 니들 롤러 베어링
지름 5mm 이하의 바늘 모양 롤러를 사용하는 베어링으로서 단위면적당 부하용량이 커서 협소한 장소에서 고속의 강한 하중이 작용하는 곳에 주로 사용된다.

11 전동축이 350rpm으로 회전하고 전달 토크가 120N·m일 때 이 축이 전달하는 동력은 약 몇 kW인가?
① 2.2   ② 4.4
③ 6.6   ④ 8.8

해설 ① $T = 7024 \times 10^3 \frac{H}{N} [\text{N} \cdot \text{mm}][\text{PS}]$
② $T = 9549 \times 10^3 \frac{H}{N} [\text{N} \cdot \text{mm}][\text{kW}]$
$$H = \frac{NT}{9549 \times 10^3} = \frac{350 \times 120000}{9549 \times 10^3} = 4.4\text{kW}$$

답 07.③ 08.④ 09.① 10.③ 11.②

12 두 축이 평행하지도 교차하지도 않으며 나사 모양을 가진 기어로 주로 큰 감속비를 얻고자 할 때 사용하는 기어 장치는?

① 웜 기어
② 제롤 베벨 기어
③ 래크와 피니언
④ 내접 기어

해설 웜 기어 : 두 축이 평행하지도 교차하지도 않으며 나사 모양을 가진 기어로 주로 큰 감속비를 얻고자 할 때 사용하는 기어이다.

13 축 방향에 큰 하중을 받아 운동을 전달하는데 적합하도록 나사산을 사각모양으로 만들었으며, 하중의 방향이 일정하지 않고 교번하중을 받는 곳에 사용하기에 적합한 나사는?

① 볼나사
② 사각나사
③ 톱니나사
④ 너클나사

해설 사각나사 : 축 방향에 큰 하중을 받아 운동을 전달하는데 적합하도록 나사산을 사각모양으로 만들었으며, 하중의 방향이 일정하지 않고 교번하중을 받는 곳에 사용한다.

14 두 물체 사이의 거리를 일정하게 유지시키는데 사용하는 볼트는?

① 스터드 볼트
② 탭 볼트
③ 리머 볼트
④ 스테이 볼트

해설 ① 스터드 볼트 : 막대의 양 끝에 나사를 깎은 머리 없는 볼트로서 한 끝을 본체에 튼튼하게 박고 다른 끝에는 너트를 끼워서 죈다.
② 탭 볼트 : 체결하려는 부분이 두꺼워서 관통 구멍을 뚫을 수 없을 때, 또 긴 구멍을 뚫었더라도 구멍이 너무 길어 관통 볼트의 머리가 숨겨져서 죄기 곤란할 때 너트를 사용하지 않고, 체결하는 상대쪽에 암나사를 내고 머리붙이 볼트를 나사 박음하여 체결하는 볼트이다.
③ 리머 볼트 : 리머로 다듬질한 구멍에 꼭 끼워 미끄럼을 방지하는 볼트이다.
④ 스테이 볼트 : 부품을 일정한 간격으로 유지하고, 구조자체를 보강하는 데 사용한다.

15 바깥지름이 500mm, 안지름이 490mm인 얇은 원통의 내부에 3MPa의 압력이 작용할 때 원주 방향의 응력은 약 몇 MPa인가?

① 75
② 147
③ 222
④ 294

해설 $\sigma = \dfrac{Dp}{2t} = \dfrac{490 \times 3}{2 \times 5} = 147\,\text{MPa}$

16 다음 그림에서 A~D에 관한 설명으로 가장 옳은 것은?

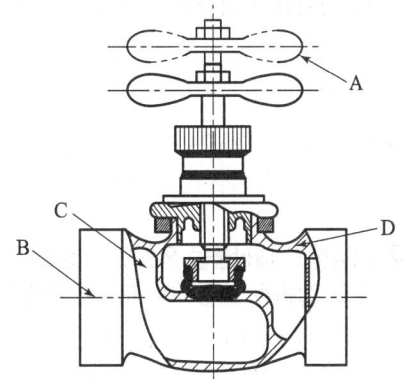

① 선 A는 물체의 이동 한계의 위치를 나타낸다.
② 선 B는 도형의 숨은 부분을 나타낸다.
③ 선 C는 대상의 앞쪽 형상을 가상으로 나타낸다.
④ 선 D는 대상이 평면임을 나타낸다.

해설
• B : 중심선
• C : 외형선
• D : 해칭선

답 12. ① 13. ② 14. ④ 15. ② 16. ①

17 그림의 조립도에서 부품 ①의 기능과 조립 및 가공을 고려할 때, 가장 적합하게 투상된 부품도는?

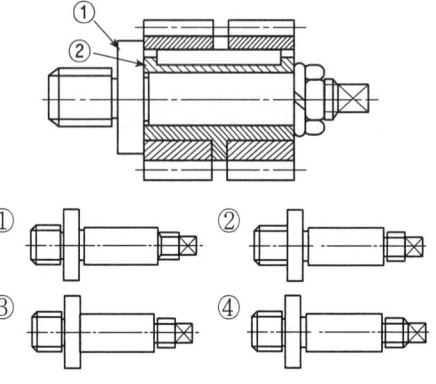

18 KS 기계제도에서 도면에 기입된 길이 치수는 단위를 표기하지 않으나 실제 단위는?

① μm ② cm
③ mm ④ m

해설 길이의 치수는 모두 mm단위를 기입하고 단위기호는 별도로 쓰지 않는다.

19 대칭형인 대상물을 외형도의 절반과 온단면도의 절반을 조합하여 표시한 단면도는?

① 계단 단면도 ② 한쪽 단면도
③ 부분 단면도 ④ 회전 도시 단면도

해설 한쪽 단면도 : 상하 또는 좌우 대칭형의 물체는 기본 중심선을 경계로 1/2은 외형도로, 나머지 1/2은 단면도로 동시에 나타낸다. 대칭 중심선의 우측 또는 위쪽을 단면으로 한다.

20 일반적으로 무하중 상태에서 그리는 스프링이 아닌 것은?

① 겹판 스프링
② 코일 스프링
③ 벌류트 스프링
④ 스파이럴 스프링

해설 겹판 스프링은 원칙적으로 판이 수평인 상태에서 그린다. 하중이 걸린 상태에서 그릴 때에는 하중을 명기한다.

21 그림과 같은 정투상도에서 제3각법으로 나타낼 때 평면도로 가장 옳은 것은?

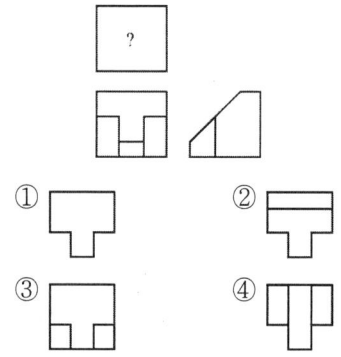

22 나사 표시 기호가 Tr10×2로 표시된 경우 이는 어떤 나사인가?

① 미터 사다리꼴 나사
② 미니추어 나사
③ 관용 테이퍼 암나사
④ 유니파이 가는 나사

해설 ① 미터 사다리꼴 나사 : Tr10×2
② 미니추어 나사 : S 0.5
③ 관용 테이퍼 암나사 : Rc 3/4
④ 유니파이 가는 나사 : No. 8-36 UNF

23 축과 구멍의 끼워맞춤 도시기호를 옳게 나타낸 것은?

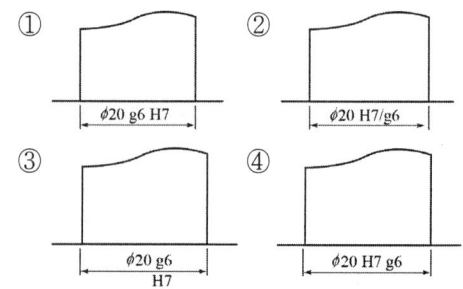

답 17. ④ 18. ③ 19. ② 20. ① 21. ② 22. ① 23. ②

24 그림과 같은 표면의 결 도시기호의 설명으로 옳은 것은?

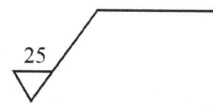

① 10점 평균 거칠기 하한값이 25μm인 표면
② 10점 평균 거칠기 상한값이 25μm인 표면
③ 산술 평균 거칠기 하한값이 25μm인 표면
④ 산술 평균 거칠기 상한값이 25μm인 표면

25 지정 넓이 100mm×100mm에서 평면도 허용값이 0.02mm인 것을 옳게 나타낸 것은?

① ▱ 0.02×☐100
② ▱ 0.02×☐10000
③ ▱ 0.02/100×100
④ ▱ 0.02×100×100

26 다음 중 바이트, 밀링 커터 및 드릴의 연삭에 가장 적합한 것은?

① 공구 연삭기   ② 성형 연삭기
③ 원통 연삭기   ④ 평면 연삭기

해설 공구 연삭기 : 바이트, 밀링 커터 및 드릴의 연삭에 가장 적합하다.

27 버니어 캘리퍼스의 종류가 아닌 것은?

① B형   ② M형
③ CB형   ④ CM형

해설 버니어 캘리퍼스 : 외경, 내경, 깊이, 단차 및 길이를 측정하는 것으로 미터식에서는 1/20mm, 1/50mm까지 읽을 수 있다. 종류로는 미동장치가 없는 M1형(0.05mm) 및 미동장치가 있는 M2형(1/20mm까지 측정)과 CB형 및 CM형(1/20mm까지 측정) 4가지가 있다.

28 줄에 관한 설명으로 틀린 것은?

① 줄의 단면에 따라 황목, 중목, 세목, 유목으로 나눈다.
② 줄 작업을 할 때는 두 손의 절삭 하중은 서로 균형이 맞아야 정밀한 평면가공이 된다.
③ 줄 작업을 할 때는 양 손은 줄의 전후 운동을 조절하고, 눈은 가공물의 윗면을 주시한다.
④ 줄의 수명은 황동, 구리합금 등에 사용할 때가 가장 길고 연강, 경강, 주철의 순서가 된다.

해설 (1) 단면 모양에 따른 종류
삼각줄, 평줄, 반원줄, 사각줄, 둥근줄 등 5종류가 있다.

(2) 줄눈의 형상에 따른 종류
① 단목(홑눈줄 : single cut)
한쪽 방향(70~80°)으로만 눈을 만든 것으로, Pb, Sn, Al과 같이 연질재료 및 얇은 판금의 가장자리 절삭에 사용한다.
② 복목(겹눈줄 : double cut)
일반적으로 다듬질용이며 두 개의 상하 날이 교차하도록 만든 것으로 상날(절삭)은 70~80°로 하부날(칩배출)은 40~45°로 되어 있으며 강과 주철과 같은 다듬 절삭에 사용하며 연한 금속, 일반 철공용으로 쓰인다.
③ 귀목(라스프줄 : rasp cut)
줄날이 돌기 형식이며 목재, 가죽, 베크라이트 등 비금속재료의 거친 절삭에 사용한다.
④ 파목(곡선줄 : curved cut)
줄날이 곡선으로 칩 배출이 용이하고 절삭 능력이 강력해서 납, Al, 플라스틱, 목재 등과 같은 재질 절삭에 사용한다.

답 24.④ 25.③ 26.① 27.① 28.①

29 공작물에 일정한 간격으로 동시에 5개의 구멍을 가공 후, 탭 가공을 하려고 할 때 가장 적합한 드릴링 머신은?

① 다두 드릴링 머신
② 다축 드릴링 머신
③ 직립 드릴링 머신
④ 레이디얼 드릴링 머신

해설 다축 드릴링 머신 : 스핀들 1개의 구동축에 유니버셜 조인트 등을 이용하여 구동하므로 1대의 기계에서 많은 수의 구멍을 동시에 뚫을 때 쓰이는 공작기계이다.

30 결합도가 높은 숫돌을 사용하는 경우로 적합하지 않은 것은?

① 접촉 면이 클 때
② 연삭 깊이가 얕을 때
③ 재료 표면이 거칠 때
④ 숫돌차의 원주속도가 느릴 때

해설 결합도에 따른 숫돌의 선택기준

결합도가 높은 숫돌 (굳은 숫돌)	• 연한 재료의 연삭 • 숫돌차의 원주 속도가 느릴 때 • 연삭 깊이가 얕을 때 • 접촉 면이 작을 때 • 재로 표면이 거칠 때
결합도가 낮은 숫돌 (연한 숫돌)	• 단단한(경한) 재료의 연삭 • 숫돌차의 원주 속도가 빠를 때 • 연삭 깊이가 깊을 때 • 접촉 면이 클 때 • 재료 표면이 치밀할 때

31 밀링 커터의 지름이 100mm, 한날 당 이송이 0.2mm, 커터의 날수는 10개, 커터의 회전수가 520rpm일 때, 테이블의 이송속도는 약 몇 mm/min인가?

① 640 ② 840
③ 940 ④ 1040

해설 $f = f_z \times Z \times N$
$= 0.2 \times 10 \times 520$
$= 1040 \text{mm/min}$

32 절삭공구의 절삭면에 평행하게 마모되는 것으로 측면과 절삭면과의 마찰에 의해 발생하는 것은?

① 치핑 ② 온도 파손
③ 플랭크 마모 ④ 크레이터 마모

해설 플랭크 마모(여유면 마모 : flank wear) 공구의 플랭크가 절삭면에 평행하게 마모, 주철 같이 균열형 칩이 생길 때 발생하는 경우, 크레이터 마멸은 생기지 않으나, 여유면의 인선이 마찰에 의해 마모된다.

33 마이크로미터 및 게이지 등의 핸들에 이용되는 널링작업에 대한 설명으로 옳은 것은?

① 널링 가공은 절삭 가공이 아닌 소성가공법이다.
② 널링 작업을 할 때는 절삭유를 공급해서는 절대 안 된다.
③ 널링을 하면 다듬질 치수보다 지름이 작아지는 것을 고려하여야 한다.
④ 널이 2개인 경우 널이 가공물의 중심선에 대하여 비대칭적으로 위치하여야 한다.

해설 널링 작업에 대한 설명
① 널링 가공은 소성가공법이다.
② 널링 작업을 할 때는 절삭유를 공급할 수 있다.
③ 널링을 하면 다듬질 치수보다 지름이 커지는 것을 고려하여야 한다.
④ 널이 2개인 경우 널이 가공물의 중심선에 대하여 대칭으로 위치하여야 한다.

34 절삭공구 선단부에서 전단 응력을 받으며, 항상 미끄럼이 생기면서 절삭작용이 이루어지며 진동이 적고, 가공 표면이 매끄러운 면을 얻을 수 있는 가장 이상적인 칩의 형태는?

① 균열형 칩 ② 유동형 칩
③ 열단형 칩 ④ 전단형 칩

답 29. ② 30. ① 31. ④ 32. ③ 33. ① 34. ②

해설 ① 균열형 칩 : 칩 발생 시의 진동으로 절삭력의 변동이 크며 가공 면이 매우 불량하다. 주철과 같은 메진(취성) 재료를 저속 가공할 때
② 유동형 칩 : 칩이 공구의 경사면 위를 유동하는 것과 같이 원활하게 연속적으로 흘러 나가는 형태로서 칩 발생 시 연속적인 미끄럼 파괴에 의하여 절삭되어, 길게 연속적 코일모양으로 되며, 절삭면의 변동이 없고 진동이 적으며, 가공 면이 깨끗하다.
③ 열단형 칩 : 점성이 큰 재질을 작은 경사각의 공구로 절삭할 때 발생하며 재료가 공구전면에 접착하여 공구의 상면을 미끄러져 나가지 못하여, 아래 방향에 균열이 발생하여 가공 면이 나쁘다.
④ 전단형 칩 : 칩이 원활히 흐르지 못하고, 가공 면이 매끄럽지 못하다. 연한 재질의 공작물을 작은 경사각으로 저속 가공할 때 생긴다.

35 각도를 측정하는 기기가 아닌 것은?
① 사인 바 ② 분도기
③ 각도 게이지 ④ 하이트 게이지

해설 하이트 게이지(height gauge)
대형 부품, 복잡한 모양의 부품 등을 정반 위에 올려놓고, 정반면을 기준으로 하여 높이를 측정하거나 스크라이버(scriber) 끝으로 금긋기작업을 하는 데 사용한다.

36 선반 바이트의 윗면 경사각에 대한 설명으로 틀린 것은?
① 직접 절삭저항에 영향을 준다.
② 윗면 경사각이 크면 절삭성이 좋다.
③ 공구의 끝과 일감의 마찰을 줄이기 위한 것이다.
④ 윗면 경사각이 크면 일감 표면이 깨끗하게 다듬어지지만 날 끝은 약하게 된다.

해설 바이트의 윗면 경사각은 직접 절삭력에 영향을 끼치며, 이 각이 크면 절삭 성능이 좋고 공작물 표면은 아름답게 다듬어지지만 날 끝이 약해진다. 여유각은 공구의 끝과 공작물의 마찰을 방지하기 위한 것이며, 필요 이상으로 크게 할 필요는 없다.

37 공작기계의 급유법 중 마찰면이 넓거나 시동되는 횟수가 많을 때 저속 및 중속 축의 급유에 사용되는 급유법은?
① 강제 급유법 ② 담금 급유법
③ 분무 급유법 ④ 적하 급유법

해설 ① 강제 급유법 : 순환 펌프를 이용하여 급유하는 방법으로, 고속회전할 때 베어링 냉각효과에 경제적인 방법이다.
② 담금 급유법 : 마찰 부분 전체가 윤활유 속에 잠기도록 하여 급유하는 방법이다.
③ 분무 급유법 : 액체상태의 기름에 압축공기를 이용하여 분무시켜 공급하는 방법으로, 압축공기압력은 $9.81N/cm^2$ 정도를 사용한다.
④ 적하 급유법 : 마찰면이 넓거나 시동되는 횟수가 많을 때, 저속 및 중속 축의 급유에 사용된다.

38 방전 가공용 전극재료의 조건으로 틀린 것은?
① 가공 정밀도가 높을 것
② 가공 전극의 소모가 많을 것
③ 구하기 쉽고 값이 저렴할 것
④ 방전이 안전하고 가공속도가 클 것

해설 방전 가공용 전극재료는 가공 전극의 소모가 작아야 한다.

39 탄화물 분말인 W, Ti, Ta 등을 Co나 Ni분말과 혼합하여 고온에서 소결한 것으로 고온·고속 절삭에도 높은 경도를 유지하는 절삭공구재료는?
① 세라믹 ② 고속도강
③ 주조합금 ④ 초경합금

답 35.④ 36.③ 37.④ 38.② 39.④

해설 초경합금 : 탄화물 분말인 W, Ti, Ta 등을 Co나 Ni분말과 혼합하여 고온에서 소결한 것으로 고온·고속 절삭에도 높은 경도를 유지하는 절삭공구재료이다.

40 다음 중 밀링작업에서 분할대를 이용하여 직접분할이 가능한 가장 큰 분할수는?

① 40   ② 32
③ 24   ④ 15

해설 직접 분할법(=면판분할법) : 분할대의 면판에 24개의 구멍이 등 간격으로 뚫어져 있음 (면판 위의 24개 구멍을 이용하여 분할).
※ 24의 약수 : 2, 3, 4, 6, 8, 12, 24
⇒ 7종 분할 가능, $\frac{24}{N}$

41 밀링머신의 부속장치에 속하는 것은?

① 돌리개   ② 맨드릴
③ 방진구   ④ 분할대

해설 분할대는 밀링 부속장치이고, 나머지는 선반 부속장치이다.

42 선반 주축대 내부의 '테이퍼로 적합한 것은?

① 모스 테이퍼(Morse taper)
② 내셔널 테이퍼(National taper)
③ 바틀그립 테이퍼(Bottle grip taper)
④ 브라운샤프 테이퍼(Brown & Sharpe taper)

해설 선반 주축대는 모스 테이퍼(Morse taper)로 구성되어 있다.

43 다음은 원 가공을 위한 머시닝센터 가공도면 및 프로그램을 나타낸 것이다. ( ) 안에 들어갈 내용으로 옳은 것은?

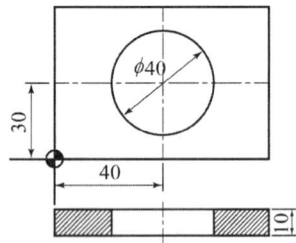

```
G00 G90 X40. Y30. ;
G01 Z-10. F90 ;
G41 Y50. D01 ;
G03 (     ) ;
G40 G01 Y30. ;
G00 Z100. ;
```

① I-20.   ② I20.
③ J-20.   ④ J20.

해설 원호의 중심각 180° 이하인 경우 : +부호
180° 이상인 경우 : -부호
① 절대지령 G90 G03 J-20. ;
② 증분지령 G91 G03 J-20. ;

44 머시닝센터에서 "G03 X_ Z_ R_ F_ ;"로 가공하고자 한다. 알맞은 평면지정은?

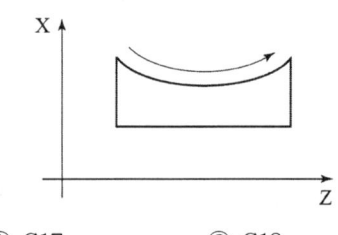

① G17   ② G18
③ G19   ④ G20

해설 원호보간 시 회전 방향

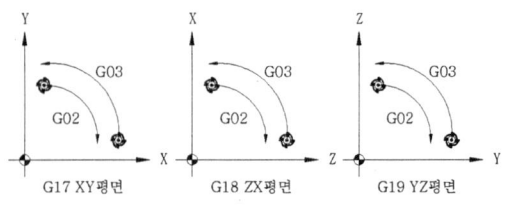

답 40.③ 41.④ 42.① 43.③ 44.②

45 아래와 같이 CNC선반에 사용되는 휴지(dwell) 기능을 나타낸 명령에서 밑줄 친 곳에 사용할 수 없는 어드레스는?

G04 _ ;

① G　　② P
③ U　　④ X

해설　G04기능(휴지 : Dwell)
프로그램에 지정된 시간 동안 공구의 이송을 잠시 중지시키는 기능
- 적용 : 드릴 가공, 홈 가공, 모서리 다듬질 가공 시 양호한 가공면을 얻기 위해 사용
- 단위는 X, U, P,를 사용하는데 X, U는 소수점을 P는 0.001 단위를 사용
  (예 : G04 X1.5 G04 U1.5 G04 P1500)

46 CNC선반에서 나사가공과 관계없는 G코드는?

① G32　　② G75
③ G76　　④ G92

해설　G75 : 내·외경 홈 가공 싸이클

47 CNC공작기계의 구성과 인체를 비교하였을 때 가장 적절하지 않은 것은?

① CNC장치－눈
② 유압유닛－심장
③ 기계본체－몸체
④ 서보모터－손과 발

해설　CNC장치(정보처리회로)－두뇌

48 CNC공작기계에 주로 사용되는 방식으로, 모터에 내장된 타코 제너레이터에서 속도를 검출하고, 엔코더에서 위치를 검출하여 피드백하는 NC서보기구의 제어방식은?

① 개방회로 방식(Open loop system)
② 폐쇄회로 방식(Closed loop system)
③ 반개방회로 방식(Semi-open loop system)
④ 반폐쇄회로 방식(Semi-closed loop system)

해설　반폐쇄회로 방식(Semi-closed loop system)
CNC공작기계에 주로 사용되는 방식으로, 모터에 내장된 타코 제너레이터에서 속도를 검출하고, 엔코더에서 위치를 검출하여 피드백하는 NC서보기구의 제어방식이다.

49 CNC선반 프로그램에서 G50의 기능에 대한 설명으로 틀린 것은?

① 주축 최고 회전수 제한기능을 포함한다.
② one shot 코드로서 지령된 블록에서만 유효하다.
③ 좌표계 설정기능으로 머시닝센터에서 G92(공작물좌표계설정)의 기능과 같다.
④ 비상정지 시 기계원점 복귀나 원점 복귀를 지령할 때의 중간 경유 지점을 지정할 때에도 사용한다.

해설　좌표계 설정(G50)
사용 공구가 출발하는 임의의 위치를 시작점이라고 하며, 프로그램의 원점과 시작점의 위치관계를 CNC에 알려주어 프로그램의 원점을 절대좌표(공작물 좌표)의 기준점(X0, Z0)으로 설정하여 주는 것을 좌표계 설정이라고 한다.

50 머시닝센터 작업 중 절삭 칩이 공구나 일감에 부착되는 경우의 해결 방법으로 잘못된 것은?

① 장갑을 끼고 수시로 제거한다.
② 고압의 압축 공기를 이용하여 불어 낸다.
③ 칩이 가루로 배출되는 경우는 집진기로 흡입한다.
④ 많은 양의 절삭유를 공급하여 칩이 흘러 내리게 한다.

해설　머시닝센터 작업 중 절삭 칩이 공구나 일감에 부착되는 경우 손으로 제거하지 말고 갈고리를 이용하여 제거한다.

답　45. ①　46. ②　47. ①　48. ④　49. ④　50. ①

51 머시닝센터에서 공구길이 보정량이 −20이고 보정번호 12번에 설정되어 있을 때 공구길이 보정을 올바르게 지령한 것은?

① G41 D12 ;   ② G42 D20 ;
③ G44 H12 ;   ④ G49 H−20 ;

해설 공구길이 보정의 종류

G−코드	기 능	의 미
G43	공구길이 보정 +	지정된 공구 보정량을 Z좌표값에 가산(+)한다. (+방향으로 이동)
G44	공구길이 보정 −	지정된 공구 보정량을 Z좌표값에 감산(−)한다. (−방향으로 이동)
G49	공구길이 보정 취소	공구 길이 보정을 취소하고 기준 공구 상태로 된다.

지령방법 : G43 / G44   Z_   H_ ;

− Z : Z축 이동지령(절대, 증분지령이 가능하다.)
− H : 공구 길이 보정(Offset) 번호

52 다음 중 CNC프로그램에서 워드(word)의 구성으로 옳은 것은?

① 데이터(data)+데이터(data)
② 블록(block)+어드레스(address)
③ 어드레스(address)+데이터(data)
④ 어드레스(address)+어드레스(address)

해설 워드(word, 단어)
NC 프로그램의 기본 단위이며, 어드레스(address)와 데이터(data)로 구성된다. 어드레스는 알파벳(A~Z) 중 1개로 하고, 어드레스 다음에 수치를 지령한다.

53 아래와 같은 사이클 가공에서 지령워드의 설명이 틀린 것은?

G90 X(U)_ Z(W)_ I(R)_ F_ ;

① F : 나사의 피치(리드) 지령 값
② I(R) : 테이퍼 지령 X축 반경 값
③ Z(W) : Z축 방향의 절삭 지령 값
④ X(U) : X축 방향의 직경 지령 값

해설 F : 이송량

54 아래는 CNC선반 프로그램의 설명이다. Ⓐ와 Ⓑ에 들어갈 코드로 옳은 것은?

Ⓐ X160.0 Z160.0 S1500 T0100 ;
//설명 : 좌표계 설정
Ⓑ S150 M03 ;
//설명 : 절삭속도 150m/min로 주축 정회전

① Ⓐ : G03, Ⓑ : G97
② Ⓐ : G30, Ⓑ : G96
③ Ⓐ : G50, Ⓑ : G96
④ Ⓐ : G50, Ⓑ : G98

해설 주축 최고 회전수 설정(G50)
G50에서 S로 지정한 수치는 최고 회전수를 나타내며 좌표계 설정에서 최고 회전수를 지정하게 되면 전체 프로그램을 통하여 주축의 회전수는 최고 회전수를 넘지 않게 된다. 또한 G96에서 최고 회전수보다 높은 회전수를 요구하더라도 주축에서는 최고 회전수로 대체하게 된다.
(예) G50 S1800 ; … 주축의 최고 회전수는 1800rpm이다.

55 CNC프로그램에서 보조 프로그램에 대한 설명으로 틀린 것은?

① 보조 프로그램의 마지막에는 M99가 필요하다.
② 보조 프로그램을 호출할 때는 M98을 사용한다.
③ 보조 프로그램은 다른 보조 프로그램을 가질 수 있다.
④ 주 프로그램은 오직 하나의 보조 프로그램만 가질 수 있다.

해설 보조 프로그램은 주 프로그램 또는 다른 보조 프로그램에서 호출하여 실행하다.

답 51. ③ 52. ③ 53. ① 54. ③ 55. ④

```
M98 P 1004    L2 ;
```
M98 : 주 프로그램에서 보조 프로그램의 호출
p : 보조 프로그램 번호
L2 : 반복 호출 횟수(1004를 2회 호출하라는 지령)

56 CNC선반 프로그램에서 사용되는 공구보정 중 주로 외경에 사용되는 우측 보정 준비 기능의 G 코드는?

① G40　　② G41
③ G42　　④ G43

해설　① G40 : 인선 R보정 취소
　　　② G41 : 인선 R보정 좌측
　　　③ G42 : 인선 R보정 우측

57 프로그램을 컴퓨터의 기억 장치에 기억시켜 놓고, 통신선을 이용해 1대의 컴퓨터에서 여러 대의 CNC공작기계를 직접 제어하는 것을 무엇이라 하는가?

① ATC　　② CAM
③ DNC　　④ FMC

해설　DNC(Direct Numerical Control)
1대의 컴퓨터로 여러 대의 공작기계를 자동적으로 제어하면서 생산 관리적 요소를 생략한 시스템 단계

58 CNC기계 조작반의 모드 선택 스위치 중 새로운 프로그램을 작성하고 등록된 프로그램을 삽입, 수정, 삭제할 수 있는 모드는?

① AUTO　　② EDIT
③ JOG　　　④ MDI

해설　EDIT : 새로운 프로그램을 작성하고 등록된 프로그램을 삽입, 수정, 삭제할 수 있는 모드이다.

59 밀링 작업을 할 때의 안전수칙으로 가장 적합한 것은?

① 가공 중 절삭면의 표면 조도는 손을 이용하여 확인하면서 작업한다.
② 절삭 칩의 비산 방향을 마주보고 보안경을 착용하여 작업한다.
③ 밀링 커터나 아버를 설치하거나 제거할 때는 전원 스위치를 켠 상태에서 작업한다.
④ 절삭 날은 양호한 것을 사용하며, 마모된 것은 재연삭 또는 교환하여야 한다.

해설　밀링작업의 안전
① 가공 중 절삭면의 표면 조도는 손을 이용하여 관찰하여서는 안 된다.
② 절삭 칩의 비산 방향을 피하거나 칩 커버를 설치하고 보안경을 착용하여 작업한다.
③ 테이블 위에 측정기나 공구류를 올려놓지 않으며, 절삭 공구나 공작물을 설치할 때 시동레버가 접촉되기 쉬우므로 전원을 끄고 작업한다.

60 CNC공작기계의 안전에 관한 사항으로 틀린 것은?

① 비상정지 버튼의 위치를 숙지한 후 작업한다.
② 강전반 및 CNC장치는 어떠한 충격도 주지 말아야 한다.
③ 강전반 및 CNC장치는 압축 공기를 사용하여 항상 깨끗이 청소한다.
④ MDI로 프로그램을 입력할 때 입력이 끝나면 반드시 확인하여야 한다.

해설　강전반 및 CNC장치는 압축 공기를 사용하지 않는다.

답　56. ③　57. ③　58. ②　59. ④　60. ③

2016년 4월 2일 제2회 컴퓨터응용밀링기능사 기출문제

01 보통 주철에 비하여 규소가 적은 용선에 적당량의 망간을 첨가하여 금형에 주입하면 금형에 접촉된 부분은 급랭되어 아주 가벼운 백주철로 되는데 이러한 주철을 무엇이라고 하는가?
① 가단 주철 ② 칠드 주철
③ 고급 주철 ④ 합금 주철

해설 칠드 주철 : 표면은 백주철로 하고, 내부는 연한 회주철로 만든 것으로 압연용 칠드 롤러, 차륜 등과 같은 것에 사용된다.

02 펄라이트 주철이며 흑연을 미세화시켜 인장강도를 245MPa 이상으로 강화시킨 주철로서 피스톤에 가장 적합한 주철은?
① 보통 주철   ② 고급 주철
③ 구상흑연 주철 ④ 가단 주철

해설 고급 주철 : C 2.5~3.2%, Si 1~2%이고 현미경 조직은 펄라이트와 미세한 흑연으로 된 것으로 인장강도 245MPa 이상인 것을 말한다. 회주철 4~6종이 이에 속한다. 고강도, 내마멸성을 요구하는 기계 부품(피스톤링)에 많이 사용된다.

03 주석(Sn), 아연(Zn), 납(Pb), 안티몬(Sb)의 합금으로, 주석계 메탈을 배빗메탈이라 하며 내연기관을 비롯한 각종 기계의 베어링에 가장 널리 사용되는 것은?
① 켈밋   ② 합성수지
③ 트리메탈 ④ 화이트메탈

해설 화이트메탈 : 주석(Sn), 아연(Zn), 납(Pb), 안티몬(Sb)의 합금으로, 주석계 메탈을 배빗메탈이라 하며 내연기관을 비롯한 각종 기계의 베어링에 가장 널리 사용된다.

04 표준조성이 Cu-4%, Ni-2%, Mg-1.5% 함유하고 있는 Al-Cu-Ni-Mg계의 알루미늄 합금은?
① Y합금   ② 문쯔메탈
③ 활자합금 ④ 엘린바

해설 Y합금(Al-Cu-Ni계)
표준조성이 Cu-4%, Ni-2%, Mg-1.5% 함유하고 있는 Al-Cu-Ni-Mg계의 알루미늄 합금으로 내연기관의 피스톤, 실린더 등에 사용된다.

05 연신율과 단면 수축률을 시험할 수 있는 재료시험기는?
① 피로시험기   ② 충격시험기
③ 인장시험기   ④ 크리프시험기

해설 인장시험기 : 시험편을 인장시험기에 물려놓고 시험편에 서서히 인장 하중을 가하여 전단될 때의 하중과 이에 대응하는 변형을 측정하여 응력-변형 곡선을 기록하여 재료의 항복점, 탄성 한도, 인장 강도, 연신율, 단면 수축률 등을 측정할 수 있다.

06 스테인리스강의 종류에 해당되지 않는 것은?
① 페라이트계 스테인리스강
② 펄라이트계 스테인리스강
③ 마텐자이트계 스테인리스강
④ 오스테나이트계 스테인리스강

해설 스테인리스강 : Cr, Ni을 다량 첨가하여 내식성을 현저히 향상시킨 강으로서 녹이 슬지 않는다 하여 불수강이라고도 한다. 일반적으로 Cr의 함량이 12% 이상인 강을 스테인리스강이라 하고, 그 이하의 강은 그대로

답 01. ② 02. ② 03. ④ 04. ① 05. ③ 06. ②

내식성 강이라 하며, 금속 조직학상 마텐자이트계와 페라이트계 및 오스테나이트계로 분류되는데 그 대표적인 것은 18-8형 스테인리스강인 오스테나이트계 스테인리스강이다.

07 베어링 재료의 구비조건이 아닌 것은?
① 융착성이 좋을 것
② 피로강도가 클 것
③ 내식성이 강할 것
④ 내열성을 가질 것

해설 베어링 재료는 융착성이 나쁘고, 마찰계수가 작고, 열전도율이 높아야 한다.

08 SI단위계의 물리량과 단위가 틀린 것은?
① 힘 - N
② 압력 - Pa
③ 에너지 - dyne
④ 일률 - W

해설 ① 에너지 : CGS단위계에서는 에르그(erg)를 에너지의 단위로 사용한다. cgs단위계는 기본 물리량인 질량, 거리, 시간의 단위로 각각 g, cm, s를 사용하는데 이를 사용하여 에르그를 표현하면 $1 erg = 1g \cdot cm^2/s^2$이며 줄과의 관계는 $1 erg = 1.0 \times 10^{-7} J$이다.
② 힘의 CGS 단위 : 질량 1g의 물체에 작용하여 $1cm/s^2$의 가속도가 생기게 하는 힘이다. 기호는 dyne이다. 힘의 SI 단위인 뉴턴(N)과 비교하면, $1 dyne = 10^{-5} N$이 된다. 다인이라는 명칭은 힘이라는 뜻이다.

09 12kN·m의 토크를 받는 축의 지름은 약 몇 mm 이상이어야 하는가? (단, 허용 비틀림 응력은 50MPa이라 한다.)
① 84
② 107
③ 126
④ 145

해설 $d = \sqrt[3]{\dfrac{5.1T}{\tau}} = \sqrt[3]{\dfrac{5.1 \times 1200000}{50}} = 107$

10 고압 탱크나 보일러의 리벳이음 주위에 코킹(caulking)을 하는 주목적은?
① 강도를 보강하기 위해서
② 기밀을 유지하기 위해서
③ 표면을 깨끗하게 유지하기 위해서
④ 이음 부위의 파손을 방지하기 위해서

해설 코킹(caulking)을 하는 주목적은 기밀을 유지하기 위해서

11 둥근 봉을 비틀 때 생기는 비틀림 변형을 이용하여 만드는 스프링은?
① 코일 스프링
② 벌류트 스프링
③ 접시 스프링
④ 토션 바

해설 토션 바 스프링 : 원형봉에 비틀림 모멘트를 가하면 비틀림 변형이 생기는 원리로 소형 승용차의 현가용에 사용된다.

12 모듈 5이고 잇수가 각각 40개와 60개인 한 쌍의 표준 스퍼기어에서 두 축의 중심거리는?
① 100mm
② 150mm
③ 200mm
④ 250mm

해설 스퍼 기어의 중심 거리
$$C = \dfrac{m(z_1 + z_2)}{2} = \dfrac{5(40+60)}{2} = 250mm$$

13 애크미 나사라고도 하며 나사산의 각도가 인치계에서는 29°이고, 미터계에서는 30°인 나사는?
① 사다리꼴 나사
② 미터 나사
③ 유니파이 나사
④ 너클 나사

답 07.① 08.③ 09.② 10.② 11.④ 12.④ 13.①

해설 사다리꼴 나사
애크미 나사라고도 하며 나사산의 각도가 인치계에서는 29°이고, 미터계에서는 30°인 나사이다.

14 나사의 풀림 방지법에 속하지 않는 것은?
① 스프링 와셔를 사용하는 방법
② 로크 너트를 사용하는 방법
③ 부시를 사용하는 방법
④ 자동 조임 너트를 사용하는 방법

해설 위 예문 외에 분할 핀을 사용하는 방법, 세트스크루를 사용하는 방법, 자동죔 너트를 사용하는 방법 등이 있다.

15 평벨트 전동장치와 비교하여 V벨트 전동장치의 장점에 대한 설명으로 틀린 것은?
① 엇걸기로도 사용이 가능하다.
② 미끄럼이 적고 속도비를 크게 할 수 있다.
③ 운전이 정숙하고 충격을 완화하는 작용을 한다.
④ 비교적 작은 장력으로 큰 회전력을 전달할 수 있다.

해설 V벨트 전동장치는 엇걸기로 사용이 불가능하다.

16 30° 사다리꼴 나사의 종류를 표시하는 기호는?
① Rc   ② Rp
③ TW   ④ TM

해설 ① Rc : 관용 테이퍼 암나사
② Rp : 관용 평행 암나사
③ TW : 29° 사다리꼴 나사
④ TM : 30° 사다리꼴 나사

17 그림과 같이 키 홈, 구멍 등 해당 부분 모양만을 도시하는 것으로 충분한 경우 사용하는 투상도로 투상 관계를 나타내기 위하여 주된 그림에 중심선, 기준선, 치수 보조선 등을 연결하여 나타내는 투상도는?

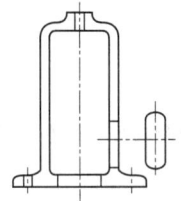

① 가상 투상도   ② 요점 투상도
③ 국부 투상도   ④ 회전 투상도

해설 국부 투상도 : 물체의 구멍, 홈 등 특정 부분만의 모양을 도시하는 것을 목적으로 사용된다.

18 기계제도에서 사용되는 재료기호 SM20C의 의미는?
① 기계 구조용 탄소 강재
② 합금 공구강 강재
③ 일반 구조용 압연 강재
④ 탄소 공구강 강재

해설 ① 기계 구조용 탄소 강재 : SM20C
② 합금 공구강 강재 : STS 11
③ 일반 구조용 압연 강재 : SS400
④ 탄소 공구강 강재 : STC1

19 투상법을 나타내는 기호 중 제3각법을 의미하는 기호는?

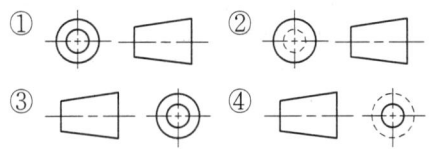

해설 각법의 기호

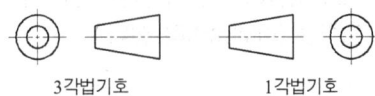
3각법기호   1각법기호

답 14. ③ 15. ① 16. ④ 17. ③ 18. ① 19. ①

20 기계부품을 조립하는 데 있어서 치수공차와 기하공차의 호환성과 관련한 용어 설명 중 옳지 않은 것은?

① 최대 실체조건(MMC)은 한계치수에서 최소 구멍 지름과 최대 축 지름과 같이 몸체의 형체의 실체가 최대인 조건
② 최대 실체 가상 크기(MMVS)는 같은 몸체 형체의 유도 형체에 대해 주어진 몸체 형체와 기하 공차의 최대 실체 크기의 집합적 효과에 의해서 만들어진 크기
③ 최대 실체 요구사항(MMR)은 LMVS와 같은 본질적 특성(치수)에 대해 주어진 값을 가지고 있으며, 같은 형식과 완전한 형상의 기하학적 형체를 정의하는 몸체 형체에 대한 요구사항으로 실체의 내부에 비이상적 형체를 제한
④ 상호 요구사항(RPR)은 최대 실체 요구사항(MMR) 또는 최소 실체 요구사항(LMR)에 부가함으로써 사용되는 몸체 형체에 대한 부가적 요구사항

21 다음 중 스퍼 기어의 도시법으로 옳은 것은?

① 잇봉우리원은 가는 실선으로 그린다.
② 잇봉우리원은 굵은 실선으로 그린다.
③ 이골원은 가는 1점 쇄선으로 그린다.
④ 이골원은 가는 2점 쇄선으로 그린다.

해설 기어 제도법
① 잇봉우리원(이끝원)은 굵은 실선으로 그린다.
② 피치원은 가는 일점 쇄선으로 그린다.
③ 이뿌리원은 가는 실선으로 그린다.
④ 정면도를 단면으로 도시할 경우 이뿌리는 굵은 실선으로 그린다.

22 제3각법에 의한 그림과 같은 정투상도의 입체도로 가장 적합한 것은?

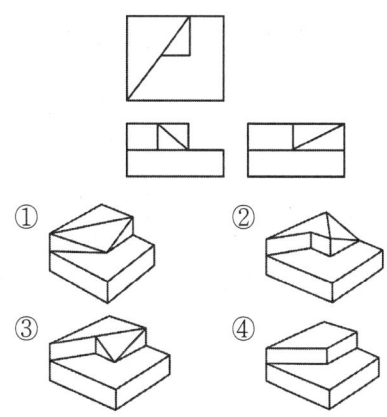

23 면의 지시 기호에 대한 각 지시 기호의 위치에서 가공 방법을 표시하는 위치로 옳은 것은?

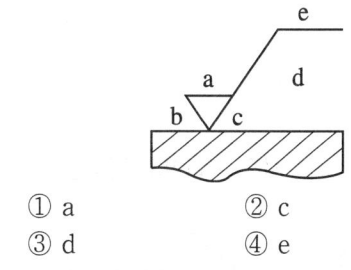

① a   ② c
③ d   ④ e

해설 면의 지시기호

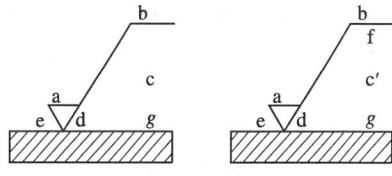

a : 중심선 평균 거칠기 값
b : 가공 방법
c : 컷오프 값
c' : 기준 길이
d : 줄무늬 방향 기호
e : 다듬질 여유 기입
f : 중심선 평균 거칠기 이외의 표면 거칠기 값
g : 표면 파상도

답 20. ③ 21. ② 22. ③ 23. ④

24 다음 그림에 대한 설명으로 옳은 것은?

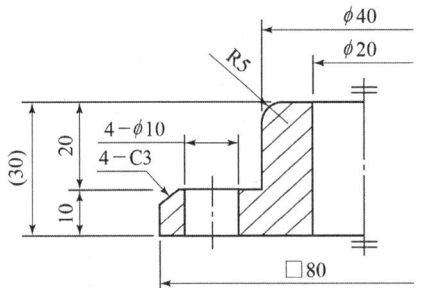

① 참고 치수로 기입한 곳이 2곳이 있다.
② 45° 모떼기의 크기는 4mm이다.
③ 지름이 10mm인 구멍이 한 개 있다.
④ □80은 한 변의 길이가 80mm인 정사각형이다.

해설
① 참고 치수로 기입한 곳이 1곳(30)이 있다.
② 45° 모떼기의 크기는 3mm(3C)이다.
③ 지름이 10mm인 구멍이 4개(4-φ10) 있다.

25 그림과 같은 치수 기입법의 명칭은?

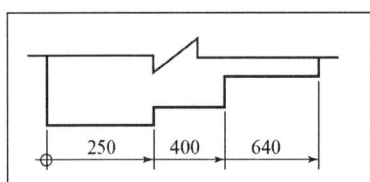

① 직렬 치수 기입법
② 누진 치수 기입법
③ 좌표 치수 기입법
④ 병렬 치수 기입법

해설
① 직렬 치수 기입법 : 직렬로 나란히 연결된 개개의 치수에 주어지는 치수 공차가 차례로 누적되어도 상관없는 경우에 적용한다.
② 병렬 치수 기입법 : 한곳을 중심으로 치수를 기입하는 방법으로, 개개의 치수 공차는 다른 치수의 공차에는 영향을 주지 않는다. 기준이 되는 치수 보조선의 위치는 기능, 가공 등의 조건을 고려하여 적절히 선택하는 것이 좋다.
③ 누진 치수 기입법 : 치수 공차에 대해서는 병렬 치수 기입법과 같은 의미를 가지며 하나의 연속된 치수선으로 간단히 표시할 수 있다. 치수의 기준이 되는 위치는 기호(0 zero)로 표시하고, 치수선의 다른 끝은 화살표를 그린다.

26 센터리스 연삭기의 특징으로 틀린 것은?
① 대량 생산에 적합하다.
② 연삭 여유가 작아도 된다.
③ 속이 빈 원통을 연삭할 때 적합하다.
④ 공작물의 지름이 크거나 무거운 경우에는 연삭 가공이 쉽다.

해설 센터리스 연삭기의 특징
① 연삭에 숙련을 요하지 않는다.
② 중공물의 원통연삭에 편리하다.
③ 가늘고 긴 가공물의 연삭에 알맞다.
④ 연삭숫돌의 나비가 크므로 지름의 마멸이 적고 수명이 길다.
⑤ 센터 구멍이 필요 없다.
⑥ 공작물의 착탈 시간 절약
⑦ 연속작업 및 대량 생산에 적합
⑧ 축 방향에 키홈, 기름 홈 등이 있는 일감은 연삭하기 어렵다.
⑨ 지름이 크고 길이가 긴 대형 일감은 연삭하기 어렵다.

27 공구 마모의 종류 중 주로 유동형 칩이 공구 경사면 위를 미끄러질 때, 공구 윗면에 오목 파진 부분이 생기는 현상은?
① 치핑
② 여유면 마모
③ 플랭크 마모
④ 크레이터 마모

해설 크레이터링(경사면 마모 : cratering)
칩에 의하여 공구의 경사면이 움푹 패이는 마모로서 초경합금과 고속도강에서 나타나고 전연성 재료의 유동형 칩을 만드는 경우에 공구상면에 주로 발생한다.

답 24. ④ 25. ② 26. ④ 27. ④

28 직사각형의 숫돌을 스프링으로 축에 방사형으로 부착한 원통형태의 공구로 회전운동과 동시에 왕복운동을 시켜, 원통의 내면을 가공하는 가공법은?

① 래핑 ② 호닝
③ 숏 피닝 ④ 배럴 가공

∥해설 호닝 : 직사각형의 숫돌을 스프링으로 축에 방사형으로 부착한 원통형태의 공구로 회전운동과 동시에 왕복운동을 시켜, 원통의 내면을 가공하는 가공법이다.

29 다음 중 M10×1.5 탭 작업을 위한 기초 구멍 가공용 드릴의 지름으로 가장 적합한 것은?

① 7mm ② 7.5mm
③ 8mm ④ 8.5mm

∥해설 M10-1.5=8.5mm

30 다음 중 한계 게이지에 속하는 것은?

① 사인 바
② 마이크로미터
③ 플러그 게이지
④ 버니어 캘리퍼스

∥해설 플러그 게이지 : 구멍용 한계 게이지이다.

31 다음 밀링 커터 형상에 대한 설명 중 옳은 것은?

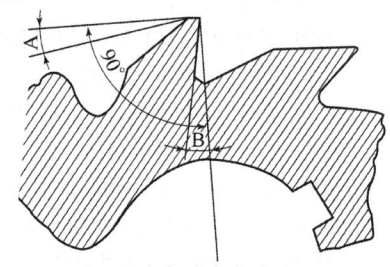

밀링 커터의 각도

① A각을 크게 하면 마멸은 감소한다.
② B각을 크게 하면 날이 강하게 된다.
③ B각을 크게 하면 절삭 저항은 증가한다.
④ A각은 단단한 일감은 크게 하고, 연한 일감은 작게 한다.

∥해설 ① A각을 크게 하면 마멸은 감소한다.
② B각을 크게 하면 날이 약하게 된다.
③ B각을 크게 하면 절삭 저항은 감소한다.
④ A각은 연한 일감은 크게 하고, 단단한 일감은 작게 한다.

32 밀링머신에서 소형 공작물을 고정할 때 주로 사용하는 부속품은?

① 바이스 ② 어댑터
③ 마그네틱 척 ④ 슬로팅 장치

∥해설 바이스 : 밀링머신에서 소형공작물을 고정할 때 주로 사용한다.

33 마찰면이 넓거나 시동되는 횟수가 많을 때 저속, 중속 축에 사용되는 급유법은?

① 담금 급유법 ② 적하 급유법
③ 패드 급유법 ④ 핸드 급유법

∥해설 ① 담금 급유법 : 마찰 부분 전체가 윤활유 속에 잠기도록 하여 급유하는 방법이다.
② 적하 급유법 : 마찰면이 넓거나 시동되는 횟수가 많을 때, 저속 및 중속 축의 급유에 사용된다.
③ 패드 급유법 : 무명이나 털 등을 섞어 만든 패드 일부를 오일 통에 담가 저널의 아래 면에 모세관 현상으로 급유하는 방법이다.
④ 핸드 급유법 : 작업자가 급유 위치에 급유하는 방법으로 급유가 불완전하고, 윤활유의 소비가 많다.

34 다음 중 나사의 피치를 측정할 수 있는 것은?

① 사인 바 ② 게이지 블록
③ 공구 현미경 ④ 서피스 게이지

∥해설 공구 현미경 : 나사의 피치를 측정할 수 있다.

답 28.② 29.④ 30.③ 31.① 32.① 33.② 34.③

35 다음 기계공작법의 분류에서 절삭 가공에 속하지 않는 가공법은?
① 래핑 ② 인발
③ 호빙 ④ 슈퍼 피니싱

해설 인발은 비절삭 가공으로 소성 가공에 해당된다.

36 다음 중 디스크, 플랜지 등 길이가 짧고 지름이 큰 공작물 가공에 가장 적합한 선반은?
① 공구 선반 ② 정면 선반
③ 탁상 선반 ④ 터릿 선반

해설
① 공구 선반 : 릴리빙 장치(=back off 장치)를 가진 것으로 절삭공구(호브, 커터, 탭 등)의 여유각을 가공한다.
② 정면 선반 : 직경이 크고 길이가 짧은 공작물 가공(대형 풀리, 플라이휠)
③ 탁상 선반 : 정밀 소형기계 및 시계부품 가공
④ 터릿 선반 : 터릿으로 불리는 선회 공구대를 가진 것으로 너트, 와셔, 나사, 핀 등 모양이 간단한 제품의 대량 생산용. 램형, 새들형, 드럼형 등이 있다.

37 공구는 상하 직선 왕복운동을 하고 테이블은 수평면에서 직선운동과 회전운동을 하여 키 홈, 스플라인, 세레이션 등의 내경가공을 주로 하는 공작기계는?
① 슬로터 ② 플레이너
③ 호빙 머신 ④ 브로칭 머신

해설 슬로터 : 공구는 상하 직선 왕복운동을 하고 테이블은 수평면에서 직선운동과 회전운동을 하여 키 홈, 스플라인, 세레이션 등의 내경가공을 할 수 있다.

38 다음 중 연강과 같은 연질의 공작물을 초경합금 바이트로써 고속 절삭을 할 때에는 칩(chip)이 연속적으로 흘러나오게 되어 위험하므로 칩을 짧게 끊기 위한 방법으로 가장 적합한 것은?

① 절삭유를 주입한다.
② 절삭속도를 높인다.
③ 칩을 손으로 긁어낸다.
④ 칩 브레이커를 사용한다.

해설 칩 브레이커의 목적
① 공구, 공작물, 공작기계(척)가 서로 엉키는 것을 방지한다. 칩이 짧게 끊어지도록 바이트에 만든다.
② 절삭유제의 유동을 좋게 한다.
③ 칩의 제거 및 처리를 효율적으로 할 수 있다.

39 다음 중 구성인선(built-up edge)의 방지 대책으로 옳은 것은?
① 절삭 깊이를 작게 한다.
② 윗면 경사각을 작게 한다.
③ 절삭유제를 사용하지 않는다.
④ 재결정 온도 이하에서만 가공한다.

해설 구성인선의 방지(억제)법
① 공구의 윗면 경사각을 크게 한다.
② 절삭 깊이를 작게 한다.
③ 절삭속도를 크게 한다.
④ 이송을 작게 한다.(저속회전일 때 이송을 크게 한다.)
⑤ 칩의 절삭저항을 작게 한다.

40 밀링 머신에 의한 가공에서 상향 절삭과 하향 절삭을 비교한 설명으로 옳은 것은?
① 상향 절삭 시 가공면이 하향 절삭 가공면보다 깨끗하다.
② 상향 절삭 시 커터 날이 공작물을 향하여 누르므로 고정이 쉽다.
③ 하향 절삭 시 커터 날의 마찰 작용이 적으므로 날의 마멸이 적고 수명이 길다.
④ 하향 절삭 시 커터 날의 절삭 방향과 공작물의 이송 방향의 관계상 이송기구의 백 래시가 자연히 제거된다.

답 35. ② 36. ② 37. ① 38. ④ 39. ① 40. ③

해설 상향절삭과 하향절삭의 비교

구 분	상향 절삭	하향 절삭
칩에 영향	절삭에 방해 없다.	절삭에 방해 있다.
백래시 제거	백래시 제거장치가 필요없다.	백래시 제거장치가 필요하다.
공작물 고정	불안하므로 확실히 고정해야 한다.	안정된 고정이 된다.
공구수명	수명이 짧다. 날 파손은 적으나 마멸이 심하다.	수명이 길다. 날 파손은 생길 수 있으나 마모가 적다.
소비동력	소비가 크다.	소비가 적다.
가공면	거칠다.	깨끗하다.

41 연삭 숫돌입자에 눈무딤이나 눈메움 현상으로 연삭성이 저하될 때 하는 작업은?

① 시닝(thining)
② 리밍(reamming)
③ 드레싱(dressing)
④ 트루잉(truing)

해설 드레싱(dressing) : 숫돌입자를 눈무딤이나 눈메움으로 절삭성이 나빠진 숫돌 면에 날카로운 입자를 발생시켜주는 작업

42 다음 그림과 같은 공작물의 테이퍼를 심압대를 이용하여 가공할 때 편위량은 몇 mm인가?

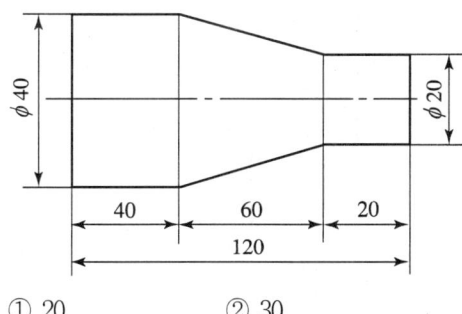

① 20   ② 30
③ 40   ④ 60

해설 $x = \dfrac{(D-d)L}{2l} = \dfrac{(40-20) \times 120}{2 \times 60} = 20\text{mm}$

43 머시닝센터 프로그램에서 그림과 같은 운동 경로의 원호 보간은?

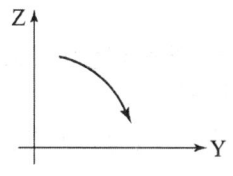

① G16 G02   ② G17 G02
③ G18 G02   ④ G19 G02

해설 원호보간 시 회전 방향

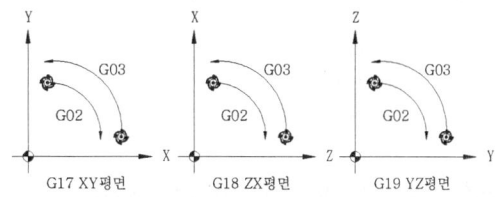

G17 XY평면   G18 ZX평면   G19 YZ평면

44 머시닝센터로 가공할 경우 고정 사이클을 취소하고 다음 블록부터 정상적인 동작을 하도록 하는 것은?

① G80   ② G81
③ G98   ④ G99

해설 ① G80 : 고정 사이클 취소
② G81 : 드릴 사이클
③ G98 : 초기점 복귀
④ G99 : R점 복귀

45 작업장 안전에 대한 내용으로서 틀린 것은?

① 방전가공 작업자의 발판을 고무 매트로 만들었다.
② 로봇의 회전 반경을 작업장 바닥에 페인트로 표시하였다.
③ 무인반송차(AGV) 이동 통로를 황색 테이프로 표시하여 주의하도록 하였다.
④ 레이저 가공 시 안경이나 콘텍트 렌즈 착용자를 제외하고 전원에게 보안경을 착용하도록 하였다.

답 41. ③   42. ①   43. ④   44. ①   45. ④

해설 레이저 가공 시 모든 사람에게 보안경을 착용하도록 하였다.

46 고정 사이클을 이용한 프로그램의 설명 중 틀린 것은?
① 다품종 소량생산에 적합하다.
② 메모리 용량을 적게 사용한다.
③ 프로그램을 간단히 작성할 수 있다.
④ 공구경로를 임의적으로 변경할 수 있다.

해설 고정 사이클 : 프로그램을 간단하게 하는 기능으로 구멍 가공하는 몇 개의 블록을 하나의 블록으로 프로그램을 작성할 수 있다. 고정 사이클에는 드릴, 탭, 보링 기능 등이 있고, 응용하여 다른 기능으로도 사용할 수 있다.

47 아래 CNC선반 프로그램에서 지름이 20mm인 지점에서의 주축 회전수는 몇 rpm인가?

```
G50 X100. Z100. S2000 T0100 ;
G96 S200 M03 ;
G00 X20. Z3. T0303 ;
```

① 200   ② 1500
③ 2000 ④ 3185

해설 G50 S2000 ; 주축 최고 회전수 : 2000rpm
G96 S200 M03 ; 주속일정제어 $v = 200\text{m/min}$
$n = \dfrac{1000v}{\pi d} = \dfrac{1000 \times 200}{\pi \times 20} = 3183\text{rpm}$
∴ 주축 최고 회전수를 넘을 수 없으므로 주축은 2000rpm으로 회전한다.

48 CNC선반에서 일반적으로 기계 원점 복귀(reference point return)를 실시하여야 하는 경우가 아닌 것은?
① 비상정지 버튼을 눌렀을 때
② CNC선반의 전원을 켰을 때
③ 정전 후 전원을 다시 공급하였을 때
④ 이송정지 버튼을 눌렀다가 다시 가공을 할 때

해설 기계좌표계 : 기계원점, 즉 원점복귀가 되는 위치를 기준으로 기계좌표계가 설정되며, 사용자가 임의로 변경할 수 없도록 되어 있다. 기계원점은 기계가 항상 동일한 위치로 되돌아 가는 기준점으로 공작물원점인 프로그램 원점과 기계원점을 알려줄 때 기준이 되는 점이며, 각종 파라미터의 값이나 설정치의 기준이 되며, 모든 연산의 기준이 되는 점이다.

49 CNC공작기계에서 입력된 정보를 펄스화 시켜 서보기구에 보내어 여러 가지 제어역할을 하는 것은?
① 리졸버   ② 서보 모터
③ 컨트롤러 ④ 볼 스크루

해설 ① 리졸버 : 기계의 움직임을 전기적인 신호로 표시하는 장치.
② 서보 모터 : 펄스에 의한 각각 지령에 의하여 대응하는 회전운동을 한다.
③ 컨트롤러 : 천공 테이프에 기록된 언어 즉, 정보를 받아서 펄스(pulse)화시킨다. 이 펄스화된 정보는 서보기구에 전달되어 여러 가지 제어 역할을 한다.
④ 볼 스크루 : 서보 모터에 연결되어 있어 서보 모터의 회전운동을 직선운동으로 바꾸어 주는 장치.

50 그림과 같이 실제공구위치에서 좌표지정위치로 공구를 보정하고자 할 때 공구 보정량의 값은? (단, 기존의 보정치는 X0.4, Z0.2이며 X축은 직경 지령방식을 사용한다.)

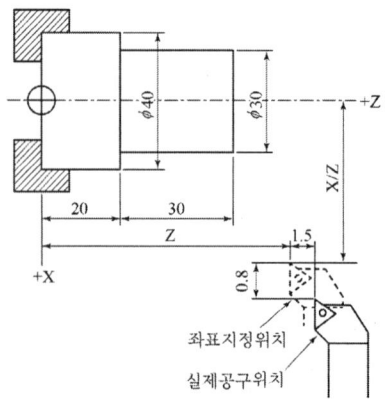

답 46.④ 47.③ 48.④ 49.③ 50.①

① X-1.2, Z-1.3
② X 2.0, Z-1.3
③ X-1.2, Z1.7
④ X-2.0, Z1.7

해설   X축 보정값이 -0.8(반경값)×2=-1.6(직경값)이므로
X축 보정값=0.4+(-1.6)=-1.2mm
Z축 보정값=0.2+(-1.5)=-1.3mm

51 아래는 프로그램 일부분을 나타낸 것이다. 준비기능 중 실행되는 유효한 G기능은?

G01 G02 G00 G03 X100. Y250. R100. F200 ;

① G01   ② G00
③ G03   ④ G02

해설   준비기능 중 실행되는 유효한 G기능은 G03이다.

52 CNC공작기계에 사용되는 서보 모터가 구비하여야 할 조건 중 틀린 것은?
① 모터 자체의 안정성이 작아야 한다.
② 가·감속 특성 및 응답성이 우수해야 한다.
③ 빈번한 시동, 정지, 제동, 역전 및 저속회전의 연속작동이 가능해야 한다.
④ 큰 출력을 낼 수 있어야 하며, 설치위치나 사용환경에 적합해야 한다.

해설   서보 모터는 모터 자체의 안정성이 커야 한다.

53 CAD의 기본적인 명령 설명으로 올바른 것은?

잘못 그려졌거나 불필요한 요소를 없애는 기능으로 명령을 내린 후 없앨 요소를 선택하여 실행한다.

① 모따기(chamfer)
② 지우기(erase)
③ 복사하기(copy)
④ 선 그리기(line)

해설   지우기(erase) : 잘못 그려졌거나 불필요한 요소를 없애는 기능이다.

54 다음 G-코드 중 메트릭(metric) 입력방식을 나타내는 것은?
① G20   ② G21
③ G22   ④ G23

해설   ① G20 : 인치데이터 입력
② G21 : mm 데이터 입력

55 머시닝센터에서 보링으로 가공한 내측 원의 중심을 공작물의 원점으로 세팅하려고 한다. 다음 중 원의 내측중심을 찾는데 적합하지 않은 것은?
① 아큐 센터
② 센터게이지
③ 인디케이터
④ 터치 센서(Touch Sensor)

해설   센터게이지는 나사 가공에서 사용된다.

56 CNC선반에서 G76과 동일한 가공을 할 수 있는 G-코드는?
① G90   ② G92
③ G94   ④ G96

해설   ① G90 : 내외경 절삭 Cycle
② G92 : 나사절삭 Cycle, G76 : 자동 나사가공 Cycle
③ G94 : 단면절삭 Cycle
④ G96 : 주속 일정 제어 ON

57 선반 작업을 할 때 지켜야 할 안전수칙으로 틀린 것은?
① 돌리개는 가급적 큰 것을 사용한다.
② 편심된 가공물은 균형추를 부착시킨다.
③ 가공물 설치할 때는 전원을 끄고 장착한다.
④ 바이트는 기계를 정지시킨 다음에 설치한다.

답 51. ③ 52. ① 53. ② 54. ② 55. ② 56. ② 57. ①

해설 돌리개는 가급적 안전을 위해 작은 것을 사용한다.

58 머시닝센터에서 그림과 같이 1번 공구를 기준공구로 하고 G43을 이용하여 길이보정을 하였을 때 옳은 것은?

```
   1번 공구    2번 공구    3번 공구
       100       130         80
    [기준공구]
```

① 2번 공구의 길이 보정값은 30이다.
② 2번 공구의 길이 보정값은 -30이다.
③ 3번 공구의 길이 보정값은 20이다.
④ 3번 공구의 길이 보정값은 80이다.

해설 기준 공구보다 길이가 긴 경우 +방향(G43)으로 한다.
① 2번 공구의 길이 보정값은 30이다.
③ 3번 공구의 길이 보정값은 -20이다.

59 CNC공작기계에서 일반적으로 많이 발생하는 알람해제 방법이 잘못 연결된 것은?

① 습동유 부족 - 습동유 보충 후 알람 해제
② 금지영역 침범 - 이송 축을 안전위치로 이동
③ 프로그램 알람 - 알람 일람표의 원인 확인 후 수정
④ 충돌로 인한 안전핀 파손 - 강도가 강한 안전핀으로 교환

해설 충돌로 인한 안전핀 파손 - A/S 연락

60 다음 중 CNC선반에서 아래와 같이 절삭할 때, 단차 제거를 위해 사용하는 기능은?

- 홈 가공을 할 때 회전당 이송으로 생기는 단차
- 드릴 가공을 할 때 간헐 이송에 의해 생기는 단차

① M00　② M02
③ G00　④ G04

해설 G04 : 휴지기능으로 단차 제거를 위해 사용하는 기능이다.

답 58. ① 59. ④ 60. ④

2016년 7월 10일 제4회 컴퓨터응용밀링기능사 기출문제

01 스텔라이트계 주조경질합금에 대한 설명으로 틀린 것은?
① 주성분이 Co이다.
② 열처리가 불필요하다.
③ 단조품이 많이 쓰인다.
④ 800℃까지의 고온에서도 경도가 유지된다.

해설 단조가 불가능하므로 금형주조에 의하여 형상을 얻는다.

02 일반적인 합성수지의 공통적인 성질에 대한 설명으로 틀린 것은?
① 가볍고 튼튼하다.
② 전기 절연성이 나쁘다.
③ 비강도는 비교적 높다.
④ 가공성이 크고 성형이 간단하다.

해설 합성수지는 전기 절연성이 좋다.

03 공구용 특수강 중 고속도강의 기본 성분(W-Cr-V) 함유량(%)은?
① 4%W - 18%Cr - 1%V
② 18%W - 4%Cr - 1%V
③ 4%W - 1%Cr - 18%V
④ 18%W - 4%Cr - 4%V

해설 고속도강(SKH)
절삭공구강의 대표적인 특수강으로서 W, Cr, V 이외의 Co, Mo 등을 다량 함유하고 있는 고합금강으로 500~600℃까지 가열하여도 뜨임에 의해서 연화되지 않고 고온에서도 경도 감소가 적은 것이 특징이다. 대표적인 것으로는 W 18%, Cr 4%, V 1%를 함유한 18-4-1형이 있다.

04 스테인리스강의 주성분 중 틀린 것은?
① Cr ② Fe
③ Ni ④ Al

해설 스테인리스강 : Fe, Cr, Ni을 다량 첨가하여 내식성을 현저히 향상시킨 강으로서 녹이 슬지 않는다 하여 불수강이라고도 한다. 일반적으로 Cr의 함량이 12% 이상인 강을 스테인리스강이라 한다.

05 구리의 종류 중 전기 전도도와 가공성이 우수하고 유리에 대한 봉착성 및 전연성이 좋아 진공관용 또는 전자기기용으로 많이 사용되는 것은?
① 전기동 ② 정련동
③ 탈산동 ④ 무산소동

해설 무산소동 : 구리의 종류 중 전기 전도도와 가공성이 우수하고 유리에 대한 봉착성 및 전연성이 좋아 진공관용 또는 전자기기용으로 많이 사용한다.

06 외력의 크기가 탄성한도 이상이 되면 외력을 제거하여도 재료가 원형으로 복귀되지 않고 영구 변형이 잔류하는 변형을 무엇이라 하는가?
① 소성변형 ② 탄성변형
③ 인성변형 ④ 취성변형

해설 소성변형 : 외력의 크기가 탄성한도 이상이 되면 외력을 제거하여도 재료가 원형으로 복귀되지 않고 영구 변형이 잔류하는 변형을 소성변형이라 한다.

답 01. ③ 02. ② 03. ② 04. ④ 05. ④ 06. ①

07 주철에 대한 설명 중 틀린 것은?
① 주조성이 우수하다.
② 강에 비해 취성이 크다.
③ 비교적 강에 비해 강도가 높다.
④ 고온에서 소성변형이 곤란하다.

해설 주철은 강에 비하여 인장강도, 휨 강도가 작고 충격에 대해 약하다.

08 동력전달을 직접 전동법과 간접 전동법으로 구분할 때, 직접 전동법으로 분류되는 것은?
① 체인 전동   ② 벨트 전동
③ 마찰차 전동   ④ 로프 전동

해설 마찰차 전동 : 동력전달을 할 때 직접 전동법에 해당된다.

09 그림과 같은 스프링에서 스프링 상수가 $k_1=10\text{N/mm}$, $k_2=15\text{N/mm}$라면 합성 스프링 상수 값은 약 몇 N/mm인가?
① 3
② 6
③ 9
④ 25

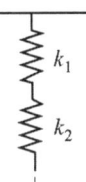

해설 $k = \dfrac{1}{\dfrac{1}{10}+\dfrac{1}{15}} = 6$

10 다음 중 V-벨트의 단면적이 가장 작은 형식은?
① A   ② B
③ E   ④ M

해설 V벨트 단면의 형상은 M, A, B, C, D, E형의 6종류가 있으며 M에서 E쪽으로 가면 단면이 커진다.

11 지름 15mm, 표점거리 100mm인 인장시험편을 인장시켰더니 110mm가 되었다면 길이 방향의 변형률은?
① 9.1%   ② 10%
③ 11%   ④ 15%

해설 연신율$(\varepsilon) = \dfrac{110-100}{100} \times 100(\%) = 10\%$

12 페더 키(feather key)라고도 하며, 축 방향으로 보스를 슬라이딩 운동을 시킬 필요가 있을 때 사용하는 키는?
① 성크 키   ② 접선 키
③ 미끄럼 키   ④ 원뿔 키

해설 미끄럼 키(sliding key)
안내 키, 페더 키(feather key)라고도 하며 보스와 축이 상대적으로 축 방향으로만 이동이 가능한 키로서 키를 작은 나사로 고정한다.

13 축 방향 및 축과 직각인 방향으로 하중을 동시에 받는 베어링은?
① 레이디얼 베어링
② 테이퍼 베어링
③ 스러스트 베어링
④ 슬라이딩 베어링

해설 테이퍼 베어링 : 축 방향 및 축과 직각인 방향으로 하중을 동시에 받는 베어링이다.

14 나사의 풀림을 방지하는 용도로 사용되지 않는 것은?
① 스프링 와셔   ② 캡 너트
③ 분할 핀   ④ 로크 너트

해설 나사의 풀림 방지법
① 와셔를 사용하는 방법
② 로크 너트를 사용하는 방법
③ 자동쥠 너트에 의한 방법
④ 분할 핀, 작은 나사, 멈춤 나사에 의한 방법

답 07.③ 08.③ 09.② 10.④ 11.② 12.③ 13.② 14.②

15 양 끝에 수나사를 깎은 머리 없는 볼트로 한쪽은 본체에 조립한 상태에서, 다른 한쪽은 결합할 부품을 대고 너트를 조립하는 볼트는?

① 탭 볼트 ② 관통 볼트
③ 기초 볼트 ④ 스터드 볼트

해설 스터드 볼트 : 막대의 양끝에 나사를 깎은 머리 없는 볼트로서 한 끝을 본체에 튼튼하게 박고 다른 끝에는 너트를 끼워서 죈다.

16 표면의 줄무늬 방향기호에 대한 설명으로 맞는 것은?

① X : 가공에 의한 컷의 줄무늬 방향이 투상면에 직각
② M : 가공에 의한 컷의 줄무늬 방향이 투상면에 평행
③ C : 가공에 의한 컷의 줄무늬 방향이 중심에 동심원 모양
④ R : 가공에 의한 컷의 줄무늬 방향이 투상면에 교차 또는 경사

해설
X	가공으로 생긴 선이 두 방향으로 교차
M	가공으로 생긴 선이 다방면으로 교차 또는 무방향
C	가공으로 생긴 선이 거의 동심원
R	가공으로 생긴 선이 거의 방사상(레이디얼형)

17 그림과 같은 도면에서 'K'의 치수 크기는?

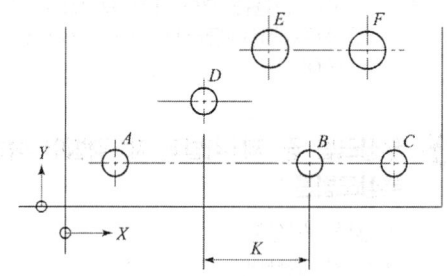

	X	Y	ϕ
A	20	20	13.5
B	140	20	13.5
C	200	20	13.5
D	60	60	13.5
E	100	90	26
F	180	90	26

① 50 ② 60
③ 70 ④ 80

해설 $B(140) - D(60) = 80$

18 아래 도시된 내용은 리벳 작업을 위한 도면 내용이다. 바르게 설명한 것은?

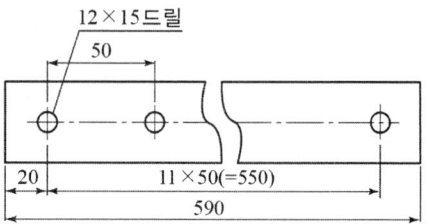

① 양끝 20mm 띄워서 50mm의 피치로 지름 15mm의 구멍을 12개 뚫는다.
② 양끝 20mm 띄워서 50mm의 피치로 지름 12mm의 구멍을 15개 뚫는다.
③ 양끝 20mm 띄워서 12mm의 피치로 지름 15mm의 구멍을 50개 뚫는다.
④ 양끝 20mm 띄워서 15mm의 피치로 지름 50mm의 구멍을 12개 뚫는다.

해설 양끝 20mm 띄워서 50mm의 피치로 지름 15mm의 구멍을 12개 뚫는다.

19 기하 공차 기입 틀의 설명으로 옳은 것은?

| // | 0.02 | A |

① 표준길이 100mm에 대하여 0.02mm의 평행도를 나타낸다.
② 구분구간에 대하여 0.02mm의 평면도를 나타낸다.

답 15.④ 16.③ 17.④ 18.① 19.③

③ 전체 길이에 대하여 0.02mm의 평행도를 나타낸다.
④ 전체 길이에 대하여 0.02mm의 평면도를 나타낸다.

해설 | // | 0.02 | A |

데이텀 A면에 대하여 전체 길이에 대하여 0.02mm의 평행도를 나타낸다.

20 헐거운 끼워 맞춤인 경우 구멍의 최소 허용치수에서 축의 최대 허용치수를 뺀 값은?
① 최소 틈새   ② 최대 틈새
③ 최소 죔새   ④ 최대 죔새

해설 ① 최소 틈새 : 구멍의 최소 허용치수−축의 최대 허용치수
② 최대 틈새 : 구멍의 최대 허용치수−축의 최소 허용치수
③ 최소 죔새 : 축의 최대 허용치수−구멍의 최소 허용치수
④ 최대 죔새 : 축의 최소 허용치수−구멍의 최대 허용치수

21 공유압 기호에서 동력원의 기호 중 전동기를 나타내는 것은?

① 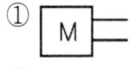   ②
③ 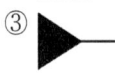   ④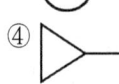

해설
명 칭	기 호
유압(동력)원	▶
공기압(동력)원	▷
전 동 기	Ⓜ=
원 동 기	M=

22 보기는 입체도형을 제3각법으로 도시한 것이다. 완성된 평면도, 우측면도를 보고 미완성된 정면도를 옳게 도시한 것은?

[보기]
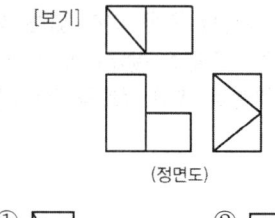
(정면도)

① 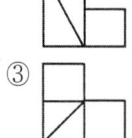   ②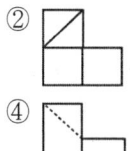
③   ④

23 파단선은 용도 설명으로 가장 적합한 것은?
① 단면도를 그릴 경우 그 절단위치를 표시하는 선
② 대상물의 일부를 떼어낸 경계를 표시하는 선
③ 물체의 보이지 않는 부분의 형상을 표시하는 선
④ 도형의 중심을 표시하는 선

해설 파단선 : 대상물의 일부를 파단한 경계 또는 일부를 떼어낸 경계를 표시

24 기어의 도시에 있어서 피치원을 나타내는 선은?
① 굵은 실선   ② 가는 실선
③ 가는 1점 쇄선   ④ 가는 2점 쇄선

해설 ① 이끝원(잇봉우리원)은 굵은 실선으로 그리고 피치원은 가는 1점 쇄선으로 그린다.
② 이뿌리원(이골원)은 가는 실선으로 그린다.

25 투상도법 중 제1각법과 제3각법이 속하는 투상도법은?
① 경사 투상법
② 등각 투상법
③ 다이메트릭 투상법
④ 정 투상법

답 20.① 21.② 22.④ 23.② 24.③ 25.④

해설 정 투상법에는 제3각법과 제1각법이 있고 입체적 투상도에는 등각도, 사투상도, 투시도가 있다.

26 연동척에 대한 설명으로 틀린 것은?
① 스크롤 척이라고도 한다.
② 3개의 조가 동시에 움직인다.
③ 고정력이 단동척보다 강하다.
④ 원형이나 정삼각형 일감을 고정하기 편리하다.

해설 연동척은 고정력이 단동척보다 약하다. 연동척은 일반적으로 조가 3개이지만 4개의 경우도 사용되고 있다.

27 다음 그림은 선반 가공의 종류를 나타낸 것이다. 각 그림에 대한 명칭의 연결이 틀린 것은?

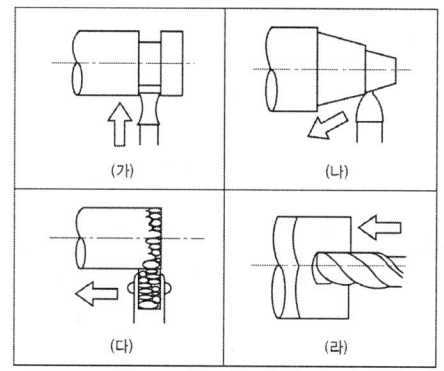

① (가) – 홈 가공
② (나) – 테이퍼 가공
③ (다) – 보링 가공
④ (라) – 구멍 가공

해설 (다) – 널링 가공이다.

28 선반의 구조 중 왕복대(carriage)에는 새들(saddle)과 에이프런(apron)으로 나뉜다. 이때 새들 위에 위치하지 않는 것은?

① 심압대   ② 회전대
③ 공구 이송대   ④ 복식 공구대

해설 심압대에 새들(saddle)이 위치하고 있다.

29 칩을 발생시켜 불필요한 부분을 제거하여 필요한 제품의 형상으로 가공하는 방법은?
① 소성 가공법   ② 절삭 가공법
③ 접합 가공법   ④ 탄성 가공법

해설 절삭 가공법 : 칩을 발생시켜 불필요한 부분을 제거하여 필요한 제품의 형상으로 가공하는 방법이다.

30 밀링 머신에서 둥근 단면의 공작물을 사각, 육각 등으로 가공할 때 사용하면 편리하며, 변환 기어를 테이블과 연결하여 비틀림 홈 가공에 사용하는 부속품은?
① 분할대   ② 밀링 바이스
③ 회전 테이블   ④ 슬로팅 장치

해설 분할대 : 밀링 머신에서 둥근 단면의 공작물을 사각, 육각 등으로 가공할 때 사용하면 편리하며, 변환 기어를 테이블과 연결하여 비틀림 홈 가공에 사용하는 부속품이다.

31 기계가공에서 절삭성능을 향상시키기 위하여 사용되는 절삭유제의 대표작용이 아닌 것은?
① 냉각작용   ② 방온작용
③ 세척작용   ④ 윤활작용

해설 절삭제의 역할(사용목적)
① 냉각작용
   - 공구의 경도 저하방지 및 공구수명 연장
   - 공작물의 냉각으로 가공정밀도 저하방지
② 윤활작용 : 칩과 공구 경사면의 마찰을 감소시켜 전단각이 증대되며, 유동형 칩이 생성
③ 세척작용 : 칩제거 작용
④ 방청작용 : 공작물과 공작기계가 녹에 의해 부식되는 것을 방지

답 26. ③ 27. ③ 28. ① 29. ② 30. ① 31. ②

32 NPL식 각도게이지를 사용하여 그림과 같이 조립하였다. 조립된 게이지의 각도는?

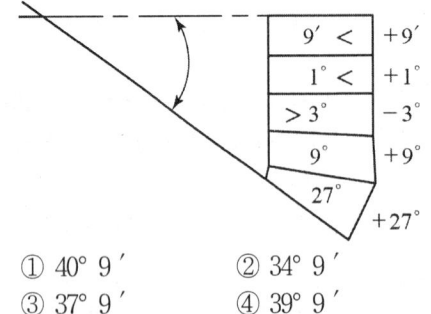

① 40° 9′   ② 34° 9′
③ 37° 9′   ④ 39° 9′

해설 27+9+1+0.9-3=34° 9′

33 접시머리 나사의 머리가 들어갈 부분을 원추형으로 절삭하는 가공법은?

① 리밍   ② 스폿 페이싱
③ 카운터 보링   ④ 카운터 싱킹

해설 카운터 싱킹 : 접시머리 나사의 머리가 들어갈 부분을 원추형으로 절삭하는 가공법이다.

34 연삭숫돌의 표시방법에 대한 각각의 설명으로 틀린 것은?

GC - 240 - T - w - V

① GC : 숫돌 입자의 종류
② 240 : 입도
③ T : 결합도
④ V : 조직

해설 GC(입자) - 240(입도) - T(결합도) - w (조직) - V(결합제)

35 밀링 머신에서 밀링 커터의 회전 방향이 공작물의 이송 방향과 서로 반대 방향이 되도록 가공하는 방법은?

① 상향 절삭   ② 정면 절삭
③ 평면 절삭   ④ 하향 절삭

해설 상향 절삭 : 밀링 머신에서 밀링 커터의 회전 방향이 공작물의 이송 방향과 서로 반대 방향이 되도록 가공하는 방법이다.

36 다음 중 구성인선의 발생이 없어지는 임계절삭속도로 가장 적합한 것은?

① 5~10m/min   ② 20~30m/min
③ 40~70m/min   ④ 120~150m/min

해설 고속도강 공구에서 구성인선의 발생이 없어지는 임계절삭속도 120~150m/min이다.

37 다음 중 밀링 머신에서 공구의 떨림 현상을 발생하게 하는 요소와 가장 관련이 없는 것은?

① 가공의 절삭 조건
② 밀링 머신의 크기
③ 밀링 커터의 정밀도
④ 공작물의 고정 방법

해설 떨림(Chattering)의 원인
① 기계의 강성 부족
② 커터의 정밀도 부족
③ 일감 고정의 부적적
④ 절삭 조건의 부적정

38 기계에서 발생하는 소음이나 진동 등과 같은 주위 환경 요인에 의해 생기는 측정오차는?

① 시차   ② 개인 오차
③ 우연 오차   ④ 측정압력 오차

해설 우연 오차 : 기계에서 발생하는 소음이나 진동 등과 같은 주위 환경 요인에 의해 생기는 측정오차이다.

39 센터리스(centerless) 연삭의 특징으로 틀린 것은?

① 대량생산에 적합하다.
② 연속적인 가공이 가능하다.
③ 가늘고 긴 공작물의 연삭이 가능하다.
④ 지름이 크거나 무거운 공작물 연삭에 적합하다.

답 32. ② 33. ④ 34. ④ 35. ① 36. ④ 37. ② 38. ③ 39. ④

해설 센터리스(centerless) 연삭은 지름이 크거나 무거운 공작물 연삭에 적합하지 않다.

40 절삭 공구 중 밀링 커터와 같은 회전 공구로 래크를 나선 모양으로 감고, 스파이럴에 직각이 되도록 축 방향으로 여러 개의 홈을 파서 절삭날을 형성하여 기어를 가공할 수 있는 공구는?
① 호브
② 엔드밀
③ 플레이너
④ 총형 커터

해설 호브 : 절삭 공구 중 밀링 커터와 같은 회전 공구로 래크를 나선 모양으로 감고, 스파이럴에 직각이 되도록 축 방향으로 여러 개의 홈을 파서 절삭날을 형성하여 기어를 가공할 수 있는 공구이다.

41 ∅0.02~0.3mm 정도의 금속선 전극을 이용하여 공작물을 잘라내는 가공방법은?
① 레이저 가공
② 워터젯 가공
③ 전자 빔 가공
④ 와이어 컷 방전가공

해설 와이어 컷 방전가공 : ∅0.02~0.3mm 정도의 금속선 전극을 이용하여 공작물을 잘라내는 가공방법이다.

42 절삭 공구 재료의 구비 조건으로 틀린 것은?
① 내마멸성이 클 것
② 원하는 형상으로 만들기 쉬울 것
③ 공작물보다 연하고 인성이 있을 것
④ 높은 온도에서도 경도가 떨어지지 않을 것

해설 절삭 공구 재료는 공작물보다 경도가 크고 인성이 클 것

43 머시닝센터에서 M10×1.5의 탭 가공을 위하여 주축 회전수를 300rpm으로 지령할 경우 탭 사이클의 이송속도는?

① 150mm/min
② 200mm/min
③ 300mm/min
④ 450mm/min

해설 300rpm × 1.5(피치) = 450mm/min

44 머시닝센터 프로그램에서 X-Y 작업평면 선택 지령은?
① G17
② G18
③ G19
④ G29

해설
G17	X-Y 평면
G18	Z-X 평면
G19	Y-Z 평면

45 다음 CNC선반 프로그램에서 G50 기능설명이 옳은 것은?

G50 X250.0 Z250.0 S1500 ;

① 분당 이송속도 : 1500mm/min
② 회전수당 이송 : 1500mm/rev
③ 주축의 절삭속도 : 1500m/min
④ 주축의 최고회전수 : 1500rpm

해설 주축 최고회전수 설정(G50)
G50에서 S로 지정한 수치는 최고회전수를 나타내며 좌표계 설정에서 최고회전수를 지정하게 되면 전체 프로그램을 통하여 주축의 회전수는 최고회전수를 넘지 않게 된다. 또한 G96에서 최고회전수보다 높은 회전수를 요구하더라도 주축에서는 최고회전수로 대체하게 된다.

46 머시닝센터에서 기계원점 복귀 G-코드는?
① G22
② G28
③ G30
④ G33

해설
① G22 : 금지 영역 설정
② G27 : 원점 복귀 점검
③ G28 : 자동 원점 복귀
④ G30 : 제2원점 복귀
⑤ G33 : 나사 가공

답 40.① 41.④ 42.③ 43.④ 44.① 45.④ 46.②

47 CNC선반에서 보조기능 중 주축을 정지시키기 위한 M-코드는?
① M01　② M03
③ M04　④ M05

해설　① M01 : Optional Program Stop
② M03 : 주축 정회전(CW)
③ M04 : 주축 역회전(CCW)
④ M05 : 주축 정지

48 머시닝센터에서 엔드밀이 정회전 하고 있을 때, 하향절삭을 하는 G기능은?
① G40　② G41
③ G42　④ G43

해설　① G40 : 공구경 보정 취소
② G41 : 공구경 좌측 보정
③ G42 : 공구경 우측 보정
④ G43 : 공구길이 보정 '+'

49 머시닝센터에서 다음 그림과 같이 X15, Y0인 위치(A)부터 반시계방향(CCW)으로 원호를 가공하고자 할 때 옳은 것은?

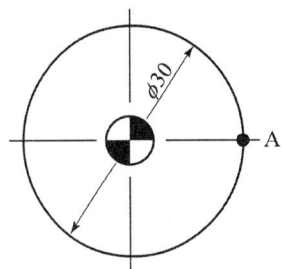

① G02 I-15, ;
② G03 I-15, ;
③ G02 X15, Y0, R-15, ;
④ G03 X15, Y0, G-15, ;

50 다음 CNC선반 프로그램의 설명으로 틀린 것은?

G92 X(U)_Z(W)_R_F_ ;

① 단일형 내·외경 가공 사이클이다.
② F는 나사의 리드를 지정하는 기능이다.
③ X(U), Z(W)는 고정 사이클의 시작점이다.
④ R은 테이퍼나사 절삭 시 X축 기울기 양이다.

해설　G92 : 단일고정형 나사절삭 사이클이다.

51 기계가공 작업장에서 일반적인 작업 시작 전 점검사항으로 적절하지 않은 것은?
① 주변에 위험물의 유무
② 전기 장치의 이상 유무
③ 냉·난방 설비 설치 유무
④ 작업장 조명의 정상 유무

52 머시닝센터 베드면과 주축의 직각도 검사용 측정기로 적합한 것은?
① 수평계
② 마이크로미터
③ 버니어 캘리퍼스
④ 다이얼 인디게이터

해설　다이얼 인디게이터 : 머시닝센터 베드면과 주축의 직각도 검사용 측정기로 적합하다.

53 공장자동화의 주요설비로 사람의 손과 팔의 동작에 해당하는 일을 담당하고 프로그램에 의해 동작하는 것은?
① PLC　② 무인 운반차
③ 터치 스크린　④ 산업용 로봇

해설　산업용 로봇 : 공장자동화의 주요설비로 사람의 손과 팔의 동작에 해당하는 일을 담당하고 프로그램에 의해 동작한다.

54 CNC선반에서 나사의 호칭지름이 30mm이고, 피치가 2mm인 3줄 나사를 가공할 때의 이송량(F값)으로 옳은 것은?

답　47.④ 48.② 49.② 50.① 51.③ 52.④ 53.④ 54.④

① 2.0　　　　② 3.0
③ 4.0　　　　④ 6.0

해설　피치가 2mm×3줄 나사=6.0

55 다음 NC공작기계의 서보기구 중 가장 높은 정밀도로 제어가 가능한 방식은?
① 개방회로방식　　② 폐쇄회로방식
③ 복합회로방식　　④ 반폐쇄회로방식

해설　복합회로 제어방식(Hybrid Loop System) 반폐쇄회로 제어방식과 폐쇄회로 제어방식을 결합한 제어방식으로 반폐쇄회로의 높은 게인(Gain : 증폭기 등의 입력에 대한 출력의 비율)을 이용하여 제어하며 기계의 오차는 직선형(Linear) 스케일에 의한 폐쇄회로로써 보정하여 정밀도를 향상시킨다. 대형 공작기계와 같이 강성을 충분히 높일 수 없는 기계에 적합한 방식이다.

56 TiC를 주체로 하고 TiN, TiCN 등의 탄화물을 초미립화하여 소결시킨 합금으로 경도가 높은 반면 항절력이 낮은 절삭공구 재료는?
① 서멧　　　　② 세라믹
③ 초경합금　　④ 코티드 초경합금

해설　서멧 : TiC를 주체로 하고 TiN, TiCN 등의 탄화물을 초미립화하여 소결시킨 합금으로 경도가 높은 반면 항절력이 낮은 절삭공구 재료이다.

57 머시닝센터에서 공구의 측면날을 이용하여 형상을 절삭할 경우 공구 중심과 프로그램 경로가 일치할 때 공구 반지름만큼 발생하는 편차를 보정해 주는 기능은?
① 공구 간섭 보정　　② 공구 길이 보정
③ 공구 지름 보정　　④ 공구 좌표계 보정

해설　공구 지름 보정 : 머시닝센터에서 공구의 측면날을 이용하여 형상을 절삭할 경우 공구 중심과 프로그램 경로가 일치할 때 공구 반지름만큼 발생하는 편차를 보정해 주는 기능이다.

58 다음 중 머시닝센터에서 가공 전에 공구의 길이보정을 하기 위해 사용하는 기기는?
① 수준기　　　　　② 사인 바
③ 오토콜리메이터　④ 하이트 프리세터

해설　하이트 프리세터 : 머시닝센터에서 가공 전에 공구의 길이보정을 하기 위해 사용하는 기기이다.

59 아래 CNC 프로그램의 설명으로 옳은 것은?

G04　X2.0

① 2초간 정지　　　② 2분간 정지
③ 2/100만큼 전진　④ 2/100만큼 후퇴

해설　G04기능(휴지 : Dwell)
프로그램에 지정된 시간동안 공구의 이송을 잠시 중지시키는 기능(적용 : 드릴가공, 홈가공, 모서리 다듬질 가공 시 양호한 가공면을 얻기 위해 사용)
단위는 X, U, P를 사용하는 데 X, U는 소수점을, P는 0.001 단위를 사용한다.
[예] G04 X2.0　G04 U2.0　G04 P2000 ;
정지시간(sec) = 스핀들(주축)
$$\frac{60}{주축\ 회전수(rpm)} \times 일시정지\ 회전수$$

60 데이터 입·출력기기의 종류별 인터페이스 방법이 잘못 연결된 것은?
① FA 카드 - LAN
② 테이프 리더 - RS232C
③ 플로피 디스크 드라이버 - RS232C
④ 프로그램 파일 메이트(program file mate) - RS442

해설　LAN(Local Area Network)은 비교적 가까운 거리에 위치한 소수의 장치들을 서로 연결한 네트워크를 말한다. LAN은 장치들을 연결하는 형식, 즉 토폴로지(topology)에 따라 링형, 버스형, 스타형 등으로 분류된다.

답　55. ③　56. ①　57. ③　58. ④　59. ①　60. ①

CBT

컴/퓨/터/응/용/밀/링/기/능/사/

모의고사

CBT

모의고사

제1회 CBT 모의고사

컴퓨터응용밀링기능사

01 고정 원판 측 코일에 전류를 통하면 전자력에 의하여 회전 원판이 잡아 당겨져 제동이 되는 작동원리로 공작 기계, 철도차량 등에 널리 사용되는 브레이크는?

① 블록 브레이크
② 전자석 브레이크
③ 디스크 브레이크
④ 밴드 브레이크

해설 전자석 브레이크 : 고정 원판 측 코일에 전류를 통하면 전자력에 의하여 회전 원판이 잡아 당겨져 제동이 되는 작동원리로 공작 기계, 철도차량 등에 널리 사용

02 다음 중 내식용 알루미늄(Al) 합금이 아닌 것은?

① 알민(almin)
② 알드레이(aldrey)
③ 하이드로날륨(hydronalium)
④ 일렉트론(Elektron)

해설

내식용 Al 합금	Al-Mn계	알민(Almin)
	Al-Mg-Si계	알드레이(Aldrey)
	Al-Mg계	하이드로날륨(hydronalium)
내열용 Al 합금	Al-Cu-Ni계	Y-합금
	Al-Cu-Ni계	코비탈륨(cobitalium)
	Al-Ni-Si계	로우엑스 합금(Lo-Ex)

03 기계구조용 탄소 강재의 KS 재료 기호는?

① SS330
② SM20C
③ SPS6
④ SCr415

해설
① SS330 : 일반구조용 압연강판
② SPS6 : 스프링 강재
③ SCr415 : 크롬 강재
④ SM20C : 기계구조용 탄소 강재

04 시험편 절단부의 단면적이 14mm²이고, 시험 전 시험편의 단면적이 20mm²일 때 단면 수축률은?

① 50%
② 40%
③ 30%
④ 20%

해설 단면 수축률 $= \dfrac{20-14}{20} \times 100 = 30\%$

05 알루미늄-구리-규소계의 합금으로 규소를 넣어 주조성을 개선하고, 구리를 넣어 피삭성을 좋게 한 것은?

① 라우탈(lautal)
② 실루민(silumin)
③ 하이드로날륨(hydronalium)
④ 알민(almin)

해설 Al-Cu-Si계 합금 : 주조성이 좋으며 열처리에 의하여 기계적 성질을 개량할 수 있고 라우탈(Lautal)이 대표적인 합금이다.

06 피치×나사의 줄수=( ) 식에서, ( )에 들어갈 적합한 용어는?

① 리드
② 유효지름
③ 호칭
④ 지름피치

해설 리드=피치×나사의 줄 수

답 01.② 02.④ 03.② 04.③ 05.① 06.①

제6편 최근 기출문제

07 베어링 호칭번호가 6205인 레이디얼 볼 베어링의 안지름은 얼마인가?
① 5mm   ② 25mm
③ 62mm ④ 205mm

해설 05×5=25mm

08 코일스프링의 평균 지름이 20mm, 소선의 지름이 2mm라면 스프링 지수는?
① 40   ② 0.1
③ 18   ④ 10

해설 스프링 지수$(C) = \dfrac{D}{d} = \dfrac{20}{2} = 10$

09 유니버설 조인트에 대한 설명 중 맞는 것은?
① 두 축이 만날 때 사용되는 커플링의 일종이다.
② 두 축이 만날 때 사용되는 클러치의 일종이다.
③ 두 축이 평행할 때 사용되는 클러치의 일종이다.
④ 두 축이 평행할 때 사용되며, 단속이 가능하다.

해설 유니버설 조인트(훅 조인트)
① 두 축이 동일 평면 내에 있고 그 중심선이 a각도($a \leq 30°$)로 교차하는 경우의 전동 장치
② 교각 a는 30° 이하에서 사용하고 특히 5° 이하가 바람직하며, 45° 이상은 사용이 불가능하다.
③ 자동차, 공작기계, 압연롤러, 전달기구 등에 많이 사용

10 다음 중 알루미늄 합금이 아닌 것은?
① Y-합금
② 톰백(tombac)
③ 로엑스(Lo-Ex)
④ 코비탈륨(cobitalium)

해설 톰백 : 구리에 아연을 5~20%를 첨가한 것으로 색깔이 아름답고 장식품에 많이 쓰이는 황동

11 고온의 오스테나이트 영역에서 탄소강을 냉각하면 냉각속도의 차이에 따라 여러 조직으로 변태되는데, 이들 조직의 강도와 경도를 큰 순서대로 바르게 나열한 것은?
① 마텐자이트 > 소르바이트 > 트루스타이트
② 소르바이트 > 트루스타이트 > 마텐자이트
③ 트루스타이트 > 마텐자이트 > 소르바이트
④ 마텐자이트 > 트루스타이트 > 소르바이트

해설 조직의 경도 순서 : 시멘타이트 > 마텐자이트 > 트루스타이트 > 베이나이트 > 소르바이트 > 펄라이트 > 오스테나이트 > 페라이트

12 상온, 아공석강 영역에서 탄소량의 증가에 따른 탄소강의 기계적 성질을 설명한 것 중 옳지 않은 것은?
① 가공변형이 어렵다.
② 강도가 증가한다.
③ 인성이 증가한다.
④ 경도가 증가한다.

해설 상온, 아공석강 영역에서 탄소량의 증가하면 인성이 감소한다.

13 소리가 벽에 부딪혀서 반사되는 것과 같은 현상을 이용하여 20kHz 이상의 주파수에서 금속 내부의 결함을 비파괴적으로 검출하는 검사 방법은?
① 방사선 탐상법
② 침투 탐상법
③ 음향 방출법
④ 초음파 탐상법

해설 초음파 탐상법 : 비파괴적으로 검출하는 검사 방법

답 07.② 08.④ 09.① 10.② 11.④ 12.③ 13.④

14 고압 탱크나 보일러의 리벳이음 주위에 코킹(caulking)을 하는 주목적은?

① 강도를 좋게 하기 위해서
② 표면을 깨끗하게 유지하기 위해서
③ 기밀을 유지하기 위해서
④ 이음 부위의 파손을 방지하기 위해서

해설 코킹 주목적은 기밀을 유지하기 위해서

15 스프링 상수 $k_1 = 20N/mm$, $k_2 = 15N/mm$인 2개의 스프링을 직렬로 연결하여 하중 600N의 물체를 매달 때 처짐량은?

① 50mm   ② 60mm
③ 70mm   ④ 80mm

해설 $\delta = \dfrac{W}{k_1} + \dfrac{W}{k_2} = \dfrac{600}{20} + \dfrac{600}{15} = 70mm$

16 기하 공차의 종류 중 모양 공차인 것은?

① 원통도 공차   ② 위치도 공차
③ 동심도 공차   ④ 대칭도 공차

해설

모양 공차	—	진직도 공차
	▱	평면도 공차
	○	진원도 공차
	⌭	원통도 공차
	⌒	선의 윤곽도 공차
	⌓	면의 윤곽도 공차

17 기하 공차 기호 중 자세 공차 기호의 종류인 것은?

① ◎   ② ○
③ //   ④ ⌒

해설

자세 공차	//	평행도 공차
	⊥	직각도 공차
	∠	경사도 공차

18 입체도를 보기와 같이 제3각법으로 그린 정투상도에 관한 설명으로 올바른 것은? (단, 4각 구멍은 관통되어 있음)

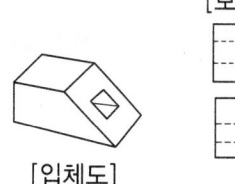
[입체도]

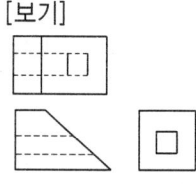
[보기]

① 정면도만 틀림   ② 평면도만 틀림
③ 우측면도만 틀림   ④ 모두 올바름

19 그림과 같이 선반으로 가공한 단면의 커터의 줄무늬 방향기호로 가장 적합한 것은?

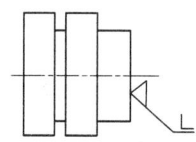

① =   ② C
③ M   ④ R

해설

=	가공으로 생긴 앞줄의 방향이 기호를 기입한 그림의 투영면에 평행
⊥	가공으로 생긴 앞줄의 방향이 기호를 기입한 그림의 투영면에 수직
X	가공으로 생긴 선이 두 방향으로 교차
M	가공으로 생긴 선이 다방면으로 교차 또는 무방향
C	가공으로 생긴 선이 거의 동심원
R	가공으로 생긴 선이 거의 방사상(레이디얼형)

20 도형이 대칭인 경우에 대칭 중심선의 한쪽 도형만을 그리고, 그 대칭 중심선의 양끝 부는 어떻게 대칭 도시 기호를 그려 넣어야 하는가?

① 짧은 2개의 평행한 굵은 1점 쇄선
② 짧은 2개의 평행한 가는 1점 쇄선
③ 짧은 2개의 평행한 굵은 실선
④ 짧은 2개의 평행한 가는 실선

답 14.③ 15.③ 16.① 17.③ 18.② 19.② 20.④

해설 도형이 대칭인 경우에 대칭 중심선의 한쪽 도형만을 그리고, 그 대칭 중심선의 양끝 부는 짧은 2개의 평행한 가는 실선으로 표시한다.

21 30°(도) 사다리꼴 나사의 표시 방법인 것은?
① Tr 10×2   ② TW 20
③ TM 18   ④ TV 8

해설

30° 사다리꼴 나사	TM
29° 사다리꼴 나사	TW

22 다음 그림에서 d위치의 기호에 기입되는 지시사항은 무엇을 표시하는가?

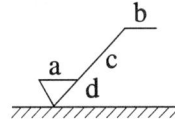

① 가공방법의 약호
② 파상도 약호
③ 가공기계의 약호
④ 가공에 의한 줄무늬 방향의 기호

해설   a : 산술 평균 거칠기 값
　　　　b : 가공 방법
　　　　c : 컷오프 값
　　　　d : 줄무늬 방향 기호

23 선의 종류에 따른 용도 중 기술 또는 기호 등을 표시하기 위하여 끌어내는 데 쓰이는 선은?
① 치수선   ② 치수보조선
③ 지시선   ④ 가상선

해설 지시선 : 기술 또는 기호 등을 표시하기 위하여 끌어내는 데 쓰이는 선이다.

24 그림과 같은 스퍼 기어에 끼워지는 키의 호칭을 $b×h$로 나타낼 때 폭 'b'의 치수는?

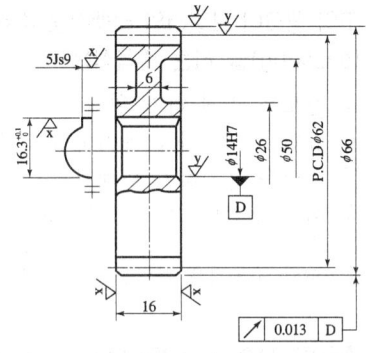

① 5mm   ② 6mm
③ 9mm   ④ 16mm

해설 키의 호칭 $b×h$는 5×5이다.

25 보기의 입체도의 화살표 방향이 정면일 때 제3각 정투상법에 의하여 나타낸 투상도 중 틀린 것은?

[보기]

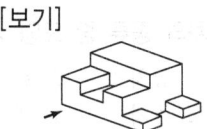

① 정면도 :
② 우측면도 :
③ 평면도 :
④ 좌측면도 :

26 다음 래핑(lapping)에 대한 설명으로 틀린 것은?
① 가공면은 윤활성 및 내마모성이 좋다.
② 랩은 원칙적으로 가공물의 경도보다 재질이 강한 것을 사용한다.
③ 게이지 블록, 한계 게이지 등의 게이지류 가공에 이용되고 있다.
④ 일반적인 작업 방법은 습식 가공 후 건식 가공을 한다.

답 21. ③ 22. ④ 23. ③ 24. ① 25. ① 26. ②

> **해설** 랩은 원칙적으로 가공물보다 연한 재질(강철은 주철제) 사용 - 동합금, 납, 연강 등

27 다음 일감 중 센터리스 연삭기로 가공하기가 가장 적합한 것은?
① 짧고 지름이 큰 일감
② 평면 연삭
③ 긴 홈이 있는 일감
④ 가늘고 긴 일감

> **해설** 센터리스 연삭기의 장점
> ① 가늘고 긴 편, 원통, 중공축 등을 연삭하기 쉽다.
> ② 연속 작업할 수 있으며, 대량 생산에 적합하다.
> ③ 기계의 조정이 끝나면 초보자도 작업을 할 수 있다.
> ④ 고정에 따른 변형이 없고 연삭 여유가 작아도 된다.
> ⑤ 연삭숫돌의 나비가 크므로 지름의 마멸이 적고 수명이 길다.

28 쇠톱 작업 시 누르는 힘에 대하여 바르게 설명한 것은?
① 밀 때는 힘을 주지 않고, 당길 때 힘을 준다.
② 밀 때는 힘을 주고, 당길 때는 힘을 주지 않는다.
③ 밀 때와 당길 때 모두 힘을 준다.
④ 밀 때와 당길 때 모두 힘을 주지 않는다.

> **해설** 쇠톱 작업은 밀 때는 힘을 주고, 당길 때는 힘을 주지 않는다.

29 특정한 모양이나 치수의 제품을 대량으로 생산하기 위한 목적으로 제작된 공작 기계는?
① 단능 공작 기계
② 만능 공작 기계
③ 범용 공작 기계
④ 전용 공작 기계

> **해설** 전용 공작 기계 : 특정한 모양, 치수의 제품을 양산하기에 적합하도록 만든 공작 기계이며, 사용 범위에는 좁고, 소량 생산에는 적합하지 않은 공작 기계로서 전용 공작 기계에는 모방선반, 자동선반, 생산 밀링 머신 등이 있으며, 또한 전용 공작 기계를 여러 개 조합하여 자동화한 트랜스퍼머신(Transfer Machine) 등이 있어서 기계공작에 큰 역할을 한다.

30 다음은 연삭 작업에서의 숫돌바퀴를 표시하는 기호이다. 표시가 잘못된 것은?

GC - 240 - T - W - V

① GC는 탄화 규소계의 숫돌 입자
② 240은 입도가 240으로 매우 고운 눈
③ T는 결합도로 매우 단단한 것임
④ V는 조직으로 매우 거친 조직임

> **해설** V가 결합제이면, W는 조직이다.

31 밀링 머신에서 주축의 회전 운동을 공구대의 직선 왕복 운동으로 변화시켜 직선 운동 절삭 가공을 할 수 있게 하는 부속 장치는?
① 슬로팅 장치 ② 수직축 장치
③ 래크 절삭 장치 ④ 회전 테이블 장치

> **해설** 슬로팅(slotting) 장치
> 니형 밀링 머신의 컬럼 앞면에 주축과 연결하여 사용하며 주축의 회전 운동을 공구대 램의 직선 왕복 운동으로 변화시켜 바이트로써 직선 절삭가능(키이, 스플라인, 세레이션, 기어가공 등)

32 절삭유제를 사용하여 얻을 수 있는 효과로 올바른 것은?
① 절삭 저항을 증가시킨다.
② 공구 수명을 연장시킨다.
③ 공구와 칩 사이의 마찰을 증가시킨다.
④ 공구의 마모를 증가시킨다.

답 27. ④ 28. ② 29. ④ 30. ④ 31. ① 32. ②

해설　절삭제의 역할(사용 목적)
① 냉각 작용
　㉠ 공구의 경도 저하방지 및 공구 수명 연장
　㉡ 공작물의 냉각으로 가공정밀도 저하 방지
② 윤활 작용 : 칩과 공구 경사면의 마찰을 감소시켜 전단각이 증대되며, 유동형 칩이 생김
③ 세척 작용 : 칩 제거 작용
④ 방청 작용 : 공작물과 공작기계가 녹에 의해 부식되는 것을 방지한다.

33 다음 중 밀링 머신에서 가장 적합한 가공은?
① 둥근 손잡이의 널링(knurling) 가공
② 축의 지름 연삭
③ 직육면체 가공
④ 금형의 방전 가공

해설　직육면체는 밀링에서 가공한다.

34 선반의 주축에 대한 설명으로 잘못된 것은?
① 무게를 감소시키기 위하여 속이 빈축으로 한다.
② 끝부분은 쟈콥스 테이퍼(jacobs taper) 구멍으로 되어 있다.
③ 합금강(Ni-Cr강)을 사용하여 제작한다.
④ 주축 회전 속도의 변환은 보통 계단식 변속으로 등비급수 속도열을 이용한다.

해설　주축의 끝부분은 모스테이퍼를 사용한다.

35 공작 기계에 사용하는 공구 재료의 구비 조건으로 적당하지 않은 것은?
① 일감보다 단단하고 인성이 있을 것
② 높은 온도에서도 경도가 떨어지지 않을 것
③ 내마멸성은 크고 내식성은 작을 것
④ 형상을 만들기가 쉽고 가격이 저렴할 것

해설　내마멸성, 내식성은 클 것

36 다음 ( ) 안에 차례로 알맞은 내용은?

주축이 수직이고 지름이 크며, 무거운 공작물을 절삭 시에는 ( )이 적당하고, 지름이 크고, 길이가 짧은 공작물에는 ( )이 사용된다.

① 수직 선반, 터릿 선반
② 수직 선반, 정면 선반
③ 정면 선반, 모방 선반
④ 차륜 선반, 차축 선반

해설　① 정면 선반 : 직경이 크고 길이가 짧은 공작물 가공(대형 풀리, 플라이휠)
② 수직 선반 : 중량이 큰 대형 공작물, 직경이 크고, 폭이 좁으며 불균형한 공작물을 가공하며 공작물 고정이 쉽고 안정된 중절삭이 가능하고 비교적 정밀하다.

37 밀링 머신 구조 중 수평 밀링 머신에만 있는 것은?
① 스핀들(spindle)
② 베드(bed)
③ 테이블(table)
④ 오버 암(over arm)

해설　수평 밀링 머신에만 있는 것은 오버 암이다.

38 선반에서 밀링 커터의 여유각과 드릴, 탭, 호브 등의 날 여유면을 절삭할 수 있는 선반의 부속 장치는?
① 총형 바이트 장치
② 모방 절삭 장치
③ 테이퍼 절삭 장치
④ 릴리빙 장치

해설　공구선반
릴리빙 장치(=Back off 장치)를 가진 것으로 절삭공구(호브, 커터, 탭 등)의 여유각을 가공한다.

답　33.③　34.②　35.③　36.②　37.④　38.④

39 다음 중 각도 측정용 게이지가 아닌 것은?
① 옵티컬 플랫
② 사인바
③ 콤비네이션 세트
④ 오토 콜리미터

해설 각도 측정에 사용되는 것은 사인바, 각도게이지, 수준기, 오토 콜리미터, 콤비네이션 세트 등이 있다.

40 절삭 가공 시 공구 날끝의 구성 인선(built-up-edge) 발생을 방지하는 절삭 조건으로 볼 수 없는 것은?
① 절삭 깊이를 작게 한다.
② 절삭 속도를 가능한 크게 한다.
③ 윤활성이 좋은 절삭유제를 사용한다.
④ 경사각을 작게 한다.

해설 경사각을 크게 한다.

41 버니어 캘리퍼스에서 본척의 최소 눈금이 1mm이고, 버니어의 눈금 방법은 19mm를 20등분했다면 최소 읽기의 값은 몇 mm인가?
① 0.01 ② 0.02
③ 0.05 ④ 0.1

해설 $\dfrac{1}{20}=0.05\text{mm}$

42 단순한 기능의 공작 기계로서 단일 종류의 가공만을 할 수 있어 대량 생산성은 높지만 능률이 떨어지는 단능 공작 기계는?
① 슬로터
② 크랭크 축 선반
③ 드릴링 머신
④ 센터링 머신

해설 센터링 머신 : 단순한 기능의 공작 기계

43 다음 프로그램 중 (　)부분에 가장 적합한 명령은?

```
G90 G92 X0. Y0. Z50. ;
    G00 Z5. S1000 M03 ;
    G01 Z-5. (　) M08 ;
    G41 G01 X10. Y10. D01 ;
    <중략>
    M05 ;
    M02 ;
```

① F80 ② R5
③ M09 ④ L3

해설 위 프로그램에서 (　) 안의 내용은 이송속도 F80이다.

44 CNC 선반의 나사 가공 프로그램에서 첫 번째(1회) 절입 시 나사의 골지름은?

```
G28 U0. W0. ;
G50 X150. Z150. T0700 ;
G97 S600 M03 ;
G00 X26. Z3. T0707 M08 ;
G92 X23.2 Z-20. F2. ;
    X22.7 ;
    :
```

① X26. ② X24.
③ X23.2 ④ X22.7

해설 첫 번째(1회) 절입 시 나사(G92)의 골지름 X23.2가 된다.

45 다음 그림과 같은 서보 기구의 종류는?

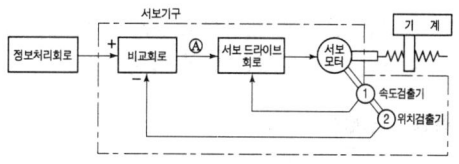

① 개방 회로 방식 ② 반폐쇄 회로 방식
③ 폐쇄 회로 방식 ④ 반개방 회로 방식

답 39.① 40.④ 41.③ 42.④ 43.① 44.③ 45.②

해설 반폐쇄 회로 방식(Semi-Closed Loop System) 서보 모터의 축 또는 볼 스크류의 회전 각도를 통하여 위치를 검출하는 방식으로 직선 운동을 회전 운동으로 바꾸어 검출한다. CNC 공작기계에 이 방식을 많이 사용한다.

46 기계 상에 고정된 임의의 점으로 기계 제작 시 제조회사에서 위치를 정하는 점이며, 사용자가 임의로 변경해서는 안 되는 점을 무엇이라 하는가?

① 프로그램 원점
② 기계 원점
③ 공작물 원점
④ 상대 원점

해설 기계 원점은 기계 상에 고정된 임의의 점으로 기계 제작 시 제조회사에서 위치를 정하는 점이다.

47 CNC 선반에 대한 다음 설명 중 틀린 것은?

① 절대 지령과 증분 지령을 한 블록에 지령할 수 없다.
② 증분 지령은 U, W 어드레스로 결정한다.
③ 프로그램 작성은 절대 지령과 증분 지령을 혼용해서 사용할 수 있다.
④ 절대지령은 X, Y 어드레스로 결정한다.

해설 절대 지령과 증분 지령을 한 블록에 지령할 수 있다.

48 공구기능 T0303을 가장 잘 설명한 것은?

① 3번 공구에 보정번호 3번의 보정 취소
② 공구보정 없이 3번 공구 선택
③ 3번 공구에 보정번호 3번의 보정 지령
④ 3번 공구를 3번 반복 수행

해설 T0303
① T : 공구 기능
② 03 : 공구 번호
③ 03 : 공구 보정 번호

49 다음 CNC 선반 프로그램에서 ϕ15mm인 지점을 가공 시 주축의 회전수는 몇 rpm인가?

N10 G50 X150. Z200. S1500 T0500;
N20 G96 S130 M03;

① 130   ② 759
③ 1500   ④ 2759

해설 $n = \dfrac{1000v}{\pi d} = \dfrac{1000 \times 130}{\pi \times 15} = 2759 \text{rpm}$
G50에서 주축최고회전수를 1500rpm으로 지정하였기에 정답은 1500rpm이다.

50 다음 CNC 선반의 어드레스(Address) 중에서 원호 보간의 반지름 지정을 위해 사용할 수 없는 것은?

① I   ② K
③ R   ④ U

해설 원호 보간의 반지름 지정은 R, I, J, K이다.

51 다음과 같은 CNC 선반 프로그램에서 F가 의미하는 것은?

G32 X(U)__ Z(W)__ F__ ;

① 나사의 유효 지름
② 나사산의 높이
③ 나사의 리드
④ 나사의 골 지름

해설 나사 절삭 코드(G32)

G32 X(U)__ Z(W)__ (Q__) F__ ;

여기서,
• X(U)__ Z(W)__ : 나사 절삭의 끝지점 좌표
• Q : 다줄 나사 가공 시 절입각도(1줄 나사의 경우 Q0이므로 생략)
• F : 나사의 리드(lead)

답 46. ② 47. ① 48. ③ 49. ③ 50. ④ 51. ③

52 밀링작업 안전에 대하여 설명한 것 중 틀린 것은?
① 정면 커터 작업 시에는 칩이 튀어나오므로 칩 커버를 설치하는 것이 좋다.
② 주축 회전 중에 커터 주위에 손을 대거나 브러시를 사용하여 칩을 제거해서는 안 된다.
③ 가공 중에 기계에 얼굴을 가까이 대고 확인한다.
④ 테이블 위에는 측정기나 공구류를 올려 놓지 않는다.

해설 가공 중에 기계에 얼굴을 가까이 대고 확인하면 위험하다.

53 기계의 일상 점검 내용 중에서 매일 점검하지 않아도 되는 사항은?
① 절삭유의 유량이 충분한지 여부
② 각 축이 원활하게 움직이는지 여부
③ 주축의 회전이 올바르게 되는지 여부
④ 기계의 정밀도를 검사하여 정확한지의 여부

해설

매일 점검	① 외관 점검
	② 유량 점검
	③ 압력 점검
	④ 각 부의 작동 검사

54 CNC 공작기계의 안전을 위하여 기계가공을 준비하는 순서로 가장 적합한 내용은?
① 전원투입→원점복귀→프로그램 입력→공구장착 및 세팅→공구경로 확인→가공
② 전원투입→프로그램 입력→공구장착 및 세팅→공구경로 확인→원점복귀→가공
③ 전원투입→공구장착 및 세팅→프로그램 입력→공구경로 확인→원점복귀→가공
④ 전원투입→공구경로 확인→원점복귀→프로그램 입력→공구장착 및 세팅→가공

해설 기계가공을 준비하는 순서
전원투입→원점복귀→프로그램 입력→공구장착 및 세팅→공구경로 확인→가공

55 CNC 선반 프로그램 중에서 사이클 가공에 대한 설명으로 옳은 것은?
① 반복 절삭하는 과정을 몇 개의 지령절로 명령하므로 프로그램을 간단히 할 수 있는 기능이다.
② 사이클 가공에서 이송속도는 기계에서 정해진다.
③ 나사 절삭 시에는 사용할 수 없다.
④ 테이퍼를 가공할 때만 사용한다.

해설 사이클 가공은 반복 절삭하는 과정을 몇 개의 지령절로 명령하므로 프로그램을 간단히 할 수 있는 기능이다.

56 다음 보조 기능 중 주축 기능과 거리가 가장 먼 것은?
① M02 ② M03
③ M04 ④ M05

해설

M02	프로그램 종료
M03	주축 정회전
M04	주축 역회전
M05	주축 정지

57 머시닝센터에서 공구 길이 보정 시 보정 번호를 나타내는 어드레스는?
① A ② C
③ F ④ H

해설 H : 공구 길이 보정 시 보정 번호
D : 공구 경 보정 시 보정 번호

답 52. ③ 53. ④ 54. ① 55. ① 56. ① 57. ④

제 6 편 최근 기출문제

58 CNC 선반의 가공 프로그램에서 반드시 전개 번호를 사용해야 하는 기능은?

① G30 ② G32
③ G70 ④ G90

해설 복합형 고정 사이클(G70~G76)은 반드시 전개 번호를 사용한다.

59 CNC 공작기계 작업 중 경보(alarm)가 발생했을 경우 취해야 할 행동으로 틀린 것은?

① 작업을 멈춘다.
② 경보(alarm)를 무시하고 진행시킨다.
③ 경보(alarm) 발생의 원인을 찾아 해결한다.
④ 본인이 해결할 수 없을 경우 전문가에게 의뢰한다.

해설 경보(alarm) 발생의 원인을 찾아 해결한다.

60 지름값으로 지령하는 CNC 선반에서 X축을 0.004mm로 보정하고 X60을 지령하여 가공하였더니 59.94mm이었다. 보정값을 얼마로 수정해야 하는가?

① 0.056 ② 0.06
③ 0.064 ④ 0.0064

해설 (60+0.004)−59.94=0.064

답 58. ③ 59. ② 60. ③

제2회 CBT 모의고사

컴퓨터응용밀링기능사

01 일정한 온도, 일정한 자장, 일정한 전류밀도 하에서 전기저항이 0이 되는 물리적 현상을 이용한 재료로서 자기부상열차의 개발을 현실화시킨 재료는?
① 복합 재료
② 형상기억합금
③ 초전도 재료
④ 탄화물계 세라믹 재료

해설 초전도 재료 : 일정한 온도, 일정한 자장, 일정한 전류밀도 하에서 전기저항이 0이 되는 물리적 현상을 이용한 재료로서 자기부상열차의 개발을 현실화시킨 재료이다.

02 고속도공구강의 표준형으로서 가장 널리 사용되고 있는 18-4-1형의 텅스텐 함유량은?
① 1%
② 4%
③ 18%
④ 77%

해설 고속도공구강(SKH)
① 재료 : W-Cr-V-Mo-Co
② 대표적인 것으로 W(18%)-Cr(4%)-V(1%)이 있다.
③ 탄소공구강보다 높은 온도에서 절삭 능력이 뛰어나다.
④ 내마모성이 크며 공구수명이 탄소공구강의 2배 이상이다.

03 양쪽으로 회전이 가능하도록 접선 키를 사용할 경우 두 키의 중심각은 몇 도로 설치하는가?
① 60°
② 75°
③ 100°
④ 120°

해설 접선 키(Tangential Key) : 접선 방향에 설치하는 키로서 1/100의 기울기를 가진 2개의 키를 한 쌍으로 하여 사용된다. 회전 방향이 양 방향일 경우 중심각이 120° 되는 위치에 2조 설치한다. 아주 큰 회전력의 경우에 사용된다.

04 다음 절삭 공구 중 비금속 재료에 해당하는 것은?
① 고속도강
② 탄소공구강
③ 합금공구강
④ 세라믹

해설 세라믹은 알루미나(Al_2O_3)를 주성분으로 소결시킨 일종의 도자기로 충격에 약하다.

05 지름 15mm, 표점거리 150mm인 연강재 시험편을 인장시켰더니 표점거리가 152mm가 되었다면 연신율은 약 몇 %인가?
① 10.28
② 6.99
③ 2.66
④ 1.33

해설 $\varepsilon = \dfrac{l_0 - l}{l} \times 100 = \dfrac{152 - 150}{150} \times 100 = 1.33$

06 유체의 흐름을 단속하거나 방향을 전환시키기 위하여 사용하는 것은?
① 플랜지
② 패킹
③ 시일
④ 밸브

해설 밸브는 유체의 흐름을 조절하는 장치이다.

07 풀리 간 동력을 전달하는 운전 중인 벨트에 작용하는 유효 장력은? (단, F_t는 인장 쪽(팽팽한 쪽, 긴장 측) 장력, F_s는 이완 쪽(느슨한 쪽, 이완 측) 장력)

답 01. ③ 02. ③ 03. ④ 04. ④ 05. ④ 06. ④ 07. ①

① $F_t - F_s$ ② $F_s - F_t$
③ F_t / F_s ④ F_s / F_t

해설 벨트의 유효 장력은 인장 측 장력과 이완 측 장력과의 차이이다.

08 다음 중 강에 S, Pb 등을 첨가하여 절삭가공 시 연속된 가공칩의 발생을 방지하고 피삭성을 좋게 한 특수강은?

① 내식강 ② 내열강
③ 쾌삭강 ④ 자석강

해설 쾌삭강 : 강에 S와 Pb을 첨가하여 절삭성을 향상시킨 강이다.

09 두 축을 빨리 연결하고 또 빨리 끊을 필요가 있을 때 사용하는 축 이음은?

① 클러치
② 셀러 커플링
③ 유니버설 조인트
④ 플랜지 커플링

해설 클러치 : 운전 중 또는 정지 중에 간단한 조작으로 동력을 전달할 수 있는 형식. 두 축은 일직선상에 있는 경우가 많다.

10 황동을 불순한 물(해수) 또는 부식성 물질이 용해된 곳에서 사용할 때 발생하는 성질은?

① 자연 균열 ② 방치갈림
③ 탈아연 부식 ④ 경년변화

해설
① 탈아연 부식(dezincification) : 불순한 물 및 부식성 물질이 녹아 있는 수용액의 작용에 의해 황동의 표면에는 내부까지 탈아연 되는 현상으로 방지책은 Zn 30% 이하의 a황동사용, 또는 0.1~0.5%, As, Sb 1% 정도의 Sn첨가한다.
② 자연 균열(season cracking) : 일종의 응력부식 균열(stress corrosion cracking)로 잔류 응력에 기인하는 현상으로 방지책은 도료 및 Zn 도금, 180~260℃에서 응력제거 풀림 등으로 잔류응력을 제거된다.

③ 고온 탈아연(dezincing) : 고온에서 탈아연 되는 현상으로 표면이 깨끗할수록 심하다. 방지책은 표면에 산화물 피막 형성된다.
④ 경년변화(시효경화) : 황동의 가공재를 상온에서 방치하거나 저온풀림 경화시킨 스프링재가 사용도중 시간의 경과에 따라 경도 등 여러 가지 성질이 악화되는 현상으로 가공도가 낮을수록 심해진다.

11 다음 중 항온 열처리 방법에 포함되지 않는 것은?

① 오스템퍼 ② 시안화법
③ 마퀜칭 ④ 마템퍼

해설 항온 담금질(isothermal quenching)
① 오스템퍼(austemper) : 오스테나이트 상태에서 Ar′와 Ar″(Ms점) 변태점 사이의 온도에서 염욕에 담금질한 후 베이나이트를 충분히 석출시킨 후 공랭하는 열처리
② 마템퍼(martemper) : 담금질 온도로 가열한 강재를 Ms와 Mf점 사이의 염욕(100~200℃)에 담금질하며 마텐자이트와 베이나이트의 혼합조직이며, 경도와 인성이 크다.
③ 마퀜칭(marquenching) : 담금질 온도까지 가열된 강을 Ar″(Ms)점보다 다소 높은 온도의 염욕에 담금질한 후 마텐자이트로 변태
④ MS 퀜칭(MS quenching) : 담금질 온도로 가열한 강재를 MS점보다 약간 낮은 온도의 열욕에 넣어 강의 내외부가 동일 온도로 될 때까지 항온 유지 후 급냉
⑤ 패턴팅 : 재료의 조직을 소르바이트 모양의 펄라이트 조직으로 만들어 인장강도를 부여하기 위한 것으로서 고탄소강의 경우에는 900~950℃의 오스테나이트 조직으로 만든 후 400~550℃의 염욕 속에 넣어 담금질한다.

12 구름 베어링의 궤도륜(외륜과 내륜) 사이에 들어 있는 전동체(볼)의 일정한 간격을 유지해 주는 것은?

답 08. ③ 09. ① 10. ③ 11. ② 12. ①

① 리테이너   ② 내륜
③ 외륜   ④ 회전체

해설 리테이너 : 롤링(볼) 베어링에서 전동체가 접촉되지 않고 일정한 간격을 유지할 수 있게 한다.

13 주조성이 우수하여 복잡한 형상의 주물제품을 값싸게 생산할 수 있는 철강재료는?
① 주철   ② 탄소강
③ 알루미늄   ④ 합금강

해설 주철의 장점
① 주조성이 우수하고 복잡한 부품의 성형이 가능하다.
② 가격이 저렴하다.
③ 잘 녹슬지 않고 칠(도색)이 좋다.
④ 마찰저항이 우수하고 절삭가공이 쉽다.
⑤ 압축 강도가 인장 강도에 비하여 3~4배 정도 좋다.
⑤ 내마모성이 우수하고, 알칼리 및 물에 대한 내식성(부식)이 우수하다.
⑥ 용융점이 낮고 유동성이 좋다.

14 외력의 작용으로 형상이 변경되어도 다시 원래의 모양으로 되돌아 올 수 있는 합금을 무엇이라 하는가?
① 제진 합금
② 형상 기억 합금
③ 비정질 합금
④ 초전도 합금

해설 형상 기억 합금 : 외력의 작용으로 형상이 변경되어도 다시 원래의 모양으로 되돌아 올 수 있는 합금

15 다음 중 충격 완화 장치에 해당하지 않는 것은?
① 쇼크업 소버   ② 대시 포트
③ 댐퍼   ④ 오프셋 링크

해설 충격 완화 장치 : 쇼크업 소버, 대시 포트, 댐퍼 등이다.

16 표준 스퍼 기어의 제도에 관한 설명 중 틀린 것은?
① 잇봉우리원은 굵은 실선으로 그린다.
② 피치원은 가는 1점 쇄선으로 그린다.
③ 이끝원은 가는 실선으로 그린다.
④ 이끝원은 측면도에서 생략해도 된다.

해설 이끝원은 굵은 실선으로 그린다.

17 보기 도면에서 'FR'은 무슨 가공방법의 약호인가?

[보기]

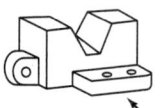

① 드릴   ② 보링
③ 리머   ④ 래핑

해설 D : 드릴, B : 보링, FL : 래핑, FR : 리머

18 보기 입체도의 화살표 방향이 정면일 때, 좌측면도로 적합한 것은?

[보기]

① 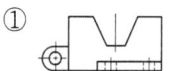   ②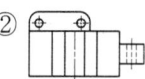

③    ④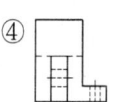

답 13. ① 14. ② 15. ④ 16. ③ 17. ③ 18. ④

19 탄소강 단강품을 나타내는 KS 재료 기호는?

① GC　　　② SC
③ SF　　　④ GCD

해설
- GC : 회주철
- SC : 탄소 주강품
- SF : 탄소강 단강품
- GCD : 구상흑연 주철품

20 기계가공용 표준 스퍼 기어 가공도면 항목표에 모듈이 3, 기준 피치원 지름이 φ63로 표기되어 있다면 잇수는?

① 12　　　② 21
③ 32　　　④ 63

해설　피치원의 지름 $D = M \times Z = 63/3 = 21$

21 나사의 호칭방법 표시가 Rc 3/4인 나사의 설명으로 올바른 것은?

① 관용 테이퍼 수나사 호칭지름 3mm
② 관용 테이퍼 암나사 호칭지름 4mm
③ 관용 테이퍼 수나사 호칭지름 3/4인치
④ 관용 테이퍼 암나사 호칭지름 3/4인치

22 보기와 같은 표준 스퍼 기어의 모듈 값은?

① 2.5
② 3.5
③ 5
④ 10

[보기]

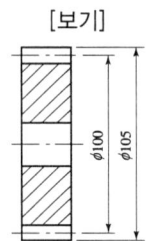

해설　모듈(m) : $m = \dfrac{105 - 100}{2} = 2.5$

23 KS 기계제도에서의 치수 배치에서 한 개의 연속된 치수선으로 간편하게 표시하는 것으로 치수의 기점의 위치는 기점기호(○)로 나타내는 치수 기입법은?

① 직렬치수 기입법　② 좌표치수 기입법
③ 병렬치수 기입법　④ 누진치수 기입법

해설　누진치수 기입법 : 이 방법에 따르면 치수공차에 관하여 병렬치수 기입법과 완전히 동등한 의미를 가지면서, 한 개의 연속된 치수선으로 간편하게 표시할 수 있다. 기점기호(○)와 치수선의 다른 끝은 화살표로 표시한다.

24 기계제도에서 최대 실체 공차 방식의 기호는?

① Ⓒ　　　② Ⓚ
③ Ⓜ　　　④ Ⓧ

해설

데이텀 표적(target) 기입틀	⌀2/A1
이론적으로 정확한 치수	50
돌출 공차역	Ⓟ
최대 실체 공차 방식	Ⓜ
형체 치수 무관계	Ⓢ

25 기계가공 도면의 척도가 2 : 1 배척일 때, 실선으로 표시된 형상의 치수가 30으로 표시되었다면 가공제품의 해당 부분 실제 가공치수는?

① 15mm　　② 30mm
③ 60mm　　④ 90mm

해설　치수 표시가 30이고 척도가 2 : 1이면, 그릴 때는 60mm이고 치수기입은 30mm로 한다.

26 보기 도면은 드릴 지그의 조립도이다. 드릴이 안내되는 구멍 부분 품번 ②의 명칭으로 가장 적합한 것은?

[보기]

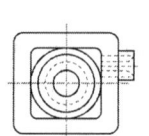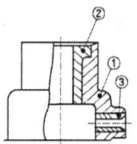

답　19.③　20.②　21.④　22.①　23.④　24.③　25.②　26.①

① 부시(bush) ② 래버(lever)
③ 축(shaft) ④ 캡(cap)

해설 도면의 품번 ②번 ③번은 부시이다.

27 다음 절삭 공구 중 밀링 커터와 같은 회전 공구를 래크를 나선 모양으로 감고, 스파이럴에 직각이 되도록 축 방향으로 여러 개의 홈을 파서 절삭날을 형성한 것은?
① 호브 ② 래크 커터
③ 피니언 커터 ④ 총형 커터

해설 호브는 보통 오른 나사 한 줄 호브가 쓰이며, 날의 수는 보통 9~12개가 많이 쓰인다.

28 밀링 머신에서 분할대(indexing head)는 어디에 설치하는가?
① 테이블 위 ② 심압대
③ 스핀들 ④ 새들 위

해설 분할대는 테이블 위에 설치하며 크기는 테이블상의 스윙으로 표시한다.

29 보기 중 절삭 공구용 재료가 가져야 할 기계적 성질 중 맞는 것을 모두 고르면?

[보기]
㉠ 고온 경도(hot hardness)
㉡ 취성(brittleness)
㉢ 내마멸성(resistance to wear)
㉣ 강인성(toughness)

① ㉠, ㉡, ㉢ ② ㉠, ㉡, ㉣
③ ㉠, ㉢, ㉣ ④ ㉡, ㉢, ㉣

해설 절삭 공구 재료의 구비조건
① 피 절삭재보다는 경도와 인성이 클 것
② 고온에서 경도가 감소되지 않을 것
③ 내마모성이 클 것
④ 절삭저항을 받으므로 강도가 클 것
⑤ 형상을 만들기 용이하고 가격이 쌀 것

30 선반에서 테이퍼 가공 시 심압대의 편위량 e(mm)를 구하는 공식은?

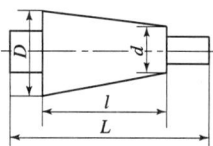

① $e = \dfrac{L(D-d)}{2l}$ ② $e = \dfrac{l(D-d)}{2L}$
③ $e = \dfrac{2l}{L(D-d)}$ ④ $e = \dfrac{2L}{l(D-d)}$

해설 ① 전체가 테이퍼일 경우
$e = \dfrac{D-d}{2}$
② 일부분만 테이퍼일 경우
$e = \dfrac{L(D-d)}{2l}$

31 선반의 부속 장치 중 센터(center)에 대한 설명으로 옳은 것은?
① 끝면 깎기에 사용되는 센터는 주로 베어링 센터이다.
② 심압대 축에 끼워 공작물을 지지하는 센터를 회전 센터(live center)라 한다.
③ 센터의 자루는 일반적으로 모스 테이퍼로 되어 있다.
④ 센터의 각은 일반적으로 60°이나 큰 가공물에 대해서는 각도를 작게 한다.

해설 센터 : 공작물을 지지하는 부속장치이다.
(1) 회전 센터는 주축에서 사용(모스 테이퍼 사용 약 $\dfrac{1}{20}$)하고, 정지 센터는 심압대에서 사용(모스테이퍼 사용 약 $\dfrac{1}{20}$)
(2) 센터의 선단의 각도
① 미국식 : 60° → 정밀가공 중 소형 공작물가공에 사용된다.
② 영국식 : 75° or 90° → 중량이 큰 대형 공작물가공에 사용된다.

답 27. ① 28. ① 29. ③ 30. ① 31. ③

32 절삭유제의 사용 목적이 아닌 것은?
① 공작물의 냉각
② 공구의 냉각
③ 절삭 저항의 감소
④ 공작물의 부식

해설 절삭유제의 사용 목적은 냉각작용, 윤활작용, 세척작용, 공구의 냉각, 절삭 저항의 감소 등이다.

33 수평 밀링 머신의 플레인커터 작업에서 상향 절삭과 하향 절삭에 대한 설명 중 틀린 것은?
① 상향 절삭은 절삭 방향과 공작물의 이송 방향이 같다.
② 상향 절삭에서는 커터가 공작물을 올리는 작용을 하므로 공작물을 견고하게 고정해야 한다.
③ 하향 절삭은 절삭된 칩이 이미 가공된 면 위에 쌓이므로 가공할 면을 잘 볼 수 있다.
④ 하향 절삭은 커터 날이 공작물을 누르며 절삭하므로 일감의 고정이 간편하다.

해설 상향 절삭은 절삭 방향과 공작물의 이송 방향이 다르다.

34 다음 중 센터리스 연삭기의 특징이 아닌 것은?
① 연삭 작업에 작업자의 숙련을 요하지 않는다.
② 속이 빈 원통 연삭에 편리하다.
③ 다품종의 소량 연삭에 알맞다.
④ 가늘고 긴 가공물의 연삭에 알맞다.

해설 • 센터리스 연삭기의 장점
① 가늘고 긴 편, 원통, 중공축 등을 연삭하기 쉽다.
② 연속 작업할 수 있으며, 대량 생산에 적합하다.
③ 기계의 조정이 끝나면 초보자도 작업을 할 수 있다.
④ 고정에 따른 변형이 없고 연삭 여유가 작아도 된다.
⑤ 연삭숫돌의 나비가 크므로 지름의 마멸이 적고 수명이 길다.
• 센터리스 연삭기의 단점
① 긴 홈이 있는 공작물은 연삭할 수 없다.
② 대형 중량물은 연삭할 수 없다.
③ 연삭숫돌의 나비보다 긴 공작물은 전후 이송법으로 연삭할 수 없다.

35 부품의 길이 측정에 쓰이는 측정기기 중 실제 치수와 표준치수와의 차를 측정하는 것은?
① 버니어 캘리퍼스
② 측장기
③ 마이크로미터
④ 다이얼 테스트 인디케이터

해설 다이얼 테스트 인디케이터는 실제 치수와 표준치수와의 차를 측정한다.

36 수평 밀링 머신의 플레인 커터 작업에서 상향 절삭의 장점이 아닌 것은?
① 커터날의 마찰 작용이 적으므로 날의 마멸이 작고 수명이 길다.
② 공작물을 들어올리는 방향으로 절삭하므로 기계에 무리를 주지 않는다.
③ 절삭열에 의한 치수 정밀도의 변화가 작다.
④ 백래시가 제거된다.

해설 상향 절삭
① 칩이 날을 방해하지 않는다.
② 밀링 커터의 진행 방향과 테이블의 이송 방향이 반대이므로 이송기구의 백래시 제거
③ 기계에 무리를 주지 않는다.(절삭동력이 적게 소비된다)
④ 일반적인 가공에 유리하고 치수 정밀도의 변화가 적다.
⑤ 절삭날에는 가공시작부터 끝까지 절삭저항이 점차 증가하므로 절삭날에 작용하는 충격이 적다.

답 32.④ 33.① 34.③ 35.④ 36.①

37 연삭숫돌 바퀴의 결합도가 지나치게 낮을 경우 숫돌 입자의 파쇄가 충분하게 일어나기 전에 결합제가 파쇄되어 숫돌 입자가 입자 그대로 떨어져 나가는 현상을 무엇이라고 하는가?
① 무딤 ② 눈메움
③ 트루잉 ④ 입자 탈락

해설 입자 탈락(spilling) : 결합제의 힘이 약해서 작은 절삭력이나 충격에 쉽게 입자가 탈락하는 것

38 보링 작업에서 가장 많이 쓰이는 절삭 공구는?
① 바이트 ② 드릴
③ 정면 커터 ④ 탭

해설 보링 작업에서 가장 많이 쓰이는 절삭 공구는 바이트다.

39 다음 중 결합도가 낮은 숫돌을 선택하여 사용해야 하는 경우는?
① 연한 재료를 연삭할 때
② 숫돌바퀴의 원주 속도가 느릴 때
③ 숫돌바퀴와 가공물의 접촉 면적이 작을 때
④ 연삭 깊이가 깊을 때

해설

결합도가 높은 숫돌	결합도가 낮은 숫돌
- 연한 재료의 연삭 - 숫돌의 원주 속도가 느릴 때 - 연삭 깊이가 얕을 때 - 접촉면이 작을 때 - 재료 표면이 거칠 때	- 단단한(경한) 재료의 연삭 - 숫돌의 원주 속도가 빠를 때 - 연삭 깊이가 깊을 때 - 접촉면이 클 때 - 재료 표면이 치밀할 때

40 다음 중 탭이 부러지는 원인으로 가장 관계가 적은 것은?
① 소재보다 경도가 높을 때
② 탭 핸들에 과도한 힘을 줄 때
③ 탭이 구멍 밑바닥에 부딪쳤을 때
④ 드릴 구멍이 경사되어 있을 때

해설 소재보다 경도가 적을 때

41 어미자의 눈금이 0.5mm인 버니어 캘리퍼스에서 아들자의 눈금 12mm를 25등분 했을 때 최소 측정값은 몇 mm인가?
① $\frac{1}{20}$ ② $\frac{1}{50}$
③ $\frac{1}{25}$ ④ $\frac{1}{100}$

해설 $\frac{0.5}{25} = 0.02mm = \frac{1}{50}$

42 나사의 광학적 측정 시 측정 대상이 아닌 것은?
① 유효 지름 ② 피치
③ 산의 각도 ④ 리드각

해설 나사의 광학적 측정 : 나사의 광학적 측정에 사용하는 측정기는 공구현미경과 투영기가 주로 사용되며, 이들 측정기는 피치나 나사 산의 산의 각도, 유효 지름, 피치 등을 쉽게 측정할 수 있다. 이는 일반적으로 측정력 때문에 생기는 오차와 기계적인 방법에서 큰 반각에서 생기는 오차의 영향을 없앨 수 있는 잇점이 있다.

43 G□□ X_ Y_ Z_ R_ Q_ P_ F_ L_; 은 머시닝센터의 고정사이클 구멍 가공 모드 지령 방법이다. 여기서 P가 의미하는 것은 무엇인가?
① 구멍 바닥에서 휴지 시간을 지정
② 고정사이클 반복 횟수를 지정
③ 절삭 이송 속도를 지정
④ 초기점에서부터 거리를 지정

답 37. ④ 38. ① 39. ④ 40. ① 41. ② 42. ④ 43. ①

해설

R	구멍가공 후 R점(구멍가공 시작점)을 지령한다.
Q	G73, G83기능에서 매회 절입량 또는 G76, G87기능에서 후퇴량을 지령한다. (항상 증분지령으로 한다.)
P	구멍바닥에서 드웰(정지)시간을 지령한다.
F	구멍가공 이송속도를 지령한다.

44 기계 가공 전 안전 점검 내용이 아닌 것은?
① 공작물의 고정 상태
② 작업장의 조명 상태
③ 가공 칩의 처리 상태
④ 공구의 장착 및 파손 상태

해설 가공 칩의 처리는 기계 가공 후에 이루어진다.

45 CNC 공작 기계에 사용되는 좌표계에서 절대 좌표계에 대한 설명으로 옳은 것은?
① 프로그램을 작성할 때 프로그램 원점을 기준으로 하는 좌표계
② 기계 제작사에서 임의로 잡은 고정점에 정한 좌표계
③ 현재 좌표값이 좌표계 원점이 되는 좌표계
④ 지령의 시작점 위치에서 종점까지의 거리 중 이미 이동하고 남은 거리를 나타내는 좌표계

해설 프로그램 시 프로그램 원점을 기준으로 하는 좌표계는 절대 좌표계이다.

46 CNC 선반의 나사 가공 사이클 프로그램에서 (보기 1)의 "D", (보기 2) N51 블록의 "Q"가 의미하는 것은?

(보기 1)
G76 X_ Z_ I_ K_ D_ F_ A_ P_ ;
(보기 2)
N50 G76 P_ Q_ R_ ;
N51 G76 X_ Z_ P_ Q_ R_ F_ ;

① 나사산의 높이
② 나사의 끝점
③ 첫 번째 절입 깊이
④ 나사의 시작점에서 끝점까지의 거리

해설 복합고정형 나사절삭 사이클(G76)

G76 P_ Q_ R_ ;
G76 X(U)_ Z(W)_ P(k)_ Q_ R_ F_ ;

여기서,
• P : 다듬질 횟수(01~99까지 입력가능)
• Q : 최소 절입 깊이
• R : 다듬절차 여유
• X(U), Z(W) : 나사 끝지점 좌표
• P(k) : 나사산 높이(반지름 지령)
• Q(△d) : 첫 번째 절입 깊이(반지름 지령)-소수점 사용 불가
• R(i) : 테이퍼 나사에서 나사 끝지점 X값과 나사 시작점 X값의 거리(반지름 지령)- I=0이면 평행 나사이며, 생략할 수 있다.
• F : 나사의 리드

47 CNC 공작 기계에서 간단한 프로그램을 편집과 동시에 시험적으로 실행해 볼 때 사용하는 모드는?
① MDI 모드   ② JOG 모드
③ EDIT 모드   ④ AUTO 모드

해설 MDI 모드 : 반자동 가공으로 간단한 프로그램을 편집과 동시에 시험적으로 실행해 볼 때 사용

48 머시닝센터 프로그램에서 그림의 A(15, 5)에서 B(5, 15)로 이동할 때의 프로그램으로 바르지 못한 내용은?

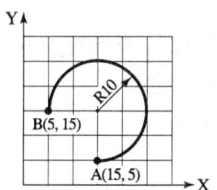

답 44. ③ 45. ① 46. ③ 47. ① 48. ①

① G90 G03 X5. Y15. J-10. ;
② G90 G03 X5. Y15. R-10. ;
③ G91 G03 X-10. Y10. J10. ;
④ G91 G03 X-10. Y10. R-10. ;

해설 원호보간에 사용하는 좌표어 I, J, K는 원호의 시작점에서 중심까지의 거리를 나타내므로 G90 G03 X5. Y15. J-10. ;이다.

49 공작 기계 작업 안전에 대한 설명 중 잘못된 것은?

① 가공 중 표면 거칠기를 손으로 검사한다.
② 회전 중에는 측정하지 않는다.
③ 칩이 비산할 때는 보안경을 사용한다.
④ 칩은 솔로 제거한다.

해설 가공 정지 후 표면 거칠기를 손으로 검사한다.

50 그림에서 점 P1으로부터 점 P2에 이르는 경로를 원호보간을 이용한 머시닝센터 프로그램으로 올바르게 된 것은?

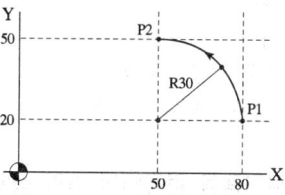

① G90 G03 X50. Y50. R30.;
② G91 G03 X50. Y50. R30.;
③ G90 G02 X50. Y50. R30.;
④ G91 G02 X50. Y50. R30.;

해설 G90 G03 X50. Y50. R30.;
또는 G91 G03 X-30. Y30. R30.;

51 CNC 선반에서 자동 원점 복귀 지령을 하기 위한 G-코드는?

① G50   ② G22
③ G28   ④ G32

해설 G50 : 좌표계 설정
G28 : 자동 원점복귀(제1원점)
G32 : 제2원점 복귀
G22 : 금지영역 설정 ON

52 CNC 공작 기계 작업 시 안전 사항 중 틀린 것은?

① 조작 시는 조작 순서에 따른다.
② 칩 제거 시는 기계를 정지 후에 한다.
③ CNC 방전 가공기에서 작업 시 가공액을 채운 후 작업을 한다.
④ 작업을 빨리하기 위하여 안전문을 열고 작업한다.

해설 안전문은 안전을 위하여 항상 닫고 작업한다.

53 CAD/CAM 시스템의 입·출력 장치가 아닌 것은?

① 프린터
② 마우스
③ 키보드
④ 중앙처리장치

해설 중앙처리장치(CPU ; Central Processing Unit) 컴퓨터 시스템에서 가장 핵심이 되는 장치로 인간의 뇌에 해당함.

54 홈 가공이나 드릴 가공을 할 때 일시적으로 공구를 정지시키는 기능의 CNC 용어는?

① 옵셔널 블록 스킵(Optional Block Skip)
② 프로그램 정지(Program Stop)
③ 드웰(Dwell)
④ 드라이 런(Dry run)

해설 드웰(G04) : 홈 가공이나 드릴 가공을 할 때 일시적으로 공구를 정지시키는 기능

답 49.① 50.① 51.③ 52.④ 53.④ 54.③

55 머시닝센터에서 M10×1.5 나사를 가공하고자 한다. 탭의 이송 속도는 몇 mm/min 인가? (단, 회전수는 120rpm이다.)

① F180　② F160
③ F140　④ F120

해설　탭의 이송 속도 $= F = n \times p = 120 \times 1.5 = 180$

56 머시닝센터의 기계일상 점검 중 매일 점검 사항과 거리가 먼 것은?

① 각부의 유량 점검
② 각부의 압력 점검
③ 각부의 작동 상태 점검
④ 각부의 필터 점검

해설　각부의 필터 점검은 매일 행하지 않고 일정한 주기를 정하여 한다.

57 다음 CNC 선반에서 프로그램에서 N40 블록에서의 절삭속도는?

```
N10 G50 X150. Z150. S1000 T0100;
N20 G96 S100 M03;
N30 G00 X80. Z5. T0101;
N40 G01 Z-150. F0.1 M08;
```

① 100m/min　② 398m/min
③ 100rpm　④ 398rpm

해설　먼저 주축 회전수를 구하면
$N = \dfrac{1000V}{\pi D} = \dfrac{1000 \times 100}{3.14 \times 80} = 398\text{rpm}$
절삭속도
$V = \dfrac{\pi DN}{1000} = \dfrac{3.14 \times 80 \times 398}{1000} = 100\text{m/min}$

58 그림 P1에서 P2로 직선절삭하는 프로그램의 지령이 잘못된 것은?

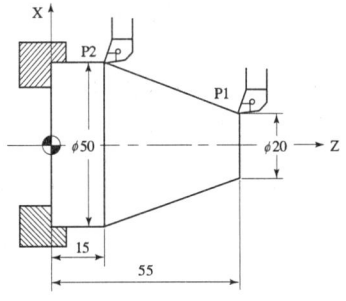

① G01 U50. Z15. F0.2;
② G01 X50. Z15. F0.2;
③ G01 X50. W-40. F0.2;
④ G01 U30. Z15. F0.2;

해설　절대 지령은 X, Z를, 상대 지령은 U, W를 사용한다.

59 CNC 선반의 공구 기능 중 T□□△△에서 △△의 의미는?

① 공구 보정 번호　② 공구 선택 번호
③ 공구 교환 번호　④ 공구 호출 번호

해설　T□□△△
T : 공구 기능
□□ : 공구 번호
△△ : 공구 보정 번호

60 프로그램을 컴퓨터의 기억 장치에 기억시켜 놓고, 통신선을 이용해 1대의 컴퓨터에서 여러 대의 CNC 공작 기계를 직접 기계를 직접 제어하는 것을 무엇이라 하는가?

① CNC　② DNC
③ CAD　④ CAM

해설　DNC는 여러 대의 공작기계에 부착되어 있는 NC 장치를 중앙컴퓨터에 입력하는 데이터로서 한 개의 군 시스템을 구성하여 전체적인 생산성을 향상시키는 데 목적이 있다.

답　55.①　56.④　57.①　58.①　59.①　60.②

제3회 CBT 모의고사

컴퓨터응용밀링기능사

01 주철을 고온으로 가열하였다. 냉각하는 과정을 반복하면 부피가 더욱 팽창하게 되는데, 이러한 주철의 성장원인으로 틀린 것은?
① 흡수된 가스의 팽창
② 펄라이트 조직 중 Fe_3C의 흑연화에 따른 팽창
③ 페라이트 조직 중의 Si의 산화에 의한 팽창
④ 서냉에 의한 시멘타이트의 석출로 인한 팽창

해설 주철을 600℃ 이상의 온도에서 가열과 냉각을 반복하면 그 체적이 점차 증가하여 균열이 생기거나 강도가 저하되는 현상을 주철의 성장이라 한다.

02 다음 중 금속의 일반적인 특징으로 틀린 것은?
① 금속적 광택을 가지고 있다.
② 연성과 전성이 나빠 가공 및 변형이 어렵다.
③ 열과 전기를 잘 전달한다.
④ 고체상태에서 결정구조를 갖는다.

해설 가공이 용이하고 전연성이 좋다.

03 구리에 40~50% Ni을 첨가한 합금으로 전기 저항이 크고 온도계수가 낮아 통신용 재료, 저항선, 전열선 등으로 사용되는 것은?
① 콘스탄탄(constantan)
② 큐프로니켈(cupro-nickel)
③ 모넬메탈(monel metal)
④ 인바(invar)

해설
① 40~50% Ni합금(콘스탄탄 : constantan) 전기저항이 크고 온도계수가 낮아 통신기, 전열선 열전쌍 등에 사용된다.
② 10~30% Ni합금(큐프로니켈 : cuprolls nikel) 비철합금 중 전연성이 가장 크고 화폐 열교환기에 사용된다.
③ 60~70% Ni합금(모넬메탈 : monel metal) 강도와 내식성이 우수해서 화학공업용으로 사용되고 여기에 4% Si(S모넬), 3% Si(H모넬), 0.035% S(R모넬), 2.75% Al(K모넬) 등을 첨가한다. (참고) 20~25%, Ni합금은 백동이라 하여 가공성이 좋아 가정용품 등에 널리 사용된다.
④ 인바(invar) : Ni 36%를 함유하는 Fe-Ni 합금으로서 상온에서 열팽창계수가 매우 적고 내식성이 대단히 좋으므로 줄자, 시계의 진자, 바이메탈 등에 쓰인다.

04 스테인리스강(stainless steel)의 주성분이 아닌 것은?
① Al   ② Cr
③ Fe   ④ Ni

해설 스테인리스강 : Cr, Ni을 다량 첨가하여 내식성을 현저히 향상시킨 강으로서 녹이 슬지 않는다 하여 불수강이라고도 한다. 일반적으로 Cr의 함량이 12% 이상인 강을 스테인레스강이라 하고, 그 이하의 강은 그대로 내식성강이라 하며, 금속 조직학상 마텐자이트계와 페라이트계 및 오스테나이트계로 분류되는데 그 대표적인 것은 18-8형 스테인레스강인 오스테나이트계 스테인레스강이다.

05 자동차의 핸들, 전동기의 축 등에 사용되며 축과 보스에 작은 삼각치형을 만들어 축과 보스를 고정시키는 것은?

답 01.④ 02.② 03.① 04.① 05.③

① 스플라인 축 ② 페더 키
③ 세레이션   ④ 접선 키

해설 세레이션(Serration)
축과 보스의 상대각 위치를 되도록 가늘게 조절해서 고정하려 할 때 사용. 이의 높이가 낮고 잇수가 많으므로 축의 강도가 높다. 삼각 치형, 인벌류트 치형, 삼각 치형의 맞대기 세레이션이 있다.

06 다음 브레이크 재료 중 마찰계수가 가장 큰 것은?
① 주철   ② 석면직물
③ 청동   ④ 황동

해설 브레이크 재료 중 마찰계수가 가장 큰 것은 석면직물이다. 나무 조각, 가죽 등도 함께 사용한다.

07 다음 중 동력전달용 V벨트의 규격(형)이 아닌 것은?
① B   ② A
③ F   ④ E

해설 V벨트의 종류에는 M형 및 A, B, C, D, E형 등의 6종류가 있으며, M형이 가장 작고 E형이 가장 크다.

08 미끄럼을 방지하기 위하여 접촉면에 치형을 붙여 맞물림에 의하여 전동하도록 한 벨트는?
① 타이밍 벨트   ② 풀리 벨트
③ 평 벨트   ④ 강 벨트

해설 타이밍 벨트
미끄럼 방지를 위하여 접촉면에 치형을 붙여 맞물림에 의하여 전동하도록 조합한 새로운 치붙임 동기 벨트이다. 특징은 슬립과 크리프가 거의 없고, 속도 변화가 아주 적다. 그리고 굽힘 저항이 작으므로 작은 지름을 사용할 수 있고 저속 및 고속에서 원활한 운전이 가능하다.

09 베어링 합금으로서 구비하여야 할 조건이 아닌 것은?
① 녹아 붙지 않아야 한다.
② 열전도율이 커야 한다.
③ 내식성이 있고 충분한 인성이 있어야 한다.
④ 마찰계수가 크고 저항력이 작아야 한다.

해설 베어링 합금은 마찰계수가 작아야 한다.

10 초경합금의 특성에 대한 설명 중 옳은 것은?
① 고온경도 및 강도가 양호하다.
② 내마모성 및 압축강도가 낮다.
③ 고온에서 변형이 많다.
④ 상온의 경도가 고온에서 크게 저하된다.

해설 초경합금
① W-Ti-Ta 등의 탄화물 분말을 Co 또는 Ni을 결합하여 1400℃ 이상에서 소결시킨 것(주성분 : W, Ti, Co, C 등이다.)
② 경도 및 고온경도가 높다.
③ 내마모성과 취성이 크다.
④ 피복 초경합금은 내열성, 내마모성, 내용착성이 우수하며 일반 초경합금에 비해 2~5배의 공구수명이 증대되며, 고온, 고속절삭에서 우수한 성능을 갖는다.

11 다음 중 축에는 키 홈을 가공하지 않고 보스에만 테이퍼진 키 홈을 만들어서 홈 속에 키를 끼우는 것은?
① 묻힘 키   ② 새들 키
③ 반달 키   ④ 성크 키

해설 ① 반달 키 : 축의 원호상에 홈을 판다.
② 묻힘 키 : 축과 보스에 양 쪽에 다 같이 홈을 판다.
③ 새들 키 : 보스에만 키 홈을 판다.

12 축 방향 하중이 브레이크 접촉면에 수직한 하중을 발생시켜, 이 수직력으로 접촉면에 마찰을 가하는 브레이크는?

답 06. ② 07. ③ 08. ① 09. ④ 10. ④ 11. ② 12. ①

① 원추 브레이크 ② 밴드 브레이크
③ 캠 브레이크 ④ 블록 브레이크

해설 브레이크의 제동형식에 따른 분류
① 반경 방향으로 밀어 붙이는 형식 : 밴드 브레이크, 블록 브레이크
② 축 방향으로 밀어 붙이는 형식 : 원추 브레이크, 원판 브레이크
③ 자동 브레이크 : 캠 브레이크, 웜 브레이크

13 알루미늄 합금인 Y합금은 다음 중 어떤 성질이 가장 우수한가?

① 마모성 ② 부식성
③ 마멸성 ④ 내열성

해설 Y합금은 Al-Cu-Ni-Mg 합금으로 대표적인 내열성 Al 합금이다.

14 회전수 1500rpm의 2줄 웜이 잇수가 50인 웜 휠에 물려 돌아가고 있다. 이때 웜 휠의 회전수(rpm)는?

① 10 ② 30
③ 45 ④ 60

해설 $\dfrac{n_2}{n_1} = \dfrac{Z_2}{Z_1}$ 이므로 $\dfrac{n_2}{1500} = \dfrac{2}{50}$

∴ $n_2 = \dfrac{2 \times 1500}{50} = 60$

15 주형에 주조할 때, 경도가 필요한 부분에 칠 메탈(chill metal)을 이용하여 그 부분의 경도를 향상시키는 주철은?

① 가단 주철 ② 구상흑연 주철
③ 미하나이트 주철 ④ 칠드 주철

해설 칠드 주철(Chilled Casting : 냉경주물)
① 적당한 성분의 주철을 금형이 붙어 있는 사형에 주입해서 응고할 때 필요한 부분만을 급랭시키면 급랭된 부분은 단단하게 되어 연하고 강인한 성질을 갖게 되는데 이와 같은 조작을 칠(chill)이라고 하며, 칠층의 두께는 10~25mm 정도이다.

이와 같이 해서 만들어진 주물을 냉경주물(chill casting)이라 한다.
② 칠드(chilled) 주철이란 표면은 백주철로 하고, 내부는 연한 회주철로 만든 것으로 압연용 칠드 롤러, 차륜 등과 같은 것에 사용된다.

16 다음 끼워 맞춤의 용어 설명 중 틀린 것은?

① 최대죔새=축의 최대 허용치수-구멍 최소 허용치수
② 최소죔새=구멍 최소 허용치수-축의 최소 허용치수
③ 최대틈새=구멍 최대 허용치수-축의 최소 허용치수
④ 최소틈새=구멍 최소 허용치수-축의 최대 허용치수

해설 최소죔새=축의 최소 허용치수-구멍 최대 허용치수

17 기계가공 도면에서 특수하게 가공하는 부분을 표시하는 특수 지정선으로 사용되는 선의 종류는?

① 가는 2점 쇄선
② 굵은 2점 쇄선
③ 굵은 1점 쇄선
④ 가는 1점 쇄선

18 보기 도면에서 표현된 단면도를 올바르게 모두 나열한 것은?

[보기]

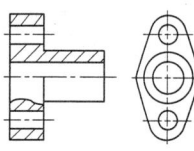

① 온단면도, 부분단면도
② 한쪽단면도, 부분단면도
③ 온단면도, 회전단면도
④ 한쪽단면도, 회전단면도

답 13. ④ 14. ④ 15. ④ 16. ② 17. ③ 18. ②

해설 ① 한쪽단면도(반단면도)
상하 또는 좌우 대칭인 물체는 1/4을 떼어낸 것으로 보고 기본 중심선을 경계로 하여 1/2은 외형, 1/2은 단면으로 동시에 나타낸 것으로 대칭중심의 우측 또는 위쪽을 단면한다.
② 부분단면도
외형도에서 필요로 하는 일부분만을 도시할 수 있다. 이 경우 파단선(가는 실선)에 의해서 경계를 나타낸다.

19 일부의 도형이 그 치수 수치에 비례하지 않을 때는 치수 표시 방법으로 올바른 것은?
① 치수 숫자의 아래쪽에 굵은 실선을 긋는다.
② 치수 숫자의 아래쪽에 가는 숨은선을 긋는다.
③ 치수 숫자의 아래쪽에 가는 실선 2줄을 긋는다.
④ 치수 숫자를 정삼각형 속에 기입한다.

해설 NS(Not to Scale)로 표시하며 치수 숫자의 아래쪽에 굵은 실선을 긋는다.

20 보기와 같이 투상면이 어느 각도를 가지고 있기 때문에 그 실형을 표시하지 못하여 그 부분을 회전해서 그 실형을 도시하는 투상도는?

[보기]
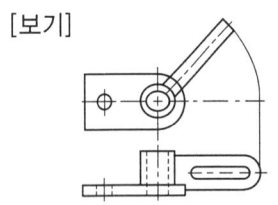

① 부분투상도   ② 회전투상도
③ 국부투상도   ④ 보조투상도

해설 회전투상도
투상면이 어느 각도를 가지고 있기 때문에 그 실형을 표시하지 못할 때에는 그 부분을 회전하여 그 실형을 표시한다.

21 No.4 - 40UNC - 2A로 표시된 나사에 대한 설명으로 틀린 것은?
① No.4는 지름을 표시하는 번호이다.
② 40은 인치당 산의 수이다.
③ UNC는 유니파이 보통나사를 나타낸다.
④ 2A는 줄수를 나타낸다.

해설
UNC : 유니파이 나사	A	수나사
	B	암나사

22 바퀴의 암, 리브 등을 단면할 때 가장 적합한 단면도는?
① 부분 단면도
② 한쪽(반) 단면도
③ 회전도시 단면도
④ 계단 단면도

해설 회전도시 단면도 : 핸들이나 바퀴 등의 암 및 림, 리브, 훅, 축, 구조물의 부재 등의 절단면은 90° 회전하여 표시한다.

23 형상공차 중 데이텀 기호가 필요 없는 것은?
① 경사도   ② 평행도
③ 평면도   ④ 직각도

해설 데이텀은 형체의 자세 편차, 위치 편차, 흔들림 등을 정하기 위하여 설정된 이론적으로 정확한 기하학적 기준 진직도 공차, 평면도 공차, 진원도 공차, 원통도 공차는 데이텀 기호가 필요 없다.

24 다음 기하 공차 기호 중에서 KS 표시로 온 흔들림 공차를 나타내는 것은?
① ──   ② ═
③ ↗   ④ ↗↗

해설 ①항은 진직도, ②항은 대칭도, ③항은 흔들림, ④항은 온 흔들림

답 19.① 20.② 21.④ 22.③ 23.③ 24.④

25 공작 기계의 가공에 이용되는 절삭 조건의 3대 요소가 아닌 것은?
① 절삭 속도   ② 칩 배출량
③ 절삭 깊이   ④ 이송량

> 해설 절삭 조건의 3대 요소 : 절삭 속도, 절삭 깊이, 이송량이다.

26 선반 가공에서 바이트의 날 부분과 공작물 가공면 사이에 마찰로 인한 열이 많이 발생되어 정밀 가공에 어려움이 생긴다. 이때 생기는 열을 측정하는 방법이 아닌 것은?
① 발생되는 칩의 색깔로 의한 측정 방법
② 칼로리미터에 의한 측정 방법
③ 열전대에 의한 측정 방법
④ 수은 온도계에 의한 측정 방법

> 해설 절삭온도 측정법
> ① 칩의 색깔에 의한 방법
> ② 칼로리미터(열량계)에 의한 방법
> ③ 공구에 열전대를 삽입하는 방법
> ④ 시온 도료를 사용하는 방법
> ⑤ 공구와 일감을 열전대로 사용하는 방법
> ⑥ 복사 고온계에 의한 방법

27 선반에서 원형이나 3의 배수가 되는 단면의 각형 공작물 고정에 편리하며 3번 척이라고도 하는 척은?
① 연동척(scroll chuck)
② 단동척(independent chuck)
③ 콜릿척(collet chuck)
④ 전자척(magnetic chuck)

> 해설 척 : 바깥지름으로 크기를 나타낸다.
> ① 연동척(만능척, 스크롤척) : 규칙적인 외경을 가진 재료를 가공. 단동척보다 고정력이 약하다. 3개의 조를 크라운 기어를 사용, 동시에 이동시킨다.
> ② 단동척 : 다소 불규칙한 외경의 공작물 가공과 중심을 편심시켜 가공할 수 있다. 4개의 조가 있다.
> ③ 마그네틱척 : 전자석 설치, 얇은 공작물을 변형시키지 않고 가공된다.
> ④ 콜릿척 : 가는 지름의 환봉 재료 고정. 탁상, 터릿 선반용으로 사용된다.

28 탄화텅스텐(WC), 티탄(Ti) 등의 분말에 코발트(Co) 분말을 결합제로 하여 혼합한 다음 가압, 성형한 것을 높은 온도에서 소결시킨 절삭 공구 재료는?
① 탄소 공구강
② 초경합금
③ 고속도강
④ 합금 공구강

> 해설 초경합금 : 탄화텅스텐(WC), 티탄(Ti) 등의 분말에 코발트(Co) 분말을 결합제로 하여 혼합한 다음 가압, 성형한 것을 높은 온도에서 소결 경질 합금이라고도 한다.

29 선반 가공의 경우 절삭 속도가 120m/min이고 공작물의 지름이 60mm일 경우 회전수는 약 몇 rpm으로 하여야 하는가?
① 637   ② 1637
③ 64   ④ 164

> 해설 $N = \dfrac{1000V}{\pi D} = N = \dfrac{1000 \times 120}{\pi \times 60} = 636.6 \text{rpm}$

30 수나사 측정법 중 유효 지름을 측정하는 방법이 아닌 것은?
① 나사 마이크로미터에 의한 방법
② 삼선법
③ 스크린에 의한 방법
④ 공구 현미경에 의한 방법

> 해설 나사의 측정방법
> ① 공구 현미경에 의한 방법
> ② 나사 마이크로미터에 의한 방법
> ③ 삼선법(삼침법)에 의한 방법

답 25. ② 26. ④ 27. ① 28. ② 29. ① 30. ③

31 선반에서 다음과 같은 테이퍼를 절삭하려고 한다. 심압대의 편위량은 몇 mm인가?

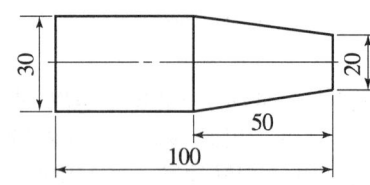

① 8　　　　② 10
③ 12　　　④ 15

해설　$\dfrac{(D-d)L}{2l} = \dfrac{(30-20)\times 100}{2\times 50} = 10$

32 미립자를 사용하여 초정밀 가공을 하는 방법으로 습식법과 건식법이 있는 절삭 가공 방법은?

① 보링(boring)　　② 연삭(grinding)
③ 태핑(tapping)　　④ 래핑(lapping)

해설
① 보링(boring) : 드릴링 작업한 후에 보링 바에 바이트를 붙여 구멍을 다시 절삭해서 구멍을 넓히고 다듬질하는 작업이다.
② 연삭 : 공구 대신에 연삭숫돌(grinding wheel)을 고속으로 회전시켜 공작물의 원통이나 평면을 극히 소량씩 절삭하는 정밀 공작기계를 연삭기(grinding machine)라 하며, 이 연삭기를 이용하여 작업하는 것을 연삭가공이라 한다.
③ 태핑(tapping) : 드릴링 작업한 후에 탭(tap)을 이용하여 암나사를 가공하는 작업이다.
④ 래핑(lapping) : 래핑은 랩이라는 공구와 공작물 사이에 랩제를 넣고, 공작물을 누르면서 상대 운동으로 공작물을 매끈하고 정밀하게 다듬질하는 가공 방법이다.

33 수직 밀링 머신에서 홈 가공시 주로 사용하는 공구는?

① 엔드밀　　　② 평면 커터
③ 측면 커터　④ 메탈 소

해설
① 엔드밀 : 일반적으로 가공물의 외측 홈부 좁은 평면 등의 가공
② 메탈 슬리팅 소 : 절단과 홈파기용

34 공구와 일감의 기구학적 운동에 따른 분류 중 회전 운동과 직선 운동의 결합에 의해서 가공 되는 공작 기계는?

① 밀링 머신　　② 셰이퍼
③ 브로칭 머신　④ 슬로터

해설　공구는 회전 운동과 공작물의 직선 운동의 결합에 의해서 가공되는 공작 기계는 밀링 머신이다.

35 센터리스 연삭기의 장점이 아닌 것은?

① 연속 가공이 가능하여 대량 생산에 적합하다.
② 긴 홈이 있는 공작물을 연삭할 수 있다.
③ 가늘고 긴 공작물의 연삭이 가능하다.
④ 연삭 여유가 작아도 된다.

해설　센터리스 연삭기의 장점
① 연속 작업이 가능하다.
② 공작물의 해체, 고정이 필요 없다.
③ 대량 생산에 적합하다.
④ 기계의 조정이 끝나면 초보자도 작업을 할 수 있다.
⑤ 고정에 따른 변형이 적고 연삭 여유가 작아도 된다.
⑥ 가늘고 긴 편, 원통, 중공 등을 연삭하기 쉽다.
⑦ 센터나 척에 고정하기 힘든 것을 쉽게 연삭할 수 있다.

36 빌트업 에지(built-up edge)의 발생을 감소시키기 위한 방법이 아닌 것은?

① 절삭 속도를 작게 한다.
② 윤활성이 좋은 절삭 유제를 사용한다.
③ 절삭 깊이를 얕게 한다.
④ 공구의 윗면 경사각을 크게 한다.

답 31. ②　32. ④　33. ①　34. ①　35. ②　36. ①

해설 빌트업 에지 발생을 감소시키기 위한 방법
① 절삭 깊이를 적게 한다.
② 상면 경사각을 크게 한다.
③ 절삭 속도를 크게 한다.
④ 윤활성이 있는 절삭유를 사용한다.

37 보통 선반의 규격은 무엇으로 표시하는가?
① 원동기 마력으로 표시한다.
② 양 센터 사이의 최대 거리로 표시한다.
③ 총 중량으로 표시한다.
④ 심압대와 베드로 표시한다.

해설 선반의 크기 표시 : 선반의 크기는 베드 위에서 스윙(swing), 왕복대 상의 스윙, 양 센터 사이의 거리로 나타낸다. 여기에서 스윙(Swing)이란, 베드 및 왕복대 상에서 접촉하지 않고 가공할 수 있는 공작물의 최대지름을 의미한다. 또한, 양 센터 간의 최대거리는 라이브센터(live center)와 데드센터(dead center) 간의 거리로서 공작물의 길이를 말한다.

38 다음 중 밀링 머신으로 가공할 수 없는 작업은?
① 각도 분할 작업
② 총형 절삭 작업
③ 비틀림 홈 절삭 작업
④ 래핑 작업

해설 래핑 작업은 래핑 머신에서 작업한다.

39 공작물에 M6, 피치 1mm, 깊이 20mm의 암나사를 기계 탭을 이용하여 가공하려고 한다. 암나사를 내기 위한 드릴 지름으로 가장 옳은 것은?
① 4.5mm ② 5.0mm
③ 5.5mm ④ 6.0mm

해설 M6−1=5mm

40 다음 중 상향 절삭과 비교한 하향 절삭의 장점으로 적당한 것은?
① 가공할 면을 잘 볼 수 있다.
② 절삭열에 의한 치수 정밀도의 변화가 적다.
③ 이송 기구의 백래시가 자연스럽게 제거된다.
④ 절삭날에 작용하는 충격이 적다.

해설 하향 절삭
① 커터가 공작물을 아래로 누르는 것과 같은 작용을 하므로 공작물 고정이 간단하다.
② 커터의 마모가 적고 또한 동력 소비가 적다.
③ 가공면이 깨끗하다.
④ 절단, 홈 가공 등 난점이 있는 대량 생산에 유리하고 가공면을 잘 볼 수 있고, 절삭량을 크게 할 수 있다.
⑤ 커터의 절삭 방향과 이송 방향이 같으므로 절삭날 하나하나의 날자리 간격이 짧다.

41 입도가 작고, 연한 숫돌을 작은 입력으로 가공물의 표면에 가압하면서 가공물에 이송을 주고, 동시에 숫돌에 진동을 주어 표면 거칠기를 높이는 가공 방법은?
① 래핑   ② 호닝
③ 슈퍼 피니싱 ④ 배럴 가공

해설 슈퍼 피니싱 : 연삭숫돌을 공작물 표면에 가압(스프링, 유압)하면서 공작물 이송과 진동을 주고 공작물을 회전시켜 균일한 표면을 얻는 법으로 저압, 저속도의 가공이므로 발열이 적고 가공 변질층을 제거할 수 있으며 내마모성, 내식성이 우수하고 다듬질 시간이 짧다.(방향성이 없는 다듬질 면을 얻는다.)

42 접시머리 나사를 사용할 구멍에 나사의 머리가 들어 갈 부분을 원추형으로 가공하는 방법은?
① 리밍   ② 태핑
③ 스폿 페이싱 ④ 카운터 싱킹

답 37. ② 38. ④ 39. ② 40. ① 41. ③ 42. ④

해설 ① 스폿 페이싱(Spot Facing) : 볼트 또는 너트 등의 구멍과 직각이 되게 머리부가 접촉되는 부분을 깎아서 만드는 작업
② 카운터 싱킹(Counter Sinking) : 접시머리 나사의 머리가 묻히게 하기 위해 원뿔자리를 만드는 작업
③ 탭핑(Tapping) : 공작물 내부에 암나사 가공, 태핑을 위한 드릴가공은 나사의 외경−피치로 한다.
④ 보링(Boring) : 뚫린 구멍을 다시 절삭, 구멍을 넓히고 다듬질하는 것. 보링바에 바이트를 사용한다.

43 머시닝센터에서 고정 사이클의 기능으로 부적절한 것은?

① 드릴 가공　② 탭 가공
③ 윤곽 가공　④ 보링 가공

해설 고정 사이클의 종류는 드릴링 사이클, 태핑 사이클, 보링 사이클이 있다.

44 자동 공구 교환장치(ATC)가 부착된 CNC 공작기계는?

① 머시닝센터
② CNC 성형연삭기
③ CNC 와이어컷 방전가공기
④ CNC 밀링

해설 자동 공구 교환장치(ATC)가 부착된 CNC 공작기계는 머시닝센터이다.

45 준비기능의 그룹(group)에 대한 설명으로 맞는 것은?

① 그룹에 관계없이 준비기능(G 코드)은 같은 명령절(block)에 한 개만을 사용할 수 있다.
② 그룹에 관계없이 준비기능(G 코드)을 같은 명령절(block)에 2개 이상 사용하면 사용한 것 전부가 유효하다.
③ 그룹이 같은 준비기능(G 코드)을 같은 명령절(block)에 2개 이상 사용하면 사용한 것 전부가 유효하다.
④ 그룹이 다른 준비기능(G 코드)을 같은 명령절(block)에 2개 이상 사용하면 사용한 것 전부가 유효하다.

해설 그룹이 다른 준비기능(G 코드)을 같은 명령절(block)에 2개 이상 사용하면 사용한 것 전부가 유효하다.

46 CNC 선반에서 공구기능 T0701이 뜻하는 것은?

① 7번 공구의 보정번호 1번 보정값 취소
② 7번 공구의 보정값 1 수행
③ 공구 보정 없이 1번 공구선택
④ 7번 공구의 보정번호 1번 보정값 수행

해설 T07 : 7번 공구의 보정번호
01 : 1번 보정값 수행

47 CNC 선반 프로그램에서 P1 → P2점으로 급속이송 지령 방법으로 틀린 것은?

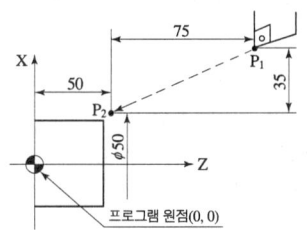

① G00 X50. Z50.;
② G00 U−70. W−75.;
③ G00 X50. W−75.;
④ G00 U−70. Z−75.;

해설 절대지령 : X, Z를, 상대좌표 : U, W를 사용

48 머시닝센터에서 4날 엔드밀을 사용하여 공작물을 1날당 0.2mm로 이송하여 절삭하는 경우 이송속도는 몇 mm/min인가? (단, 주축 회전수는 500rpm이다.)

답 43.③ 44.① 45.④ 46.④ 47.④ 48.①

① 400　　② 500
③ 600　　④ 700

해설　$F = f_z \times N \times z = 0.2 \times 500 \times 4 = 400 \text{mm/min}$

① 160　　② 1000
③ 1500　④ 1800

해설　$N = \dfrac{1000V}{\pi D} = \dfrac{1000 \times 160}{3.14 \times 34} = 1498.7 \text{rpm}$

49 CNC 지령 중 기계 원점 복귀 후 중간 경유점을 거쳐 지정된 위치로 이동하는 준비 기능은?

① G27　② G28
③ G29　④ G32

해설

G27	원점 복귀 점검
G28	자동 원점 복귀(제1원점)
G29	원점으로부터의 자동 복귀
G30	제2원점 복귀

52 머시닝센터에서 가공물의 고정시간을 줄여 생산성을 높이기 위하여 부착하는 장치를 의미하는 약어는?

① FA　　② ATC
③ FMS　④ APC

해설　① APC(Automatic Pallet Change)
　　　　: 자동 팰릿 교환 장치
　　　② ATC(Automatic Pallet Change)
　　　　: 자동 공구 교환 장치

50 아래의 프로그램으로 머시닝센터 작업 시 공구의 길이가 그림과 같을 때 H03에 적합한 공구 길이 보정 값은?

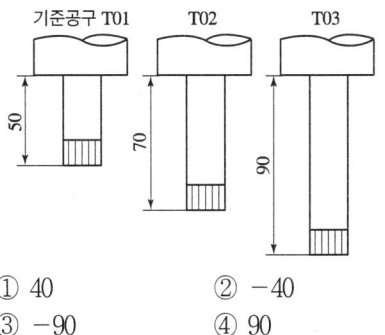

① 40　　② -40
③ -90　④ 90

해설　G44를 사용하면 공구 길이 보정 -방향이므로 기준 공구보다 긴 길이를 -로 보정하면 50-90=-40이 된다.

53 CNC 선반 가공에서의 안전 사항으로 틀린 것은?

① 절삭공구와 공작물의 고정 상태를 확인한 후 가공한다.
② 가공 중에는 안전문을 열거나 불필요한 조작을 하지 않는다.
③ 가공 중 쌓이는 칩은 절삭을 방해하므로 맨손으로 제거한다.
④ 가공 중 충돌의 우려가 있을 경우에는 비상정지스위치를 누른다.

해설　칩의 제거는 기계 정지 후 갈고리 등 칩 제거 기구로 제거한다.

51 다음과 같은 프로그램에서 일감의 직경이 φ34mm일 때의 주축 회전수는 약 몇 rpm인가?

```
G50 X_ Z_ S1800 T0100 ;
G96 S160 M03 ;
```

54 CNC 프로그램에서 지령된 블록 내에서만 유효한 준비 기능(One Shot G code)은?

① G04　② G00
③ G01　④ G40

해설　One Shot G code는 G04, G27-G31, G36, G50, G70-G74 등

답 49. ③　50. ②　51. ③　52. ④　53. ③　54. ①

55 서보 구동부에 대한 설명 중 틀린 것은?
① CNC 공작 기계의 가공 속도를 결정하는 핵심부이다.
② 서보 기구는 사람의 손과 발에 해당된다.
③ 입력된 명령 정보를 계산하고, 진행 순서를 결정한다.
④ CNC 공작 기계의 주축, 테이블 등을 움직이는 역할을 한다.

해설 정보처리 회로는 입력된 명령 정보를 계산하고 진행순서를 결정한다.

56 머시닝센터에서 공구를 교환할 때 자동 공구 교환 위치인 제2원점으로 복귀할 때 사용되는 G코드는?
① G27   ② G28
③ G29   ④ G30

해설 ① G27 : 원점 복귀 확인
② G28 : 자동 원점 복귀(제1원점)
③ G29 : 원점으로부터 자동 복귀
④ G30 : 제2, 3, 4 원점 복귀

57 그림과 같이 공구가 진행할 때 머시닝센터 가공 프로그램에서 공구 지름 보정 G42를 사용해야 되는 것은? (단, →는 공구 진행 방향임)

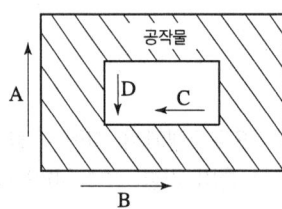

① A, C   ② A, D
③ B, C   ④ B, D

해설 G42 : 우측보정으로, 그림에서 B, C의 방향은 우측보정 가공이다.

58 다음 CNC 프로그램에서 절삭속도는 몇 m/min인가?

```
G50 X250. Z300. S1700 T0100 ;
G96 S170 M03;
G00 X65. Z0.2 T0101;
G01 X-1. F0.25;
G00 X65. Z2.;
```

① 170   ② 347
③ 1570   ④ 1700

해설 G96은 주속일정제어 기능이다.

59 CNC 기계에서 속도와 위치를 피드백하는 장치는?
① 서보 모터   ② 컨트롤러
③ 엔코더   ④ 주축 모터

해설 ① 엔코더(encoder) : CNC 공작기계의 검출장치 중에서 광원, 감광판, 유리판 등을 사용
② 리졸버(resolver) : CNC 공작기계의 움직임을 전기적 신호로 표시하는 일종의 피드백(feed back) 장치이다.

60 다음 중 CAD/CAM 시스템의 입력장치가 아닌 것은?
① 조이스틱(Joy stick)
② 라이트 펜(Light Pen)
③ 트랙 볼(Track Ball)
④ 하드 카피 기기(Hard Copy Unit)

해설 하드 카피 기기는 출력장치이다.

답 55.③ 56.④ 57.③ 58.① 59.③ 60.④

컴퓨터응용밀링기능사

제 **7** 편

국가기술자격
[실기] 시험문제

| 자격종목 | 컴퓨터응용밀링기능사 | 과제명 | 도면참조 |

【시험시간 : 3시간】

머시닝센터가공 : 2시간(프로그래밍 1시간, 머시닝센터가공 1시간)
범용밀링가공 : 1시간

1. 요구사항(일부 요구사항은 변경될 수 있음)

※ 지급된 재료 및 시설을 사용하여 아래 작업을 완성하시오.

가. 지급된 재료로 도면에 제시한 부품을 범용밀링과 머시닝센터를 사용하여 가공 후 제출하시오.
나. 지급된 도면과 같이 가공할 수 있도록 CNC프로그램 입력장치에서 수동으로 프로그램작업하거나 CAM소프트웨어를 사용하여 자동으로 프로그램 작업을 한 다음 저장장치에 저장하여 제출하고, 차례로 범용밀링가공 후 머시닝센터가공 작업을 하시오.
※ 치수가 명시되지 않는 개소는 도면크기에 유사하게 완성하시오.

[범용밀링가공]

1) 지급된 재료로 범용 밀링을 사용하여 도면과 같이 가공하시오.(단, 머시닝센터에서 가공할 한 면을 제외하고 나머지 5개 면을 가공하시오.)

[머시닝센터가공]

1) 공구 및 공작물을 장착하고 좌표계 설정을 수행하시오.
※ 공구 장착, 공작물 장착 순서는 관계없습니다.

① 공구 장착
  1) 가공에 사용될 공구를 홀더에 장착 후, 작성한 NC프로그램에 맞도록 기계에 장착하시오.
  2) 작성한 NC프로그램에 맞도록 사용할 공구의 공작물 좌표계를 설정하시오.
  ※ 공구장착과정은 감독위원 입회하에 진행이 되어야 하고, 완료 후 확인을 받으시오.

② 공작물 장착
  1) 공작물을 기계에 장착하시오.
  2) 장착된 공작물의 좌표계를 설정하시오.
  ※ 공작물장착과정은 감독위원 입회하에 진행이 되어야 하고, 완료 후 확인을 받으시오.

[본 가공]
1) 범용밀링에서 가공된 제품의 반대면은 머시닝센터를 사용하여 가공하시오.
2) 저장장치에 저장된 프로그램을 머시닝센터에 입력시켜 제품을 가공하시오.
3) 소재 윗면을 커터로 가공한 후 제품을 가공하시오.(단, 수동, 자동 모두 가능합니다.)
4) 공구장착 및 좌표계 설정을 제외하고는 프로그램에 의한 자동운전으로 가공하시오.

2. 수험자 유의사항

※ 다음 유의사항을 고려하여 요구사항을 완성하시오.

[범용밀링가공]
1) 시험시간을 초과할 수 없고, 남는 시간을 머시닝센터가공 시간에 사용할 수 없습니다.

[머시닝센터가공]
1) 주어진 프로그램 시간은 초과할 수 없고, 남는 시간을 기계가공 시간에 사용할 수 없습니다.
2) 프로그램을 기계에 입력 후 수험자 본인이 직접 공작물을 장착하고 공작물 좌표계 설정, 공구보정 등을 합니다.(단, 감독위원에게 확인을 받아야 다음 단계로 넘어갈 수 있습니다.)
3) 작업 완료시 제품은 기계에서 분리하여 제출하고, 프로그램 및 공구보정을 삭제한 후, 다음 수험자가 가공하도록 합니다.
4) 프로그래밍
   가) 시험시간 안에 문제도면을 가공하기 위한 CNC프로그램을 작성하고 지급된 저장장치에 저장 후 도면과 같이 제출합니다.
5) 기계 가공
   가) 감독위원으로부터 수험자 본인의 저장장치(또는 프로그램)를 받습니다.
   나) 가공 경로를 통해 프로그램의 이상 유무를 감독위원으로부터 확인을 받은 후 가공을 시작합니다.(단, 감독위원의 공구경로 확인 과정은 시험시간에서 제외합니다.)
   다) 가공 시 프로그램 수정은 수험자 본인이 직접 할 수 있으며, 좌표계 설정 및 절삭조건으로 제한합니다.(단, 프로그램 수정 시 감독위원 확인 후 진행합니다.)

라) 프로그램이 저장된 저장장치는 작업이 완료된 후, 작품과 동시에 제출합니다.
마) 가공은 감독위원 입회 하에 자동운전으로 합니다.
바) 가공이 끝난 후 작품을 기계에서 분리하여 제출하고, 수험자 본인의 프로그램 및 공구 보정값은 반드시 삭제하고 감독위원에게 확인을 받습니다.

[공통사항]

1) 본인이 지참한 공구와 지정된 시설을 사용하여 안전에 유의하며 작업합니다.
2) 지급된 재료는 교환할 수 없습니다.(단, 지급된 재료에 이상이 있다고 감독위원이 판단할 경우 교환이 가능합니다.)
3) 가공작업 중 안전과 관련된 복장상태, 안전보호구(안전화, 보안경 등) 착용 여부 및 사용법, 안전수칙 준수 여부는 점검하여 채점에 반영합니다.
4) 수험자가 직접 공작물 장착 및 공구교환을 하여야 합니다.
5) 지급된 절삭 공구(센터드릴 등)를 반드시 사용해야 합니다.
6) 고가의 장비이므로 파손의 위험이 없도록 각별히 유의해야 하며, 파손 시 수험자가 책임을 져야 합니다.
7) 문제지를 포함한 모든 제출 자료는 반드시 비번호를 작성한 후 제출합니다.
8) 다음 사항에 대해서는 채점 대상에서 제외하니 특히 유의하시기 바랍니다.

   ○ 기권
      (1) 수험자 본인이 수험 도중 시험에 대한 포기의사를 표하는 경우
      (2) 실기시험 과정 중 1개 과정이라도 불참한 경우

   ○ 실격
      (1) 기계조작이 미숙하여 가공이 불가능한 경우나 기계파손 위험 등으로 위해를 일으킬 것으로 감독위원 전원이 합의하여 판단한 경우
      (2) 감독위원의 정당한 지시에 불응한 경우
      (3) 지급된 재료 이외의 재료를 사용한 경우
      (4) 공단에서 지급한 날인이 누락된 작품을 제출한 경우
      (5) 공구 및 공작물장착을 수행하지 못한 경우

   ○ 미완성
      (1) 시험시간 내에 요구사항을 완성하지 못한 경우
      (2) 범용밀링을 이용하여 1시간 안에 작품을 제출하지 못한 경우
      (3) 프로그램 입력장치를 이용하여 1시간 안에 프로그램을 제출하지 못한 경우
      (4) 머시닝센터를 이용하여 1시간 안에 작품을 제출하지 못한 경우
      (5) 제출된 가공 프로그램이 미완성 프로그램으로 가공이 불가능한 경우

○ 오작
   (1) 주어진 도면의 치수와 ±1 mm 이상 벗어난 부분이 1개소 이상 있는 경우
   (2) 과다한 절삭 깊이로 인하여 작품의 일부분이 파손된 경우
   (3) 홈 가공, 단(段)가공, 라운드 또는 모떼기 가공 등 주어진 도면과 형상이 상이하게 가공된 부분이 한 곳이라도 있는 경우
   (4) 상, 하면의 방향이 반대로 되는 등 가공이 잘못된 경우
   (5) 시험장에 설치되어 있는 장비에 사용할 수 없는 기능으로 프로그램을 한 경우

3. 도면

| 자격종목 | 컴퓨터응용밀링기능사 | 과제명 | 범용밀링작업 | 척도 | NS |

1) 범용밀링

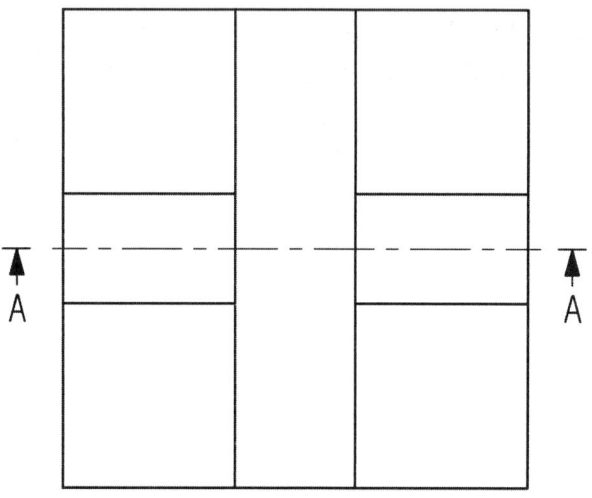

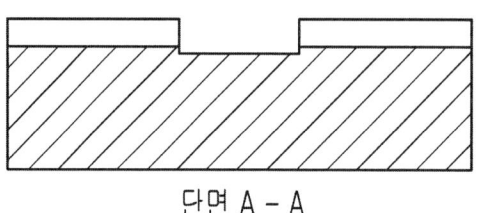

단면 A - A

※ 도면은 문제마다 상이할 수 있습니다.

| 자격종목 | 컴퓨터응용밀링기능사 | 과제명 | CNC밀링작업 | 척도 | NS |

2) 머시닝센터

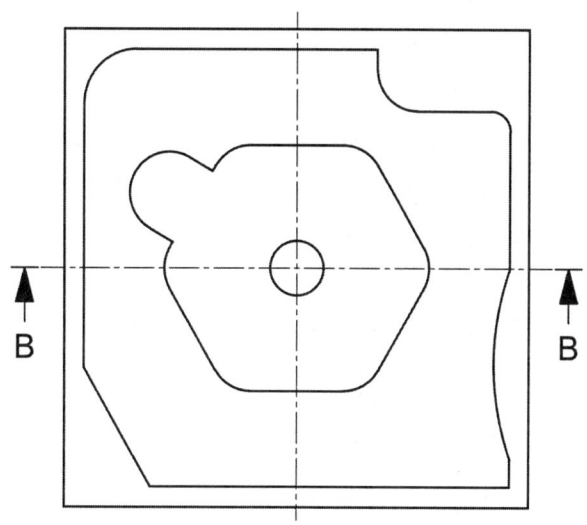

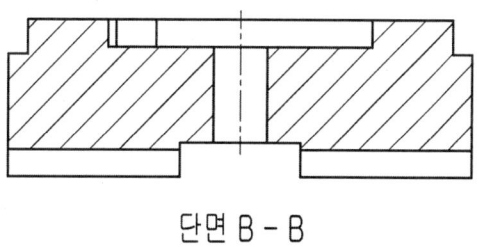

단면 B - B

※ 도면은 문제마다 상이할 수 있습니다.

4. 지급재료 목록

일련 번호	재료명	규격	단위	수량	비고
1	연강(SM20C)	75×75×t25	개	1	1인당
2	공구	정면밀링커터팁 (검정장 시설에 맞는 것)	개	6	10명 초과 시 10인당(CNC가공)
3	공구	평엔드밀 ∅10 (검정장 시설에 맞는 것)	개	1	2인당 4날
4	공구	센터드릴 ∅3 (검정장 시설에 맞는 것)	개	1	5인당
5	공구	드릴 ∅8 (검정장 시설에 맞는 것)	개	1	5인당
6	공구	정면밀링커터팁 (검정장 시설에 맞는 것)	개	6	10명 초과 시 10인당(범용가공)
7	절삭유	수용성 그린 절삭유2종1호 (원액20l)	통	1	-
8	USB메모리	16GB 이상	개	2	4인당

※ 국가기술자격 실기시험 지급재료는 시험종료 후(기권, 결시자 포함) 수험자에게 지급하지 않습니다.

1 컴퓨터응용밀링기능사 과제: NX CAM 따라하기

▶ NX CAM 따라하기

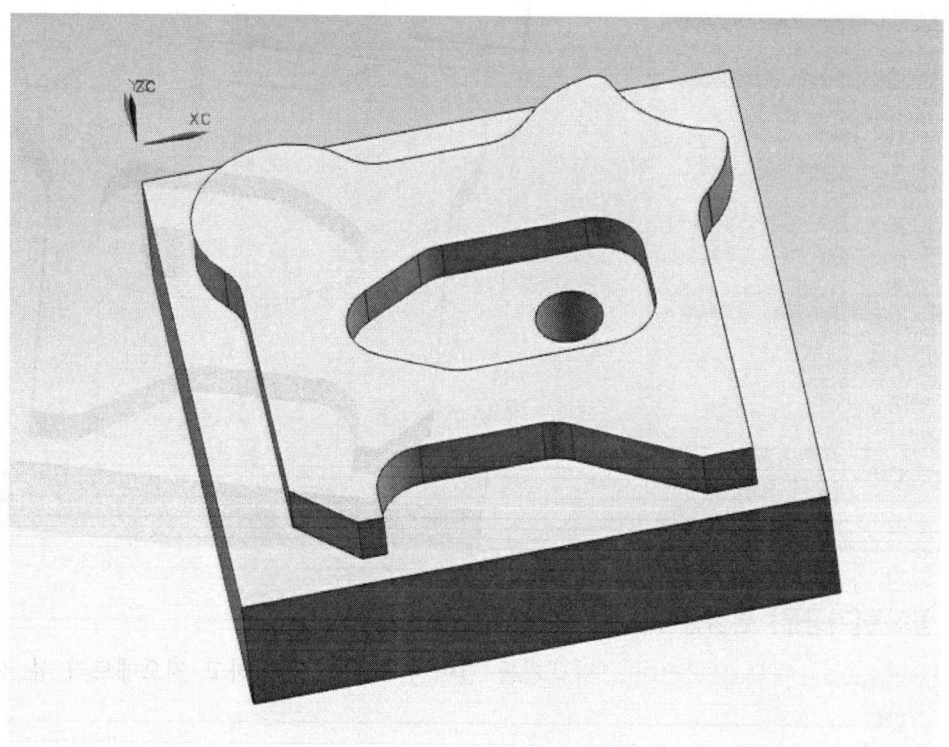

※ NX CAM을 이용하여 다음과 같은 절삭지시서에 따라 가공한다.

공구번호	작업내용	파 일 명	공구조건 종류	공구조건 직경	경로 간격 (mm)	절삭조건 회전수 (rpm)	절삭조건 이송 (m/m)	절삭조건 절입량 (mm)	절삭조건 잔량 (mm)	비고
2	센터링	센터링.nc	센터드릴	Ø3						
3	드릴링	드릴링.nc	드릴	Ø8						
1	포켓가공	포켓.nc	엔드밀	Ø10						

제 7 편 국가기술자격시험 [실기] 시험문제

(1) Manufacturing 시작하기

1) 아래 그림처럼 시작에서 Manufacturing을 선택한다.
2) 가공환경에서 생성할 CAM설정에서 drill을 선택하고 확인한다.

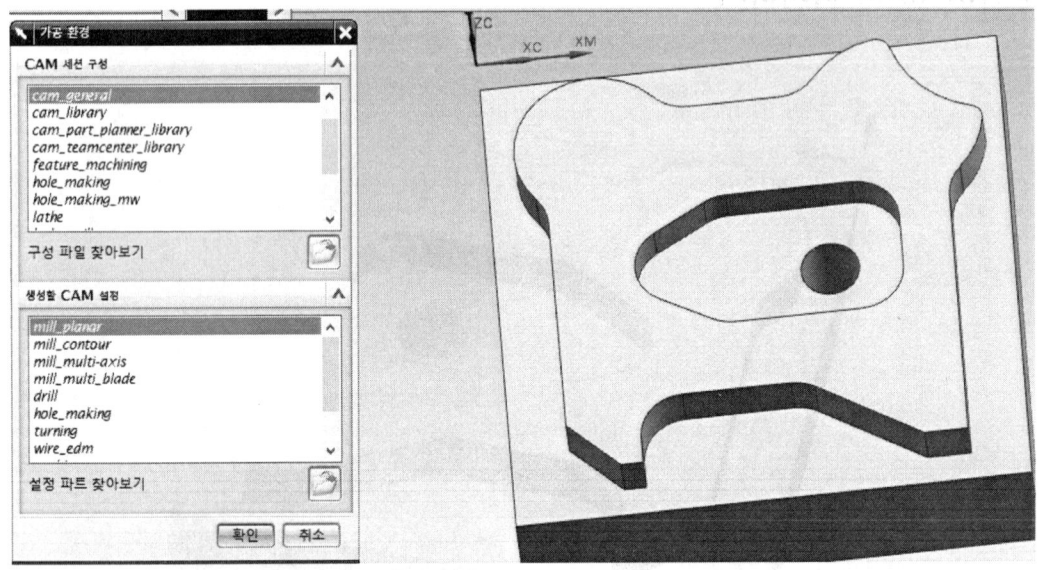

(2) 공작물(가공물) 원점설정하기

1) 리소스 바에서 오퍼레이션 탐색기를 열어서 MB3을 클릭하고 지오메트리 뷰 선택한다.

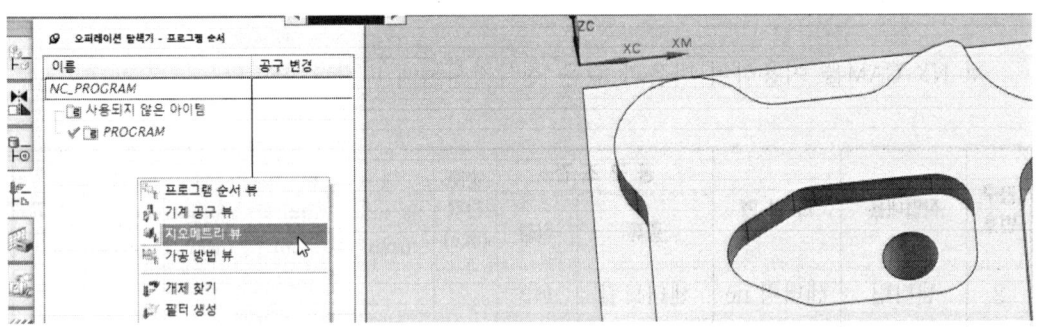

2) 간격에서 자동평면 안전거리 10mm입력하고, MCS MILL을 더블 클릭하여 다이얼로그 아이콘( )을 선택한다.

1. 컴퓨터응용밀링기능사 과제: NX CAM 따라하기

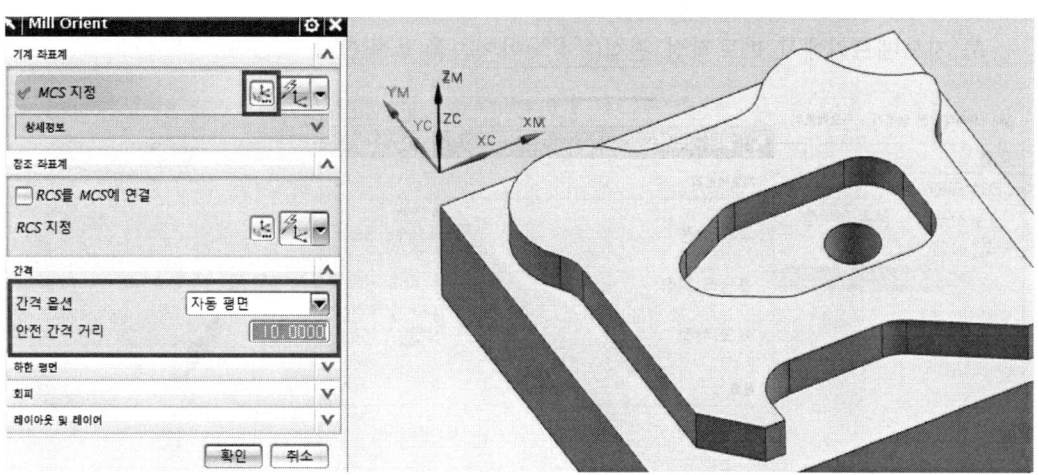

3) 아래 그림처럼 가공원점을 클릭하고 확인한다.

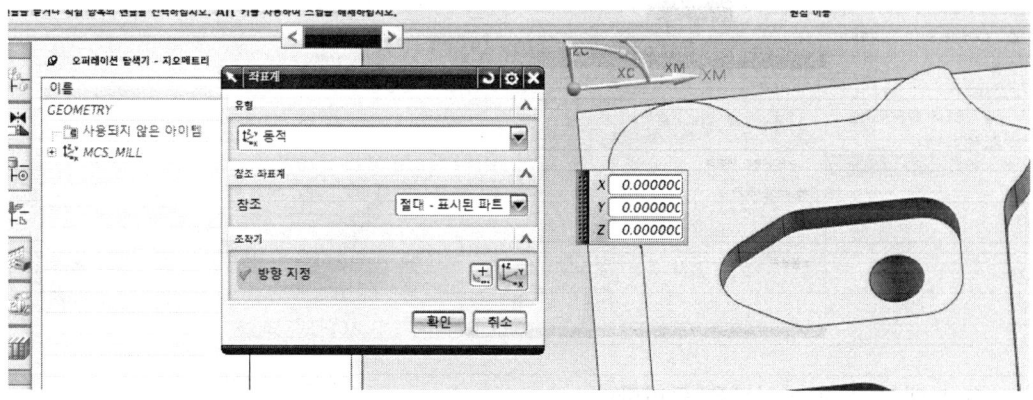

4) MCS_MILL 앞부분의 +를 누르고 WORKPIECE를 선택하고 MB3버튼을 클릭하여 편집을 선택한다.

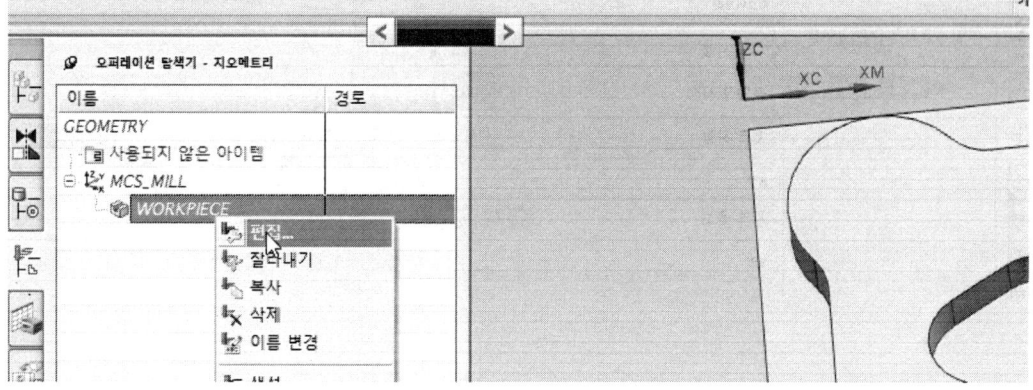

5) 지오메트리에서 파트지정 편집( )아이콘을 클릭한다.

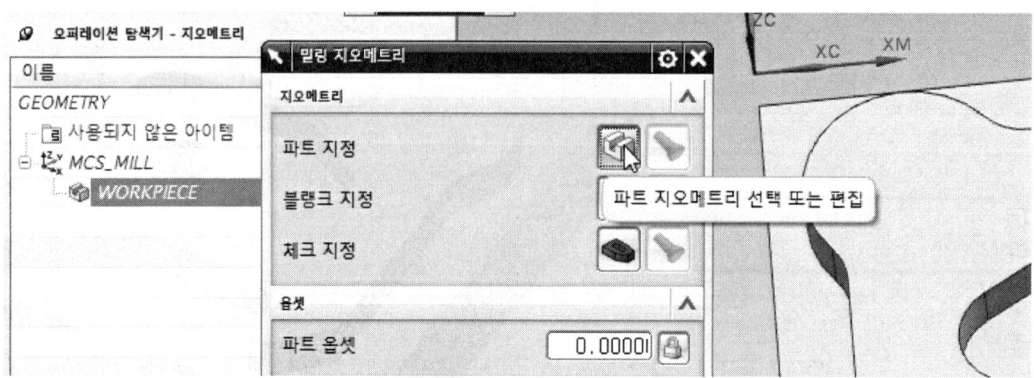

6) 지오메트리에서 모델링을 모두 선택하고 확인한다.

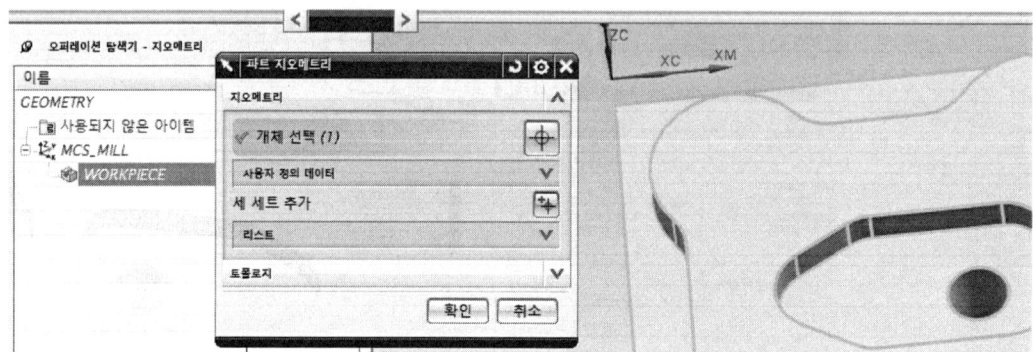

7) 블랭크 지정 아이콘을 클릭한다.

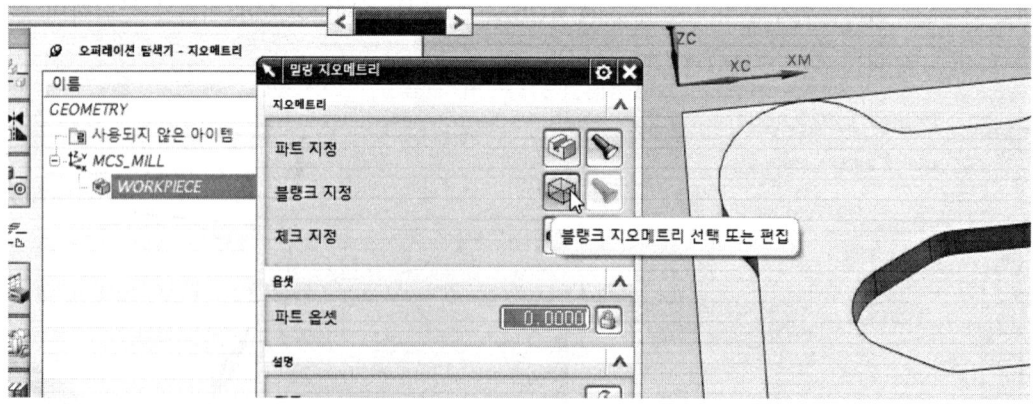

8) 유형에서 경계 블록을 선택하고 확인. 다시 한 번 확인하고 가공물 메뉴에서 빠져나온다.

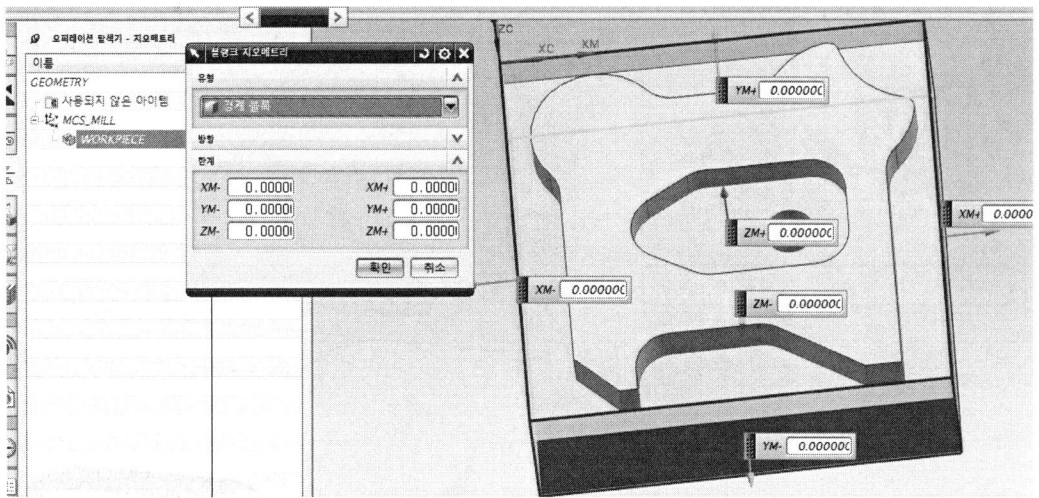

(3) 공구생성하기

1) Manufacturing 아이콘 바에서 ![icons] 공구생성 아이콘을 클릭한다. 그림과 같이 유형은 mil_contour선택하고 공구유형은 플랫 엔드밀 지름 10으로 입력한다.

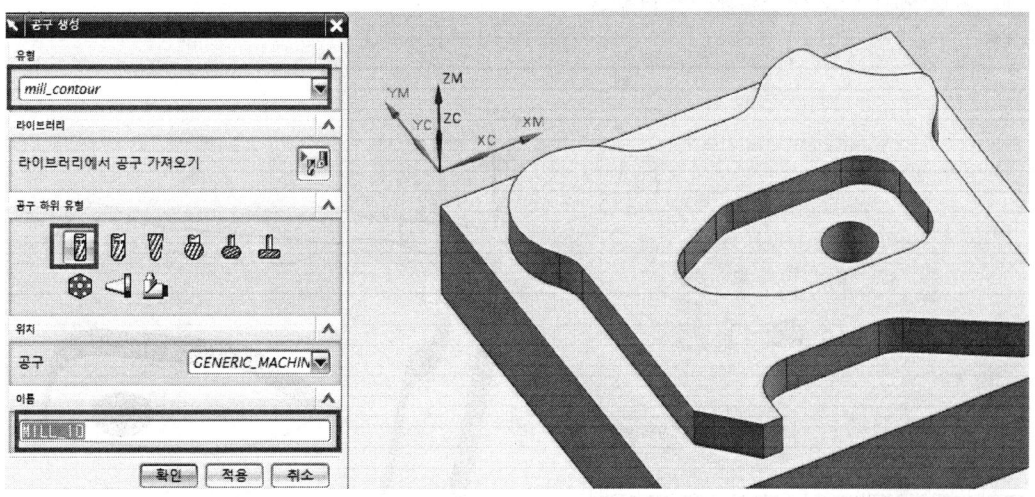

2) 공구직경 10, 공구번호 1(공구번호는 머시닝센터와 동일하게)을 입력하고 확인한다.

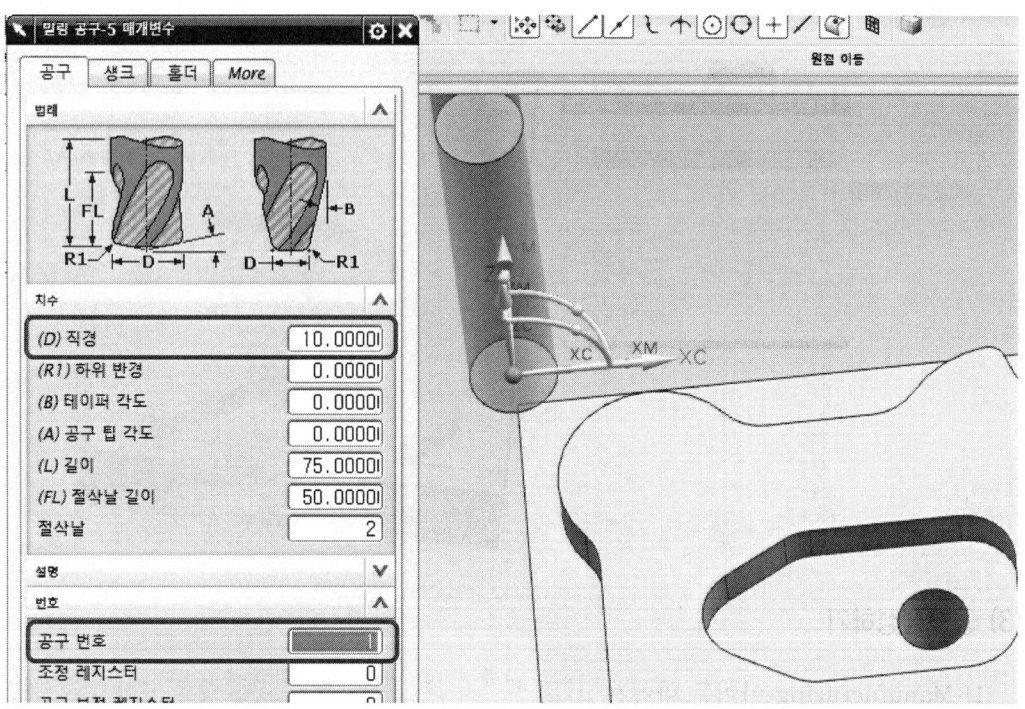

3) 아래 그림처럼 drill에서 공구유형은 SPOT DRILLING_3을 선택 입력하고 적용한다.

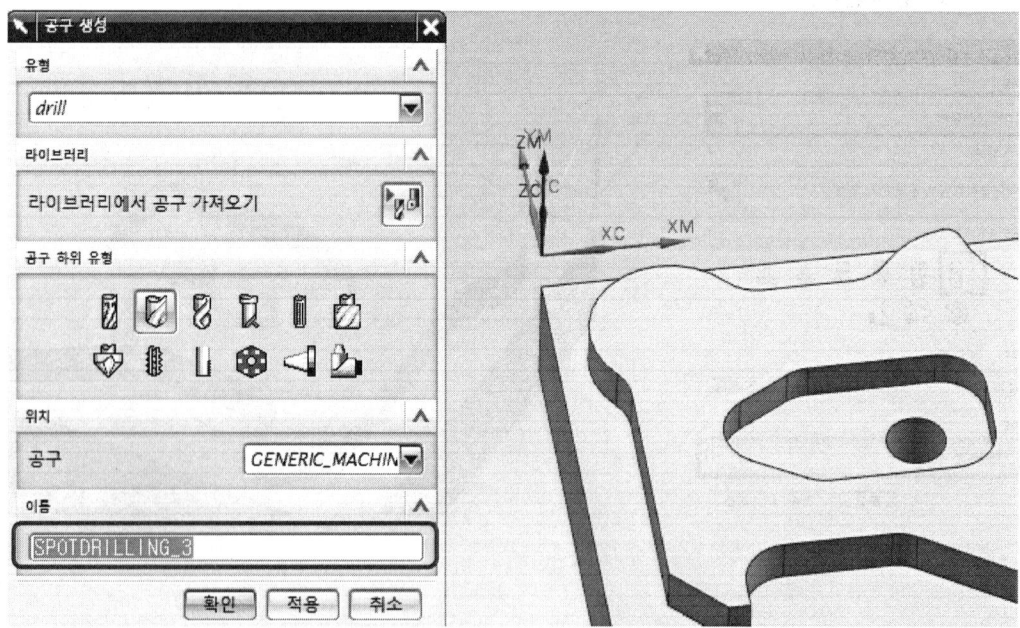

1. 컴퓨터응용밀링기능사 과제: NX CAM 따라하기

4) 공구직경 3, 공구번호 2(공구번호는 기계와 동일하게 나중에 수정)을 입력하고 확인한다.

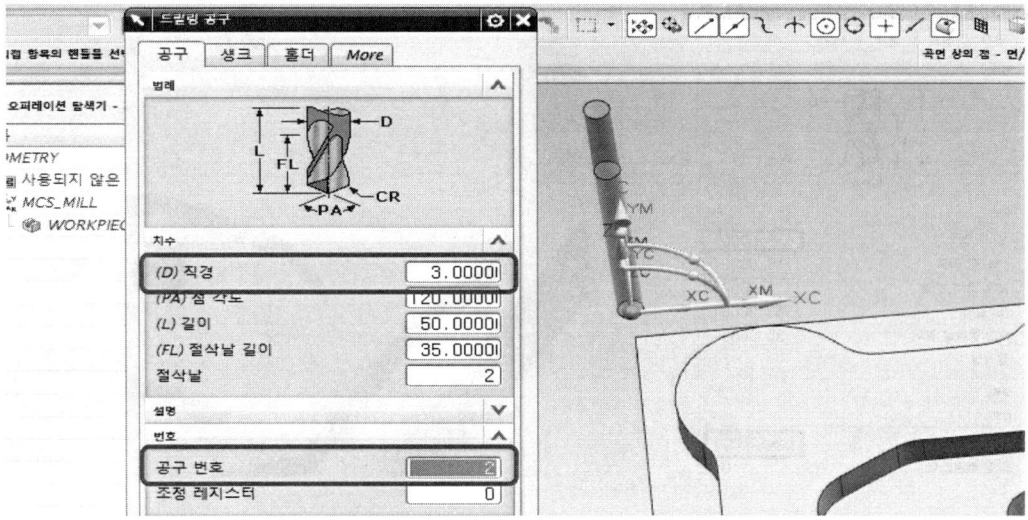

5) 아래 그림처럼 공구유형은 DRILLING_8을 선택입력하고 적용한다.

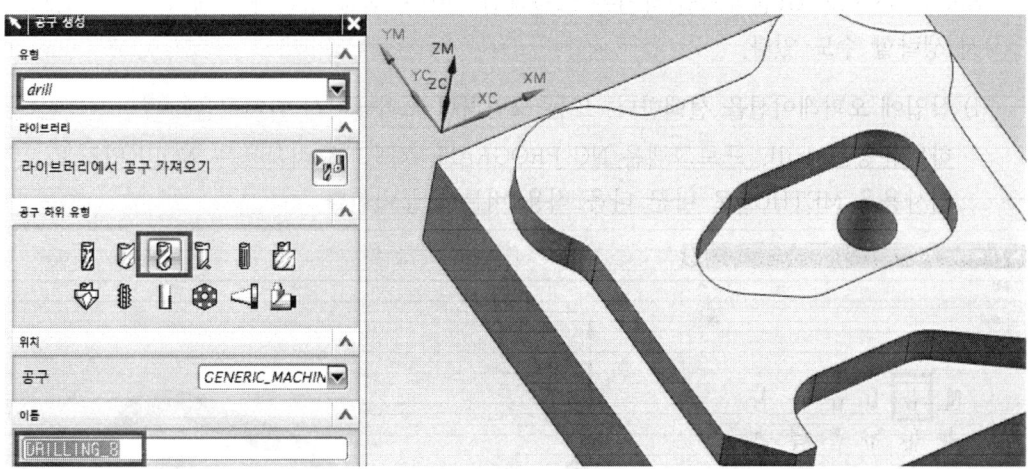

6) 공구직경 8, 공구번호 3(공구번호는 기계와 동일하게 나중에 수정)을 입력하고 확인한다.

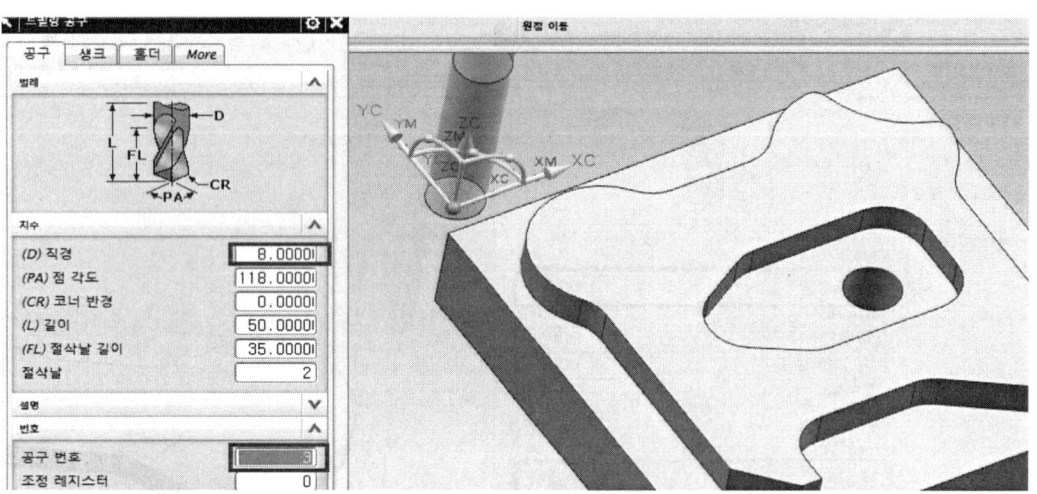

(4) 센터드릴(SPOT_DRILLING) 작업하기

SPOT_DRILLING(센터드릴)작업은 드릴작업 전에 중심을 정확하게 잡아주는 작업으로서 생략할 수도 있다.

1) 삽입에 오퍼레이션을 선택한다. 또는 그림처럼 오퍼레이션 아이콘을( ) 선택한다. 하위유형은 drill, 프로그램은 NC PROGRAM, 지오메트리사용은 WORKPIECE, 방법사용은 METHOD로 바꾼 다음 적용 버튼을 클릭한다.

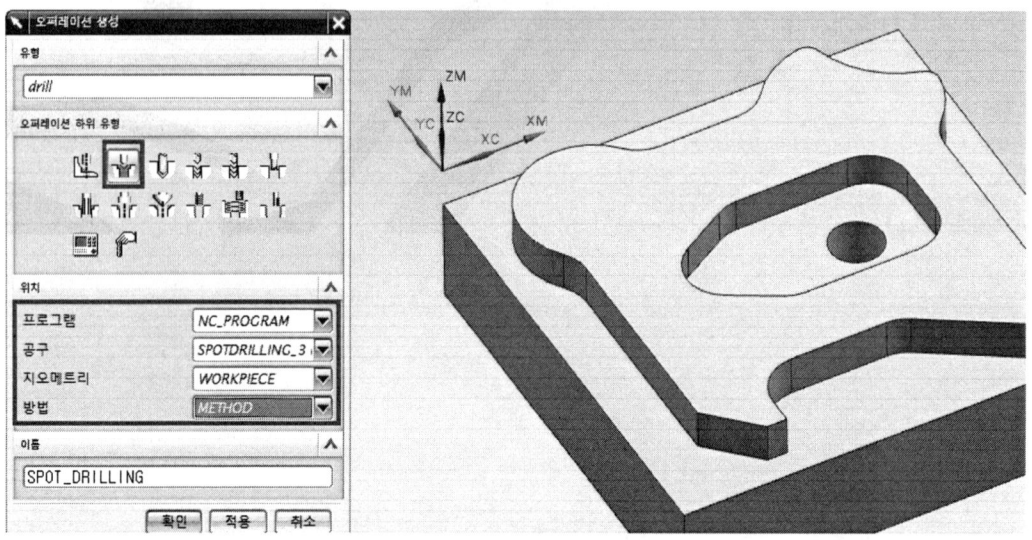

2) 그림처럼 구멍지정 아이콘을 선택한다.

3) 그림처럼 선택아이콘을 선택한다.

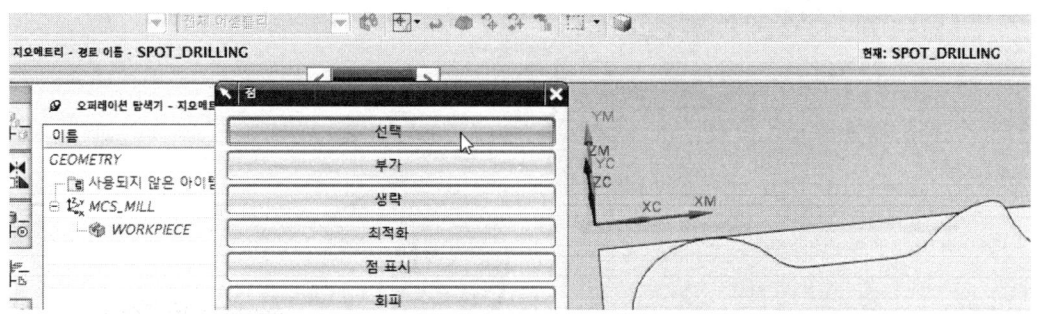

4) 그림처럼 구멍을 선택하고 확인한다.

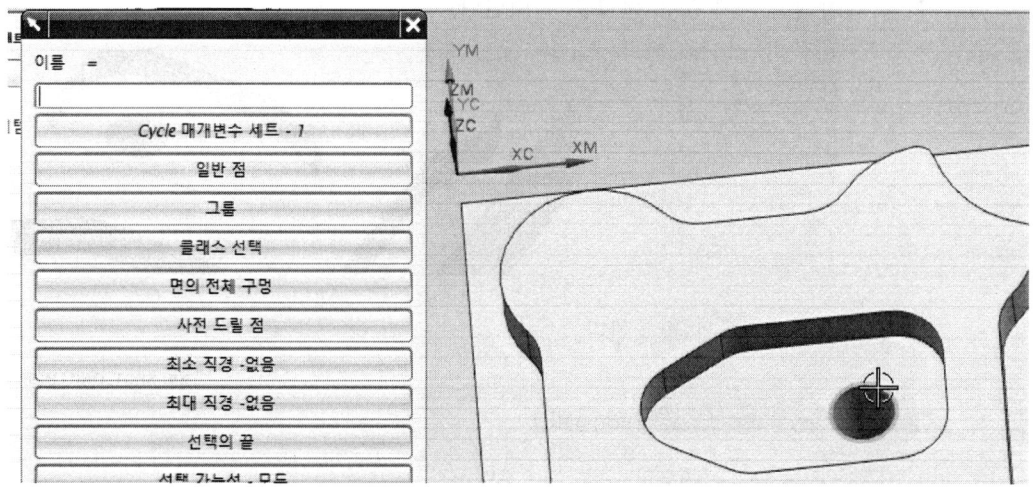

5) 그림처럼 위쪽 곡면 지정 아이콘을 선택한다.

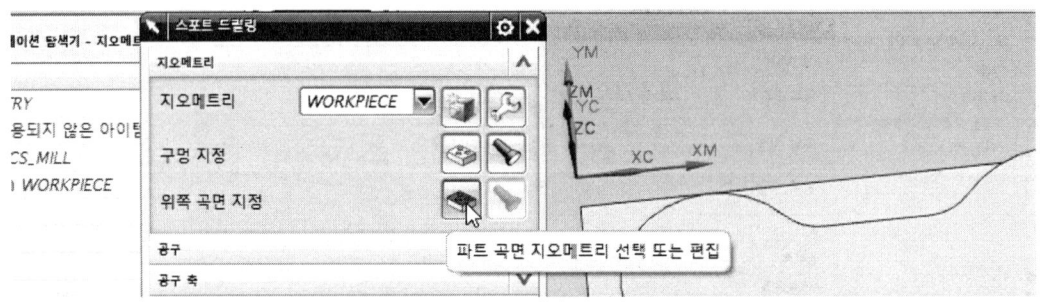

6) 그림에서 위쪽을 면으로 설정하고 위 면을 선택하고 확인한다.

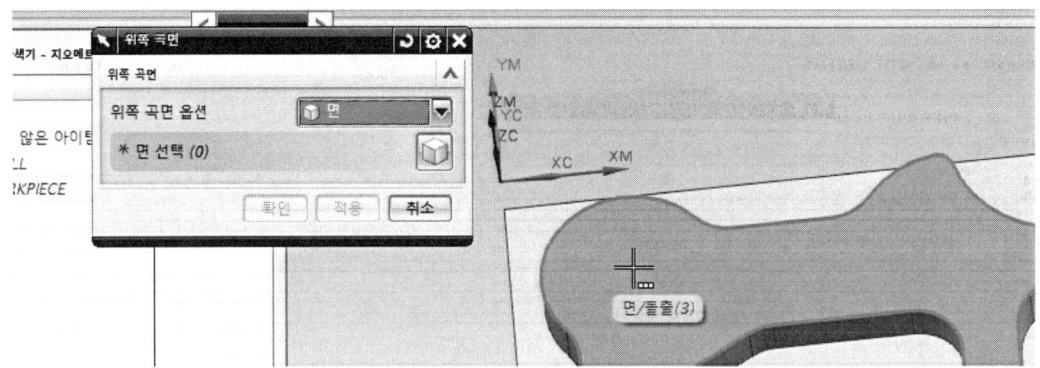

7) 사이클 유형에서 매개변수 편집을 클릭한다.

8) 그림처럼 개수지정에서 확인한다.

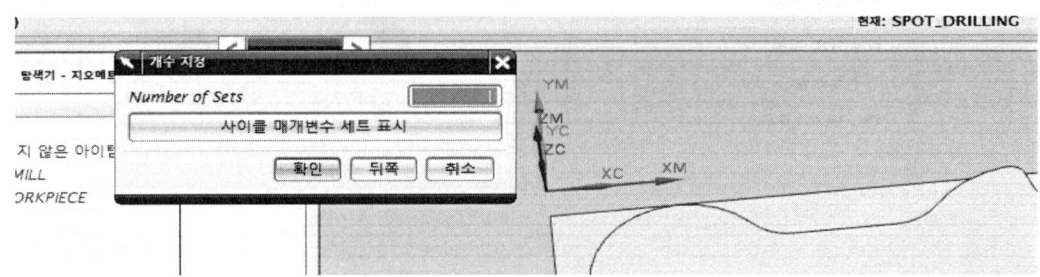

9) Depth를 클릭한다.

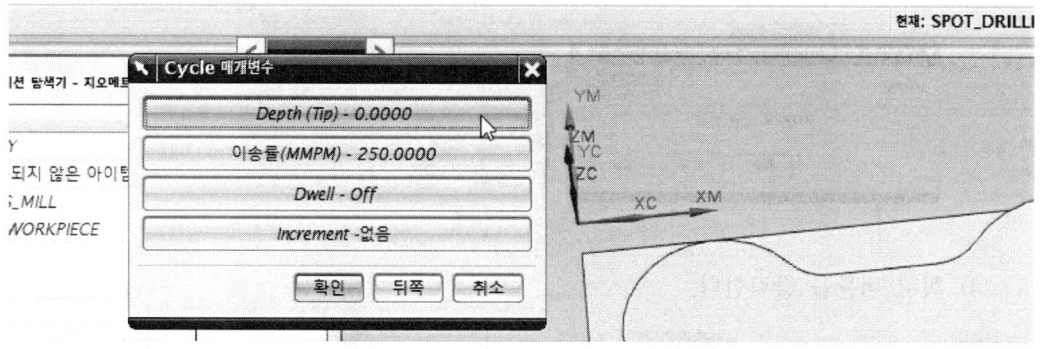

10) 공구 팁 깊이를 클릭한다.

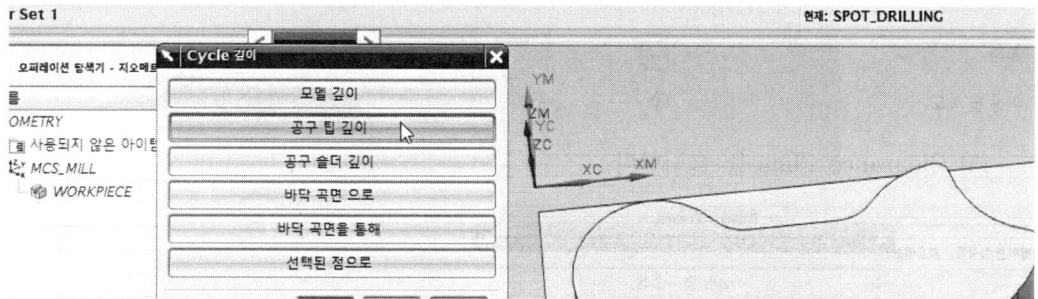

11) 깊이 3을 입력하고 확인한다.

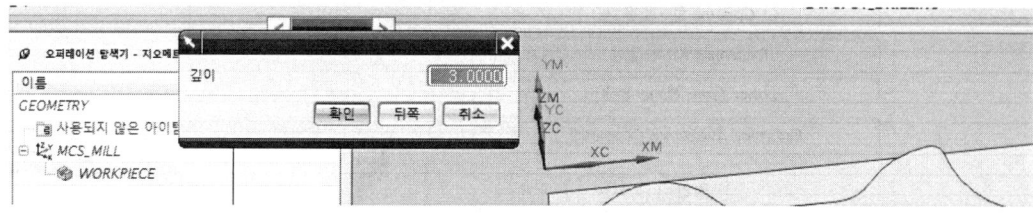

12) 이송률을 클릭한다.

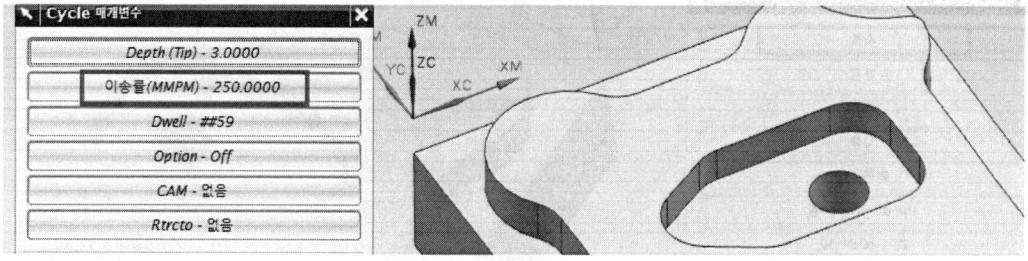

13) 이송률 100을 입력하고 확인하고 취소한다.

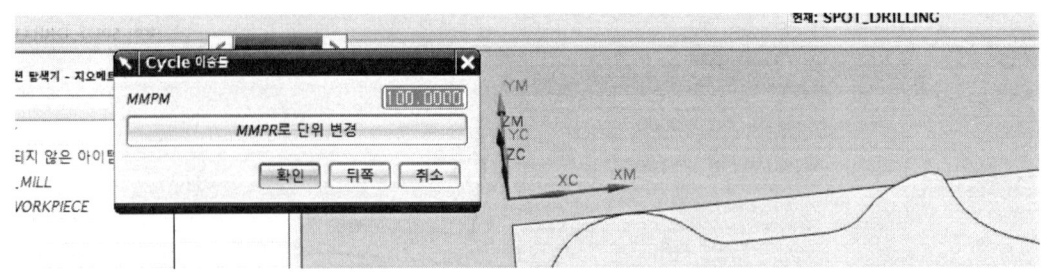

14) 회피 버튼을 클릭한다.

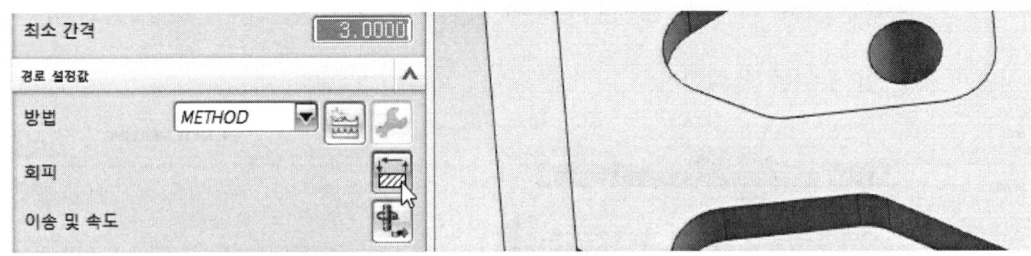

15) Clearance Plane을 클릭한다.

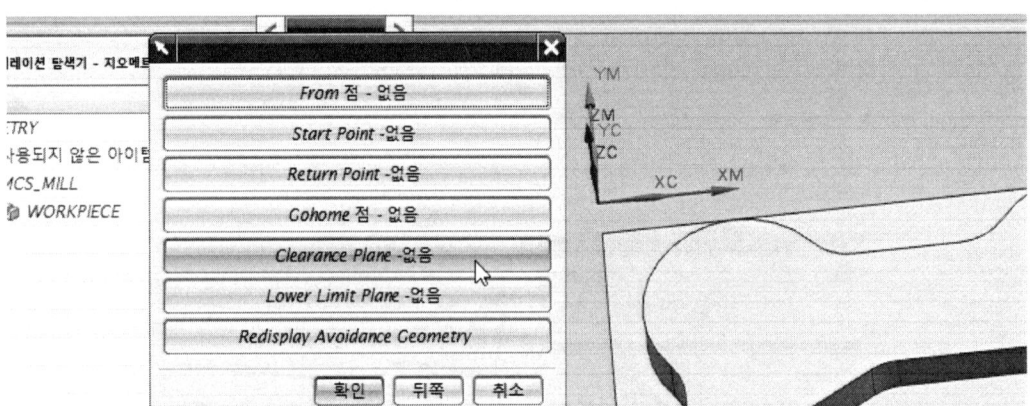

16) 그림처럼 지정을 클릭한다.

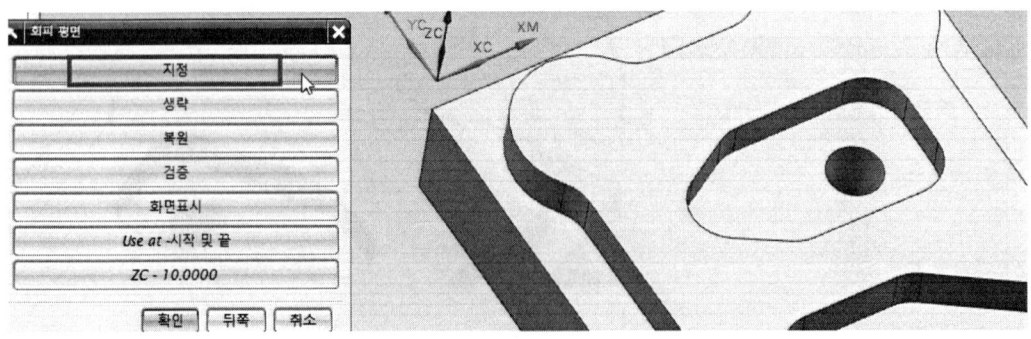

17) 평면객체에서 위 면을 선택하고 옵셋 거리 10을 입력 후 확인한다.

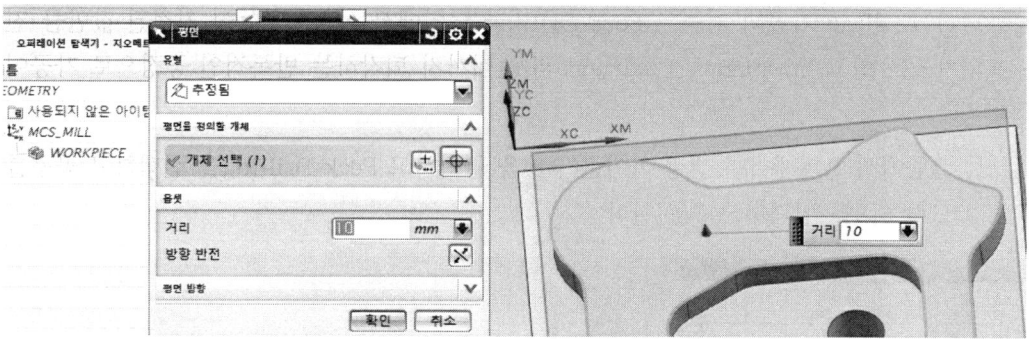

18) 이송 및 속도를 클릭한다.

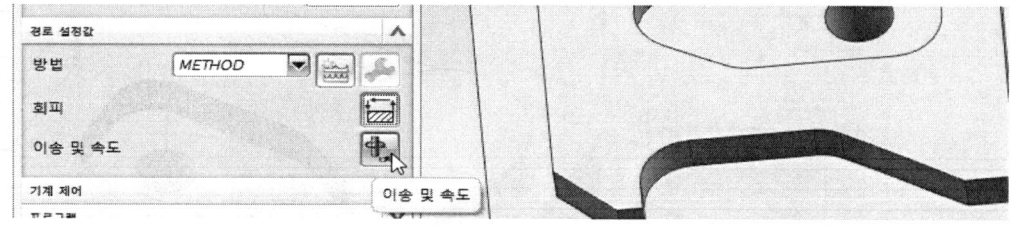

19) 스핀들 속도 1000, 이송속도 100을 입력하고 확인한다.

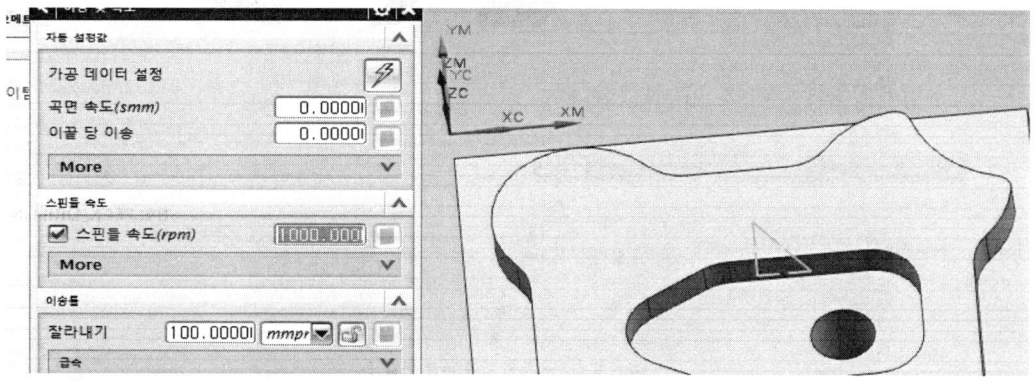

20) 작업에서 생성을 클릭한다.

21) 공구 경로(Tool Path) 생성을 확인하고 확인한다.

(5) 드릴링(Peck Drilling) 가공

Peck Drilling 가공의 기능은 Peck Drilling은 위에서 살펴보았듯이 지정된 값만큼 진입가공을 하고, Minimum Clearance의 높이까지 퇴각하는 반복적인 공정으로 가공이 된다.

1) 그림에서 오퍼레이션 생성 아이콘( )을 클릭하고 Peck Drilling을 선택하고 공구를 드릴 6.8을 입력하고 확인한다.

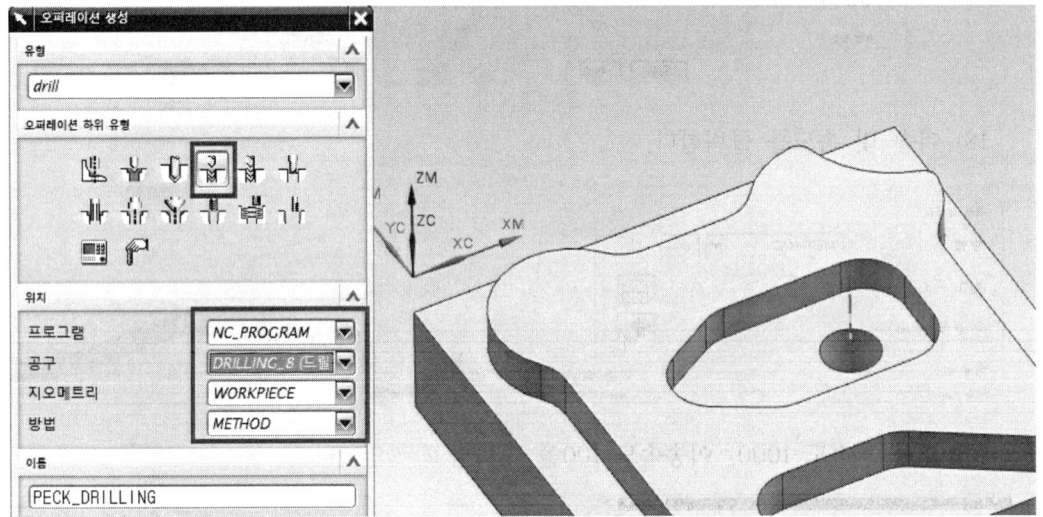

2) 구멍지정 아이콘( )을 클릭한다.

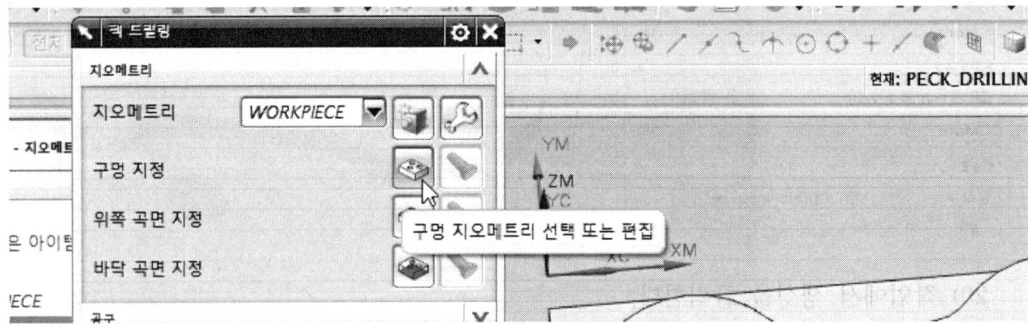

3) 그림처럼 선택을 클릭한다.

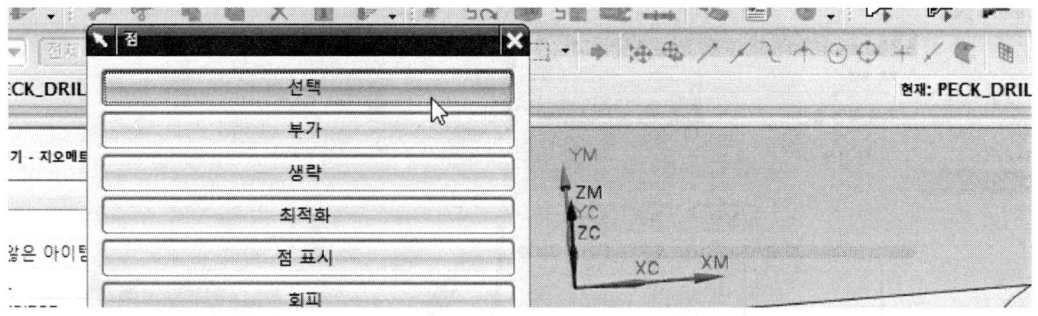

4) 그림처럼 구멍을 선택하고 확인한다.

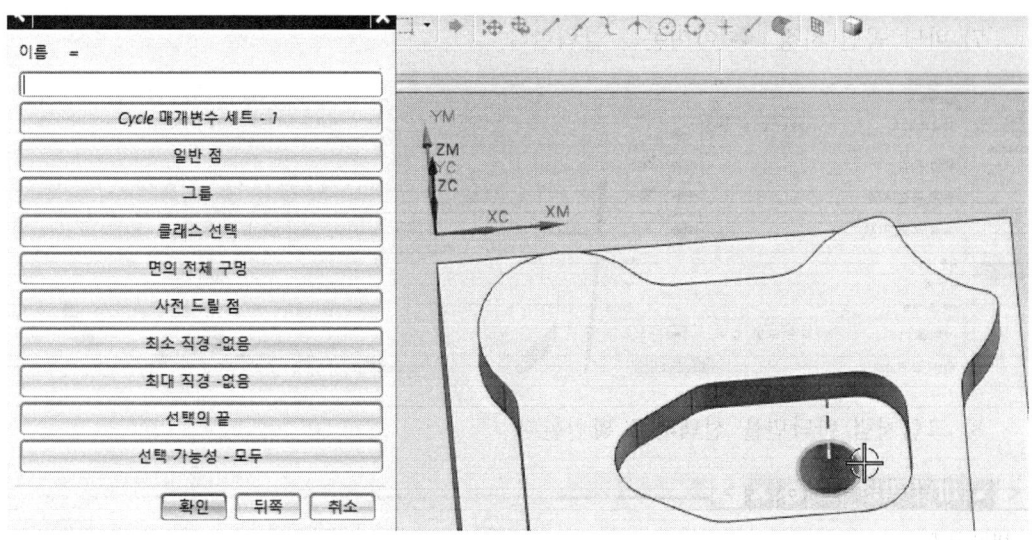

5) 위면 곡면 지정 아이콘을 선택한다.

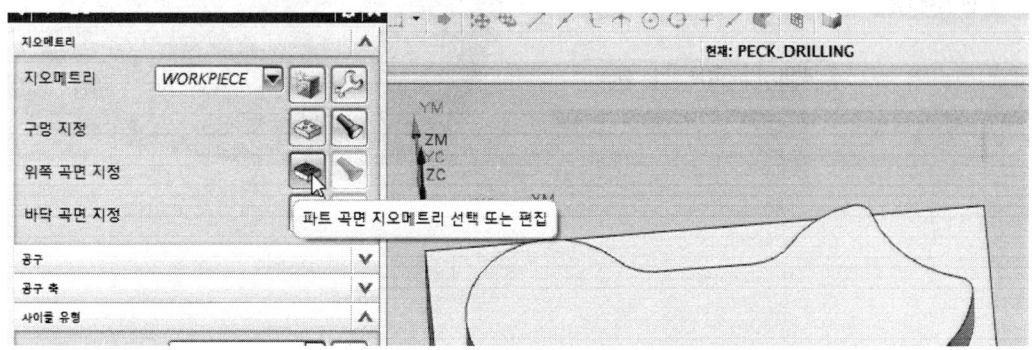

6) 그림처럼 위 면을 선택하고 확인한다.

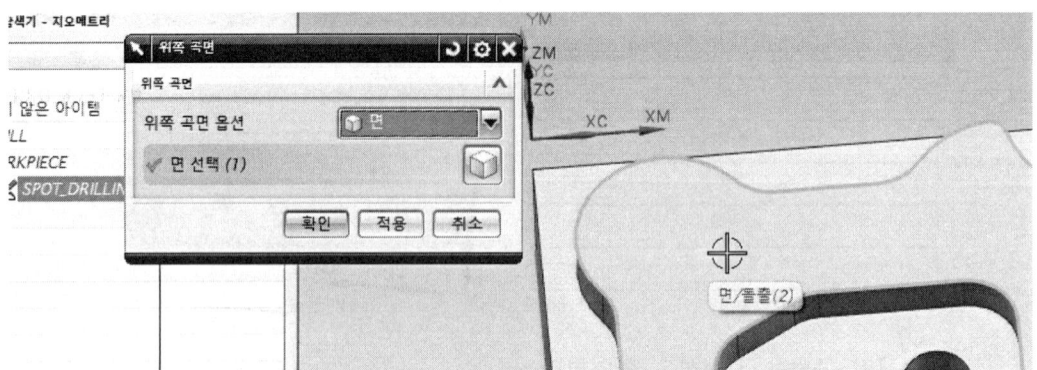

7) 바닥 곡면 지정 아이콘을 클릭한다.

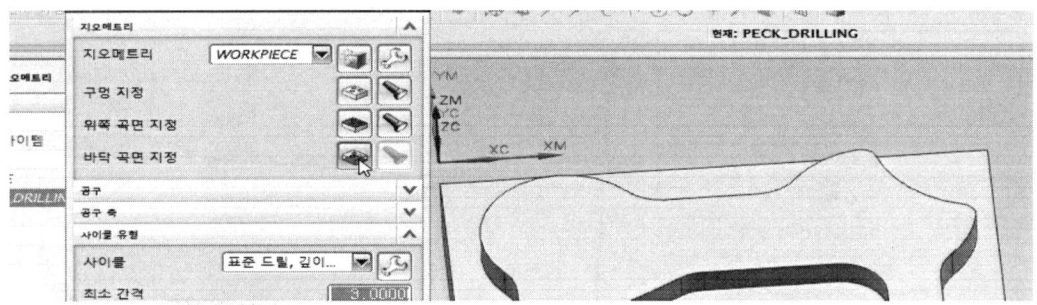

8) 그림처럼 바닥면을 선택하고 확인한다.

1. 컴퓨터응용밀링기능사 과제: NX CAM 따라하기

9) 사이클 유형에서 매개변수 편집 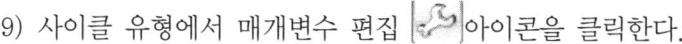아이콘을 클릭한다.

10) 그림처럼 개수 지정에서 확인한다.

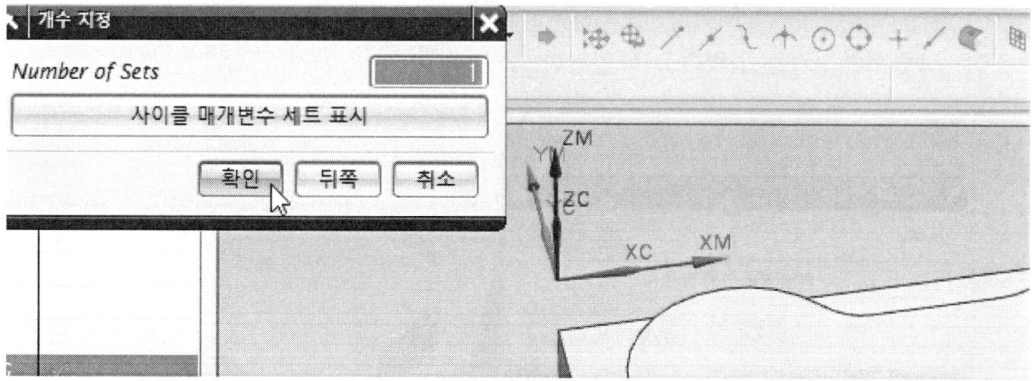

11) Depth 모델 깊이를 클릭한다.

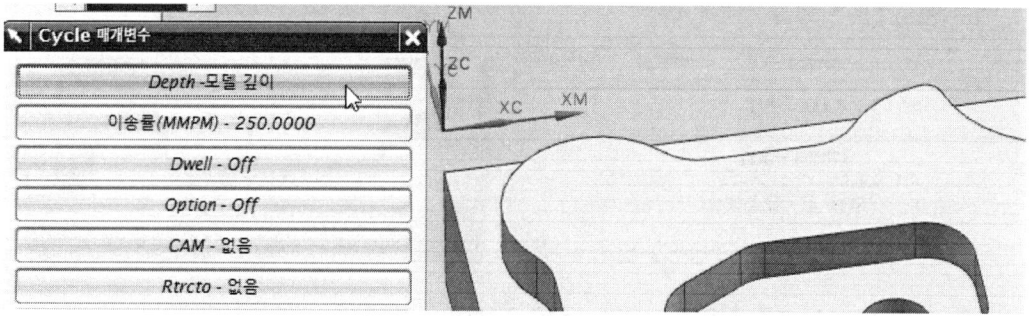

12) 바닥 곡면을 통해을 클릭하고 확인한다.

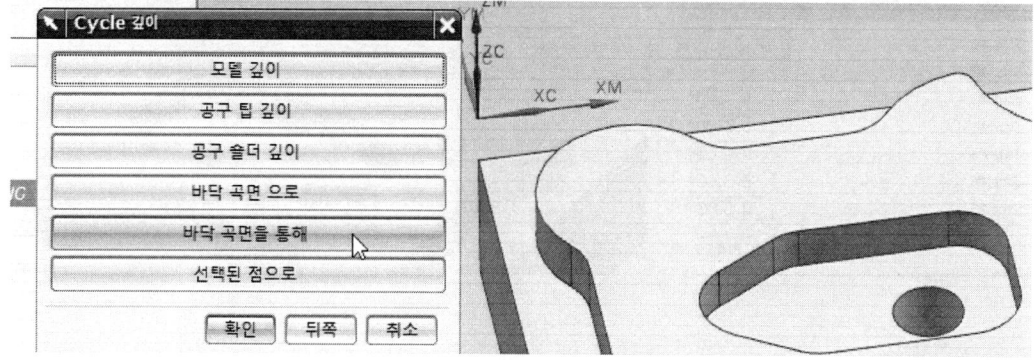

13) 이송률을 클릭한다.

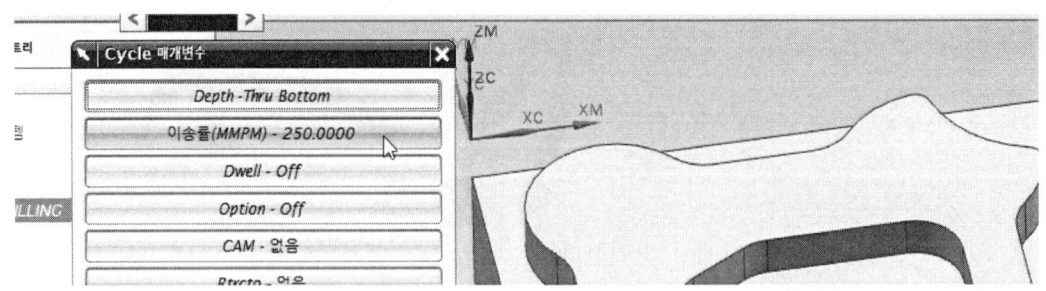

14) 그림처럼 100을 입력하고 확인한다.

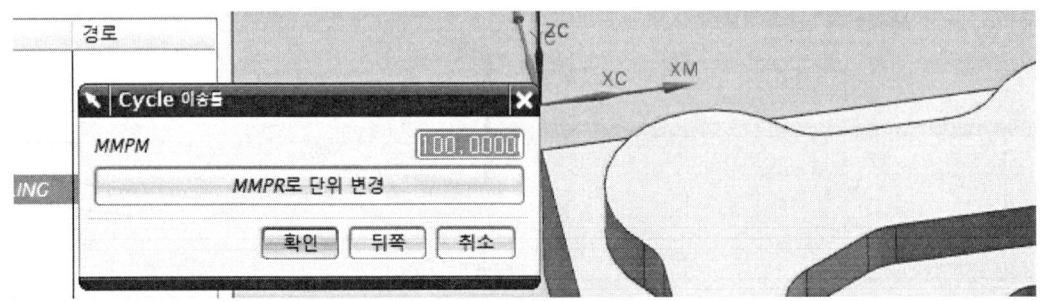

15) Step값-정의를 클릭한다.

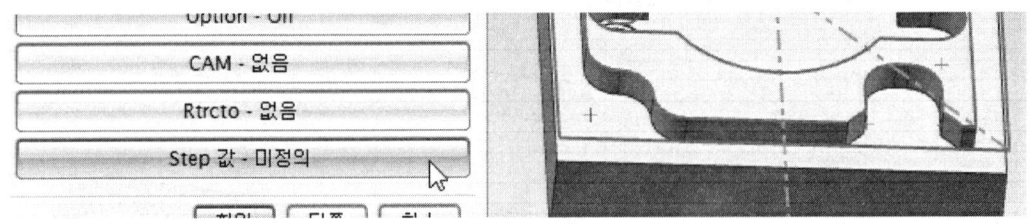

16) 그림처럼 2~3를 입력한다.(첫 번째 스텝에만 입력)

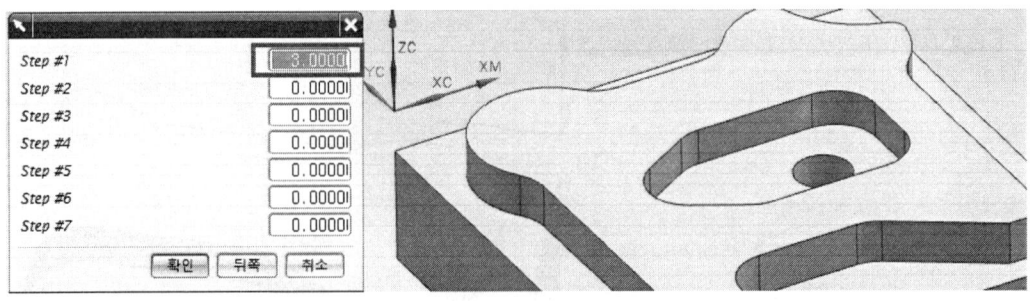

17) 그림처럼 회피 아이콘 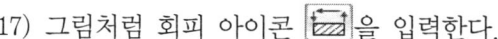을 입력한다.

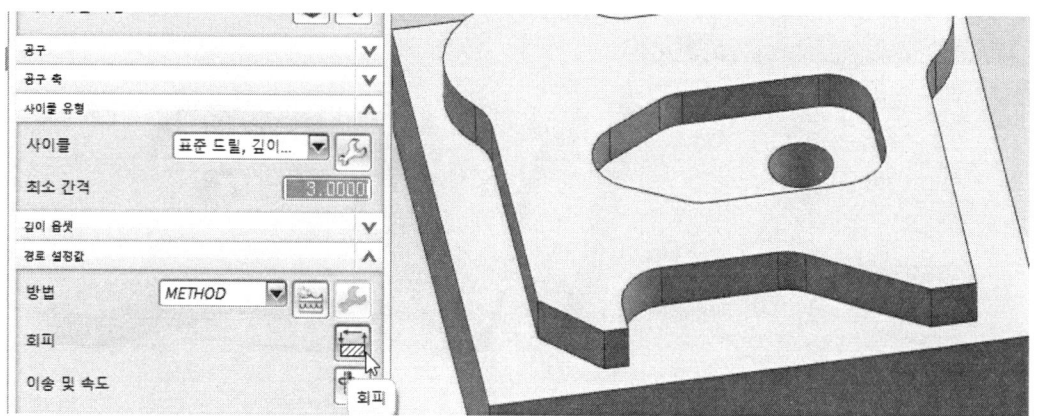

18) Clearance Plane을 클릭한다.

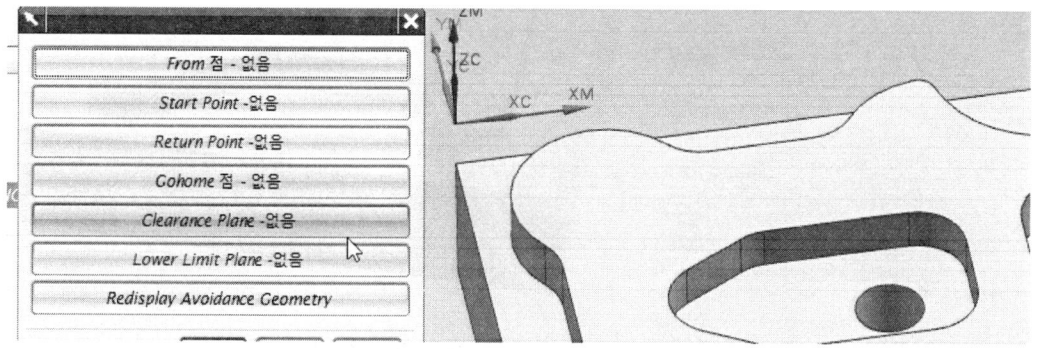

19) 지정을 클릭한다.

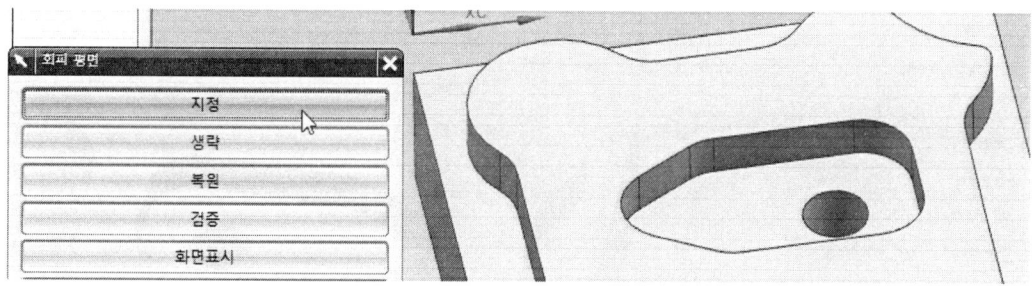

20) 그림처럼 위 평면을 클릭한다.

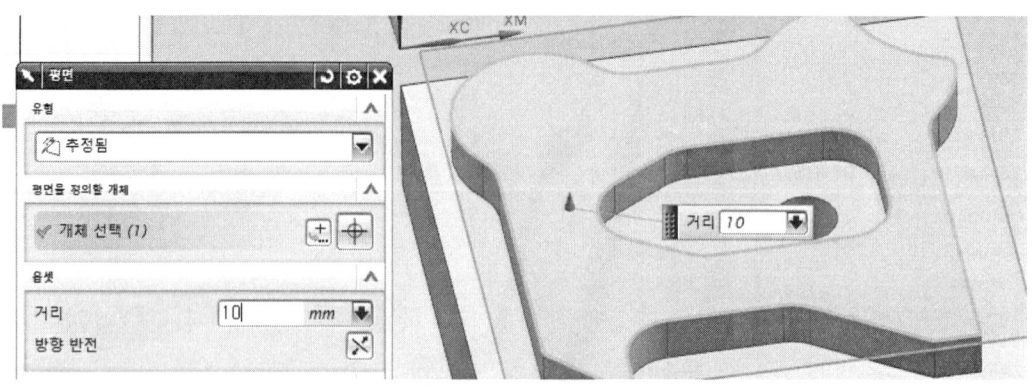

21) 이송 및 속도 아이콘을 클릭한다.

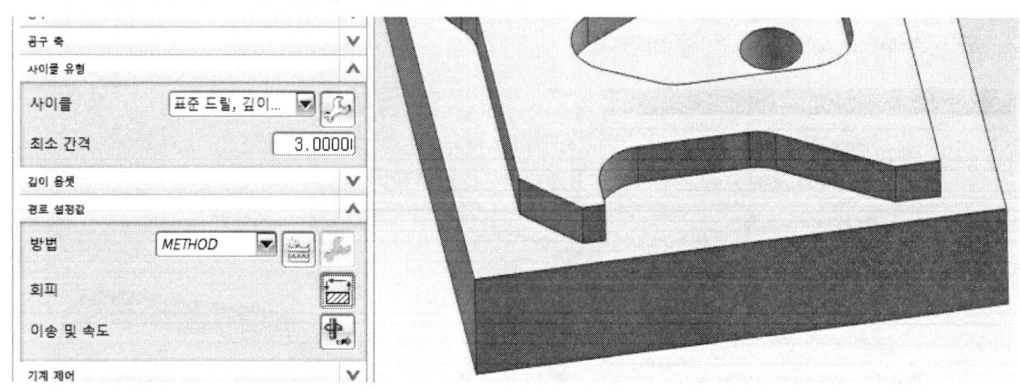

22) 그림처럼 스핀들 속도 1000, 이송속도 100을 입력한다.

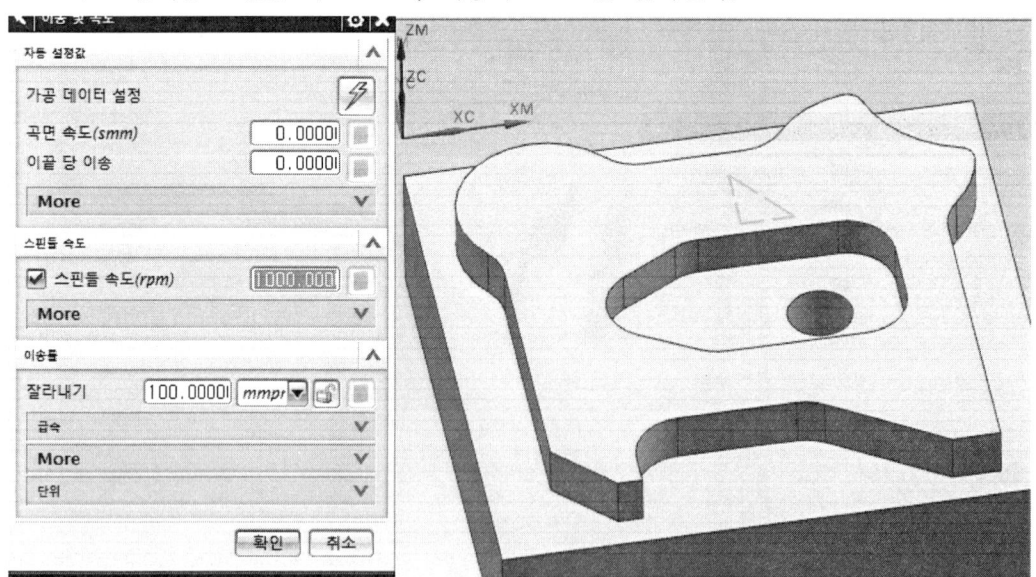

23) 작업에서 생성아이콘 ![icon]을 클릭한다. 그림에서 공구 경로(Tool Path) 생성을 확인하고 확인한다.

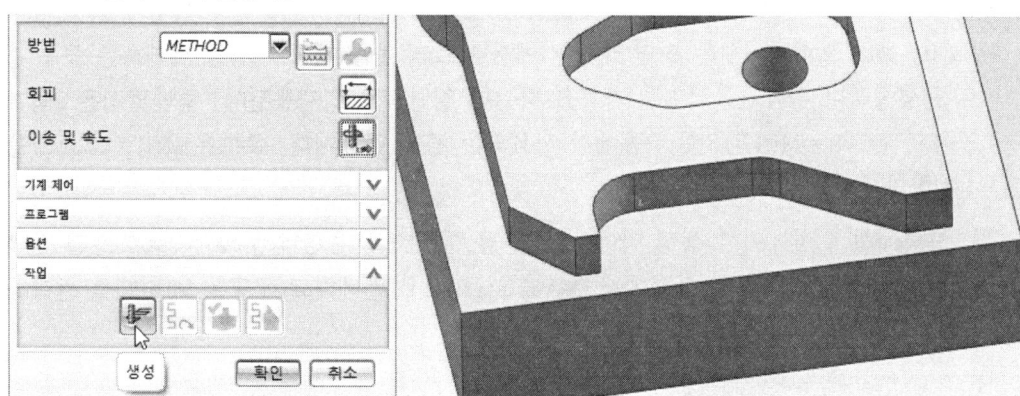

▶ 3차원 엔드밀 평면가공

(1) Cavity MiLL(황삭) 가공

Cavity Mill 오퍼레이션은 평면 레이어 에서 재료의 볼륨(가공부위)을 제거하는 공구 경로를 생성하며 황삭가공의 3축 가공을 하는데 일반적으로 사용된다. 평면밀링은 2축가공이고, Cavity Mill은 3축 가공에서 사용되는 평면 밀링이다. 유형은 Mill_Contour를 선택한다.

1) 그림에서 오퍼레이션 생성 아이콘( )을 클릭하고 유형에서 mill_contour를 선택하고 오퍼레이션 하위 유형에서 CAVITY_MILL을 선택하고 공구는 Mill 10을 선택하고 적용한다.

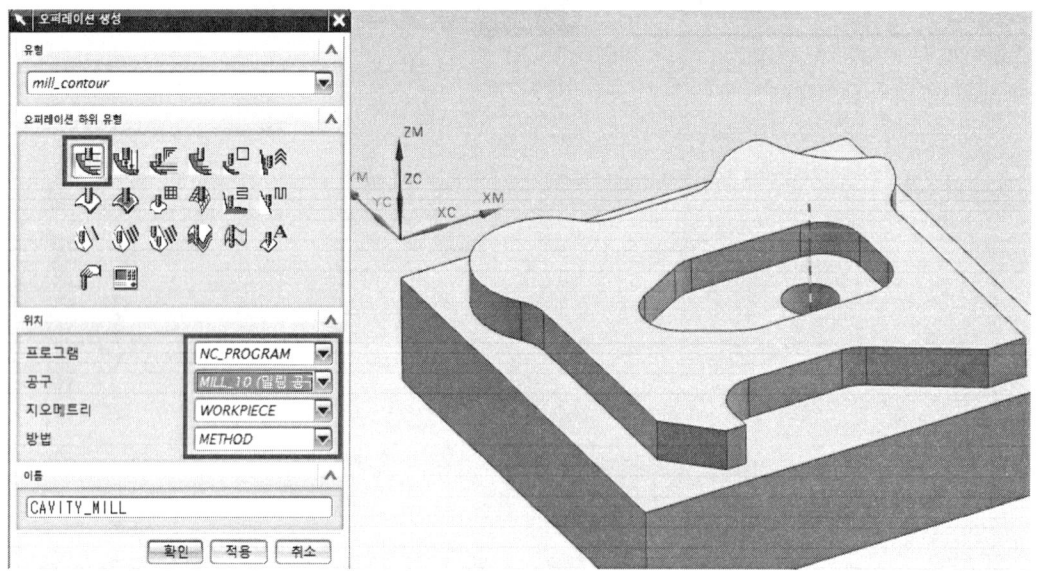

2) 그림과 같이 경로설정을 한다.

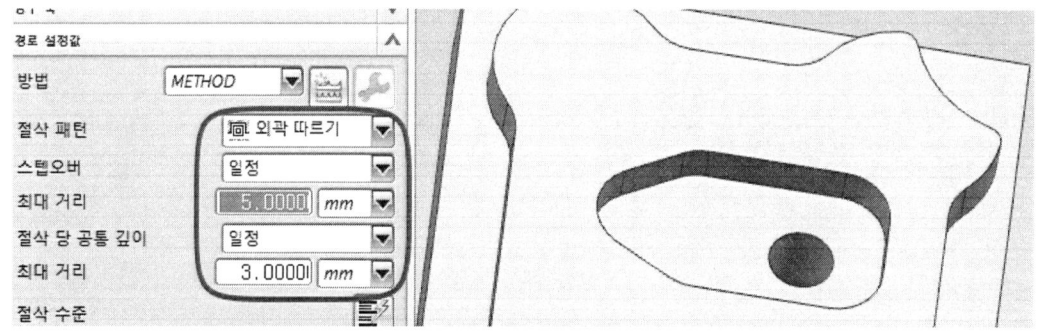

1. 컴퓨터응용밀링기능사 과제: NX CAM 따라하기

3) 절삭 수준  을 선택한다.

4) 아래 그림처럼 설정한다.

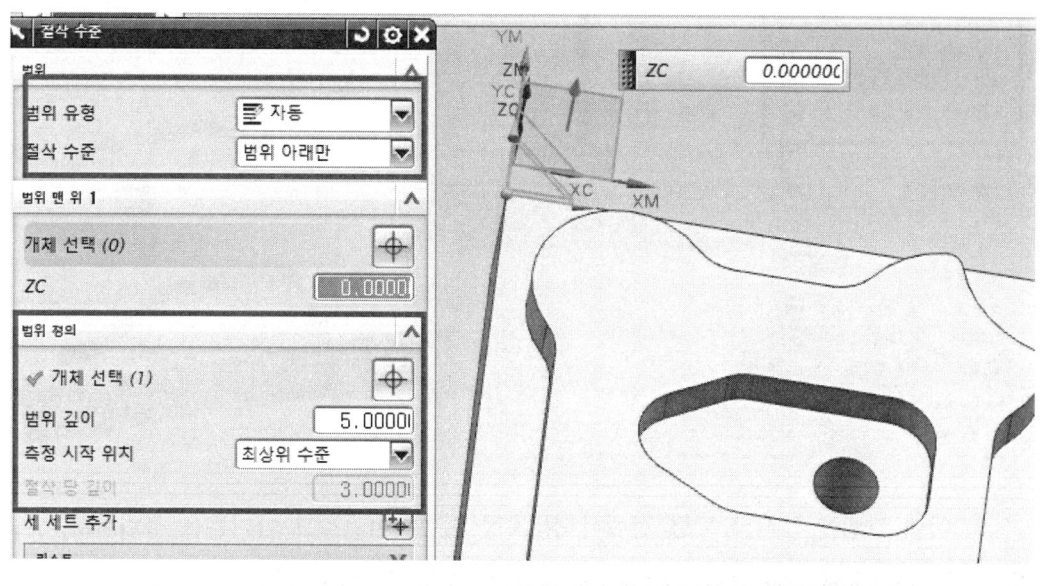

5) 절삭 매개변수 절삭 매개변수를 클릭한다.

6) 전략에서에서 하향절삭과 안쪽을 선택하고 벽면에서 아일랜드 클린업을 체크한다.

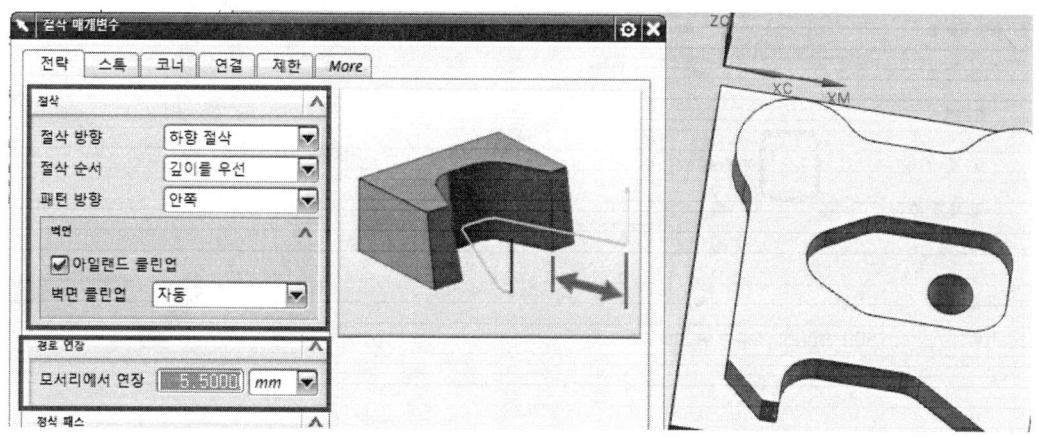

7) 스톡에서 여유 량 0을 확인하고 공차 값을 0.01로 한다.

7-31

8) 비절삭 이동 　　　　　　　　　　 비절삭 이동 아이콘을 클릭한다.

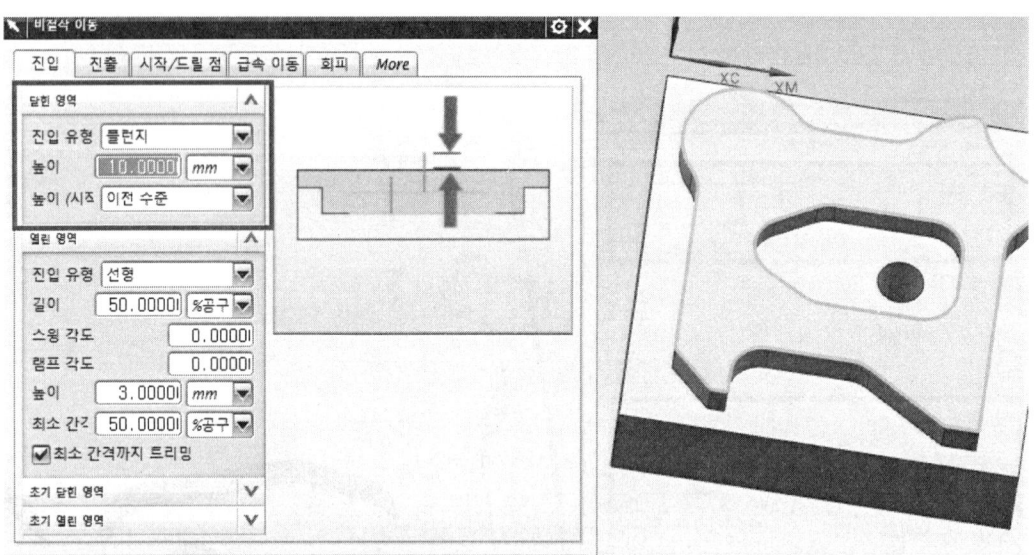

9) 아래 그림에서 시작/드릴 점에서 점 지정 평면다이얼로그 아이콘을 클릭한다.

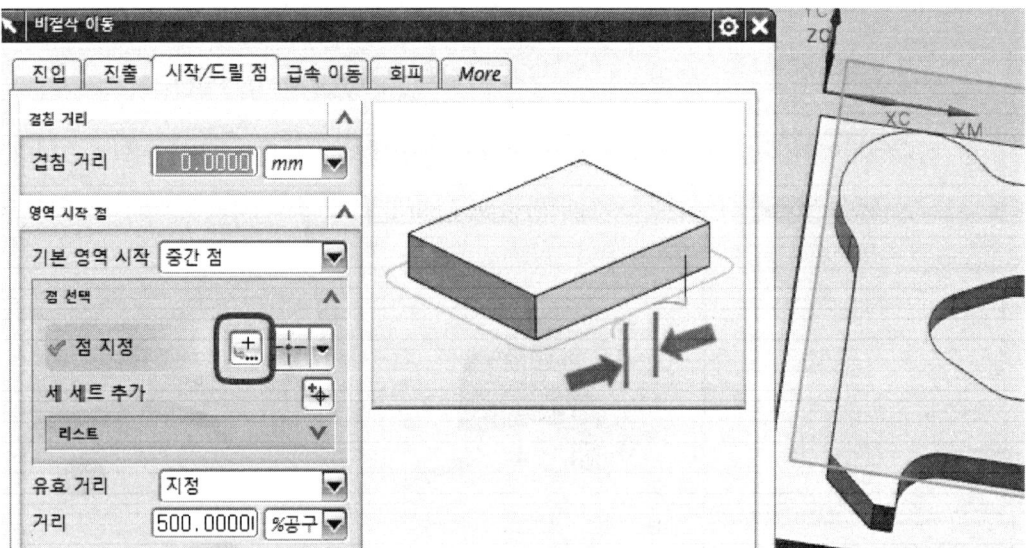

1. 컴퓨터응용밀링기능사 과제: NX CAM 따라하기

10)  표시 및 숨기기 클릭 스케치에서 표시 선택하고 객체선택에서 원을 선택한다.

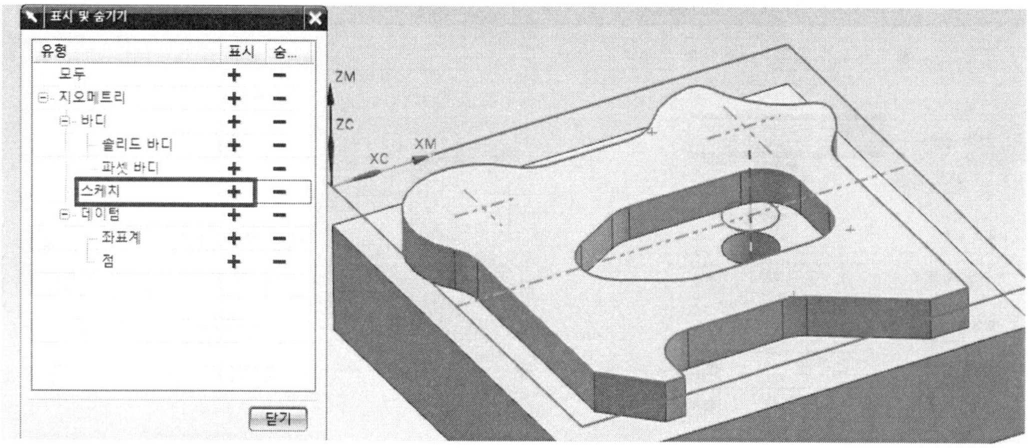

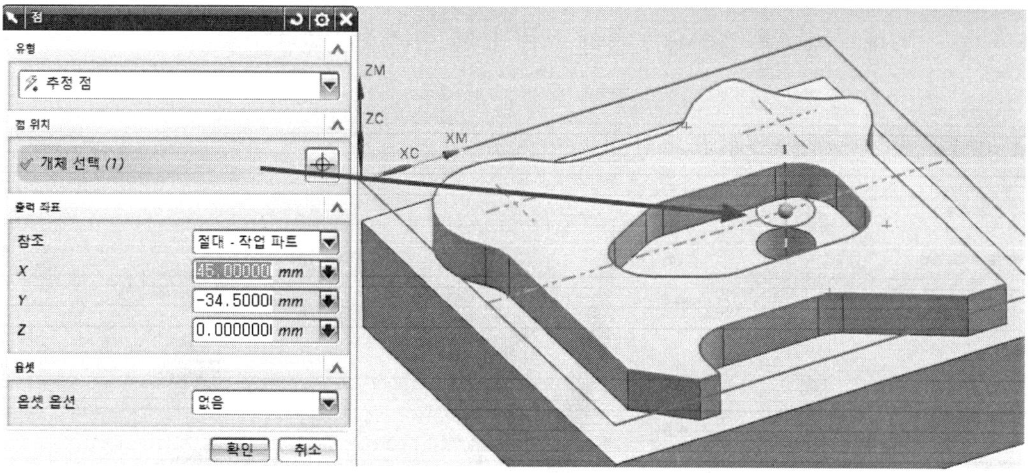

11) 사전 드릴점도 위와 같은 방법으로 점 지정 평면다이얼로그 아이콘을 클릭하여 원을 선택한다.

7-33

12) 급속이동을 클릭한다. 평면지정을 선택하고 평면다이얼로그 아이콘을 클릭한다.

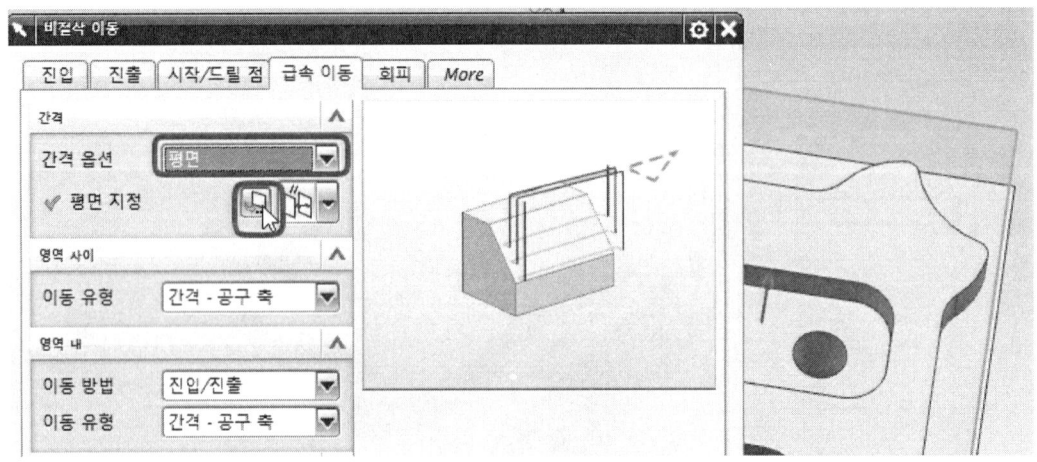

13) 그림에서 평면을 클릭하고 옵셋 거리 10을 입력하고 확인한다.

14) 이송 및 속도아이콘을 클릭한다.

15) 스핀들속도 1000 이하로 설정하고 이송속도 100 이하로 설정하고 확인한다.
(절삭공구 재질에 따라 증감한다.)

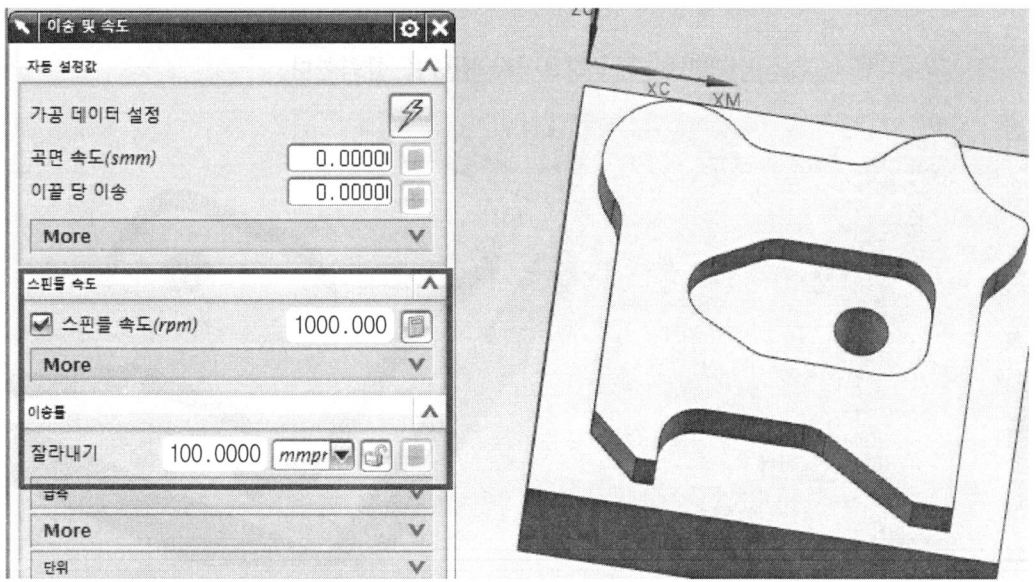

16) 작업에서 생성아이콘()을 클릭하고 공구 경로를 확인한다.

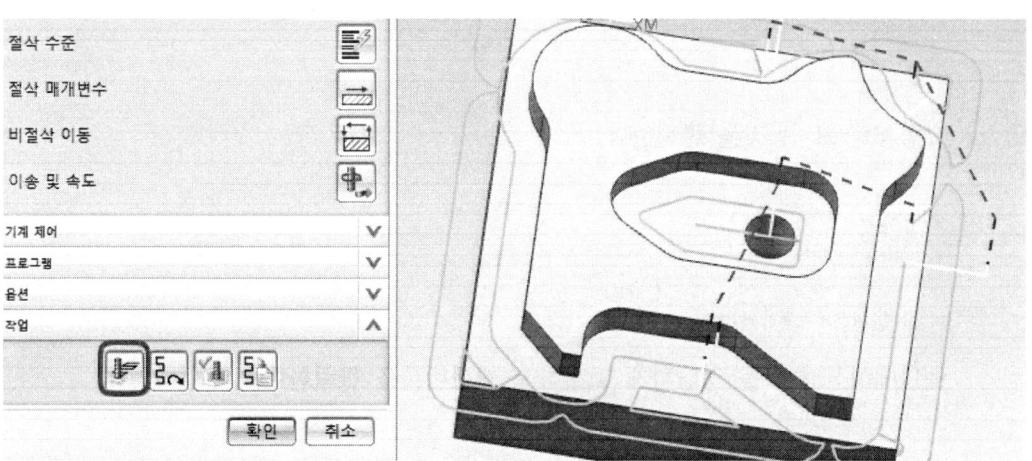

▶ 가공 시뮬레이션 검증

검증을 사용하여 애니메이션이 된 공구 경로를 여러 가지 방법으로 볼 수 있다.

1) 그림처럼 MB3을 선택하여 공구경로에서 검증을 클릭한다.

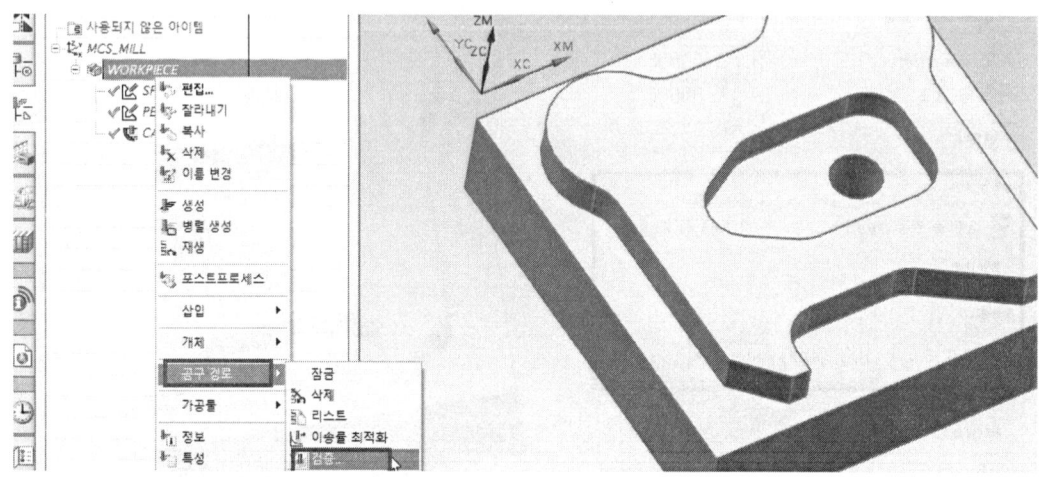

2)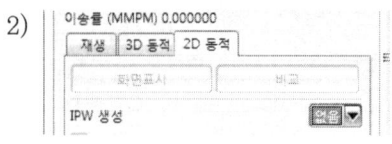

그림처럼 2D 동적을 클릭한다.

3)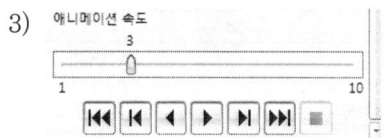

애니메이션 속도를 정당하게 조절하고 재생버튼을 클릭한다.

4) 가공 시뮬레이션을 확인할 수 있다.

1. 컴퓨터응용밀링기능사 과제: NX CAM 따라하기

▶ NC Data 생성

Post process 기능을 이용하여 NC Data를 출력할 수 있다. Post파일을 이용하여야 기계에 맞는 NC Data를 출력할 수 있다.

1) 그림처럼 선택 후 MB3버튼을 이용하여 포스트프로세스를 클릭한다. 한꺼번에 전체 NC Data를 생성하고자 한다면 모두 선택 후 포스트프로세스를 선택한다.

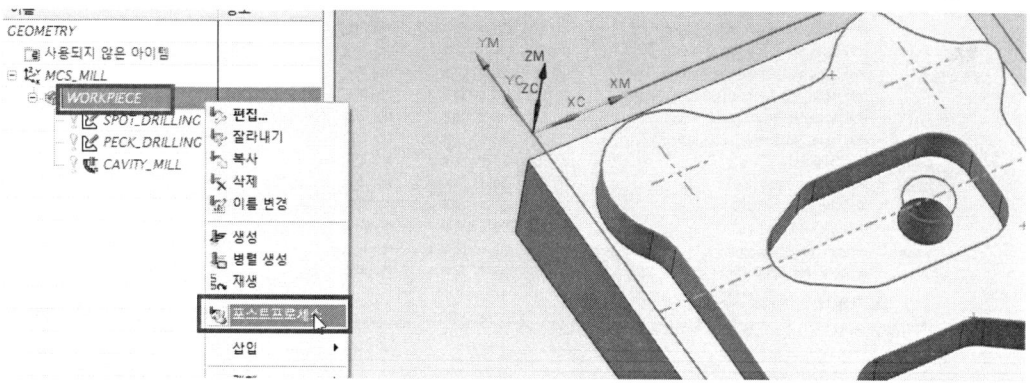

2) 포스트프로세스 창에서 3축 가공에 해당되는 Mill_3_Axis를 선택한다.
   기계에 맞는 Post가 있으면 포스트프로세스 찾아보기 아이콘을 클릭하고 찾아서 선택한다.

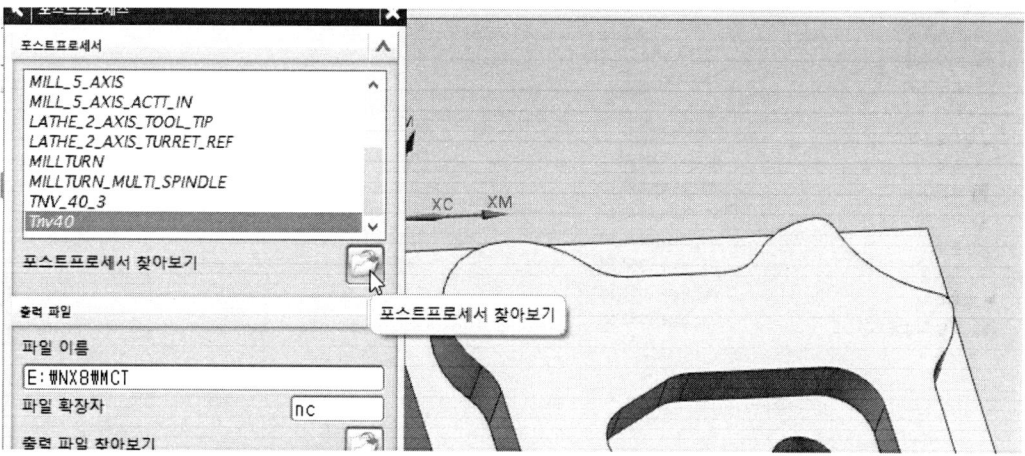

제7편 국가기술자격시험 [실기] 시험문제

※ 기계에 맞는 Post을 아래 그림과 같이 postprocessor에 복사하여 붙여 넣는다.

1. 컴퓨터응용밀링기능사 과제: NX CAM 따라하기

3) 그림처럼 Shift을 누르고 전체를 선택하여 NC 데이터를 생성한다. 아래 그림은 SENTROL(TNV40) 3축 Mill NC Data이다.

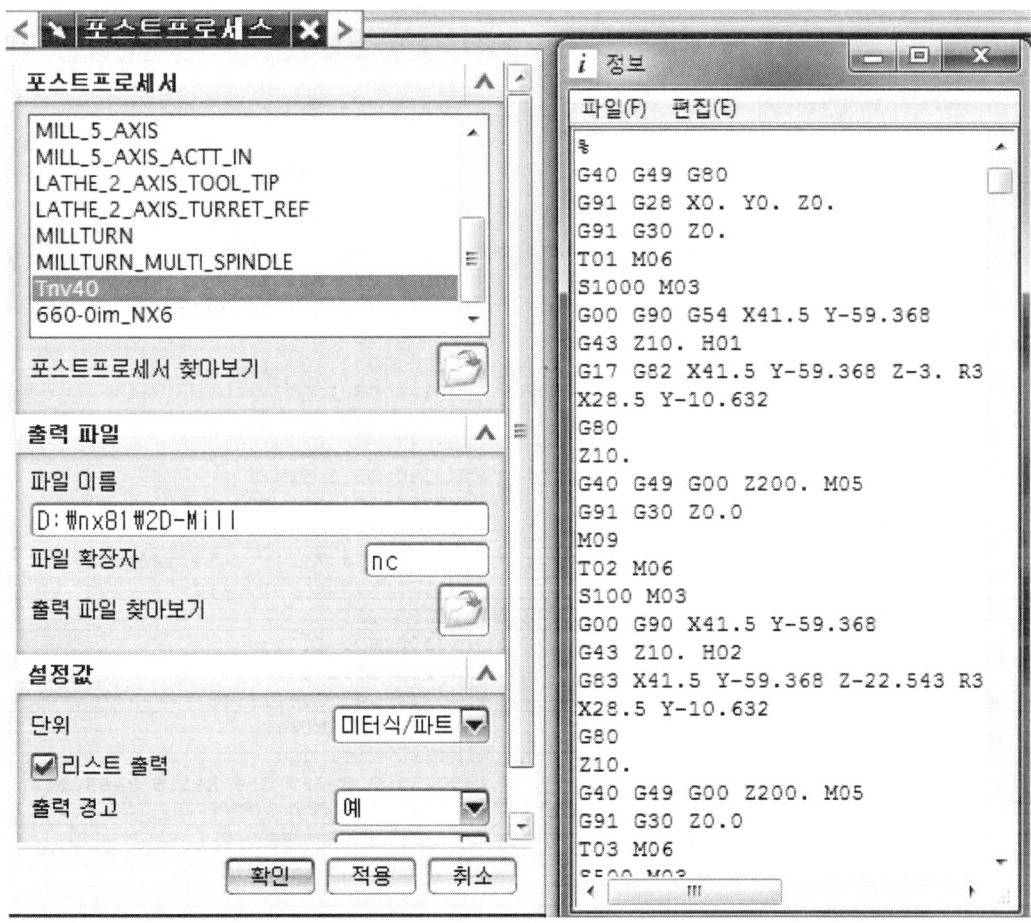

제 7 편 국가기술자격시험 [실기] 시험문제

4) 아래 그림은 FANUC 0iM 3축 Mill NC Data이다.

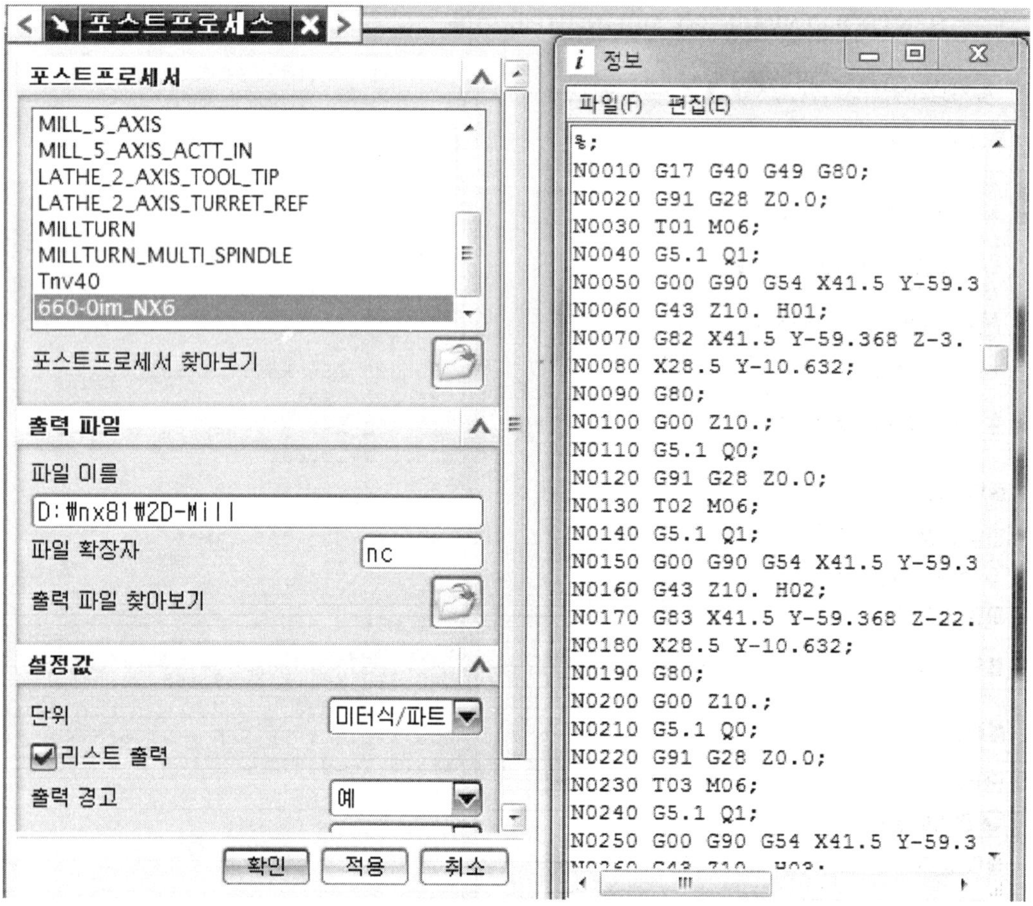

```
%;
N0010 G17 G40 G49 G80;
N0020 G91 G28 Z0.0;
N0030 T01 M06;
N0040 G5.1 Q1;
N0050 G00 G90 G54 X41.5 Y-59.3
N0060 G43 Z10. H01;
N0070 G82 X41.5 Y-59.368 Z-3.
N0080 X28.5 Y-10.632;
N0090 G80;
N0100 G00 Z10.;
N0110 G5.1 Q0;
N0120 G91 G28 Z0.0;
N0130 T02 M06;
N0140 G5.1 Q1;
N0150 G00 G90 G54 X41.5 Y-59.3
N0160 G43 Z10. H02;
N0170 G83 X41.5 Y-59.368 Z-22.
N0180 X28.5 Y-10.632;
N0190 G80;
N0200 G00 Z10.;
N0210 G5.1 Q0;
N0220 G91 G28 Z0.0;
N0230 T03 M06;
N0240 G5.1 Q1;
N0250 G00 G90 G54 X41.5 Y-59.3
N0260 G43 Z10. H03;
```

1. 컴퓨터응용밀링기능사 과제: NX CAM 따라하기

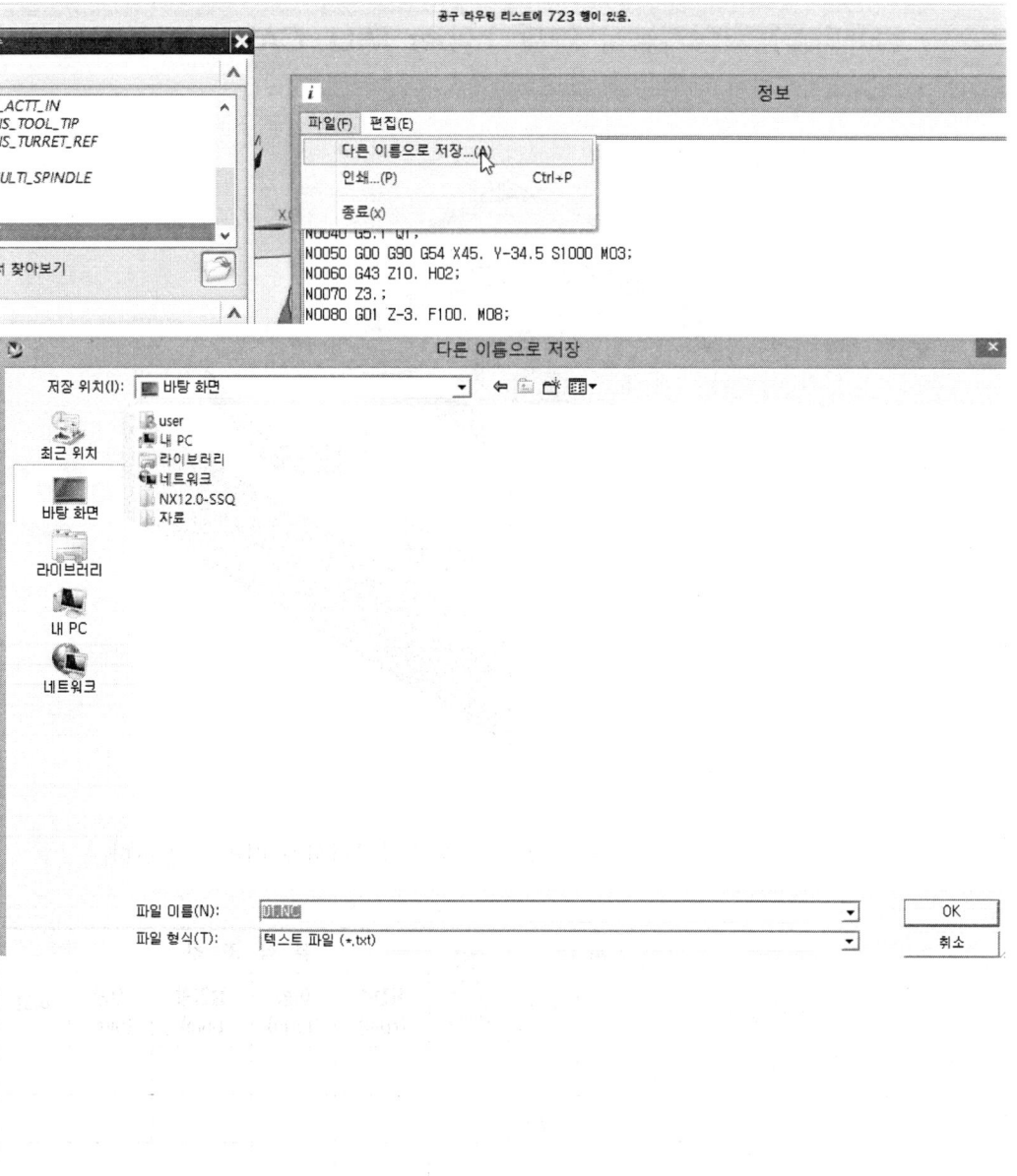

7-41

2 컴퓨터응용밀링기능사 과제: hyper MILL CAM 따라하기

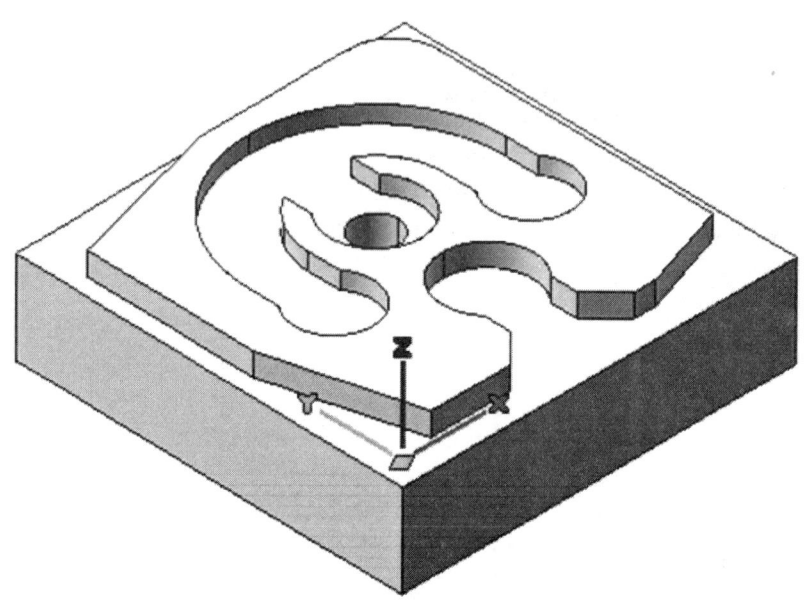

※ Hyper MILL Cam을 이용하여 다음과 같은 절삭지시서에 따라 가공한다.

공구번호	작업내용	파일명 (비번호가 2번일 경우)	공구조건		경로간격 (mm)	절삭조건				비고
			종류	직경		회전수 (rpm)	이송 (m/m)	절입량 (mm)	잔량 (mm)	
2	센터링	센터링.nc	센터드릴	Ø3						
3	드릴링	드릴링.nc	드릴	Ø8						
1	포켓가공	포켓.nc	엔드밀	Ø10						

▶ Step 모델링 불러오기

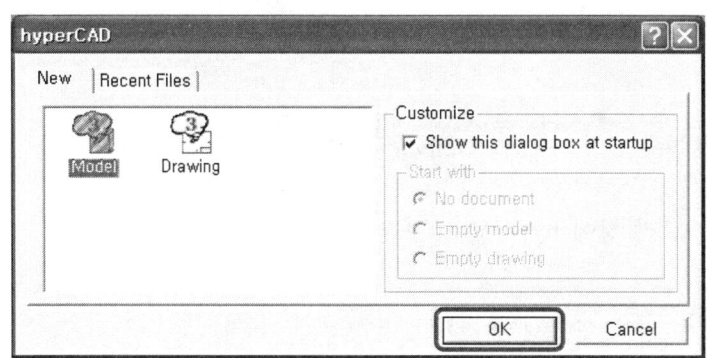

hyperCAD 프로그램을 시작하면 그림과 같이 OPEN 창이 열린다. OK 버튼을 클릭하여 새로운 Model 파일을 연다.

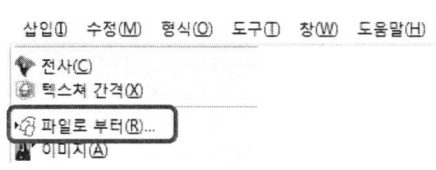

풀다운 메뉴 영역에서 삽입에서 파일로 부터를 선택한다.
삽입 > 파일로부터

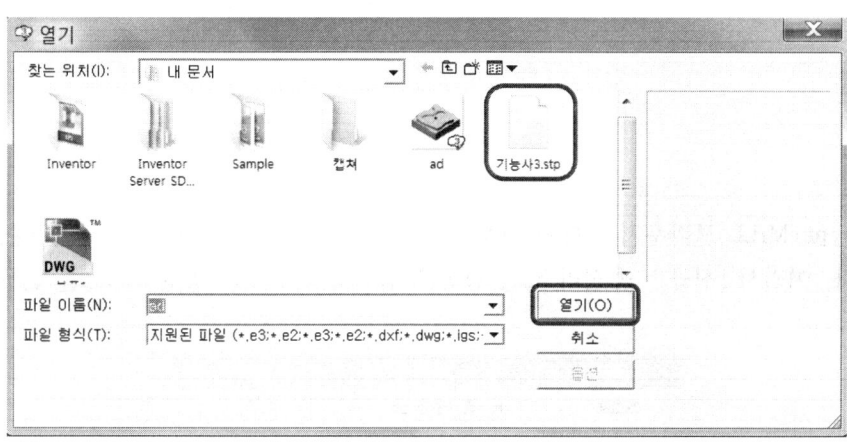

기능사3.stp 파일을 마우스로 선택한 후 밑에 있는 열기를 클릭한다.

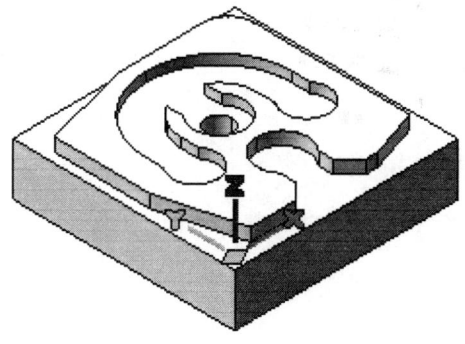

옆의 그림과 같이 STEP 파일을 불러온다.

1. 공정 리스트(Job list) 설정

1) hyperMILL 아이콘 툴바의 첫 번째 아이콘을 클릭한다.

2) hyperCAD의 히스토리 트리 창에 hyperMILL 브라우저가 추가된다.

3) hyperMILL 브라우저 창에서 마우스 오른쪽 버튼을 클릭하면 명령어 목록이 표시된다. 여기서 [신규 〉 공정리스트] 항목을 선택하여 새로운 공정리스트를 만들어준다.

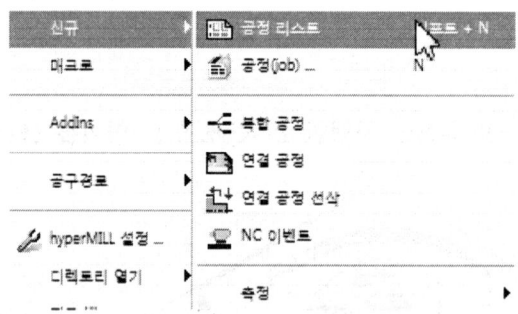

2. 컴퓨터응용밀링기능사 과제: hyper MILL CAM 따라하기

4) 공정리스트 설정창이 열린다. 공정리스트 설정 탭에서 공정리스트의 이름과 POF파일 저장 경로, NCS(공작물 원점) 등을 설정한다.

5) NCS는 공정리스트를 생성할 때 CAD의 좌표계와 동일하게 자동 생성되는데, NCS 항목에서 원점계 편집 아이콘을 선택하면 아래 그림과 같이 원점위치 또는 축 방향을 편집할 수 있다. 이 작업에서는 NCS와 동일한 CAD 좌표계를 가지고 있으므로 편집 작업은 생략하도록 한다.

6) 다음은 피소재 정의(PART DATA) 탭을 선택하여 다음과 같이 소재모델(가공소재)과 파트(가공모델)를 정의한다.

7) 설정 항목을 체크하고 우측에 표시되는 신규 소재 아이콘을 선택한다.

8) 소재 모델 정의 창이 열리면 모드에서 자동계산(bounding geometry)을 선택한 후 계산 버튼을 클릭한다.

9) 다음과 같이 박스형상의 육면체소재가 화면에 표시된다.
   소재가 원하는 대로 정의되면 OK ✔ 버튼을 클릭하여 소재모델정의를 완료한다.

10) 생성한 소재가 공정리스트의 소재모델 항목에 설정된 것을 볼 수 있다.

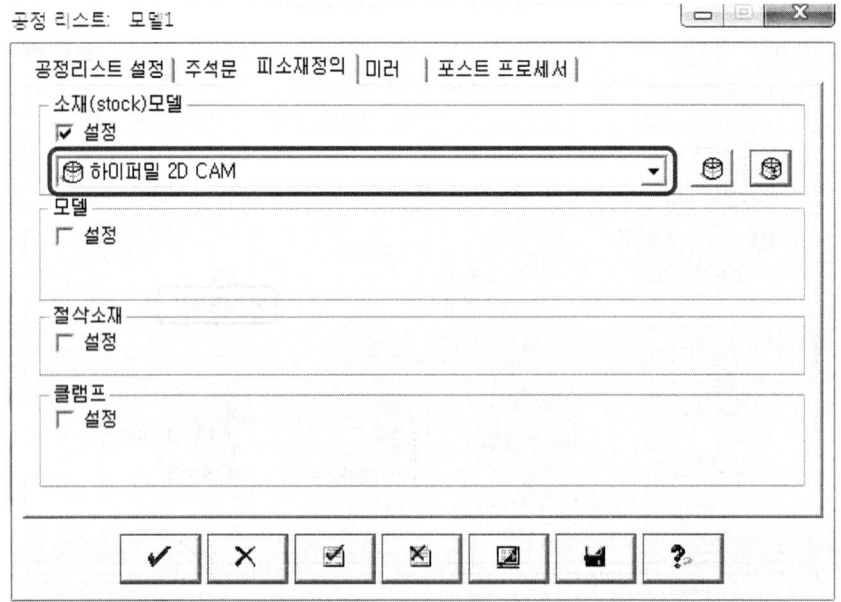

11) 다음으로 파트정의를 설정한다.
    소재모델 정의와 같이 설정 항목을 체크하고 신규 절삭모델 아이콘을 선택한다.

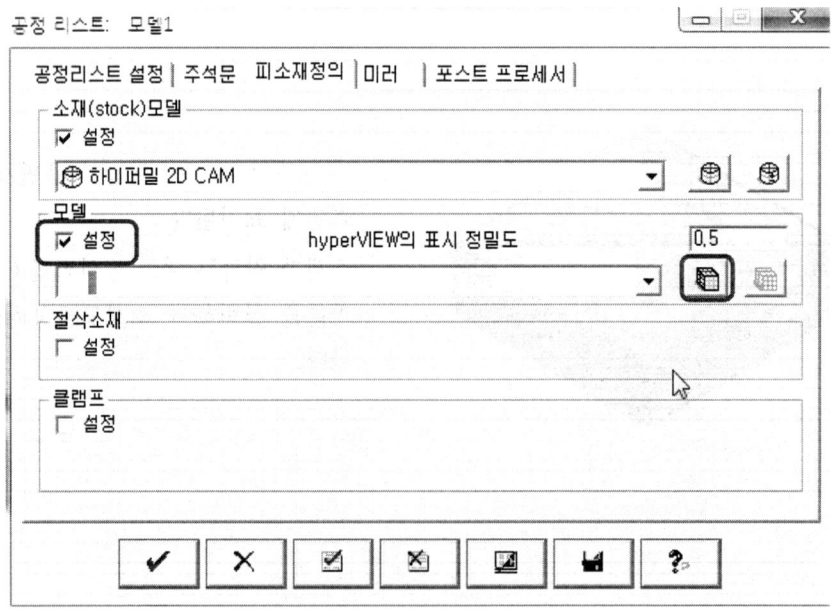

12) 절삭모델 정의 창이 열리면 현재선택 항목의 신규선택 아이콘을 선택한다.

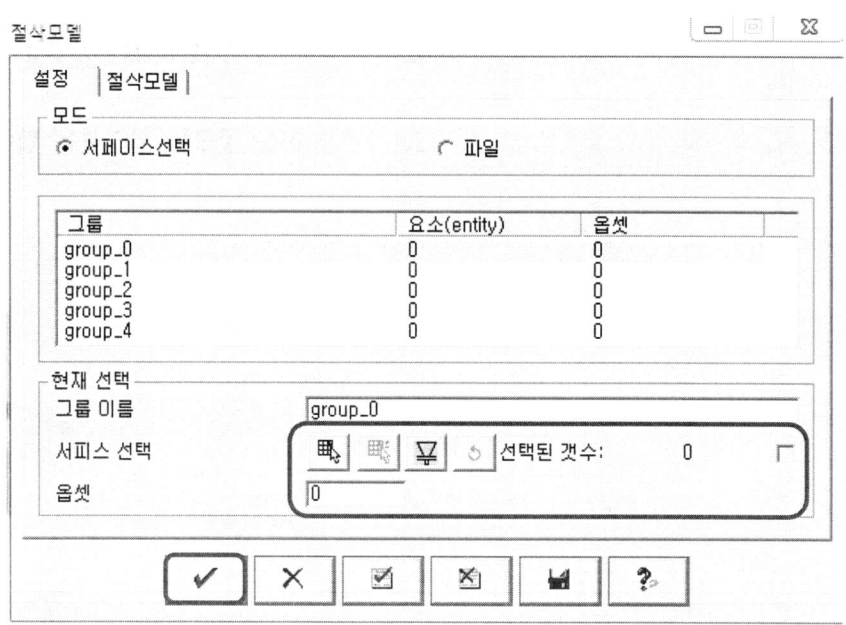

13) 가공하고자 하는 모델을 전체 선택(단축키 A)하고 OK버튼을 우측 그림과 같이 선택된 서피스의 개수가 표시된다. 이제 OK버튼으로 절삭모델창을 완료하고, 공정리스트창을 완료하면 기본적인 공정리스트 정의가 끝난다.

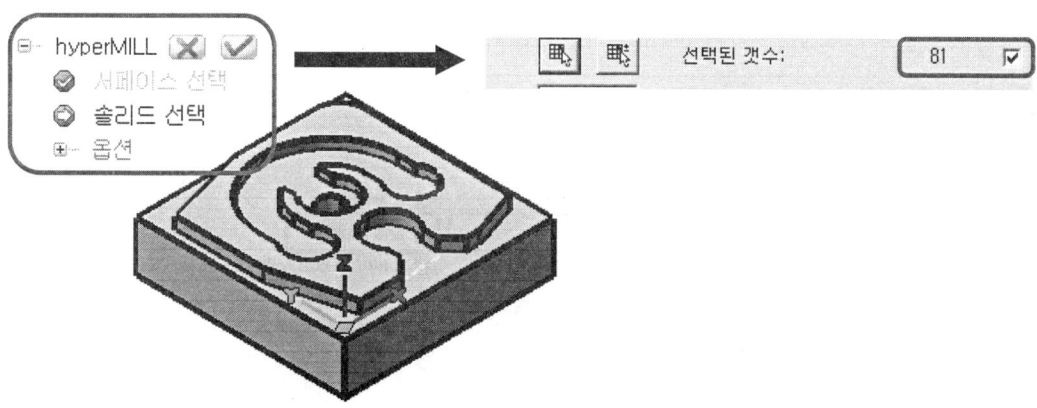

2. Tool 설정

1) 공구 탭을 선택하여 공구를 설정한다.
   - 절삭 공구 : 플랫엔드밀, 볼엔드밀, 불노우즈엔드밀 등 절삭하는 공구를 설정하는 탭이다.
   - 드릴링 공구 : 드릴, 탭, 리머 등 드릴가공을 하는 공구를 설정하는 탭이다.

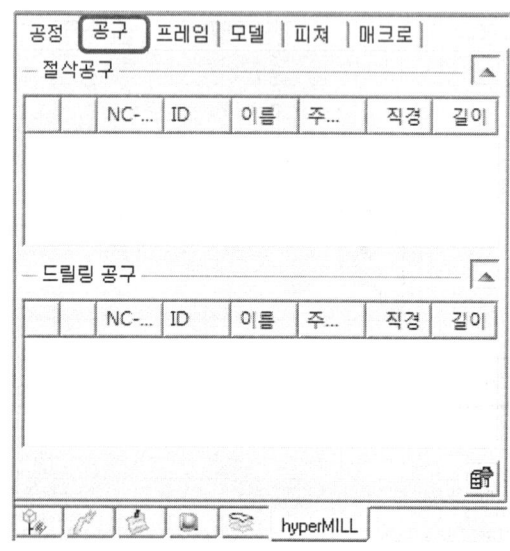

2) 절삭공구 탭에서 마우스 오른쪽 버튼을 클릭 후, 신규를 선택하여 엔드밀 공구를 설정한다.

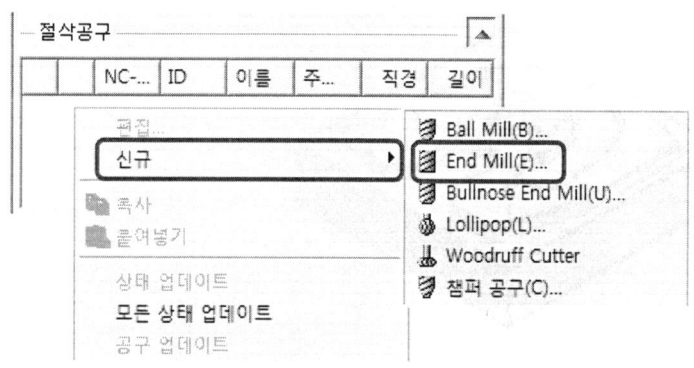

3) 지오메트리 탭에서 1번 엔드밀 공구 / NC-번호 : 1 / 직경 : 10 / 길이 : 75를 입력 선택한다. 회전수 : 1000, 이송속도 : 100을 입력한다.

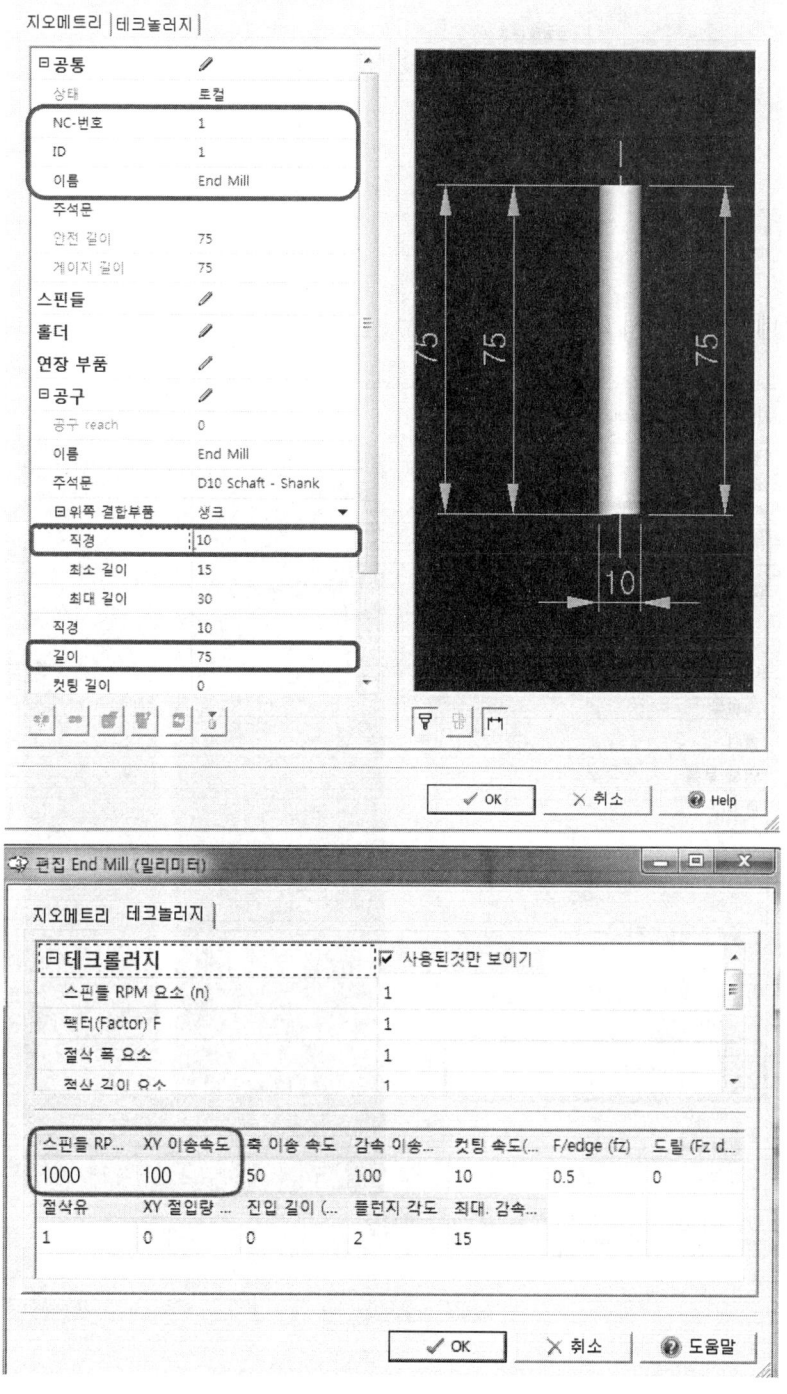

제 7 편 국가기술자격시험 [실기] 시험문제

▶ 드릴 공구 설정

1) 드릴링 공구 탭에서 마우스 오른쪽 버튼을 클릭 후, 신규를 선택하여 드릴 공구를 설정한다.

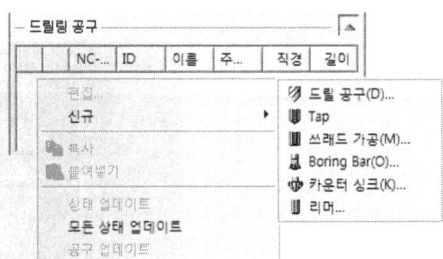

2) 지오메트리 탭에서 2 공구 / NC-번호 : 2 / 직경 : 3 / 길이 : 90를 입력 선택한다.

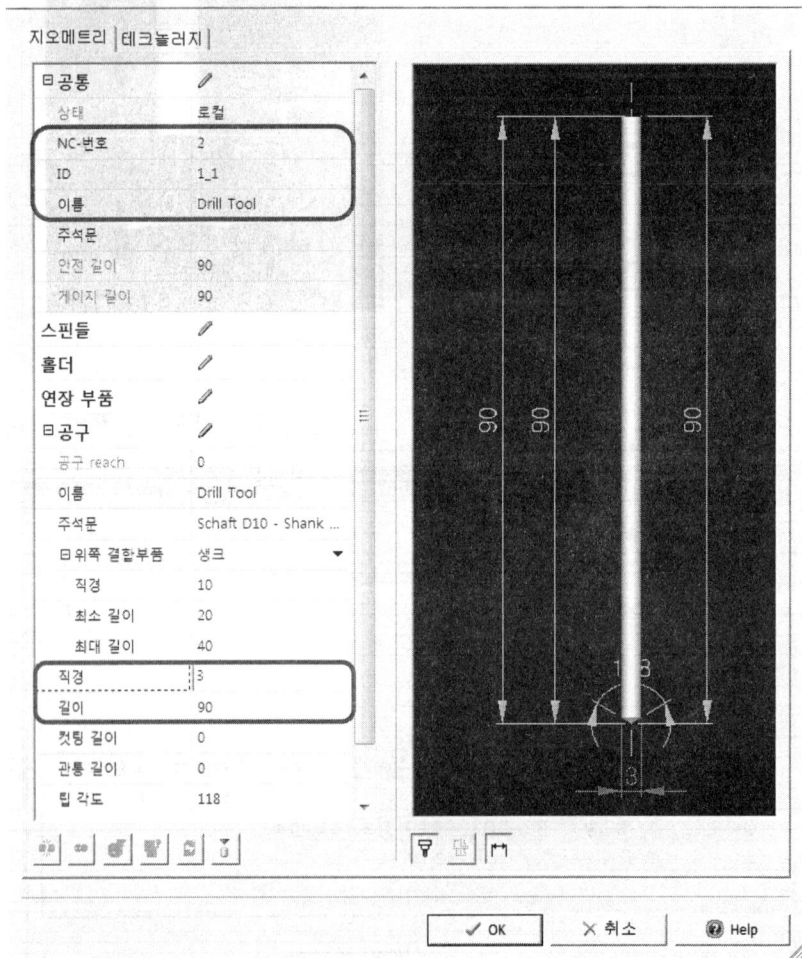

7-52

2. 컴퓨터응용밀링기능사 과제: hyper MILL CAM 따라하기

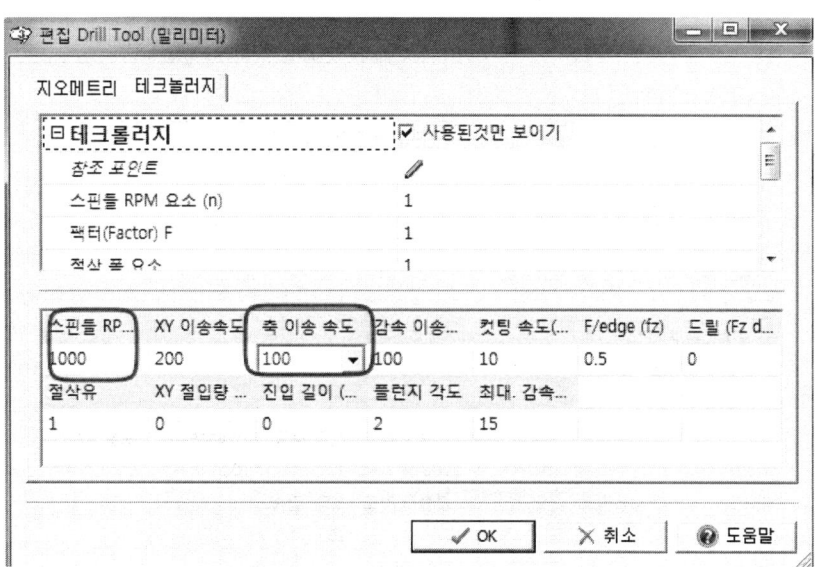

3) 지오메트리 탭에서 3 공구 / NC-번호 : 3 / 직경 : 8 / 길이 : 90를 입력 선택한다.

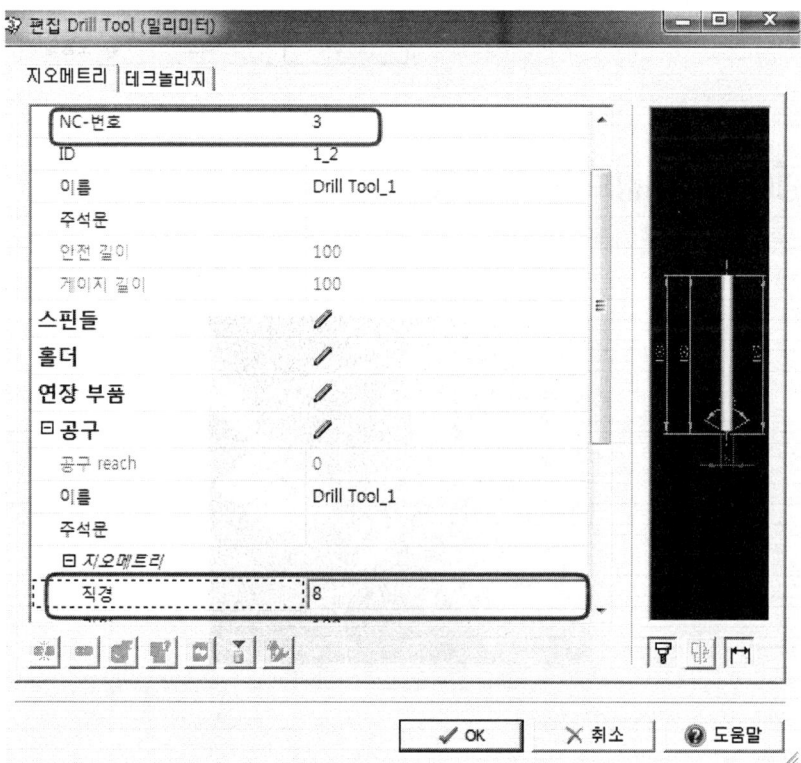

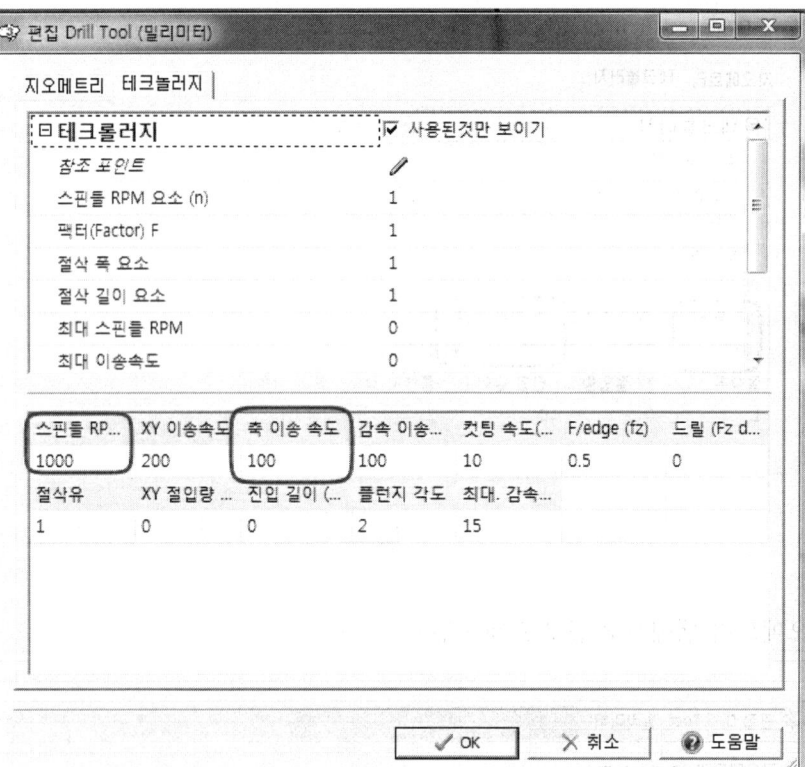

3. 드릴링(센터, 패킹드릴링) 가공

1) 센터링 가공을 실행한다.

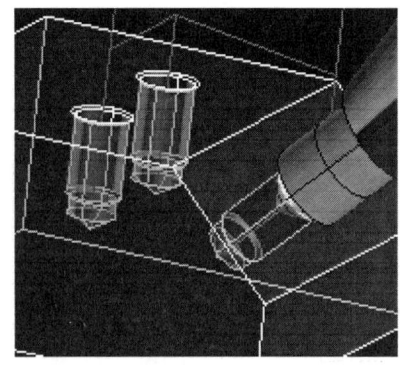

2. 컴퓨터응용밀링기능사 과제: hyper MILL CAM 따라하기

2) 공정 탭에서 오른쪽 마우스 버튼을 클릭해 신규 〉 드릴 사이클 〉 센터링을 선택한다.

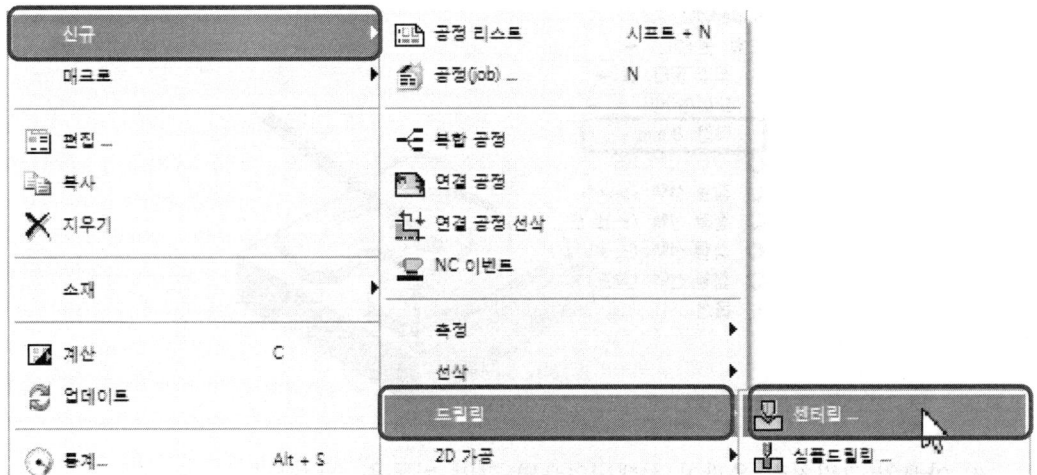

3) 공구를 드릴 공구로 선택하고 위에서 입력해 놓은 3파이 드릴을 선택한다.

4) 윤곽설정 탭을 선택하고 윤곽 선택은 포인트를 선택한 후 위에 그림처럼 신규 선택 탭을 선택한다.

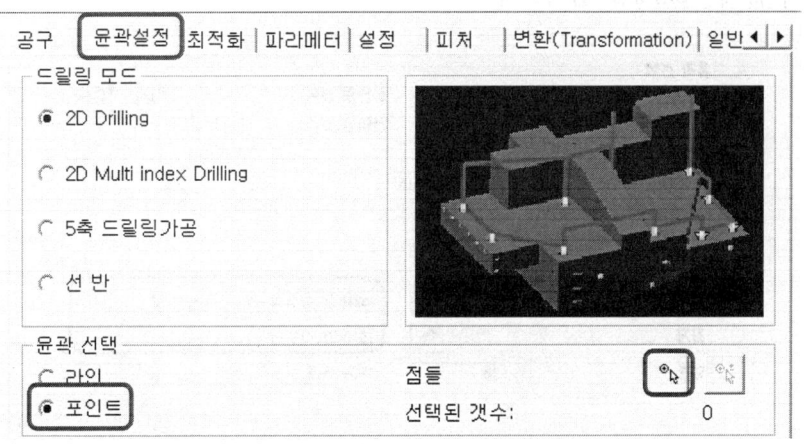

5) 아래의 그림처럼 점을 선택(커브)를 선택하고 <u>직경 8mm 구멍</u>을 선택한다.

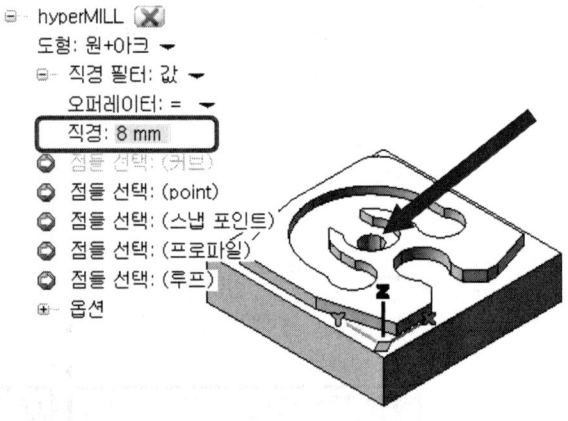

6) 아래의 그림처럼 윤곽이 선택되었으면 확인 버튼을 클릭한다.

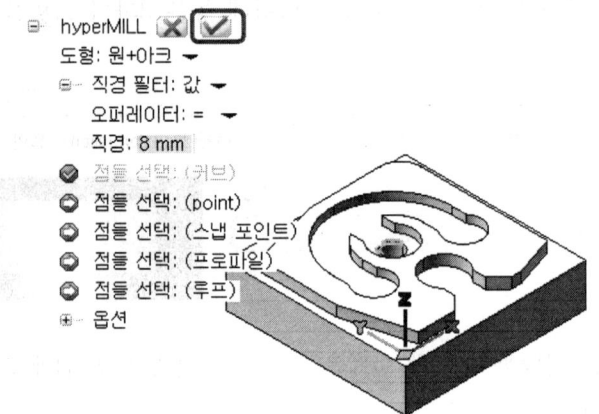

7) <u>최저 값에 -3mm</u>를 입력한다.

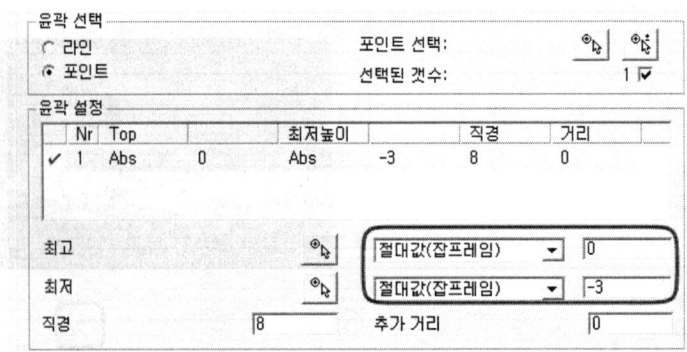

8) 파라메타(가공변수) 템에서 가공 깊이를 깊이 값 사용으로 선택하고 깊이를 <u>3mm</u>를 입력한다.

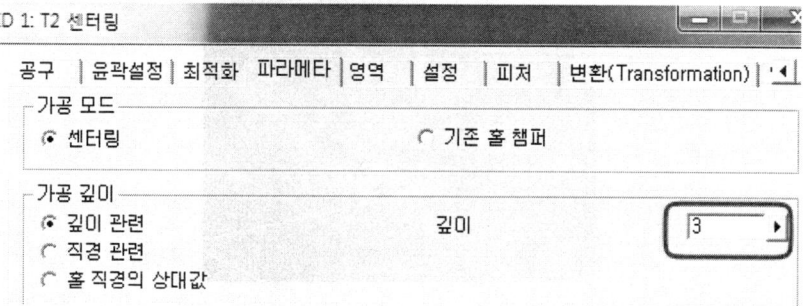

9) 아래의 진출 방식에서는 안전거리(상대)를 선택하고 값을 <u>10mm</u>로 입력한다.

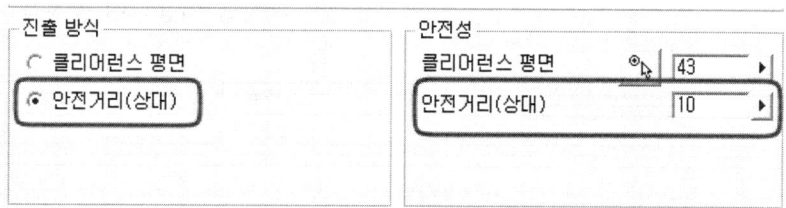

10) 계산을 클릭한다.

11) 그림과 같은 툴패스를 볼 수 있다.

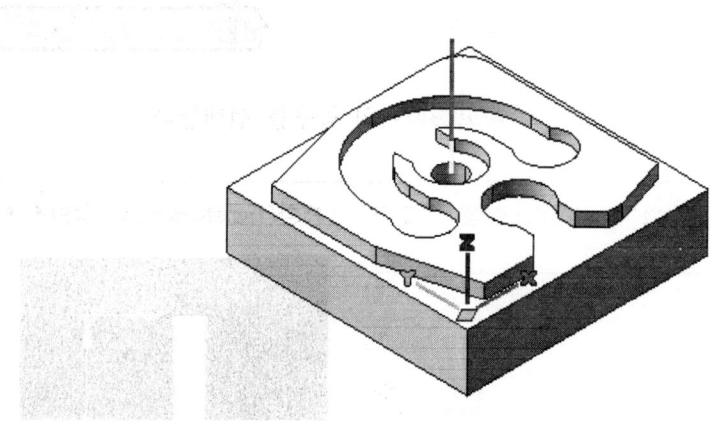

12) 드릴링 가공을 실행한다.

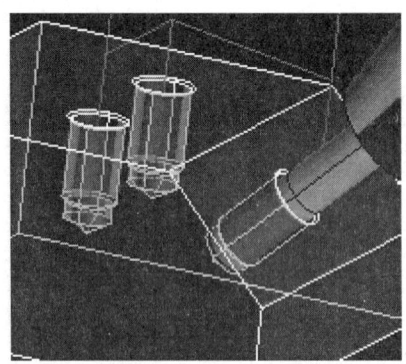

13) 오른쪽 마우스 버튼을 클릭해 신규공정 > 드릴 사이클 > 드릴링 패킹을 선택한다.
** 선호하시는 사이클 코드에 따라 심플드릴링(G81), 드릴링 칩브레이크(G73), 드릴링 팩킹(G83) 공정을 사용하시고, 본 교재에서는 패킹을 이용하여 공정을 기술하겠다.

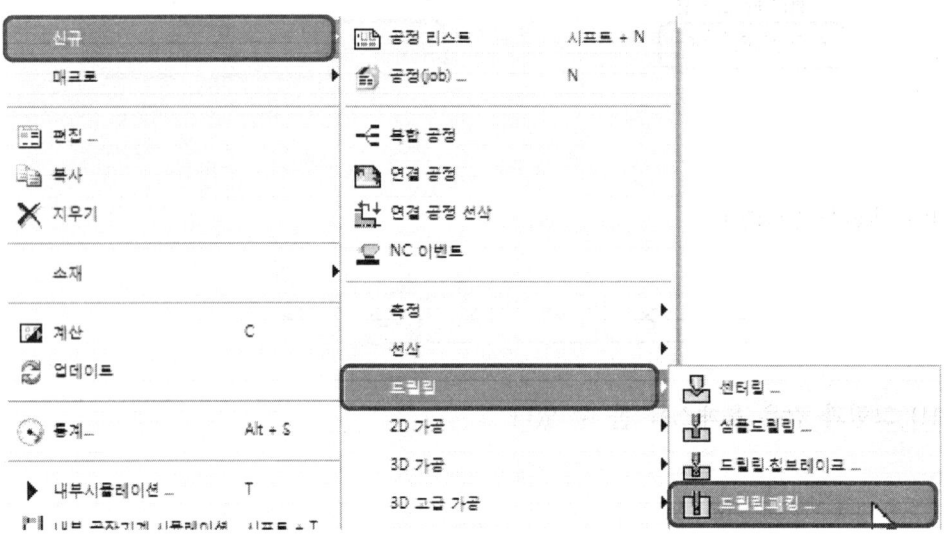

14) 공구 탭에서 드릴링 공구를 선택하고 8파이의 공구를 선택한다.

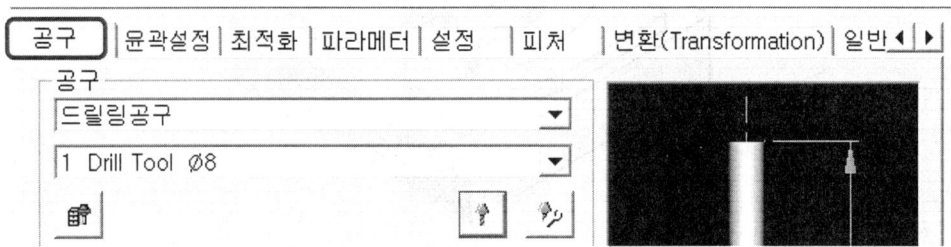

2. 컴퓨터응용밀링기능사 과제: hyper MILL CAM 따라하기

15) 윤곽설정 탭을 클릭하여 아래와 같이 설정한다.

- 드릴링 모드 : 2D Drilling
- 윤곽선택 : 포인트

윤곽설정 탭을 선택하고 윤곽선택은 포인트를 선택한 후 위에 그림처럼 신규선택 탭을 선택한다.

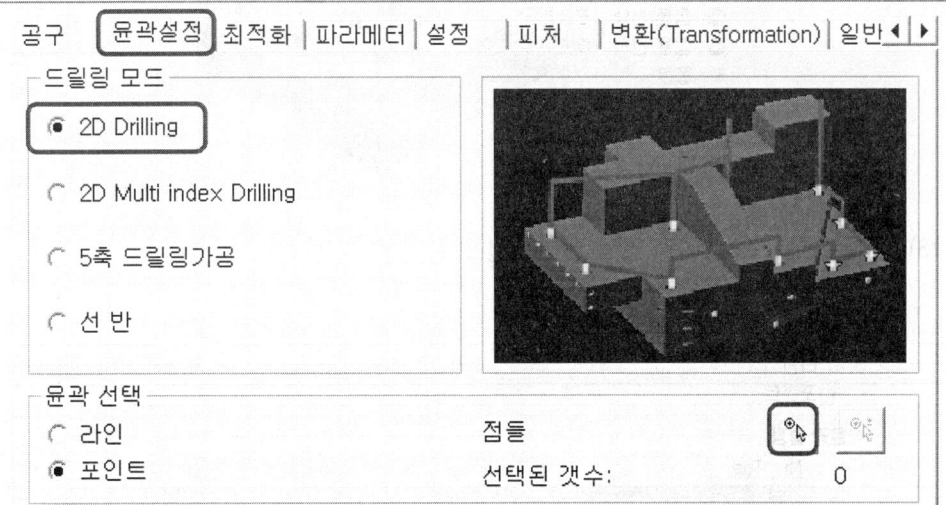

16) 아래의 그림처럼 점을 선택(커브)를 선택하고 직경 8mm 구멍을 선택한다.

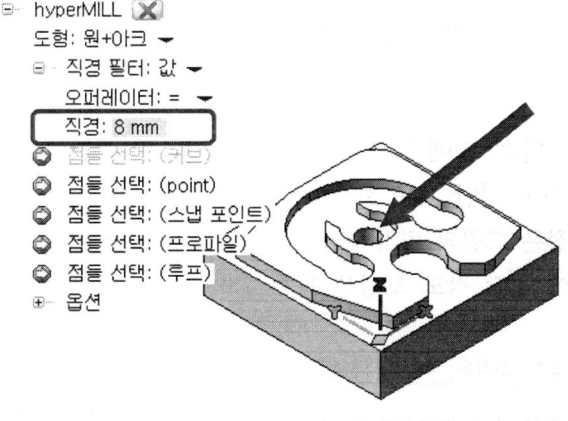

7-59

17) 아래의 그림처럼 윤곽이 선택되었으면 확인 버튼을 클릭한다.

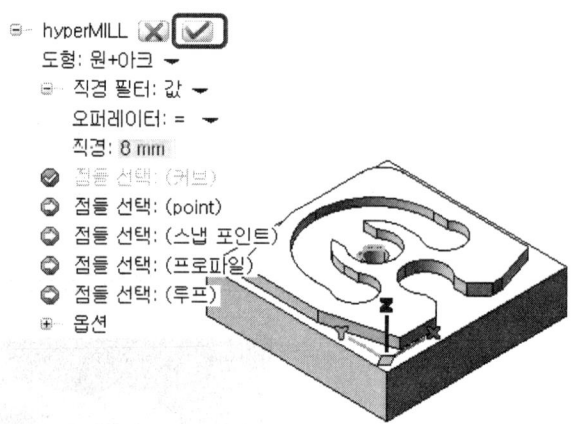

18) 최저 값에 -23mm를 입력(도면확인 또는 길이측정)한다.

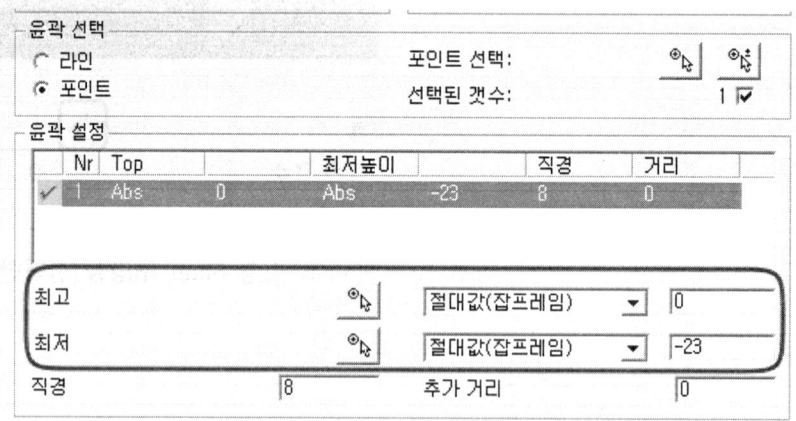

19) 파라메타(가공변수) 텝에서 가공영역 대한 설정 중 최고높이 옵셋과 최저 높이 옵셋에 0을 입력하고 선단 각도 보정에 체크를 해 준다.

** 선단각도 보정은 드릴의 팁각 높이 만큼 보정해 주는 기능으로서 가공하려는 홀이 관통 홀이기에 선단 각도 보정을 통해 완전 관통을 실현할 수 있다.

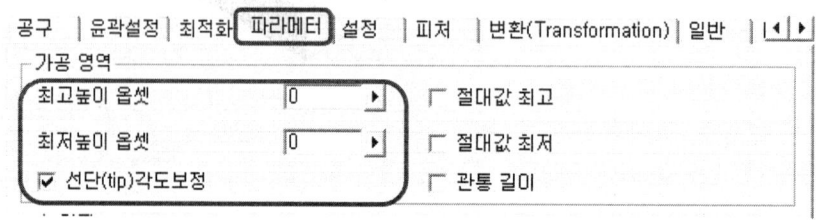

20) 가공 파라메타에서 패킹 깊이에는 2~3mm를 입력한다. 패킹 깊이는 드릴링 작업
 시 한번의 절입량에 대한 설정하고 계산을 클릭한다.

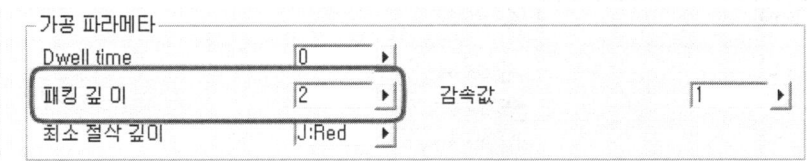

21) 그림과 같이 툴 패스가 생성된다.

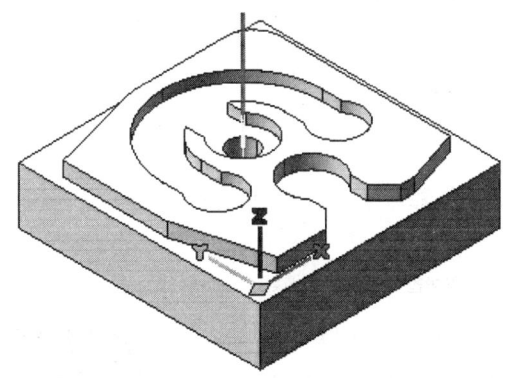

4. 포켓 가공

1) 아래에서 피처 인식한 심플 포켓에 대한 피처를 선택한다.

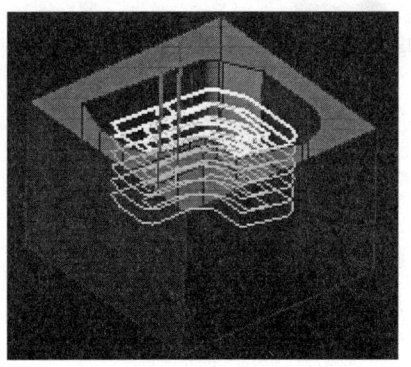

2) 공정 탭에서 오른쪽 마우스 버튼을 클릭해 신규 > 2D 사이클 > 포켓가공을 선택한다.

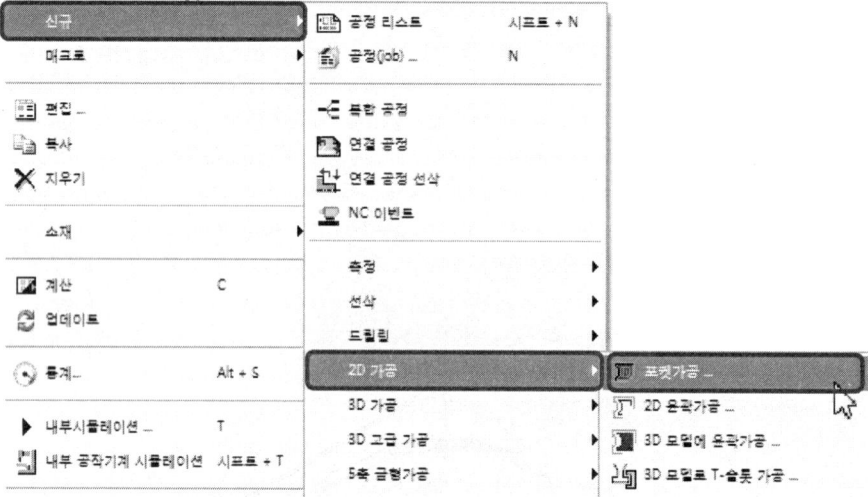

3) 공구를 플랫앤드밀로 선택하고 위에서 입력해 놓은 10파이 엔드밀을 선택한다.

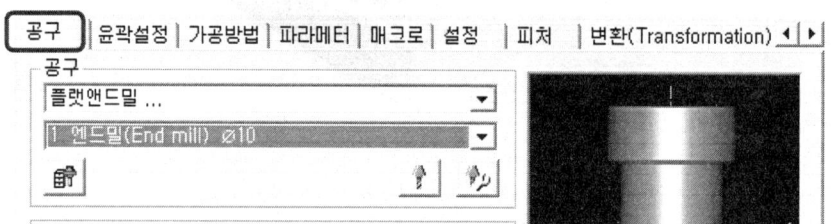

4) 윤곽설정 탭을 선택하고 위에 그림처럼 신규선택 탭을 클릭한다.

2. 컴퓨터응용밀링기능사 과제: hyper MILL CAM 따라하기

5) 아래의 그림과 같이 닫힌 윤곽 선택(루프)를 선택한다.

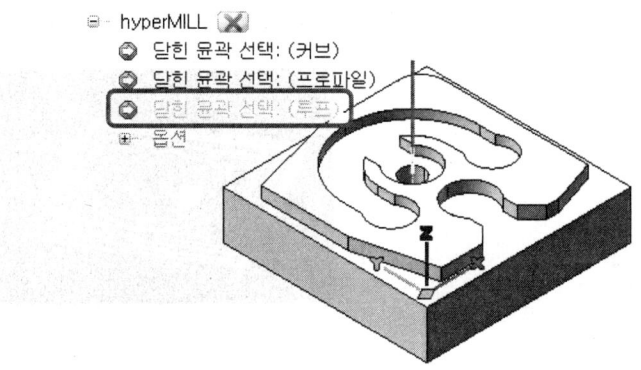

6) 외곽 엣지(모서리)가 선택되면 밑에 있는 확인 버튼을 누르고 위에 있는 체크표시를 입력한다.

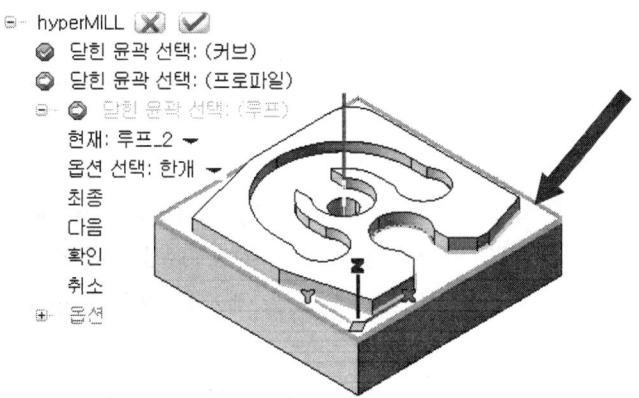

7) 윤곽의 최고 높이를 기준으로 최고 값에 0을 입력하고 최저 값에는 -6을 입력한다.
(도면확인 또는 길이측정)

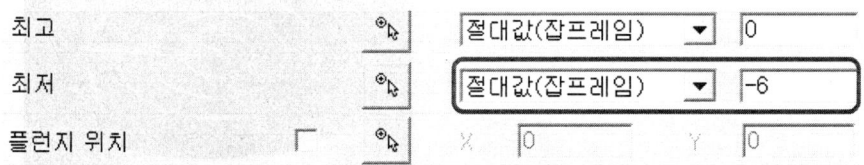

8) 가공 방법 탭을 선택하고 3D 모드를 선택한다.

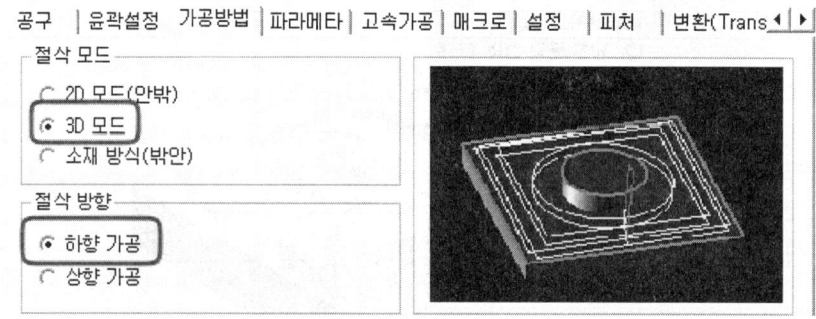

9) 파라메터 탭을 Z절삭량을 4, 소재 여유량에는 각 0을 입력한다.

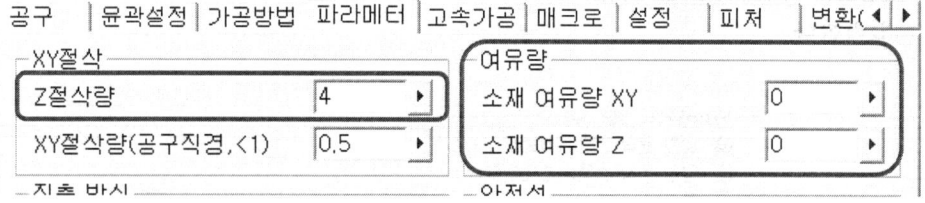

10) 매크로를 선택하고 경사를 선택한다.
- 경사 : 첫 번째 절삭 경로를 따라 경사 진입(Ramping-in) 동작이 발생한다. 좁은 공간의 소프트 프리 커팅에 경사 플런지 매크로를 사용한다.
- 헬리컬 : 미리 드릴링하지 않고 포켓을 제거할 경우 사용한다.

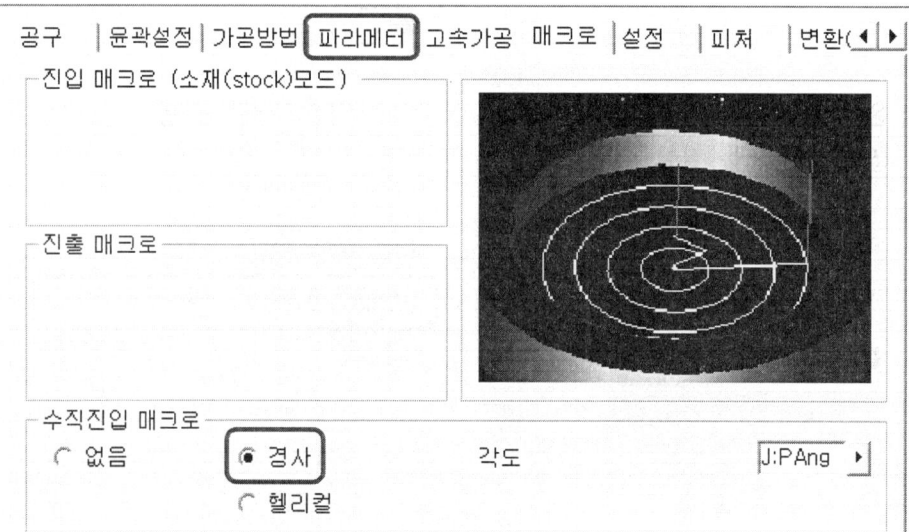

2. 컴퓨터응용밀링기능사 과제: hyper MILL CAM 따라하기

11) 계산 버튼을 클릭한다.

12) 다음과 같은 툴패스가 생성된다.

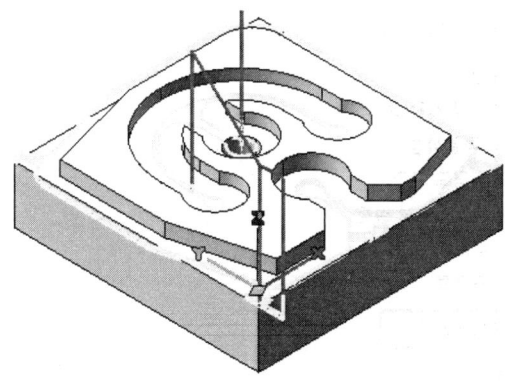

5. NC-FILE 추출

1) 공정 탭에서 오른쪽 마우스를 클릭하여 유틸리티 > hyperVIEW를 선택한다.

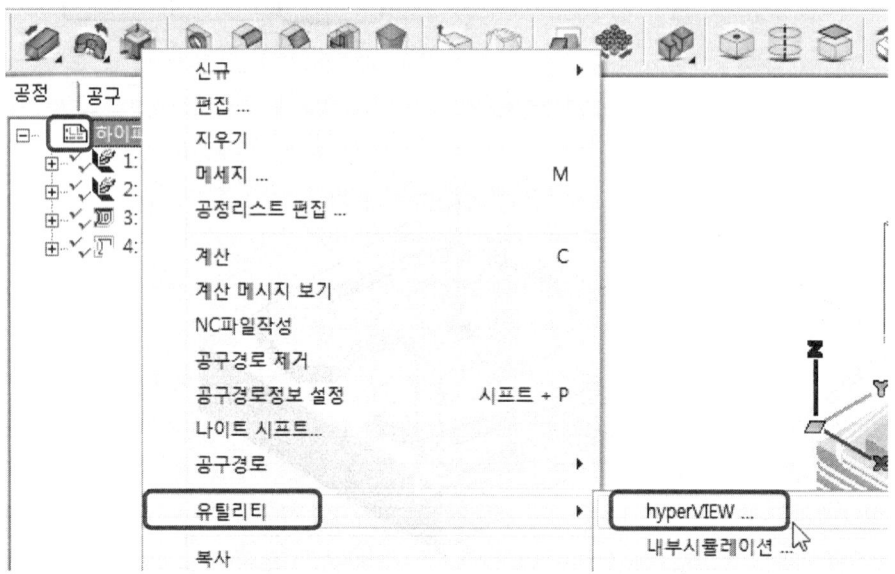

2) 시뮬레이션 확인한다.

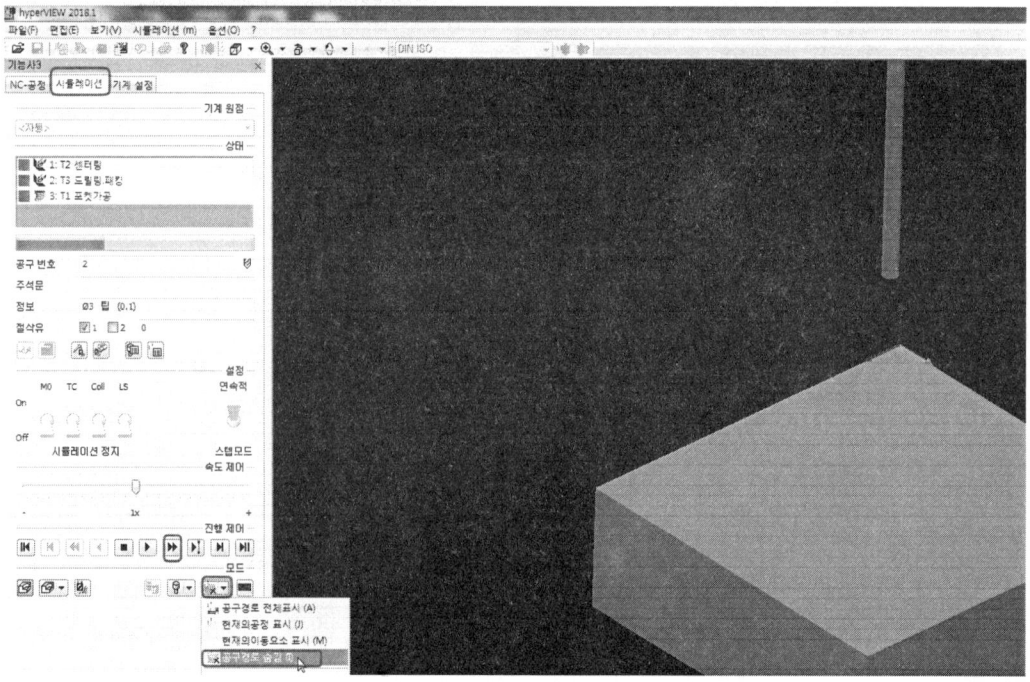

2. 컴퓨터응용밀링기능사 과제: hyper MILL CAM 따라하기

3) PP 기계에 맞는 포스트 선택한다.

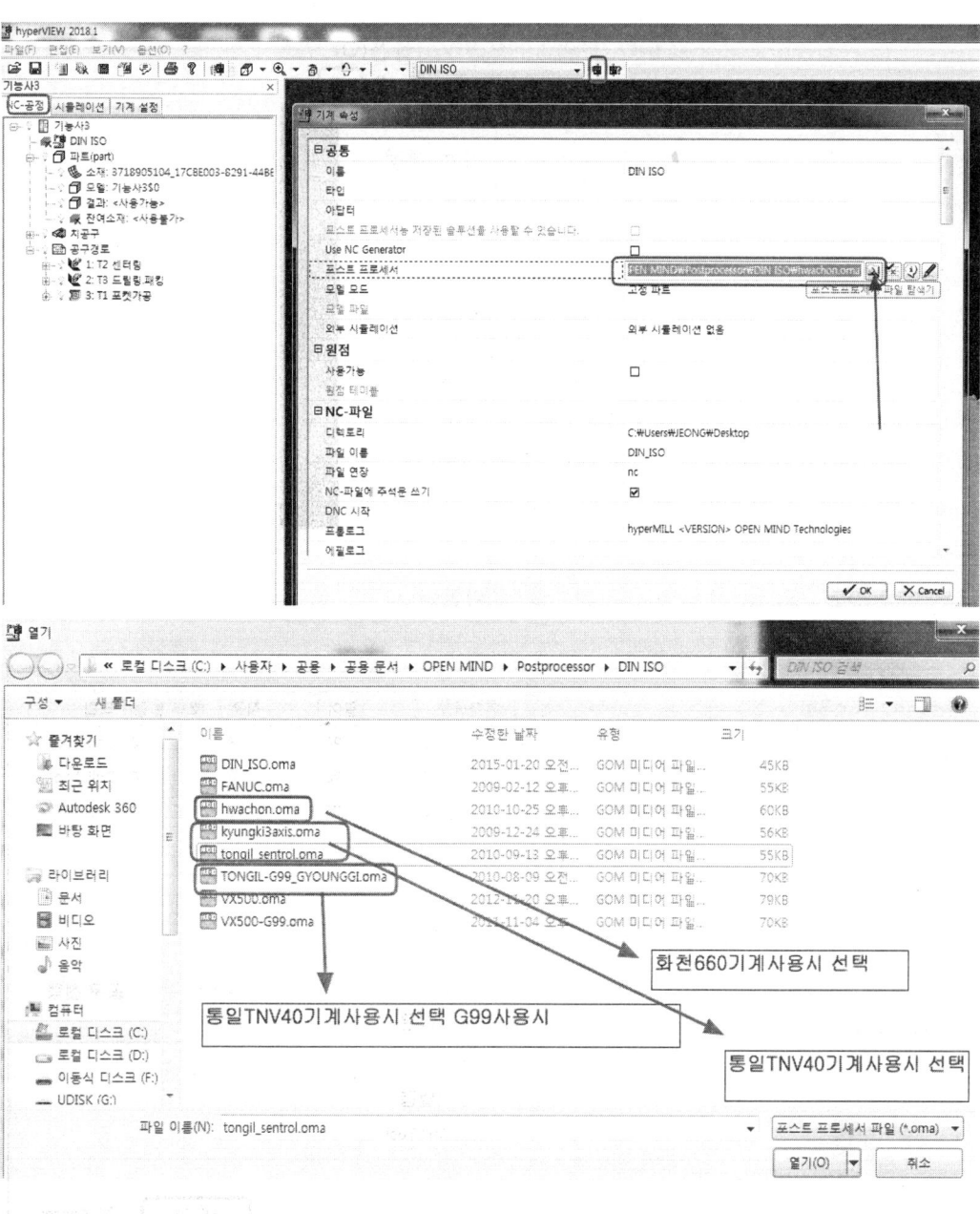

4) 아래 그림과 같이 NC파일로 변환 아이콘을 클릭한다.

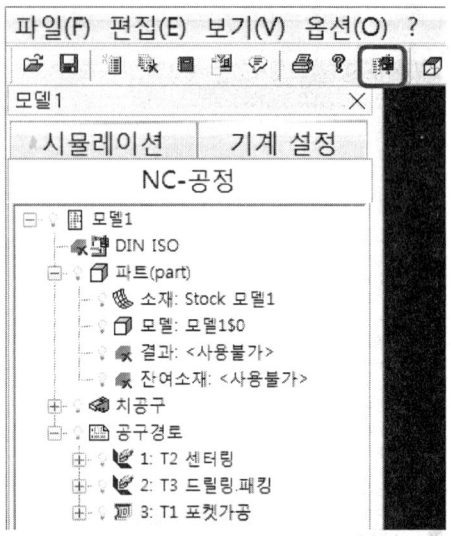

5) 아래와 같이 창이 뜨면 OK 버튼을 클릭한다.

공정	NC-번호	정밀도	색상	5축 길이 ...	추가공구...	길이	직경	코너 반경	타입
1	2	0.1		0	0	90	3	0	Drill Tool
2	3	0.1		0	0	90	8	0	Drill Tool
3	1	0.1		0	0	75	10	0	End Mill

공구 선택

테크놀러지
FZ   50
S   2000
진출 이송속도 50

주석문

식별명
Drill Tool

✓ OK   ✗ Cancel

6) 아래와 같이 NC 파일 저장경로가 나타나면 마우스 커서를 갖다대고 오른쪽 버튼을 NC-파일 편집을 클릭한다.

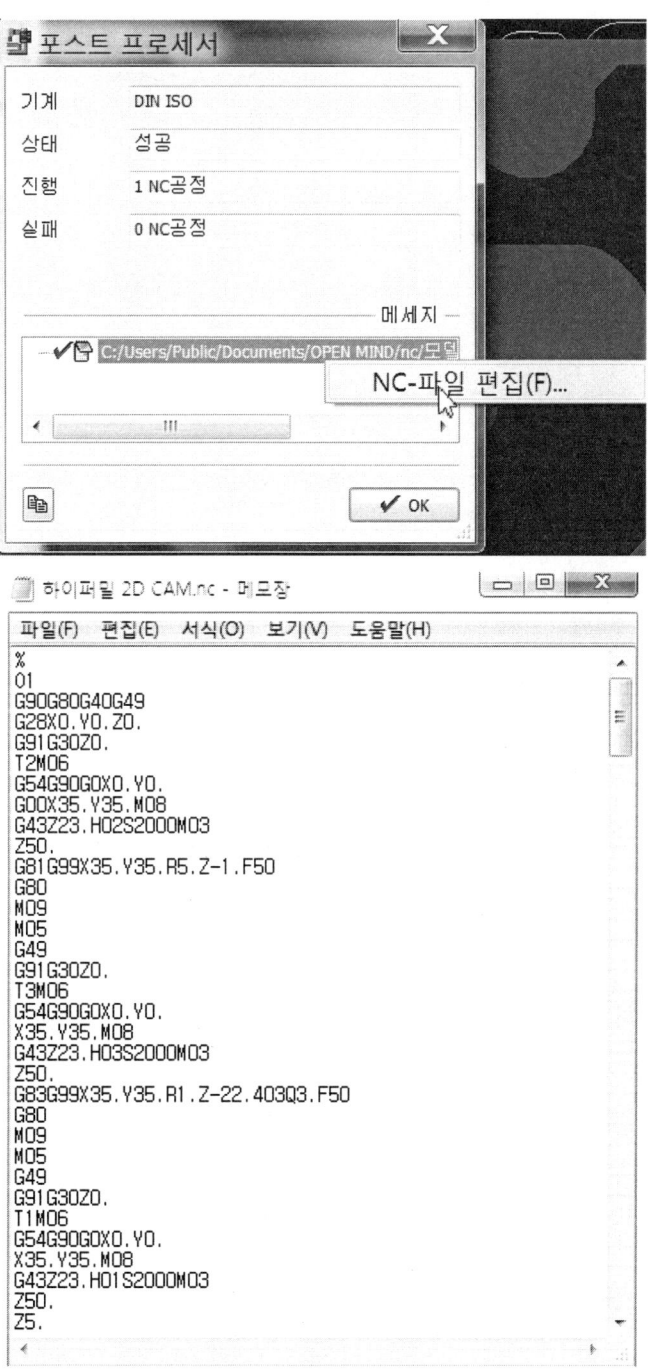

| 컴퓨터응용밀링기능사 필기·실기 | 정가 20,000원 |

- 공 저 자 정연택·조영배·유판열·정병길
            김석운·최영호·서동원·고강호
            이현철·오원석
- 발 행 인 차 승 녀

- 2020년 1월 15일   제1판 제1인쇄
- 2020년 1월 20일   제1판 제1발행

도서출판 건기원

(등록 : 제11-162호, 1998. 11. 24)

경기도 파주시 연다산길 244 (연다산동)
TEL : (02)2662-1874~5   FAX : (02)2665-8281

★ 건기원은 여러분을 책의 주인공으로 만들어 드리며 출판 윤리 강령을 준수합니다.
★ 본서에 게재된 내용일체의 무단복제·복사를 금하며 잘못된 책은 교환해 드립니다.

ISBN 979-11-5767-469-5   13550